江西省研究生优质课程系列教材

高级植物生理学

程建峰　主编

中国农业科学技术出版社

图书在版编目（CIP）数据

高级植物生理学／程建峰主编 . --北京：中国农业科学
技术出版社，2023. 11
ISBN 978-7-5116-6519-5

Ⅰ.①高…　Ⅱ.①程…　Ⅲ.①植物生理学　Ⅳ.①Q945

中国国家版本馆 CIP 数据核字（2023）第 206195 号

责任编辑　王伟红　朱　绯
责任校对　马广洋
责任印制　姜义伟　王思文

出 版 者　中国农业科学技术出版社
　　　　　北京市中关村南大街 12 号　　邮编：100081
电　　话　（010）82105169（编辑室）　　　（010）82109702（发行部）
　　　　　（010）82109709（读者服务部）
网　　址　https://castp. caas. cn
经 销 者　各地新华书店
印 刷 者　北京建宏印刷有限公司
开　　本　170 mm×240 mm　1/16
印　　张　28.5　彩插　8 面
字　　数　508 千字
版　　次　2023 年 11 月第 1 版　2023 年 11 月第 1 次印刷
定　　价　120.00 元

内容简介

　　高级植物生理学是一门研究植物生命活动规律及其与环境相互关系和揭示植物生命现象本质及其调控的综合性学科。现代植物生理学研究成果日新月异、层出不穷，本教材从不同层次和不同角度概述近些年植物生命活动相关研究领域的进展，内容涉及如何进行植物生命科学研究、植物生理学基础知识、植物种子生理、植物光合作用、植物次生代谢、植物生长物质、植物刺激性形态建成、植物环境胁迫应答和 2004 年以来我国植物生理学研究成果概述等。通过学习本教材，能使硕士研究生进一步掌握植物体新陈代谢活动机理，明确植物生命活动过程中物质代谢、能量转换、信号转导及由此表现出的形态建成等诸方面的有机联系，理解植物生命科学研究技术的原理，为其后续相关课程的深度学习与科学研究奠定坚实的基础。

　　本教材结构新颖，选材丰富，内容翔实，重点突出，理论性强，可作为从事植物生理学和植物分子生物学及相关领域的研究生教材，也可作为综合性大学、高等师范院校、高等农林院校植物生理学、生物化学、分子生物学及其相关学科的教师、研究生、本科生及科研机构工作和教学人员的重要参考书。

前　言

　　高级植物生理学是一门研究植物生命活动规律及其与环境的相互关系和揭示植物生命现象本质及其调控的综合性学科。作为一门课程，是科研院所和高等学校中生物类硕士研究生的主干课程和植物生产类硕士研究生的专业基础课，更是一些与植物生命科学相关专业的博士研究生入学考试科目。高级植物生理学课程是在本科植物学、遗传学、植物生理学、生物化学和分子生物学等课程基础上，综述了近些年植物生命活动中各个研究方向的进展，在理论与实践上更加深入和提高。它是面向硕士研究生开设的研究性较强的课程，本课程的教学目标是巩固与加深硕士研究生的植物生理学知识体系，从不同层次和不同角度介绍本学科重要研究领域的动态与前沿，启发植物生理学研究思维和创新方法。通过本课程的学习，硕士研究生可进一步掌握植物体新陈代谢活动机理，明确植物生命活动过程中物质代谢、能量转换、信号转导及由此表现出的形态建成诸方面的有机联系，理解植物生命科学研究技术的原理，为其后续相关课程的深度学习与科学研究奠定坚实的基础。

　　高级植物生理学课程是应江西农业大学研究生教育而生的，拥有60年的历史，自开始培养硕士研究生以来，一直是作物学、园艺学、植物保护学、林学、植物学和生态学等专业的学位课、专业基础课和专业必选课等。历经五代人47年的持续教学积淀，高级植物生理学课程于2009年5月入选"江西省硕士研究生优质课程建设"；并通过5年的潜心建设，2014年9月通过江西省教育厅组织的专家验收，2014年10月江西省教育厅下发"赣教研字〔2014〕25号"文件授予"江西省研究生优质课程"称号。为了更好地将"研究生优质课程"建设成果应用于教学实践，需对课程讲义和教案等教学成果进行物化，受江西农业大学"作物学"一流学科建设之邀进行本教材的编写。编写工作由江西农业大学牵头，组织了江西农业大学、上海交通大学、复旦大学和上海师范大学四家单位的多年从事植物生理学一线教研的 8 位骨干成员进行编写。本教材分四篇 14 章，第 1、第 2、第 6、第 11 章由程建峰编写，第 3、第 4、第 5 章由钟蕾编写，第 7、第 8 章由马为民编写，第 9 章由严武平编写，第 10 章由何永明和程建峰编写，第 12 章由刘栋编写，第 13 章由罗小金和程建峰编写，第 14 章题由袁政和程建峰编写。全书由程建峰统稿，经中国科学院分子植物卓越创新中心沈允钢院士和宜春学院书记兼校长曾晓春教授审阅定稿。纵然编者尽最大努力期盼本教材能最大程度地反映植物生命科学研究领域的最新进展，但相关研究成果日新月异、层出不穷，更加上编者水平有限，定会存在不当之处，希望读者赐教。

本教材的编写和出版得到了江西农业大学研究生院、教育部作物生理生态与遗传育种重点实验室与中国农业科学技术出版社的指导，同时也得到了编者所在单位许多领导和师生的帮助，中国农业科学技术出版社编辑朱绯、王伟红在本书的文字、图表及其格式的修改审定方面做了大量工作，在此一并表示衷心感谢！教材中所引用的许多国内外教材、专著及期刊的大量资料和图片均尽最大可能进行了标注，如有遗漏和错误特向相关人士深表歉意并谨致谢意！

教材必须经社会的广泛使用，在实践中不断地发现问题，才能不断地完善和提高，故恳请科教界同仁与广大读者将对本教材的宝贵意见和美好建议及时反馈给我们，以便再版时做出相应的修订，谢谢！

编 者

2023 年 11 月 14 日

目　　录

第一篇　课程导言

第二篇　基础知识

第三篇 专题论述

第四篇 进展报告

第一篇
课程导言

第1章 绪 论

一、高级植物生理学课程的基本定义

高级植物生理学是一门研究植物生命活动规律及其与环境的相互关系和揭示植物生命现象本质及其调控的综合性学科。作为一门课程，是科研院所和高等学校中生物类硕士研究生的主干课程和植物生产类硕士研究生的专业基础课，更是一些与植物生命科学相关专业的博士研究生入学考试科目。高级植物生理学课程是在本科植物学、遗传学、植物生理学、生物化学和分子生物学等课程的基础上，综述近些年植物生命活动中各个研究方向的进展，在理论与实践上更加深入和提高，是面向硕士研究生开设的研究性较强的课程。

二、高级植物生理学课程的教学目标

高级植物生理学课程的教学目标是巩固与加深硕士研究生的植物生理学知识体系，从不同层次和不同角度介绍本学科重要研究领域的动态与前沿，启发对植物生理学研究思维和创新方法的思考。通过本课程的学习，能使硕士研究生进一步掌握植物体新陈代谢活动机理，明确植物生命活动过程中物质代谢、能量转换、信号转导及由此表现出的形态建成诸方面的有机联系，理解植物生命科学研究技术的原理，为硕士研究生后续相关课程的深度学习与科学研究奠定坚实的基础。

三、高级植物生理学课程的内容体系

植物生命活动是在水分代谢、矿质营养、光合作用和呼吸作用等基本代谢活动的基础上，表现出的种子萌发、长叶、抽枝、开花和结实等生长发育过程，主要包括新陈代谢、生长发育、遗传变异等方面；这些生命活动间是相互联系、相互依赖和相互制约的，同时植物的生命活动与其所处的环境有着密切的关系。具体来说，是用物理、化学及生物学等方法来探究植物生长、生殖、衰老及死亡等一系列过程中植物的结构与功能、生理代谢、生长与发育、地理分布及其与环境的相互关系等，并通过对这些生理功能和作用机制的解析来阐明植物生命活动的规律和本质，为植物生产的管理、调节与控制奠定坚实的理论基础和提供可靠的实践依据。

针对上述基本内容，正式出版的高级植物生理学研究生教材极其少，且不同单位根据自身情况编写的高级植物生理学教材内容差异也很大。目前冠名"高级植物生理学"出版的教材仅有2部，冠名"植物生理与分子生物学"出版的有1部，冠名"高级作物生理学"出版的有1部。最早出版的高级植物生理学教材是西南大学生命科学学院王三根主编的《高级植物生理教程》，由西南师范大学出版社于2010年8月出版，16开，全书249页，36万字，选择部分内容进行讲授，分为植物生理学研究近况与展望、植物细胞生理、植物光合作用、植物生长物质、植物的光形态建成及种子发育和萌发生理六讲，具体内容体系见表1.1。2011年9月，浙江大学出版社出版了郑炳松、朱诚和金松恒主编的《高级植物生理学》，16开，全书303页，45万字，全面总结了植物生理学和植物分子生物学研究的进展，内容涉及植物水分代谢、植物营养生理、植物光合代谢、植物激素、植物成花生理、植物逆境生理、植物次生代谢等领域，共有22专题，具体内容体系见表1.2。从内容体系可以看出，与本科《植物生理学》存在一定的重叠性，可能是考虑到内容的系统性、连续性和和完整性。由高等教育出版社于2012年6月出版的陈晓亚、薛红卫主编的《植物生理与分子生物学（第四版）》教材内容极其丰富，大16开，全书788页，175万字，涉及植物生命活动的全部生理过程，突出体现了从分子生物学角度对重要生理现象和过程的解析，便于读者在分子遗传和细胞层面理解植物生命活动的规律，分为植物分子遗传与基因组学，植物细胞生物学，光合与呼吸，营养、物质代谢调控，植物生长发育与调控，植物信号与信号转导，植物与环境，植物生物技术及其应用八篇43章，其内容体系具体见表1.3。2013年3月中国农业大学出版社出版了王建林、关法春主编的《高级作物生理学》，内容比较丰富，大16开，全书444页，55万字，全面总结了作物生理学的进展，内容除绪论外包括作物种子生理、作物的光合作用、作物的水分生理、作物的营养生理、作物的生长发育规律、作物产量形成生理、作物群体生理与群体结构及其调控、作物的生殖与衰老生理、作物的逆境生理和作物生理实验方法10章。

表 1.1 王三根教授主编的《高级植物生理教程》内容体系

讲次	内容	讲次	内容
第一讲 植物生理学研究 近况与展望	一、植物生理学主要研究领域的近况 二、植物生理学研究的展望 三、植物生理学与农业可持续发展	第四讲 植物生长物质	一、植物生长物质及其应用 二、油菜素内酯 三、乙烯
第二讲 植物细胞生理	一、植物细胞程序性死亡 二、细胞壁 三、叶绿体	第五讲 植物的光 形态建成	一、光形态建成的概述 二、光敏素 三、蓝光受体
第三讲 植物光合作用	一、光合作用的生理生化 二、光合作用与植物对强光的响应 三、光合作用与作物高产生理基础	第六讲 种子发育和 萌发生理	一、种子的发育 二、种子休眠与萌发 三、种子活力的生理生化

　　江西农业大学植物生理学科教学团队，在参考和借鉴已出版的高级植物生理学教材基础上，结合自身学校学科构成（植物生产类，包括植物学、生态学、作物学、园艺学、植物保护学、林学等）和历年的教学实践，构建了自身的高级植物生理学教学内容体系，分为课程导言（3 个专题）、光合作用（4 个专题）、物质代谢（4 个专题）、生长发育（4 个专题）、环境胁迫（4 个专题）和基因遗传（4 个专题）六篇 23 个专题，具体内容体系见表 1.4。

表 1.2 郑炳松、朱诚和金松恒《高级植物生理学》内容体系

专题序号	内容	专题序号	内容
专题 1 植物水孔蛋白 的功能	1.1 AQP 的功能鉴定 1.2 植物 AQP 的发现 1.3 植物 AQP 的分类 1.4 植物 AQP 的分布及调控 1.5 AQP 的结构 1.6 植物 AQP 的功能	专题 4 植物钾素营养	4.1 钾离子的吸收与转运 4.2 钾离子通道蛋白的结构与功能
专题 2 植物氮素营养	2.1 植物可利用的氮形态 2.2 植物氮吸收与转运的生理特征 2.3 植物氮吸收的分子机制 2.4 氮吸收与代谢的分子调节机制	专题 5 植物铁素营养	5.1 植物铁吸收机制的分子生物学 5.2 植物铁运输的分子生物学 5.3 植物对铁的感应和信号调控 5.4 激素、其他信号分子在植物铁缺乏响应中的作用 5.5 特殊的铁吸收植物——水稻
专题 3 植物磷素营养	3.1 植物体内磷的分布及低磷信号 3.2 植物磷饥饿激响应机制 3.3 磷的吸收与转运 3.4 磷饥饿信号调控网络	专题 6 Rubisco 与 Rubisco 活化 酶的分子生理	6.1 Rubisco 的结构及功能 6.2 Rubisco 的钝化和活化 6.3 Rubisco 活化酶

（续表）

专题序号	内容	专题序号	内容
专题7 植物光保护的有效途径和机制	7.1 光合电子传递链 7.2 光抑制的作用机理 7.3 植物光保护机制	专题16 植物抗旱的分子机理	16.1 植物对干旱的感知与信号传递 16.2 干旱诱导基因的表达与转录调控 16.3 干旱诱导表达基因在植物抗旱中的功能
专题8 生长素	8.1 生长素的生物合成 8.2 生长素的信号转导 8.3 生长素的极性运输 8.4 生长素的极性运输对植物生长、发育的影响	专题17 植物抗盐的分子生理	17.1 植物的盐害 17.2 植物抗盐的生理机理 17.3 植物盐胁迫信号转导途径 17.4 植物抗盐相关基因
专题9 赤霉素	9.1 赤霉素的生物合成 9.2 赤霉素的信号转导 9.3 赤霉素的生理功能	专题18 植物耐热胁迫的分子生理	18.1 热胁迫对植物表型的影响 18.2 热胁迫对植物生理生化的影响 18.3 植物的热休克蛋白家族
专题10 细胞分裂素	10.1 细胞分裂素的生物合成 10.2 细胞分裂素的信号转导 10.3 细胞分裂素的生物学功能 10.4 细胞分裂素与生长素的相互作用	专题19 植物重金属抗性的分子生理	19.1 植物对重金属的吸收 19.2 植物对重金属的运输和转化 19.3 重金属污染对植物代谢和生长发育的影响 19.4 植物对重金属的耐性机制
专题11 脱落酸	11.1 脱落酸的生物合成 11.2 脱落酸的信号转导 11.3 脱落酸的生物学功能 11.4 胁迫与脱落酸调控的基因表达 11.5 脱落酸与其他信号的相互作用	专题20 MicroRNA 在植物生长发育与逆境中的调控	20.1 植物 miRNA 的发现 20.2 植物 miRNA 的生物合成与作用机制 20.3 miRNA 对植物生长发育的调控 20.4 miRNA 与植物的逆境胁迫
专题12 乙烯	12.1 乙烯的结构和含量 12.2 乙烯的相关突变体 12.3 乙烯的生物合成 12.4 乙烯的信号转导	专题21 植物一氧化氮的生理功能	21.1 一氧化氮的生物合成 21.2 一氧化氮参与的生理调控 21.3 一氧化氮的信号转导 21.4 展望
专题13 油菜素内酯	13.1 油菜素内酯的生物合成和调控 13.2 油菜素内酯的生理功能 13.3 油菜素内酯与其他激素的关系 13.4 油菜素内酯的信号转导	专题22 植物次生代谢及其应用	22.1 植物次生代谢产物的种类 22.2 药用植物次生代谢产物累积与运输的特点 22.3 矿质元素对药用植物次生代谢的影响 22.4 药用植物次生代谢的环境调控 22.5 药用植物组织与细胞培养 22.6 促进培养细胞次生代谢产物的方法 22.7 生物反应器
专题14 植物的成花生理及其调控	14.1 成花诱导相关的假说 14.2 成花诱导的生理生化基础和分子机理 14.3 花器官发育的分子机理		
专题15 植物衰老的生理及其调控	15.1 植物衰老的类型和意义 15.2 植物衰老的进程 15.3 植物衰老的生理生化变化 15.4 植物衰老的调控 15.5 植物衰老的机制 15.6 植物衰老的分子生物学基础		

表 1.3　陈晓亚、薛红卫《植物生理与分子生物学（第四版）》内容体系

篇目	章次	篇目	章次
第一篇 植物分子遗传 与基因组学	第 01 章 植物遗传学与功能基因组 第 02 章 植物基因组学 第 03 章 植物表观遗传学 第 04 章 植物蛋白质组学	第五篇 植物生长发育 与调控	第 23 章 植物根系 第 24 章 株型发育调控 第 25 章 叶形态建成的控制 第 26 章 花发育 第 27 章 植物生殖发育生理 第 28 章 种子发育 第 29 章 植物叶片衰老及其调控
第二篇 植物细胞生 物学	第 05 章 染色质的结构、动态与 功能 第 06 章 植物减数分裂过程中同源 染色体之间的相互作用 第 07 章 细胞周期调控 第 08 章 细胞极性 第 09 章 植物细胞骨架 第 10 章 植物内膜系统的发育及 运输 第 11 章 细胞核与细胞质间的分子 运输 第 12 章 植物细胞壁	第六篇 植物信号与信 号转导	第 30 章 激素的生物合成及信号 转导 第 31 章 植物保卫细胞的信号感受 和转导 第 32 章 植物 G 蛋白信号转导 第 33 章 高等植物光控发育的分子 基础 第 34 章 植物向重性及信号转导
第三篇 光合与呼吸	第 13 章 叶绿体的分子生物学 第 14 章 原初反应和氧的释放 第 15 章 光合电子传递与磷酸化 第 16 章 光合效率及调节 第 17 章 光合碳同化与呼吸作用	第七篇 植物与环境	第 35 章 植物渗透胁迫适应、耐盐 性和抗冷性 第 36 章 植物水分运输与水孔蛋白 第 37 章 植物对低温的响应 第 38 章 植物对重金属胁迫的响应 及适应 第 39 章 植物免疫反应与抗病机制 第 40 章 植物对昆虫的防御 第 41 章 共生固氮作用
第四篇 营养、物质代 谢调控	第 18 章 矿质营养及代谢 第 19 章 糖代谢与运输 第 20 章 脂代谢 第 21 章 植物次生代谢 第 22 章 植物代谢组学	第八篇 植物生物技术 及其应用	第 42 章 转基因技术 第 43 章 基因工程策略与应用范例

表 1.4　江西农业大学《高级植物生理学》内容体系

篇目	专题	篇目	专题
第一篇 课程导言	第 I 讲 植物生理学基础知识的 掌握 第 II 讲 如何进行植物生命科学 研究 第 III 讲 植物生命科学的发展与 动向	第四篇 生长发育	第 09 讲 植物细胞的信号转导调节 第 10 讲 植物器官发育的控制规律 第 11 讲 植物光调控发育生理基础 第 12 讲 植物生长物质的作用机制
第二篇 光合作用	第 01 讲 植物光合作用的机理 第 02 讲 植物光合效率及调节 第 03 讲 植物高效光能的利用 第 04 讲 植物群体光合生产力	第五篇 环境胁迫	第 13 讲 植物的逆境适应与响应 第 14 讲 特殊环境条件的生理学 第 15 讲 植物与病菌的拮抗作用 第 16 讲 植物与昆虫的协同进化
第三篇 物质代谢	第 05 讲 植物离子吸收运转机制 第 06 讲 植物养分利用效率原理 第 07 讲 植物体的次生物质代谢 第 08 讲 同化产物的运输与分配	第六篇 基因遗传	第 17 讲 植物基因组与基因组学 第 18 讲 植物基因的结构与功能 第 19 讲 植物细胞的培养和转化 第 20 讲 植物的生物技术及应用

四、植物生理学的发展前景

回顾植物生理学的发展，我们可以清楚地认识到，植物生理学的研究重点和范畴是随着世界相关学科的发展而变化的。在 19 世纪末和 20 世纪初，大部分工作是关于外界环境、内部结构与发育时期等对一些生理过程的影响。到 20 世纪 20 年代，由于生物化学和微生物学等的发展，水生植物和单细胞菌藻的利用，开始转入内部机理的探索，一直持续到 20 世纪 50 年代末，取得丰硕的研究成果，为人类认识植物生命活动的规律积累了宝贵的资料。20 世纪 60 年代，则另有趋向，由于农业生产的需要和生态学的发展，使植物生理学走向"宏观"，进入群体和群落中，甚至还要向太空发展，送植物上天，开发星球。20 世纪 70 年代至 80 年代，植物生理学从"分子水平、细胞水平、整体水平和群体水平"上分别发展，向微观和宏观两端拓展且越走越远，对个体和器官生理有些冷落。20 世纪 90 年代后，分子遗传和细胞工程的蓬勃发展并进入植物生理研究领域，刊登植物分子生物学研究的期刊和专著如雨后春笋般问世，使植物生理学的传统内容相形见绌，许多植物生理学研究人员也纷纷转向，这一切都使得人们在想"将来植物生理学是否还会作为一个学科存在"，尤其是一些大学将植物生理学专业整合进生命科学学院或植物生物学专业。但这并没有什么关系，因为一个学科的存在和发展不可能是孤立的，肯定要与其他学科"兼容并蓄"，更新换代，深化与发展，决不是互相替代，而是互相支持、渗透和促进，故学科的领域、范畴或内容的改变也是必然的；如最具权威性的国际评论刊物 *Annual Review of Plant Physiology*（1950—1987）在 1988—2001 年改为 *Annual Review of Plant Physiology and Molecular Biology*，2002 年后又改为 *Annual Review of Plant Biology*；美国植物生理学会在继续主办 Plant Physiology 的基础上于 1989 年新创刊物 The Plant Cell；2002 年我国的《植物生理学报》更名为《植物生理与分子生物学学报》，2008 年又以新的刊名 *Molecular Plant* 出版；成立于 1924 年的 *The American Society of Plant Physiologists*（ASPP）于 2001 年更名为 *The American Society of Plant Biologists*（ASPB），中国植物生理学会也于 2010 年 3 月更名为中国植物生理与植物分子生物学学会。就研究的时间尺度而论，从凡·海尔蒙柳枝称重实验的 5 年缩短到几天、几小时，现在则缩短到秒级、毫秒级、微秒级、纳秒级甚至皮秒级。不管学科内容如何变化，科研工作依然会继续发展，正如英国植物与植物生理学家斯图尔德（F. C. Steward，1904—1993）所说："植物生理学——问题在变更，钻研在继续"（Plant Physiology：The Changing Problems，The Continuing

Quest）。因为科学是追求"了解自然和改造自然"，这将是一个无穷尽的工作。人们对植物的生命活动了解得并不多，控制和改造它们则差得更远。人类要想获得经济和社会的可持续发展，必须克服当前这种短视甚至盲目的作为，顺应自然运转的规律，让地球的生物圈有良性的循环，不要自毁环境，自断活路。万物生长靠太阳，而自然界中真正可将太阳能转换为化学能和使无机物变成有机物来解决人们多方面需要的只是植物的生命活动。植物生理学作为一门独立的学科，应该是有它特殊的研究领域和范畴，分子生物学的研究成就只能使人们对植物生命现象的认识向微观深入，从过去的个体、器官、细胞、亚细胞和生化反应的水平，向代谢过程和性状控制的原初原因——基因表达与调控的探索前进了一大步。

殷宏章先生曾指出："植物生理学的研究，有向两端发展的趋势，一方面随着现代生物化学、生物物理学、细胞生理学的发展，特别是分子遗传学的突跃，已将一些生理的机理研究深入到分子或亚分子水平的微观角度。而另一方面由于环境的破坏和人为的污染，继第一个真核单细胞生物酵母的 DNA 全序列被阐明后，第一个植物拟南芥基因组测序也已经结束。人与生物圈（man and the bio-sphere）的关系逐渐受到重视、太空中的植物生命活动、农林生产自然生态系统的环境状况都对植物生理提出了大量基本的问题，需要向宏观方向发展。"沈允钢先生在 21 世纪初也指出："有人把一门科学的发展划分为初创、发展、活跃、成熟、成熟后期。那么，植物生理学正处于活跃期，它与许多学科正在加强交叉渗透，而且在不断扩展其应用的广度和深度。"如果说 21 世纪是生物学世纪，那么研究植物生命活动的植物生理有着特别重要的位置，因为植物的出现是生命演化过程中的转折点和生物圈形成及运转的关键环节，植物为其他生物，包括人类的生产及生活提供赖以生存与发展的物质和能量基础，也是维护好合适的生态环境的基础。根据我国的实际情况，有的外国学者说，植物生理学的中心，19世纪在欧洲，20 世纪在美国，21 世纪则将在中国，这话是有道理的。因为我们有特殊的气候条件，包括植物花样最多的亚热带区域（如西双版纳），有各种地理环境（沙漠、高山、草原和原始森林）及江河湖海；更有优越的制度和强大的国力来规划协调与保障支持，具备"天时，地利，人和"的先天条件。只要充分发挥我们的智慧，是一定能实现的。据不完全统计，目前我国从事植物生理学相关研究的人员早已突破 1 万，随着研究队伍的不断壮大，在植物生理学的各个领域里都开展了工作，主要研究方向有，①功能基因组学研究：水稻及拟南芥的突变群体构建，基因表达谱和 DNA 芯片，转录因子，细胞分化和形态建成。

②分子生理与生物化学研究：光合作用，植物和微生物次生代谢，植物激素作用机理，光信号传导和生物钟，植物蛋白质组学研究。③环境生物学和分子生态学研究：植物—昆虫相互作用，植物—微生物相互作用，共生固氮，植物和昆虫抗逆及对环境的适应机制，现代农业，空间生物学。④基因工程与生物技术：植物遗传转化技术，优质高抗农作物基因工程，植物生物反应器等。

五、植物生理学的发展趋势

科学家预言，21 世纪是生命科学的世纪，而且必然是一个各学科相互渗透与相互交融的"大生物学"时代。作为研究植物生命活动规律及其与环境相互关系的植物生理学，处在生命科学的枢纽地位，肩负着繁重使命。在 21 世纪，植物生理学研究的发展趋势可归纳为以下 4 个方面。

（一）极其重视相关学科间的交叉渗透，拓展研究层次的广度与深度

世界科学发展史表明，科学经历了综合、分化、再综合的过程，没有学科之间的交叉和渗透就没有现代科学。现代科学既高度分化又高度综合，而交叉科学又集分化与综合于一体，实现了科学的整体化。德国著名的物理学家和量子力学的重要创始人马克斯·普朗克（Max Planck，1858—1947，1918 年诺贝尔物理学奖获得者）深刻地认识到："科学是内在的整体，被分解为单独的部门不是取决于事物的本质，而是取决于人类认识能力的局限性，实际上存在着由物理学到化学、通过生物学和人类学到社会科学的链条，这是一个任何一处都不能被打断的链条。"学科的交叉和渗透是当代科技发展的必然趋势，21 世纪人们必将在跨学科、跨领域的综合问题中寻求更多的机会。学科交叉往往就是科学新的生长点、新的科学前沿，是创新的源泉，将诱发科学的重大突破、高新技术的产生。生物科学上有关学科交叉的例子就很多，如植物生理学家汤佩松和理论物理学家王竹溪（1911—1983）合作提出的对植物细胞水分关系的热力学解释，由美国生物学家詹姆斯·沃森（James Watson）与英国物理学家弗朗西斯·克里克（Francis Crick）合作建立的 DNA 双螺旋结构的分子模型，德国的约翰·戴森霍尔（Johann Deisenhofer）、罗伯特·胡贝尔（Robert Huber）和哈特穆特·米歇尔（Hartmut Michel）对紫色光合细菌光合作用反应中心三维结构的解析，由中国科学院生物物理研究所和植物研究所合作完成的"菠菜主要捕光复合物 LHC-II 2.72Å 分辨率的晶体结构"，定量生物学和合成生物学的产生等。

学科的交叉和渗透是 21 世纪植物生理学的发展趋势。不同的学科有不同的

研究对象和方法，有不同的研究层次。以光合作用为例，生物化学家提取光合作用的酶，研究光合作用的化学变化；生物物理学家分离光合膜，研究它们的作用光谱；分子生物学家克隆编码光合蛋白的基因，研究这些基因的表达调控。而植物生理学家研究上述这些组成的相互作用及其与周围环境的关系，从而在叶绿体、细胞、叶器官和整体水平上进一步揭示光合作用的过程和功能之谜，最终实现太阳能转变为化学能工厂化的人类共同目标。现代植物生理学要不断引进相关学科的新理论、新概念、新思维、新技术和新方法来增强自身的活力，一方面从个体水平深入器官、组织、细胞、细胞器直至分子水平的微观层面；另一方面则从个体水平扩展到群体、群落直至生态系统水平的宏观层面，从而更好地解决植物生命活动中的理论问题和生产实践中的实际问题。从学科间角度来看，植物生理学是植物基因与性状的桥梁，其发展趋势将从研究生物大分子走向阐明个体生命活动功能、生产应用与环境生态相结合。

在微观层面，由于生物科学领域中的细胞学、遗传学、分子生物学的迅速发展，使植物生命活动机理方面的研究继续向分子水平深入并不断综合。从生命科学研究的总体上来看，已表现出如下的研究集合的趋势，即从"分子生物学"（molecular biology）到"整合生物学"（integrative biology）或"系统生物学"（systems biology）。从单个基因的研究发展到基因学和基因组，从基因组研究发展到基因组学和后基因组，从某种蛋白的研究发展到蛋白组学，从一个代谢产物的研究发展到代谢组学，它强烈地影响到植物生理学的发展方向。突变体的利用使得花的发育研究取得了突破性进展，但研究成花过程不能完全依赖于突变体。植物体内各类基因的时空顺序表达调控着植物的生长发育，拟南芥、水稻、玉米、大豆、甘蓝、白菜、高粱、黄瓜、西瓜、马铃薯和番茄等多种作物的基因组研究计划和已经启动的重要植物功能基因组计划正在为人类从整体上认识植物的生长发育机理提供了最好的机会。目前，分子生物学所进行的蛋白质、核酸和生物膜3个主要方面的研究，实际上也是植物生理学的研究内容。在改造植物的共同任务中，植物生理学是分子生物学的重要基础，分子生物学可以看作为植物生理学的"学科伴侣"（subject companion），绝不会取代植物生理学，正如一个多么复杂的生物大分子都不能代替多细胞的生物有机体一样。这是因为，植物在自然界中的生存与繁衍是以个体为基本单位而体现出来的，植物各个器官的生命活动必须在个体水平上进行整合（integration），才能成为一个完整的植物体；正如20世纪以来生物化学的迅速发展大大丰富了植物生理学的内容，并且形成了一门新兴的植物生物化学学科，但植物生理学并没有被生物化学所代替一样。像耐贮藏番茄转基因工程就是在植物生理学家杨祥发完成了乙烯生物合成机理的研究基础上而获得成功的。

在宏观层面，植物生理学与环境科学和生态学等密切结合，产生了环境生理学（environmental physiology）和生态生理学（ecological physiology），使生理学朝向更为综合的方向发展，即由植物个体扩大到群体—人类—地球—生物圈的大范围，大大扩展了植物生理学的研究范畴，这将使得植物对逆境胁迫的反应及适应性机理成为今后相当长一段时期的重大研究课题。植物生理学虽是一门基础学科，但其任务是运用理论于生产实践，满足人类的需要，将植物生理学应用于生产的趋势将更加明显，在农业方面，将会遍及指导合理灌溉、适度密植、科学施肥、调节作物生长发育、控制同化物分配、提高产量、改善品质、设施栽培、保鲜贮藏和育种繁殖及作物抗病、抗虫、抗盐、抗旱、抗涝、抗寒与抗污染等过程。随着航天事业的发展，宇宙生物学将有着广阔的发展前景，探索金星、火星等地球外行星上，在缺氧、缺水、低温、紫外辐射等极端的环境条件下生命存在的可能性及其特殊生理生化代谢类型，还有植物在宇宙失重条件下的生理生化变化都将成为人类 21 世纪生命科学的重大研究课题。

（二）全面研究植物信息传导系统，实现生命整体性的重要调控

世界上的生物具有复杂的多样性，有分子和细胞水平的多样性，它是可遗传的生物多样性的发源地；有种群和物种水平的多样性，它是种内和种间的遗传多样性和表型多样性；有群落和生态系统水平的多样性等。但是，生物中同样存在着许多根本的共同点，信息传导就是生命现象中的共同点之一。信息传导是生物与外界、生物体内细胞间相互沟通的一种网络状态的媒介系统，是实现生命整体性的重要环节，其研究被看作是生命科学中的一种前沿领域研究。半个多世纪以来，随着分子生物学和遗传学的发展，人们早已明白，核酸是一切生物遗传信号的载体，并通过所谓中心法则来完成基因表达。近 30 年来，人们更进一步发现在动植物体内都存在着环境信号和代谢信号的传递问题；同时植物从感受环境刺激到作出生理反应，还必须通过细胞的信息转导系统才能实现。因此，植物体内信息传导在植物生命活动过程中占据着举足轻重的关键地位，一旦植物体内信息传导机理在分子水平上得以认识和调控，许多在 20 世纪内尚未揭示的植物生命现象的本质将会在 21 世纪里展现出来，将为调控植物生长发育开辟新的途径。像植物开花机理，查清开花刺激信号传递和转导的问题就是关键所在；又如光形态建成问题，查清光敏色素、隐花色素等光受体如何接受光信号以及在传递光信号中的下游组分也同样是关键问题。

目前有关信号传递的研究主要包括：信号受体（化学的和物理的信号感受）、胞间信号传递（物理的、化学的信号和方式）、胞内信号传递（第二信使系统）。所谓第二信使系统是将来自外部的环境信号和胞间信号传递到胞内，使细胞产生相应生理反应的媒介。cAMP、钙和磷酸肌醇 3 种信使系统是当前研究最多的细胞内信号传递系统。细胞内信息传导是一个由多级反应构成的级联系统，包括信号、信号结合蛋白、蛋白激酶和由蛋白激酶控制的许多功能蛋白共同完成的。当前，国际上在植物激素、病原体和保卫细胞等方面的信息传导研究最为活跃。已有科学实验证明，采用物理、化学和生物等方法与技术不仅能改变信号的传递，而且能改变信号的类型。在 21 世纪，对光信号、植物激素信号、重力信号、电波信号、化学信号、病原体信号和昆虫信号等所诱导的信息传导机理的深入研究，将会揭开植物生理学崭新的一页。

（三）深入解析物质代谢和能量转换的分子机理，阐明其基因表达的调控机制

在自然界中，植物为其他生物，包括人类的生产和生活，提供赖以生存和发展的物质与能量基础。因此，在人类生存面对各种挑战的新世纪里，对植物生命活动过程中物质转变和能量转换的深入研究就尤其重要。由于光合作用是生物界中影响最大的自养代谢，在植物乃至地球上物质和能量循环中占有举足轻重的作用与地位，对光合作用能量转换的研究倍受重视。诺贝尔化学奖中就有多次是与光合作用能量转换研究有关：叶绿素纯化和结构（1915 年）、类胡萝卜素结构（1937 年）、人工合成叶绿素（1965 年）、能量转换的化学渗透学说（1978 年）、细菌光合反应中心三维结构的阐明（1988 年）、电子传递的马库斯理论（1992 年）以及 ATP 合成的酶学机理（1997 年）。当前的研究热点集中在探讨氧的释放机理和类囊体膜的各部分以及相关的四大蛋白复合体及关键酶 Rubisco 的结构和功能及活性调节上。光合作用能量转换机制将在分子水平和超分子水平上得到阐明，并将进一步用基因定位突变和其他理化分析手段来揭示光合作用能量转换各级反应的分子机理。同时，目前将光合能量转换机理与生理生态联系起来进行研究正在走向高潮。这类研究不仅能够较全面地了解影响田间作物光能转换效率的因素，并且还将逐渐寻找出各种改善的途径（包括各种理化技术、基因表达调控等），从而将光合能量转换机理研究与解决人类面临的粮食、能源问题紧密联系起来，以便在生产中发挥更大的指导作用。

植物在长期演化中产生次生代谢（secondary metabolism），合成大量次生代谢产物（secondary metabolites），这些小分子有机物在植物类群中特异性分布。据估计，植物次生代谢产物在 10 万种以上，包括萜类、酚类（黄酮类、花色苷)、生物碱和多炔等,都由初生代谢途径衍生而来,不仅涉及植物众多的生长发育调节控制物质、信号及其传递物质和防卫外界侵害的物质,也与植物对环境的适应与品质密切相关;还可作为药物、化妆品、调味品或化工原料等,给人类的生活和健康带来巨大的改善。随着可持续农业的发展、人类对食物营养保健品质消费要求的提高和生命科学研究的深入,植物次生代谢研究的理论意义和实际应用价值及开发的迫切性进一步显现。以往人们对植物次生代谢研究主要集中在少数重要次生代谢产物的分离、鉴定、生物合成、生理作用、代谢有关酶和基因的鉴定、分离和克隆及转基因植物等上。在基因组学、转录组学、蛋白质组学、代谢组学、生物信息学和转基因技术等快速发展的今天,使得代谢及调控网络的构建成为可能,植物次生代谢研究获得了前所未有的机会。因此,植物形成各种特殊物质的分子机理和调控途径将日益成为 21 世纪国际植物生理学研究的新热点。

(四)逐步揭示植物与环境的相互关系,认识生命的协同进化和适应

植物与环境之间存在极为密切的联系。一方面,植物必须依赖环境而生存,在其个体发育的全过程中,需要源源不断地从周围环境中获取所必须的物质和能量,不断建造自己的躯体;同时又将其代谢产物排放到环境中去,通过这种关系维持其正常的生命活动和种群的繁衍。另一方面,植物又通过自身的生命活动去影响和改造周围环境,促进环境的演化。环境控制和塑造了植物的生理过程、形态特征和地理分布;植物则在适应环境的同时,形成了一种相互影响、相互制约、共同发展的关系。在不同的光照、热量和水分等环境条件下,植物的群落结构、形态特征、生理过程和地理分布等方面有很大的差异性。正是由于环境条件对植物有着很大的影响,使得许多植物对其生存的环境具有了明显的指示性,如芦苇指示了水湿环境,骆驼刺则指示了干旱环境,铁芒萁指示着酸性土壤环境,碱蓬则指示着盐碱土壤环境。随着农业生产环境的恶化和环境资源质量的下降,植物的生产过程会面临诸多不利条件和越来越多的新挑战,这要求植物育种工作者培育适应在变化了的环境下生长的新植物品种,也需要植物生理学家研究植物在变化环境条件下的生长、发育、代谢和产量形成规律,为植物栽培技术提供理论基础和实践参考。随着植物生理学的深入研究,植物在适应变化了的环境条件下不仅生长发育进程发生明显变化,其物质生产、运输和代谢也发生明显改变,进而形成了特定栽培环境条件下的产量和品质特性。从人类的角度看,无论是利用环境,还是利用植物,研究植物和环境的相互关系都是十分必要的,而且已有相当长久的历史。对植物和环境关系的研究,也有一个从宏观到微观的发展过程，要从微观的角度深入对这种宏观关系的认识。植物对环境胁迫的响应和适应一直受到研究者的关注，但在植物整体中是一个相当复杂的过程，涉及的研究问题也将随着环境的变化而扩展，如植物防卫基因的鉴定与转化、表型的化学分析、防卫战略对植物适应的影响；植物防卫化合物的生物化学和生理学，包括生物合成、酶学和分子生物学及这些化合物的储存、运输和挥发等；植物的抗病虫的分子遗传学、形成种群遗传多样性的进化和生态因子的分析；环境诱导产生的植物天然产物的结构、生物合成和酶—底物复合体等。因此，研究植物与环境的协同进化，对定向改良植物的生长、产量和品质具有重要的理论价值与实践意义。

复习思考题

1. 什么是高级植物生理学？主要研究内容有哪些？
2. 谈谈您对《高级植物生理学》课程教学内容体系的思考。
3. 如何看待相关学科对高级植物生理学的影响？
4. 试述植物生理学的发展前景。
5. 未来植物生理学的发展趋势表现在哪些方面？

主要参考文献

布坎南，格鲁伊森姆，琼斯，2021. 植物生物化学与分子生物学（第二版）[M]. 瞿礼嘉，赵进东，秦跟基，等译. 北京：科学出版社.

陈晓亚，薛红卫，2012. 植物生理与分子生物学 [M]. 4 版. 北京：高等教育出版社.

程建峰，2019. 植物生理学 [M]. 南昌：江西高校出版社.

李约瑟，1986. 中国科学技术史：第六卷 生物学及相关技术，第一分册 植物学 [M]. 北京：科学出版社.

沈允钢，程建峰，2013. 五十载硕果满枝，展未来任重道远——庆祝中国植物生理与植物分子生物学学会成立五十周年有感 [J]. 植物生理学报，49（6）：501-503.

汤章城，2001. 试析世纪之交植物生理学研究的动向 [J]. 植物生理学报，27（1）：1-4.

王建林，关法春，2013. 高级作物生理学 [M]. 北京：中国农业大学出版社.

王三根，2010. 高级植物生理教程 [M]. 重庆：西南师范大学出版社.

郑炳松，朱诚，金松恒，2011. 高级植物生理学 [M]. 杭州：浙江大学出版社.

TAIZ L，ZEIGER E，MØLLER I M，et al.，2014. Plant physiology and development [M]. 6th ed. Sunderland：Sinauer Associates，Inc.

第 2 章 如何进行植物生命科学研究

一、什么是"科学"

（一）"科学"一词的由来

科学一词起源于中国古汉语，原意为"科举之学"。宋代陈亮《送叔祖主筠州高要簿序》："自科学之兴，世之为士者往往困于一日之程文，甚至于老死而或不遇。"而科为有分类、条理、项目之意，学则为知识，学问。科学英文为 science，源于拉丁文 scio，后演变为 scientin，最后成今天的写法，其本意是"知识""学问"。日本著名科学启蒙大师福泽瑜吉把"science"译为"科学"，引用中国古汉语的"科学"一词，意为各种不同类型的知识和学问。1888 年，达尔文给科学的定义："科学就是整理事实，从中发现规律，做出结论。"达尔文的定义指出了科学的内涵，即事实与规律。科学要发现人所未知的事实，并以此为依据，实事求是，而不是脱离现实的纯思维的空想。至于规律，则是指客观事物之间内在的本质的必然联系。因此，科学是建立在实践基础上，经过实践检验和严密逻辑论证的，关于客观世界各种事物的本质及运动规律的知识体系。

1893 年，康有为从日本引进并使用"科学"一词，严复在翻译《天演论》等科学著作时，也用了"科学"。1979 年版的《辞海》中解释为"科学是关于自然界、社会和思维的知识体系，它是适应人们生产斗争和阶级斗争的需要而产生和发展的，它是人们实践经验的结晶"。1999 年版的《辞海》中修改为"科学：运用范畴、定理、定律等思维形式反映现实世界各种现象的本质的规律的知识体系"。赵锡奎在《现代科学技术概论》中描述为"可以简单地说，科学是如实反映客观事物固有规律的系统知识"。《中国幸福学研究》中认为"科学就是有关研究客观事物存在及其相关规律的学说"。法国《百科全书》中写到"科学首先不同于常识，科学通过分类，以寻求事物之中的条理。此外，科学通过揭示支配事物的规律，以求说明事物。"苏联《大百科全书》中指出："科学是人类活动的一个范畴，它的职能是总结关于客观世界的知识，并使之系统化。'科学'这个概念本身不仅包括获得新知识的活动，而且还包括这个活动的结果。"长期以来，人们一直将科学与唯物主义画等号，这其实是错的。科学是表现客观世界的规律，而我们习惯性地认为唯物主义就是对的，事实上唯物主义不一定就是对的。

(二)"科学"的内涵

1. 科学的定义

科学是"崇尚真理和真实的人们的，永无止境地探索、实践，阶段性地趋于逼近真理，阶段性地解释和揭示真理的阶段性、发展性、历史性、辩证性、普遍性、特殊性、信息性等特点，尽可能不包含自相矛盾的知识体系，且是一项成果的绝大部分有利于造福人类社会的高尚事业。"

科学学的奠基人贝尔纳（1901—1971，英国著名物理学家、剑桥大学教授，英国皇家学会会员）认为现代科学的主要特征有：①一种建制；②一种方法；③一种积累的知识传统；④维持或发展生产的主要因素；⑤构成各种信仰和对宇宙和人类的各种态度的力量之一；⑥与社会有种种相互关系。科学的内容包含以下方面：①科学就是知识；②科学不是一般零散的知识，它是理论化、系统化的知识体系；③科学是人类对自然的科学幻想以及科学家群体、科学共同体对社会、人类自身规律性的认识活动；④在现代社会，科学还是一种建制；⑤科学技术是生产力，科学技术是第一生产力。

2. 科学的态度

科学的态度包含"科学活动""科学知识""科学体系"和"科学发明"等方面。科学活动是指人们从事探索事物存在及变化的状态、原因和规律的实践活动，以及在科学知识、理论的指导下进行的实践活动，其要点是"求真务实、遵从客观规律"。科学知识是指人们通过科学活动后，产生的如实描述事物存在及变化的状态、原因和规律的认识，其要点在于"真实"。科学体系是指人们把相关的科学知识通过合乎逻辑的组合形成的理论体系（知识体系），其要点是"知识的扎实和逻辑的严谨。"科学发明是指人们在科学知识、理论的指引下，从事创造人类从未经历过的事物的实践活动及其产生的成果。总而言之，科学的精髓是"真"。

3. 科学精神

科学精神就是追求、探寻事物真相的精神。美国科学社会学家默顿认为科学的精神是"普遍性、公有性、无私利性和有条理的怀疑性"。中国的蔡德诚教授把科学精神归纳为"六要素"：客观的依据、理性的怀疑、多元的思考、平权的争论、实践的检验、宽容的激励。典型的科学精神包括：①公正：哥白尼精神（以公正的立场观察事物）。②简单入手多元思考：笛卡尔精神（果蝇揭开遗传学）。③证实加证伪：波普尔精神（不能被证伪的理论就不是科学）。④理性怀疑：马克思精神（事物的真实道理只有事物自己知道）。⑤争论与激励：玻尔精神（玻尔与薛定谔争论-量子力学建立）。

二、什么是"科学研究"

（一）"科学研究"的定义

科学研究一般是指利用科研手段和装备来认识客观事物的内在本质和运动规律而进行的调查研究、实验、试制等一系列的活动，所获成果将为创造发明新产品和新技术提供理论依据。科学研究的基本任务就是探索、认识未知。科学研究应具备一定的条件，如需有一支合理的科技队伍、必要的科研经费、完善的科研技术装备及科技试验场所等。

（二）"科学研究"的起源

科学研究起源于问题，问题有两类：一类是经验问题，关注"经验事实与理论的相容性，即经验事实对理论的支持或否证、理论对观察的渗透和理论预测新的实验事实的能力等问题"；另一类是概念问题，关注"理论本身的自洽性、洞察力、精确度、统一性及与其他理论的相容度和理论竞争等问题"。科学研究提供的对自然界作出统一理解的实在图景，解释性范式或模型就是"自然秩序理想"，它使分散的经验事实互相联系起来，构成理论体系的基本公理和原则，是整个科学理论的基础和核心。

（三）"科学研究"的类型

根据研究工作的目的、任务和方法可将科学研究分为3类。

（1）基础研究：是对新理论、新原理的探讨，目的在于发现新的科学领域，为新的技术发明和创造提供理论前提。

（2）应用研究：是把基础研究发现的新的理论应用于特定的目标的研究，它是基础研究的继续，目的在于为基础研究的成果开辟具体的应用途径，使之转化为实用技术。

（3）开发研究（又称发展研究）：是把基础研究、应用研究应用于生产实践的研究，是科学转化为生产力的中心环节。

基础研究、应用研究、开发研究是整个科学研究系统 3 个互相联系的环节，它们在一个国家、一个专业领域的科学研究体系中协调一致地发展。

（四）"科学研究"的原则

科学研究必须遵守的原则（培根或穆勒+笛卡尔）有：①一切科学知识应建立在大量的观察和实验基础之上；②只把那些十分清楚明白地呈现在我的心智之前、使我根本无法怀疑的东西放在我的判断中；③把难题尽可能分解为细小的部分，直到可以圆满解决为止；④按从最简单、最容易认识的对象开始，一点一点地上升到复杂的对象的认识；⑤把一切情形尽量完全地列举出来，尽量普遍地加以审视，以保证没有遗漏。

（五）"科学研究"的方法步骤

"科学研究"的方法步骤为（图 2.1）：①观察到一种特殊现象；②提出假设去解释现象；③利用假设作出预测；④设计实验检验预测。

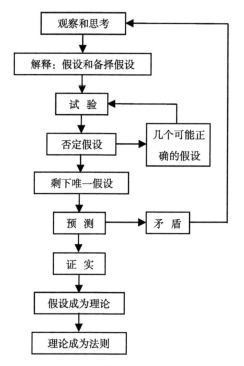

图 2.1　"科学研究"的方法步骤

三、科研人员应具备的基本素质

(一) 优秀的文献、资料及信息检索能力

科研工作具有继承性和创造性两重性,其中继承性,就是掌握前任的工作,是创造性的基础。科研工作者在从事研究前,尽可能多地获取与之相关的信息。充分利用如今发达的网络资源和各种媒体、图书馆藏找到最关心、最需要和最贴切的科研资料。检索的意义:①课题方向的选择、实验方法的确定、数据分析讨论、成果鉴定、论文写作每一步都离不开对文献的掌握。②有效的文献利用,充分了解国内外的研究现状,可以防止重复研究。③充分掌握研究现状,可以厘清思路、把握重点、发现问题、提出新设想并有所突破。

(二) 科学的研究方法及对待数据严谨的科学态度

科研是一种艺术,既然是艺术,当然就有规律和方法,就像作曲、写诗一样。但学会了这些技巧,不一定就都能成为作曲家,成为著名诗人,还有待于实践,有待于个人的努力,学会技巧方法仅仅是打下良好的基础而已。一般来说,常用的科学研究方法有组合法、移植法、替代法、变革法、逆向法、联想法及信息法 (图2.2)。

穆勒"五法":前提是只存在两类现象,每类只有 3 个元素,即 a、b、c (现象) 和 A、B、C (原因),并都先假定了①只有一个出现 a 的条件 (原因);②只有 A、B、C 是可能的条件 (原因)。

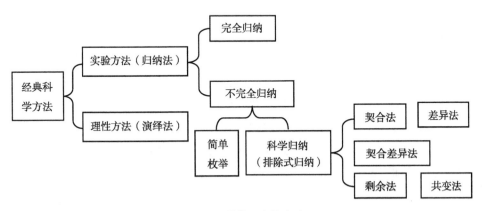

图2.2 科学研究的方法

(1) 契合法。a 与 A、B 一起出现,也与 A、C 一起出现。可知,A 是 a 的充分条件。如在两块地上施氮肥 (A),一块浇水 (B),一块施钙肥 (C),结果

产量都增高（a）。则可以猜想施肥（A）是产量增高（a）的原因。

（2）差异法。a与A、B、C一起出现，但不与B、C一起出现，可知，A是a的必要条件。如在一块地上既施氮肥（A）又浇水（B）又施钙肥（C），结果产量增高（a）；而在另一块地上只浇水（B）施钙肥（C）结果产量不变。则可以猜想施肥（A）是产量增高（a）的原因。

（3）契合差异法。a与A、B一起出现，也与A、C一起出现，但不与B、C一起出现。可知，A是a的充分必要条件。如在两块地上施氮肥（A），一块浇水（B），一块施钙肥（C），结果产量都增高（a），而在另一块地上只浇水（B）施钙肥（C）结果产量不变。则可以进一步肯定施肥（A）是产量增高（a）的原因。

（4）剩余法。已知B是b的条件（原因），C是c的条件（原因），a、b、c与A、B、C一起出现，可知，A是a的充分必要条件。如天文学家观察出天王星的运行轨道有倾斜现象（a、b、c），已知倾斜现象a、b是受两颗行星（A、B）的吸引，于是可以猜想还有一颗行星（C）影响天王星的轨道倾斜（c）。

（5）共变法。A与a以同样方式发生变化，而B、C则不以这种方式变化。可知，A是a的充分必要条件。如改变单摆的摆长（A）则单摆的周期（a）随之改变，但改变摆球的质量（B）和摆球的材料（C）则周期不变。则可以认为单摆的摆长（A）决定其周期（a）。

通过类似于上面穆勒"五法"的科学归纳，似乎能够不太费力地找到事物的因果关系，但事实上非常困难。就穆勒"五法"而言，最难满足的就是那两个预设的条件，第一个称决定论公设，量子力学和混沌学的出现使真实世界中决定论系统并不是太多，所以并不总能满足这预设。第二个称封闭系统公设，这在科学研究中最难满足，比如，契合差异法虽然对决定论系统是非常有效的研究方法，但只要系统较为复杂点，其封闭性就很难满足。

扎实掌握数据的处理技术。试验和调查、测试的一些数据，往往都是我们的第一手研究资料，但是往往很多人却对这些数据没有很好地重视起来，而只是进行了一些例行的分析，并没有利用严谨的科学手段对数据进行处理，从而使得结果的科学性大大降低。

（三）对研究方向和趋势有独到的创新思维

创新是对传统的一种挑战，作为科技发明者，一定要有创新的思维方式。不论是科学发现还是技术发明，凡是创造活动都离不开创造者的创造性思维。创造性思维是一种具有开创意义的思维活动，即开拓人类认识新领域、新成果的思维活动，它往往表现为发明新技术、形成新观念、提出新方案和决策、创建新理论。创造性思维是以感知、记忆、思考、联想、理解等能力为基础，以综合性、探索性和求新性为特征的高级心理活动。

创造性思维的特点：①思维的求实性。体现在善于发现社会的需求，发现人们在理想与现实之间的差距。②思维的批判性。思维的批判性体现在敢于用科学的怀疑精神，对待自己和他人的原有知识，包括权威的论断；敢于独立地发现问题、分析问题、解决问题。③思维的连贯性。日常勤于思维的人，就易于进入创造思维的状态并激活潜意识，从而产生灵感。④思维的灵活性。创造性思维思路开阔，善于从全方位思考，思路若遇难题受阻，不拘泥于一种模式，能灵活变换某种因素，从新角度去思考，善于巧妙地转变思维方向，随机应变，产生适合时宜的办法。⑤思维的综合性。体现对已有智慧、知识的融汇和升华，不是简单的相加、拼凑。综合后的整体大于原来部分之和，综合可以变不利因素为有利因素，变平凡为神奇。

(四) 具有知识的储备能力及完整详细的实验规划能力

认真学习系统掌握专业基础知识。对各个学科之间动态联系的整体把握可以让科研工作者在一定程度上触类旁通，因为学科的交叉式非常多，任何学科都不可能单独地存在。学科之间的联系就好比一张网，打鱼的人只有网结得比较合适才能打出自己的梦想之鱼。

做任何一项工作，都必须预先估计其工作量与所需要的时间。科学合理地规划一个实验，可以使实验目的明确；实验进程清晰；可以节省很多时间，提高实验效率；可以节约很多成本，提高实验的效益。合理的进程安排建立在实验方案的确定与实验参量的选取之上，是实验进行的时间表。比如：①前期工作所需时间；②实验室操作实验所需时间；③数据分析，补充实验所需时间；④不可预测事件预留时间；……

对软件工具能有一定的基础认识和利用。一些集中大量的智慧人员开发出来的计算软件或是商用软件，对科研工作是具有一定的帮助，尽管很多人在对这些软件的科研可行性有着褒贬不一的评价，但是这些软件的进步其目的总是在于通过一些简化和智能的方式来帮助人们处理以往科研的无能为力。合理地运用这些软件，会成为科研工作中的一个有力的助手。

四、正确认识科研与学习的关系

（一）已知与未知

科学研究是利用已有的知识去探索未知。已有的知识是有限的，未知则是无限的，而且已有知识中还包含着许多不确切甚至错误之处，需要通过科研来纠正（图2.3）。探索未知，学无止境。古希腊哲学家芝诺说："如果用圆面积代表人类已有的知识，圆圈外为无知的世界；圆圈越大，则接触的无知部分也越多。"

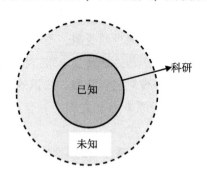

图2.3 已知、未知和科研的关系

（二）听课与自学

在大学本科阶段主要是吸收已有的知识，课程也大体有规定。而研究生则不同，除第一年有些课程外，主要靠在工作之余自学。因此要主动积极地抓紧利用早、晚及实验空隙，否则时间就溜走了。古人语："善学者教师安逸而功倍，不善学者教师辛苦而功半。"根据现代科学"一个人在校学习仅获得一生所需知识百分之十"的观点，自学能力的重要性就突出。自学是一种学习方法，自学能力是一种基本的、甚至在某种意义上说是具有决定性作用的智能。

（三）广博与深入

科技飞速发展，学科交叉增生，要学习的内容很多，而时间有限怎么办？必须处理好"专"与"博"的关系。一般文献先大体了解，便于在工作中感到需要时可去阅读。对科技工作密切相关的内容则需仔细阅读与思考。这样，文章的要点就突出了，分析批判能力增强，很可能提出新的看法，开拓研究思路。孟子曰："博学而详说之，将以反说约也。""博"好像是一张平铺的方纸，面积的确是够大，但没有深度；"专"就好比将这张纸顺着一个角卷起，它的面积不变，但却有了深度。博广以恒，勤专为本。

（四）试验与思考

对试验要周密设计、仔细观察，并将看到的现象与文献知识对比，认真思考。结合科研工作学习，这是非常重要的。在进行科学研究时，既要重视事实，又不能迷信文献与权威。创新性工作常来自科学实践中注意到了与文献所载不一致的特殊现象。古希腊有一个叫皮可马利翁的雕塑家，他在做一个雕塑的时候，老是想把自己的情感融入雕塑的对象里面去，很用心地去雕塑，老是幻想着这个雕塑能够变成他理想中的某一个人，后来这个奇迹真就出现了。他的雕塑作品从一块石头变成了他所期待的那个人，就是他所钟爱一生的女朋友。这个"皮可马利翁效应"告诉人们要"积极思维"。

1927年，殷宏章先生在南开大学求学时，在导师李继侗指导下进行光合作用试验时发现，如果在光源前加一个有色的光滤器（玻璃），Elodea藻（伊乐藻）立即停止光合作用（气泡的冒出），但过0.5 min或1 min后，则气泡又同未加滤器一样，开始冒出，但较慢。如果把滤器除去，光合作用的速度比未加滤器前加快，但是渐渐又回到最初的正常速度，后来这个重要的现象被叫作光色瞬时（变）效应；试验结果"The Immediate Effect of Change of Light on the Rate of Photosynthesis（光对光合速率变化的瞬时效应）"于1929年在英国 *Annals of Botany* 上发表，被国际公认为两个光系统的先驱报道，比后来用现代技术所观察到类似的"双光增益效应（爱默生增益效应）"和"红降现象"要早20年左右，暗示着光合机构中存在两种光系统。美国French C F教授在两次有关光合作用研究的历史讲演中都提及这篇论文在光合作用中的历史意义〔（1）Trends, Facts and Progress in Photosynthesis, American Society of photobiology, 1974；（2）History of photosynthesis research since 1900, Scandinavian Universities, 1974〕，French还在"Light, Pigment and photosynthesis"中指出："论文中发表的瞬间效应曲线和后来十几到二十几年用更精密仪器测定绘制的同一效应曲线（如Blinks）相比较，两者极为相似。"1958年，殷宏章先生到全国各地去调研农业生产，回来进行了深入思考，提出了"群体结构"的理论。

1961年沈允钢先生在测定光合量子需要量的时候，观察到了"光强效应"（在不同光强度下研究叶绿体的光合磷酸化作用和希尔反应，发现当光弱到一定程度后，光合磷酸化的效率，不论是"循环"或是"偶联"都显著降低，而同时测定的希尔反应的效率则不变。因此，"光强效应"为光合磷酸化所特有，显然不是发生在"电子传递系统"或氧化还原部分），进一步研究发现了"植物光合磷酸化过程中高能中间态的存在"，使光合磷酸化机制研究大大迈进了一步，这一发现比美国 Jagendorf 等人的研究早 1 年，这一发现及后续的研究为米切尔（Mitchell）1961 年提出的化学渗透假说提供了直接证据。

（五）真理与谬误

学术讨论是科研中学习的重要方式，要积极参与讨论，多方请教和思考。导师的作用主要是引导学生进入研究之门，循循善诱，因材施教；如何学习（阅读、请教）；实验与思考的配合；与同事要合作和互尊；……。因此，要努力让导师了解你的思想，便于得到指导和启发。这样有利于接近真理，去除谬误。对各种知识和技术的获得，不限于请教自己的导师。其他导师、研究生和工作人员都可能对你有帮助。

真理就住在谬误的隔壁。人们寻找到真理，常常是在一次次地敲响谬误的门之后。一个人历尽万难去找真理，他找到了一户，敲敲房门，没人应。于是他敲开了这一户邻房的门，谬误出来了。他后悔极了，他说，如果他能坚持敲下去，结果也许会大不相同。另一个人历尽万难去找真理，他认定了一户不停地敲，直到谬误出来了。他后悔极了。如果他不那么固执，而把敲最后两次门的手转放到真理的门上，结果也许会大不相同。

1995 年 8 月 3 日，美国芝加哥大学的 Greenbaum E 研究团队在 *Nature* 期刊的第 376 卷发表了 "CO$_2$ fixation and photoevolution of H$_2$ and O$_2$ in a mutant of *Chlamydomonas* lacking photosystem I" 一文，1996 年 7 月 19 日又在 *Science* 期刊的 273 卷发表上发表了 "Oxygenic photoautotrophic growth without photosystem I" 一文，均指出 "没有光系统 I，也能固定 CO$_2$ 和光合释放 H$_2$ 及 O$_2$，进行光合自养"，令人遗憾的是该研究团队在 1997 年 8 月 21 日的 *Nature* 期刊对该结果进行了纠正，指出 "团队所获的突变体 B4 和 F8，虽然开始从物理、化学和遗传学分析上证实缺少了光系统 I，但我们实验室和合作者后续研究结果显示光系统 I 随着培养条件会发生变化，变幅是野生型的 0~20%"，也就是说前面两篇论文的结果是不正确的（图 2.4）。

五、简约有效的科研与学习生活

笛卡尔说："最有价值的知识是方法的知识。" 若想在研究生期间取得更多更大的成果，就必须规划好自己的科研与学习生活，努力做到简约有效。

（一）深层剖析自己

1. 何谓研究生

研究生是由 "研" "究" 和 "生" 三个字组合而成。本人的理解是："研"

图 2.4 美国芝加哥大学的 Greenbaum E 研究团队发表在 *Nature* 和 *Science* 上的论文

应该是对知识的"细磨","究"是对知识的"探究","生"应该包含"学生"和"生疏"两层含义,"学生"的主要任务是"学习","生疏"就是对科研要反复的练习。

2. 读研的规划

就读研究生伊始,就要做好人生规划,思考好"为什么读研"和"读研后出路"两个问题。"为什么读研"通常包括实现梦想、兴趣热爱、逃避就业、就业受挫和随波逐流等,"读研后出路"一般包括从事研究、教书育人、科研管理、公务人员和企业公司等,不同的原因将造成读研的态度、动力和努力等不一样,最后的结果也就自然不一样了。

3. 读研的境遇

读研境遇包括知识积累、学校水平、学科状况、导师能力和团队关系等方面,任何一项境遇的差异都将会深刻影响到今后的科研与学习生活,必须认识清楚。

(1) 知识积累。万丈高楼平地起,基础知识的掌握是今后研究生科研与学习优劣的前提条件。影响知识积累的因素很多,如您就读的本科院校是普通高校、独立学院、民办高校还是成人高校?您就读的本科院校是 985 高校、211 高校、双一流高校、二流高校、三流高校和非流高校?您就读的本科院校的学校整体水平和专业水平如何?您就读的本科院校是一本还是二本?您就读的研究生专业是本专业、相关专业还是跨专业?自己的招生类型属于免试生、统考生、定向生还是自费生？自己的高考成绩、大学成绩和考研成绩如何？自己的英语水平、实验技能、专业知识和自学能力如何？……

（2）学校水平。就读研究生的学校是否是"2+8"工程、985 工程、211 工程，是否拥有国务院批准设立的研究生院和博士学位授予权？就读学校的历史沿革、师资力量、科研水平、校风学风、科学精神、文化氛围等是如何的，必须深入了解才能对今后自己的研究生科研与学习生活有所触动和帮助，使自己真正成为学校的一员，融入学校的发展和建设中。

（3）学科状况。自己就读的学科在全国同类中的排名如何？自己就读的学科是国家重点学科、省级重点学科、市级重点学科还是校级重点学科？自己就读学科拥有的实验室是国家实验室、全国实验室、国家重点实验室、部属重点实验室、省属重点实验室、还是市属重点实验室或校属重点实验室？自己就读学科的师资力量、学术氛围、人际关系怎样？自己导师实验室在学科中的地位如何？

（4）导师能力。导师的层次决定了你的层次。中国地球环境科学研究领域的专家、中国科学院院士、国家最高科学技术奖获得者、"黄土之父"刘东生先生曾说："研究人员在专业上若想得到飞速发展，就要争取与一流科学家在一个锅里吃饭。"科学家的卓越与否，就是要看他是否站得高，看得远。导师的为人（人品、人脉等）和学术水平如何？好的导师常常是本专业主流期刊的编委、本专业学术会议的顾问和报告人、成熟学科学术团体（学会）的理事或年会获奖人等。

（5）团队关系。团队是有"口""才"的人和一群"耳"听的"人"组成的组织。美国著名心理学家荣格有一个共识：I（我）+We（我们）= Fully（developed）（完整的我），只有把个人融入集体，才能体现完整的自我价值。导师领导团队的能力、团队的交流与协作和师兄师姐的走向如何？是否拥有大局意识、协作精神和服务精神的团队精神。

（二）研究生期间应该做什么

研究生期间应该做到以下方面，①建立合理的知识结构：尽量广泛地涉猎学科基本知识，尽量深入地了解所研究领域的方方面面、过去和现在。②掌握独立研究的方法和技能：尽量多地学习各种研究方法，熟练掌握研究过程和步骤。③学会写论文：写论文不仅是训练表达能力，更是训练思维的逻辑性，论文体例虽是八股，但却是整理思路、与他人沟通的有效结构，不可不尊重。④懂得与人沟通：获得更佳更多的合作，减少误解，能使人更乐于作答，使人觉得自己的话值得聆听，能使自己办事更加井井有条，能增强自己进行清晰思考的能力，能使自己感觉能把握所做的事。

（三）研究生做研究的要求

研究生做研究应实现以下的结合，实现人格的养成（从历史及文化角度，理解人类社会发展，认识个人与社会联系，养成历史感和责任感）、和思辨能力及思维习惯的养成（准确地认识和把握事物，缜密的分析和综合，冷静的归结和对策）：①人文与技术相结合；②理论与实践相结合；③渊博知识与独立思考相结合；④理想精神与务实态度相结合。

（四）确定适合自己的研究领域

有这样一个小故事：有一个草坪铺路的故事可以来回答这个问题。保护草坪很难，因为草坪上的路往往并不是按人的方便性来修的。有一次一个设计师承接了一个项目，交付使用后在这个建筑物的周围全部铺上了草坪，没有路，任人去踩，几个月后，草坪上就分明出现了几条道：有粗有细，然后他就此基础上修路，也有粗有细，结果可想而知。上面这个故事给"科研小白"的启示是：在开始的时候，你可以没有明确的目标，只要张开你的所有触角，去看，去读，去感受，你就会不自觉地爱看一些东西，那是你的兴趣，也是你的知识结构决定的，日子久了，也会出现几条路，这些路也都可以通向你要追求的目标。学会倾听心音，让心来告诉你如何走，就不会被别人的价值观、流行的热点牵着跑。

（五）如何进入一个研究领域

进入一个领域最简单也是最有效的办法是找一本这个领域最早的论述专著或教材，比如植物生理学领域，可以看 William G. Hopkins 的 *Introduction to Plant Physiology*。当你把这个领域的基本概念的内涵以及相互之间的关系搞清楚了之后，再去读这个领域的论文，你就会因为心中有数而能够很好地把握了。这种工作必须要先做，不可以在网上乱搜论文，否则，你会感到：看了20篇文章，对这个领域的认识还没有形成，这些概念自相矛盾。有此认识还算幸运，有的人恐怕被偏见所引导，还不知道，这是最可怕的。

（六）如何选定一个研究课题

对于研究生一年级的学生，在学习基础课程的同时多做泛读：①浏览各有关协会的网站，看看最近国内外召开的学术会议的议题。②翻看国内外有关的期刊，了解最近这些年大家都在忙什么。③查阅国家相关科研管理机构发布的申请指南，熟悉国家的重大需求。④拜读自己感兴趣研究方向的评述性文章，寻找当前亟待解决的前沿问题。根据你自己的知识结构，你会很自然地有所倾向，再多看看你感兴趣的话题，比较之后，也许就形成了你的论文选题了。

（七）个人管理

研究生的个人管理包含个人时间管理（PTM）、个人知识管理（PKM）和个人心理管理（PPM）等。

（1）个人时间管理。①事先规划好的行动是成功的关键。②设定优先次序、时间期限和奖励。③注意拖延的现象。重要的事情和紧急的事情。④简化工作：a，做久一点；b，做快一点；c，做重要的事情；d，做自己拿手的事情；e，少犯错；f，发挥团队合作的力量。⑤关键成果领域。导师或者上级期待你完成什么？⑥平衡。真正重要的事情：身体健康、年轻的心灵、良好的人际关系。

（2）个人知识管理。其实质在于帮助个人提升工作效率，整合自己的信息资源，提高个人的竞争力。通过个人知识管理，让个人拥有的各种资料、随手可得的信息变成更多价值的知识，从而最终利于自己的工作、生活。一般需要管理的知识资源无外乎以下的内容：①人际交往资源（如通信录、每个人的特点与特长等）；②通信管理（书信、电子信件、传真等）；③个人时间管理工具（事务提醒、待办事宜、个人备忘录）；④网络资源管理（网站管理与连接）；⑤文件档案管理。

（3）个人心理管理。个人心理管理就是经常自我心态调整，做到知足常乐、量力而行。①研究和娱乐要相结合；②凡事都是都有它存在的理由，不要经常有抱怨；③不要随便拿两个人来比，只看到他所得到的，却看不到他所失去的，这有什么意义？④正确面对困境，用辩证的眼光去看问题。

（八）学生论文研究和导师的角色作用

导师在学生论文研究的角色一般可分为以下3种模式，无论哪一种模式都有利弊。

（1）让学生自己去找感兴趣的领域，自己研究，导师至少给予方法论上的指导。这种模式的优点是"学生可以做自己想做的事情，也可以帮助导师开拓思路和方向"；但存在的缺点是"大多数学生在研二的时候还没有确定的目标方向，选择方向的过程异常痛苦"。学生所选择的领域也许是导师所不熟悉的，为了能够从内容上提供指点，导师也要看相关的文献，如果学生多了，每个人都是一个领域，导师就很难给出专家级的指点，学生也有孤军奋战的寂寞。所以除非学生有非常强烈的意愿，一般导师不愿采用此法安排论文。

（2）学生做导师申请的项目。这种模式的优点是"项目有明确的研究要求，导师能够具体指点，还有同学一起攻关"；缺点是"因为导师对项目的认识在短期内很难传给学生，因此有可能出现学生总不得要领的表象，造成学生的挫折感"。如果导师对项目干预很少，学生就需要自强自立，否则项目的质量和成果、对学生的培养可能都达不到预期。

（3）导师表达对某个方向领域的兴趣，学生自由开垦。这种模式的优点"学生可以根据自己的知识结构选择着眼点，做力所能及的工作，并在此基础上发展"；缺点是"学生仍旧可能感到是在孤军奋战，缺乏交流对手"。导师因为对该方向有兴趣，也许没有深入，也许过去已经有过积累，所以还能够对学生的着眼点给予建议。学生自由发挥后，往往有出人意外的结果，师生都会因此欣喜。这是做论文期间师生关系最为融洽的一种合作方式。

（九）如何得到导师的指导

研究生期间应该开始培养独立研究的能力，所以导师一般采用宽松管理。除了几个重要的时间节点老师会主动地找学生以外，其余时间都需要学生主动与导师联系。导师是否真的成为你的导师，完全要看你自己的努力，同届的几个学生，可能会得到不同数量的指导，这并不是导师厚此薄彼，而是平时交流频度和质量决定的，应注意以下几点。

（1）自觉地将阶段性成果向导师汇报，听听导师的建议，导师也许会从研究方法和细化问题的角度帮助你反思，更多的时候是为你提供其他的数据来源和支持（人力、物力）。

（2）认真地完成导师交给你的看似与论文并无关系的事情。导师往往根据对你的直觉认识，认为你合适做什么事情而分配给你一些工作，也许别人对你也是这个印象，也许这是你自己都没有察觉到的你的优势。认真地有意识地发展这方面的知识和技能，会使你成为一个有特长的人。

（3）和导师的接触有正式和非正式两类，正式的需要预约，真的是有事情要讨教。非正式的包括路过导师的门口，打个招呼，闲聊两句。有时候正是这种无心插柳，可能带来了很多的机会和资源，也可以得到一些意想不到的指点。

（4）不要唯导师命是从，有时候导师分配给你某个任务也是投石问路，是因为想发掘你的潜力。所以多和导师交流你的兴趣和想法，可以方便导师分配给你你所想要的机会，做你想做的事情。

（十）如何得到导师对论文研究工作的指点

论文研究的主要成果之一是论文，论文可以成为师生之间非常好的沟通载体。很多同学都是在最后一个月才把论文交给导师，导师能够做的就是做论文规范性的修改。但论文中往往有一些在研究中可改善的地方，如能早和导师沟通，论文时期对自己的训练将会更加富有成效。建议学生在撰写论文时采用"原型方法"进行论文写作，尽早完成论文的整体框架，再每个版本征求导师的意见。采用"原型方法"进行论文写作的优点是：导师可较全面地了解你的想法，按照你的思路帮你拔高。如零碎的部分去请教导师，导师往往会按照他如何做这个研究给出建议和要求，因两人的知识结构不同，会造成理解认识的误会，而影响论文研究的进展和流畅。

（十一）前人做科学研究的点滴经验

做科学研究是一项伟大而又重要的工作，要想少走弯路和尽早取得成果，应当多多学习前人积累和总结的经验。比如：①在科学发现上，第一个做出来的是冠军，第二个做出来的什么都不是；②当你追赶人们常说的海潮时，其实海潮已经过了，所以不如追求你的梦想；③好的实验设计不一定会成功，但失败了也有意义；④坏的实验设计不一定会失败，可是成功了也没有意义；⑤天上不会掉馅饼，只会掉困难；⑥相信你的研究伙伴，怀疑那些不干活的人；⑦以前成功的经验，不一定到处都能用；⑧学习管理，至少学习管理你冰箱里保存的克隆；⑨学会备份，别等到大火把一切烧光以后才开始啼哭；⑩能发一流专业期刊的论文不一定能发顶级期刊，反之亦然；⑪实验交给1个可靠的人做，比交给100个不可靠的人做强胜一万倍；⑫和会想的人讨论；⑬相信一个人的未来要根据他的能力，相信一个人的能力要根据他的历史；⑭做坏的研究花的精力远远超过做好的研究，做好的研究花的脑力远远超过做臭的研究；⑮靠项目培养自己，靠合作提高自己；⑯易者易为，难者可为；⑰怀疑一切；⑱坚持到底；⑲不管在哪个环境里不一定要让每个人都喜欢你，但一定不要弄得每个人巴不得你早点离开；⑳做任何事前，要准备好一个最好的结果和一个最坏的结果。好结果是快乐延续，坏结果是未雨绸缪；㉑懂得向周围不同的人学习不同的东西（学习优点提高自己的能力，学习缺点避免自己犯同样的错误）；㉒写给导师的任何东西一定不要有错别字和标点符号滥用，哪怕花两倍、三倍的时间写，能力和态度是两码事；㉓尽可能多地积累经验，哪怕是失败的经验，也有可取的精华，不要在等待中徒耗自己的激情和梦想；㉔在任何环境中，都要去学习其最精髓的东西（比如团队合作、管理、技术等），能学会的都要学会，不要抱怨没有机会；同时一定要记得：尽快成长，尽快能独立承担，让导师赋予你更多价值或你能赋予别人更多价值。

六、植物生命科学研究的特点

（一）生命（生物体）的基本特征

诺贝尔物理学奖获得者、奥地利物理学家和量子力学奠基人之一埃尔温·薛定谔（Erwin Schrödinger，1887—1961 年）在 1944 年由剑桥大学出版社出版的 *What is life*（《生命是什么》）中提出了"基因是活细胞的关键组成部分，要懂得什么是生命就必须知道基因是如何发挥作用的"，该观点催化发展了分子生物学，奠定了分子系统发生学的思路，成为现代进化论的基础，书中还试图通过用物理的语言来描述生物学中的课题。而现代生物学一般认为生命的基本特征有如下几点：①细胞是生物的基本组成单位（病毒除外）；②新陈代谢、生长和运动是生命的基本功能；③生命通过繁殖而延续，DNA 是生物遗传的基本物质；④生物具有个体发育和系统进化的历史；⑤生物对外界具有适应性和响应性。

（二）何谓生命科学

生命科学是研究生命现象、生命活动的本质、特征和发生、发展规律（生物学），以及各种生物之间和生物与环境之间相互关系的科学；用于有效地控制生命活动，能动地改造生物界，造福人类生命科学与人类生存、人民健康、经济建设和社会发展有着密切关系，是当今在全球范围内最受关注的基础自然科学。

（三）21 世纪是生命科学的世纪

17—20 世纪，物理学一直作为带头学科，主导着工业革命和经济发展，带领着天文、地质、气象、化学等学科的发展。17 世纪中叶的牛顿经典力学，18 世纪中叶的（蒸汽机）工业革命，19 世纪中后期的电气革命，20 世纪初的量子论、相对论和核物理标志着物理学的革命性飞跃，20 世纪上半叶被称为"现代物理学黄金半世纪"。牛顿以来的物理学把宇宙统一为一个整体，同时却把我们的世界一分为二——物理世界和生物世界。薛定谔试着跨越物理世界和生命世界之间难以逾越的鸿沟，他所写的 *What is life* 是一个伟大尝试。对复杂系统的许多问题，科学界把目光转向生命科学，寻求新的概念、新的观点和新的思路。面对工业发展所带来的日益严重的社会问题（人口、粮食、环境、资源、健康等），人们意识到要从生命科学中去寻求出路。2005 年 4 月 9 日出版的 *New Scientist* 的封面论文 "Life's top 10 greatest inventions"（生命界十大顶级创造）中归纳指出，生命界最重大的十项顶级创造依次为 "1. Multicellularity（多细胞结构），2. The eye（眼睛），3. The brain（大脑），4. Language（语言），5. Photosynthesis（光合作用），6. Sex（性），7. Death（死亡），8. Parasitism（寄生），9. Superorganism

（超个体），10. Symbiosis（共生）"，其中"光合作用"是植物所特有的。光合作用彻底地改变了地球的面貌，改造了大气成分，并形成防护屏使地球免于致命辐射。

（四）植物生命科学研究的特点

1. 研究对象丰富多彩

（1）种类繁多。植物（Plants）是生物界中的一大类，一般有叶绿素、基质、细胞核，没有神经系统。植物分藻类、地衣、苔藓、蕨类和种子植物（裸子植物和被子植物）。种子植物、苔藓植物、蕨类植物和拟蕨类等植物中，据估计现存大约有 35 万个物种，目前约287 655个物种已被确认，有258 650种开花植物，15 000种苔藓植物。

（2）特征明显。植物一般具有以下特征：①无自身移动性的运动能力，不具有迅速运动反应力；②缺乏明显的神经和感觉器官（虽然具有特别的刺激反应的指示感应）；③具有纤维素构成的细胞壁；④有一个特有的营养系统，即通过叶绿体的光合作用合成碳水化合物，而无需直接吸收有机营养物质和表现出有性与无性世代交替的明显特征；⑤能进行光合作用；⑥陆生植物营固土壤生活；⑦生长没有定限；⑧体细胞具有全能性。

（3）千姿百态。陆地上最长的植物——白藤，从根部到顶部达 300 m，最高纪录达 400 m。最高的树——澳洲的杏仁桉树，一般高达 100 m，最高 156 m。最矮的树——紫金牛，最高也不过 30 cm。比钢铁还要硬的树——铁桦树，比普通的钢硬 1 倍。生长最慢的树——尔威兹加树，100 年才长高 30 cm。木材最轻的树——巴沙木，每立方厘米只有 0.1 g。

（4）色彩绚丽。有人曾经统计过 4 000 多种植物花色，发现有白、黄、红、蓝、紫、绿、橙、茶和黑等 9 种色彩，其中以白色最多，其次是黄花、红花、蓝花、紫花、绿花、橙花、茶花，最少的是黑花。花的颜色多在红、蓝、紫之间变化，其次是在黄、橙、橙红之间变化。

2. 研究内容极其宽广

植物生命活动是在水分代谢、矿质营养、光合作用和呼吸作用等基本代谢活动的基础上，表现出的种子萌发、长叶、抽枝、开花和结实等生长发育过程，这些生命活动间是相互联系、相互依赖和相互制约的，同时植物的生命活动与其所处的环境有着密切的关系（图 2.5）。从研究范畴来看，不仅局限在个体的组织、器官、细胞和分子等某一结构上，也在宏观的个体、群体、群落和生态系统层面上和微观的细胞和分子水平上，构成了"基因—染色体—细胞核—细胞器—细胞—组织—器官—个体—群体—群落—生态系统"的完整链条。从植株内外表现形式上，植物生命科学研究主要包括形态结构、生长发育、遗传机制、种质创新、生理基础、生化过程和生态调节等。

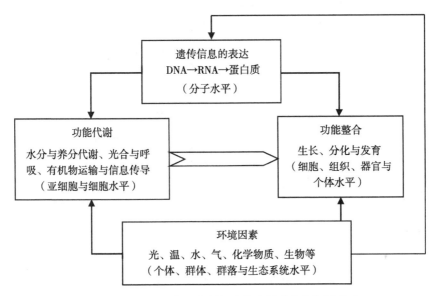

图 2.5　环境、遗传、代谢与植物生长发育的相互关系

　　植物所有的生命活动归根结底是运行于植物体内的一系列生物化学和生物物理的变化，是物质转变（material transformation）、能量转换（energy conversion）、形态建成（morphogenesis）和信息传导（information conduction）的综合反应。物质转化与能量转换紧密联系构成统一整体，是形态建成的基础；信息传导则是植物适应环境的重要环节。这些内容蕴藏在植物的表现形式内容中，彼此间的关系可用图 2.6 来表示。

　　3. 研究周期相对较长

　　从不同生物的模式生物的生长周期来看，植物是相对较长的。微生物的模式生物——大肠杆菌一般 20 min 就可以繁殖一代，真菌的模式生物——酵母一般每 1.5~2 h 增殖一代，发育生物学研究的模式生物——线虫的世代周期为 3~4 d，遗传学分析的模式生物——黑腹果蝇 10 d 左右繁殖一代，用于解剖学和动物实验的模式生物的小鼠一般 45 d 左右繁殖一代，用于胚胎发育机理研究、基因功能研究和疾病发病机制研究的模式生物——斑马鱼出生到成年约 90 d；而用于植物研究的模式植物——拟南芥一般 40~50 d 繁殖一代，模式作物——水稻一般 100 d 以上才繁殖一代。

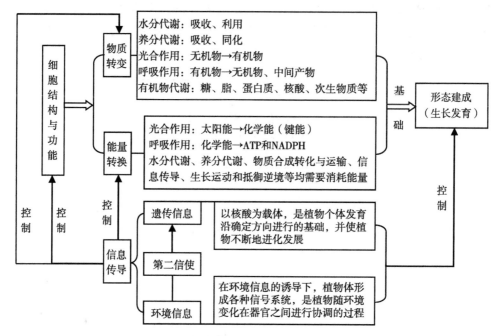

图 2.6 植物生命科学研究内容间的相互关系

4. 研究条件难以控制

植物生长于开放系统，几乎遍布地球的所有角落，不可移动性导致逆来顺受，使生命活动不能趋利避害，时刻地受到外界各种因素的影响。因此，生长条件差异较大，很难将研究条件控制一致，尤其是大田或野外试验。

5. 遗传信息纷繁庞大

植物有细胞核基因组、线粒体基因组和质体（叶绿体）基因组 3 套，而动物只有前面 2 套。表 2.1 列出了生活于强酸性温泉中的红藻、裂变酵母、啤酒酵母、拟南芥和恶性疟原虫的核基因和细胞器（线粒体和质体）基因组信息，可发现拟南芥的染色体数远远少于红藻的 20、啤酒酵母的 16 和恶性疟原虫的 14，但其细胞核 DNA 序列长度数倍于红藻（7.0 倍）、裂变酵母（9.3 倍）、啤酒酵母（9.2 倍）和恶性疟原虫（5.0 倍），其细胞核基因数目数倍于红藻（4.8 倍）、裂变酵母（5.2 倍）、啤酒酵母（4.4 倍）和恶性疟原虫（4.8 倍），其细胞核内含子数目数倍于红藻（3 992 倍）、裂变酵母（27.8 倍）、啤酒酵母（396.3 倍）和恶性疟原虫（14.6 倍）；其线粒体的基因组大小数倍于红藻（11.4 倍）、裂变酵母（18.9 倍）、啤酒酵母（4.3 倍）和恶性疟原虫（61.5 倍），其线粒体蛋白基因数目数倍于红藻（1.7 倍）、裂变酵母（5.8 倍）、啤酒酵母（2.0 倍）和恶性疟原虫（19.3 倍）；其质体基因组大小数倍于红藻（6.7 倍）、裂变酵母（3.3 倍）、啤酒酵母（2.1 倍）和恶性疟原虫（3.2 倍），质体基因组密度（每个蛋白所含的碱基对）数倍于红藻（2.7 倍）和恶性疟原虫（2.0 倍）；上述数据充分表明模式植物拟南芥的核基因和细胞器基因组比较庞大，尤其是多拥有的一套质体基因组，给人类的深入研究带来了巨大任务和挑战。

表 2.1 不同生物的核基因和细胞器基因组差异

特性	红藻	裂变酵母	啤酒酵母	拟南芥	恶性疟原虫
细胞核					
染色体数	20	3	16	6	14
序列长度（bp）	16 520 305	12 462 637	12 495 682	115 409 949	22 853 764
G+C 含量（%）	55.0	36.0	38.3	34.9	19.4
CpG 发生率	1.151	0.886	0.803	0.724	0.765
基因数目	5 331	4 929	5 770	25 498	5 268
基因平均长度（碱基对）	1 552	1 426	1 424	1 310	2 283
基因密度（每个基因所含的碱基对）	3 099	2 528	2 088	4 526	4338
百分比编码	44.9	57.5	70.5	28.8	52.6
带内含子基因数（%）	0.5	43.0	5.0	79.0	53.9
内含子数目	27	4 730	272	107 784	7 406
内含子平均长度（碱基对）	248	81	NA	170	179
外显子平均长度（碱基对）	1 540	ND	ND	170	949
tRNA 基因数目	30	174	274	620	43
5S rRNA 基因数目	3	30	100~150	1000	3
18S，5.8S 和 28S rRNA 单位数目	3	200~400	100~150	700~800	7
线粒体					
基因组大小（碱基对）	32 211	19 431	85 779	366 924	5 967
蛋白基因数目	34	10	29	58	3
密度（每个蛋白所含的碱基对）	947	1 943	2 958	6 326	1 989
质体					
基因组大小（碱基对）	149 987	NA	NA	154 478	29 422
蛋白基因数目	208	NA	NA	79	30
密度（每个蛋白所含的碱基对）	721	NA	NA	1 955	981
带内含子基因数（%）	0	NA	NA	18	0

注：ND 表示未检出（Not Detected），NA 表示数据缺失（Not Available）。

图 2.7 比较了不同生物遗传物质中的碱基对数目，碱基对最小的是支原体属微生物（Mycoplasma）、从小到大依次为革兰氏阴性细菌（Gram-negative bacteria）、革兰氏阳性细菌（Gram-positive bacteria）、真菌（fungi）、藻类（algae）、霉菌（molds）、寄生虫（worms）、软体动物（molluscs）、昆虫（insects）、甲壳类动物（crustaceans）、棘皮动物（echinoderms）、硬骨鱼（bony fish）、鸟类（birds）、软骨鱼（cartilaginous fish）、爬行动物（reptiles）、哺乳动物（mammals）和两栖动物（amphibians），碱基对最多的是开花植物（flowering plants），大部分比哺乳动物大 1~2 个数量级。开花植物的碱基对数目变化幅度最大，其次是两栖动物、昆虫、棘皮动物、硬骨鱼和软体动物，其他生物的碱基对变化相对较窄。

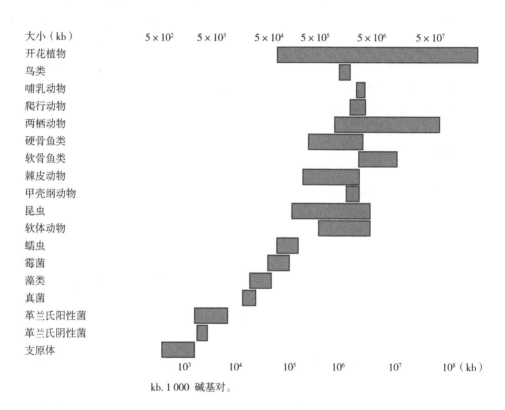

kb. 1 000 碱基对。

图 2.7　不同生物遗传物质中的碱基对大小差异

6. 研究结果验证困难

植物生命科学的研究基本上都是在离体条件下进行的，基本上都要将材料杀死后来进行各项指标的测定与分析，与活体中的情况有差异，目前的验证还十分困难。随着科学技术的发展，现在越来越多的试验已可以进行活体研究。

7. 研究意义重大

植物生命活动与其他无数生物的演化、生存和繁衍紧密相关。没有植物生命活动，地球表层就不会有生物圈的形成和运转，不可能有人类的诞生。植物的出现是生命演化过程中的转折点和生物圈形成及运转的关键环节（图2.8）。植物生命活动是社会可持续发展的支柱，经济和社会的可持续发展更是需要植物来提供食物、可再生资源和维护适宜环境。

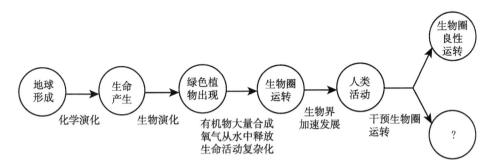

图2.8　植物在生命演化过程、生物圈形成及运转中的作用

七、结语

从事科学研究必须树立的态度：立志献身，百折不挠；勇于探索，不断创新；严谨踏实，一丝不苟；注意观察，把握机遇；诚实谦虚，团队合作；错误失败，正确认识；功成名利，淡泊对待。

从事科学研究必须具备的素质：记忆力强、观察细致；认真实践、勤于思考；思维敏捷、推理力强；语言流畅、坚持性好；注意集中、自信心强；好奇心强、精力旺盛；善于沟通，精诚协作。

"中国稀土之父"、国家最高科学技术奖获得者、中国科学院徐光宪院士的秘诀：成功的要素公式＝［个人因素］［社会因素］＝［1. 志向和目标，兴趣和爱好，决心和毅力；2. 有效的勤奋；3. 健康；4. 天赋，灵感和创新；5. 教育；6. 方法；7. 心理健康］［8. 大环境；9. 小环境；10. 机遇］；成功的定量评价＝成就＝［强度因子］［广度因子］＝［工作的重要性，领先性，系统性，难度］［持久性，影响地域的广泛性，影响人口的普遍性］＝［重，先，系，难］［久，地，人］。

复习思考题

1. "科学"一词的由来、内涵和外延。

2. "科学研究"的定义、起源、类型、原则及方法。

3. 科研人员应具备的基本素质有哪些？

4. 如何正确认识科研与学习的关系？

5. 结合自身情况，谈谈怎样开展简约有效的科研与学习生活。

6. 你最喜欢哪一种导师在学生论文研究扮演的角色，原因何在？

7. 为什么说"21世纪是生命科学的世纪"？

8. 阐释植物生命科学研究的特点。

9. 分析植物遗传信息纷繁庞大的缘由。

10. 论述取得丰硕科学研究成果及实现成功科研人生的关键因素有哪些？

主要参考文献

本书编写组，2018. 自然辩证法概论（2018年版）［M］. 北京：高等教育出版社.

辞海编辑委员会，1979. 辞海［M］. 上海：上海辞书出版社.

辞海编辑委员会，1999. 辞海［M］. 上海：上海辞书出版社.

沈允钢，沈巩槑，1962. 光合磷酸化的研究：I. 光合磷酸化的"光强效应"及中间产物［J］. 生物化学与生物物理学报，11（8）：1097-1106.

王星拱，2017. 科学方法论：科学概论［M］. 北京：商务印书馆.

夏建国，2016. 自然辩证法［M］. 2版. 武汉：武汉大学出版社.

殷宏章，1960. 植物的群体生理研究［J］. 科学通报，11（9）：270-278.

殷宏章，沈允钢，沈巩懋，等，1961. 光合磷酸化量子需要量［J］. 生物化学与生物物理学报，10（2）：67-75.

殷宏章，王天铎，李有则，等，1959. 水稻田的群体结构与光能利用［J］. 实验生物学报，6（3）：224-261.

殷宏章，王天铎，沈允钢，等，1959. 小麦田的群体结构与光能利用［J］. 农业学报，10（5）：382-397.

俞喆，2008. "科学"之概念与中国特色［J］. 中国集体经济，（4）：36-37.

张勘，沈福来，2018. 科学研究的方法——站在巨人的肩膀上［M］. 北京：

科学出版社.

赵锡奎, 2015. 现代科学技术概论 [M]. 北京：科学出版社.

中国科协创新战略研究院, 2022. 大国脊梁：国家最高科学技术奖获得者的奋斗人生 [M]. 北京：新华出版社.

AINSWORTH C, 2005. Life's greatest inventions [J]. New Scientist, 186 (2494)：26-27.

FRENCH C S, 1961. Light pigments and photosynthesis. //McElroy WD, Glass B (eds), A symposium on light and life [M]. Baltimore：Johns Hopkins University Press, 474-470.

GREENBAUM E, TEVAULT C V, BLANKINSHIP S L, et al., 1995. CO_2 fixation and photoevolution of H_2 and O_2 in a mutant of *Chlamydomonas* lacking photosystem I [J]. Nature, 376 (6539)：438-441.

LEE J W, TEVAULT C V, OWENS T G, et al., 1996. Oxygenic photoautotrophic growth without photosystem I [J]. Science, 273 (5273)：364-367.

LI T T, 1929. The immediate effect of change of light on the rate of photosynthesis [J]. Annals of Botany, 43：587-601.

SCHRÖDINGER E, 1944. What is life? with "Mind and Matter" and "Autobiographical Sketches" [M]. London：Cambridge University Press.

第二篇

基础知识

第3章 植物物质代谢与能量转换

一、种子生理

种子是裸子植物和被子植物特有的繁殖器官，经过亿万年进化形成利于传播和抵御逆境的结构，是植物有性繁殖的最高形式和种族延续的重要载体；同时，种子也是农业生产最基本和最重要的有生命力的生产资料和最可靠、最有效、最经济的增产措施，亦是科学技术的载体，没有种子就没有农业。

种子具有一定的寿命，是农业生产得以延续和发展的必要条件，其受内外多种因素的影响。种子贮藏是种子产业的重要环节，是保证种子质量和农业用种安全的重要措施，根据种子特性和贮藏目的可分为干藏和湿藏；按种子贮藏特性可分为正常型种子、顽拗型种子和中间型种子。对种子寿命特别是长寿命种子进行测定，要经历极长时间，常用数理统计进行推测。

种子活力是种子生命过程中十分重要的特性，是种子质量的重要指标，也是种用价值的主要组成部分。高活力种子具有明显的生长优势和生产潜力。种子活力测定方法分为直接法和间接法两类。不同作物和品种由于其种子结构、大小及形态特征和发芽特性等不同，其活力水平有较大差异。随种子成熟，种子活力逐渐升高，至真正成熟时达到顶峰，随之便会进入发芽率和活力下降的不可逆变化，导致种子逐渐衰老或劣变。种子劣变的原因可分为内部因素和外部因素两类。种子生活力降低及生命力丧失的机制是相当复杂的，一是外因的直接作用或间接影响，二是内在的演变过程，二者又有密切联系，外因是内部变化的诱发因子和条件。膜脂过氧化是目前比较被接受的一种劣变机理。

种子休眠是一种优良的生物特性，是植物在长期系统发育过程中形成的抵抗不良环境条件的适应性，有利于种族生存世代繁衍，是调节种子萌发的最佳时间。种子休眠可分为自然休眠与强迫休眠、初生休眠与次生休眠、浅休眠与深休眠等不同类别。种子休眠的原因有胚休眠、种皮（果皮）限制、抑制物的存在、光的影响和不良条件的胁迫等，在农业生产上根据需要通常采取措施打破或延长种子的休眠。种子休眠的机理是一个复杂的问题，至今很难用一种学说来概括，比较重要的有内源激素调控（三因子学说）、呼吸途径论（磷酸戊糖途径）、光敏素的调控和膜相变化论等。

种子萌发是植物生长周期的起点，具有重要的经济和生态意义。种子萌发容易受到机械伤害、病害和环境胁迫的影响，被认为是植物生活周期中最重要和最脆弱的阶段。种子萌发是一个连续渐进的过程，常根据其萌发特征分为吸胀、萌动、发芽和幼苗形态建成 4 个阶段，涉及一系列的生理生化和形态上的变化（包括细胞的活化和修复、酶的产生与活化、物质和能量的转化等），并受到种子本身内部的生理条件和外部生态环境的影响。提高播种种子的田间萌发成苗能力和整齐度，特别是在逆境下的萌发和成苗能力，对农作物生产有积极的意义。近年来，世界上发展了一些新兴的种子播前处理方式（如种子引发、湿干交替处理、化学物质处理和有机溶剂渗透等），通过它们创造一定的条件来改善种子内部生理状态，可达到提高种子萌发成苗的目的。

二、水分吸收

水是生命的源泉，是地球上第一批生命出现的先天环境，没有水就没有生命。水是植物的主要组成成分，一般占植物鲜重的 3/4 以上。除直接或间接地参与生理生化反应外的生理需水，还有调节植物体温和环境的生态需水。植物体的含水量并非均一，与植物种类、器官和组织的特性、生育时期及所处的环境条件等密切相关。植物体内的水分以自由水和束缚水两种形态存在，两者的比例与代谢强度和抗逆性强弱有着密切的关系。

水分移动需要能量做功。每偏摩尔体积水的化学势差就是水势，即体系中水的化学势与处于等温等压条件下纯水的化学势之差。水势由溶质势（ψs）、压力势（ψp）、衬质势（ψm）和重力势（ψg）组成，采用压力单位 MPa 计量。植物体内的水分通过扩散和集流移动，渗透是扩散的一种特殊形式，集流通过膜上的水通道蛋白（水孔蛋白）进入细胞。水分从水势高处通过半透膜移向水势低处，即渗透作用。植物细胞吸水有渗透吸水（细胞形成液泡后的主要吸水方式）、吸胀吸水（未形成液泡的细胞的吸水方式）和降压吸水（直接消耗能量的吸水方式）3 种方式，其中以渗透吸水为主。渗透吸水和降压吸水都与细胞的代谢活动有关，属代谢性吸水；而吸胀吸水与细胞的代谢活动无直接关系，属于非代谢性吸水。植物细胞在吸水和失水的过程中，细胞体积发生变化，水势、溶质势和压力势都随之改变。植物细胞、组织、器官及土壤—植物—大气连续体中的水分移动方向，取决于两者的水势差，水分总是从水势高处流向水势低处，直流到两者水势差为零。

土壤中可利用水主要是毛细管水，能被植物根系吸收。根系吸水的部位主要在根尖，以根毛区最强。植物大量吸收水分的能力取决于根系的数量与分布。根系吸收水分最活跃的部位是根毛区，根系吸水可分为主动吸水和被动吸水，它们的动力分别为根压和蒸腾拉力，伤流和吐水就是主动吸水的表现。对绿色植物来讲，被动吸水是主要的。根部吸取的水分通过根毛、皮层、内皮层、中柱薄壁细胞进入导管，根内径向运转有质外体途径、共质体途径和跨膜途径。影响根系吸水的因素有植物自身因素（生理因素）、气象因素和土壤因素等。

植物不断地从土壤中吸收水分，又不断地利用和蒸腾失水，形成了吸水与失水的连续运动过程，即水分平衡。植物需水量因植物种类、生长发育时期不同而异，其中水分临界期和最大需水期最为关键。作物对缺水的反应，从适应到伤害有一个过程。在作物特定发育阶段，只要不超过适应范围的缺水，往往在复水后，可产生水分利用和生长上的补偿效应，对形成终产量有利或无害，即作物的有限缺水效应。灌溉的基本原则是用少量的水取得最大的效果。合理灌溉要以作物需水量和水分临界期为依据，参照土壤墒情、作物形态和生理指标制定灌溉方案，采用先进的灌溉方法及时地进行合理灌溉，充分发挥水分的生理效应和生态效应，来提高水分利用效率，获得植物的高产稳产及品质改善。

三、矿质营养

植物对矿质元素的吸收、转运和利用（同化）是植物矿质营养的基本内容。通过溶液培养法，现已确定碳、氧、氢、氮、磷、钾、钙、镁、硫、铁、锰、硼、锌、铜、钼、氯、镍、钠和硅19种元素为植物的必需元素。除碳、氧、氢外，其余元素均为植物所必需的矿质元素。植物所必需的元素的标准有不可缺少、不可替代和直接功能3个。除必需元素外，还有一些元素为有益元素和稀土元素。植物必需元素在植物体内具有三方面的生理作用：①细胞结构物质的组成成分；②参与调节酶的活动；③电化学和渗透调节。必需矿质元素功能各异，相互间一般不能代替，当缺乏某种必需元素时，植物会表现出特定的缺素症。根据植物需要的多寡，这些元素可分为大量元素（≥0.1%DW）、中量元素（0.01%~0.1%DW）和微量元素（≤0.01%DW）。植物生长环境中的各种矿质元素种类和比例适当时，植物才能生长发育良好。

细胞的各种生命活动在被生物膜包裹的环境中进行，各种无机和有机离子的跨膜运输是生命活动不可或缺的过程。生物膜脂质双层结构中疏水空间使各种离子不能自由进行跨膜运输，离子跨膜运输的过程由镶嵌在膜中的各种离子跨膜运输蛋白来执行。根据跨膜离子运输蛋白的结构及运送离子发生跨膜运输的方式，将跨膜离子运输蛋白分为离子通道、离子载体和离子泵。通道蛋白可协助离子的扩散。由载体进行的转运可以是被动的，也可以是主动的。饱和效应与离子竞争性抑制是载体参与离子转运的证据。载体又可分成单向、同向和反向传递体等类型。植物细胞对矿质元素的吸收有被动吸收、主动吸收和胞饮作用三种，主要与溶质的跨膜传递有关，跨膜传递的方向取决于溶质在膜两侧的电化学势梯度。溶质顺其电化学势梯度进行转移称为扩散。扩散不需要消耗代谢能量，属于被动吸收，包括简单扩散与协助扩散。溶质逆其电化学势梯度进入细胞，为主动吸收。主动吸收消耗代谢能量，具有选择性、饱和性及离子的竞争。主动吸收会导致溶质在细胞中的积累。

根系是植物体吸收矿质元素的主要器官。根尖的根毛区是吸收离子最活跃的部位。根系所吸收的溶质从根表皮被运送至中柱导管通过共质体和质外体两条途径同时、交互进行。根系对矿质元素吸收的特点是：对矿物质和水分的相对吸收，离子的选择性吸收，单盐毒害和离子拮抗。植物地上部分也有吸收矿质元素的作用，即根外营养/叶面营养。根系对矿质元素的吸收受土壤条件（温度、通气状况等）的影响。矿质元素运输的途径是木质部。根据矿质元素在植物体内的循环情况将其分为可再利用元素（如氮、磷等）和不可再利用元素（如钙、铁、锰等）。可再利用元素的缺素症首先出现在较老器官上，而不可再利用元素的缺素症则首先出现在幼嫩器官上。

根系吸收的氮素主要是硝态氮和铵态氮，前者被根系吸收后被还原为铵。硝态氮还原在根部和地上部都可进行。氨的同化过程主要是先合成谷氨酰胺和谷氨酸，然后氨基再通过氨基转移酶的作用被用于其他氨基酸的合成。

不同作物的需肥量不同，且需肥特点也有差异。栽培作物时应给作物根系创造吸收养分的最适环境条件。合理施肥就是根据作物的需肥规律及作物生产目标等，适时适量地供肥，同时应注意各种养分间的平衡。但矿物质占植物干物质的量一般不超过10%，因此，合理施肥增产的效果是间接的，常常是通过改善光合性能而实现的。

四、无机物运输与利用

植物为维持生命，必须依赖环境供给的物质、能量和信息，并通过复杂的代谢来完成生长发育。植物从环境中通过根系吸收的物质大都是无机物——水分和矿质元素。陆生植物根系从土壤中吸收的无机物必须通过茎叶特化的组织和器官的木质部运输送到植物的各个部位。

水分在植物体内的运输可分为经维管束系统导管的长距离运输和活细胞间的短距离运输，具体途径是土壤→根毛→皮层→内皮层→中柱鞘→根导管或管胞→茎导管→叶柄导管→叶脉导管→叶肉细胞→叶细胞间隙→气孔下腔→气孔→大气。水分在植物体内的运输包括在根叶的细胞外运输与在根、茎和叶等部位的细胞内运输，既有质外体运输又有共质体和跨膜运输，共质体运输很慢，质外体运输较快；除向上的纵向运输外还能进行横向运输，但无论何种方向的运输，都是由水势梯度引起的。植物体内水分运输的速度随植物种类、细胞形态、运输途径、生理状况及环境条件不同存在很大差异。水分在植物导管中的运动是一种集流，其上升的动力为压力势梯度（即水势梯度），来源于根压（正压力势）和蒸腾拉力（负压力势）。植物体内水分向上输送保持水柱不中断可用蒸腾流—内聚力—张力学说来解释。当导管的水柱张力增大时，溶解的气体会从水中逸出形成气穴，降低水的运输，甚至使水流中断，但植物可通过某些方式来消除气穴的影响。

蒸腾作用是指植物体内的水分通过地上部器官（主要是叶），以气态散失到大气中的过程。其本质类似一个蒸发过程，但它比单纯的蒸发复杂得多，是一个受植物体结构和代谢活动调控的生理过程，对植物的生命活动具有重要的意义。蒸腾作用有多种方式，其中以皮孔蒸腾和叶片蒸腾为主，绝大部分是叶片蒸腾，叶片蒸腾又可分为角质层蒸腾和气孔蒸腾，中生和旱生植物蒸腾作用的主要方式是气孔蒸腾。衡量蒸腾作用的常用指标有蒸腾速率（蒸腾强度或蒸腾率）、蒸腾效率、蒸腾系数（需水量）和蒸腾比率等。

气孔是植物叶片与外界进行气体交换的主要通道，其开闭依赖于特化的精巧结构——保卫细胞。保卫细胞虽在结构上有大的变异，但总体分为肾形（新月形，双子叶植物居多）和哑铃形（单子叶居多）两类。大多数植物的气孔白天张开夜晚关闭。为适应气体交换，气孔进化出数目多和分布广、面积小和蒸腾速率高，保卫细胞体积小和膨压变化迅速，保卫细胞具有多种细胞器、具有不均匀加厚的细胞壁及微纤丝结构、与周围细胞联系紧密等的生理特点。气孔是一个自动的反馈系统，按照一定的规律开闭。引起气孔运动的直接原因是保卫细胞膨压的改变，受蓝光（玉米黄素假说）和渗透势（淀粉—糖转化学说、无机离子泵学说、苹果酸代谢学说）等多种机制的调节。影响气孔运动和蒸腾作用的因素有光、温、水分（湿度）、CO_2、风、植物激素和化学物质等。在农业生产上，为维持植物体内的水分平衡，需通过必要的途径来适当减少蒸腾，如减少蒸腾面积、降低蒸腾速率和使用抗蒸腾剂等。

根系吸收的矿质元素，有些仍以离子形式或在根部被同化成有机物后再运往地上部。根系吸收的矿质元素是伴随蒸腾流，通过木质部向地上部运输的，也存在横向运输至韧皮部；而叶片吸收的矿物质可通过韧皮部或木质部向地上部运输，也可通过韧皮部向地下运输。被植物吸收利用的矿质元素在植物生长发育的某些阶段也可被再次运输到其他部位被重复利用。不同元素被重复利用的情况不尽相同，氮、磷、钾、镁等易被多次重复利用，铜、锌则可部分被重复利用。硫、锰、钼较难被重复利用，而钙、铁则几乎不能被重复利用。矿质元素在植物体内各处的分布，与它本身在植物体内是否参与循环有关。有些元素如钾进入地上部分后仍呈离子状态；有些元素虽在体内已合成为各种有机物，但当这些部位的生理状态改变时，这些复杂的有机物又会解体，其中的矿质元素则会释放出来，又转运到新的器官和组织被再度利用。

五、光合作用

光合作用是生物在光下吸收 CO_2，将其转变成有机物质的过程，可用通式"$CO_2+2H_2A \rightarrow （CH_2O）+2A+H_2O$"来表示。它为除少数化能自养生物外的一切生物（包括微生物、植物、动物和人类），提供食物、能量和维持呼吸的氧气及防御紫外线伤害的臭氧层。光合作用是地球上最重要的化学反应，是生命的发动机，是地球上生物圈形成与运转的关键环节，是生物演化的强大加速器，也是新绿色革命的核心问题，更是新能源的希望。光合作用的演化历经光合细菌、蓝细菌、内共生产物（叶绿体）、低等植物和高等植物，它们在生命的系统进化树上处于不同的位置。

凡是能够进行光合作用部分反应或全部反应的机构都可以称为光合结构，但通常指叶绿体，它是进行光合作用的基本结构和基本场所，由色素系统、光反应系统、膜系统和酶系统组成，具有极其紧密的结构。光合色素根据呈现的颜色，主要有叶绿素、类胡萝卜素和藻胆素，叶绿素从事光能吸收和光化学反应，而类胡萝卜素和藻胆素为辅助色素，吸收叶绿素不吸收的光波，并将光能传递给叶绿素；根据对光能的利用，可分为反应（作用）中心色素（少数特化的叶绿素 a 分子，吸收高峰在 680 nm 和 700 nm，是光能的"捕捉器"和"转换器"）和捕光色素（捕光色素包括大部分叶绿素 a 和全部叶绿素 b、胡萝卜素、叶黄素，只能收集光能，传到反应中心色素），这两类色素分子结合在特定的蛋白质上，形成色素—蛋白复合体。光合作用过程中的光化学反应和电子传递都发生在叶绿体的类囊体膜（又称光合膜）上，膜上嵌合着许多个亚基和多种成分组成的蛋白复合体，主要有光系统 II 超分子复合体（PS II）、光系统 II 超分子复合体（PS I）、细胞色素 b_6f 复合体（Cyt b_6f）和 ATP 合酶，它们在类囊体膜上的分布是不均匀的，PS II 主要存在于基粒片层的堆叠区，PS I 与 ATPase 存在于基质片层与基粒片层的非堆叠区，Cyt b_6f 复合体分布较均匀。光合结构的酶系统主要包括 ATP 合酶、$Fd:NADP^+$氧化还原酶（FNR）和叶绿体间质中的多种酶，尤其是催化光合碳同化反应的酶系统，如 Rubisco 和 PEPC。存在于类囊体膜上能进行完整光反应的最小结构单位叫光合单位，是反应中心和天线色素系统的总称，不放氧的光合细菌只有一个光系统，而放氧的蓝细菌、藻类和高等植物则有两个光系统。

光合作用的过程可分原初反应（光能的吸收、传递和转换过程）、同化力形成（电子传递和光合磷酸化，电能转化为活跃的化学能过程）和碳同化（活跃的化学能转变为稳定的化学能过程）三大步骤，前两个步骤基本属于光反应，第三个步骤属于碳反应。光反应必须在光下的叶绿体类囊体膜才能进行，碳反应在叶绿体的基质中进行，由若干酶催化，在暗处和光下均可进行。

原初反应是光系统的反应中心色素分子受光激发，发生电荷分离，产生的高能电子在类囊体膜上沿着一系列电子载体定向传递，$NADP^+$被还原成 NADPH；同时质子被运送到类囊体腔内，与水裂解时释放的质子一道积累，形成跨类囊体膜的质子梯度，用于在与电子传递相偶联的光合磷酸化过程中形成 ATP，将光能转换为化学能。光合作用中的电子传递主要有非环式电子传递（线式电子传递，主要途径）、环式电子传递（次要途径）和假环式电子传递（梅勒反应）3 种，与光合电子传递相偶联的磷酸化可对应地分为非循环、循环和假循环 3 类。目前解释 ATP 合成的学说主要是有化学渗透学说和结合改变机制。

将光反应中形成的 NADPH 和 ATP 活跃化学能转变为稳定化学能过程是通过碳同化完成的。根据碳同化代谢的特点，可分为 C_3 途径、C_4 途径和 CAM 途径 3 类，分别含有对应途径的植物被称为 C_3 植物、C_4 植物和 CAM 植物。C_3 途径是光合碳代谢中最基本的循环，是所有放氧光合生物所共有的同化 CO_2 的途径，也只有这条途径才具备合成淀粉等产物的能力。C_4 途径和 CAM 途径都是 C_3 途径的辅助者，只能固定和运转 CO_2，不能合成淀粉等产物，是 C_3 途径的 "预备工序"。光合作用的主要产物是淀粉和蔗糖，前者在叶绿体内合成，后者在细胞质中合成，两者合成都需要磷酸丙糖为前体。植物的绿色细胞能在光照下吸收 O_2 并释放 CO_2，将损失光合作用固定的 20%~50% 的碳，被称为光呼吸（乙醇酸代谢或 C_2 途径），需通过叶绿体、过氧化物酶体和线粒体来协同完成。C_3 植物、C_4 植物和 CAM 植物的光合作用与生理生态特性存在较大差异，但不同碳代谢类型间的划分不是绝对的，在一定条件下可互相转化，反映出植物光合碳代谢途径的多样性、复杂性及在进化过程中植物表现出的对生态环境的适应性。植物光合机构对环境的响应与适应首先取决于内在因素（如叶片的发育和结构、气孔、RuBP 羧化与再生、光化学活性、磷的再生和光合产物），其次是外界环境（如光照、温度、水分、气体和矿质营养等）。高等植物在漫长的演化过程中，既形成了一些适应弱光的办法，也形成了多种防御强光破坏的策略。在恒定的光温下，植物光合作用常表现出近似 24 h 的生理节律，即日变化、季节变化和生育变化等。

光合生产力一般用植物生长过程中光合总量与呼吸消耗量之差的纯生产量来表示，受植物光合遗传信息表达与光合作用内在和环境的调控，具有整体性和时空观两大特点。纯生物量的形成都需要经过 "群体叶片吸收太阳光能" "太阳光能被转化为能稳定贮藏在光合产物中的化学潜能" 和 "光合产物在收获部分和其他部分的分配" 3 个顺序过程，其中光能利用效率一直是最引人注意的问题，当前似乎只有增加其才有出路。无论从何种角度来推算，植物的理论光能利用率在 20% 左右，但实际光能利用率却不超过 5%，造成这一现象的主要原因是漏光损失和环境条件不适。根据作物经济产量 =［（光合面积×光合速率×光合时间）-呼吸消耗］×经济系数（收获指数）可知，要挖掘作物的生产潜力，必须开源与节流并举，做到光合面积大小适当、光合能力较强、光合时间较长、光合产物的消耗较少和分配利用较合理，具体可通过选育高光效作物品种、提高光合速率（净同化率）、创造最大的光能截获量（通过合理密植和改变株型来增加光合面积，以提高复种指数、延长生育期和补充人工光照来延长光合时间）和促进光合产物的运转等途径来实现。

当前通过植物的株型育种、选育高光合速率品种和杂种优势的结合已使其光能捕获效率和经济系数接近理论最大值，若想进一步提高作物产量就必须改善其光合能力和效率，被称为 "第二次绿色革命" 的核心问题。科学家们把 "改善冠层结构、增加 RuBP 再生能力及导入光呼吸旁路""导入高羧化速率 Rubisco 和缩短光破坏防御的恢复时间"和"创造氧化活性大幅降低的 Rubisco 和将 C_3 植物改造为 C_4 植物"等分别视为提高光合效率的近期、中期和长期可实现的目标。近 10 多年来，改善光合特性的最值得注意的靶标有改造 Rubisco、降低光呼吸和改变线粒体呼吸、改善 RuBP 再生能力、改造 C_3 植物成为 C_4 植物、启动 C_3 植物中的 C_4 基因、优化能量耗散过程、引入蓝细菌的 CO_2 浓缩系统、增加转运蛋白和扩展对太阳光谱的使用范围等。

六、同化物运输与分配

对高度分工的高等植物来说，有机物运输是植物体成为统一整体的不可缺少环节，包括短距离运输和长距离运输。短距离运输指细胞内和细胞间的运输，主要依赖胞间连丝和转移细胞。长距离运输是通过韧皮部的维管束系统从源到库的运输，并可双向进行，被运输的主要物质形式是糖类，以蔗糖为主。长距离运输包含 3 个过程：①同化物从叶肉细胞进入筛管；②同化物在筛管中长距离运输；③同化物从筛管向库细胞释放；即装载、运输和卸出。

韧皮部运输是光合作用产物从成熟叶向生长或者贮藏组织的运动过程。筛管分子-伴胞复合体（SE-CC）是韧皮部适应其运输功能的高度特化结构。源叶中由光合作用形成的磷酸丙糖通过叶绿体被膜上磷酸运转器进入细胞质，并经过一系列酶促反应合成蔗糖等可溶性糖，它们通过质外体和/或共质体的胞间短距离运输进入韧皮部薄壁细胞，然后又经过质外体和/或共质体进入 SE-CC，光合同化物从生产部位进入 SE-CC 的过程称韧皮部装载。光合同化物进入韧皮部，在压力梯度的驱动下，以集流的方式向库细胞侧运输。在库端同化物从 SE-CC 向周围细胞释放。光合同化物进入库细胞或用于生长和呼吸或进一步合成贮藏性物质。同化物从 SE-CC 复合体运出，到进入库细胞的过程称韧皮部卸出。同化物的韧皮部装载和卸出都需要能量供应。

同化物的运输在筛管中以集流的方式进行，目前阐述韧皮部运输机制有扩散学说、压力流动学说、电渗流动学说、细胞质泵动学说和收缩蛋白学说等，但被普遍接受的是压力流动学说。渗透作用产生的压力梯度导致了韧皮部汁液集流的发生。源端的蔗糖装载和库端蔗糖卸出维持着源库两端蔗糖浓度差，由此引起的膨压梯度推动着韧皮部中的物质运输。韧皮部中运输的物质主要是蔗糖等非还原性糖，也包含氨基酸、蛋白质和植物激素等其他有机分子和无机离子。

叶绿体中的磷酸丙糖及细胞质中合成的蔗糖的去向决定于源库间的相互协调

和相互作用。植物通过配置协调各代谢过程对同化物的需求和向各库器官的输送。源库间的关系是相互依存的。源的同化物输出依赖库器官的形成和代谢，而库器官不仅从源器官获得同化物，同时也调节源器官的同化物输出。

源是合成和/或输出同化物的器官，而库是消耗和/或积累同化物的器官。同化物运输与分配受源的供应能力、库的竞争能力和源库间的运输能力三者综合影响，其中库的竞争能力（库强）最为重要。分配的总规律是从源到库，并表现出优先供应生长中心、就近供应、同侧运输和运输路径的更改等分配特征。源和库对同化物的运输和分配具有显著的影响，其影响的程度可用源强和库强来衡量。一般来说，源强决定同化物分配的数量，而不影响同化物在不同库间的分配比例。而库强影响对同化物的竞争能力，库强越强，对同化物的竞争能力也越强。植物器官的源和库的功能会随生育期的变化而改变，引起同化物的再分配与再利用。另外，源—库单位的构成也可人为改变，源—库单位的可变性是作物栽培中整枝、疏果等技术的生理基础。同化物运输、分配不仅受源库关系控制，同时还受到激素和环境因素的影响。

韧皮部装载和卸出及光合产物的配置和分配直接关系到作物产量的高低和品质的优劣。运用"源库理论"，调整好源、库和流的关系，是控制有机物分配以提高作物产量和品质的重要途径。

七、呼吸作用

呼吸作用是所有生物的基本生理功能，是一切生活细胞的共同特征，没有呼吸就没有生命。植物呼吸代谢集物质代谢与能量代谢为一体，是植物生长发育得以顺利进行的物质、能量和信息的源泉，是代谢的中心枢纽。植物进行各种生命活动需要消耗能量，这些能量由贮藏在有机物中的化学能经呼吸作用来供给。高等植物呼吸代谢具有复杂性（一系列复杂的酶促反应）、枢纽性（代谢的中心）和多样性3个特点，为植物生命活动提供能量、还原力和合成重要有机物质的原料，还可增强植物抗病力。依据呼吸作用过程中是否有氧的参与，可分为有氧呼吸和无氧呼吸两大类。高等植物以有氧呼吸为主，但亦可短期进行无氧呼吸。

高等植物的呼吸代谢具有多样性，这是植物在长期进化过程中对多变环境的适应性。植物呼吸代谢多样性包括呼吸底物氧化途径多样性、电子传递与氧化磷酸化多样性及末端氧化酶多样性。底物氧化降解有 EMP（糖酵解）、TCA（三羧酸循环）、PPP（磷酸戊糖途经）和 GAC（乙醛酸循环）等途径；电子传递有

NADH、FADH 和抗氰呼吸链等途径；末端氧化酶有细胞色素氧化酶、交替氧化酶和酚氧化酶等途径。植物有氧呼吸主要通过 EMP-TCA-NADH 和 FADH 呼吸链进行，是植物主要的呼吸途径；在缺氧条件下，植物可通过 EMP-发酵（乙醇或乳酸）进行无氧呼吸，因其产能少和中间产物少，只能暂时维持生命；当某些植物开花或某些种子萌发时则可循 EMP-TCA-抗氰呼吸链提供能量；植物染病时 PPP 途径加强，生成大量 NADPH 和抗病中间物；油料种子萌发时，通过脂肪氧化及乙醛酸循环将贮藏的脂肪转化为糖，供给幼苗生长。

呼吸作用是一个逐步释放能量的过程，一部分以热的形式散失于环境中，其余则通过氧化磷酸化偶联作用，贮存在某些含有高能键的化合物（如 ATP 或乙酰 CoA）中。细胞的能量利用率约为40%。ATP 是细胞内能量转变和贮存的主要形式，称为能量的"通货"。ATP 生成的方式有氧化磷酸化（占大部分）和底物水平磷酸化（仅占一小部分），1 分子葡萄糖完全氧化可产生 36 个 ATP 和大量的中间产物。ATP 是在线粒体内膜上的 ATP 合酶上合成的，而不是在电子传递链的复合体上合成。

呼吸作用多条途径都具有自动调节和控制能力，可通过代谢物的反馈抑制、能荷和辅酶来调节呼吸酶活性。细胞内呼吸代谢的调节机理主要是反馈调节。ATP 是最主要的负效应物，而 ADP 和 Pi 是最主要的正效应物。细胞内的能荷水平可调节植物呼吸代谢的全过程。影响呼吸速率的因素很多。一般而言，生长旺盛的植物或器官呼吸速率也高。影响呼吸速率的外界条件主要有温度、O_2 和 CO_2。

呼吸作用影响植物的生长发育、开花结实、抗病免疫及农产品的贮藏保鲜等过程，影响植物生产的因素可根据生产的需要加以调节。一般来说，在植物栽培过程中都应采取有效措施，使呼吸过程正常进行，以获得高产优质产品；而在粮油种子和果蔬等的贮藏中，应控制环境条件，降低呼吸速率，以减少呼吸消耗和延长贮藏期限。

八、次生物质（天然产物）代谢

植物次生代谢是以初生代谢的中间产物为底物的代谢，是能量释放的过程，是在植物长期演化过程中产生的，对植物的生长、繁衍和适应环境等生理生态过程具有重要的生物学意义。植物次生代谢物是与植物初生代谢物在生理功能及分布上相区别的一类化合物，不仅具有防御天敌、抗病和抗虫侵袭的功能，还能为人类需要提供药物及工业原料。植物次生代谢产物种类繁多、结构迥异，主要包括萜类、酚类和生物碱三大类。

萜类化合物是由异戊二烯单元构成的化合物及其衍生物，可分为单萜、倍半萜、双萜、三萜、四萜和多萜 6 种，对植物生长和种子成熟有重要影响，有些还具有重要的生理活性。植物中比较重要的萜类化合物包括甾醇、类胡萝卜素、植物精油、橡胶和作为植物激素的赤霉素和脱落酸等。甾醇是三萜类化合物，起着增强细胞膜结构稳定性的作用，在植物的防御功能上具有重要意义，油菜素内酯是甾类植物激素；类胡萝卜素包含胡萝卜素和叶黄素两种类型；类胡萝卜素是光合作用的捕光色素，也是植物的呈色物质和抗氧化物质；植物精油是具有挥发性和气味较强的 10~15 碳萜类化合物，具有诱引昆虫传粉和防御功能；橡胶含有 3 000~6 000 个异戊二烯单元组成的主分支长链，是分子最大的异戊二烯类化合物。萜类的生物合成途径主要有甲二羟戊酸途径和甲基赤藓醇磷酸途径。

酚类化合物是莽草酸途径（shikimic acid pathway）或甲瓦龙酸途径合成的芳香族化合物，其中以莽草酸途径为主，包括芳环氨基酸、简单酚类、类黄酮、异类黄酮、木质素和鞣质。芳环氨基酸包括苯丙氨酸、酪氨酸和色氨酸，是动物的三类必需氨基酸。简单酚类中的原儿茶酸和绿原酸在某些植物的抗病过程中具有重要作用，同属于简单酚类的没食子酸和香豆素类化合物有助于植物抗拒动物来食；类黄酮类化合物中的花色（素）苷和黄酮（醇）是植物的主要呈色物质，作为诱引色，吸引昆虫或动物来食，协助传粉和传播种子。木质素是植物细胞壁中的一种骨架物质，起着强化细胞壁的作用，其主要功能是支持植物抗御风力和压力、抗拒昆虫和动物的采食及通过屏障作用抑制真菌生长；木质素主要是由莽草酸途径合成的松柏醇、芥子醇相对香豆醇 3 种芳香醇组成，木质素合成过程中的关键酶是过氧化物酶。鞣质（tannin，单宁）是由没食子酸（或其聚合物）的葡萄糖（及其他多元醇）酯、黄烷醇及其衍生物的聚合物以及两者混合共同组成的植物多元酚，主要用于皮革工业的鞣皮剂，酿造工业的澄清剂，工业的木材胶黏剂、墨水原料、染色剂、防垢除垢剂等；树干心材的鞣质丰富，能防止真菌和细菌引起的心材腐败。

含氮次生代谢产物主要从普通的氨基酸合成而来，植物含氮次生代谢物包括生物碱、生氰苷、葡萄糖异硫氨酸盐、非蛋白氨基酸和甜菜素。常见的生物碱有吗啡、尼古丁、可卡因、咖啡因、秋水仙碱、莨菪碱（atropine）等，生物碱参与植物的防御作用，同时对动物具有特殊的生理和精神作用；植物的非蛋白氨基酸如刀豆氨酸、铃兰氨酸等以游离形式存在，起防御作用；在植物被损伤后，生氰苷由糖苷酶和氰醇裂解酶催化释放有毒的氢氰酸气体，是植物的防御物质。

植物次生代谢物对植物生长发育以及人类福祉具有重要的意义，人们通过细胞工程技术及基因工程技术研究和生产次生代谢产物，调节控制植物的次生代谢，已成为人们控制植物生长、改良植物品质、增加产量的重要手段。

九、植株生长的整体实现

生物体从发生到死亡所经历的过程称为生命周期。在生命周期中，生物体的细胞、组织和器官的数目、体积和重量等指标的不可逆增加称为生长。由同质的细胞类型转变成结构和功能与原来不相同的异质细胞类型的过程称为分化。生物的组织、器官或整体在形态结构和功能上有序变化的过程称为发育。生长、分化和发育有时交叉或重叠在一起。生长是量变，是基础；分化是质变；而发育则是器官或整体有序的一系列量变与质变。

植物是一个高度复杂的多细胞有机体，要保证植物的正常生长发育，各个器官、组织及细胞间必须进行精确的协调和控制。植物生长发育有别于动物，具有自身的显著特点：形态建成由分生组织活动引起，生长既有有限性又有无限性，生长可分为营养生长和生殖生长两种形式，生长的一年生和多年生习性，易受环境因素的影响。植物生长发育的控制可发生在胞内、胞间和胞外 3 个层面，彼此间不是相互独立的，几乎在所有的情况下都是相互交叉和相互影响的。胞内控制主要在基因水平，胞间控制主要在植物激素，胞外控制主要在环境影响。

植物生长发育有轴向发育和径向发育两种基本模式。由根的静止中心分裂产生根冠柱原细胞、侧根冠—表皮原细胞、皮层—内皮层原细胞和维管原细胞，由这些原细胞分裂分化产生根中所有的组织。茎尖分生组织中由若干组织细胞分区组成，中央区产生茎中所有组织的原细胞，由周缘区细胞分裂形成叶原基，由肋状区细胞的分裂分化形成茎的中央组织。自然界中植物叶序基本有互生、对生、交互、轮生和螺旋状 5 种。叶原基发生分化与生长素在茎尖中的极性运输有关，在时间和空间上具有相当的确定性和精确性，且叶原基发生形态具有种属特异性，与叶原基在分生组织出现的类型直接相关。

植物生长是可用植物的体积（或长度或直径）、干重（干物质量）或细胞数目等指标来度量，观测方法有标记法、刺穿法、流体动力学形态和摄像法。植物生长速率有绝对和相对两种表示法。植物生长状态的数学描述方式有生长轨迹曲线、生长速率曲线和相对生长速率曲线 3 种。构成植物体的各个器官虽然结构和功能不同，但其生长是相互依赖和相互制约的，也会随外界环境的变化而发生有规律的变化。植物生长基本特性体现在生长大周期、相关性、独立性和周期性 4

个方面。植物生长相关性包括地上部分与地下部分、主茎与侧枝、营养生长与生殖生长；独立性包括极性和再生；周期性表现为昼夜周期性、季节周期性和近似昼夜节奏（生物钟/生理钟）。在生产实践中，要充分了解和认识植物生长的基本特性，并加以调控，如根冠比和顶端优势。

植物组织培养是植物再生特性在生产实践上的具体表现，其理论基础是植物细胞的全能性、脱分化和再分化。随着体外培养技术的发展，植物组织培养技术亦因所培养对象的结构层次不同、培养结果不同而派生出若干分支。植物组织培养是人工控制下的离体培养，具有便于研究植物体发育规律、植物体生长不受环境影响、生长周期短与繁殖系数高，管理方便和利于工厂化生产等特点。组织培养一般要经过材料准备、培养基制备、灭菌、接种、培养、驯化和移栽等过程。植物组织培养已广泛应用于无性系的快速繁殖、培育无病毒种苗、新品种的选育、人工种子和种质保存、药用植物和次生代谢物质的工业化生产、植物生命科学研究等方面。

复习思考题

1. 从种子生理的角度谈谈应如何解决习近平总书记高度重视的种业问题？

2. 根据植物水分生理的知识，在农业生产上应如何做到合理灌溉？

3. 基于植物对养分的吸收、运输和同化机制，论述如何提高养分利用率？

4. 如何理解"第二次绿色革命的核心问题是改善植物的光合能力和效率"这句话？

5. 运用"源库理论"，如何调整好源、库和流的关系来提高作物产量和品质？

6. 植物呼吸作用原理对农业生产的指导体现在哪些方面？

7. 植物次生代谢物对其生长发育及人类福祉具有怎样的重要意义？

8. 植物各个器官、组织及细胞间如何才能实现精确的协调和控制？

主要参考文献

程建峰，2019. 植物生理学 [M]. 南昌：江西高校出版社.

李合生，王学奎，2019. 现代植物生理学 [M]. 4版. 北京：高等教育出版社.

王宝山，2019. 植物生理学 [M]. 3版. 北京：科学出版社.

王三根，梁颖，2020. 植物生理学 [M]. 2版. 北京：科学出版社.

王小菁, 2019. 植物生理学 [M]. 8 版. 北京：高等教育出版社.

武维华, 2018. 植物生理学 [M]. 3 版. 北京：科学出版社.

熊飞, 王忠, 2021. 植物生理学 [M]. 3 版. 北京：中国农业出版社.

郑彩霞, 2013. 植物生理学 [M]. 3 版. 北京：中国林业出版社.

PALLARDY S G, 2011. 木本植物生理学 [M]. 3 版. 尹伟伦, 郑彩霞, 李凤兰, 等译. 北京：科学出版社.

HOPKINS W G, HÜNER N P A, 2008. Introduction to plant physiology [M]. 4th ed. New York：John Wiley & Sons Inc.

NOGGLE G R, FRITZ G J, 2010. Introductory Plant Physiology [M]. New Delhi：PHI Learning Private Limited.

SCHOPFER P, BRENNICKE A, 2010. Pflanzenphysiologie [M]. 7th ed. Spektrum Akademischer Verlag.

TAIZ L, ZEIGER E, MØLLER I M, et al., 2015. Plant physiology and development [M]. 6th ed. Sunderland：Sinauer Associates, Inc.

TAIZ L, ZEIGER E, MØLLER I M, et al., 2018. Fundamentals of plant physiology [M]. Sunderland：Sinauer Associates, Inc.

第4章　植物生殖繁衍与发育构建

一、成花生理

　　植物的开花是幼年期植物在生长达到一定生理状态（花熟状态）时，能感受特定环境条件（如低温和光周期）的诱导（成花诱导），经过信号传导，启动成花转变过程中的控制基因（成花启动），发生一系列生理生化及形态建成变化（花发育），最终导致开花。植物的成花过程是自身多种基因在不同阶段特异性表达并与环境因子相互作用的结果，一个多因子系统控制的过程。

　　低温诱导植物开花的过程称为春化作用。植物感受低温及诱导花芽分化的部位是萌动种子胚或幼苗的茎尖分生组织。1~2 ℃是大多数要求低温植物的最有效春化温度。在春化结束前，较高温度（25~40 ℃）会减弱或消除春化（去春化作用或解除春化）。大多数去春化植物重返低温下，又可重新进行春化（再春化作用）。春化作用除需低温外，还需适量的水分、充足的氧气和营养物质。春化作用的效果可通过有丝分裂在当代植株中保持稳定，但不能通过有性生殖传递给后代。春化作用促进了成花基因的顺序表达，合成新的 mRNA 和特异蛋白质，从而导致花芽分化。

　　光周期对植物的成花有极其重要的作用。不同地区的植物适应日照长度的季节周期性变化，能灵敏地感受光信号，表现不同的光周期成花诱导类型（长日植物、短日植物和日中性植物等），即光周期现象。许多植物成花有一定的日照长度临界值或极限日照长度（临界日长、临界暗期或临界夜长）。在昼夜光暗交替中，暗期决定着植物的成花，短日植物的成花要求长于某临界值的连续暗期，长日植物则相反。暗期中断的光只需低强度和短时间，以红光最有效，且红光的暗期中断效应可被远红光抵消。植物成花的光周期反应是一种诱导效应，叶片接受光周期信号，产生的成花刺激物（可能是蛋白质类的大分子物质）经韧皮部传递至发生花芽分化的茎生长点，在那里发生从营养生长锥向生殖生长锥的转变。光敏色素参与植物对光周期信号的接受，光周期计时也涉及光敏色素和昼夜节律生物钟（内源昼夜振荡器）。多种相关基因的研究有助于揭示光周期诱导的分子机理。植物体内的营养状况（C/N 比）和温度也影响植物的成花过程。

　　花器官发育（花器官的形成或花芽分化）是指花原基形成、花各器官的分化、生长与成熟的过程。在花芽分化初期，顶端生长点在形态上和生理生化方面发生了显著的变化。目前已鉴定出的花器官发育过程中起关键性作用的基因，主要有分生组织特征基因、花器官特征基因和界限设定基因 3 种类型。分生组织特征基因确立成花分生组织特征，花器官特征基因受分生组织特征基因编码的转录因子激活和控制。通过对花同源异型突变体的研究，鉴别出决定花器官特征的同源异型基因。ABC 模型和 ABCDE 模型阐明了同源异型基因表达与花器官形成的关系。人们认为拟南芥的成花诱导只受光周期、自主和春化、糖类或蔗糖以及赤霉素等途径的控制，这 4 条途径都是通过促进关键的分生组织特征基因 SOC1 表达的；这些研究进一步充实了对植物生殖发育遗传控制的理解。

　　完成花诱导的顶端分生组织还需适宜的外界条件才能使花器官原基正常生长，完成全部的成花过程。高等植物也存在与动物类似的性差别，大多数是雌雄同株同花植物、雌雄异株植物或雌雄同株异花植物，也有一些特别情况。雌雄异株植物的两类个体间的代谢方面有明显的差异。植物性别分化的实质是雌蕊和雄蕊的发育问题，受遗传、年龄、环境和激素等控制。

　　植物成花理论（春化作用和光周期反应）在植物生产上具有重要的指导意义，已被广泛应用在品种繁育、异地引种、控制花期、调节营养生长和生殖生长等实践中。

二、结实生理

　　花粉粒是由小孢子发育而成的雄配子体，内含营养细胞和生殖细胞，外有两层壁，壁中富含蛋白质。外壁蛋白由绒毡层合成，为孢子体起源，具有种的特异性，授粉时与柱头相互识别。内壁蛋白由花粉本身细胞合成，为配子体起源，主要是与花粉萌发和花粉管生殖有关的水解酶类。花粉萌发和花粉管生长所需的营养物质来自营养细胞。缺少脯氨酸、蔗糖或淀粉等营养物质的花粉常为不育花粉。被子植物花粉管中释放的两个精子，一个与卵细胞融合，另一个与极核融合，完成双受精。精细胞的二型性和偏向受精特性，有助于双受精的同步进行。植物双受精后，受精卵发育成胚，受精极核发育成胚乳，珠被发育成种皮，整个胚珠发育成种子。包被在胚珠外围的子房单独，或与花托、花萼和花序轴共同发育为果实。

花粉落到柱头上后能否萌发，花粉管能否生长并通过花柱组织进入胚囊受精，取决于花粉与雌蕊的亲和性和识别反应。花粉的识别物质是壁蛋白，而雌蕊的识别物质是柱头表面的亲水蛋白质膜和花柱介质中的蛋白质。植物受精成败受花粉活力、柱头生活力和环境温度、湿度等影响。被子植物中普遍存在自交和远缘杂交不亲和的情况。克服不亲和性的可能途径主要有两条：一是从遗传改良着手，选育亲和性品种；二是生理上考虑，建立避开不亲和识别反应的方法，其中采用细胞融合和 DNA 导入等生物技术可能是最有效的方法。

受精后，种子和果实开始发育，种子发育过程中，大量物质运入，并发生代谢转化。这些变化同样是受一系列基因控制的，重要的有两类：一类是种子贮藏蛋白基因大量表达，另一类是与种子耐脱水性、成熟和休眠等生理状态有关的基因。种子的发育经历胚胎发生期、种子形成期和成熟休止期，形成可以传代繁殖的胚，利用子叶或胚乳进行营养物质的储存，为胚的发育提供能量和物质基础。伴随着种子的发育，其含水量和呼吸速率都发生显著的变化，同时有机物主要向合成方向进行，把可溶性的低分子有机物（如葡萄糖、蔗糖和氨基酸）转化为不溶性的高分子有机物（如淀粉、蛋白质和脂类），积累在子叶或胚乳中。小麦成熟过程中，首先由细胞分裂素调节籽粒的细胞分裂，然后由赤霉素和生长素调节有机物向籽粒运输和积累。种子的化学成分还受水分、温度和营养条件等外界环境的影响。

果实生长呈现单 S、双 S 和三 S 曲线的模式。在果实发育过程中，细胞的数目、体积和间隙受到种子数量和分布、贮藏养分和叶果比、无机营养、水分、温度与光照等因素的影响，最终决定果实大小。尽管多数果实的发育与种子发育相伴而生，但有些果实存在单性结实。在果实发育过程中，内源乙烯引起的呼吸速率变化对果实由发育期转入成熟期具有重要的意义，呼吸速率的变化成为界定跃变型果实和非跃变果实的生理依据，呼吸高峰的出现标志着果实进入成熟，并即将衰老。脱落酸在非跃变型果实成熟中起重要作用。果实成熟期后，糖含量增加、有机酸减少、果实软化、挥发性物质的产生、涩味消失和色泽变化使果实表现出可食性的色、香、味等重要生理特征。果实成熟时阳光充足、气温较高（昼夜温差较大），果实质量就高。通过基因工程、气调和生长物质的应用，可有效地控制果实的成熟，具有重要的理论意义和经济价值。

植物以种子或其他延存器官进入休眠并繁衍后代，休眠是植物发育的一个重要阶段，是对环境，特别是温度变化的主动适应。温度和日照是诱导休眠和打破休眠的重要环境信号，许多植物通过种子或延存营养器官对低温的检测而避免寒冷的伤害，但对其分子机理尚不清楚。在生产上经常需要人为地破除或延长休眠。

三、衰老与脱落生理

程序性细胞死亡（PCD）是生物体在生长发育的一定阶段、在特定的组织器官中出现的一种主动的、按照一定程序进行的细胞死亡过程，通常与基因的有序活动相关，是由核基因和线粒体基因共同编码的。植物 PCD 是植物整个生长和发育过程中一种正常的生命现象，在植物生长发育、衰老及适应环境及维持机体稳态中的发挥着重要的功能，是由内部因素和外界因素调控的主动过程，与衰老的关系较为密切，且是解释植物衰老原因的机理之一。根据植物 PCD 的特殊性，可分为自溶性 PCD 和非自溶性 PCD 两类；依照 PCD 在植物生命活动中的作用源将其分为发育调控的 PCD 和环境胁迫诱导的 PCD 两类。植物 PCD 的主要特征是由基因主导的高度自控性和发生部位、发生时序的准确性，体现在形态、遗传和生化 3 个方面。PCD 的发生过程可划分为启动、效应和降解清除 3 个阶段。

衰老是植物自身控制生长发育的最后一个阶段，是植物在自然死亡之前的一系列衰退过程，它可在细胞、组织、器官及整体水平上发生。在衰老过程中表现出细胞结构和生理的变化，如细胞膜降解、细胞器破坏、细胞发生自溶、光合速率下降、蛋白质降解、核酸含量下降、呼吸速率减缓、促进生长的植物激素（如生长素、细胞分裂素和赤霉素等）含量下降以及诱导衰老和成熟的激素（如ABA、乙烯和茉莉酸等）含量增加等。目前已经克隆并鉴定出许多与衰老相关的基因，如衰老上调和衰老下调基因。科学家们在探究衰老的原因时也提出了许多值得参考的学说，如程序性细胞死亡、营养亏缺假说、激素平衡学说、DNA损伤假说、基因时空调控假说和自由基损伤学说等，这些学说也说明了植物衰老受多方面因素的影响。如何根据衰老的原因利用基因工程手段有效地延缓衰老、提高作物产量和品质对农业生产具有举足轻重的意义。自噬是真核生物清除和降解细胞内受损伤的细胞结构、衰老的细胞器及不再需要的生物大分子的一种高度保守的机制，对植物的生长发育、氮素的再循环利用、叶片衰老的调控、氧化损伤蛋白的降解和调控程序性细胞死亡等方面有重要的意义。

器官脱落是植物长期进化和自然选择的结果，是植物适应环境、保存和繁衍后代的一种生物学特性，具有积极的生物学意义，然而异常脱落不利于农业生产。脱落可受多种因素的影响，因此可将脱落分为正常脱落、生理脱落和胁迫脱落。脱落包括离层细胞分离和分离面保护组织的形成两个过程，包括细胞分裂和水解酶诱导两个重要的生理生化变化。绝大多数植物脱落时都会形成离区进而产生离层，离层细胞接受信号刺激产生诱导脱落的激素，激活细胞壁水解酶，使胞壁分解而脱落。激素在调控脱落中扮演着重要角色，如乙烯是直接引起脱落的植物激素，生长素调控脱落主要由生长素的浓度、作用时间和施用部位决定的，脱落酸主要刺激乙烯的生物合成，干扰生长素的极性运输和其他激素相互作用进而影响脱落，生长素和乙烯的相互关系是控制器官脱落的关键。器官脱落可受多种因子的诱导，如落叶树木的叶子脱落起因于短日照的环境信号。短日照有利于ABA 的合成，ABA 又刺激乙烯的合成。了解脱落机理，更合理地应用植物脱落的理论知识去人为控制器官脱落，在农业生产上对提高产量和品质至关重要。

复习思考题

1. 春化作用对植物生产的指导作用体现在哪些方面？
2. 光周期理论对植物生产的指导作用体现在哪些方面？
3. 目前有关植物双受精机理的研究进展怎样？
4. 论述植物自交不亲和性的生理机制。
5. 谈谈植物程序性细胞死亡的主要特征和发生过程。
6. 如何有效控制植物器官的非正常衰老和脱落？

主要参考文献

程建峰，2019. 植物生理学［M］. 南昌：江西高校出版社.

李合生，王学奎，2019. 现代植物生理学［M］. 4 版. 北京：高等教育出版社.

王宝山，2019. 植物生理学［M］. 3 版. 北京：科学出版社.

王三根，梁颖，2020. 植物生理学［M］. 2 版. 北京：科学出版社.

王小菁，2019. 植物生理学［M］. 8 版. 北京：高等教育出版社.

武维华，2018. 植物生理学［M］. 3 版. 北京：科学出版社.

熊飞，王忠，2021. 植物生理学［M］. 3 版. 北京：中国农业出版社.

郑彩霞，2013. 植物生理学［M］. 3 版. 北京：中国林业出版社.

PALLARDY S G, 2011. 木本植物生理学［M］. 3 版. 尹伟伦，郑彩霞，李凤兰，等译. 北京：科学出版社.

HOPKINS W G, HÜNER N P A, 2008. Introduction to plant physiology［M］.

4th ed. New York: John Wiley & Sons Inc.

NOGGLE G R, FRITZ G J, 2010. Introductory plant physiology [M]. New Delhi: PHI Learning Private Limited.

SCHOPFER P, BRENNICKE A, 2010. Pflanzenphysiologie [M]. 7th ed. Spektrum Akademischer Verlag.

TAIZ L, ZEIGER E, MØLLER I M, et al., 2018. Fundamentals of plant physiology [M]. Sunderland: Sinauer Associates, Inc.

TAIZ L, ZEIGER E, MØLLER I M, et al., 2015. Plant physiology and development [M]. 6th ed. Sunderland: Sinauer Associates, Inc.

第5章　植物信息传递与信号转导

一、细胞信号转导

细胞信号转导是指细胞感受和转导各种刺激，从而调节自身基因表达的分子途径和代谢反应的生理过程。植物细胞信号转导的研究内容主要包括：植物细胞感受、偶合各种胞外刺激（初级信号），并将这些胞外信号转化为胞内信号（次级信号），通过细胞内信号系统调控细胞内的生理生化变化，包括细胞内部的基因表达变化、酶的活性和数量的变化等，最终引起细胞甚至植物体特定生理反应的信号转导途径和分子机制。

作用于细胞的信号，根据其性质可分为物理信号（光、电波等）、化学信号（激素、多肽、糖类等）和和生物信号（病原微生物、寄生虫等）；根据所处位置可分为胞外（胞间）信号（光、激素等）和胞内信号（Ca^{2+}、IP3 等）。植物细胞信号转导的过程可概括为：信号的感知和跨膜转换、胞内信号传导和细胞的生理生化反应 3 个阶段。细胞对外界刺激的感受和传递是通过细胞膜上信号转导系统（质膜受体、G 蛋白）的介导转换为胞内信号，即信号的跨膜转换。

胞外信号刺激主要包括胞外环境信号和胞间信号，信号的感知和转换通过细胞表面受体执行，细胞表面受体主要有离子通道连接受体、酶联受体和 G 蛋白偶联受体，尤其是 G 蛋白偶联受体起着重要的作用。胞外信号进入细胞后通常在胞内信使系统的参与下生成第二信使（Ca^{2+}、IP3、DAG、cAMP、NO 等），从而将胞外配体所含的信息转换为胞内第二信使信息。高等植物细胞中研究比较多的胞内第二信使系统有钙信使系统、环核苷酸信使系统和肌醇磷脂信使系统，钙信使系统研究得较为透彻，肌醇磷脂信使系统中的双信使途径尤为重要，环核苷酸信使系统尚待进一步的揭示。

蛋白质可逆磷酸化是细胞信号传递过程中几乎所有途径的共同环节，也是中心环节，由蛋白激酶和蛋白磷酸酶完成。植物中的蛋白激酶主要包括 Ca^{2+}-CaM

依赖性蛋白激酶（CDPK）和类受体蛋白激酶。CDPK 是植物特有的蛋白激酶。蛋白质的可逆磷酸化（磷酸化和去磷酸化）还参与信号的级联放大过程。

细胞生理生化反应是细胞信号转导的最后一步，依据感受刺激产生生理反应所需的时间，植物信号转导的生理效应可分为长期效应和短期效应。细胞内多样的和复杂的信号转导途径间具有相互作用，存在信号系统间的交流，形成了细胞内的信号转导网络，外界刺激则通过信号网络的整合作用，能专一性地调节特定基因表达及产生某种细胞反应。

植物细胞信号转导是一个迅速扩展的研究领域，不断有新的突破和进展。而新知识的积累，必将推动人们对植物生长发育及环境适应机制的进一步认识，使得科学家们可以通过生物工程技术和手段，调控植物生命活动，提高植物适应环境的能力。

二、植物生长物质

植物生长物质是一些能调节植物生长发育的微量有机小分子化合物，包括天然存在的植物激素和人工合成的植物生长调节剂。目前被公认的植物激素有生长素、赤霉素、细胞分裂素、脱落酸、乙烯和油菜素内酯六大类。此外，还存在一些天然的生长活性物质和抑制物质，如茉莉酸类、水杨酸类、多胺类、独脚金内酯、玉米赤霉烯酮、寡糖素、三十烷醇、植物多肽激素（如系统素、植物硫肽激素、SCR/SP11 和 CLV3）、乙酰胆碱和膨压素等。检测植物生长物质的主要方法有生物测定（鉴定）法、理化方法和免疫分析法等。

植物激素是在植物体内合成的、通常从合成部位运往作用部位、对植物的生长发育产生显著调节作用的微量小分子有机物质，具有内生性、可移动性、高效性（低浓度具有可调节性）和直接效应性。按照生物合成的前体可分为源自蛋氨酸（乙烯和多胺）、甲瓦龙酸（赤霉素、细胞分裂素、脱落酸、油菜素内酯和独脚金内酯）、色氨酸（生长素）、苯丙氨酸（水杨酸）和亚麻酸（茉莉酸）。按照化学结构和生物合成途径，可分为氨基酸及其衍生物（生长素类、乙烯、多胺类、水杨酸）、脂类及其衍生物（茉莉酸和油菜素甾醇类）和萜类及其衍生物（赤霉素类、细胞分裂素类、脱落酸和独脚金内酯）。依据主要生理作用可分为促进型（生长素类、赤霉素类、细胞分裂素类、油菜素内酯、多胺和独脚金内酯）、抑制型（脱落酸和乙烯）和防御型（水杨酸和茉莉酸）。

生长素是第一个被发现的植物激素，主要生物测定法为燕麦芽鞘弯曲试验法和燕麦叶鞘切段伸长法。生长素在植物的茎尖合成，生长素的生物合成途径有色氨酸依赖途径和非色氨酸途径；生长素沿茎或根进行传输，具有典型的极性运输性质；生长素代谢主要是氧化降解和结合物的形成；生长素在茎切段试验和胚芽鞘试验中表现出刺激细胞伸长生长，酸生长理论是解释生长素促进细胞快速伸长生长的经典理论，基因活化学说则能较好地解释生长素诱导的长期效应（慢速生长）。生长素的主要生理作用包括促进细胞伸长和分裂、诱导不定根发生、促进维管束分化、控制性别和向性、维持顶端优势、调节植物开花坐果及诱导单性结实等。细胞内的生长素受体最有可能是存在于内质网膜上的 ABP1，质膜上也存在生长素结合蛋白。生长素和受体结合后，经过一系列的信号传递途径，最终活化一些转录因子，这些转录因子进入核内后可控制特定基因的表达。生长素诱导基因根据转录因子的不同可分为早期（初始反应）基因和晚期（次级反应）基因两类。

赤霉素是植物激素中种类最多的一种激素，均是以赤霉烷为骨架的双萜衍生物，只有少部分具有生理活性，主要生物测定法为诱导大麦胚 α–淀粉酶合成和矮生豌豆鉴定法。根据其碳原子不同可分为 20–C 赤霉素和 19–C 赤霉素，19–C 赤霉素的种类（约占 2/3）远远多于 20–C 赤霉素，且活性也高。赤霉素的生物合成分为环化反应生成贝壳杉烯、氧化反应生成 GA12 醛、由 GA12 醛形成所有其他赤霉素 3 个步骤，其中最后一个步骤又分为早期 C13 羟化途径和早期 C13 非羟化途径，分别合成 2 种在植物体内具有最高活性的赤霉素 GA1 和 GA4。赤霉素的生物合成具有明显的器官特异性，并受发育阶段和各种环境因素的控制。赤霉素的典型生理作用是加速细胞的伸长生长、促进细胞分裂，打破休眠、诱导淀粉酶活性、促进营养生长和防止器官脱落等。赤霉素诱导糊粉层细胞 α–淀粉酶合成过程中，赤霉素受体存在于质膜上。赤霉素诱导糊粉层水解酶的合成和分泌。参与赤霉素诱导初始反应基因 GAMYB 表达的信号传递途径是 cGMP 依赖途径；而参与赤霉素诱导 α–淀粉酶分泌的信号传递是 Ca^{2+} 钙调素依赖途径。

细胞分裂素是在研究植物组织培养中促进细胞分裂因子的过程中发现的，生物鉴定法为矮生豌豆鉴定法和萝卜子叶切段法。细胞分裂素的主要合成途径是从头合成途径，起始物为异戊二烯焦磷酸和 5'-AMP，合成（双氢）玉米素核苷单磷酸、（双氢）玉米素核苷或（双氢）玉米素。细胞分裂素的主要合成部位是根尖分生组织。植物根尖内合成的细胞分裂素通过导管液向上运输到地上器官发挥生理调节作用。细胞分裂素能促进细胞的分裂和扩大、诱导芽的分化、打破顶端优势、延缓叶片衰老和脱落、保绿和防止果实脱落等。另外，还参与光调节的一些生理过程，包括叶绿体分化、植物子叶扩张及自养代谢的发育等。已知的细胞分裂素受体可分为细胞质受体和质膜受体两类。*CKI1* 基因编码的蛋白质氨基酸序列完全符合受体的二元调节系统模型，即 CKI1 蛋白极有可能是细胞分裂素的受体。CKI1 分布在质膜上，可能是通过激发系列的信号传递系统来诱导生理反应的。典型的细胞分裂素诱导基因是硝酸还原酶基因，细胞分裂素还可在后转录水平对基因表达进行调控。细胞分裂素信号传递途径中，钙离子是个非常重要的组分，它可能与细胞内的钙调素结合一起发挥各种生理调节作用。

脱落酸是在研究植物体内与休眠、脱落和种子萌发等生理过程有关的生长抑制物质时发现的，主要的生物测定法为诱导棉花外植体的脱落和小麦叶鞘切段伸长抑制法。脱落酸的生物合成途径有直接途径（C15 途径）和间接途径（C40 途径），C40 途径从异戊二烯基焦磷酸（IPP）开始，到紫黄质，最后到 ABA，也称类胡萝卜素途径。ABA 的失活代谢包括氧化降解和形成结合物 2 个途径。脱落酸具有自己独特的功能，可抑制细胞分裂和伸长，还能促进脱落、衰老和休眠，调节气孔开闭及种子发育和休眠，提高植物的抗逆性。脱落酸还可作逆境激素、应激激素或胁迫激素，在植物抗逆性中起关键作用。脱落酸同时具有胞内和胞外两类受体。在某些条件下，脱落酸还有一些生育促进的性质。脱落酸调节气孔运动的信号传递是多途径的，涉及 Ca^{2+}、胞内 pH、磷酸化和脱磷酸化反应等，有 ROS（活性氧）途径和 IP3（三磷酸肌醇）-cADPR（环化 ADP 核糖）途径两条途径。ABA 可诱导许多逆境蛋白基因的表达，在种子成熟的中晚期表达的一些基因。

乙烯是一种气态的植物激素，主要的生物测定法有黄化豌豆幼苗的"三重反应"和番茄子叶偏上生长。乙烯的生物合成途径为"蛋氨酸循环（杨氏循环）"，其中的关键酶是 ACC 合成酶和 ACC 氧化酶；生物合成受诸如发育状态、环境情况、物理或化学伤害及其他植物激素等因素的影响。乙烯的重要生理作用是幼苗生长的"三重反应"和乙烯促进衰老及果实成熟，还包括细胞扩张、细胞分化、种子萌发、插枝生根、偏上生长、性别分化和脱落。通过拟南芥乙烯不敏感突变体和组成型三重反应突变体的研究发现，ETR1 蛋白是乙烯受体，乙烯信号传递的顺序可能是乙烯→ETR1/EIN4/ERS→CTR1→EIN2→EIN3→乙烯诱导基因→生理效应。乙烯诱导基因包括纤维素酶、几丁质酶、β-1，3-葡聚糖酶、过氧化物酶、查耳酮含成酶、许多病程相关蛋白（PR）以及与成熟相关蛋白的编码基因；另外，乙烯甚至还能促进与自身生物合成有关的许多酶的基因表达。乙烯调节基因表达的过程中也有相应的顺式作用元件和反式作用因子。

油菜素内酯是植物中发现的第一种甾类激素，主要的生物测定法有水稻叶片倾斜和菜豆幼苗第 2 节间生长改变。油菜素内酯的生物合成途径由早期和晚期 C-22 氧化途径、早期和晚期 C-6 氧化途径、早期 C-22 氧化途径与晚期 C-6 氧化途径间的途径组成。油菜素内酯在极低浓度下具有极强的生理活性，如促进离体茎段内的细胞分裂和细胞伸长、促进光合作用、抑制根系生长、促进植物向地性反应、促进木质部导管分化、抑制叶片脱落及增强抗性等。油菜素内酯在植物的光形态建成和其他一些生长发育过程中起着重要的调节作用，包括一些光诱导的基因表达、细胞伸长生长、叶片和叶绿体衰老以及开花诱导等。

茉莉酸能抑制生长和萌发、促进生根和叶片衰老、促进块茎、块根和鳞茎形成、调控花器官发育和禾本科植物颖花开放及增强植物抗性等。水杨酸可诱导生热效应、延缓切花衰老和提高抗性，并能诱导开花和控制性别表达。多胺能促进细胞分裂和生长，调节植物生殖生长、延缓衰老和提高抗性。独脚金内酯类能刺激寄生植物的种子萌发、促进丛枝菌根菌丝的分枝、抑制植物分枝的形成和控制杂草。玉米赤霉烯酮和寡糖素可调节植物的形态建成、营养生长或生殖生长等。三十烷醇的生物活性较强。植物多肽激素可调控植食性昆虫防御反应、细胞增殖、自交不亲和识别、茎分生组织干细胞分裂与分化平衡的维持等相关的生长发育、生理过程和信号传递。

不同天然存在的植物生长物质在植物体内的合成部位、运输途径、参与的基因表达和信号转导及生长发育过程中都存在很大差异和复杂的相互作用。不同天然存在的植物生长物质在不同部位的相对浓度和生理功能多种多样，差异明显，彼此间存在着复杂的交叉对话、互相增效和拮抗，共同调控植物的生长发育。天然存在的植物生长物质对生长发育的调控具有顺序性。

植物生长调节剂是人工合成的具类似植物激素活性的化合物，包括生长促进剂（如吲哚丙酸、萘乙酸、激动素、6-苄基腺嘌呤、乙烯利）、生长抑制剂（三碘苯甲酸、整形素和青鲜素）和生长延缓剂（如多效唑、烯效唑、矮壮素、缩节安和比久）。目前植物生长调剂种类繁多功能丰富，在农业生产中有着广阔的应用前景，但在具体施用时应注意关键的技术措施。随着植物生长调节剂的迅速应用，由植物生理学、农学、生态学和农药学等学科交叉产生了"植物化学控制栽培工程"学科。植物化学控制是指用植物生长调节剂化学药物去调节和控制植物生长发育的手段；具体地说，是指应用植物激素调控植物内源激素系统和各种生理生化反应，以控制植物的生长发育过程，使植物朝着人们预期的方向和程度发生变化的化学控制原理与技术，并通过应用化学控制技术可在一定程度上改变植物的遗传潜势或使之充分表达，从而改善植物的产量和品质。

三、植株形态建成

在植物生长过程中，不同细胞分化成具有各种特殊构造和机能的细胞、组织和器官的过程称为植物形态建成，受遗传因素控制和环境因素影响。在所有环境因素中，光和机械刺激（尤其是光）对植物形态建成的调控特别重要，研究最多，分别称为光形态建成和刺激性形态建成。光对植物生长的影响表现为间接作用（光合作用，起能源作用，高能反应）和直接作用（形态建成，起信号作用，低能反应）。把以光作为环境信号调节细胞生理反应和控制植物发育的过程称为植物光形态建成（光控发育或光范型作用）。根据吸收光谱，可将已确定的植物光受体（色素蛋白复合体）分为感受红光和远红光信号的光敏色素、感受蓝光和近紫外光信号的蓝光受体（隐花色素和向光素）、感受蓝绿光的 ZTLS 家族和感受紫外光 B 信号的紫外光 B 受体，以光敏色素的研究最为深入。

光敏色素是易溶于水的浅蓝色的色素蛋白（生色团+脱辅基蛋白），以二聚体形式存在。光敏色素有 Pr 和 Pfr 两种，Pfr 是生理活跃型，两者在 R-FR 照射下发生可逆转换来介导反应。自然条件下，植物光反应以 φ 值为准，φ 达到 0.01 就可引起光敏色素反应。光敏色素蛋白质具多型性，由多基因家族编码的光敏色素分为类型 I 和类型 II 两类，PHYA 基因编码的类型 I 光敏色素大量存在于黄化组织，Pfr 不稳定，含量很低；类型 II 光敏色素由 PHYB、PHYC、PHYD、PHYE 基因编码，Pfr 稳定，光暗条件下低水平存在和低水平表达。光敏色素反应可分为 VLFR、LFR 和 HIR，它们对光量要求和持续时间不同，其作用光谱和光可逆性也有区别。光敏色素在植物个体发育中的生理作用极其广泛和贯穿始终。光敏色素介导光形态建成，首先光敏色素感受光信号后活化某一信号转导途径（可能包括 Ca^{2+} 和 CaM、G 蛋白及 cGMP），将存在于细胞质中的 Pr 转化成 Pfr，Pfr 转移到核内，与很多核定位的转录因子相互作用，Pfr 与某物质（X，如 COP1 和 PIF3）反应生成 Pfr-X 复合物，启动基因表达，再由 Pfr-X 引起生理反应，解释这一机理的假说有光敏色素自身磷酸化、调节快反应的膜假说和调节慢反应的基因调节假说。光敏色素与各相关因子互作的模式可分为参与光敏色素核定位、参与光敏色素信号输出和直接调节光反应 3 类。植物通过隐花色素和向光素吸收蓝光和近紫外光，引起各种蓝光反应，如叶绿体运动、向光性、抑制下胚轴伸长、气孔运动、叶片伸展和定位、色素生物合成、磁场感应和活化基因表达等。近些年研究证明，UVR8 蛋白可感知紫外光 B，是 UV-B 的光受体蛋白，但尚不清楚其响应的具体通路。在植物光形态建成中，光受体间及其与转录因子会发生相互作用（光受体—转录因子途径和光受体 COP1 途径）来共同调控生长发育。

机械刺激对植物的生长发育具有双重效应，即低强度的机械刺激可促进植物细胞质的分裂与生长，而高强度的机械刺激则影响植物的生长发育，甚至影响植物的存活。植物对环境因子的响应可分为报警、抵抗、疲劳和再生 4 个阶段。机械刺激在植物体内先后诱发受体电位、钙信号、ROS 信号和 NO 信号等一系列信号事件，这些信号相互作用共同参与调控植物的基因表达及多个生理生化过程。

高等植物不能像动物那样随意移动，但它的某些器官能接受环境刺激发生局部运动，可分为向性运动和感性运动。向性运动是生长性运动，包括向光性、向重力性、向化性和向触性，其运动的方向取决于刺激的方向，可以是正向的和负向的。感性运动（偏上性、偏下性、感夜性、感温性和感震性等）与外界刺激或内部节奏有关，但方向与刺激的方向无关。感性运动多数是膨压运动（紧张性运动），但有些也是生长运动。

四、环境信号感知

对植物生存或生长发育不利的各种环境因素统称为逆境（胁迫），可分为生物胁迫和非生物性胁迫。植物对逆境的适应、抵抗和忍耐，称为植物的抗逆性（简称"抗性"），包括御逆性和耐逆性，耐逆性又可分为御胁变性和耐胁变性。植物的适应性是一个多种反应的复杂生命过程，是胁迫强度、胁迫时间与植物自身的遗传潜力综合作用的结果，是在逐步适应和驯化中形成的。不良环境间可产生交叉适应（忍耐）。

植物形态结构的变化必然导致代谢和功能的改变。逆境会使植物的生物膜（膜结构、膜脂组分、膜蛋白和膜脂过氧化）、细胞器和植株形态结构产生明显的变化，深刻影响着植物生理代谢（水分状况、质膜透性、光合作用、呼吸作用和物质代谢等）。植物适应逆境的生理基础主要表现在生长发育、新陈代谢、渗透、膜保护物质、活性氧平衡、气孔和植物激素调节等方面，其中以渗透调节为主，最理想的有机渗透调节物质是脯氨酸和甜菜碱。在任何逆境下，无论是物理因子和化学因子，还是生物因子引起的逆境，植物会关闭一些正常表达的基因，启动一些与逆境相适应的基因（如低温诱导基因和渗透调节基因），形成新的逆境蛋白（如渗透蛋白、热激蛋白、胚胎发生晚期丰富蛋白、水分胁迫蛋白、同工蛋白、类脂转移蛋白、病程相关蛋白、重金属结合蛋白、冷驯化诱导蛋白、厌氧蛋白、活性氧胁迫蛋白、紫外线诱导蛋白、盐逆境蛋白），使植物在代谢和结构上发生改变，进而增强抵抗外界不良环境的能力。

　　植物的生长发育主要受遗传信息和环境信息的调节控制。遗传信息决定个体发育的基本潜在模式，环境信息对遗传信息的表达起着重要的调节作用。植物在对逆境胁迫做出主动的适应性反应前，植物必须有感知、传递和处理环境刺激信号的过程。如能对植物感受和传递逆境的生理及分子机制有深入的了解，显然有助于人们有目的地主动调控植物的生长发育，以期高效地提高植物或作物的抗逆性而造福于人类。到目前为止，人类已经对植物感受并传递逆境信息的机理有了一定了解，即当植物体感受到逆境胁迫信号后，就会首先在局部产生携带逆境信息的信号分子或物理信号，当胞外信号将逆境信息传递至某一活细胞时，胞外信号作用的活细胞通过其膜上的受体及其下游的膜蛋白（如 G 蛋白等）将逆境信息传递至胞内，作为胞内信号的胞内第二信使系统（如 Ca^{2+}、IP3、cAMP）再将逆境信息继续传递下去，最终被传递至与植物适应性反应相关的组织或细胞，或影响基因的表达及其调控，或更为直接地引起胞内生理生化过程的变化。逆境胁迫信号主要涉及水信号、化学信号和电信号，其中以化学信号最普遍。根据化学信号的作用方式和性质，可分为正化学信号、负化学信号、积累性化学信号和其他化学信号等。至今已发现的化学信号分子有几十种，主要可分为植物激素、寡聚糖和多肽三大类型。

五、理化逆境响应

　　植物生存中面临的逆境胁迫多种多样，按其来源性质可分为生物胁迫和非生物胁迫，彼此间相互关联和伴随发生。非生物胁迫又可称为理化逆境，即包括物理胁迫和化学胁迫，其造成的植物损失往往超过生物胁迫。物理逆境主要指干旱、淹涝、寒害、热害、离子和可见光辐射伤害和机械损害，化学逆境主要指盐害、酸碱伤害和化学药品的毒害等。

　　寒害包括冷害和冻害。造成冷害的主要原因有膜脂相变、膜结构改变、代谢紊乱、蛋白质构象变化、核酸的增加和活性氧积累等。冻害主要是冰晶的伤害，分为胞外和胞内结冰两种；冻害机理除结冰伤害，还有巯基假说、膜伤害和活性氧伤害。不同植物对冻害的抗性表现为逃避结冰温度、缺少可冻水、过冷态、逃避胞内结冰、逃避结冰和耐结冰脱水。植物抗冻性提高来自细胞膜体系稳定性的增加和避免细胞内结冰，前者尤其关键。植物热害主要有直接伤害（如蛋白质变性和膜脂液化）、间接伤害（如饥饿、毒性、生理活性物质缺乏和蛋白质合成受阻）和次生伤害。

干旱可分为大气干旱、土壤干旱和生理干旱。旱害的核心是原生质脱水，由此可带来一系列生理生化变化并危及植物生命。严重干旱致死的原因有机械损伤、蛋白质凝聚（巯基假说）和膜伤害等。植物在干旱条件下，可通过形态结构的改变和生理反应来维持植物的正常生长发育的能力。涝害一般包括湿害和涝害，但本质上都是缺氧给植物的形态、生长和代谢造成的伤害。植物抗涝性的强弱取决于其形态上和生理上对缺氧的适应能力。

土壤中盐分对植物的伤害主要是通过盐离子本身的毒害（原初盐害）和盐离子所导致的渗透与营养效应（次生盐害）来起作用的。植物对盐分的忍耐体现在御盐性和耐盐性，御盐可通过被动拒盐、主动排盐、稀盐等途径实现，而耐盐是通过自身的生理或代谢反应来适应或抵抗。

植物受 UV-B 辐射后会产生胁迫及应激反应，涉及分子、细胞、组织、个体、群落和生态系统的各级水平。植物在长期进化过程中，可形成对 UV-B 辐射的自我防御和修复机制，但因植物不同而展示不同驯化策略，如通过阻挡和吸收 UV-B 辐射及清除 UV-B 辐射产生的自由基等。

环境污染可分为大气、水体和土壤污染 3 类，是一个综合因素，对植物的危害是连续过程，多种污染物共同侵袭是加快植株死亡的主因。大气污染物主要有 SO_2、氟化物、氯气、光化学烟雾（O_3、氮氧化物和硝酸过氧化乙酰）等，伤害方式有急性、慢性和隐性，抵抗方式可分为屏蔽性、忍耐性和适应性。水体和土壤污染物包括金属污染物、有机污染物和非金属污染物质等，危害较大的是酚、氰化物、汞、铬和砷。不同植物或同一植物对不同污染物的敏感性不一样，人们可利用植物吸收和分解有毒物质的特性进行净化空气、保护环境及监测环境污染。

提高植物的抗逆性可通过培育和选用耐性植物或品种、抗逆锻炼（逆境诱导）、合理的化学调控和农业措施来提高。

六、生物胁迫抵御

生物胁迫是指对植物生存与发育不利的各种生物因素的总称，通常由感染和竞争引起，如病、虫和草害。植物对生物胁迫的抵御是植株在形态结构和生理代谢等方面在时间和空间上的综合表现，它是建立在一系列物质代谢的基础上，依赖与抵御生物胁迫有关的基因表达及其调控物质的产生来实现的。

植物病害是指植物受到病原物的侵染并使其生长发育受到抑制的现象。植物抵抗病菌侵袭的能力称抗病性。病原物对寄生植物的侵染是个主动的过程，它可通过本身所分泌的酶和毒素等来实现侵染，也可通过直接进入植物体内并大量繁殖来对植物造成伤害。植物对病原物侵染的反应有感病、耐病、抗病和免疫4种。植物抗病性反应根据抗病性特点可分为避病、抗侵入、抗扩展和过敏反应4类，根据植物抗病性机制又可分为组成型、诱导型和非宿主抗性3类。病原物将造成寄主植物的水分平衡失调、呼吸作用加强、光合作用抑制、激素发生变化、同化物运输受干扰和正常氮素代谢破坏等生理代谢异常。寄主植物的抗病机制有两类，一类是受侵染前已存在防止侵入的物理障碍和抗菌物质，另一类是因侵染而诱发的主动防卫反应。植物为防御病原菌的入侵，在长期的互作中，已协同进化出一套天然的免疫系统（病原相关分子模式所触发的免疫反应和效应因子触发的免疫反应）来抑制病原菌的破坏。提高植物抗病性可通过培育抗病品种、诱导抗病性、施用生长调节剂和改善生存环境等途径来实现。

寄主植物对虫害的反应可分为免疫、高抗、低抗、易感和高感5类。根据植物抗虫机制通常可分为生态抗性（寄主回避和诱导抗虫性）和遗传抗性（拒虫性、抗生性和耐虫性）2类。诱导抗虫性具有开—关式效应、效果的专一性、速效性、系统性和持续性、广谱性、相对性、动态性和传递性等特点。植物与植食性昆虫在协同进化过程中形成了一套完整的防御体系（形态解剖和生理代谢）来抵抗虫害。很多植物还可表现增强防御的生理准备状态（防御警备）。植物抗虫防御警备具有增强植物对虫害感知能力、相对较低的防御成本和抗虫性更加持久并可隔代遗传等优点。植物抗虫防御警备理论从防御警备发生和形成时间分为刺激后的警备、虫害后的警备和隔代后警备3个阶段。环境因子影响抗虫性的大小和表现。提高植物抗虫性的途径有培育抗虫品种、加强田间管理和应用预警机制。

杂草是指生长在对人类活动不利或有害于生产场地的一切植物。杂草通常具有传播途径广、适应能力强、繁殖方式多、结实量大、种子寿命长、早熟和光合作用较强等特点。杂草最主要的危害是与栽培植物争夺养料、水分、阳光、空气和空间等各生态要素。目前全球已登记的抗药性杂草有255种的496个抗性个体，主要可分为抗乙酰辅酶A羧化酶抑制剂、抗乙酰乳酸合成酶抑制剂、抗光系统Ⅱ抑制剂和抗5-烯醇丙酮酰莽草酸合成酶抑制剂等。杂草抗药性的产生、程度及传播受多种因素共同影响，目前已阐明的杂草抗药性机理包括靶标抗性、非靶标抗性机制和杂草的屏蔽作用或与作用位点的隔离作用。杂草产生抗药性后，会向后代及其他地区传播，导致杂草抗药性逐渐普遍化。杂草发生与作物格局（作物种类与时空分布）、耕作措施和水肥管理等因素密切相关。杂草发生的调控机制表现在作物与杂草的资源竞争、作物的化感作用和土壤的杂草种子库变化等方面。杂草防控是一个系统工程，需通过传统的防控技术（物理和化学防治）结合生物防治、利用植物种间竞争和化感作用等综合措施来实现。

复习思考题

1. 概述植物细胞信号转导的过程及机制。
2. 归纳植物激素的种类及主要生理功能。
3. 如何践行植物化学控制对生产实践的指导作用？
4. 植物怎样感受不同波长的光及导致的生理效应？
5. 机械刺激对植物生长发育的影响体现在哪些方面？
6. 谈谈植物对环境胁迫的适应和响应机制。
7. 提高植物抵抗非生物胁迫的主要措施有哪些？
8. 植物如何免疫和抵抗病虫害的侵袭？
9. 分析杂草抗药性产生的机制，如何减轻抗药性？

主要参考文献

程建峰，2019. 植物生理学 ［M］. 南昌：江西高校出版社.

李合生，王学奎，2019. 现代植物生理学 ［M］. 4 版. 北京：高等教育出版社.

王宝山，2019. 植物生理学 ［M］. 3 版. 北京：科学出版社.

王三根，梁颖，2020. 植物生理学 ［M］. 2 版. 北京：科学出版社.

王小菁，2019. 植物生理学 ［M］. 8 版. 北京：高等教育出版社.

武维华，2018. 植物生理学 ［M］. 3 版. 北京：科学出版社.

熊飞，王忠，2021. 植物生理学 ［M］. 3 版. 北京：中国农业出版社.

郑彩霞，2013. 植物生理学 ［M］. 3 版. 北京：中国林业出版社.

PALLARDY S G，2011. 木本植物生理学 ［M］. 3 版. 尹伟伦，郑彩霞，李凤兰，等译. 北京：科学出版社.

HOPKINS W G，HÜNER N P A，2008. Introduction to plant physiology ［M］. 4th ed. New Jersey：John Wiley & Sons Inc.

NOGGLE G R，FRITZ G J，2010. Introductory plant physiology ［M］. New Delhi：PHI Learning Private Limited.

SCHOPFER P，BRENNICKE A，2010. Pflanzenphysiologie ［M］. 7th ed. Spektrum Akademischer Verlag.

TAIZ L, ZEIGER E, MØLLER I M, et al., 2015. Plant physiology and development [M]. 6th ed. Sunderland: Sinauer Associates, Inc.

TAIZ L, ZEIGER E, MØLLER I M, et al., 2018. Fundamentals of plant physiology [M]. Sunderland: Sinauer Associates, Inc.

第三篇
专题论述

第6章 植物种子生理

种子是植物有性繁殖器官的最高形式，是长期进化的结果，对各种不良的环境条件具有适应能力。同时，种子也是农业生产最基本和最重要的有生命力的生产资料，是农业生产中最可靠、最有效、最经济的增产措施，是科学技术的载体，没有种子就没有农业。

一、种子生理的基础知识

（一）种子贮藏特性

按种子贮藏特性不同分为正常型种子、顽拗型种子和中间型种子。植物种子究竟属于何种类型的种子，需要测定其脱水敏感性和低温敏感性，具体鉴定程序见图6.1。

（二）种子活力与发芽力

种子活力是指在广泛的田间条件下，种子迅速整齐萌发并长成正常幼苗的潜在能力。种子发芽力是种子在适宜条件下（实验室可控条件下）发芽并长成正常幼苗的能力，通常以发芽势和发芽率表示。发芽试验的目的也是测定一批种子中活种子所占的百分率，因此从某种意义上说，广义的种子生活力应包括种子发芽力，但狭义的种子生活力是指应用间接方法（如四唑法）快速测定的结果。关于活力与发芽力之间的关系，Isely已于1957年以图解表示（图6.2）。种子活力与种子发芽力（生活力）对种子劣变的敏感性有很大的差异（图6.3），活力对劣变的发生更敏感，活力的变化优先于生活力的变化，只有活力变化到一定程度时，生活力的变化才表现出来。综上所述，高活力的种子一定具有高的发芽力和生活力，具有高发芽力的种子也必定具有高的生活力；但具有生活力的种子不一定都具发芽力，能发芽的种子活力也不一定高（图6.3）。

Woodstock在大量可重复性的严格控制生态生理方面的试验条件下，并在标准实验技术为手段测定活力的试验研究基础上，对活力概念作了进一步的概括：

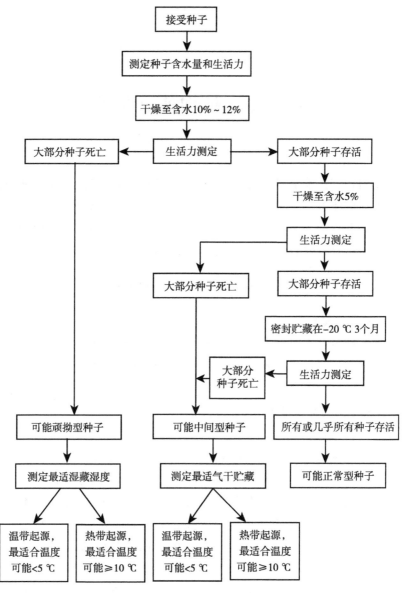

图 6.1　种子贮藏性测定（Hong and Ellis，1996）

"种子活力是健壮种子在广泛的环境因子范围内迅速萌发并出苗整齐。"其着眼点是放在籽粒个体在有利和不利的环境条件下，其萌发、成苗差异性的分析上。从这一概念出发，他推导出一个有关种子活力的双向二维数学分析图解（图6.4），其纵坐标表示发芽率或幼苗生长速率，横坐标表示环境因子。可以看出，

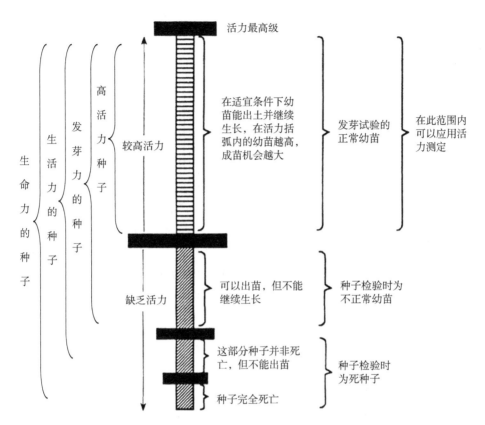

图 6.2　种子活力与发芽力的相互关系 [在 Isely (1957) 基础上修改]

高活力种子能在较广的环境因子范围内迅速萌发（曲线 A），低活力种子只能在较窄的范围内萌发（曲线 B）或者表现为虽然也能在较广的环境因子范围内萌发，但发芽率和幼苗生长速率有下降趋势（曲线 C）。这一模式示意图既表明在合适、有利的条件下种子本身的潜能是主要限制因子，又体现出在逆境胁迫条件下种子的适应程度。

（三）种子劣变

人们把种子成熟后在收获加工与贮藏存放期间发生活力下降的不可逆变化统称为种子劣变。随种子成熟，种子活力逐渐升高，至真正成熟时达到顶峰，随之便会进入发芽率和活力下降的不可逆变化，其综合效应导致种子逐渐衰老或劣变。让种子不劣变是不可能的，但若能揭示劣变的生理机制，则减缓劣变、延长寿命是可能的。

种子劣变的生理机制是很多学者研究的重点，膜脂过氧化是目前为止比较被

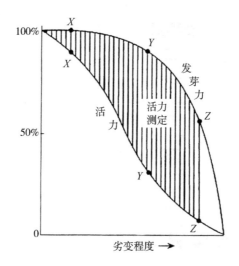

图 6.3　种子劣变过程中发芽力（生活力）与活力
的相互关系（Delouche and Caldwell，1960）

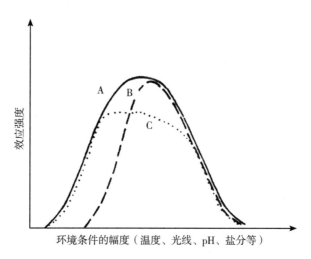

A. 活力最强者；B. 活力较弱，适应范围小；C. 活力较弱，效应强度降低；效应
强度＝幼苗生长速率或发芽总数×发芽率

图 6.4　种子活力双向量分析的理论曲线（Woodstock，1973）

接受的一种劣变机理，主要体现在贮藏和吸水两个阶段。贮藏阶段，种子脂质过
氧化主要产生 4 种损伤，①线粒体损伤：线粒体是细胞中氧气浓度最高的微结
构，极易形成氧自由基，引起过氧化作用，攻击线粒体中的 DNA，影响线粒体

DNA 的复制、细胞的呼吸作用和细胞分裂。②酶合成受阻：脂质过氧化和自由基的产生严重限制了酶的合成。③膜受损：膜脂过氧化产生的自由基和过氧化物会影响细胞膜和细胞器膜。④遗传损伤：自由基损害 DNA 会引起其自身复制的错误和紊乱性，从而丢失遗传信息，引起遗传性损伤。在吸水阶段，水合作用导致过氧化作用加剧，使得种子在进行内部活化的同时遭受劣变，但水合作用至今仍没有详尽的研究。

归根到底，老化劣变的实质在于细胞结构与生理功能上的一系列错综复杂的变化，既有物理变化又有生理生化变化，一种变化与另一种变化可能是互为因果的，也可能是齐头并进的，不能一概归结为从膜的损伤开始，通常是先产生生化变化，后产生生理变化，可分为生化劣变和生理劣变 2 个阶段，不同生化生理变化的发生顺序见图 6.5。

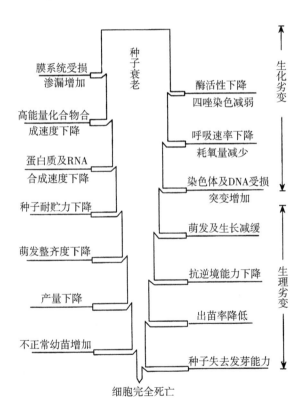

图 6.5　种子劣变各生化生理变化的可能顺序（陶嘉玲和郑光华，1991）

图 6.6 归纳总结了目前对种子老化劣变研究的结果，从中可见种子生活力降

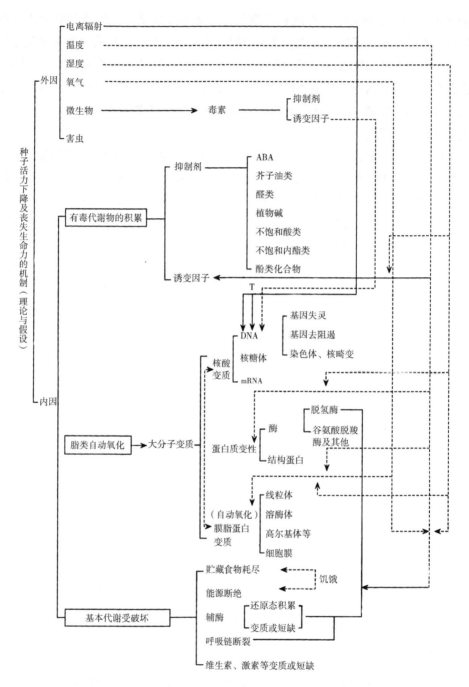

实线（————）为生理劣变；虚线（·········）为生化劣变。

图 6.6　种子老化劣变的机制（郑光华，2004）

低及生命力丧失的机制可概括为 2 个方面，一是外因的直接作用或间接影响，二是内在的演变过程，二者又有密切联系，外因为内部变化的诱发因子和条件。实际上，自然老化尤其是在高温、高湿和缺氧情况下，起源发出阶段是以代谢失调、受破坏，以致有毒物质积累占主导地位的。因此，要积极有效地控制种子活力，就必须从细胞学、生理学、生物化学等多角度出发，全面系统地了解种子老化、劣变的实质所在。

（四）种子休眠

种子休眠是指从母体脱落后具有正常活力的完整种子在适宜的环境条件下不能萌发的现象，又称自然休眠或生理休眠，是真正意义上的种子休眠。种子休眠的机理是一个复杂的问题，至今很难用一种学说来概括自然界种类繁多、特殊性不同的植物，目前几种比较重要的学说是内源激素调控——三因子学说、呼吸途径论（磷酸戊糖途径）、光敏素的调控和膜相变化论。

种子的休眠对农业生产既有有利的一面，又有不利的一面。因此有时需要解除种子的休眠，有时则需要延长种子的休眠。解除休眠的方法依其休眠的成因而异，一般分为物理方法、化学方法、改善条件和多种方法有机结合的综合方法。延长种子的休眠包括品种选育、药剂调控和环境因子调控。

（五）种子萌发

种子萌发是植物生长周期的起点，具有重要的经济和生态意义。由于种子萌发容易受到机械伤害、病害和环境胁迫的影响，种子萌发也被认为是植物生活周期中最重要和最脆弱的阶段。种子从吸水膨胀到萌发成苗，实际上是一个连续渐进的过程，但常根据其萌发特征分为吸胀、萌动、发芽和幼苗形态建成 4 个阶段（图 6.7）。

伴随着种子萌发过程中由种胚到种苗的形态变化，种子内部也在进行着一系列生理生化变化，包括细胞的活化和修复、酶的产生与活化、物质和能量的转化等，使胚细胞得以生长、分裂和分化（图 6.8）。提高播种种子的田间萌发成苗能力和整齐度，特别是在逆境下的萌发和成苗能力，对农作物生产有积极的意义。近年来，世界上发展了一些新兴的种子播前处理方式（如种子引发、渗透调节、湿干交替处理、化学物质处理和有机溶剂渗透等），通过它们创造一定的条件来改善种子内部生理状态，以达到提高种子萌发成苗的目的。

二、种子老化研究

种子作为植物遗传资源的有效保存体及重要的种质创新原料，随着贮存时间

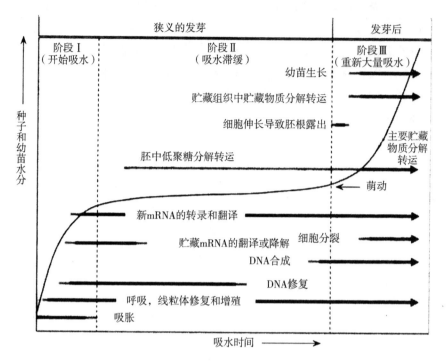

曲线表示水分吸收的典型模式。

图6.7　种子（狭义的）发芽（阶段Ⅰ和阶段Ⅱ）和幼苗早期生长（阶段Ⅲ）
过程中随时间和水分变化的生理和代谢活动［在 Nonogaki 等（2010）的基础上修改］

的延长、贮存条件的不当和内外环境的胁迫，种子劣变老化将不可逆、不可避免
地发生，其老化或者劣变将直接导致发芽率、活力、生活力降低，抑制种胚正常
发育以及幼苗生长，由此造成植物生产水平及其品质大幅下降。

（一）种子耐老化鉴定方法

耐老化程度是衡量种子活力和耐储性的重要指标之一，不同基因型农作物种
子耐老化的差异显著，故对种子进行耐老化鉴定是植物遗传改良和培育高活力农
作物新品种的基础。目前种子老化的研究方法主要分自然老化和人工加速老化两
种。对于自然老化，现有研究通常将种子放置在通风良好的室温条件下进行贮
藏，具体时间会因植物种类和研究目的而有所差异；人工加速老化处理
（AAT）即通过高温高湿法加速供试种子生理生化劣变，是更直接、迅速地考察
和判定其老化特性以及最优活力检测条件，方法主要包括高温高湿老化法
（HH）、甲醇老化法（MS）、热水浴老化法（HW）和饱和盐加速老化法

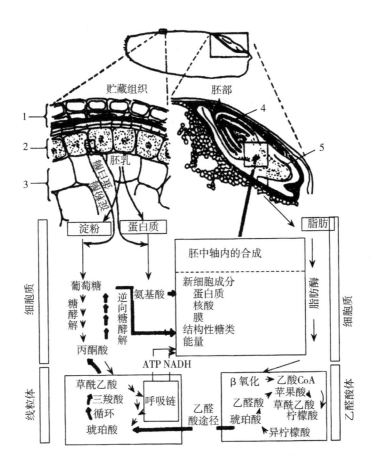

1. 果种皮；2. 糊粉层；3. 淀粉层；4. 胚芽；5. 盾片；→ 表示分解；➡表示合成

图 6.8　种子中主要贮藏物质的分解利用方式和途径（Cardwell，1984）

（SSAA）。虽然大量研究表明 AAT 处理能较为迅速直接地达到检测种子老化的目的、探讨老化最佳检测条件，但该方法其实验过程过于激烈，所涉及的老化细节难以全局把握，故在 AAT 处理过程中加入适量的饱和 NaCl 溶液会显著降低种子强烈的吸水性，从而使得人工加速老化过程进行得更为缓和，试验干扰因素也因此降低。相比传统人工高温高湿老化处理条件而言，利用分压为 18 MPa 的氧气处理干燥贮存条件下的种子，同样可以达到加速老化的目的，而且方法更为快捷，尤其适用于对干燥种子老化的生理生化特性研究。

种子老化有众多鉴定指标，其中最主要的指标包括活力指标、生理生化等指标。活力指标主要包括种子的发芽势、发芽率、发芽指数、活力指数等多个方面。生理生化指标包括老化过程中种子内部响应机制所产生的有益与有害产物，涉及保护酶活性、修复机制等方面的变化，如过氧化物酶（POD）、超氧化物歧化酶（SOD）、过氧化氢酶（CAT）等，电导率、丙二醛（MDA）及可溶性糖含量。值得注意的是，对种子活力的评价并不局限于单个、特定的老化生理指标变化趋势，而与具体物种的植物学特征（单双子叶）、种皮透性和养料贮存部位等因素有关。

（二）种子衰老的生理生化基础

1. A-M 反应加速种子老化

干燥条件下的种子（玻璃态种子）所发生非酶促反应"阿尔多瑞-美拉德反应（Amadori-Maillard reactions，A-M）"产物将会使细胞清除活性氧的能力下降，膜脂的过氧化程度加强，且 A-M 反应产物很可能通过对 DNA 双链结构的修饰，改变其生化功能，从而促进种子的衰老与死亡。A-M 反应涉及由细胞内糖类减少而引起对蛋白质进行的非酶促反应攻击及复合物的分子重排，产生的褐色细胞毒素产物也会对细胞结构及其功能造成极大程度的损害。作为最普遍的 A-M 产物——糖化蛋白、高级糖基化合物在各类种子老化或贮存过程中会随着老化程度的增强而不断增加。因此，在一定程度的干燥条件下，作为非酶促反应之一的 A-M 反应加速了种子的老化进程。

2. 膜脂过氧化作用与种子老化

活性氧（ROS）通过对质膜诱发过氧化作用而被认为是降低膜完整性的首要因子。老化处理加速 ROS 对小麦种子质膜的过氧化作用，显著减少质膜磷脂酰胆碱成分（不饱和脂肪酸、油酸、亚油酸组分），加大膜透性；ROS 在根部顶端分生组织大量积累，致使胚轴无法伸出，而抑制胚细胞分裂。涉及种子老化的膜脂劣变的主要原因是磷脂酶活化以及实现相关基因的表达造成的，具体表现为：老化能够促进磷脂酶（PLD）的活化因而大量降解膜脂的主要成分——磷酸酰胆碱（PC）和磷酸酰乙醇胺（PE），同时老化处理能显著诱导涉及脂肪酸降解的脂氧合酶基因（*OsLOX2*）的转录。

目前，越来越多的研究已充分表明 ROS 在种子衰老过程中具有双重作用，而其作用的正负性往往取决于种子含水量。水分是促成 ROS 移动并发挥强氧化作用的首要因素之一，当种子储藏于高温高湿环境下，ROS 的强氧化作用将加速种子内部物质劣变及保护酶系统失活，适量的 ROS 则可作为种子萌发的信号转导因子。

3. 蛋白羰基化作用与种子老化

蛋白质羰基化是蛋白质的非酶促羰基修饰的不可逆生化过程。金属羰基物是 ROS 攻击赖氨酸（Lys）、精氨酸（Arg）、脯氨酸（Pro）及蛋白质侧链上的氨基和亚氨基而直接产生的。可控的种子劣变处理强烈增加了蛋白质的羰基化反应，很可能会导致种子蛋白的功能特性的缺失或者促进酶对水解反应的敏感性；同时老化影响了细胞信号的转导及基因的转录，因此干扰了正常的糖酵解、三羧酸循环及呼吸电子传递链和氧化磷酸化等生化过程。不论是自然还是人工老化种子，老化过程均涉及了蛋白结构的修饰及改变、蛋白合成能力受阻、相关保护酶活性降低与水孔通道功能失调等特点，而伴随蛋白羰基化过程的深入，其反应产物则又进一步加剧老化、加速种子内部生理生化劣变，最终导致细胞死亡。

4. 核酸裂解、线粒体机能改变与种子老化

从分子水平上探究细胞程序性死亡（PCD）的报告中，普遍认为老化细胞信号转导刺激了线粒体功能的改变而致使内部生化代谢紊乱，具体表现为：伴随老化程度的加深，MAPK（丝裂原活化激酶）被激活并促进 *Bax* 及 *Bcl* 类似基因启动，与此同时细胞色素 *c* 在 Ca^{2+} 的作用下，将经由线粒体被"调遣"至细胞质寻找并激活 metacaspase，由此导致了核心蛋白、核酸、以及细胞骨架发生系统性的降解和退化（图 6.9）。更加完善的发现表明，老化不但涉及经由基因表达调控而引起的 PCD 反应而且还与 Non-PCD 关系密切，原因是在涉及 PCD 复杂反应的流程中，还存在着"nano-switches"的化学反应，作为 PCD 的支路而驱使缓慢的非程序性生化事件的发生。不论是脂质过氧化作用、蛋白羰基化作用，还是核酸随机发生的点突变以及共价修饰（A-M 反应产物修饰），其产物都将成为促进种子老化的诱导因子（第二毒素信号分子）（图 6.9）。每一种引发老化的因素既是起因（cause）加速劣变的进程，也同时可作为老化的结果（effector）。种子老化涉及了调控 PCD 的基因的表达、线粒体机能改变、氧胁迫及蛋白质的泛素化作用，同时一系列复杂的非程序性事件也伴随种子的劣变而发生，形成了具有"起因—结果"的闭合、交叉式的链式关系。

（三）种子耐老化基因挖掘

植物种子抵抗老化胁迫大多数为多基因控制的数量性状，随着基因测序技术的快速发展，通过分子标记手段对相关性状进行基因挖掘已成为种子活力研究的热点。目前，种子老化相关的性状基因挖掘研究较多，一些与种子耐老化相关的基因位点已被公布（https：//www.ncbi.nlm.nih.gov/）。利用自然老化或人工老化处理方法，结合基因型数据获得的水稻种子耐老化相关基因位点在 12 条染色

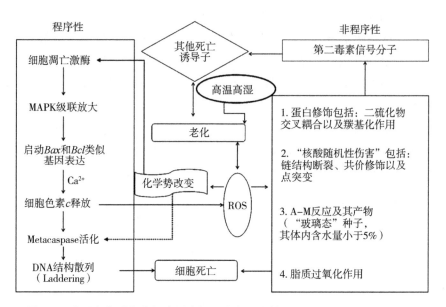

图 6.9　种子老化过程中细胞死亡机理流程改绘简图（Kranner et al.，2011）

体上均有分布，其中第 9 号染色体上分布最多。利用 Koshihikari/Kasalath//Ko-shihikari 衍生获得的回交重组自交系群体和染色体片段置换系群体检测到 1 个控制种子耐老化 QTL（qSS-9），并将其定位在 480 kb 之内，获得了与之紧密连锁的分子标记，并利用分子标记辅助选择法将 qSS-9 成功导入受体亲本中，获得一份耐老化新品种，为开展水稻耐老化相关基因的克隆和耐贮性的遗传改良提供了理论基础。利用'Nipponbare'和'9311'杂交构建的作图群体，对不同老化时间处理的水稻种子耐老化基因进行定位，将一个控制种子老化的主效 QTL 精细定位在第 3 号染色体 26.2 kb 的区间内。以'龙稻 5'和'中优早 8'杂交衍生的重组自交系群体进行动态 QTL 鉴定，检测到的主效 QTL 簇 qSSC2、qSSC6、qSSC7 和 qSSC8 能调控不同储藏时段的发芽率，其中 qSSC6 具有明显降低发芽率的效应。利用两个重组自交系群体进行 QTL 定位，先后发现了 20 个 mQTL 可以在至少两个老化条件下稳定的表达，其中 mQTL5-3、mQTL6 和 mQTL8 区域内的5 个候选基因可能对影响玉米种子老化起到重要作用。通过构建甜玉米的遗传连锁图谱共获得 18 个与种子老化相关的 QTL 位点，并初步挖掘了 4 个候选基因。在油菜的第 8 号染色体上获得了 13 个与种子老化相关的 QTL，利用转录组技术互补验证捕获到一个与热激蛋白相关的候选基因。利用 246 份重组自交系群体结合全基因组关联分析技术挖掘到 10 个稳定的 QTL，分布在 2D、3D、4A 和 6B 染色体上。这些研究结果不但为农作物种子耐老化性相关基因的精细定位奠定了理论基础，同时还丰富了耐老化分子标记辅助选择育种的基因资源（表 6.1）。

表 6.1　部分农作物种子耐老化主效位点统计（2017 年至今）

物种	遗传位点	染色体	定位群体
水稻	*qSL-2*	2	重组自交系群体（RIL）
	qSL-8	8	重组自交系群体（RIL）
	qSS-9	9	回交群体（BCF）；染色体片段置换系群体（SSSL）
	qSS3. 1	3	回交群体（BCF）
玉米	*mQTL5-3*	5	重组自交系群体（RIL）
	mQTL6	6	重组自交系群体（RIL）
	mQTL8	8	重组自交系群体（RIL）
甜玉米	*qGR10*	10	回交群体（BCF）
小麦	*QaMGT. cas-2DS. 2*	2D	重组自交系群体（RIL）
油菜	*q2015AGIA-C08*	8	重组自交系群体（RIL）

（四）植物种子耐老化适应机制

通过现代分子生物和多组学联合分析技术，已经对部分农作物的种子老化过程和耐老化调控机制进行了解析（图 6.10），涉及的基因包括活性氧毒性清除相关基因、脂氧合酶基因、醛脱氢酶基因和醛-酮还原酶基因、L-异戊烯基甲基转

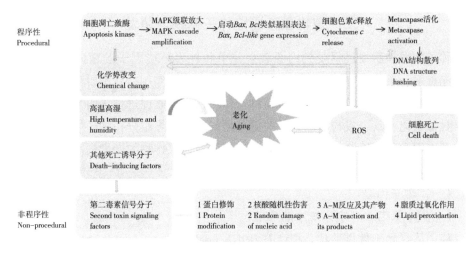

图 6.10　种子内部响应老化机制流程（李穆等，2023）

移酶基因、生育酚（维生素 E）基因和金属硫蛋白基因和热激蛋白基因。

利用 RNAi 技术研究表明，水稻脂氧合酶基因 *OsLOX* 可提高水稻种子耐储性和活力。不同储存年份的大豆种子部分转录本均有降解，通过量化种子转录本降解与储存时间的函数可探测种子老化的无症状阶段。易老化水稻材料 IIY99 的多种疾病/防御蛋白被显著下调，几种氧化还原调节蛋白在老化过程中表现出不同程度的变化，而耐老化自交系 BY998 的蛋白水平变化相对较小，且具有较高的生活力。水稻活力相关基因 *OsIAGLU* 会调控种子萌发过程中生长素（IAA）、脱落酸（ABA）的含量，引起下游脱落酸（ABA）信号因子 OsABIs 表达量的变化，调控水稻种子的活力水平；该基因在籼粳稻之间存在着一定程度上的等位变异，籼稻种子在萌发过程中该基因的表达量显著高于粳稻种子，初步解释了籼稻种子活力高于粳稻的部分原因。胺鲜酯（DA-6）具有提高大豆种子中三酰甘油水解成脂肪酸进而转化为糖的能力，能为自然老化胁迫的大豆种子在萌发过程提供充足的能量，进而促进其幼苗的生长发育；老化后的大豆种子发芽率下降并非其内部缺乏储存的能量，而是由于老化胁迫阻碍了种子内部三酰甘油向脂肪酸的分解，因而不能为种子萌发提供可直接利用的能量。玉米 *zmdreb2a* 基因突变体种子发芽后胚根和胚芽伸长显著优于对照，但耐老化能力较对照显著降低；源于 ZmDREB2A 通过结合在 *GH3.2* 基因启动子上的 DRE 元件直接调控生长素降解基因 *GH3.2* 的表达；ZmDREB2A 可还直接调控玉米棉子糖合成酶基因 *ZmRAFS* 的表达影响种胚中棉子糖的积累水平从而影响玉米种子的耐老化能力。

三、植物激素调控种子休眠与萌发

种子休眠和萌发过程受到内源激素分子和外界环境因子的精确调控，脱落酸、赤霉素、生长素等激素在这一过程发挥重要调控作用，其中脱落酸和赤霉素是核心激素，脱落酸负责诱导和维持种子休眠，赤霉素促进种子萌发。阐述内源激素含量变化、其合成与代谢途径关键基因与信号转导组分在种子休眠和萌发中的重要作用和分子机制，为进一步利用调控机制为农作物的产量提高和品质改良提供参考。

（一）种子休眠

1. *DOG1* 基因在种子休眠中的作用

种子休眠属于数量性状。拟南芥 *DOG1*（delay of germination-1）基因是调控种子休眠的主效基因，并与 ABA 协同作用来抑制种子萌发。研究发现，DOG1 和 ABA 信号通路之间存在交叉调控。DOG1 与蛋白磷酸酶（PP2C）成员 AHG1/

AHG3（ABA hypersensitive germination 1/3）相结合并抑制其磷酸酶活性，从而增强 ABA 信号，维持种子休眠水平。*DOG1* 基因通常在发育中或成熟的种子中表达，它的转录水平受多种因素影响，包括可变剪接、顺式反义非编码转录本（as-DOG1）、microRNAs 等。在种子成熟期，DOG1 蛋白不断累积，其蛋白水平与种子的休眠程度高度相关。DOG1 通过正调控 *ABI5* 及其他转录因子表达水平，进而影响 LEA 蛋白和热激蛋白的累积。

多种转录因子通过与 *DOG1* 基因的启动子结合调控其转录。在拟南芥种子成熟阶段 bZIP67 是 *DOG1* 表达的直接调节因子，LEC1 负责直接激活 *bZIP67* 转录，bZIP67 通过识别 G-box 顺式作用元件 FUS3 与 *DOG1* 启动子种 RY 序列结合，促进 *DOG1* 转录，影响 *DOG1* 基因的表达。当种子解除休眠时，*DOG1* 基因上的组蛋白修饰发生明显变化，其中 H3K4me3 修饰减少，而 H3K27me3 修饰增加，同时 *DOG1* 表达降低。锌指蛋白。拟南芥 *HUB1*（histone monoubiquitination 1，也称 *RDO4*）编码 C3HC4 锌指蛋白，是种子休眠的正向调控因子；拟南芥组蛋白去甲基化酶 LDL1 和 LDL2 负向调控种子休眠。拟南芥在种子吸胀阶段 KYP/SUVH4（组蛋白甲基转移酶，负责 H3K9 甲基化）的转录水平达到峰值，抑制休眠相关基因的转录。

2. ABA 在种子休眠中的作用

在种子成熟过程中，ABA 正向调节种子贮藏物的积累，且抑制胚生长，同时诱导种子耐干性和种子休眠。当 ABA 合成途径基因过量表达时，其种子保持深度休眠。由 NCED 催化的氧化裂解反应是 ABA 合成的限速步骤，在拟南芥中鉴定到 5 个 *NCED* 基因，它们在种子发育不同时期或不同部位中特异表达，*NCED* 基因过量表达株系中 ABA 含量增加进而诱导休眠。由 *CYP707A* 编码的 8'-羟化酶是 ABA 代谢途径中的关键酶，拟南芥 CYP707A 家族有 4 个成员，*CYP707A1-CYP707A4*，其中 *CYP707A2* 基因在种子吸胀过程中表达上调，且在外源 ABA 存在下表达增强，负责 ABA 的分解代谢。拟南芥中 *CYP707A1* 主要在种子成熟中期负责降解 ABA，而 *CYP707A2* 则主要在种子成熟后期和种子吸胀过程中发挥作用，在中晚期的胚胎和胚乳组织中均有表达。

除 ABA 合成分解途径外，ABA 信号途径组分也影响种子休眠。ABA 信号感知与转导依赖 PYR/PYL/RCAR-PP2C-SnRK2s 核心组分，ABA 通过细胞内受体 PYR/PYL/RCARs 的识别发挥作用，当 ABA 含量增加时，ABA 与受体 PYR/PYL/RCARs 形成复合物，进而与 PP2C 相结合，抑制其磷酸酶活性。SnRK2 通过自身磷酸化保持活性状态，从而发挥激酶活性激活下游转录因子，促进 ABA

信号应答基因的表达，开启 ABA 信号通路。*ABI1* 和 *ABI2* 基因编码 PP2C 蛋白。拟南芥蛋白磷酸酶 HONSU 是休眠的负调控因子，它抑制 ABA 信号传导，同时激活 GA 通路，即在种子休眠中 HONSU 是关联 ABA 和 GA 信号途径的关键因子。但 RDO5 磷酸酶突变，不改变 ABA 含量和敏感性，种子休眠程度大幅降低；RDO5 参与的种子休眠主要通过调控 RNA 结合蛋白 *APUM9* 和 *APUM11* 基因的转录实现的。SnRK2s 也是 ABA 信号途径调控因子之一，在种子发育和萌发阶段拟南芥的 *SnRK2.2*、*SnRK2.3* 和 *SnRK2.6* 在细胞核中表达，这 3 个基因同时突变后，影响种子休眠，内源 ABA 含量上升。

位于 ABA 信号转导途径的转录因子也是调控种子休眠的关键因子，其中拟南芥 ABI3、ABI4 和 ABI5 相关的转录因子研究较为深入。ABI3 是保持种子休眠的正调控因子，ABI3-ODR1-bHLH57-NCED6/9 模块通过影响 ABA 生物合成和信号传导调控种子休眠。ABI4 属于 APETALA2/乙烯反应因子家族转录因子，受 ABI4 调控的基因启动子区均有 CE1 元件，ABI4 通过与 CYP707A1/2 启动子结合而抑制其转录，导致 ABA 含量增加。MYB96 间接调控其他的 ABA 合成基因，钙离子还通过控制 *ABI4* 转录来调节种子萌发。SPT-ABI4 模块在休眠建立和维持期间起关键作用。ABI5 属于 bZIP 转录因子家族，在 ABA 信号转导中处于核心位置，它通过与保守 ABA 应答元件（ABRE，PyACGTGG/TC）结合启动受 ABA 诱导基因的表达，从而抑制种子萌发。在成熟的种子中，ABA 含量维持在较高水平，ABI5 激活晚期胚胎富集蛋白 *LEA* 基因的表达，使 ABI5 和 LEA 蛋白大量累积，增强种子耐干燥特性。拟南芥激酶 SnRK2.2、SnRK2.3 和 SnRK2.6 通过磷酸化 ABI5 的特定残基 Ser42 启动下游基因的表达。光信号介导的种子萌发也是通过调控 *ABI5* 转录来实现的。拟南芥 *ABI5* 启动子区存在多种受光调节的转录因子结合位点。这些结合位点已被实验证实分别与转录因子 PIF1、HY5 和 SPT 结合。PIF1 是与光受体色素蛋白相互作用的转录因子，直接激活 *ABI5* 基因表达。故 ABI5 是整合多种信号途径调控种子休眠与萌发的核心元件。

（二）种子的萌发

种子萌发对植物的生长至关重要，是植物生命周期的开始，是作物产量的先决条件。种子内源 ABA 和 GAs 激素相对含量及其信号传递组分是决定种子萌发的关键因素。在种子吸水萌发时，GAs 开始合成。研究发现，拟南芥种子吸水初期 ABA 含量迅速下降，导致 *ABI5* 在转录水平和蛋白水平都相应下降，在吸水后的 12~24 h 甚至检测不到；此时，若添加外源 ABA 或环境渗透压突然变化诱导合成 ABA，ABI5 能重新合成并迅速富集，从而延迟胚的发育并阻止胚乳弱化和种皮破裂。然而，这种 ABA 依赖的抑制效应仅仅发生在种子吸水后 48 h 内。

GAs 在促进拟南芥、番茄等种子萌发方面主要有 2 个作用：首先，GA 对种胚克服周围组织（如糊粉层和种皮）的机械束缚是必需的，拟南芥 GA 缺陷突变体的种子不能萌发，只要去除包裹在种胚周围组织的束缚，种胚就可以继续发育成矮化植株，说明 GA 能削弱周围组织对种胚的物理约束而促进胚根伸长；其次，GA 增加了种胚的生长潜能，拟南芥 GA 缺陷突变体中种胚的生长速率大大降低，在番茄种子中已鉴定出受 GA 诱导的与细胞壁松弛相关的基因，如编码内切甘露聚糖酶、木葡聚糖内切转糖基酶/水解酶基因等，其中一部分基因在胚根周围的珠孔胚乳帽中特异性表达。Ogawa 研究团队发现 GA4 可能是种子萌发时胚芽中主要的活性 GA 分子；在种子吸水后的 24~32 h 检测到 GA4 水平显著增加，此时观察到胚根刚刚开始伸长，这一发现证实 GA 在种子萌发后期起关键作用。与 GA4 水平增加一致，在种子吸水后，GA 生物合成相关基因的表达水平也上调，不同 GA 合成酶表达谱不同。AtKO1 和 AtGA3ox1 基因在吸水后表达水平逐渐增强，8h 达到最高值，随后表达水平下降。编码 GA3-氧化酶的 2 个基因 AtGA3ox1 和 AtGA3ox2 展示出不同的表达模式。AtGA3ox2 的表达趋势与 GA4 含量的变化趋势相一致，即该基因主要负责合成活性 GA 分子。

拟南芥 GA 信号转导途径组分已经得到分离鉴定。GA 与其受体 GID 结合，促进萌发抑制因子 RGL2 与 F-box 蛋白 SLY1（SLEEPY1）相互作用，导致 RGL2 被泛素标记，随后被蛋白酶体识别和降解。RGL2 蛋白在 N 端具有高度保守的 DELLA 结构域，在拟南芥中还存在其他 4 种 DELLA 蛋白——GAI、RGA、RGL1 和 RGL3。RGL2 蛋白是 GA 介导种子萌发的关键抑制因子。当体内 GA 含量低时，RGL2 蛋白累积使 RING-H 型锌指蛋白 XERICO 表达，进而增强 ABA 生物合成，导致种子萌发受抑制。相反，高水平 ABA 不仅促进 ABI5 蛋白的富集和活性，而且诱导 RGL2 基因高表达。DELLA 蛋白中只有 RGL2 蛋白影响 ABI5 基因的表达。

GID1 和 SLY1 正向调控种子萌发。拟南芥存在 3 个 GA 受体——GID1a、GID1b、GID1c。gid1abc 三重突变体不能萌发，表明 GA 受体在调控种子萌发中发挥重要作用。SLY1 也是 GA 信号正调控因子。sly1 突变体比 ga1-3 或 gid1abc 突变体积累更多的 DELLA 蛋白，但它们表现出较弱的 GA 不敏感表型，这表明虽然 DELLA 蛋白水平较高，但 sly1 突变体中仍进行着 GA 信号转导。sly1-2 突变体种子可通过过量表达 GID1 基因和延长后熟过程 2 种机制来恢复其萌发。sly1-2 突变体后熟过程导致 GAs 激素水平上升和 GID1b 蛋白水平升高，通过形成 GID1-GA-DELLA 复合物使 DELLA 失活。上述结果表明，拟南芥 sly1 突变体中的 DELLA 抑制可通过非蛋白水解机制解除。

（三）其他植物激素对种子休眠和萌发的影响

除 ABA 和 GAs 外，IAA、ETH、BR、CTK 和 JA 等都参与种子休眠和萌发的调控。生长素对种子休眠有正向调控作用，以依赖 ABA 的方式影响种子休眠，在高盐的条件下，外源生长素能够抑制拟南芥种子萌发。IAA 处理能延缓小麦种子萌发和抑制穗发芽。ABI3 是生长素介导的调控种子休眠和萌发所必需的。当 IAA 水平较低时，生长素应答转录因子 ARF10 和 ARF16 被 AXR2/3 抑制；因此，ARF10/ARF16 不能激活 ABI3 基因的表达，种子不能保持休眠状。相反，当 IAA 水平高时，ARF10 和 ARF16 被释放去激活 ABI3 基因转录，种子能维持休眠。ARF10 和 ARF16 可能不直接结合到 ABI3 基因启动子序列，它们可能招募或激活其他的种子特异性转录因子激活 ABI3 表达。

ETH 能打破种子休眠并促进种子萌发，抵消 ABA 的作用。拟南芥 ETH 信号通路的正调节因子突变能导致种子深度休眠，而负调控因子 CTR1 突变后种子能快速萌发。多项研究已证实，ETH 负调控 ABA 生物合成和信号途径，且 ETH 可能通过不依赖 ABA/GA 途径影响种子萌发。拟南芥组蛋白去乙酰复合物组分 SNL1 结合组蛋白去乙酰化酶 HDA19，调控组蛋白 H3K9K18 的乙酰化水平，影响基因转录。SNL1/SNL3 功能缺失影响 ABA 和 ETH 相关基因的表达，增强 ETH 对 ABA 的拮抗作用，降低种子休眠。然而，拟南芥 ETH 受体 ETR1 和 ETR2 突变体在盐胁迫下响应 ABA 应答时表现为相反的表型，故 ETR1 和 ETR2 在植物细胞中同时具有依赖 ETH 和独立于 ETH 通路的 2 种机制，进而影响盐胁迫处理下种子的萌发。

BR 可拮抗 ABA 对种子萌发的抑制，促进种子发芽。MFT（mother of FT and TFL1）在 ABA 和 BRs 调控种子萌发中发挥重要作用。拟南芥中多个 BR 信号组分通过调控 ABI5 将 BR 信号途径与 ABA 信号途径相关联。BIN2 是 BR 信号的关键抑制因子，它具有激酶活性。在 ABA 存在下，通过磷酸化使 ABI5 蛋白保持稳定，进而参与 ABA 信号介导的种子萌发过程。而活性 BRs 会抑制 BIN2 和 ABI5 的互作。BZR1 是 BR 信号通路的核心转录因子，BZR1 可结合在 ABI5 启动子的 G-box 区，抑制 ABI5 表达并导致植物对 ABA 不敏感。BES1 是 BZR1 的同源蛋白，它可以直接通过与 ABI5 蛋白相互作用，影响 ABI5 的转录调控活性，导致 ABI5 调控的下游基因表达水平降低，对 ABA 处理不敏感，最终促进种子萌发。

拟南芥种子萌发时能下调 ABI5 转录并诱导 ABI5 蛋白降解，实现拮抗 ABA

的作用，说明 ABI5 是关联 CTK-ABA 通路的重要因子。尽管 CTK 正调控种子萌发，但是 CTK 受体功能缺失的突变体休眠程度降低，说明 CTK 调控种子萌发的机制比较复杂。SA 通过抑制受 GA 诱导的 α-淀粉酶的表达来抑制萌发；然而在高盐胁迫下，SA 可减少氧化性损伤，促进拟南芥种子萌发，SA 调控种子萌发的分子机制仍待解析。外源施加 JA 可抑制种子萌发，但小麦中研究发现，JA 和 ABA 间存在拮抗作用，即 JA 抑制 ABA 合成基因的转录，促进 ABA 失活基因的表达。独脚金内酯是在特定环境条件下，它通过影响内源 ABA 和 GAs 激素相对含量促进拟南芥种子萌发，独脚金内酯的关键信号通路组分会影响种子萌发，如拟南芥 SMAX1 和水稻 OsD53。

（四）植物激素对种子休眠和萌发的分子调控网络

通过对模式植物突变体的研究，确立了激素调控种子休眠和萌发的关键基因和核心信号通路，特别是对 ABA 和 GA 调控机制的研究越来越深入，并构建了分子调控网络，如图 6.11 所示。最近研究人员尝试从全新的角度结合多种技术手段研究种子休眠和萌发机制，如种子休眠的维持可能与染色质某些区域的特征性结构有关，即使在相关转录因子存在的情况下，由于染色质结构空间位阻的存在使萌发基因的调控序列无法与转录因子结合，故基因也不能被转录。相反，休眠解除通常需要冷分层或后熟处理，在这一过程中种胚染色质结构发生改变，使

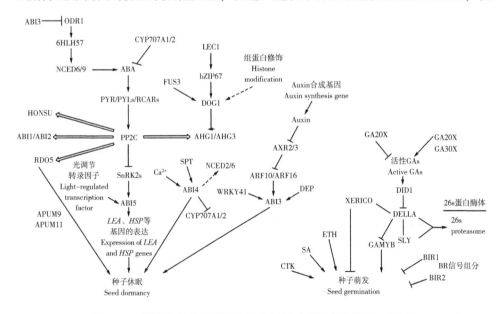

图 6.11　激素调控种子休眠和萌发图示（莘晓月和刘鹏，2023）

促进萌发的基因可发生转录。

四、光信号调控种子休眠和萌发

种子既是上一轮生命周期的终点，也是下一轮生命周期的起点。因此，种子能否适时完成休眠向萌发的发育转变对于植物整个生命周期能否顺利完成起着决定性作用。作为影响种子休眠和萌发的环境因子之一，光信号能够促进种子萌发、抑制种子休眠。

（一）光信号转导通路

植物依赖光受体蛋白识别外源环境中的光信号。根据吸收光谱成分的不同可以将植物光受体分为 3 类：吸收红光/远红光（600～750 nm）的光敏色素（PHY）、吸收蓝光/UV-A（320～500 nm）的向光素（PHOT）、隐花色素（CRY）和 ZTL（ZEITLUPE）/FKF1/LKP2 基因家族及吸收 UV-B（280～320 nm）的 UVR8。近年来，人们在 PHY、CRY 以及 UVR8 介导的光信号转导通路研究中取得了重要进展，其中 PHY 和 CRY 均能通过与转录因子互作进而直接调控下游基因的转录。此类信号通路主要包括：PHYB-PIFs 通路、CRY-PIF4/5 通路、CRY2-CIBs 号通路、PHYA-AUX/IAA 信号通路及 PHYB/CRY1-AUX/IAA 信号通路。PHYB 通过与 PIFs 互作促使 PIFs 发生泛素化降解，进而调控 PIFs 下游基因的转录；PHYA/B 和 CRY1/2 通过与 PIFs 互作进而影响 PIFs 对靶基因的转录调控；CRY2 通过与 CIBs 蛋白互作提高 CIBs 对 *FT* 基因的激活水平；PHYA 通过与生长素信号转导通路的负调控因子 AUX/IAA 互作稳定其蛋白活性，进而调控植物的避荫反应；PHYB 和 CRY1 分别介导红光和蓝光，通过抑制 AUX/IAA 的泛素化降解抑制生长素信号转导。此外，PHY 和 CRY 亦可通过与 COP1 互作抑制其 E3 泛素连接酶活性，促进 COP1 靶蛋白的积累，从而间接调控基因转录。在 UVR8 介导的信号通路中，COP1 作为正调控因子发挥作用。UVR8 通过与 COP1 互作促进下游 HY5 蛋白的积累，进而诱导光响应基因的转录。研究发现，RUP1 和 RUP2 作为 UVR8 介导的信号转导通路中的负调控因子，能够促进 HY5 蛋白降解；而 COP1 能够与 RUP1/RUP2 互作介导其泛素化降解。RUP1/RUP2-HY5 及 COP1-RUP1/RUP2 构成植物响应 UVB 信号的分子开关。此外，UVR8 通过与 BES1/BIM1 蛋白互作抑制 BES1/BIM1 对下游 BR 响应基因的转录激活活性。UVR8 通过与 WRKY36 互作进而解除 WRKY36 对 *HY5* 的转录抑制作用，最终促进 *HY5* 转录和植物光形态建成。

（二）PHY 与种子休眠和萌发

PHY 在黑暗条件下以生理失活的红光吸收型（Pr）存在，吸收红光之后转变成其生理激活型（Pfr）。两种光吸收型的 PHY 在 Pr 和 Pfr 两种状态间相互转变。红光和远红光对种子萌发的可逆调控暗示着 PHY 参与调控种子的萌发过程。拟南芥 PHY 基因家族包含 5 个成员——PHYA-PHYE。种子萌发受到 PHYA 和 PHYB 的调控，其中 PHYB 发挥主要功能。PHYA 主要在种子吸胀后期通过介导红光和远红光条件下的极低辐照度反应（VLFR）和远红光下的高辐照度反应（FR-HIR）调控种子萌发；PHYB 在干种子和吸胀种子中表达量均很高，能在种子吸胀初期（几个小时以内）介导红光和远红光下的低辐照度反应（LFR）调控种子萌发。除 PHYA 和 PHYB 外，PHYE 也参与光调控的种子萌发过程，且三者在调控种子萌发方面功能冗余。有研究表明，PHYB 除了调控种子萌发，还参与调控种子休眠。

（三）调控种子休眠和萌发的主要光信号因子

在外源光信号的刺激下，PHY 由细胞质转移至细胞核，PHY 依赖一系列光信号因子调控种子休眠和萌发（图 6.12、图 6.13 和图 6.14）。拟南芥基因组编码 8 个 PIFs（PIF1-PIF8）蛋白，其中 PIF1 和 PIF6 分别调控种子萌发和休眠。PIF1 作为种子萌发的负调控因子，能将内源激素和外源光信号连接起来，在光介导的种子萌发过程中发挥关键作用。外源光信号通过调控 PIF1 蛋白稳定性或转录活性影响其对下游基因的转录调控。光照条件下，PIF1 蛋白能够通过与 Pfr

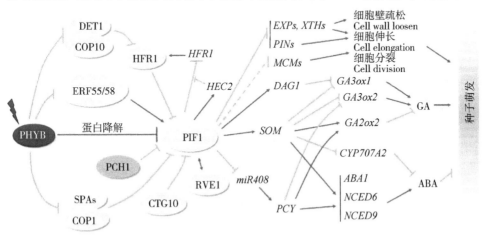

图 6.12 光敏色素互作蛋白 PIF1 介导的转录调控作用
（王雅寒和刘勋成，2023）（彩图见文后彩插）

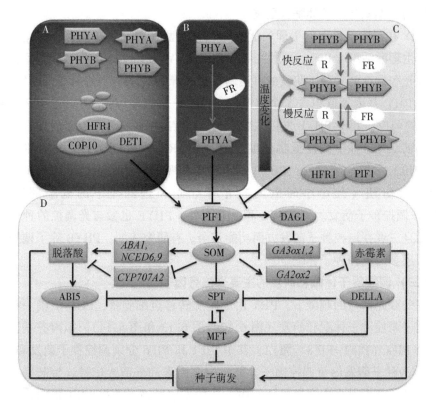

A~D 模块共同组成该信号网络图，A、B 和 C 模块分别表示黑暗、远红光和白光下 PHY 的（非）活性状态及其相互转变。和分别表示活性和非活性的 PHY，R 和 FR 分别表示红光和远红光，→和—I 分别表示正和负调控，图形的绿色和橙色分别表示该分子促进和抑制种子萌发。*ABA1. ABSCISIC ACID 1*；ABI5. ABSCISIC ACID – INSENSITIVE 5；COP10. CONSTITUTIVE PHOTOMORPHOGENIC 10；DAG1. DOF AF-FECTING GERMINATION 1；DET1. DE – ETIOLATED 1；*GA2ox2. GIBBERELLIN 2 – OXIDASE 2*；*GA3ox1, 2. GIBBERELLIN 3 – OXIDASE 1, 2*；HFR1. LONG HYPOCOTYL IN FAR-RED 1；MFT. MOTHER – OF – FT – AND – TFL 1；*NCED6, 9. 9 – CIS – EPOXYCAROTE-NOID DIOXYGENASE 6, 9*；PIFs. PHYTOCHROME – INTERACTING FACTORS；SOM. SOMNUS；SPT. SPATULA。

图 6.13 光敏色素（PHY）感知光温信号调控种子休眠与
萌发的信号网络（李振华等，2019）（彩图见文后彩插）

形式的 PHY 互作，进而发生泛素化降解；HFR1 通过 PIF1 的 C 端与之发生互作，进而干扰 PIF1 的转录活性，最终促进种子萌发（在黑暗条件下，DET1 和 COP10 以一种未知的机制稳定 PIF1 蛋白的活性）。bHLH 转录因子 SPT 作为种子

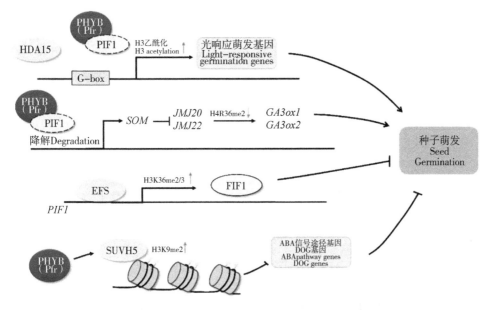

图 6.14　表观遗传因子在光调控的种子萌发中的作用
（王雅寒和刘勋成，2023）（彩图见文后彩插）

萌发的正调控因子，在种子萌发中也发挥重要作用。此外，SPT 还能调控种子休眠。然而，在不同的生态型背景下 SPT 调控种子休眠的功能不同。在 Ler 背景下，SPT 抑制种子休眠；而在 Col 背景下，SPT 促进种子休眠。研究表明，昼夜节律钟的关键组分 CCA1、LHY 及 RVE1 均能介导外源光信号调控的种子休眠；此外，RVE1 还能调控种子萌发。IMB1 是染色质域蛋白家族成员，在 PHYA 介导的种子萌发中发挥作用。IMB1 在干种子中的表达量很低，随着种子吸胀呈现上调表达，暗示 IMB1 能促进种子萌发。CSN 蛋白复合体是一类保守的蛋白复合体，能调控 RING 型 E3 泛素化连接酶的活性。CSN 包含 8 个亚基（CSN1－CSN8），其中 CSN1 和 CSN5 参与调控种子萌发。

（四）光信号通过调控激素影响种子休眠和萌发

1. 光信号调控激素生物合成

PIF1 能介导外源光信号，通过调控 ABA 和 GA 的生物合成调控种子萌发（图 6.15 A）。PIF1 在 PHYB 介导的种子萌发过程中发挥重要作用，它可能通过调控 GA 的生物合成抑制种子萌发。PIF1 能够抑制 GA 合成相关基因 *GA3ox1* 和 *GA3ox2* 的表达，促进 GA 代谢相关基因 *GA2ox2* 的表达，进而下调内源 GA 的水平，抑制种子萌发。研究发现，PIF1 能够通过诱导 SOM 和 DAG1 的转录间接抑

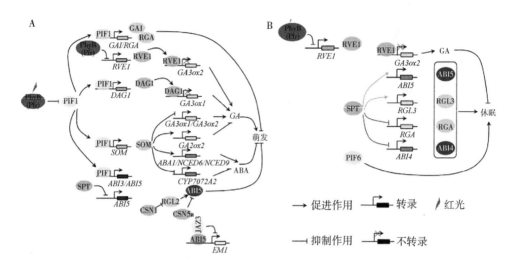

A. 光信号通过调控 ABA 和 GA 通路调控种子萌发。PHYB 能够介导红光促进 PIF1 发生泛素化降解，从而促进种子萌发。PIF1 能够通过直接激活 *DAG1* 和 *SOM* 的转录进而间接调控 GA 生物合成相关基因的表达，或者直接诱导 DELLA 蛋白编码基因 *RGA* 和 *GAI* 的转录，最终抑制种子萌发。同样地，PIF1 也能通过调控 ABA 的生物合成和信号转导调控种子萌发。PIF1 通过依赖于 SOM 的途径促进 ABA 生物合成，进而抑制种子萌发；抑或直接诱导 *ABI3* 和 *ABI5* 的转录进而促进 ABA 信号转导，抑制种子萌发。除 PIF1 之外，PHYB 还能调控 *RVE1* 的转录间接促进 GA 的生物合成，最终促进种子萌发。SPT 和 CSN 蛋白复合体通过依赖于 ABI5 途径调控种子萌发。SPT 通过抑制 *ABI5* 的转录抑制 ABA 信号转导，促进种子萌发。CSN1 通过促进 RGL2 的泛素化降解进而抑制 ABI5 的蛋白稳定性，最终促进种子萌发；而 CSN5a 能够直接抑制 ABI5 蛋白的积累进而促进种子萌发。JAZ3 通过抑制 ABI5 对 ABA 响应基因 *EM1* 的转录激活功能进而促进种子萌发。B. 光信号通过调控 ABA 和 GA 通路调控种子休眠。PHYB 能够介导红光抑制 *RVE1* 转录，进而促进下游 *GA3ox2* 的转录，最终抑制种子休眠。在不同生态型拟南芥背景下，SPT 调控种子休眠的功能不同。其中，在 Col 背景下，SPT 通过促进 *RGL3* 和 *ABI5* 的转录进而促进种子休眠（绿色标识线）；在 Ler 背景下，SPT 通过抑制 *RGA* 和 *ABI4* 的转录进而抑制种子休眠（红色标识线）。此外，PIF6 也参与调控种子休眠。

图 6.15 光信号通过调控内源 ABA 和 GA 的生物合成及信号转导调控种子休眠与萌发（杨立文等，2019）（彩图见文后彩插）

制 GA 合成和促进 ABA 合成，最终抑制种子萌发（图 6.15 A）；其中 CCCH 型锌指蛋白 SOM 通过调控组蛋白精氨酸去甲基化酶编码基因 *JMJ20* 和 *JMJ22* 的表达，进而影响 GA 合成基因 *GA3ox1* 和 *GA3ox2* 的甲基化水平，最终抑制种子的萌发过程；此外，SOM 还能激活 GA 代谢基因 *GA2ox2* 及 ABA 合成基因 *ABA1*、*NCED6* 和 *NCED9* 的表达，抑制 ABA 代谢基因 *CYP707A2* 表达，从而抑制 GA 生物合成、促进 ABA 合成，最终抑制种子萌发。包含 Dof 结构域的 DAG1 蛋白直

接结合在 *GA3ox1* 启动子上抑制其表达，进而抑制种子萌发。与 PIF1 不同，bHLH 类转录因子 RVE1 不仅在 PHYB 介导的种子萌发过程中发挥重要作用，还能促进种子休眠（图 6.15 B）。PHYB 能够介导外源光信号，通过抑制 RVE1 的转录解除 RVE1 对 *GA3ox2* 的转录抑制作用，最终实现对种子休眠和萌发的调控。

2. 光信号调控激素信号转导

外源光信号还能通过调控 GA 和 ABA 信号转导影响种子的休眠与萌发（图 6.15）。黑暗条件下，PIF1 能直接结合在 GAI 和 RGA 的启动子上，促进 DELLA 蛋白编码基因 *GAI* 和 *RGA* 的表达，从而抑制 GA 信号转导，最终抑制种子萌。PIF1 还能通过诱导 *ABI3* 和 *ABI5* 的转录促进 ABA 信号转导，从而抑制种子萌发。SPT 在不同生态型拟南芥背景下调控种子休眠的功能和作用机制不同。在 Col 背景下，SPT 诱导 *ABI5* 和 *RGL3* 的表达，从而促进 ABA、抑制 GA 的信号转导，最终促进种子休眠。在 Ler 背景下，SPT 抑制 *ABI4* 和 *RGA* 的表达，从而抑制 ABA、促进 GA 的信号转导，最终抑制种子休眠。此外，SPT 还能通过抑制 *ABI5* 表达促进种子萌发。IMB1 可能通过抑制 ABA 信号转导通路促进种子萌。CSN1 和 CSN5a 可能通过调控 GA 和 ABA 的信号转导促进种子萌发，CSN1 通过促进 RGL2 的泛素化降解促进 GA 信号转导，从而促进种子萌发；CSN5a 通过抑制 ABI5 蛋白的稳定性进而抑制 ABA 信号转导，最终促进种子萌发。

五、种子引发技术

（一）种子引发发展简史

播种成苗是关系种植业生产成败的首要环节，为了保证种子正常出苗，种子进行播前处理是必需的。我国在 4 300 年前就有了促进种子发芽的方法，在《诗经·大雅·生民》篇中载有后稷在播种前进行浸种的内容，西汉时期的古籍《氾胜之书》中记载了溲种法，随后历史上长期使用的雪水浸种秉承了溲种法的遗意。Paparella 等（2015）认为种子引发技术雏形在 16 世纪已出现，法国农学家 Oliver de Serres 记录了当时农民使用粪水浸泡谷物种子 2 d 然后阴干的种子播前处理方法，19 世纪达尔文发现使用海水浸泡生菜种子可以促进发芽，随后使用营养液浸泡番茄种子可加快种子发芽和浸种后合适的干燥时间会导致种子快速发芽等现象相继报道。1973 年，Heydecker 等（1973）用聚乙二醇（PEG）引发洋葱种子，促进效果及稳定性优于当时盐溶液处理及硬化技术，首次提出了"种子引发"的概念。种子引发（seed priming）是一项控制种子缓慢吸水和逐步回干的播前种子处理技术，它采用天然或合成的化合物处理种子，通过控制种子缓慢吸收水分使其停留在吸胀的第二阶段，使种子进行预发芽的生理生化代谢和修复，促进细胞膜、细胞器、DNA的修复和酶的活化，使其处于准备发芽的代谢状态，同时防止胚根伸出。种子引发能提高种子出苗的整齐度，提高种子发芽率，增加幼苗的干重和苗高，打破种子休眠特性，提高未成熟种子和老化种子的活力，诱导植物产生抵抗干旱胁迫的能力。这一概念逐渐被后续研究者广泛采用，引发作为一种提高种子活力的有效方法，具体的技术不断被开发最终实现了商业化应用。

（二）种子引发技术

广义上的引发指种子是播前为了促进发芽进行的各种水合处理，随着研究的不断深入，各种引发方法被报道，其共同的基础是种子水合。根据种子吸水方式不同，种子引发主要可以分为水引发、渗透引发、基质引发三大类。根据引发功能拓展不同，又可以分为生物引发、化学引发、激素引发、物理引发和纳米引发等。

1. 水引发（hydropriming）

水引发是先将植物种子放入水中预浸，保持适当温度，持续引发一定的时间（引发持续的时间由种子萌发吸水的快慢决定），然后再将种子放置在阴凉处自然风干至种子初始重量。水引发是一种简单经济、安全可行、易操作的技术，优点是仅采用水来处理，不会对环境造成污染，但存在种子吸水不均匀、吸水量难控制、易造成吸胀损伤等负效应。该技术的本质就是通过渗透调节作用改善种子内部的生理生化代谢，提高种子活力。Rowse发明了一种称为"滚筒引发"的技术，通过向滚筒内喷入水汽，利用计算机系统精确控制种子水分、温度、水合时间进行引发处理，成功解决了水引发的缺点，促进了水引发的应用。

2. 渗透引发（osmopriming）

渗透引发是一种将种子浸泡到通气、低水势溶液中的引发方法，通过控制渗透质溶液的浓度来调整水的渗透压，从而控制种子吸水量。聚乙二醇（PEG）是渗透引发最广泛使用的化学物质，其突出优点是它本身不能渗入活细胞。其他化学物质如壳聚糖、交联型丙烯酸钠、聚乙烯醇、甘露醇、硝酸钾、氯化钙、氯化钠、氯化钾、硒盐溶液等也可以用于种子引发。渗透引发利用渗透势控制种子水势，操作简单易行，研究和生产上均应用广泛。

3. 基质引发（solid matrix priming）

固体基质引发是美国Kamterter公司发明的种子引发技术，于1989年第一次利用这项技术进行种子引发商品化生产，该技术通过固体基质控制种子吸水量达到引发目的。固体基质引发将种子和基质、水按一定比例混合进行种子处理的一种引发方法。基质引发中种子通过基质吸水，引发结束后与种子分离，该方法模拟种子在土壤中发芽，基质引发过程中能够提供种子代谢所需的氧气，无需特别的通气装置。常用的固体基质有片状蛭石、沙、珍珠岩、页岩、多孔生黏土、软烟煤、聚丙酸钠胶、合成硅酸钙、砂等，该方法简单，成本低，易于操作，应用前景广泛。

4. 生物引发（biopriming）

生物引发是一种提前浸种并同时接种有益微生物的种子处理技术，结合了生物制剂（微生物）和生理浸泡（种子水合）两个阶段。生物引发接种的微生物主要有假单胞菌属、肠杆菌属、木霉属和芽孢杆菌属。接种的微生物能定殖在植物根际，维持植物较长时间的生理生长状态，有益微生物可以通过成膜剂包裹到种子上，也可直接加入基质中。经过生物引发处理的种子，有益真菌或细菌布满种子表面，播种后能使幼苗免遭有害菌侵袭，同时可促进作物生长，提高幼苗抗逆性，能够促进作物的成熟。

5. 化学引发（chemopriming）

化学引发是在种子水合过程中加入各种化学物质作为种子保护剂的一种引发方法。引发过程中容易导致微生物积累，在引发液中加入次氯酸钠或盐酸、化学杀菌剂、天然抑菌物质可阻止微生物积累。适宜浓度的抗坏血酸溶液引发种子能维持植物的抗氧化能力，保护植物免受氧化胁迫损伤。褪黑素对水分和脂类的亲和力较强，很容易穿透种皮和细胞膜，进入细胞内部，有效清除逆境胁迫对植物体产生的氧化损伤，增强植物抵抗逆境的能力。丁烯酸内酯可作为一种引发剂，能促进拟南芥种子对光的响应，调控植物幼苗光形态建成；显著提高番茄种子发芽率、发芽势、活力指数等，且引发的种子能够保持较长时间的引发促进效应。

6. 激素引发（hormonal priming）

激素引发是在引发过程中加入一定浓度的激素达到促进种子萌发目的的一种引发方法。激素引发的主要作用是提高幼苗抗逆性和打破休眠等。目前已有报道的激素种类有生长素、赤霉素、细胞分裂素、脱落酸、油菜素内酯、丁烯酸内酯、水杨酸、茉莉酸类和多胺等。

7. 物理引发（physical priming）

物理引发是通过采用物理介质处理种子的新型种子引发技术，采用的物理介质主要有磁场、伽马射线（γ-射线）、超声波、紫外线、X-射线和微波等。物理引发不仅成本低，清洁环保，低剂量的使用对种子无毒害作用，而且能有效增强种子的抗逆能力。在物理引发中，磁场引发是唯一非侵入性的种子引发技术。磁场引发可提高种子的发芽率、活力和幼苗的生物量，增强植物对生物和非生物胁迫的耐受性，这是因为磁场引发可减少活性氧的产生，增强抗氧化酶的活性。γ-射线在农业科学领域作为一种强大的诱变工具，它可直接与细胞组分相互作用，生物效应主要取决于射线强度、剂量和暴露时间。γ-射线引发改善植物细胞的激素信号网络，激活抗氧化能力，最终提前打破种子休眠，提高发芽率，克服生长环境中的不利因素。超声波引发是指使用频率 20~100 kHz 机械波对种子进行引发处理。在现有的种子处理方法中，超声波引发是独一无二的，因为其具有快速、节能、环保等优势。近年来，超声波因其可打破种子休眠、改善种子萌发特性而得到了广泛应用。有研究报道，超声波引发会在种皮上施加机械压力，增加种子的孔隙度，即所谓的声空化，种子吸水率增强使得酶和其他生化反应得到激活。因此，超声波引发增强吸收的水的传质，使其能与种子胚自由反应。由于水解酶的活性增加，赤霉素被释放导致糊粉细胞代谢速率增强，胚乳中的营养物质最终因细胞膜破裂得到动员。

8. 纳米引发（nanopriming）

纳米引发是一项采用纳米材料引发种子的新型技术，该技术利用粒子尺度小于 100 nm 的纳米材料来改善种子生产、加工与处理，促进种子萌发，提高种子质量，具有广阔的发展前景。纳米材料是指在三维空间中至少有一维处于纳米尺度范围（1~100 nm）或由它们作为基本单元构成的材料，常见的纳米材料类型包括碳基纳米材料（石墨烯、碳纳米管和富勒烯等）、金属基纳米材料（如纳米金属单质或者氧化）和复合材料等。纳米材料具有特殊的性质，将纳米材料浸泡在水中，可以改变水分子的排列方式和能态，增加水的溶解力，提高水的细胞生物通透性。利用纳米材料处理种子，可增强种子的活力，提高种子体内各种酶的活性，进而促进植物根系生长，提高植物对水分和肥料的吸收，促进新陈代谢，在原有品种农艺性状的基础上进一步提高植物的抗病虫以及多重抗逆能力，达到增产和品质改善的效果。

（三）引发效果与机理

种子引发可促进种子萌发、增强种子不适发芽条件下的发芽速度和出苗率、提高老化种子活力、打破种子休眠，虽然采用不同的引发方法会取得不同的引发效果，归纳起来种子引发主要有打破休眠、加速萌发和提高抗逆性 3 个方面的作用。

1. 打破种子休眠

（1）打破种子休眠的机理。在低温条件下吸胀的生菜种子中，参与脱落酸合成的基因（*LsNCED4*）表达量下降，参与赤霉素和乙烯合成的相关基因（如*LsGA3ox1*和*LsACS1*）表达量增加，相反在高温下吸胀会诱导热抑制作用，低温下的表达趋势被逆转，维持*LsNCED4*高水平的mRNA含量，而*LsGA3ox1*和*LsACS1*不表达。在种子引发期间，*LsNCED4*的mRNA含量下降，而*LsGA3ox1*和*LsACS1*的mRNA含量增加，经过干燥后，引发种子仍能保持较低水平的*LsNCED4*表达，较高水平的*LsGA3ox1*和*LsACS1*表达，并在随后的高温吸胀期间这些趋势不会逆转。因此，引发技术能使种子顺利度过高温抑制作用，有利于萌发完成。

（2）引发解除种子休眠的应用。引发处理解除生菜种子高温休眠是一项广泛的商业性应用，在美国加利福尼亚地区沙漠地区，生菜种子播种于温暖的秋天，大多数生菜品种子在20～30 ℃萌发受到抑制，引发处理使种子可以度过吸胀时的高温，促进萌发过程。需光种子发芽必须有少部分水合来响应光信号，对于丸粒化包衣种子，由于涂层会阻挡光纤的渗透，引发处理可以克服这一困难。甜菜种子中含有萌发抑制剂，生产上一般通过浸泡法滤去除萌发抑制剂，通常与引发处理结合，共同发挥作用，在有效解除休眠的同时促进种子发芽。

2. 加速种子萌发

种子萌发的快慢因作物种类而不同，取决于种子自身的性质（种皮渗透性、种子大小、可水合的物质含量等）和水合期间的环境条件。对于同一作物，种子萌发快慢取决于各个阶段的持续时间，特别是第二阶段持续的时间。种子引发期间，通过渗透条件物质或限制水分供应对吸水过程进行制约，可以延长阶段Ⅱ，同时防止种子进入阶段Ⅲ，此时种子保持脱水耐受性，可以进行干燥。当引发种子再次吸水时，经引发处理的种子缩短了阶段Ⅱ，得以迅速过渡到阶段Ⅲ并完成萌发。通过缩短吸胀阶段Ⅱ的时间，迅速从水合阶段过渡到胚根突破和生长，引发处理可以加速萌发及提高萌发时间的均一性。

（1）种子引发中的水分控制。种子引发技术的基础是平衡吸胀和水势之间的关系，利用聚乙二醇或盐等渗透调节物质（渗透引发）或限制水分供应（基质引发或水引发），使吸胀种子的水势下降，种子可吸水并满足种子萌发代谢需求（阶段Ⅱ），但胚根伸出受抑制（阶段Ⅲ）。引发技术通过调控温度和水势，使种子处于阶段Ⅱ，进行一系列生理生化变化，包括DNA和线粒体修复、残留mRNA的降解、基因的转录和翻译、新蛋白质的合成等。

（2）引发种子回干。吸胀种子在合适的时间终止引发并进行合适的回干是种子引发技术的另一关键，水合种子必须在具有脱水耐性前完成干燥，才能保持高活力。种子具有脱水耐受性是引发技术应用的基础，一般种子自然成熟干燥之前就具有脱水耐受性。

（3）种子引发加速萌发的机理。关于种子促进萌发的机理已有多方面的研究报道，但尚无全面公认的解释。目前研究主要包括引发诱导细胞膜修复、使RNA 和蛋白质合成增加等，可总结为蛋白表达、能量代谢及细胞分裂 3 个方面。

引发促进蛋白表达　干燥种子处于代谢静止和生长停滞的状态，其代谢恢复需要大量的由酶及其他功能蛋白催化生化变化。RNA 和蛋白质的从头合成是种子萌发的重要过程。研究表明，萌发和引发实际上是相似的过程，种子萌发期间表达的多数基因蛋白在引发过程中同样表达。引发过程中蛋白表达谱与种子正常发芽过程中蛋白表达谱相似，引发种子回干后引发过程中上调表达的 II 型蛋白消失，但当种子再次水合时，与未引发种子相比，引发种子更早更多地积累 II 型蛋白，说明干燥处理并不能消除种子引发过程中曾上调表达 II 型蛋白的"记忆"。

引发增强能量代谢　引发种子活力高，快速萌发需要更多的能量，线粒体是产生 ATP 的重要细胞器，种子吸胀开始后，原有线粒体功能完善及数目增加，效率逐渐增加。尽管线粒体部分受到 HSPs 和 LEAs 蛋白的保护，但在种子成熟阶段和发芽初期仍然会出现损伤。因此，在干燥和新鲜吸胀种子中，线粒体均有部分缺陷，需要在吸胀早期进行进一步修复。吸胀种子中存在 2 种不同类型的线粒体发育模式，一种是修复和激活成熟干燥种子中已存在的细胞器，另一种是合成新的线粒体。引发可促进线粒体发育，诱导产生这两种类型的线粒体。种子引发处理中延长了萌发第二阶段时间，在这个阶段促进了线粒体的发育，引发种子拥有一个更大的能量库和更有效的 ATP 生产系统，可以为引发后的再次萌发提供更好的硬件保障。

引发促进细胞分裂和细胞扩大　胚从外周组织中伸出是萌发完成的标志，胚根伸出必须物理性地突破胚乳和种皮等包围在外周的组织。因此，胚产生的膨胀力与外周组织的物理限制之间的平衡，决定了萌发是否完成及完成的时间。阻碍胚根生长的外力由外周组织如胚乳和外种皮产生，软化胚乳，特别是靠近胚根尖端的珠孔端胚乳，是决定胚根伸出的一项重要因素。萌发完成不需要细胞有丝分裂，但胚性组织的细胞膨大是胚根突破种皮的另一项重要因素。成熟干燥胚的细胞一般处于 G1 或 G0 期（2C 的 DNA），随着萌发进行，胚细胞开始进入 G2 期（4C 的 DNA），但不发生分裂。种子萌发时存在两个 DNA 合成阶段：一是干燥种子吸胀后与 DNA 的修复相关，二是为萌发后的细胞分裂做准备。DNA 复制的时间可以反映种子活力，低活力的种子为确保成功复制，需要更长时间来完成初始 DNA 修复。DNA 核酸复制活动的强弱可用 4C DNA（G2 阶段）和 2C DNA（G0/G1 阶段）的比率高低表示。引发促进了 DNA 的修复和复制，引发种子常常比未引发种子含有较高的 4C/2C DNA 比率。引发种子发芽迅速，高 4C/2C DNA 比率可以作为提早发芽状态的生物标记。然而，并非每种引发方法均能提高 4C/2C DNA 比率，这与引发条件和最初的种子批质量有关。

3. 提高抗逆性

引发可以当作是种子预发芽胁迫，种子回干后存在"胁迫记忆"，从而诱导交叉耐性，使得引发种子再次发芽时提高抗逆性。

（1）种子交叉耐性。种子引发是一个不完全萌发过程，期间适度的非生物胁迫被用来阻止胚根伸出，因此这种概念上的差异导致两种类型的引发所产生抗性具有不同的细胞机制。种子引发中，胁迫抗性的评价是通过在逆境环境下种子发芽表现，如在胁迫下发芽引发种子胚根比未引发种子更早更多突破种皮来体现。目前关于植物交叉耐性现象的机制有 3 种解释：①专业蛋白诱导；②抗氧化途径的活性；③较低相对分子质量化合物的积累。关于种子引发提高交叉耐性机制仍处于研究中。

（2）种子引发过程中的胁迫。种子引发和种子正常发芽过程的关键差别在于引发控制种子吸水、限制吸胀种子胚根伸出，引发处理本身可以看作是干旱胁迫。PEG 是引发处理中常用的一种渗透引发剂，也常被用作渗透胁迫的诱导剂，会给细胞造成氧化伤害。H_2O_2 引发处理中种子直接遭受氧化胁迫。ABA 激素引发处理中通过 ABA 信号传导直接刺激胁迫反应。回干过程可能是引发种子遭受的另一种胁迫，引发中种子部分水合由静止状态转向代谢活跃状态后中止，然后干燥又回到代谢静止状态，这与种子成熟脱水干燥类似，但时间明显短于后者。

（3）引发诱导胁迫抗性可能机制。引发处理造成潜在的胁迫主要表现在 2 个层次，一是引发过程中产生的渗透、干旱、氧化等中度胁迫，另一个是引发后的干燥过程，其中前者诱导了引发种子在发芽后产生交叉耐性，后者是否诱导引发种子产生交叉耐性尚不清楚。

引发促进专一蛋白表达　胚胎发生晚期丰富蛋白（LEA）是成熟种子中一类重要蛋白（占蛋白质总量的 5%，占非贮藏蛋白总量的 30%），LEA 蛋白的合成和积累与种子发育期间脱水耐受性的获得密切相关，其中第二类 LEA 蛋白也称为脱水素（dehydrin, DHNs），会保护细胞因干旱、盐、冷害造成的脱水损伤。

PEG 渗透引发菠菜种子过程中，几种 DHNs 蛋白会短暂上调表达，随后在干旱胁迫条件下发芽，引发种子发芽率高于未引发种子，DHNs 蛋白在引发种子中大量出现，而未引发种子未观察到 DHNs 蛋白，说明引发种子可能会保持引发处理诱导的"胁迫反应记忆"，当再次遭遇胁迫时，产生相应的胁迫反应，提高抗逆性。热休克蛋白（HSP）是引发诱导胁迫反应积累的另一类蛋白，已在多种作物上报道。

引发过程中的活性氧水平和抗氧化系统 活性氧（ROS）参与有氧代谢的所有重要过程，在呼吸作用和光合作用的电子传递过程中形成，ROS 既可以在正常代谢中产生，也在多种环境胁迫条件下积累，如高光强、低温、干旱、盐分、电离辐射、紫外线均可以使植物产生 ROS。ROS 同时也是一种重要的信号分子，可以调节植物生长发育，程序性细胞死亡，激素信号及胁迫抗性。适度 ROS 的积累是种子萌发的积极调节因子，其可以促进胚乳弱化，通过氧化还原反应激活种子萌发级联信号反应，调节糊粉层细胞程序性死亡。在引发过程中，种子部分水合与引发介质导致的胁迫反应均诱导有益的 ROS 的积累。种子引发过程中，种子抗氧化剂活性增强，引发种子重新萌发时，在萌发及幼苗早期比未引发种子表现更强的抗氧化剂活性，这与引发中 LEA 蛋白的积累类似，存在"记忆效应"。

复习思考题

1. 如何测定种子的耐贮藏性？
2. 试论述种子活力与发芽力的关系。
3. 种子衰老的生理生化基础表现在哪些方面？
4. 植物种子内部是怎样适应老化进程的？
5. 描述植物激素调控种子休眠和萌发的过程。
6. 光信号如何调控种子休眠和萌发？
7. 比较不同种子引发技术的优缺点。
8. 推测种子引发技术存在的可能机理。

主要参考文献

韩沛霖，李月明，刘梓毫，等，2022. 植物种子老化的生理学研究进展 [J]. 生物工程学报，38（1）：77-88.

姜孝成，周诗琪，2021. 种子活力或抗老化能力的分子机制研究进展 [J].

生命科学研究, 25 (5): 406-416.

金泽阳, 许天琪, 张尹, 等, 2021. 种子老化与线粒体关系的研究进展 [J]. 分子植物育种, 19 (5): 1687-1691.

李穆, 高婷婷, 郑淑波, 等, 2023. 农作物种子老化研究进展 [J]. 分子植物育种, 21 (4): 1217-1223.

刘娟, 归静, 高伟, 等, 2016. 种子老化的生理生化与分子机理研究进展 [J]. 生态学报, 36 (16): 4997-5006.

宋松泉, 刘军, 杨华, 等, 2021. 细胞分裂素调控种子发育、休眠与萌发的研究进展 [J]. 植物学报, 56 (2): 218-231.

陶嘉玲, 郑光华, 1991. 种子活力 [M]. 北京: 科学出版社.

王雅寒, 刘勋成, 2023. 光调控植物种子萌发分子机制研究进展 [J/OL]. 热带亚热带植物学报, [2023-07-28] http://kns.cnki.net/kcms/detail/44.1374.Q.20230224.1703.004.html.

莘晓月, 刘鹏, 2023. 激素调控种子休眠与萌发分子机制研究进展 [J]. 浙江农业学报, 35 (6): 1485-1496.

杨立文, 刘双荣, 林荣呈, 2019. 光信号与激素调控种子休眠和萌发研究进展 [J]. 植物学报, 54 (5): 569-581.

姚东伟, 吴凌云, 沈海斌, 等, 2020. 种子引发技术研究与应用进展 [J]. 上海农业学报, 36 (5): 153-160.

张敏, 朱教君, 闫巧, 2012. 光对种子萌发的影响机理研究进展 [J]. 植物生态学报, 36 (8): 899-908.

赵玥, 辛霞, 王宗礼, 等, 2012. 种子引发机理研究进展及牧草种子引发研究展望 [J]. 中国草地学报, 34 (3): 102-108.

郑光华, 2004. 种子生理研究 [M]. 北京: 科学出版社.

佐月, 许永华, 2021. 种子萌发过程中 GA 与 ABA 的作用机制研究进展 [J]. 分子植物育种, 19 (18): 6221-6226.

AMITAVA R, HARIKESH B S, 2018. Advances in seed priming [M]. Singapore: Springer.

ARNOTT A, GALAGEDARA L, THOMAS R, et al., 2021. The potential of rock dust nanoparticles to improve seed germination and seedling vigor of native species: a review [J]. Science of the Total Environment, 775 (1): 145139.

BAILLY C, 2019. The signalling role of ROS in the regulation of seed germination and dormancy [J]. Biochemical Journal, 476 (20): 3019-3032.

CARDWELL V B, 1984. Seed germination and crop production [M].// Tesar M. B. Physiological basis of crop growth and development. Madison: American Society of Agronomy-Crop Science of America, 53-92.

DELOUCHE J C, CALDWELL W P, 1960. Seed vigor and vigor tests [J]. Proceedings of the Association of Official Seed Analysts, 50 (1): 124-129.

FAROOQ M, USMAN M, NADEEM F, et al., 2019. Seed priming in field crops: potential benefits, adoption and challenges [J]. Crop and Pasture Science, 70 (9): 731-771.

FINCH-SAVAGE W E, LEUBNER-METZGER G, 2006. Seed dormancy and the control of germination [J]. New Phytologist, 171 (3): 501-523.

HEYDECKER W, HIGGENS J, GULLIVER R L. et al., 1973. Accelerated germination by osmotic seed extract [J]. Nature, 246 (5427): 73-88.

HONG T, ELLIS R. 1996. A protocol to determine seed storage behaviour.// Engels J M M, Toll J, IPGRI Technical Bulletin No. 1. Rome: International Plant Genetic Resources Institute.

ISELY D, 1957. Fifty years of seed testing [J]. Proceedings of the Association of Official Seed Analysts, 37: 93-98.

JULIO F M, 2015. Seed vigor testing: an overview of the past, present, and future perspective [J]. Scientia Agricola, 72 (4): 363-374.

KOORNNEEF M, BENTSINK L, HILHORST H, 2002. Seed dormancy and germination [J]. Current Opinion in Plant Biology, 5 (1): 33-36.

KRANNER I, CHEN H, PRITCHARD H W, et al., 2011. Inter-nucleosomal DNA fragmentation and loss of RNA integrity during seed ageing [J]. Plant Growth Regulation: An International Journal on Natural and Synthetic Regulators, 63 (1): 63-72.

KUCERA B, COHN M A, LEUBNER-METZGER G, 2005. Plant hormone interactions during seed dormancy release and germination [J]. Seed Science Research, 15 (4): 281-307.

NONOGAKI H, 2018. Seed germination and dormancy: the classic story, new puzzles, and evolution: seed germination and dormancy [J]. Journal of Integrative Plant Biology, 61 (5): 12762.

NONOGAKI H, BASSEL G W, BEWLEY J D, 2010. Germination—still a mystery [J]. Plant Science, 179 (6): 574-581.

PAPARELLA S, ARAÚJO SS, ROSSI G, et al., 2015. Seed priming: state of the art and new perspectives [J]. Plant Cell Report, 34 (3): 1281-1293.

SINGH V K, SINGH R, TRIPATHI S, et al., 2020. Seed priming: state of the art and new perspectives in the era of climate change [J]. Climate Change and Soil Interactions: 143-170.

TAYYAB N, NAZ R, YASMIN H, et al., 2020. Combined seed and foliar pretreatments with exogenous methyl jasmonate and salicylic acid mitigate drought-induced stress in maize [J]. PLoS ONE, 15 (5): e0232269.

WOODSTOCK L W, 1973. Physiological and biochemical tests for seed vigor [J]. Seed Science and Technology, 1 (1): 127-157.

第7章　植物光合作用

光合作用是植物和藻类把二氧化碳和水合成有机物并放出氧气的过程，是地球生物圈的能量与物质基础，并为生命活动提供全部的食物、充足的氧气和良好的生存环境，是人类赖以生存和发展的物质基础。光合系统十分复杂，不仅需要光反应与暗反应的有机衔接，而且要求蛋白质与色素的高效搭配；不仅需要叶绿体内各种过程的精确运作，而且要求叶绿体与其他细胞器的有效协同。光反应是光合作用的引擎，光能的吸收、传递和转化发生在由光系统 II、细胞色素 b_6f、光系统 I 和 ATP 合酶组成的光合膜蛋白复合物上。暗反应固定二氧化碳是作物产量形成的物质基础，也是生态系统碳汇的源泉。光合作用研究一直备受重视和关注，不仅有重大的前沿科学问题，而且其应用与人类社会面临的粮食、能源、生态和环境等问题都密切相关。近些年来，光合作用研究取得了很多重要的进展，对植物生物学及生命科学领域产生了重要影响。本章在大学本科阶段学习的"光合作用"基础上，对部分内容进行了深入和拓展。

一、类囊体膜上的光能分配与调节

PS I 和 PS II 有各自的聚光色素系统，进行光能的吸收和传递，使光能更为有效地传递到光反应中心，而这样有效传递又可能使得传递到光反应中心的激发能超出光系统可以"利用"的能量，而"多余"的能量将会热坏光合系统，或导致有毒物质（如超氧化物、单线态氧和过氧化物）的产生，因此如果光系统没有耗散光能和消除毒物的机制，光合系统就会被破坏。另外，两个光系统的电子传递是串联在一起的，任何一个光系统效率的降低都会引起整个光合效率的降低。在植物体中，存在着数种调节光能在两个光系统间分配及耗散多余光能的机制，使光合作用能高效地进行（图7.1）。

（一）激发能在不同光系统间的相互分配

植物具有调节光能在两个光系统间分配比例的能力。用 PS I 吸收的光

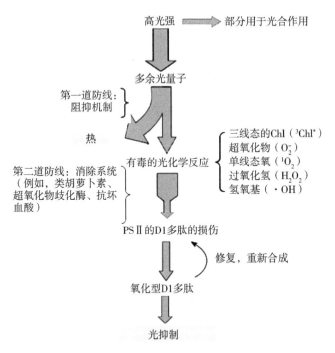

图7.1 光合系统的多层次光保护和修复机制 (Taiz et al., 2015)

（>680 nm）照射，吸收的激发能向 PSⅡ 的分配比例增加，为状态Ⅰ；用 PSⅡ（650 nm）照射，激发能向 PSⅠ 的分配比例增加，为状态Ⅱ；这种激发能的分配转换称为"满溢效应"（spill over），"满溢"效应可通过体外控制类囊体膜周围的阳离子的浓度来诱导，一般用"天线移动假说"来解释能量在光系统间的转移（图7.2）。类囊体膜上有一种蛋白激酶，它在 PSⅡ 过量激发，即还原态的质醌积累时活化，使 LHCⅡ 磷酸化，LHCⅡ 被磷酸化后能从类囊体垛叠区移动到非垛叠区，扩大了 PSⅠ 的捕光面积，使吸收的光能更多地向 PSⅠ 分配；当 PSⅠ 过量激发，质醌被氧化时，蛋白激酶失活，LHCⅡ 脱磷酸化，则从非垛叠基质类囊体向基粒类囊体垛叠区移动，其结果是扩大了 PSⅡ 的捕光面积，使吸收的光能更多地向 LHCⅡ 分配。此外，也可通过 $Cyt\ b_6f$ 复合体在类囊体膜不同区域间的移动来协调能量在两个光系统间的分配。分步分离和免疫细胞化学显微技术相结合研究表明，玉米和衣藻基质片层中细胞色素 b_6f 复合体的数量在"状态Ⅱ"下显著多于"状态Ⅰ"下，说明从状态Ⅰ转变为状态Ⅱ时，伴随着细胞色素 b_6f 复合体从基粒膜向基质膜的迁移，重分配的数量为细胞色素 b_6f 复合体的 30%~40%。

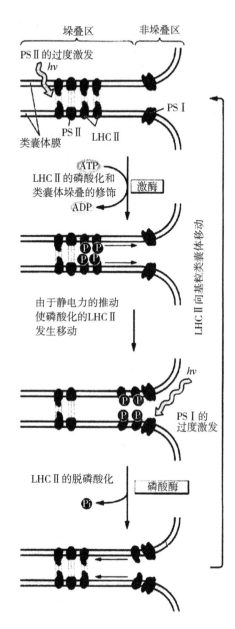

图 7.2 天线移动假说示意 (Buchanan et al., 2012)

（二）类胡萝卜素的光保护作用

色素分子吸收的光能变成激发态，激发态色素分子中的能量可通过光化学反应将能量传递给其他分子而被快速耗散，这一过程被称为光化学淬灭（photochemical quenching)。如果激发态叶绿素分子没被淬灭，它就可以和氧分子反应，使氧分子激发而形成单线态氧。这种极度活跃的单线态氧（single oxygen，$^1O_2^*$）能与许多细胞组分尤其是脂类反应，光合膜就会遭到破坏。类胡萝卜素作为光能的受体分子能减少激发态叶绿素分子数而起到光保护作用，这是因为激发态的类胡萝卜素分子不会和氧分子反应而形成单线态氧。类胡萝卜素的激发态主要以放热形式返回基态。缺乏类胡萝卜的突变体在光和氧同时存在的条件下无法生活，尤其是放氧光合生物，这也进一步证实了类胡萝卜素的光保护作用。

　　类胡萝卜素在非光化学淬灭（nonphoto-chemical quenching）上也起着一定的作用。非光化学淬灭是指激发态色素分子中的能量通过光化学反应之外的方式耗散的过程。非光化学淬灭在调控光能从天线系统向光反应中心分配中起非常重要的作用：当叶绿素吸收的光能较少时，植物可以降低或关闭非光化学淬灭使光能较多地向光反应中心传递；而当叶绿素吸收光能较多时，非光化学淬灭就会增加而使多余的激发能通过其他途径被消耗掉。叶黄素循环在非光化学淬灭方面起着相当重要的作用。

（三）叶黄素循环的能量耗散

　　叶黄素循环（xanthophylls cycle）是指 3 种叶黄素 [玉米黄素（zeaxanthin）、环氧玉米黄素（antherxanthin）和紫黄素（violaxanthin）] 在不同的光强、氧浓度和 pH 值下，通过环氧化和脱环氧化作用相互转化的循环机制，反应在类囊体膜上进行（图 7.3）。催化叶黄素循环的酶是紫黄素脱环氧化酶（violaxanthin deepoxidase，ADE）和玉米黄素环氧化酶（zeaxanthin epoxidase，ZE）。紫黄素脱环氧化酶催化紫黄素脱环氧化作用，位于类囊体腔中，pH 值<6.5 时被活化，并与类囊体结合进行催化反应，pH 值 7.0 时失活，从类囊体膜上脱离；玉米黄素环氧化酶催化玉米黄素环氧化作用最适 pH 值为 7.5。

　　在强光和缺氧的条件下，紫黄素在紫黄素脱环氧化酶作用下发生脱环氧化作用，经中间产物环氧玉米黄素被还原为玉米黄素；而在暗中有氧条件下，玉米黄素在玉米黄素环氧化酶的作用下发生环氧化作用，经中间产物环氧玉米黄素被氧化为紫黄素。这 3 种叶黄素均为天线色素，紫黄素的集光效应较玉米黄素高。由于强光有利于玉米黄素的合成，因而植物叶片中的玉米黄素含量呈现出明显的昼夜规律性变化，白天玉米黄素的含量高，中午光照强时出现峰值，夜间至日出前叶片中几乎不含玉米黄素。

　　一般认为，叶黄素循环功能在于利用紫黄素脱环氧化的色素循环来耗散激发能，即光系统吸收的多余光能在尚未传递到反应中心引起电荷分离之前，就在这

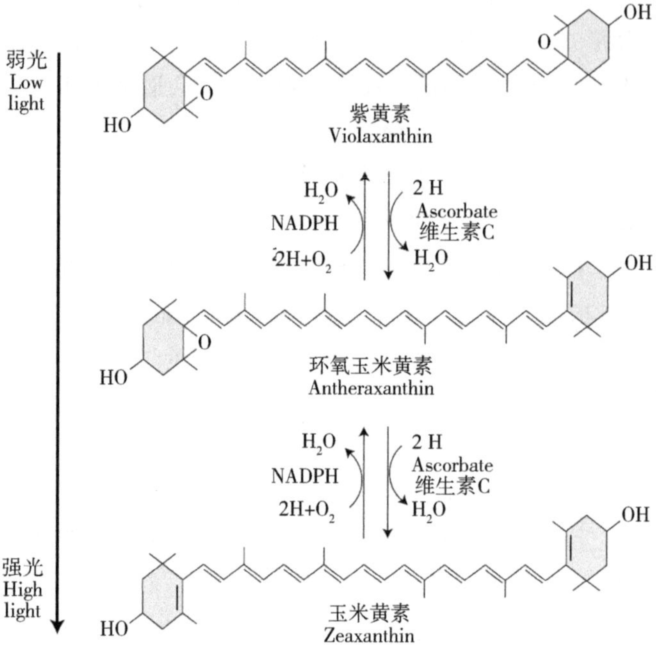

由玉米黄素向紫黄素转化的反应，参与的酶为玉米黄素环氧化酶（ZE），反应需要 NADPH。由紫黄素向玉米黄素转化的反应，参与的酶为紫黄素脱环氧化酶（VDE），维生素 C 作为辅助因子。反应中环氧玉米黄素充当反应中间体。

图 7.3　叶黄素循环中的 3 种叶黄素（Pfündel and Bilger，1994）

些天线色素间耗散。玉米黄素可以直接淬灭叶绿素的单线激发态，以热的形式耗散激发能，从而保护光合机构免遭破坏。各种类胡萝卜素单线激发能的高低取决于分子中共轭双键的多少，共轭双键较多则单线激发态能量较低。叶黄素循环中从紫黄素向玉米黄素的转化，共轭双键增加，因此叶绿体总叶黄素循环可能调节共轭双键来调节能量的流向。也有人认为，叶黄素的环氧反应可以消耗掉对光合机构有损伤作用的活性氧，起到保护作用。此外，在光合膜上存在循环电子传递途径，通过"无效"的循环也可以把过多的光能变成热散失掉，保护光合机构免遭强光破坏。

二、碳同化途径的调节

（一）C₃ 途径的调节

1. 自（动）催化作用（autocatalysis）

植物同化 CO_2 速率，很大程度上决定于光合碳还原循环的运转状态及光合中间产物的数量。暗中的叶片移至光下，最初固定 CO_2 速率很低，需经过一个"滞后期"后才能达到光合速率的"稳态"阶段。其原因之一是暗中叶绿体基质中的光合中间产物，尤其是 RuBP 的含量低。在 C_3 途径中存在一种自动调节 RuBP 浓度的机制，即在 RuBP 含量低时，最初同化 CO_2 形成的磷酸丙糖不输出循环，而用于 RuBP 的增生，以加快 CO_2 固定速率，待光合碳还原循环到达"稳态"时，形成的磷酸丙糖再输出。这种调节 RuBP 等光合中间产物含量，使同化 CO_2 速率处于某一"稳态"的机制，就称为 C_3 途径的自（动）催化作用（auto-catalysis）。

2. 光对酶活性的调节

光除通过光反应对 CO_2 同化提供同化力外，还调节着光合酶的活性。C_3 循环中的 Rubisco、PGAK、GAPDH、FBPase、SBPase 和 Ru5PK 都是光调节酶。光下这些酶活性提高，暗中活性降低或丧失。光对酶活性的调节大体可分为两种情况，一种是通过改变微环境调节，另一种是通过产生效应物调节。

（1）微环境调节：光驱动的电子传递使 H^+ 向类囊体腔转移，Mg^{2+} 则从类囊体腔转移至基质，引起叶绿体基质的 pH 值从 7 上升到 8，Mg^{2+} 浓度增加。较高的 pH 值与 Mg^{2+} 浓度使 Rubisco 光合酶活化。

（2）效应物调节：一种假说是光调节酶可通过 Fd-Td（铁氧还蛋白-硫氧还蛋白）系统调节。FBPase、GAPDH、Ru5PK 等酶中含有二硫键（-S-S-），当被还原为 2 个巯基（-SH）时表现出活性。

光驱动的电子传递能使基质中 Fd 还原，进而使 Td（硫氧还蛋白，thioredoxin）还原，被还原的 Td 又使 FBPase 和 Ru5PK 等酶的相邻半胱氨酸上的二硫键打开变成 2 个巯基，酶被活化。在暗中则相反，巯基氧化形成二硫键，酶失活。调节过程可用图 7.4 表示。C_3 途径中的 FBPase、GAPDH、Ru5PK、SBPase、Rubisco 活化酶及 C_4 途径中的苹果酸脱氢酶等活性都受 Fd-Td 系统的调节。

3. 光合产物输出速率的调节

C_3 途径中形成的磷酸丙糖（TP）在叶绿体中可继续参与 C_3 循环的运转，也可在一系列酶的作用下合成淀粉，并将其储存在叶绿体基质中。TP 可通过位于叶绿体内被膜上的磷酸转运器（phosphate translocator）进入细胞质，再在相关酶作用下合成蔗糖，合成的蔗糖可临时储藏于细胞质和液泡内，也可作为运输物输出光合细胞。磷酸转运器是 TP 和无机磷酸的反向共转运体，在将 TP 运出的同时将无机磷酸等量运入叶绿体，转运机制见图 7.5。

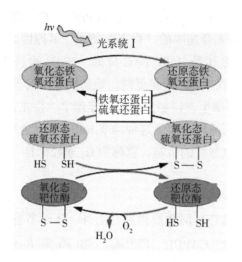

图 7.4 Fd-Td 系统活化酶 (Taiz et al., 2015)

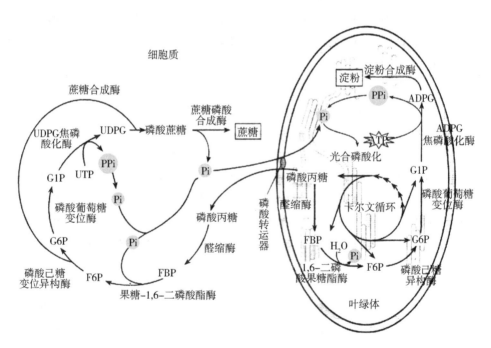

图 7.5 光合细胞中光合产物的运转与调节机制 (王忠, 2009)

根据质量作用定律, 产物浓度的增加会减慢化学反应的速度。TP 是能运出叶绿体的光合产物, 而蔗糖是光合产物运出细胞的运输形式。TP 通过叶绿体膜上的磷酸运转器运出叶绿体，同时将细胞质中等量的 Pi 运入叶绿体。TP 在细胞质中被用于合成蔗糖，同时释放 Pi。如果蔗糖的外运受阻，或利用减慢，则其合成速度降低，随之 Pi 的释放减少，而使 TP 外运受阻。这样，TP 在叶绿体中积累，从而影响 C_3 光合碳还原环的正常运转。另外，叶绿体的 Pi 浓度的降低也会抑制光合磷酸化，使 ATP 不能正常合成，这又会抑制 Rubisco 活化酶活性和需要利用 ATP 的反应。因此，通过磷酸转运器的调控，植物可有效地调节细胞内蔗糖和淀粉的合成。

（二）C_4 途径的调节

C_4 途径是一个极其复杂的生化过程，其运行跨越不同的细胞及细胞器，参与反应的酶类多，因此各环节的协调是十分重要的，以下仅介绍较明确的一些调节。

1. 酶活性的调节

C_4 途径中的 PEPC、NADP 苹果酸脱氢酶和丙酮酸磷酸二激酶（PPDK）都在光下活化，暗中钝化。NADP-苹果酸脱氢酶的活性通过 Fd-Td 系统调节（图 7.4），而 PEPC 和 PPDK 的活性通过酶蛋白的磷酸化脱磷酸反应来调节。

磷酸化反应是由一类 ATP-磷酸转移酶所催化的反应，这类酶通称为蛋白激酶；脱磷酸反应则是由一类磷酸酯酶所催化的反应。蛋白的磷酸化或脱磷酸反应是在组成其多肽链的丝氨酸（Ser）、组氨酸（His）、苏氨酸（Thr）等氨基酸残基上进行的。当 PEPC 上某一 Ser 被磷酸化时，PEPC 就活化，对底物 PEP 的亲和力就增加，脱磷酸时 PEPC 就钝化（图 7.6）。玉米和高粱等 C_4 植物中的 PEPC 虽在光暗下都能发生磷酸化，但光下磷酸化程度大于暗中，因而 C_4 植物的 PEPC 光下活性高。PPDK 活性被磷酸化的调节机理与 PEPC 不同。PPDK 在被磷酸化时钝化，不能催化由 Pyr 再生 PEP 的反应，而在脱磷酸时活化（图 7.7）。催化 PPDK 磷酸化和脱磷酸的酶是同一分子的蛋白因子（丙酮酸二激酶调节蛋白，PDRP），至于光是如何诱导 PDRP 调节 PPDK 活性的，至今还不清楚。

PEPC 与 PPDK 的活性还受代谢物的调节。通常是底物促进酶的活性，产物抑制酶的活性，如 PEPC 的活性被 PEP 及产生 PEP 的底物 G6P、F6P、FBP 所激活，而被 OAA、Mal、Asp 等产物反馈抑制；PPDK 的活性在底物 ATP、Pi 和 Pyr 相对浓度高时提高，然而该酶不受底物 PEP 相对浓度的影响。

2. 光对酶量的调节

光提高光合酶活性的原因之一是光能促进光合酶的合成。前已提到 Rubisco

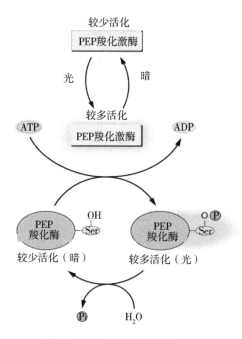

图 7.6 C_4 植物中 PEP 羧化酶的调节（Taiz et al., 2015）

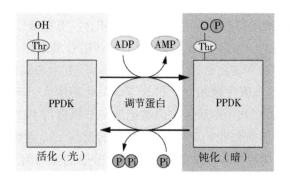

图 7.7 C_4 途径中 PPDK 的调节（Taiz et al., 2015）

的合成受光控制，PEPC 的合成也受光照诱导，如玉米、高粱黄化叶片经连续照光后，PEPC 的活性提高，同时［^{3}H］-亮氨酸掺入酶蛋白的数量增加，应用蛋白合成抑制剂、放线菌素 D 和光合电子传递抑制剂 DCMU 所得资料表明，光引起 PEPC 活性的增高与光合电子传递无关（不被 DCMU 抑制），而与酶蛋白的合成有关（被放线菌素 D 抑制）。光对 NADP 苹果酸酶的形成也有类似影响。

3. 代谢物运输

C_4 途径的生化反应涉及两类光合细胞和多种细胞器，维持有关代谢物在细胞间、细胞器间快速运输，保持鞘细胞中高的 CO_2 浓度就显得非常重要。

在 C_4 植物叶肉细胞的叶绿体被膜上有一些特别的运转器，如带有 PEP 载体的磷运转器，它能保证丙酮酸、Pi 与 PEP、PGA 与 DHAP 间的对等交换；专一性的 OAA 运转器能使叶绿体内外的 OAA 与 Mal 快速交换，以维持 C_4 代谢物运输的需要。

前文已提到，C_4 植物鞘细胞与相邻叶肉细胞的壁较厚，且内含不透气的脂层；壁中纹孔多，其中富含胞间连丝。由于共质体运输阻力小，使得光合代谢物在叶肉细胞和维管束鞘细胞间的运输速率增高。由于两细胞间的壁不透气，使得脱羧反应释放的 CO_2 不易扩散到鞘细胞外去。据测定，C_4 植物叶肉细胞—单鞘细胞间壁对光合代谢物的透性是 C_3 植物的 10 倍，而 CO_2 的扩散系数仅为 C_3 光合细胞的 1/100。维持维管束鞘细胞内的高 CO_2 浓度有利于 C_3 途径的运行，同时也会反馈调节 C_4 途径中的脱羧反应。因此，C_3 途径同化 CO_2 的速率及光合产物经维管束向叶外输送的速率都会影响到整个途径的运行。

（三）CAM 途径的调节

1. PEPC 的调节

CAM 的昼夜变化与 PEPC 的调节有关。PEPC 为胞质酶，受细胞质的 pH 昼夜变化影响，苹果酸是它的负效应剂而 G6P 是正效应剂。白天，苹果酸从液泡输出，细胞质的 pH 值下降，苹果酸对 PEPC 抑制增加，G6P 含量下降，这就阻止 PEP 的羧化反应，并避免 PEPC 与 Rubisco 竞争 CO_2。夜间，苹果酸进入液泡，细胞质的 pH 值升高，PEPC 对 PEP 的亲和力增高，苹果酸对 PEPC 抑制下降，G6P 含量上升，这些有利 PEP 的羧化反应。有人报道，CAM 植物的 PEPC 的两种状态受磷酸化控制，夜间在蛋白激酶的作用下 PEPC 因丝氨酸残基（Ser-OP）被 ATP 的磷酸化作用而活化，PEPC 对苹果酸的抑制作用的不敏感而表现出活性，而白天则在蛋白磷酸酯酶的作用下丝氨酸（Ser-OH）的去磷酸作用，PEPC 活性易被苹果酸所抑制（图 7.8）；这种 PEPC 的昼夜周期性磷酸化调节方式能避免细胞中因同时发生羧化和脱羧作用而造成的无效循环，从而使 CAM 植物细胞只在夜间吸收和固定 CO_2，而白天脱羧，释放 CO_2 进行 C_3 循环合成碳水化合物。

2. CAM 途径的长期调节

CAM 途径的长期调节是指季节周期性对 CAM 碳同化的调节。某些 CAM 植

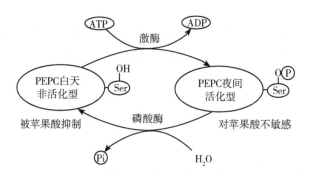

图7.8　CAM植物的PEPC的昼夜周期性磷酸化调节（Taiz et al.，2015）

物的碳同化途径随水分供应情况而改变，如冰日中花（*Mesembryanthemum erystainium*）在水分充足时，主要经C_3途径同化CO_2，在高温、缺水或盐胁迫时则是典型的CAM植物，这是胁迫信号导致大量CAM基因表达的结果。

三、CO_2浓缩机制

作为对大气低CO_2浓度和高O_2浓度的适应，具有羧化效率低的Rubisco（由于催化RuBP羧化和加氧的双功能）的光合生物演化出CO_2浓缩机制（CCM）。据考察，大约有1 500种蓝细菌、53 000种藻和7 800种C_4高等植物及30 000种CAM植物具有CO_2浓缩机制。CCM的共同结果是几乎没有CO_2固定的氧抑制、低CO_2补偿点和对外界CO_2的高亲和力。当然也有一些藻类没有CO_2浓缩机制，如生活在具有高水平CO_2、快速流动的淡水中的红藻。在自然界，除了前面C_4植物和CAM植物体内的CO_2浓缩机制——碳四双羧酸途径外，还存在羧酶体和空间酸化机制。

（一）羧酶体机制

蓝细菌和大部分藻类的CO_2浓缩机制都是基于跨膜（一个或几个膜将介质和Rubisco分开）的HCO_3^-和（或）CO_2主动运输。这些膜对溶解的无机碳的渗透能力很低。在蓝细菌的细胞质中，Rubisco被包装成密集的羧酶体，这种羧酶体薄的蛋白质外壳（膜转运蛋白）允许HCO_3^-与羧化底物RuBP进入和羧化产物运出，但是不允许CO_2逸出，具有高CO_2浓度的屏障作用，导致CO_2积累至高浓度，有利于Rubisco催化的羧化反应，而不利于氧化反应。在一些藻类，无机碳可以通过扩散和转运蛋白跨越质膜和叶绿体内被膜，Rubisco被包装到叶绿体内的复合体——淀粉核体中。在这两种复合体内都含有碳酸酐酶，它催化HCO_3^-

转化为 CO_2，并立即被 Rubisco 固定。

蓝细菌具有 5 个不同的无机碳运输系统（图 7.9）：①细胞质膜上的 BCT1，属于运输 ATPase 家族，在无机碳有限条件下被诱导产生，是一个对 HCO_3^- 具有高亲和性的转运蛋白；②细胞质膜上的 SbtA，一个可诱导的对 HCO_3^- 具有高亲和性且依赖 Na^+ 的转运蛋白，是低流速的 Na^+/HCO_3^- 同向转运蛋白；③细胞质膜上的 BicaA，是一个亲和性低但流速高并且依赖 Na^+ 的转运蛋白，可能也是 Na^+/HCO_3^- 同向转运蛋白；④类囊体膜上的 $NDH-I_4$，是一个组成性的 CO_2 吸收系统，对 NADPH 专一的脱氢酶复合体（NDH-I），它以 NADPH 为电子供体推动将 CO_2 转化为 HCO_3^-，它有 10 个核心亚基与呼吸 NDH-I 复合体是共同的，而 3 个专门的亚基则是 CO_2 吸收所需要的，它将从细胞外扩散进来的和从羧酶体漏出的 CO_2 转化成 HCO_3^-；⑤类囊体膜上的 $NDH-I_3$，它也是一个修饰的 NDH-I 复合体，并且也是在无机碳有效条件下被诱导产生的，其对 CO_2 亲和性高于 $NDH-I_4$。虽然人们目前还不清楚运输的无机碳种类 [CO_2 和（或）HCO_3^-]，但是一些蓝细菌

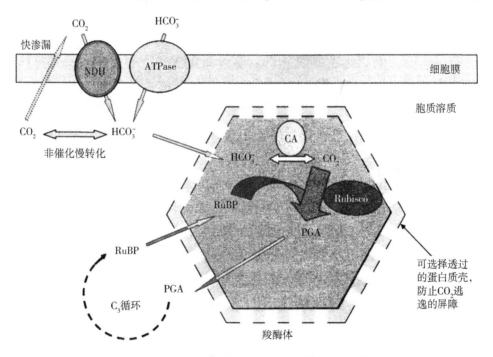

NDH. 依赖 NADPH 的脱氢酶；ATPase. ATP 酶碳泵；CA. 碳酸酐酶

图 7.9　蓝细菌细胞内的羧酶体（许大全，2013）

细胞内外无机碳的浓度差可达 1 000 倍。由于是以 HCO_3^- 的形式浓缩 CO_2 于膜内，带电的 HCO_3^- 不能像 CO_2 那样简单地漏到膜外，因此这种 CO_2 浓缩作用可抑制 RuBP 的氧化，也就抑制光呼吸。

(二) 空间酸化机制

空间酸化机制的基本特性是将 HCO_3^- 从一个碱性介质/空间输送到一个质子泵维持的低 pH 值空间液泡或类囊体腔，这里的 CO_2 : HCO_3^- 平衡比率比前一空间高得多。这个平衡的维持涉及相对酸稳定碳酸酐酶或质子推动的 HCO_3^- 向 CO_2 的催化转化，产生的 CO_2 扩散到附近含 Rubisco 的比较碱性 (pH 值 7.5 ~ 8.0) 的空间。

(三) 功用与调节

CCM 具有多种作用：一是改善 CO_2 供应，在环境中 CO_2 或溶解的无机碳减少时提供竞争优势；二是在 N、P、Fe 和 S 等营养不足时改善资源使用效率；三是可以作为一种能量耗散的途径。因此，CO_2、营养和能量等环境因素都具有重要的调节作用。

CCM 主要受与蓝细菌和藻细胞外部介质平衡的空气 CO_2 浓度和介质中溶解的无机碳 (CO_2 + HCO_3^-，统称缩写为 "DIC") 浓度的调节。DIC 浓度的升高，将导致 CCM 能力的降低。任何影响藻细胞周围介质中 DIC 水平的环境因素，如 pH、温度和盐度等也影响 CO_2 浓缩机制表型的表达。在严重的磷限制下，小球藻的 CCM 能力降低。轻度氮限制可以使绿藻细胞的 CCM 活性下降。质膜上 CO_2/ HCO_3^- 泵依赖光能 (ATP) 的推动来完成无机碳的运输，这种运输需要的 ATP 来自 PS I 相联系的电子传递，所以一些藻在强光下无机碳运输速率和 CO_2 浓缩机制活性最大。当然，也有一些藻的 CCM 是由呼吸作用产生的 ATP 来推动的。

四、光抑制与光破坏

光能不足可成为光合作用的限制因素，光能过剩也会对光合作用产生不利的影响。当光合机构接受的光能超过它所能利用的量时，光会引起光合速率的降低，这个现象就叫光合作用的光抑制 (图 7.10)。晴天中午的光强常超过植物的光饱和点，很多 C₃ 植物，如水稻、小麦、棉花、大豆、毛竹、茶花等都会出现光抑制，轻者使植物光合速率暂时降低，重者叶片变黄，光合活性丧失。当强光与高温、低温、干旱等其他环境胁迫同时存在时，光抑制现象尤为严重。因此，光抑制产生的原因及其防御系统引起了人们的重视。

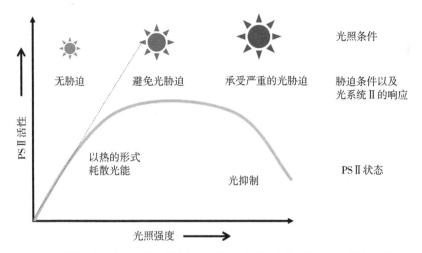

PS Ⅱ活性（电子传递活性，图中绿色曲线）在弱光条件下会随光强增加而增加。在强光条件下，叶绿体首先以热的形式耗散过多光能来避免光胁迫，但随着光强进一步增加，PS Ⅱ的光抑制变得更加明显。在十分严重的光胁迫条件下，PS Ⅱ蛋白将发生不可逆的聚集和降解，导致 PS Ⅱ 的不可逆光抑制。

图 7.10　PSII活性的光响应曲线（庑珩和杨文强，2023）（彩图见文后彩插)

（一）光抑制产生的原因

光抑制特性取决于植物所吸收光能超出其光合作用所需的范围，当所超出的光能并不很多时，虽光合速率下降，但光合最高速率并不受影响，此下降通常是暂时的，当光强下降到饱和光强以下时可恢复其原来的水平，这种光抑制反应称为动态光抑制（dynamic photoinhibition）。动态光抑制的光合速率下将是由于植物将所吸收的多余光量子转变为热能而耗散掉的结果。但多余的光能不能被完全转化为热能耗散掉时就会对光系统造成伤害，这样的伤害不仅导致光合速率的降低，同时也使光合最高速率下降，且此光抑制是较长期的，可以持续数周甚至数月，这种光抑制反应称为慢光抑制（chronic photoinhibition）。因此，动态光抑制反映了植物对光能的调控机制，而慢光抑制则表明多余光能已经超出植物可能的调节范围而对植物造成了伤害。因此，植物不仅要将多余的光能耗散掉，同时还需要对受损伤的光合系统进行修复。按照光抑制条件去除后光合效率恢复快慢的不同，可以分为快恢复和慢恢复两种光抑制，前者主要同一些热耗散过程的加强有关，而后者主要同光合机构的破坏相联系（图 7.11）。

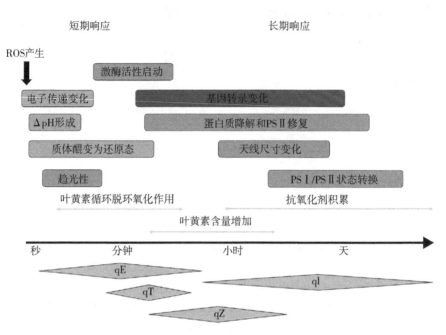

淡蓝色表示非光化学淬灭过程，包括类囊体腔的 ΔpH 和叶黄素循环依赖的淬灭（rapidly reversible-dependent NPQ，qE）、状态转换依赖的淬灭（state transitions-dependent NPQ，qT）、玉米黄质依赖的淬灭（zeaxanthin-dependent NPQ，qZ）和光抑制依赖的淬灭（photoinhibitory-dependent NPQ，qI）。橙色表示蛋白质表达水平变化，例如捕光天线和反应中心状态的调节、蛋白质的降解和合成、PSⅡ修复周期或激酶的激活，以及趋光性的启动等。高光诱导基因转录水平变化用红色表示。叶绿体能量状态变化用青色表示。色素性质和积累的变化用灰色表示。

图 7.11　光合生物在不同时间尺度上对过量光照的反应
（宸珩和杨文强，2023）（彩图见文后彩插）

1. 光合机构的光破坏

光抑制的主要部位是 PSⅡ，光破坏主要指 PSⅡ 反应中心复合体中核心组分 D₁蛋白的破坏、降解和净损失，按光破坏发生的原初部位可分为受体侧光抑制和供体侧光抑制（图 7.12）。受体侧光抑制常起始于还原型 Q_A 的积累，这是由于 CO_2 同化受阻，质体醌完全还原造成的。还原型 Q_A 的积累促使三线态 P680（P680T）的形成，而 P680T 可以与氧作用（P680T $+O_2→$ P680 $+ {}^1O_2$）形成单线态氧（${}^1O_2$，一种强氧化剂，可破坏附近的蛋白质和色素分子），单线态氧将攻击和破坏 D₁ 蛋白中的组氨酸残基（His190、His195 和 His198）；供体侧光抑制起始于水氧化受阻。由于放氧复合体不能很快把电子传递给反应中心，从而延长了氧化型 P680（P680⁺）的存在时间。

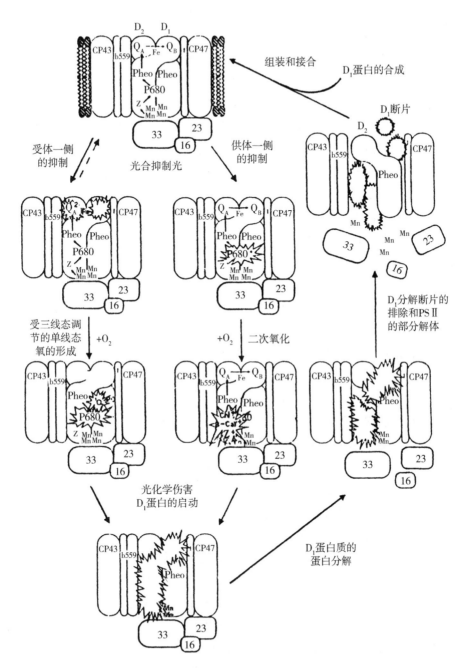

图 7.12　PS Ⅱ 内光抑制发生的系列过程（崔继林，2000）

P680⁺也是强氧化剂，不仅能氧化破坏类胡萝卜素和叶绿素等色素，而且也

能氧化破坏 D_1 蛋白。D_1 蛋白和色素的氧化破坏使光合器官损伤，光合活性下降。起源于受体侧的光破坏依赖于氧，而起源于供体侧的光破坏在无氧条件下也可发生。目前的光破坏研究，多年来比较普遍接受的看法是，PS II 的光破坏主要起源于受体侧，发生在反应中心，主要是 D_1 蛋白的破坏；并且光破坏速率受 Q_A 氧化还原状态控制。光抑制引起的破坏与自身的修复过程是同时发生的，两个相反过程的相对速率决定光抑制程度和对光抑制的忍耐性。光合机构的修复需要弱光和合适的温度及维持适度的光合速率，并涉及到一些物质如 D_1 等蛋白的合成。如果植物连续在强光和高温下生长，那么光抑制对光合器的损伤就难以修复了。但上述研究结果都是基于室内研究的"实验室里的生理现象"，与大量研究结果不一致，因为在没有严重的低温或干旱等其他环境胁迫同时存在的自然条件下，强光下的光抑制往往是植物的热耗散过程加强运转的反映，而不是光合机构破坏的结果。

2. 光合机构的热耗散

在全太阳光下，植物叶片吸收的光能大半（56%）被变成热耗散掉。目前比较流行的热耗散机制有 3 种：

第一种是依赖跨类囊体膜质子梯度（ΔpH）的热耗散。它不仅是一种有效的保护机制，还是其他形式热耗散过程运转的前提条件。

第二种是依赖叶黄素循环的热耗散。Demmig 等（1987）首先将叶黄素循环与能量的热耗散联系起来。叶黄素循环是高等植物和绿藻中经常发生的 3 种叶黄素组分即紫黄素（violaxanthin，V）、单环氧玉米黄素（A）和玉米黄素（zea-xanthin，Z）在不同的光强条件下的循环转化（图 7.12）。由紫黄素脱环氧化酶（VDE）和玉米黄素环氧酶（ZE）两种酶催化。在强光条件下，紫黄素在紫黄素脱环氧化酶（VDE）的作用下通过中间体环氧玉米黄素进而脱环氧转化为玉米黄素。紫黄素的脱环氧化受 VDE 的催化，VDE 在相对较低的 pH 值（<6.5）条件下具有催化紫黄素转化为环氧玉米黄素和玉米黄素的作用，并且受底物抗坏血酸含量的调节，被低浓度的 DTT 特异抑制。当处于相对弱光或者黑暗条件下时，玉米黄素又会在玉米黄素环氧化酶（ZE）的催化以及 NADPH/Fd、FAD 和 O_2 的参与下，通过中间体环氧玉米黄素进一步转化为紫黄素。一定大小的跨类囊体膜质子梯度是玉米黄素形成的前提。这种热耗散的特征，是光合量子效率、PS II 最大的或潜在的光化学效率（Fv/Fm）和初始荧光 Fo 水平的降低。

第三种是依赖 PS II 反应中心可逆失活的热耗散。体内 PS II 的光质失活至少分两步进行，第一步是可逆的，而第二步是不可逆的。从第一步逆转而重新活化

不需要 D_1 蛋白的重新合成，而从第二步逆转重新活化则需要 D_1 蛋白的重新合成。

（二）光破坏的防御

高等植物生活在光强经常发生大幅度变化的环境中，在漫长的演化过程中，既形成了一些适应弱光的办法，也形成了多种防御强光破坏的策略，构成一个防御系统。除前面介绍的光能热耗散外，还有多种保护防御机理，用以避免或减少光抑制的破坏（图 7.13 和图 7.14）。

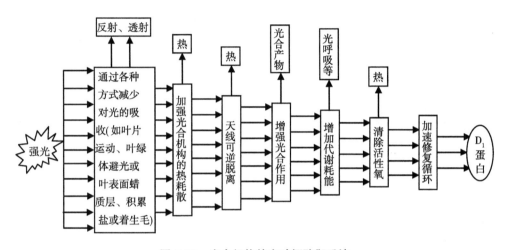

图 7.13 光合机构的光破坏防御系统

（1）植物通过各种方式（叶片运动、叶绿体运动或叶表面覆盖蜡质层、积累盐或着生毛等）来减少对光的吸收，达到降低光破坏的目的。叶片是光能吸收的主要器官，减少叶面积，在叶表面形成叶毛或表面物质，改变叶与光的角度等都可以降低光能的吸收；例如，在高光照的地区，植物叶片常较小，在干燥、高光照的沙漠地区，一些植物的叶变态为刺（当然这和水分平衡也有关系）；一些植物叶的表面形成叶毛结构，形成角质或蜡质层不仅可减少水分的散失，且也可减少光的吸收。在许多植物中，叶肉细胞的叶绿体可随入射光强度的变化而改变其在细胞中的分布，在弱光下，叶绿体以其扁平面向着光源，并散布开以获得最大的光吸收面积；而在强光下，叶绿体则以其背面向着光源，并沿光线排列相互遮挡以减少光的吸收面积。

（2）植物细胞还可以通过改变光合组分的量，减少光能吸收或加强代谢，达到降低光破坏的效果。例如，在弱光下生长的植物叶绿体中 LHC 的含量常高于强光下生长的植物叶绿体的含量，LHC 在类囊体膜中含量的改变可改变天线

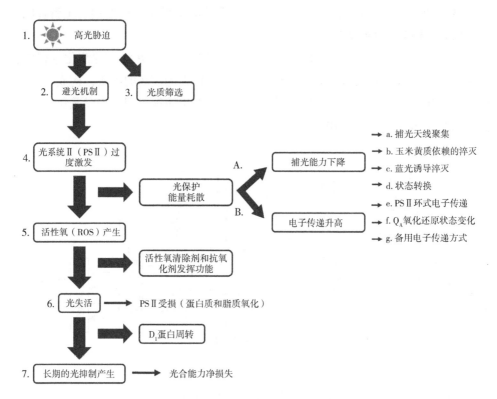

1. 高光胁迫；2. 光合生物启动相应的避光机制；3. 光合生物通过筛选有害光质避免自身受到损害；4. 高光会导致 PSⅡ 质体醌电子受体的氧化还原状态过度还原，从而阻碍了 P680* 的光化学弛豫，导致 PSⅡ 过度激发；5. 长寿命的叶绿素单线激发态会进一步激发导致叶绿素三线态的形成和 ROS 的产生；6. 当 ROS 在 PSⅡ 蛋白和脂质环境中启动有害的氧化反应时，就会导致 PSⅡ 光失活；7. PSⅡ 光损伤速率超过 PSⅡ 修复速率，PSⅡ 活性出现净损失光抑制。A. 通过多种机制在天线水平上降低 PSⅡ 激发速率，暂时减小 PSⅡ 有效天线尺寸（a、b 和 c. 激发能量可以在天线系统内直接转换为热量；d. 激发能量也可以通过状态转换将能量转移至 PSⅠ）；B. 在"电子安全阀"上采用光保护的方法（e. 通过 Cyt b559 介导的环式电子传递，PSⅡ 去激发率可在反应中心内通过电子的再循环来上调；f. 利用 PSⅡ 自身的电子重新还原 P680+，或者通过促进 P680* 以外的电子向前转移；g. 在 PSⅡ 之外，电子可以穿梭到交替的电子受体，但在线性光合电子传递中没有增益）。

图 7.14 光合生物在高光胁迫下的生理生化变化过程（宸珩和杨文强，2023）

的面积，从而改变光能的吸收量。此外，弱光下的植物叶绿体中光反应中心复合体的含量常少于强光下的，强光下较多的光反应中心复合体有利于消耗较多的光能，从而减少激发能在光反应中心的积累。

（3）通过增加光合电子传递有关的组分和光合关键酶的含量及活化程度，

增加电子传递速率和 CO_2 固定，实现光合能力等的提高来利用更多的光能，减少激发能的积累。

（4）加强非光合的耗能代谢过程，如光呼吸、Mehler 反应等。

（5）加强热耗散过程，如蒸腾作用。

（6）增加活性氧的清除系统。叶绿素吸收光能后成为激发态的叶绿素，激发态的叶绿素通过能量转移、光化学反应等方式回到基态，称为淬灭。如果不能及时被淬灭，激发态的叶绿素就会与环境中的分子氧作用，产生氧化活性非常强的单线态氧（singlet oxygen），作用并破坏许多细胞组分，特别是脂类。植物可通过许多机制消除破坏性的活性氧。例如，在植物细胞中的过氧化氢酶、过氧化物歧化酶、抗坏血酸还原酶、谷胱甘肽还原酶和抗坏血酸氧化酶等酶系统可使氧自由基和过氧化物等失活，防止其对植物细胞的破坏。植物中的酚类化合物、类胡萝卜素等可直接淬灭单线态氧。类胡萝卜素还在叶绿素的能量淬灭中起重要的作用，叶绿素的激发能可迅速转移到类胡萝卜素，激发态的类胡萝卜素的能量不足以形成单线态氧，而只能通过热耗散的方式回到基态。这样，叶绿素所吸收的多余激发能就可被类胡萝卜素以热耗散的方式消耗掉，而没有破坏性的单线态氧的产生。缺失类胡萝卜素的光合生物的突变体在光和氧分子同时存在下难以生存，说明类胡萝卜素在防止光下单线态氧产生中的重要性。植物还可以通过加强 PSⅡ 的修复循环（尤其是 D_1 蛋白周转）等来进行光破坏的防御。在光破坏的防御中，早期光诱导蛋白（ELIP）、热激蛋白和叶片中酚类化合物（如花色素苷）对光合机构具有不可忽视的保护作用。

自然条件下发生的光抑制中，很少看到光合机构的破坏和 D_1 蛋白的损失，就是因为上述防御系统的有效运转。一些植物光合机构破坏的发生，完全是以光以外其他环境因素既抑制了光合作用，又限制了防御系统有效运转的结果，如冬季强光低温引起的一些常绿植物叶片的漂白现象。

光抑制引起的破坏与自身的修复过程是同时发生的，两个相反过程的相对速率决定光抑制程度和对光抑制的忍耐性。光合机构的修复需要弱光和合适的温度及维持适度的光合速率，并涉及一些物质如 D_1 等蛋白的合成。如果植物连续在强光和高温下生长，那么光抑制对光合器的损伤就难以修复了。

（三）光抑制与光破坏的关系

在过去很长一段时间内，不少人一提到光抑制就把它和光合机构的破坏或 D_1 蛋白的净损失联系在一起，甚至将两者等同起来。然而，一些室内生长的植物和一些用田间生长植物所做的试验表明，光抑制的发生并不伴随着 D_1 蛋白的净损失，显然光抑制的原因并不总是光破坏。由于光抑制条件去除后数分钟至数小时后光合功能便可恢复，Krause（1988）和 Quist（1988）分别提出，光抑制实际上可以看作一个可以控制的保护机制，用于耗散过量的光能，使光合机构遭受的破坏最小。所以，在环境胁迫下，需要防御、减轻或避免光合机构的破坏，而不是以能量耗散过程加强运转为主要特征的光抑制，因为光抑制的本身就是植物体防御、减轻或避免光合机构遭受光破坏的一种有效机制。

（四）光抑制的复杂性

在光合作用的光抑制研究中，常常因为使用植物材料的种类不同、生长条件不同、生育阶段不同和光抑制处理的环境条件不同，得出不同的结果，甚至不同的结论，呈现出扑朔迷离的复杂局面。其中主要体现在：①光强和光质的依赖，即光抑制与光强、光质的关系；②单一和多种胁迫对光抑制的效应；③PSI在光抑制中的地位、作用和机制；④种间差异形成的原因；⑤发育阶段与光抑制的关系。

五、光合特性的改善

任何作物的产量都是以生物质产量或生物产量为基础的，若想增加经济产量，除了提高经济系数外，必须增加生物产量。总的生物产量则是植物生长期间捕获的太阳能与这些能量转化效率之积的综合，可通过提高叶片光合速率、增加群体叶面积和延长光合时间来实现生物产量的提高。而现在，通过植物的株型育种、选育高光合速率品种和杂种优势的结合已经使其光能捕获效率和经济系数接近它们的理论最大值，如水稻的最大叶面积指数已经达到9.6，一些作物的经济系数已接近不大可能超过的0.6。因此，若想进一步提高作物产量就必须提高生物量，提高叶片的光能转化效率就成为了唯一途径。预测模型和理论分析表明，主要作物产量大幅度的增加只能靠光合作用的改善来实现，改善作物的光合能力和效率将是大幅度提高作物产量的主要出路，有人将其称为"第二次绿色革命"的核心问题。

Long 等（2006）探讨了从改善群体结构到提高 CO_2 受体再生能力等6个改善光合效率的可能途径，估算了这些改善对可能实现的植物光能利用率的增加及能为植物育种提供材料的所需年限，并且预计这些改善总共可提高产量潜力约50%（表7.1）。2010年，Zhu 等把①改善冠层结构、增加 RuBP 再生能力及导入光呼吸旁路；②导入羧化速率高的 Rubisco 和缩短光破坏防御过程的恢复时间；③创造氧化活性大幅度降低的 Rubisco 和将 C_3 植物改造为 C_4 植物等分别视为提高光合效率的近期（10年内）、中期（20年内）和长期（30年或更长时间）可以实现的目标。在展望光合 C_3 循环改善的前景时，Raines（2011）指出，一是要改善现在已经知道的与 Rubisco 有关的限制光合作用的瓶颈，如提高 Rubisco 的羧化效率和启动 CO_2 浓缩机制；二是要通过数学模拟和实验研究，阐明自然条件下光合作用因环境因素波动而变化的机制，寻找新的靶标。下面简要介绍 10 多年来改善光合特性的值得注意的靶标。

表 7.1　可能实现的作物光能利用率的增加及能为植物育种提供材料的所需年限（Zhu et al.，2010）

改良途径	相对于当前现实光能利用率的增加百分数（%）	实现目标的预测时间（年）
降低加氧酶活性而不降低羧化酶活性的 Rubiso	30（5~6）	???
将高效 C_4 光合导入 C_3 作物	18（2~35）	10~20
改良冠层结构	10（0~40）	0~10
提高光保护中的光能回收速率	15（6~40）	5~10
导入高羧化速率外来形式的 Rubisco	22（17~30）	5~15
过表达 *SBPase* 来增加 RuBP 的再生能力	10（0~20）	0~5

（一）光合碳同化的关键酶——二磷酸核酮糖羧化酶/加氧酶（Rubisco）

在饱和光和当前的 CO_2 与 O_2 浓度下，叶片内的 Rubisco 数量和活性是光合碳同化的限速因子。克服这个限制的一个可能办法是增加叶片内的 Rubisco 含量。从理论上讲，通过增施氮肥用量可达到目的，然而这不是一个可持续使用的好办法，因为它会不可避免地降低氮肥利用效率，还会污染环境。克服这个限制的另一个可能办法是提高它的活性。植物 Rubisco 催化 CO_2 固定的周转速率特别低，是体内最慢的催化剂。且对于作物的最大生产力来说，Rubisco 活性的调节还没有达到最优化，Rubisco 活化酶（RCA）可能是实现这种优化调节的富有成果的靶酶。改善 Rubisco 活性的另一个办法，是提高它对 CO_2（相对于 O_2）的专一性，即 RuBP 羧化反应速率与 RuBP 氧化反应速率的比值。由于自然演化的缓慢和自然突变的可遇而不可求等限制，人们也许只能通过实验室演化（laboratory evolution）去创造好一些的 Rubisco。毫无疑问，降低 Rubisco 的加氧酶活性仍然是未来改善光合作用的一个靶标。尽管几十年来 Rubisco 一直是改善作物光合功能的首要靶酶，可是至今还没有通过基因工程获得羧化活性改善或 CO_2 专一性提高的高等植物 Rubisco。另外，有证据表明，Rubisco 以外的另一些参与光合碳还原循环的酶含量对最大生物质生产来说也不是最优化的。其数值模拟结果表明，不增加氮素的总投入，而只是重新安排氮素在多种不同光合蛋白之间的优化分配，就可以提高光合能力 60%，前提是如何实现这种优化。

（二）降低光呼吸和改变线粒体呼吸

在 C_3 植物中，光呼吸可以使光合效率降低 40%。如果能通过遗传工程彻底改造 Rubisco，消除其加氧活性，则 C_3 植物的理论效率可提高 10% 左右。CO_2 浓度增高实验和 C_4 植物的高光合效率及理论模型都表明，在有利的条件下消除光呼吸可以提高作物产量。已经有研究结果表明，通过遗传工程将大肠杆菌（$E. coli$）的乙醇酸代谢途径引入拟南芥，使叶绿体内的乙醇酸直接（不经过过氧化物酶体和线粒体）返回到甘油酸而减少流向光呼吸代谢的碳流，增加了光合作用和生物质生产。一些改变线粒体酶活性或代谢的尝试也可提高光合速率，例如，顺乌头酸酶或苹果酸脱氢酶表达不足的野生种番茄（$Solanum$ $pennellii$）突变体 $Aco1$ 的光合碳同化速率提高 50%，果实产量提高 5 倍，有学者设想以线粒体机构与代谢为基因工程靶标增强光合作用。

（三）改善光合碳固定底物——二磷酸核酮糖（RuBP）再生能力

C_3 植物光饱和的光合速率受 Rubisco 的最大羧化能力（V_{cmax}）和 RuBP 再生能力即最大电子传递速率（J_{max}）的共同限制。因此，如果 Rubisco 的羧化速率提高，那么电子传递速率也应当相应地提高，这样才可以获得最大的好处。并且，若想适应日益增高的大气 CO_2 浓度，也必须提高电子传递速率以至 RuBP 再生能力。科学家们通过反义技术创造并分析单个酶水平降低的转基因植物结果表明，1，7-二磷酸景天庚酮糖酯酶（SBPcase）是 C_3 循环中 RuBP 再生能力的主要控制位点，在烟草叶绿体中表达绿藻的 SBPase，使叶绿体内的 SBPase 提高到野生型的 1.7 倍以上，增加了 RuBP 含量和 Rubisco 的活化状态，也提高了光合速率和生长速率。有趣的是，在正常条件下水稻 SBPase 活性的提高没有导致光合和生长的增高。可是，如果植物遭遇热或盐胁迫，SBPase 水平提高的转基因水稻的光合速率还是比野生型高。显然，通过调节 SBPase 而提高光合作用和产量的效果如何，不仅取决于物种，而且还和生长条件有关。另外，通过反义基因技术证明叶绿体电子传递速率主要受细胞色素（Cyt）b_6/f 复合体、连接植物两个光系统的质体蓝素含量的限制，该复合体是加强作物光合能力的一个潜在的靶标。沈允钢及其同事的研究证明，低浓度亚硫酸氢钠加速 PS I 的循环电子传递偶联产生 ATP 促进光合作用，循环电子传递能力有可能成为提高光合作用潜力和作物产量的一个靶标及选育良种的一个重要生理指标。

（四）改造 C_3 植物成为 C_4 植物

由于 C_4 植物具有 CO_2 浓缩机制，可以基本消除氧抑制和光呼吸，从而使光

合效率比 C_3 植物提高 50%，人们试图将光合作用的 C_4 途径引入 C_3 植物，并且认为这是未来 40 年内将作物产量提高 50%，以便应对世界人口增长和耕地减少难题的唯一出路。

C_4 途径的诱人之处，不仅在于其高生产力和高产量，而且还在于其较高的水分利用率和氮利用效率。这些好处不是那些改善光合作用的非 C_4—方法（如引进对 CO_2 专一性高的 Rubisco、引入蓝细菌参与 CO_2 浓缩机制的酶、捕捉光呼吸释放的 CO_2 和加强 RuBP 再生等）所能同时提供的。早在 20 世纪 60 年代就有人试图通过传统的种间杂交方法将光合作用的 C_4 途径引入 C_3 植物，后来随着转基因技术的发展，人们又简单地用编码光合 C_4 途径的一些酶（PEPC、PPDK、NADP-ME）的基因改造水稻、烟草和马铃薯，虽然观察到这些外源基因的过表达，但还没有转基因作物因此明显增强光合作用和生长的报道。在利用 C_4 植物与高光合效率有关基因转化 C_3 植物即将 C_3 植物改造成为 C_4 植物的种种努力，最引人注目的是创造 C_4 水稻。不少学者确立了通过基因工程创造 C_4 水稻的目标，期望 C_4 水稻对第二次绿色革命作出重大贡献。要创造 C_4 水稻，有两个可能的途径：一是制造花环结构，二是制造具有 C_4 光合特性的单细胞系统。

（五）启动 C_3 植物中的 C_4 基因

一些 C_3 植物的茎和叶柄维管束周围的绿色组织和发育中的果实中具有 C_4 光合特性的事实表明，在 C_3 植物中存在编码 C_4 途径酶的全部基因。只是这些基因在 C_3 植物中的表达水平比 C_4 植物低得多。当然，也存在这些基因高表达的机制，而且一些植物也确实能够在光合作用的 C_3 与 C_4 途径之间转变。

既然是这样，那么 C_4 水稻的获得也许应该很容易了：既不需要导入外源的 C_4 途径酶的基因，也不需要导入控制两类细胞及花环结构形成的基因，只要根据这些酶和这些结构高水平表达的控制机制，启动其关键的"遗传开关"，使它们尽量高表达就可以获得成功了。这里，十分重要而又复杂、困难的是，事先要通过大量深入的研究揭示这些控制机制并找到这些开关，鉴定一个或几个在特殊环境条件下触发主要生物化学和发育变化的基因。

（六）优化能量耗散过程

田间 C_3 植物水稻和小麦叶片的光合作用常常在全日光强 [在光合作用上有效的光量子通量密度一般为 2 000 mol/$(m^2 \cdot s)$左右] 的 60%~70% 的光下就达光饱和，故晴天冠层上部叶片中午前后吸收的光能往往超过光合作用所能利用的数量。通过非光化学淬灭（NPQ）可将这过量的光能以热的形式耗散掉，以免光合机构遭受光破坏。但 NPQ 降低光系统 II 的光化学效率和碳同化的量子效率，据估计，NPQ 的慢衰减可导致温带作物群体日碳同化损失约 15%。问题是，在特定的作物和特定的环境条件下，NPQ 对生物质生产是否是最优化的。如果不是，便有改善的余地。

（七）引入蓝细菌的 CO_2 浓缩系统

蓝细菌具有 CO_2 浓缩机制，能够经过膜上的转运蛋白使无机碳跨越细胞质膜，以 HCO_3^- 形式扩散进入羧酶体，在那里的碳酸酐酶催化下产生 CO_2，并积累至高浓度，从而有利于 Rubisco 催化的羧化反应，而不利于氧化反应。据估计，蓝细菌在细胞内浓缩的 CO_2 高达周围空气 CO_2 浓度的 1 000 倍。有的学者将蓝细菌与 HCO_3^- 积累有关的基因转入拟南芥，结果使转基因植物光合作用和生长都增强。所以，将蓝细菌的 CO_2 泵系统引入作物叶肉细胞的质膜或叶绿体的被膜，也许是未来改善作物光合作用的一个研究方向。可以考虑将以 NAD（P）H 脱氢酶为基础的 CO_2 吸收系统引入叶绿体被膜，也可以考虑将 Rubisco 包装到羧酶体（carboxysome）或淀粉核（pyrenoid）中，以便实现 CO_2 浓缩机制的有效运转。通过模拟研究预测，将蓝细菌的一个 HCO_3^- 转运蛋白转入 C_3 植物的叶绿体被膜，可以将普通空气或低 CO_2 浓度下光饱和的光合速率提高 15%。除了这种转入一两个 HCO_3^- 转运蛋白的简单方法外，一个长期的目标是通过基因工程在 C_3 植物的叶绿体建立一个完全的蓝细菌 CO_2 浓缩机制。然而，要实现这个颇为困难的目标，至少需要解决如下 3 个问题：一是去除叶绿体内高度丰富的碳酸酐酶（CA），以便优化 HCO_3^- 积累，因为 CA 介导的 CO_2 与 HCO_3^- 平衡会耗散积累的 HCO_3^- 库，增加 CO_2 的逃逸；二是减少叶绿体被膜上参与 CO_2 运输的水通道蛋白的水平，以便减少 CO_2 从叶绿体的漏失；三是创建一个羧酶体那样的壳，以便在 Rubisco 周围积累高浓度的 CO_2。

（八）增加转运蛋白

虽然不能简单地回答光合产物运输过程是否限制光合作用的问题，但是在高 CO_2 浓度下磷酸丙糖转运蛋白肯定强烈地限制光合碳同化。所以，如果大气 CO_2 浓度不断增高，或者通过基因工程提高光合碳同化速率，磷酸丙糖转运蛋白将会成为光合速率的限制因子。蛋白质组学和转录组学的定量比较结果清楚地表明，维持 C_4 光合作用所需要的高代谢物流，是靠大幅度提高转运蛋白丰度实现的。因此，在提高 C_3 植物的光合速率时，可能还需要提高转运蛋白的含量。过表达烟草水通道蛋白 NtAQP1 的烟草光合作用提高 20%。敲除烟草 AQP 使最大光合速率降低 15%，很可能是由于降低了叶绿体被膜对 CO_2 的导度。在正常和盐胁迫条件下，过表达烟草质膜 NtAQP1 的番茄和拟南芥叶片气孔导度、光合速率、植株干重和种子产量都明显提高。

（九）扩展对太阳光谱的使用范围

绝大多数能够放氧的光合生物，包括蓝细菌、藻类和高等植物，都使用人们肉眼敏感的可见光（400~700 nm），即光合有效辐射（PAR）推动光合作用。可以吸收远红光的叶绿素 d 和叶绿素 f 的发现，迫使人们重新估计放氧光合作用所需要的最小能量阈值，因为这些叶绿素已经将光吸收的范围扩展到 750 nm。因此，已有学者提出大胆的设想，通过遗传工程将叶绿素 d 和叶绿素 f 引入藻类和高等植物，使它们扩大对太阳光的使用范围到 750 nm，估计这样可以使太阳能的利用增加 19%。问题是它们如何将吸收的远红光传递给主要吸收红光的叶绿素 a，以便用于推动反应中心的光化学反应。一个可能的办法是在引入叶绿素 d 的同时，用叶绿素 d 替代反应中心的叶绿素 a。这可能是一个不大容易解决的难题。即使这个问题解决了，还有叶绿素 d 是否能够和如何接受叶绿素 f 吸收的含能量更少的远红光的问题。

根据对上述靶标研究进展的分析，对通过改进不同靶标提高光合生产力及作物产量的重要性时间顺序作了估计（图 7.15）。

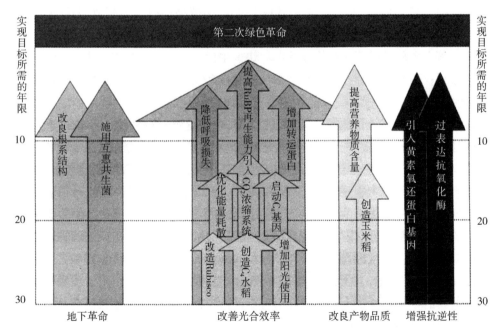

图 7.15　改善光合特性的不同靶标在新绿色革命中发挥重要作用的可能先后年代顺序（许大全，2013）

六、植物对大气 CO_2 浓度升高的适应与响应

（一）大气 CO_2 浓度升高对植物的影响

1. 形态结构

（1）地上部。CO_2 浓度升高能够改变叶片的大小和形态结构，使叶片的尺寸和厚度增加、每株叶片数增加。Prichard 等（1999）发现，CO_2 浓度升高使大部分叶片（81%）厚度增加，且上表面气孔减少，这可能与植物的光合途径有关；CO_2 浓度升高对植物的叶面积影响差异较大，58%的植物单叶叶面积增加、37%的没有变化和11%的降低。叶片增厚及比叶面积（SLA）降低可能是因为 CO_2 浓度升高使非结构性碳水化合物在叶片中的积累造成的，也可能是由于外层栅栏细胞增加造成的。C_3 植物和 C_4 植物的叶片形态结构对 CO_2 浓度升高有不同响应：C_3 植物（如水稻、小麦和黑麦草）的叶片加厚增大通常是由于叶肉组织细胞层数增加而引起，但 C_4 植物（如高粱和狗尾草）的叶片形态则未发生明显变化。

CO_2 浓度升高对植物的"施肥效应"促进了植物的枝、茎和节间长的生长，改变植物冠层结构，但不会改变分节数。CO_2 浓度升高，许多植物开花提早，花多、脱落少，雌花较多、植物体衰老加快、生活周期缩短，加速了果实的成熟和着色过程；后期营养生长受阻和生活周期发生变化，使正常的生长发育受到损害。

（2）地下部。不同物种及同种植物的不同部位根系结构对 CO_2 浓度升高的响应是不一致的，这种差异可能与土壤中可利用的水分、养分和土壤微生物的活动等有关。CO_2 浓度升高使根系更倾向于水平生长，形成更多的水平分支，能导致更多和更长的植物根系，根体积、主根直径、侧根长和侧根数都有积极的响应，这将增加和加快根的穿透和扩张，而且也会改变根系的分布。众多研究认为，高 CO_2 浓度下植物根系形态的变化可能是由于这种以糖类物质和各种激素之间形成综合效应通过影响细胞分裂、伸长及基因的表达等活动来影响根系的生长发育（图7.16）。CO_2 浓度升高将影响顶端分裂组织细胞的膨胀，伸长和分裂而加速植物的生长和发育；碳水化合物可直接作为代谢底物或者生长调节物质通过基因或细胞水平上调控根系生长。

Norby 等（2005）研究表明，CO_2 倍增可使根冠比提高，因为 CO_2 浓度升高促进植物的生长，为维持对地下资源的吸收，植物增加向地下部分生物量的分配；但 Princhard 等（1999）分析了木本和草本植物的根冠比后指出，CO_2 浓度

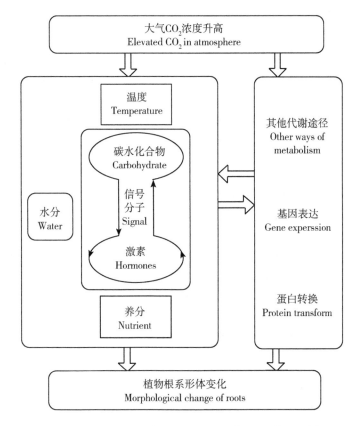

图 7.16 CO₂ 浓度升高及其与外界因素互作对根系形态
变化的可能作用机理（牛耀芳等，2013）

没有改变植物的根冠比，这可能与根系周围土壤的营养与水分状况有关，即受养分和水分限制时，根冠比值增加，反之不增加。

2. 生物量及产量

大气 CO₂ 浓度升高有利于植物生物量及农作物产量的增加，但因植物类型种类和光合碳同化途径不同而存在差异（表 7.2）。美国西部水土保持和棉花研究所通过对 1983—1992 年 10 年观察结果分析，在 CO₂ 浓度 650 μmol/mol 时，其产量可比 CO₂ 350 μmol/mol 时增加 64%。Kimball（1986）仔细比较了 37 种植物 430 个模拟实验结果，结论是平均产量在 CO₂ 浓度加倍时可提高 33% 左右（目前公认 CO₂ 浓度加倍可对植物产量增加 30% 左右）。不同类型的植物表现出一定的差异，C₃ 果树可提高 31%，粮食类作物 31%；叶类蔬菜 25%；豆科植物 31%；非农业 C₃ 草本植物可提高 34%，木本植物 26%。但 Allen 等（2005）认为，CO_2 加倍可使光合作用提高 50%，生物量提高 40%，种子产量 30%；同时认为在大气中 CO_2 浓度由工业革命前的 270 μmol/mol 升高到 350 μmol/mol 过程中，大豆的统计产量增加了 12%。Idso 等（2000）分析 1983—1993 年不同种类植物相关资料发现，在水分和养分充足、CO_2 浓度增加值为 300~550 μmol/mol 时，植物生物量平均增加 20%。Poorter 和 Navas（2010）研究发现 CO_2 浓度升高使 C_3、C_4、CAM 植物生物量分别增加 47%、22% 和 15%，即 CO_2 浓度升高时 C_3 植物比 C_4 植物受益更大。Mauney（2016）发现，生长在 CO_2 浓度升高条件下的棉花，其生物量和经济产量分别比对照植株增长 37% 和 43%。Ceulemans 等（1999）总结了 CO_2 浓度升高对 64 个树种生物量的影响后得出，CO_2 浓度升高使针叶树、阔叶树生物量分别增长 63% 和 38%。CO_2 浓度升高时，生物量变化与植物种类和碳循环途径有关。CO_2 浓度升高促进生物量增加的原因主要包括 CO_2 浓度升高使光合作用增强，净光合速率提高，产量增加；CO_2 浓度升高影响了植物的生理活动，从而影响了植物根、茎和叶等器官的生长发育，最终使得产量增加。

表 7.2　大气 CO_2 浓度倍增对植物的影响（Cure et al.，1986）

植物种类		光合作用（短期）	水损失	生物量	产量
C_3 植物	小麦	41	−17	31	35
	水稻	42	−16	27	15
	大豆	78	−23	39	29
	棉花	60	−18	84	209
	加权平均	52	−23	30	41
C_4 植物	玉米	26	−26	9	29
	高粱	−3	−27	9	—

注：表中数据为 CO_2 倍增与其对照的百分数。

3. 质膜透性

正常的质膜透性是维持细胞内环境稳定、生理功能与生化代谢顺畅进行的前提。在 CO_2 倍增时，所有水稻品种的膜脂过氧化产物丙二醛（MDA）含量和过氧化物酶（POD）活性都有不同程度下降，IR72、特三矮和普通野生稻的超氧物歧化酶（SOD）活性、Amaroo 和普通野生稻的过氧化氢酶（CAT）活性上升，即 CO_2 倍增有助于减轻叶片膜脂过氧化损伤。将处于渗透胁迫下的春小麦辅以高浓度 CO_2 生境，发现叶片内活性氧（O_2^-、H_2O_2）含量与质膜透性的增幅明显降低；这可能同 CO_2 倍增提高叶绿体中 pCO_2/pO_2 比值、增加 CO_2 同化率，减少因 O_2 作为电子受体而形成的活性氧，抑制光呼吸生成的 H_2O_2，捕捉羟自由基（·OH）等有关。

4. 水分代谢

高浓度 CO_2 对蒸腾的影响主要通过气孔导度、叶面积和冠层温度三者共同作用。长期生长在较高 CO_2 浓度下的 C_3 植物的气孔导度、蒸腾速率的降低和水分利用效率的提高大于 C_4 植物，荒漠 C_3 植物大于雨林 C_3 植物，喜光植物大于耐荫性植物。高 CO_2 浓度会导致作物叶片气孔的开张度缩小或关闭，气孔导度降低，阻力升高，蒸腾速率减小，蒸腾量减小。但另一方面，随着 CO_2 浓度的升高，植物生长和叶片伸展速度加快，蒸腾作用也增加，且 CO_2 浓度升高后，叶片部分气孔关闭，气孔导度降低，导致蒸腾作用对叶片降温作用降低，叶温增高，提高叶内水汽压，这又促进了蒸腾作用，抵消了气孔导度降低的蒸腾量。

许多试验都表明，C_3 和 C_4 植物的水分利用效率都随着 CO_2 浓度的升高而提高，叶片水分利用效率可提高 30% ~ 60% 甚至更高，增加明显（表 7.2）。但对 CO_2 浓度增加后，水分利用效率增加的生理机制仍有争议。多数研究表明：CO_2 浓度增加使叶片净光合速率增加，蒸腾速率降低，水分利用效率提高。而其他学者认为，CO_2 浓度增加使植物部分气孔关闭，气孔导度降低，蒸腾速率下降，导致单叶水分利用率升高，而净光合速率未增加。植物群体水分利用率变化与干物质积累和整个冠层的水分消耗有关。由于植物干物质总量增加，高 CO_2 浓度导致群体水分利用率提高，但要远小于叶片水分利用效率提高。在高 CO_2 浓度下植物水分利用效率提高，并不意味着植物对水分的需求减少，这是因为高 CO_2 浓度提高了叶面积指数。

5. 矿质营养

一般认为，CO_2 浓度升高减少了植物组织中的氮素含量，这是由于积累了较多的碳水化合物引起的对氮素稀释作用的缘故，但对草本植物而言这种氮素稀释效应并不明显。Cotrufo 等（1998）综述多篇论文发现，生长在 CO_2 浓度升高环境下的 C_3 植物其氮素浓度下降了 16%，而 C_4 和 NF（固氮植物）仅下降了 7%。但也有研究表明，大气 CO_2 浓度升高时，植物和土壤中氮浓度增加，如 Johnson 等（1994）指出在大气 CO_2 浓度升高时，北美黄松针叶自然含氮量增加。

大气 CO_2 浓度升高会影响植物对氮素营养的吸收，如促进火炬松、北美黄松幼苗对氮素的吸收速率。大气 CO_2 浓度升高对植物吸收氮素的影响与被吸收氮素的形态有关。CO_2 浓度升高可能会改变植物对 NH_4^+-N 和 NO_3^--N 吸收的偏好性，如 CO_2 浓度升高明显增加了火炬松、北美黄松、番茄对 NO_3^--N 的吸收速率，增加了红槲树对 NH_4^+-N 的吸收速率。

高浓度 CO_2 对微量元素的吸收也有一定的影响。CO_2 浓度升高对小麦叶片硫、铁元素的积累有利；CO_2 浓度升高一倍，硫的积累增加 40.3%，铁的积累增加 38.8%；CO_2 浓度升高对大豆硫、锌的影响规律不明显，但对铁的影响规律是一致的，无论在干旱胁迫还是在湿润条件下，铁的积累都是随 CO_2 浓度的增加而增加。CO_2 浓度升高、土壤水分胁迫对镁、钙的影响比较复杂，没有明显的规律性。

6. 光合作用

（1）光合色素。高浓度 CO_2 会对植物叶片鲜重、叶绿素及类胡萝卜素含量、叶绿素 a/b 值产生影响，但因植物种类不同而异。研究表明，油桐叶片在 CO_2 浓度倍增时，与对照相比，单位鲜重叶绿素增加 14.1%，类胡萝卜素增加 6.9%。而烟草在相同 CO_2 浓度条件下生长，其光合色素含量未出现增加，反而略有下降。对裂壳锥和荷木进行研究时发现，高浓度 CO_2（500 μmol/mol）下生长的两种植物的叶片与对照（350 μmol/mol）生长条件下的叶片相比，叶绿素和类胡萝卜素的含量都减少 10% 左右。许多研究表明，在高浓度 CO_2 条件下生长的植物叶片，其叶绿素 a/b 值会下降，即 CO_2 浓度升高会促进叶绿素 b 的形成，以便有更多的捕光色素复合体得以形成，为反应中心提供更充足的能量供其转化为化学能，以此来增强叶绿体对光吸收的能力。但也有一些研究认为 CO_2 浓度增加不会对叶绿素 a/b 值产生影响或会使叶绿素 a/b 值升高。

（2）光合结构。电镜结果表明，不同种类植物在 CO_2 浓度升高条件下，叶绿体超微结构呈现出明显的差异，最典型的特征是淀粉粒积累增多，基粒和基粒类囊体膜发育良好，类囊体膜明显增多，且基粒类囊体和间质类囊体相间排列有序。

高浓度 CO_2 能提高叶片 PSⅡ 光化学活性，增加 PSⅡ 反应中心氧化态 QA 的比例及 PSⅡ 反应中心开放部分的比例，提高叶片 PSⅡ 的光合电子传递能力，降低叶片的非辐射能量耗散，增加强化学淬灭能力，有利于叶绿体把所捕获的光能以更高的速度和效率转化为化学能，为光合作用碳同化提供更充足的能量。

（3）光合特性。CO_2 是植物进行光合作用的重要原料。普遍认为，增加 CO_2 浓度可对光合作用产生影响（表 7.2）。高浓度 CO_2 对植物光合作用的影响表现为短期和长期效应。短期响应一般指几分钟至几小时，而长期适应是指几周至几个月的时间长度。

短期效应　短期内高浓度 CO_2 能够促进作物的光合作用，但这种促进作用因作物光合途径、品种类型不同而不同。在 CO_2 浓度为 700 μmol/mol 时，C_3 作物的光合速率较常规浓度可提高 66%，而 C4 作物的光合速率仅提高 4%。通常情况下，植物如果处于高浓度 CO_2 条件下，且其光合作用没有发生长期的调节，那么植物的光合速率随着 CO_2 浓度的增加而增加，但达到一定浓度后即 CO_2 饱和点时，光合速率就不再增加或增加很少，甚至出现减弱的现象。

从作物代谢机制来看，短期时间内，高浓度 CO_2 可在两方面提高作物的光合速率：一方面提高 1，5-二磷酸核酮糖羧化酶（Rubisco）的含量及活性，增强 CO_2 对 Rubisco 酶结合位点的竞争，有利于加速催化 RuBP 与进入叶绿体的 CO_2 的结合，从而提高了羧化速率；另一方面 Rubisco 酶能够催化氧与 RuBP 结合生成磷酸乙醇酸，最终产生 CO_2，而高浓度的 CO_2 能够抑制氧与 RuBP 结合从而抑制 RuBP 加氧酶的活性，进而降低光呼吸，提高光合利用率。Cure 和 Acock（1986）对作物光合作用对 CO_2 浓度响应的文献总结后发现，短时间的 CO_2 浓度增加可以促进作物的光合能力，光合速率提高约为 52%。作物冠层进行的光合作用，其 CO_2 补偿点与单独叶片相比要高出一些。这主要是因为植物冠层的茎秆也进行了呼吸作用。有研究预测指出，CO_2 浓度升高条件下，植物冠层的净光合速率可能达到目前 CO_2 浓度条件下的 2 倍。研究已表明，短时间地增加 CO_2 浓度，植物的光合作用会因种类的不同而出现不同的响应，即使是同一种植物，在不同生长发育阶段，光合作用对 CO_2 的响应也存在差异。

长期效应　即使同一种植物也会因种间和种内的不同而对长期高浓度 CO_2 产生不同的反应，这种反应还与生长发育时期有关。植物长时间生活在 CO_2 浓度升高的条件下，其生理生化和形态上会发生改变，光合速率的促进作用会随着处理时间的延长而不断减弱；但仍有研究人员观测到了 CO_2 对光合的明显促进。这种因长时间在高浓度 CO_2 条件下生活而引起植物光合能力降低的现象称为对 CO_2 的光合适应现象（photosynthetic acclimation or down-regulation）。研究表明，遮荫可消除大豆叶片光合作用对高浓度 CO_2 的适应现象；豌豆的成年叶片有光合适应现象，但是老叶却没有，而大豆叶片却相反，成年叶片没有光合适应现象，但是老叶却有。有报告表明，氮供应不足的植物比氮供应充足的植物更容易发生光合适应现象。在水稻上的研究结果表明，过量的氮供应会导致水稻的光合适应现象。当然，也有在长期高浓度 CO_2 下植物不发生光合适应现象，如火炬松在高浓度 CO_2 下长期生长后光合速率不但不降低，反而比对照高 60%~160%。

长期生活在高 CO_2 浓度下 C_3 作物羧化速率平均降低 13%，最大电子转移率降低 5%，N 含量和 Rubisco 下降，糖和淀粉含量上升，产生这种现象的主要原因有：第一是反馈抑制，即长期处于高 CO_2 浓度下，作物体内碳水化合物的积累导致类囊体膜物理损伤，影响叶绿体对光的吸收，从而引起光合速率降低；其次是 Rubisco 损失，Rubisco 作为光合作用的关键酶，其活性的高低直接影响作物光合速率，长期处于高 CO_2 浓度下，作物自身为了调节代谢间的平衡，促使 Rubisco 酶蛋白的含量、活化水平和比活性降低，从而降低了光合速率；再者作物体内氮资源再分配假说，即体内蛋白质的再分配影响了光合作用的酶促过程，糖信号转导与 C/N 平衡及作物生长调节物质在植株整体水平上通过调控光合基因的表达来适应高 CO_2 浓度。

当 CO_2 浓度低于 500 μg/g 时，水稻群体的冠层光合能力会随 CO_2 浓度升高而增加；但当 CO_2 浓度高于 500 μg/g 时，增加的光合能力会消失。需要特别指出的是，生长在高浓度 CO_2 条件下的植物，虽然 CO_2 能够调节 Rubisco 活性和 RuBP 再生能力，但与正常生长条件下的植物相比，其光合速率依然表现出增加。

7. 呼吸作用

呼吸作用对 CO_2 浓度升高的响应，目前有 2 种观点，一种认为暗呼吸将随 CO_2 浓度升高而下降，可能的原因有胞间 CO_2 浓度升高、呼吸酶活性改变及暗固定 CO_2 作用的加强等直接原因；另一种认为将随 CO_2 浓度升高而升高，影响因素可归结为碳水化合物含量增加、高 CO_2 浓度刺激其他呼吸途径和生长加快等间接原因。高浓度 CO_2 造成保卫细胞收缩，部分气孔关闭，降低细胞内氧分压，导致作物呼吸作用减弱；CO_2 分压提高，抑制 2 种关键电子传递系统线粒体酶——细胞色素氧化酶（cytochrome oxyduse）和琥珀酸脱氢酶（SDH）的活性，从而降低呼吸作用。在长期（几天甚至几个月）CO_2 浓度升高后，植物叶片的暗呼吸速率也呈现下降的趋势，同时叶片中氮浓度和蛋白质含量下降。在 C_3 植物中发现，叶片细胞色素氧化酶的活性降低，导致呼吸减弱，但在 C_4 植物中尚未发现此种现象。当 CO_2 加倍时，雨林植物升高 61%，荒漠植物升高 130%，而 C_4 植物变化不明显或略有下降。

8. 抗氧化系统

CO_2 浓度升高后春小麦叶片相对电导率和 MDA 含量减小，O_2^- 产生速率和 H_2O_2 含量下降，SOD、CAT、POD 和 APX 活性增强，即 CO_2 浓度升高抑制春小麦叶片活性氧的代谢速率，提高抗氧化酶的活性，保护春小麦。在不同 CO_2 浓度下，豇豆叶片中的 SOD、POD 和 CAT 活性变化较大，且均以 CO_2 浓度为

1 200 μmol/mol时活性最高，同时 MDA 含量明显降低。在高 CO_2 浓度处理下，油松的 H_2O_2 含量比对照降低 15.5%，减少了膜质过氧化物产物丙二醛的含量，减轻了氧化伤害。

9. 化感作用

大气 CO_2 浓度的升高能促进植物次生代谢物质的形成和分泌，使得植物的化感作用有所提高，有利于增强植物的防御能力。Lindroth 和 Kinney（1998）实验证明，CO_2 倍增会改变树木叶片初级代谢物和碳次生代谢物（CBSC）的含量，表现在白杨的淀粉储存量上升和糖槭叶片的防御化合物（单宁）含量大大增加。Periuelas 等（1996）观察发现高 CO_2 浓度下的小麦灌浆期旗叶的酚类化合物含量明显高于对照，而橙树无变化，松树叶片酚类化合物浓度反而呈下降趋势。Lawler 等（1996）有关细叶桉的试验说明，CO_2 浓度升高可使叶片的总酚类化合物浓度上升，但这种促进作用仅在高光照—高营养或低光照—低营养的处理中表现得较为显著；而 CO_2 浓度升高对萜烯的浓度影响不大，但在养分充足条件下光照增强会提高其浓度。

（二）植物对大气 CO_2 浓度升高的光合适应

1. 反馈抑制

高浓度 CO_2 下植物体内碳水化合物的大量积累会构成对光合作用的反馈抑制，使光合速率降低。碳水化合物的积累是如何抑制光合作用的？许大全（2003）、Paul 和 Foyer（2001）及 Paul 和 Pellny（2001）在检测光合作用的库活性时提出，高浓度 CO_2 下，植物叶片内的可溶性糖含量增加，导致细胞质中蔗糖的积累，进而使与其代谢密切相关的蔗糖合酶和蔗糖磷酸合成酶的活性由最初的升高转为下降，但仍比对照的高。Paul 和 Foyer 认为，无机磷浓度的降低和淀粉的过多积累将造成对光合作用的反馈抑制，与之同时氧化还原信号也会形成反馈抑制，表现为光合链中电子传递体质体醌和过氧化氢（H_2O_2）积累对光合反应过程中一系列基因表达的抑制。

2. RuBP 限制

（1）RuBP 羧化限制。Rubisco 催化 RuBP 的羧化反应和加氧反应，其含量和羧化活性的降低都会造成光合作用的降低。这种由于 Rubisco 含量或羧化活性降低而导致的光合作用下降就是 RuBP 羧化限制。目前大气 CO_2 浓度不能使 Rubisco 的羧化活性得到充分发挥，而短时间的 CO_2 浓度加倍则可使其羧化活性提高 30% 左右；但长期处于高 CO_2 浓度下，大部分高等植物的 Rubisco 含量和总活性会低于 CO_2 浓度初始增加时。从营养角度分析，这是因为高浓度 CO_2 下，植物体内碳素积累，氮素会被优先分配到光合代谢的其他中间产物中去，如被优先分配到与电子传递有关的细胞色素类物质或与淀粉和蔗糖代谢相关的酶中，而相对较少地分配到 Rubisco 中，进而影响光合作用。Nakano 等（1997）研究发现，在相同氮素处理下，高浓度 CO_2 使水稻 Rubisco 无论相对于细胞色素 f（Cyt f）的含量还是相对于蔗糖磷酸合成酶的活性都较低，且认为这不是 CO_2 浓度处理的直接结果，而是高浓度 CO_2 使叶片内含氮量降低的结果。

高浓度 CO_2 条件下 Rubisco 含量下降的机制目前有 2 种说法：一种说法是认为糖（可溶性糖含量）的累积抑制 Rubisco 基因的表达，导致光合适应现象发生。Bowes（2010）认为光合适应是 Rubisco 酶蛋白含量、活化水平和比活性降低的结果，而 Rubisco 的调控涉及包括转录、转录后、翻译和翻译后等在内的许多过程。Webber（2003）指出，在高浓度 CO_2 下烟草（*Nicotiana tabacum*）叶片内的 Rubisco 蛋白表达是受 Rubisco 的大小亚基基因（分别为 *rbcL* 和 *rbcS*）共同调控的，且主要受小亚基蛋白的丰度所控制。另外一种说法是，叶片糖含量累积并不导致光合基因表达的下调。Krapp 和 Stitt（1991）发现，增加葡萄糖类似物的含量并不能降低 Rubisco 小亚基 mRNA 的转录；同时，增加培养基中的葡萄糖含量而不供给 CO_2 使组织培养的自养组织不能进行光合作用时，其 Rubisco 小亚基的转录也几乎不受影响。

然而，并不是所有的植物在高浓度 CO_2 环境中生长时 Rubisco 含量都降低，如在高 CO_2 浓度下生长的欧芹、豌豆和菠菜的 Rubisco 含量并未降低，说明 Rubisco 损失可能不具有普遍性。von Caemmerer（1989）认为，在高浓度 CO_2 条件下，Rubisco 并不是光合作用的限制因素，光合作用能力的高低是由 RuBP 再生能力决定的。因此，高浓度 CO_2 条件下 Rubisco 下调限制光合作用的结论值得商榷。

（2）RuBP 再生限制。当 RuBP 再生受到限制而造成 RuBP 供应不足时，会导致光合碳同化速率的下降，即光合作用的 RuBP 再生限制。Bowes（2010）提出，高浓度 CO_2 会加重 RuBP 再生限制，除非 Rubisco 含量下调或 RuBP 含量上调。研究表明，在长期高浓度 CO_2 下水稻叶片光合作用受到 RuBP 羧化和 RuBP 再生 2 种限制。根据高浓度 CO_2 下生长的水稻叶片 RuBP 含量下降而 3-PGA 含量上升的推测，RuBP 再生限制是导致光合适应的主要原因。RuBP 再生限制的发生可能与无机磷不足、光合碳还原（PCR）循环酶系活性和电子传递能力降低有关。

（三）气孔响应

Kimball 等（1993）对开放式空气 CO_2 浓度增加（FACE）下 C_3 和 C_4 植物的研究进行总结得出，CO_2 浓度升高使 C_3、C_4 植物的气孔导度下降了 20.0% ~ 30.4%。Ainsworth 等（2010）报道持续 10 年生长在 FACE 条件下的毒麦草的气孔导度平均下降了 30%；FACE 下大豆的气孔导度也下降了 21.9%。气孔导度降低是否为光合下调的原因之一，一般采用 Ci/Ca 来进行比较。Gesch 等（2001）研究得出，在高浓度 CO_2 下，即使水稻叶片的气孔导度降低了 35% ~ 40%，但其 Ci 和 Ca 的比值与正常大气下的比值几乎相同，同样将培养在高浓度 CO_2 下的水稻苗转置于正常大气条件下，其 Ci 和 Ca 的比值也表现出几乎相同的结果（仅差 1%）。Woodward（1995）证实植物的气孔密度与大气 CO_2 浓度呈负相关，气孔密度的下降限制了 CO_2 进入，从而利于光合作用对高 CO_2 浓度的适应；同时气孔密度的下降减少了水分的蒸腾损失，提高了水分利用率，增强了植物的抗干旱能力。

（四）光合基因的调控

1. 碳氮比

Paul 和 Foyer（2001）提出用碳氮比理论解释植物在高浓度 CO_2 下表现出的光合适应。在生长库中蔗糖的利用依赖于氨基酸的提供，而氨基酸合成所需的 ATP、还原力和碳骨架是由光合作用、糖酵解和呼吸作用提供的，它们之间的相互协调可防止氮同化、碳水化合物的生成及 CO_2 同化过程中竞争能量和碳骨架的浪费。C/N 比的改变可能使调控 Rubisco 和光合基因表达的 α-酮戊二酸、乙酰辅酶 A 或 AMP 与 ATP 的比值发生改变。

2. 生长调节物质

Sweet 和 Wareing（2011）的试验证实，植物生长调节物质尤其是 CTK 参与对光合速率和源库平衡的调控。CTK 从根到茎的运输动力刺激了光合基因包括 Rubisco、碳酸酐酶、叶绿素 a、叶绿素 b 结合蛋白的表达。研究表明，高浓度 CO_2 下兰花的生长素、赤霉素和玉米素均出现不同程度的提高，而 Rubisco 酶的活性却呈现出下调现象。而植物生长调节物质在高浓度 CO_2 下是如何调控光合下调的有待进一步的研究。

3. 糖信号

大气 CO_2 浓度升高打破了植物自身固有的代谢平衡，造成其对高浓度 CO_2 的光合适应。Jang 和 Sheen（1994）提出，碳水化合物抑制了包括 rbcS 在内的许多光合基因的表达，且涉及通过己糖激酶的己糖代谢，该抑制反应对己糖激酶的抑制剂甘露庚酮糖非常敏感。短期生长在高浓度 CO_2 下的拟南芥和长期生长在高浓度 CO_2 下的番茄都表现出与叶片内糖含量增加有关的某些光合基因 mRNA 水平的降低。因此，在高浓度 CO_2 下，由糖信号转导的某些基因表达水平的改变可能是由己糖激酶传感系统引起的。在高浓度 CO_2 下，植物适应机制表现之一是己糖激酶传感系统影响了光合基因的转录，而叶片内的己糖可能是作为蔗糖循环信号和淀粉水解信号的潜在信号源。Sharkey 等（1986）的研究也支持这个观点，在高浓度 CO_2 下，蔗糖循环频率的加快被认为是由叶酸转移酶而引起的，而对于库限制型的植物对 CO_2 浓度升高的适应则认为是由于叶片内蔗糖外运速度的降低和随后细胞内蔗糖水平和蔗糖循环的提高所引起。

复习思考题

1. 描述光合系统的多层次光保护和修复机制。
2. 类胡萝卜素在光保护中发挥什么作用？
3. 何谓叶黄素循环？这一循环是如何运行的？
4. 比较 C_3 途径、C_4 途径和 CAM 途径的调节异同点。
5. 概述 CO_2 浓缩机制、功用与调节。
6. 植物对强光的抑制是如何进行响应与适应的？
7. 简述植物演化过程中形成的光破坏防御系统。
8. 谈谈光抑制与光破坏的关系。
9. 近 10 多年来改善光合特性的值得注意的靶标是哪些？
10. 阐述光合作用对长期高浓度 CO_2 适应的可能机制。

主要参考文献

陈根云，2003. 植物对开放式 CO_2 浓度增高（FACE）的响应与适应研究进展 [J]. 植物生理与分子生物学学报，29（6）：479-486.

程建峰，2019. 植物生理学 [M]. 南昌：江西高校出版社.

崔继林. 光合作用与生产力 [M]. 南京：江苏科学技术出版社，2000.

郝兴宇，2014. 大气 CO_2 浓度升高对我国主要作物影响的研究 [M]. 北京：气象出版社.

匡廷云，2003. 光合作用原初光能转化过程的原理与调控 [M]. 南京：江苏科学技术出版社.

牛耀苏，2013. 大气 CO_2 浓度升高对拟南芥根毛发育与养分吸收的影响及根系对养分的响应机理 [D]. 杭州：浙江大学.

欧英娟，董家华，彭晓春，等，2013. 大气中 O_2 与 CO_2 浓度升高对植物影响研究进展 [J]. 世界林业研究，26（5）：30-35.

盛阳阳，徐秀美，张巧红，等，2022. 光合作用碳同化的合成生物学研究进展 [J]. 合成生物学，3（5）：870-883.

王兰兰，颜坤，2017. 植物对 O_3 和 CO_2 浓度升高的生理响应研究 [M]. 北京：科学出版社.

王忠，2009. 植物生理学（第二版）[M]. 北京：中国农业出版社.

武维华，2018. 植物生理学 [M]. 3 版. 北京：科学出版社.

熊飞，王忠，2021. 植物生理学 [M]. 3 版. 北京：中国农业出版社.

许大全，2002. 光合作用效率 [M]. 上海：上海科学技术出版社.

许大全，2012. 探索新绿色革命的靶标 [J]. 植物生理学报，48（8）：729-738.

许大全，2013. 光合作用学 [M]. 北京：科学出版社.

宸珩，杨文强，2023. 光合生物光抑制现象与光保护措施 [J]. 植物生理学报，59（4）：705-714.

张宝燕，田平芳，2014. 羧酶体结构及其 CO_2 浓缩机制研究进展 [J]. 生物工程学报，30（8）：1164-1171.

张道允，许大全，2007. 植物光合作用对 CO_2 浓度增高的适应机制 [J]. 植物生理与分子生物学学报，33（6）：463-470.

AINSWORTH E A, DAVEY P A, HYMUS G J, et al., 2010. Is stimulation of leaf photosynthesis by elevated carbon dioxide concentration maintained in the long term? A test with Lolium perenne grown for 10 years at two nitrogen fertilization levels under Free Air CO_2 Enrichment（FACE）[J]. Plant, Cell & Environment, 26（5）：705-714.

AINSWORTH E A, LONG S P, 2005. What have we learned from 15 years of free-air CO_2 enrichment（FACE）? A meta-analytic review of the responses of photosynthesis, canopy properties and plant production to rising CO_2 [J]. New Phytologist, 165（2）：351-372.

ALLEN M F, KLIRONOMOS J N, OECHEL T W C, 2005. Responses of soil biota to elevated CO_2 in a chaparral ecosystem [J]. Ecological Applications, 15（5）：1701-1711.

BARNABY J Y, ZISKA L H, 2012. Plant responses to elevated CO_2 [M]. John Wiley & Sons, Ltd.

BOWES G, 2010. Growth at elevated CO_2: photosynthetic responses mediated through Rubisco [J]. Plant Cell & Environment, 14 (8): 795-806.

BUCHANAN B B, CRUISSEM W, JONES R L, 2012. Biochemistry and molecular biology of plant [M]. Rockville, Maryland: American Society of Plant Physiologists.

CEULEMANS R, JANSSENS I A, JACH M E, 1999. Effects of CO_2 enrichment on trees and forests: lessons to be learned in view of future ecosystem studies [J]. Annals of Botany, 84 (5): 577-590.

COTRUFO M F, INESON P, SCOTT A, 1998. Elevated CO_2 reduces the nitrogen concentration of plant tissues [J]. Global Change Biology, 4 (1): 43-54.

CURE J D, ACOCK B, 1986. Crop response to carbon dioxide doubling: a literature survey. Agricultural and Forest Meteorology, 38 (1-3): 127-145.

CURE J D, RUFTY T W, ISRAEL A D W, 1986. Alterations in soybean leaf development and photosynthesis in a CO_2-enriched atmosphere [J]. Botanical Gazette, 147 (4): 337-345.

DEMMIG B, WINTER K, KRÜGER A, et al., 1987. Photoinhibition and zeaxanthin formation in intact leaves: a possible role of the xanthophyll cycle in the dissipation of excess light energy [J]. Plant Physiology, 84 (2): 218-224.

DERKS A, SCHAVEN K, BRUCE D, 2015. Diverse mechanisms for photoprotection in photosynthesis. Dynamic regulation of photosystem II excitation in response to rapid environmental change [J]. Biochim Biophys Acta, 1847 (4-5): 468-485.

ERICKSON E, WAKAO S, NIYOGI K K, 2015. Light stress and photoprotection in *Chlamydomonas reinhardtii* [J]. Plant Journal, 82 (3): 449-465.

GESCH R W, VU J C V, ALLEN L H A, et al., 2001. Photosynthetic responses of rice and soybean to elevated CO_2 and temperature [J]. Recent Research Developments in Plant Physiology, 2: 125-137.

GILMORE A M, 2010. Mechanistic aspects of xanthophyll cycle-dependent photoprotection in higher plant chloroplasts and leaves [J]. Physiologia

Plantarum, 99 (1): 197-209.

IDSO C D, IDSO S B, KIMBALL B A, et al., 2000. Ultra-enhanced spring branch growth in CO_2-enriched trees: Can it alter the phase of the atmosphere's seasonal CO_2 cycle? [J]. Environmental and Experimental Botany, 43 (2): 91-100.

JAHNS P, HOLZWARTH A R, 2012. The role of the xanthophyll cycle and of lutein in photoprotection of photosystem II [J]. Biochimica et Biophysica Acta: Bioenergetics, 1817 (1): 182-193.

JANG J C, SHEEN J, 1994. Sugar sensing in higher plants [J]. Plant Cell, 6 (11): 1665-1679.

JODI N, YOUNG B, HOPKINSON M, 2017. The potential for coevolution of CO_2-concentrating mechanisms and Rubisco in diatoms [J]. Journal of Experimental Botany, 68 (14): 3751-3762.

JOHNSON D, GEISINGER D, WALKER R, et al., 1994. Soil pCO_2, soil respiration, and root activity in CO_2-fumigated and nitrogen-fertilized ponderosa pine [J]. Plant and Soil, 165: 129-138.

KIMBALL B A, 1986. Influence of elevated CO_2 on crop yield. In Carbon Dioxide Enrichment of Greenhouse Crops vol. II. Physiology, Yield and Economics, pp. 105-115.

KIMBALL B A, MAUNEY J R, NAKAYAMA F S, et al., 1993. Effects of increasing atmospheric CO_2 on vegetation [J]. Vegetatio, 104 (1): 65-75.

KRAPP A, STITT Q M, 1991. Ribulose-1,5-bisphosphate carboxylase-oxygenase, other Calvin-cycle enzymes, and chlorophyll decrease when glucose is supplied to mature spinach leaves via the transpiration stream [J]. Planta, 186 (1): 58-69.

KRAUSE G H, 1988. Photoinhibition of photosynthesis. An evaluation of damaging and protective mechanisms [J]. Physiologia Plantarum, 74 (3): 566-574.

KROMDIJK J, GLOWACKA K, LEONELLI L, et al., 2016. Improving photosynthesis and crop productivity by accelerating recovery from photoprotection [J]. Science, 354 (6314): 857-861.

LAWLER I, FOLEY W, WOODROW I, et al., 1996. The effects of elevated CO_2 atmospheres on the nutritional quality of Eucalyptus foliage and its interaction with soil nutrient and light availability ［J］. Oecologia, 109 (1): 59-68.

LI L, ARO E M, MILLAR A H, 2018. Mechanisms of photodamage and protein turnover in photoinhibition ［J］. Trends Plant Science, 23 (8): 667-676.

LINDROTH R L, KINNEY K K, 1998. Consequences of enriched atmospheric CO_2 and defoliation for foliar chemistry and gypsy moth performance ［J］. Journal of Chemical Ecology, 24 (10): 1677-1695.

LONG S P, ZHU X G, NAIDU S L, et al., 2006. Can improvement in photosynthesis increase crop yields? ［J］. Plant, Cell and Environment, 29 (3): 315-330.

MAUNEY J, 2016. Molecular biology and plant physiology: Carbon allocation in cotton grown in CO_2 enriched environments ［J］. Journal of Cotton Science, 20 (3): 232-236.

NAKANO H, MAKINO A, MAE T, 1997. The Effect of elevated partial pressures of CO_2 on the relationship between photosynthetic capacity and N content in rice leaves ［J］. Plant Physiology, 115 (1): 191-198.

NORBY R J, DELUCIA E H, GIELEN B, et al., 2005. Forest response to elevated CO_2 is conserved across a broad range of productivity ［J］. Proceedings of the National Academy of Sciences of the United States of America, 102 (50): 18052-18056.

PAUL M J, FOYER C H, 2001. Sink regulation of photosynthesis ［M］. Springer Netherlands.

PAUL M, PELLNY T, 2001. Enhancing photosynthesis with sugar signals ［J］. Trends in Plant Science, 6 (5): 197-200.

PENUELAS J, ESTIARTE M, KIMBALL B A, et al., 1996. Variety of responses of plant phenolic concentration to CO_2 enrichment ［J］. Journal of Experimental Botany, 47 (302): 1463-1467.

PFÜNDEL E, BILGER W, 1994. Regulation and possible function of the violaxanthin cycle ［J］. Photosynthesis Research, 42 (2): 89-109.

POORTER H, NAVAS M L, 2010. Plant growth and competition at elevated CO_2: on winners, losers and functional groups ［J］. New Phytologist, 157 (2): 175-198.

PRITCHARD S G, ROGERS H H, PRIOR S A A, et al., 1999. Elevated CO_2 and plant structure: a review [J]. Global Change Biology, 5 (7): 807–837.

QUIST G, LIDHOLM J, GUSTAFSSON P, 1988. Photoinhibition of photosynthesis and its recovery in the green alga *Chlamydomonas reinhardii* [J]. Plant & Cell Physiology, 28 (6): 1133–1140.

RAINES C A, 2011. Increasing photosynthetic carbon assimilation in C_3 plants to improve crop yield: current and future strategies [J]. Plant Physiology, 155 (1): 36–42.

SHARKEY T D, MARK S, DIETER H, et al., 1986. Limitation of photosynthesis by carbon metabolism [J]. Plant Physiology, 81 (4): 1123–1129.

SWEET G B, WAREING P F, 2011. Photosynthesis and photosynthate distribution in Douglas – fir strobili grafted to young seedlings [J]. Canadian Journal of Botany, 49 (1): 13–17.

TAIZ L, ZEIGER E, MØLLER I M, et al., 2018. Fundamentals of plant physiology [M]. Sunderland: Sinauer Associates, Inc.

TAIZ L, ZEIGER E, MØLLER I M, et al., 2015. Plant physiology and development [M]. 6th ed. Sunderland: Sinauer Associates, Inc.

TAKAHASHI S, BADGER M R, 2011. Photoprotection in plants: A new light on photosystem II damage [J]. Trends Plant Science, 16: 53–60.

von CAEMMERER S, 1989. A model of photosynthetic CO_2 assimilation and carbon – isotope discrimination in leaves of certain $C_3 – C_4$ intermediates [J]. Planta, 178 (4): 463–474.

WEBBER A, 2003. Development of C_4 photosynthesis in sorghum leaves grown under free-air CO_2 enrichment (FACE) [J]. Journal of Experimental Botany, 54 (389): 1969–1975.

WOODWARD F I, 1995. Stomatal responses of variegated leaves to CO_2 Enrichment [J]. Annals of Botany, 75 (5): 507–511.

YAMAMOTO Y, 2016. Quality control of photosystem II: the mechanisms for avoidance and tolerance of light and heat stresses are closely linked to membrane fluidity of the thylakoids [J]. Frontiers in Plant Science, 7: 1136.

ZHU X G, LONG S P, ORT D R, 2010. Improving photosynthetic efficiency for greater yield [J]. Annual Review of Plant Biology, 61: 235-261.

ZHU X G, SONG Q F, ORT D R, 2012. Elements of a dynamic systems model of canopy photosynthesis [J]. Current Opinion in Plant Biology, 15: 237-244.

第8章　植物光合研究技术

一、光合参数

（一）形态结构参数

从形态结构上看，叶片厚度和气孔密度与叶片光合速率有直接而密切的关系。

1. 叶片厚度

大部分 C_3 植物、C_4 植物叶片的厚度为 $100\sim400\ \mu m$，干物质密度为 $0.1\sim0.6\ g/cm^3$。不同植物之间的单位叶面积干重（leaf mass per area，LMA，g/m^2）的差别高达 100 倍，80%可以用密度差异，20%可用厚度差异来解释。LMA 的倒数为比叶面积（specific leaf area，SLA，m^2/kg），是决定植物相对生长速率（relative growth rate，RGR）的重要参数，而 RGR 与日间的光合速率有密切的关系。

不同类型植物的 LMA 存在差别。常绿植物最高，淡水中的淹水植物最低。木本植物高于草本植物，常绿植物高于落叶植物，生长慢的植物高于生长快的植物，多年生植物高于一年生植物，肉质植物包括 CAM 植物高于非肉质植物。

田间植物的 LMA 不仅与植物的遗传性有关，且明显地受环境条件影响。日间总辐射而不是日辐射的峰值决定植物的 LMA。日间总辐射的增加导致 LMA 的明显提高。营养特别是氮缺乏会引起 LMA 增高。CO_2 浓度升高将增加淀粉积累而不是增加叶肉细胞层数来增加 LMA。低温、干旱及盐胁迫都会导致 LMA 的增高，而高温和淹水则使 LMA 降低。在诸多因素中，对 LMA 影响最大的是光，其次是温度和淹水。

LMA 在时间和空间上呈现规律性的变化。随着冠层高度的增加，LMA 也提高，冠层光梯度起着决定性作用，顶端水有效性的降低也是导致 LMA 提高的一个基本因素。LMA 与叶片寿命间存在正相关关系，阳生叶光合速率较高，而寿命较短。LMA 在白天结束时高，而在夜间结束低，这个周期变化与日间非结构碳水化合物积累和夜间这些物质的降解与输出有关。

LMA 与叶片的光合能力有密切的关系。不同种类植物间，LMA 低的植物趋向具有较高蛋白质、无机营养和水分含量，较低的木质素和其他次生代谢物含量，较高光合速率、呼吸速率等代谢速率，较高 RGR 和较短的寿命。同一植物而言，LMA 与叶片的光合能力呈正相关，故 LMA 可以用作选择高产基因型的指标。LMA 还与资源的分布有关，资源丰富生境下植物的 LMA 低，不利于生长的环境下植物的 LMA 高。

2. 气孔密度

气孔密度在物种间和品种间具有特异性。陈温福等研究发现，水稻气孔密度与气体扩散导度和净光合速率之间呈极显著的正相关，与比叶重呈显著的负相关，与单叶面积的相关性不显著。籼稻品种较高的光合速率主要来自其大的气孔密度和低的气体扩散阻力。如果通过籼粳稻杂交将籼稻气孔密度大、气体扩散阻力低的特性与粳稻比叶重大的特点适当结合在一起，将有可能获得较高的净光合速率。

(二) 生理学参数

1. 净光合速率 (net photosynthetic rate，Pn)

光合速率通常是指单位时间、单位叶面积的 CO_2 吸收量或 O_2 的释放量，也可用单位时间、单位叶面积上的干物质积累量来表示。常用单位有：μmol $CO_2/(m^2 \cdot s)$ [以前用 $mg/(dm^2 \cdot h)$ 表示，$1\ \mu mol/(m^2 \cdot s) = 1.58\ mg/(dm^2 \cdot h)$]、$\mu mol\ O_2/(dm^2 \cdot h)$ 和 mgDW (干重) $/(dm^2 \cdot h)$。有的测定光合速率的方法都没有把呼吸作用 (光、暗呼吸) 以及呼吸释放的 CO_2 被光合作用再固定等因素考虑在内，因而所测结果实际上是表观光合速率 (apparent photosynthetic rate) 或净光合速率，如把表观光合速率加上光、暗呼吸速率，便得到总光合速率 (gross photosynthetic rate) 或真光合速率 (true photosynthetic rate)。

在普通空气中和合适的温度、水分供应下测定的光饱和的净光合速率，树木叶片一般为 5 ~ 15 μmol $CO_2/(m^2 \cdot s)$，C_3 草本植物通常为 20 ~ 25μmol $CO_2/(m^2 \cdot s)$，C_4 植物大多为 30 ~ 40 μmol $CO_2/(m^2 \cdot s)$，有的还高达 67μmol $CO_2/(m^2 \cdot s)$。一种沙漠里短命的 C_3 植物 *Camissinia claviformis* 在 25 ℃时的光合速率高达 60μmol $CO_2/(m^2 \cdot s)$，而一种沙漠里短命的 C_4 植物 *Amaranthus palmeri* 在 40 ℃时光合速率高达 80 μmol $CO_2/(m^2 \cdot s)$。甚至还有报道，自然条件下的

高山植物雏菊（*Bellis perennis*）叶片的光合速率高达 147 μmol CO_2/（$m^2 \cdot s$），光和 CO_2 都饱和下的向日葵（*Helianthus annuus*）的光合速率最高达 160 μmol CO_2/（$m^2 \cdot s$）。健康而未衰老叶片的离体叶绿体光合碳固定的放氧速率，常大于 100 μmol O_2/（mg Chl · h）；离体蓝细菌（*Synechococcus vulcanus*）的 PSⅡ 复合体的光合放氧速率可以的高达 3 565 μmol O_2/（mg Chl · h），若以单位叶面积计（假定叶绿素含量为 400 mg/m^2）则为 396 μmol O_2/（$m^2 \cdot s$）。

常绿树木叶片的净光合速率比较低，是因为氮营养过量地投资于 Rubisco 和较高的叶内 CO_2 扩散阻力，过多的 Rubisco 导致光合速率低可能是由于电子传递等组分太少，以至 RuBP 再生能力太低，不能同过多的 Rubisco 的 RuBP 羧化能力相匹配。木本植物叶片光饱和的光合速率（以单位时间、单位质量叶片吸收的 CO_2 摩尔数表示）会随着树木的增高而降低，红杉树 110 m 处叶片的光合速率是 80 m 处的 28% 或 50 m 处的 16%，这可能是随着树木的增高叶片水势降低，导致气孔导度降低的缘故；但以单位面积表示的光合速率却不随树木高度的变化而变化，或许是随着树木增高叶片逐渐变小增厚的结果。

2. 气孔导度（g_s）

叶片从小到大直至结束面积扩展时，表现出对水汽和 CO_2 的最大气孔导度。气孔导度的高低主要由气孔密度、气孔大小和气孔开度来决定，气孔大小和气孔密度呈高度负相关。根据最大开放的气孔面积估算的最大气孔导度接近 1.7 mol H_2O/（$m^2 \cdot s$）；而根据叶片光合作用测定计算的水稻气孔导度值甚至可以超过 3 mol H_2O/（$m^2 \cdot s$）。在多种维管植物中，典型的气孔导度值可相差 2 个数量级，并且趋向与光合能力相关，如中生植物一般为 160~180 mmol H_2O/（$m^2 \cdot s$），而旱生植物和树木仅为 40~160 mmol H_2O m/（$m^2 \cdot s$）。

3. 胞间 CO_2 浓度（C_i）

胞间 CO_2 浓度是光合生理生态中经常用到的重要参数，特别是在分析光合作用的气孔限制时，它的变化方向是确定光合速率变化的主要原因是否为气孔因素的必不可少的判断依据。在稳定光合作用期间，C_4 植物和 C_3 植物气孔下腔或叶肉细胞间隙 CO_2 浓度分别为叶片外空气 CO_2 浓度的 30% 和 66% 左右。

C_i 的大小取决于叶片周围的 CO_2 浓度、气孔导度、叶肉导度和叶肉细胞的光合活性这 4 个因素。空气 CO_2 浓度增高、气孔导度增大和叶肉细胞的叶肉导度与光合活性降低都将导致 C_i 增高；反之则降低。当空气 CO_2 浓度和叶肉导度恒定不变时，C_i 变化是气孔导度和叶肉细胞光合活性变化的总结果。而在研究实践中，叶片光合速率与 C_i 的统计关系可能会遇到不同的情况，有的呈负相关、有的呈正相关、有的无相关，这就要求人们要具体问题具体分析，明确它说明了什么，表明了什么因果关系，而不是仅仅看统计结果的本身。

4. 气孔限制值（Ls）

气孔限制值 $Ls = 1 - C_i/C_a$，C_i 为胞间 CO_2 浓度，C_a 为叶片外空气 CO_2 浓度。通常 C_3 植物和 C_4 植物的 C_i/C_a 分别为 0.6~0.8 和 0.2~0.4，故它们的 Ls 通常分别为 0.2~0.4 和 0.6~0.8。需要指出的是，虽然 C_i 和 Ls 都是气孔限制分析的判断依据，但 C_i 是根本的和决定性的，可仅仅依据 C_i 的变化方向就可确定光合速率变化的主要是气孔因素还是非气孔因素。

5. 叶肉导度（g_m）

叶肉导度是指叶肉组织内的 CO_2 扩散导度。通常，一年生草本植物的 g_m 最大，为 0.4 mol CO_2/($m^2 \cdot s \cdot bar$)，甚至大于 1 mol CO_2/($m^2 \cdot s \cdot bar$) 且变幅很大 [0.3~1.8 mol CO_2/($m^2 \cdot s \cdot bar$)]。多年生草本和木本落叶被子植物的 g_m 低得多，为 0.2 mol CO_2/($m^2 \cdot s \cdot bar$) 左右；木本常绿植物的 g_m 最低，略高于 0.1 mol CO_2/($m^2 \cdot s \cdot bar$) 或更低。阴生叶片的 g_m 低于阳生叶片。叶片从未展开到成熟，g_m 与叶片光合能力同步增高；叶片衰老时 g_m 也降低，g_m 减少似乎是老化叶片光合早期降低的主要原因。弱光和干旱都引起 g_m 和光合速率的降低。g_m 变化的分子机制还不清楚，水通道蛋白和碳酸酐酶可能参与 g_m 变化的调节。

近 20 年来的研究表明，叶绿体内羧化部位的 CO_2 浓度（C_c）明显小于 C_i，也就是 g_m 足够小就能明显限制光合作用，并且 g_m 的变化快于气孔导度 g_s 的变化。在不同的遗传与生理背景下，g_m 与最大气孔导度、CO_2 同化能力呈正相关。通过提高气孔导度提高净光合速率会导致光合用水效率的降低，而通过提高叶肉导度提高净光合速率则会提高光合用水效率。

6. 碳同化量子效率

碳同化量子效率是指光合机构每吸收一个光量子同化几个分子 CO_2 或释放几个分子的 O_2。光合作用机制告诉我们，C_3 植物每同化 1 分子 CO_2 需要 3 个 ATP 和 2 个 NADPH，2 分子 NADPH 是通过光合电子传递链从水到 $NADP^+$ 传递 4 个电子的结果，而 4 个电子传递以电子传递链中两个光系统的反应中心叶绿素 a 分子各激发 4 次为前提。每次激发及电荷分离都需要 1 个光量子，这样每同化 1 分子 CO_2 至少需要 8 个光量子，即最大量子效率或理论量子效率为 0.125。C_4 植物的 CO_2 浓缩作用使同化 1 分子 CO_2 到丙糖需要多消耗 2 个 ATP 分子，最小量子需要从 8 增加到 12，而光呼吸作用则使 C_3 植物的最小量子需要从 8 增加到 13。

由于在碳同化时，还有氮同化、硫同化、脂肪酸合成和一些还原性物质的形成及光呼吸等消耗同化力的过程发生，再加上叶片非光合色素对光的吸收，以及经常遭受干旱、低温和高光强等环境胁迫，自然条件下植物叶片的光合量子效率往往小于其理论值；且循环光合磷酸化的加强会降低量子效率，提高 ATP/NADPH 值。Skillma 的文献分析表明，在普通空气和 25~30 ℃下测定的无逆境下的植物量子效率：C_3 植物为 0.052±0.003，C_4 植物为 0.057±0.006，CAM 植物为 0.033±0.017。如果抑制 C_3 植物的光呼吸，用密闭的氧电极系统测定可达 0.106；用开放的红外线气体分析系统测定可达 0.083。另外，C_4 植物从维管束鞘细胞向叶肉细胞的 CO_2 渗透将降低其最大量子效率，从理论值的 0.070 降至 0.063，与 0.060~0.065 的测定值一致。

7. 体内最大羧化效率（V_{cmax}）

V_{cmax} 表明体内 Rubisco 的表观羧化活性，其大小取决于 Rubisco 的数量和活化状态，也就是活化的 Rubisco 数量。即使在最适合的条件下，充分照光的健康叶片中的 Rubisco 也很少达到 100% 活化。根据对 109 种植物包括农作物、树木、杂草和沙漠植物的统计，V_{cmax} 值大小变化很大，为 6~194 $\mu mol/(m^2 \cdot s)$，另据对 127 套叶片气体交换资料的统计，V_{cmax} 值为（44.36±16.87）$\mu mol/(m^2 \cdot s)$。

8. 体内最大电子传递速率（J_{max}）

根据对 109 种植物包括农作物、树木、杂草和沙漠植物的统计，J_{max} 值为 17~372 $\mu mol/(m^2 \cdot s)$，另据对 127 套叶片气体交换资料的统计，J_{max} 值为（77.37±21.00）$\mu mol/(m^2 \cdot s)$，J_{max}/V_{cmax} 值为 1.45~1.67；这意味着现有的最大电子传递速率远远不能支持最大羧化效率，因为从理论上 J_{max}/V_{cmax} 值应当大于 4。已经有研究表明，电子传递速率与净光合速率、呼吸速率和光呼吸速率总和之比的理论值 4.5~5.0。

9. 磷酸丙糖使用（triose phosphate use, TPU）效率

在自然条件下，C_3 植物光饱和的光合速率往往受空气 CO_2 浓度（现在为 380 $\mu mol/mol$）的限制，即 CO_2 浓度不饱和时，就很少发生 TPU 限制。根据对 127 套叶片气体交换资料的统计，磷酸丙糖使用效率（V_{TPU} 值）为（4.69±1.06）$\mu mol/(m^2 \cdot s)$。

10. 同化商（assimilatory quotient, AQ）

同化商是净 CO_2 吸收与净 O_2 释放的比值。在所有的同化力都用于碳同化

时，AQ=1；而在一部分同化力用于碳同化以外的其他过程时，AQ<1。与同化商含义相同但字面表述不同的术语是光合商，即光合组织释放 O_2 速率与 CO_2 吸收速率的比值。

11. 光呼吸速率

C_3 植物叶片的光呼吸速率一般可达到净光合速率的20%~40%。光呼吸速率因植物种类和环境条件不同而不同，特别是随光强、温度的升高而升高，随 CO_2 浓度的增高而降低。C_4 植物叶片的光呼吸速率很低，往往可以忽略不计。光呼吸速率测定可采用断光后的 CO_2 淬灭法、低氧与常氧浓度下光合速率差值法、光下无 CO_2 空气中叶片的 CO_2 释放法和外推光合速率至零 CO_2 浓度法，但这些方法各有优缺点，采用时应视情况而定。

12. 呼吸速率（R_d）

根据对 127 套叶片气体交换资料的统计，暗呼吸速率 Rd 值为（1.60±0.50）μmol /（$m^2 \cdot s$）。在比较强的光下，光合组织的呼吸速率仅为碳同化速率的 5%~10%，如果以 1 d 计算，呼吸损失可达到光合碳固定的 20%~50%，主要作物的呼吸损失可达光合碳固定的 30%~60%，而植物群落内的呼吸损失可达光合碳固定的 40%~70%。

叶片呼吸速率不是恒定的，会因植物种类、叶龄和环境条件等的不同而变化。光对呼吸有抑制作用，且随干旱程度而增加，干旱条件下暗中呼吸速率比灌溉条件下低25%。CO_2 浓度对光下呼吸作用和暗中呼吸作用没有明显的影响。光下呼吸速率与暗中呼吸速率明显地正相关，光下呼吸速率还与叶片含氮量和 Rubisco 活性呈正相关。

13. 水分利用率（WUE）

C_3 植物、C_4 植物和 CAM 植物成龄叶片日平均 WUE 分别为 1~3 g CO_2/kg H_2O、2~5 g CO_2/kg H_2O 和 10~40 g CO_2/kg H_2O。在 30 万种维管植物中，有 2%~3% 是 C_4 植物，6%~7% 是 CAM 植物，其中龙舌兰的年平均 WUE 为 40 g CO_2/kg H_2O，而日平均可高达 56 g CO_2/kg H_2O。当然，植物的瞬时 WUE 要比上述值更高，C_4 植物玉米的瞬时 WUE 可达 200 H_2O/CO_2。整个 C_3 作物群体，要比照光良好的单个叶片高得多，通常为 400~2 000 H_2O/CO_2，这是因为测定的水分损失还包括土壤蒸发，并且冠层中下部叶片受光少，光合贡献小甚至无。气孔导度的增加使得蒸腾作用的提高快于光合作用的提高，将导致 WUE 降低。

14. CO_2 补偿点

CO_2 补偿点就是净光合速率为零时的 CO_2 浓度或分压，是区分 C_3 植物和 C_4

植物的一个重要指标，C_3 植物一般为 $40 \sim 60$ μmol/mol，而 C_4 植物为 $0 \sim 5$ μmol/mol，总是不大于 10 μmol/mol。CO_2 补偿点的高低不仅与光呼吸有关，还与羧化效率有关，可通过观测密闭系统中空气 CO_2 的持续下降至恒定或利用光合速率–胞间 CO_2 浓度曲线来测定。

15. 光补偿点

叶片净光合速率为零时的光强或光子通量密度（PFD）为光合作用的光补偿点，也就是光响应曲线的弱光下直线段与横轴交点的光强值，通常低于全日光强〔一般为 $2\,000$ μmol /（m² · s）〕的 1%。在 20 ℃ 和 380 μmolCO_2/mol 下，C_3 植物和 C_4 植物的光补偿点基本上是一样的，为 $6 \sim 16$ μmol /（m² · s），阴生植物和阴生叶片的光补偿点低于阳生植物和阳生叶片。

16. 碳同位素识别值 δ^{13}C

在大气中含有大约 1% 碳的重同位素 ^{13}C，它的扩散速度慢于 ^{12}C，且 Rubisco 在催化所化反应时"歧视" ^{13}C，因此可以用植物干物质的碳同位素识别值 δ^{13}C 区分植物进行光合作用的不同碳同化途径。C_3 植物的 Rubisco 歧视 ^{13}CO$_2$，故具有较负的 δ^{13}C；而 C_4 植物的 PEPC 不歧视 ^{13}CO$_2$，且维管束鞘细胞中缺乏"歧视" ^{13}C 的机会，故具有较正的 δ^{13}C。C_3 植物和 C_4 植物的值分别为 $-3.4\% \sim -2.0\%$ 和 $-1.8\% \sim -0.9\%$。

17. 光能利用率

光能利用率是指一段时间内单位地面上植物光合作用积累的有机物质所含能量占同一时间内照射在同一地面的太阳光能总量的百分数，是一个用于描述群体光合作用效率的参数。与它密切相关而又有所不同的是光能转换效率〔一个时期内一定面积土地上增加的生物质（包括根、茎、叶、花、果实和种子等作物的所有部分）所含能量与这段时间内作物接受的太阳光能总量（投射到冠层表面的量减去漏射到地面量的差值）的比值〕。群体光能利用率的高低，不仅取决于叶片本身的功能或光能转化效率，而且取决于群体结构和叶面积的大小。

C_3 作物和 C_4 作物按光合有效辐射测定计算的短期光能利用率分别为 2.9% 和 4.2%。观测到的最大光能利用率往往只有理论最大值的 1/3 左右，其原因是多方面的，除了叶面积因素外，主要是环境条件对光合作用不适宜，甚至经常遭受干旱、高温、病虫害等环境胁迫。至于这些环境条件究竟是如何影响光能利用率的，将在后面详细讲述。

（三）生物化学参数

光合作用的生物化学参数主要涉及叶片的叶绿素含量、叶绿体类囊体电子传递速率、光合磷酸化速率、RuBP 羧化速率和 RuBP 再生速率等。与前面大多通过叶片气体交换测定得到的光合生理参数学参数不同，这些参数往往是通过生物化学分析获得的。

1. 叶绿素含量

大多数植物叶片的总叶绿素（叶绿素 a 和叶绿素 b）含量一般为 5.6 mg/dm^2 或 0.5 g/m^2。水生的单细胞藻类和细胞器叶绿体的叶绿素含量，不能用单位叶面积来表示，而只能用质量百分数或单个细胞、叶绿体内叶绿素的分子数来计量，如在弱光下培养的单细胞绿藻内的叶绿素浓度最高可达鲜重的 1.7% 或干重的 5.0%。叶片绿色细胞内叶绿素也可以达到这样高的浓度。叶绿体内的叶绿素浓度是绿色细胞的 2~3 倍，占干重的 10%~15%。

除藻类细胞、叶绿体和针叶外，在文献中常见的叶绿素含量单位一般以单位叶面积或叶片鲜重两种计量，前者较为合理和实用，因为它不受叶片含水量变化的干扰，而且也便于与以单位叶面积表示的光合速率联系起来分析两者关系。如果以单位叶片鲜重表示，不仅受叶片含水量不同的干扰，而且会缩小该物质含量变化的幅度，因为计算时分母内包含该物质。如果以单位叶片干重表示，虽然避免了叶片含水量变化的干扰，可能也因为计算的分母（叶片干重）内包含该物质而缩小该物质含量变化的幅度。

叶片净光合速率的高低并不总是与叶绿素含量呈正相关。在弱光下，光合速率会随着叶绿素含量的增加而增加，存在良好的线性关系；而在饱和光强下，光合速率往往与叶绿素含量的多少无关。这可能是因为：光合作用是一个多组分参加的复杂反应过程，除叶绿素外，还有两个光系统的多种电子传递体以及催化碳固定的多种酶参与，如果仅叶绿素含量高，后面这些组分含量不高，叶片净光合速率也不会高，阴生植物叶片净光合速率不如阳生植物高就是这个道理。并且，在光合机构中，绝大多数的叶绿素是捕光色素，只有很小一部分是反应中心色素，捕光色素分子吸收的能量只有传递给反应中心色素分子，才可发挥作用。在弱光下，天线复合体大、多，叶绿素含量高，可以吸收、传递给反应中心色素分子的能量多，可以支持较高的净光合速率；但在饱和光强下，强光可以弥补天线复合体小、少，叶绿素含量低的缺陷，较少的叶绿素也可以吸收较多的光能，支持较高的净光合速率。

2. 电子传递速率

健康而尚未衰老叶片的离体叶绿体的电子传递速率往往为每小时每毫克叶绿素几百微摩尔，如菠菜叶绿体的希尔反应速率可达 400~800 μmol Fecy/（mg

Chl·h），Fecy 为人工电子递体铁氰化钾。

3. 光合磷酸化速率

菠菜叶绿体的光合磷酸化速率可达 $200 \sim 400$ μmol ATP/（mg Chl·h）。

4. 光合磷酸化效率

光合磷酸化效率至少包括 2 个概念：光合磷酸化的量子需要量和偶联效率（或磷氧比，即每形成 1 分子氧偶联形成的 ATP 分子数，ATP/O_2 或 P/O）。殷宏章等于 1961 年首次报道，在循环和非循环光合磷酸化中形成 1 分子 ATP 均需要 5.6 个光子。理论上，C_3 植物每同化 1 分子 CO_2 成丙糖需要 3 分子 ATP 和 2 分子 NADPH，这就要求 P/O 不能低于 1.5。但从非循环电子传递过程来推算，植物体内的 P/O 为 1.33 左右，实际测定值为 $0.9 \sim 1.3$，大多数为 1.0 左右，不足部分的 ATP 可能由循环电子传递偶联的循环磷酸化来补充。

5. 同化力 （F_A）

同化力描述能化状态，为磷酸化与还原势之积：

$$F_A = \left\{ [ATP] / [ADP][P_i] \right\} \times \left\{ [NADPH] / [NADP^+][H^+] \right\} = [磷酸双羟基丙酮] / [3-磷酸甘油酸]$$

可以从测定的叶绿体内（非水组分或通过代谢偶联，甚至叶片提取物）磷酸双羟基丙酮（DHAP）和 3-磷酸甘油酸（3-PGA）的浓度来计算 F_A。

6. RuBP 羧化速率

高等植物叶片每克含 $1 \sim 10$ mg Rubisco，其在叶绿体间质中的浓度可达 300 mg/mL，比活性一般为 $2.0 \sim 3.0$ mol CO_2 或 RuBP 每毫克蛋白质每分钟。在普通空气中，高等植物 Rubisco 每同化 $3 \sim 4$ 个 CO_2 分子的同时固定 1 个 O_2 分子。

7. Rubisco 的动力学参数

Rubisco 动力学参数，这些参数包括米氏常数 K_c 与 K_o、酶的最大周转速率参数 k_{catCO_2} 与 k_{catO_2} 和酶对 CO_2 的专一性参数 $S_{C/O}$。不同物种的 $S_{C/O}$ 值是不同：细菌最低（$10 \sim 20$），其次是蓝细菌（48）和绿藻（60），而高等植物最高（$80 \sim 100$）。C_3 植物不同物种的 $S_{C/O}$ 值差别很小。在同样的 CO_2 和 O_2 溶解浓度下，羧化速率是氧化速率的 $80 \sim 100$ 倍，而在气相中同样的 CO_2 和 O_2 分压下，前者是后者的 $2\,000 \sim 3\,000$ 倍。用叶片粗提取液通过可透气的塑料膜和质谱仪连接同时测定的 Rubisco 的 V_{omax}/V_{cmax}（最大氧化速率与最大羧化速率比值）和 $S_{C/O}$，小麦分别为 0.22 和 114，玉米分别为 0.11 和 108。

8. 光合单位

光合单位是指光合作用反应中心和为其提供光子的一组天线色素分子，其大小取决于和反应中心相联系的天线色素分子的多少。阴生植物的光合单位大于阳生植物，并且 PSⅡ/PSⅠ 反应中心的比例也是前者高于后者，阴生植物为 3 : 1，而阳生植物约为 2 : 1。其他相关知识在前面的"光合机构"中已有讲述。

（四）叶绿素荧光参数

叶绿素荧光参数是一组用于描述植物光合作用机理和光合生理状况的变量或常数值，反映了植物"内在性"的特点，被视为是研究植物光合作用与环境关系的内在探针。为了统一叶绿素荧光参数名称，在 1990 年召开的国际荧光研讨会上对上述的大部分参数给出了标准术语。

1. 基础参数

Fo：固定荧光或初始荧光产量，也称基础荧光，0 水平荧光，是植物经暗适应后，PSⅡ 的电子受体 QA、QB 及 PQ 库等均完全失去电子而被氧化，处于"完全开放"状态时的荧光产量，代表不参与 PSⅡ 光化学反应的光能辐射部分。通常暗适应 15 min 后测得。绝大多数学者都认为，Fo 荧光来自天线叶绿素 a。反应中心的破坏肯定会导致 Fo 增高，但 Fo 增高却未必是反应中心破坏的结果。当可以引起 Fo 变化的多种因素同时存在时，Fo 变化的方向取决于占优势的那个因素。

Ft：稳态荧光产量，有时用 Fa、Fs 表示。

Fm：暗适应下最大荧光产量，是 PSⅡ 的电子受体 Q_A、Q_B 及 Pheo 完全处于还原状态，反应中心完全关闭，不再接受光量子时的荧光产量，反映了通过 PSⅡ 的电子传递情况。通常叶片经暗适应 20 min 后测得。Fm＝Fo+Fv。

Fm′：光适应下最大荧光，在光适应状态下全部 PSⅡ 反应中心都关闭时的荧光强度，Fm 受非光化学淬灭的影响，而不受光化学淬灭的影响。

Fo′：光适应下最小荧光，在光适应状态下全部 PSⅡ 反应中心都开放时的荧光强度。为了使照光后所有的 PSⅡ 中心都迅速开放，一般在照光后和测定前应用一束远红光（波长大于 680 nm，几秒钟）照射。

Fv：可变荧光产量。是植物接受光照后，PSⅡ 被激发产生的电子经过去镁叶绿素（Pheo）传给 Q_A 将其还原，生成 Q_A^-，由于 Q_B 不能及时接受电子将 Q_A^- 氧化（$P680^* \rightarrow Pheo^-$ 需要 3 ps，$Pheo^- \rightarrow Q_A$ 需要 250~300 ps，而 $Q_A^- \rightarrow Q_B$ 需要 100~200 μs），引起 Q_A^- 大量积累，荧光迅速上升。Fv 反映了 PSⅡ 原初电子受体 Q_A 的还原情况。

Fv′：表示光下最大可变荧光强度，Fv′＝ Fm′-Fo′。

2. PSⅡ光化学效率参数

Fv/Fm：暗适应下的最大光化学量子产额，反映 PSⅡ 反应中心内的光能转换效率，或称最大 PSⅡ 的光能转换效率，叶暗适应 20 min 后测得。在正常条件下该参数变化极小，一般为 0.80~0.85，不受物种和生长条件的影响，逆境下该参数明显下降。需要指出的是，尽管在许多研究中 Fv/Fm 被用作估计 PSⅡ 热破坏的传统指标，可是已经有研究结果表明它对一些胁迫不敏感，不能准确反映 PSⅡ 的变化。

Fv/Fo：Fv/Fm 的另一种表达方式，表示 PSⅡ 的潜在活性，反映通过 PSⅡ 的电子传递情况。无胁迫环境正常情况下，该参数值为 0.82，在老化的叶片中这一比值较小，接近于 0。虽然 Fv/Fo 不是一个直接的效率指标，但是它对效率的变化很敏感，在一些情况下是表达荧光分析结果的好形式。此外，Fm/Fo 也是 Fv/Fm 的另一种表达方式。当 Fv/Fm 为 0.86~0.90 时，Fm/Fo 则相应地为 7~10。

Fo'/Fm'：有效光化学量子产量，它反映开放的 PSⅡ 反应中心原初光能捕获效率，不经过暗适应在光下可直接测得。

Fv'/Fm'：光适应下的最大量子产额，反映开放的 PSⅡ 反应中心原初光能捕获效率，叶片不经过暗适应在光下直接测得。Fv'/Fm' = （Fm'-Fo'）/Fm'。

$\Phi_{PSⅡ}$：在作用光存在时 PSⅡ 的实际光化学量子产量，它反映 PSⅡ 反应中心在部分关闭情况下的实际原初光能捕获效率，叶片不经过暗适应在光下直接测定。以（Fm'-Ft）/Fm' 或 Fv'/Fm' 表示，但由于 Fv' = （Fm'-Fo） + （Fo-Fo'），即 Fv' 中已经包含了（Fm'-Fo），（Fm'-Fo）直接反映的是 PSⅡ 反应中心的光化学淬灭情况。这个参数不仅与碳同化有关，也与光呼吸及依赖 O_2 的电子流有关。由于它是 PSⅡ 光化学反应的量子效率，所以可以用它计算非循环电子传递速率（J）及体内的总光合能力，J = $\Phi_{PSⅡ}$×PFDa×0.5，PFDa 是被吸收的光通量密度，0.5 代表光能在 2 个光系统间的分配系数。如果假设入射到叶片表面的光能平均有 84% 被叶片吸收，并且平均分配给两个光系统，则，J = $\Phi_{PSⅡ}$×PFDa×0.42。

ETR：表观光合电子传递速率，以 ［（Fm'-F）Fm'］×PFD 表示，也可写成 ETR = $\Phi_{PSⅡ}$×I×a×f，其中：I 代表光强；a 代表吸收入射光的比例，通常为 80%；f 代表能量分布比例的估计值，在 C_3 植物中常为 50%。

$T_{\frac{1}{2}}$：表示荧光曲线上升至"P"峰时所用时间的 1/2，与光合作用单位大小呈负相关。由于光合单位的大小与 PSⅡ 反应中心氧化侧的光化活性和光合放氧活性密切相关，所以，它既可以反映水裂解系统的功能又能反映 PSⅡ 中心的电子速率。

3. 荧光淬灭参数

荧光淬灭可分光化学淬灭和非光化学淬灭 2 种。光化学淬灭以光化学淬灭系数代表：$qP = (Fm'-Ft')/(Fm'-Fo')$，表示光适应下的 PSⅡ 反应中心开放的比例，正常情况下，该数值为 1.0 或小于 0.1。非光化学淬灭有两种表示方法，即 $NPQ=Fm/Fm'-1$ 或 $qN=1-(Fm'-Fo')/(Fm-Fo)$，长势良好的植物中，该参数值为 6，多数植物的 NPQ 小于 6。由于前者可变换为 $NPQ = (Fm-Fm')/Fm'$，Fm-Fm′ 反应的是荧光的非光化学淬灭部分，而后者可变为 $qN = 1-Fv'/Fv = (Fv-Fv')/Fv$，Fv-Fv′ 部分除包括非光化学淬灭外，还去掉了 Fo-Fo′，所以 Fv-Fv′ 不能更准确地反映荧光的非光化学淬灭部分，与 qN 相比，NPQ 能更准确地反映无性系的非光化学淬灭的情况。

Fmr：指可恢复的最大荧光产量，以 $1-qP/qN$ 或 $(Fm-Fmr)/Fmr$ 表示。在实际应用中，当植物间差别很大时，以 $(Fm-Fmr)/Fmr$ 表示，反映不可逆的非光化学淬灭产率，即发生光抑制的可能程度；而亲缘关系很近的植物间，则以 $(1-qP/qN)$ 表示。

4. 低温荧光参数

在光合机构的状态转换和 PSⅡ 主要外周天线 LHCⅡ 与 PSⅡ 反应中心复合体的结合状况中，经常用低温（77K）荧光参数是 F_{685}、F_{735} 和它们的比值 F_{685}/F_{735} 来衡量。低温荧光发射光谱反映的是能量在 PSⅡ 和 PSⅠ 间的分配特性，一般在 PSⅡ（F_{685}，F_{696}）和 PSⅠ（F_{735}）处出现 2 组发射峰，它们分别来自 LHCⅡ、PSⅡ 色素蛋白复合体和 PSⅠ 色素蛋白复合体，F_{686}/F_{734} 的值表明激发能在 PSⅡ 和 PSⅠ 间的能量分配和传递情况。LHCⅡ 从 PSⅡ 核心复合体脱离会导致 F_{685} 和 F_{685}/F_{735} 的降低，而 LHCⅡ 与 PSⅠ 反应中心复合体的结合会导致 F_{735} 的增高和 F_{685}/F_{735} 的降低。

二、光合研究测定技术

叶片光合作用的一个突出特点是对植物体自身生理状态和外界环境条件的变化高度敏感，这决定了测定方法的复杂性、多样性和灵活性，也决定了测定结果的多变性及解释这些结果是必须明确植物状态、测定条件、环境条件，研究者的背景知识与研究经验也非常重要。因此，在光合测定中应特别注意一些问题，如测定时间的选择、待测叶片的挑取、测定结果的现场检验、环境条件的记录、观测样本的确定和测定假象的排除等。

（一）气体交换测定

进行光合作用研究，无论是生物化学机制研究，还是生理调节规律、生态适应研究，往往要涉及光合速率的测定。植物光合速率的测定方法大体有两类：气体交换测定和干物质积累测定。适合于干物质积累测定的主要有改良半叶法，在用沸水环割或刀片环割叶柄韧皮部以阻断叶片的光合产物输出后，让叶片进行一段时间光合作用，然后测定叶片干重的增加。这个方法简便，不需要特殊的仪器设备，而且可以真实直观地反映田间自然条件下的光合作用状况，缺点是需要较长时间（几个小时）才能得到以单位时间单位叶面积干重增加量表示的光合速率值，不能进行迅速而连续的测定。所以，光合速率测定的最常用的办法还是气体交换测定。气体交换测定又分为 CO_2 吸收测定和 O_2 释放测定 2 种。

1. CO_2 吸收

CO_2 吸收测定既是光合作用研究中最古老的方法，又是一个最现代的方法。用于 CO_2 吸收测定的方法有多种：过去主要有利用碱性物质吸收 CO_2 特性的质量分析法、化学滴定法、电测量法和压力测量法等。其中，利用碱性物质吸收 CO_2 来测定光合作用的方法早在 19 世纪末就采用了，而于 20 世纪 30 年代出现的 CO_2 红外气体分析装置，可能是诸多 CO_2 吸收测定方法中最灵敏而快捷的，堪称现代光合气体分析系统的始祖。

CO_2 红外分析仪的基本原理是 CO_2 可以吸收特定波段的红外辐射。CO_2 分子吸收红外辐射的主峰在 4.25 μm，3 个次要吸收峰分别在 2.66 μm、2.77 μm 和 14.99 μm。在空气中 N_2 和 O_2 等由同类原子组成的气体分子不能吸收红外辐射，所以不会对由不同种类原子组成的 CO_2 浓度测定产生干扰，而空气中的水分子也是由不同种类原子组成的，也可吸收红外辐射，且吸收的波段（2.70 μm）与 CO_2 分子存在重叠，加之空气中的水汽浓度常常比 CO_2 浓度高得多，因此对 CO_2 浓度测定产生严重干扰。因此，必须在测定前将待测定的空气去湿，或者从用于检测的红外辐射中过滤去掉 2 种气体都吸收的那部分辐射。近年出产的一些光合分析仪大多采用后一种方法。CO_2 对红外辐射的吸收遵循兰伯特·比尔（Lambert-Beer）定律，红外辐射通过含 CO_2 的被检测气体后减少的幅度大小取决于气体中 CO_2 摩尔浓度的高低。

在光合作用研究中，CO_2 吸收测定历来都发挥不可替代的重要作用。例如，Calvin 及其同事在 20 世纪四五十年代揭示植物光合作用碳同化途径的过程中，不仅使用了当时的新技术放射性自显影和纸层析，而且还使用了 CO_2、O_2 气体交换测定技术，利用 CO_2 分析仪、O_2 分析仪测定实验过程中的光合速率和呼吸速率。即使在光合作用研究已经深入到分子水平的 21 世纪，光合作用 CO_2 吸收测定也是不可或缺的重要实验技术。例如，旨在提高作物光合潜力的转基因植物的光合效率是否改善了，往往要通过 CO_2 吸收测定叶片光合速率来检验。

2. O_2 释放

O_2 是光合作用的重要产物。O_2 的释放测定也是光合作用研究的一个重要手段，因研究目的和所用设备不同，有多种不同的测定方法。最早的光合氧释放测定始于 19 世纪的下半叶，使用粗放的气泡计数法。19 世纪 70 年代末出现了基于血红蛋白转变为氧合血红蛋白反应的测氧方法，希尔反应的发现就是采用这个方法。20 世纪初 Warburg 发明了瓦氏检压法。20 世纪 30 年代末，极谱测定法被用于测定小球藻的光合作用量子效率，导致了光合作用中水分子氧化裂解反应顺序的阐明。在极谱分析中，根据研究对象和目的不同，可选择不同的电极，最常用的 Clark 电极，这种电极既能用于测定溶液中的氧，也能用于测定气相中的氧。随着现代科技的发展，逐渐产生了光声光谱学技术（photoacoustic spectroscopy）、质谱测量技术（mass spectrometry，尤其是时间分辨的膜入口质谱测量）和电子顺磁共振氧测量（EPR oximetry）。这些方法中，极谱法设备比较便宜，容易购置，仍然是一个进行创造性试验所需的手段；光声光谱学技术具有广泛的用途，不仅适合生理研究，而且可以用于机制的探讨；质谱测量则是揭示光合生物体内氧释放与氧消耗相互作用的不可缺少的手段；而 EPR 氧测量在光合作用研究中的应用尚处于探索阶段。

（二）电子显微镜

电子显微镜是蛋白质和膜结构研究中应用最广泛的仪器。光学显微镜分辨能力是 2 000 Å，而现在的电子显微镜的分辨能力大约为 2 Å，足以在原子水平上解析蛋白质分子的结构。如通过电子显微镜图像分析，获得了蓝细菌 PS I 三聚体的第一个图像、PS II 捕光叶绿素蛋白复合体（LHC II）的三维结构、高等植物和绿藻 PS I 外围天线复合体结构排列的精细结构和 ATP 合酶的结构等。

（三）同位素示踪法

稳定同位素 ^2H、^{13}C 和 ^{18}O 与放射性核素 ^3H、^{11}C 和 ^{14}C 等示踪技术，主要用于解决光合作用化学中的一些质的问题。利用这一技术或与其他技术相结合，人们揭示了光合碳还原循环（1961 年 M. Calvin 荣获诺贝尔化学奖）、证明了光合作用中氧的释放来源于水的裂解等。另外，在光合磷酸化研究中使用放射性同位素 ^{32}P、在 PS II 核心组分 D_1 蛋白等的研究中使用反射性同位素 ^{35}S，也都提供了同位素示踪法用于光合作用研究的成功范例。

（四）X 射线衍射分析

X 射线衍射结构分析（X-ray diffraction structure analysis）或蛋白质结晶学（protein crystallography）是利用单纯的蛋白质结晶的 X 射线衍射确定蛋白质结构即蛋白质分子内原子排列的一种重要方法。所获得结构，分辨能力 1.8 Å 是出色的，2.5 Å 是高的，而 5~6 Å 是低的。X 射线衍射分析方法在揭示光合结构精密分子结构方面显示了巨大的威力，德国科学家 Deisenhofer 等利用该技术阐明紫细菌光合反应中心的三维结构获得 1988 年诺贝尔化学奖，还有大肠杆菌 FoF1-ATP 合酶 ε-亚单位晶体分辨率为 2.3 Å 的三维结构、分辨率为 2.72 Å 的菠菜捕光天线复合体 LCHII、分辨率为 3.0~3.5 Å 的蓝细菌光合放氧中心结构、分辨率为 3.0 Å 的蓝细菌 PS II 和分辨率为 3.4 Å 的植物 PS I 的超分子复合体的立体结构。

（五）光学光谱学

光学光谱学技术可检测物质与紫外、可见光和红外光区域电磁辐射的相互作用。根据物质对电磁辐射的吸收、发射和散射，光谱分析可相应地分为吸收光谱学（吸收差示光谱学和超快时间分辨吸收光谱）、发射光谱学（涉及荧光和磷光）和散射光谱学（涉及 Raman 光谱分析）。光学光谱技术在光合作用研究领域获得广泛的应用，用于研究原初光化学反应，鉴定了光合作用反应中心原初电子供体 P870、P700 和 P680 以及它们的功能状态和非功能状态。吸收光谱学用于测定色素浓度或含量和色素的化学计量，最普遍使用的仪器是紫外/可见光分光光度计；旋光分光计可用于探讨生物大分子的次级结构、分析色素—蛋白质复合体中色素分子间的激子偶联或色素分子相对于类囊体膜的取向。吸收差示光谱发现了 PS I 的电子受体 P430（FeS-A/B）、观察 P680 的氧化、鉴定 PS II 的次级电子供体和研究光诱导的 PS II 核心复合体的功能状态。发射光谱学主要涉及叶绿素荧光、延迟荧光和热释光 3 种。叶绿素荧光（chlorophyll fluorescence）分析具有观测手续简便、获得结果迅速、反应灵敏，可以定量、对植物无破坏和干扰少等特点，可用于叶绿体和叶片，也可以遥感于群体和群落，它既是室内光和基础研究的先进工具，也是室外自然条件下诊断植物体内光合机构状况和分析植物对逆境响应机制的重要方法。现在人们可以通过叶绿素荧光分析估算量子效率、光合能力、光合电子传递速率、胞间 CO_2 浓度等，并试图利用荧光参数快速筛选遗传变异的植物。叶绿体延迟荧光（delayed luminescence 或 delayed fluorescence，delayed light emission）于 1951 年被 Strehler B L 和 Arnold W 发现，这种光发射主要源于 PS II，取决于 PS II 反应中心的数目和逆反应的速率，而这些反过来又受膜电位和 pH 梯度的影响，为光合作用中存在两个相互联系的色素系统和光反应提供了证据。热释光（热致发光，thermoluminescence）是指样品在较低温度下照光一段时间后，随着温度逐渐增高而发射的光，存在于高等植物叶片与叶绿体、藻与蓝细菌的反应中心复合体以及光合细菌中，于 1957 年由 W. Arnold 和 H. Sherwood、G. Tollin 和 M. Calvin 分别独立发现；热释光光谱学是一种研究 PS II 电子传递反应的技术，可用于研究 PS II 氧化侧各种电子载体的氧化还原特性（S 态转换、锰及无机辅助因子的作用）和次级电子供体 Y_Z、Y_D 的作用，以及 PS II 还原侧的次级醌受体及除草剂，还可估计过量激发能的反应中心淬灭等。

（六）磁共振光谱学

任何时间分辨的提高都伴随光谱分辨的降低，一直难以揭示研究对象的超精细结构。磁共振光谱学技术有可能提供较高的光谱分辨能力，电子顺磁共振为 kHz，核磁共振（NMR）则小于 1 Hz。不过，其时间分辨能力比较低，时间分辨的电子顺磁共振（TREPR）的时间分辨范围为 50~100 ns。TREPR 光谱学主要用于研究光合作用的原初反应和探讨放氧复合体的水氧化机制。使用核磁共振光谱技术已经揭示了从大肠杆菌 ATP 合酶分离的 ε 单位和 δ 单位的三级结构。幻角自旋 NMR 是一项从固体获得高分辨 NMR 资料的技术，利用这项技术可在原子水平上探讨类胡萝卜素分子中第 15–15′双键附近的特殊构型，还可以利用这项技术去研究反应中心结构–功能特性及光化学能量转换的分子机制和放氧复合体的水氧化裂解机制。

（七）色谱分析

色谱法又名层析法，是将多组分混合物中的物质分离与分析的一种化学方法，包括吸附色谱法和分配色谱法。1901 年俄国植物学家 Tswett M S 创立了色谱法，20 世纪 40 年代通过双向纸层析技术阐明了光合碳同化途径；后来学者发展出液相色谱法和气相色谱法，20 世纪 60 年代末形成高效液相色谱（HPLC）。20 世纪 80 年代末期以来，经常利用 HPLC 分析叶片中色素组分的变化，不断扩展人们对植物光破坏防御中依赖叶黄素循环的能量耗散机制的认识。

（八）电泳分析

所谓电泳，就是带电荷的胶体颗粒在电场中的移动，有移动界面电泳、区带电泳和稳态电泳 3 种不同的电泳分离系统。现在光合作用研究中最常用的是以聚丙烯酰胺凝胶为支持介质的区带电泳（PAGE），这种技术已经被广泛地用于光合作用研究，如研究激发能的热耗散或非化学淬灭、类囊体状态转换、类囊体蛋白激酶、PSⅡ捕光复合体 LHC Ⅱ、光合作用的捕光调节、光合电子传递调节蛋白和类囊体蛋白磷酸化等。总之，凡是涉及酶、调节蛋白、逆境蛋白和色素蛋白复合体等种类、含量和特性及状态变化的研究，几乎都可采用蛋白质电泳技术。

（九）分子生物学技术

迅猛发展的分子生物学技术，不仅是揭示光合作用调节控制机制的有效工具，使人们对许多过去令人困惑问题的研究深入到分子水平；而且是按照人们的需要和意愿改造植物的强有力的武器，不断有转基因的新物种被创造出来。用于光合作用研究的分子生物学技术是多种多样的，如鉴定突变的基因，确定突变基因及其所编码蛋白质或酶的功能；通过基因突变或基因敲除、基因沉默、反义技术和 RNA 干扰技术使有关基因不表达或少表达，探讨该基因及其编码蛋白质或酶的功能；通过让特定基因的过量表达，探讨其编码酶或蛋白质的功能，或者改善作物的性状；通过定点突变而改变其编码蛋白质或酶的氨基酸组成，揭示其活性或催化部位；通过引入其他物种编码光合作用关键酶的基因来提高光合作用潜力，创造出具有高光合作用效率的作物新品系的可能途径。

（十）数学模拟

由于使用数学模型可以进行数量巨大的运算，模拟数量繁多的实验，特别是具有可贵的预见性，数学模型可以解决普遍的计算和实验无法解决的问题，理所当然地成为光合作用研究的一种强有力的工具。始于 20 世纪 80 年代并逐步完善的叶片光合作用的稳态生物化学模型把光合作用的生物化学特性和光合速率联系起来，深化了人们对叶片光合作用的理解。一些学者应用光合碳还原循环的动态模型所作的控制分析已经鉴定了几种具有高物流控制系数的酶，并提出增加这些酶的数量可以提高最大光合速率。朱新广等扩展了现存的 C_3 植物光合作用的代谢模型，发展出包括光呼吸和淀粉、蔗糖合成的完全的光合碳代谢动态模型。最近的计算模拟研究提供了与大量实验结果一致而在化学上又能让人满意的放氧复合体水裂解模型——量子力学/分子力学模型。

复习思考题

1. 表征植物光合作用的形态学参数有哪些？
2. 表征植物光合作用的生理学参数有哪些？
3. 表征植物光合作用的生物化学参数有哪些？
4. 表征植物光合作用的叶绿素荧光参数有哪些？
5. 目前常用的光合作用研究技术有哪些？

6. 根据研究目的, 举例论述如何选择适合的光合参数?

主要参考文献

程建峰, 2014. 光合作用研究述评——沈允钢院士论光合作用 [M]. 上海: 上海科学技术出版社.

沈允钢, 施教耐, 许大全, 1998. 动态光合作用 [M]. 北京: 科学出版社.

许大全, 2002. 光合作用效率 [M]. 上海: 上海科学技术出版社.

许大全, 2013. 光合作用学 [M]. 北京: 科学出版社.

中国科学院上海植物生理研究所, 上海市植物生理学会, 1999. 现代植物生理学实验指南 [M]. 北京: 科学出版社.

朱新广, 许大全, 2021. 光合作用研究技术 [M]. 上海: 上海科学技术出版社.

第9章　植物次生代谢

一、植物初生代谢和次生代谢

（一）植物初生代谢及产物

植物代谢可分为初生代谢（primary metabolism）和次生代谢（secondary metabolism）。初生代谢对植物生命活动至关重要，与光合作用和呼吸作用密切相连，主要是糖类、脂肪、核酸和蛋白质等有机物质的代谢。植物初生代谢是指植物细胞中共有的糖类、脂肪、核酸和蛋白质等有机物质的代谢过程，与植物的生长发育和繁殖直接相关，是植物获得能量的代谢，为植物的生存、生长、发育和繁殖提供能源和中间代谢产物；其代谢途径中的物质称为初生代谢物（primary metabolite），是维持植物生命活动所必需的。

三碳循环、糖酵解、三羧酸循环和磷酸戊糖途径是植物代谢的主干（图9.1），筑起了生命活动的舞台，是各种有机物代谢的基础，这个主干的来源于光合作用，形成蔗糖和淀粉；通过呼吸作用，分解糖类，产生中间产物，进一步为脂肪、核酸和蛋白质的合成提供底物。糖类和脂肪可以相互转变，脂肪降解过程中所形成的甘油经脱氢氧化形成磷酸丙糖，再逆糖酵解转变为蔗糖或经丙酮酸进入三羧酸循环彻底氧化分解；脂肪降解过程中产生的脂肪酸则经 β-氧化反复形成乙酰 CoA，再参与乙醛酸循环体、三羧酸循环和葡萄糖异生途径（gluconeogenic pathway）转变成糖类。核酸中的核苷酸来源于磷酸戊糖途径的中间产物核酮糖-5-磷酸，碱基则由氨基酸及其代谢产物组成。呼吸代谢中的有机酮酸通过加氨作用，形成"领头"氨基酸（head amino acid）——谷氨酸和天冬氨酸，再在转氨酶催化下通过转氨作用以及其他转化作用形成各种各样的氨基酸，进而合成各种蛋白质。

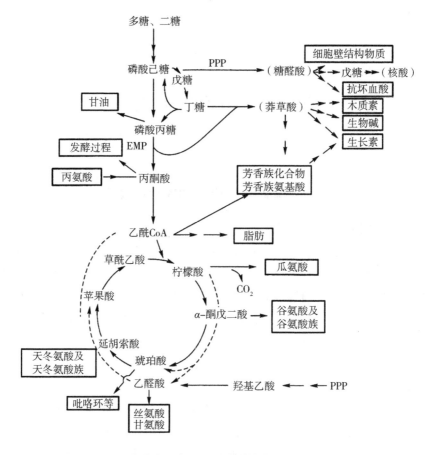

图 9.1　植物体内主要有机物质代谢的关系（薛应龙，1987）

（二）植物次生代谢

1. 植物次生代谢

植物次生代谢（secondary metabolism）是相对于初级代谢而言的，其概念最早于 1891 年由 Kossel 明确提出，是指在特定条件下，植物以一些重要的初级代谢产物（如乙酰 CoA、丙二酸单酰 CoA、莽草酸及糖、脂肪、核酸和一些氨基酸等）作为原料或前体，经过一系列酶促反应转化为结构更复杂和功能更特殊的一些化合物的代谢过程，如萜类、酚类和生物碱等。合成这些化合物称之次生代谢物（secondary metabolite）或天然产物（natural product）。过去往往认为次生代谢物质不是细胞生命活动必需的，而事实上，次生代谢是植物长期演化过程中产生的，次生代谢物不仅可作为药物、香料和工业原料，且对植物的生长、繁衍和适应等生理过程都具有重要的作用。次生代谢物的产生和分布往往局限在某一个或分类学上的相近的几个植物种类，而初生代谢物则存在于所有植物中。

2. 植物次生代谢物概述

（1）主要次生代谢产物。植物次生代谢产物种类繁多，结构迥异，包括酚类、黄酮类、香豆素、木质素、生物碱、糖苷、萜类、甾类、皂苷、多炔类和有机酸等，估计有5万~20万种。根据其化学结构和性质，一般可分为萜类（terpene）、酚类（phenol）和含氮次生代谢产物（nitrogen-containing secondary compounds）；每一大类的已知化合物都有数千种甚至数万种。它们具有种、属、器官、组织和生长发育时期的特异性。有些次生代谢物质为植物所共有，且为生长发育所必需；有些次生代谢物质在植物生命活动中没有明显的或直接的生理生化作用，即至今人们对绝大多数次生代谢物质在植物生长发育过程中是否起作用、起哪些作用和如何起作用的都尚不清楚。

（2）主要次生代谢物的生物合成。植物次生代谢物的种类繁多，化学结构多种多样，但它们的生物合成过程主要有莽草酸、丙二酸、甲羟戊酸及甲基赤藓醇磷酸等主要途径，如图9.2所示。萜烯类化合物是从乙酰CoA或糖酵解产物合成而来；酚类化合物是莽草酸途径（shikimic acid pathway）或甲瓦龙酸途径合成的芳香族化合物；含氮次生代谢物如生物碱主要是从氨基酸合成而来。

若从生源发生的角度看（图9.3），次生代谢物可大致归并为异戊二烯类、芳香族化合物、生物碱和其他化合物几类。异戊二烯类的合成有2条重要途径，其一是经由TCA途径和脂肪酸代谢的重要产物乙酰CoA出发，经甲羟戊酸产生异戊二烯类合成的重要底物异戊烯基焦磷酸（IPP）和其异构体二甲基丙烯基焦磷酸（DMAPP）；其二是由PPP途径产生的甘油醛-3-磷酸经过3-磷酸甘油醛/去氧木酮糖磷酸还原途径产生IPP和DMAPP，然后由IPP和DMAPP生成各类产物，包括萜类、甾类、赤霉素、脱落酸、类固醇、胡萝卜素、鲨烯、叶绿素和橡胶等。芳香族化合物是由PPP途径生成的4-磷酸赤藓糖与糖酵解产生的PEP缩合形成7-磷酸庚酮糖，经过一系列转化进入莽草酸和分支酸途径合成酪氨酸、苯丙氨酸和色氨酸等，最后生成芳香族代谢物如黄酮类、香豆酸、肉桂酸、松柏醇、木脂素、木质素、芥子油苷等。生物碱类的合成也有2条重要途径，其一是由TCA途径合成氨基酸后再转化成托品烷、吡咯烷和哌啶类；其二是由莽草酸途径经由分支酸产生的预苯酸和邻氨基苯甲酸产生的酪氨酸、苯丙氨酸和色氨酸产生的异喹啉类和吲哚类。一些含氮的β-内酰胺类抗生素、杆菌肽和毒素等也是通过氨基酸合成。其他类主要是由糖和糖的衍生物衍生而来的代谢物，通过磷

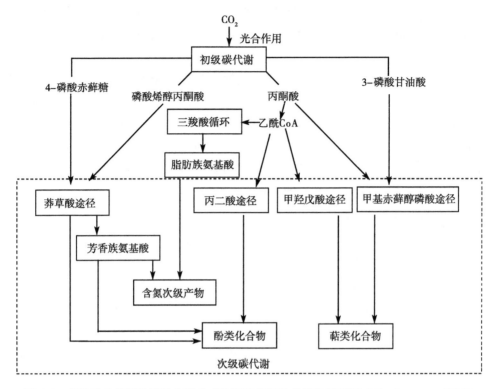

图9.2　植物次生代谢物质的主要合成途径及与初生代谢物的联系（Gershenzon，2002）

酸己糖衍生的有糖苷、寡糖和多糖等。

　　植物次生代谢物的合成途径以不同类别的次生代谢物合成为单位的形式存在。不同单位分布在植物不同的器官、组织、细胞或细胞内不同的细胞器内，不同单位可能分布在不同的染色体上，它们受发育进程的调控，分别在不同发育阶段启动，也可受不同的诱发因子作用而启动。特定单位的启动及其相关的特定次生代谢产物的合成由单位中的关键酶的表达来决定，而合成量则取决于限速酶的表达情况。其中的关键酶或限速酶往往是多基因家族编码的同功酶中的特定成员，负责特定次生代谢产物的合成。单位内的有关酶可以多酶复合体的形式存在于细胞内的有关部位并可协同表达，单位内的多个酶活性的协同提高，可显著地提高次生代谢产物的量。

　　（3）植物初生代谢与次生代谢的关系。植物初生代谢通过光合作用和三羧酸循环等途径，为次生代谢提供能量和一些小分子化合物原料。次生代谢也会对初生代谢产生影响。但是初生代谢与次生代谢也有区别，前者在植物生命过程中

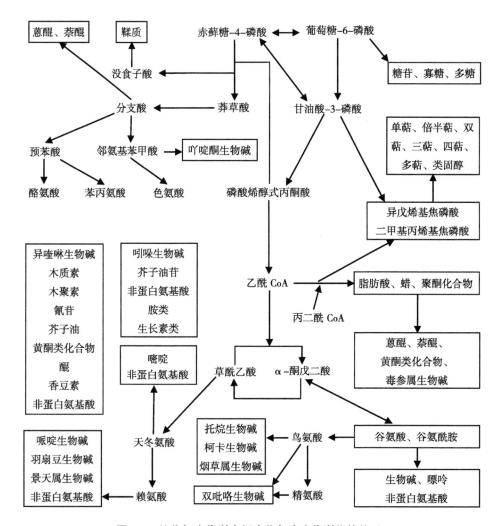

图9.3　植物初生代谢中间产物与次生代谢物的关系

始终都在发生，而后者往往发生在生命过程中的某一阶段。初生代谢与植物的生长发育和繁衍直接相关，为植物的生存、生长、发育和繁殖提供能源与中间产物。植物通过光合作用将 CO_2 和 H_2O 合成为糖类，进一步通过不同的途径，产生 ATP、NADH、丙酮酸、PEP、4-磷酸-赤藓糖和核糖等维持植物肌体生命活动不可缺少的物质。PEP 与 4-磷酸-赤藓糖可进一步合成莽草酸（植物次生代谢的起始物），而丙酮酸经过氢化、脱羧后生成乙酰 CoA（植物次生代谢的起始物），再进入 TCA 中，生成一系列的有机酸及丙二酸单酰 CoA 等，并通过固氮反应得到一系列的氨基酸（合成含氮化合物的底物），这些过程为初生代谢过程。在特定的条件下，一些重要的初生代谢产物，如乙酰 CoA、丙二酰 CoA、莽草酸及一些氨基酸等作为原料或前体（底物），又进一步进行不同的次生代谢过程，产生酚类（如黄酮类）、异戊二烯类（如萜类）和含氮化合物（如生物碱）等。

从生物合成途径看，次生代谢是从几个主要分支点与初生代谢相连接，初生代谢的一些关键产物是次生代谢的起始物。如乙酰 CoA 是初生代谢的一个重要"代谢枢纽"，在三羧酸循环、脂肪代谢和能量代谢上占有重要地位，它又是次生代谢产物黄酮类化合物、萜类化合物和生物碱等的起始物。很显然，乙酰 CoA 会在一定程度上相互独立地调节次生代谢和初生代谢，同时又将整合了的糖代谢和三羧酸循环结合起来。

初生代谢物和次生代谢物不能简单地通过前体分子、化学结构或生物合成起始分子区别开来。比如，初生和次生代谢物都在双萜（C_{20}）和三萜（C_{30}）化合物中出现。在双萜化合物中，异贝壳杉烯酸和松香酸都是由一系列很相似的相关酶反应合成；前者是赤霉素（一种植物激素）合成中的重要中间产物；而后者是一种树脂组分，主要存在豆科和松科植物中。相似的情况是，必需氨基酸——脯氨酸属于初生代谢物，而人们认为 C_6 类似物六氢吡啶酸是一种生物碱，因而也是天然产物。木质素是木材的必需结构多聚体，它是植物中仅次于纤维素的含量第二丰富的有机物质；即使是木质素，人们也认为它是天然产物，而不是初生代谢物。尽管缺乏合理的结构或生化的分类标准，我们还是可以根据功能定义来区分：初生代谢物参与植物内营养和必需代谢过程，天然（次生）产物影响植物和环境之间的相互作用。

二、植物主要次生代谢物简介

（一）萜类化合物

1. 种类

萜类化合物（terpenoids）或类萜（terpenoid）是植物界中广泛存在的一类次生代谢产物，是一类以五碳的异戊二烯（isoprene）为结构单元组成的化合物的统称，一般不溶于水。根据这些萜类的结构骨架中包含的异戊二烯单元的数量可分为单萜（monoterpenoid）、倍半萜（sesquiterpenoid）、二萜（diterpeniod）、三萜（triterpenoid）、四萜（tetraterpene）和多萜（polyterpene）等。在植物细胞中，相对分子量较低的萜是挥发油，相对分子量较高的就成为树脂、胡萝卜素等较复杂的化合物，更大相对分子量的萜则形成橡胶等高分子化合物。目前在植物中已发现了数千种萜类化合物，常见萜类见图9.4，种类及存在形式见表9.1。

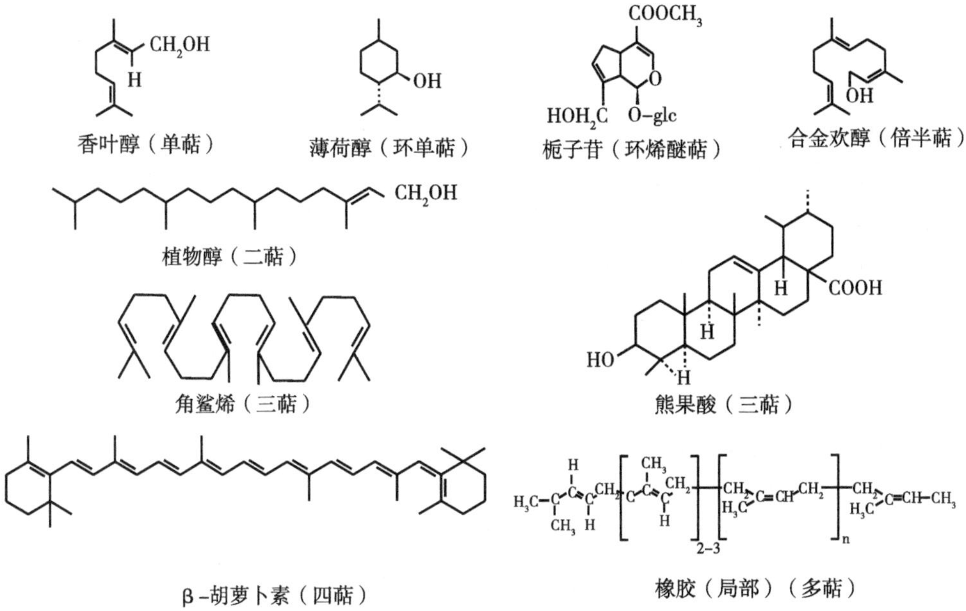

图9.4　常见萜类化合物的结构（潘瑞炽等，2012）

表9.1　萜类化合物的分类及存在形式（匡海学，2011）

类别	碳原子数	异戊二烯单位数	存在形式
半萜	5	1	植物叶
单萜	10	2	挥发油（芎烯、沉香醇、樟脑、侧柏醇、除虫菊酯等）
倍半萜	15	3	挥发油（法尼醇、姜烯、β-丁香烯、桉叶醇、薄荷醇、棉酚等）
二萜	20	4	树脂、苦味素、植物醇、叶绿素、赤霉素、冷杉酸
二倍半萜	25	5	海绵、植物病菌、昆虫代谢物
三萜	30	6	角鲨烯、皂苷、树脂、植物乳汁
四萜	40	8	胡萝卜素、叶黄素
多萜	>40	>8	橡胶、硬橡胶、杜仲胶

最小的萜类只含有一个异戊二烯单位，称为半萜（hemiterpene），最著名的半萜就是异戊二烯自身，它是从光合作用活跃的组织中释放出的一种挥发性物质。异戊二烯合酶在很多 C_3 植物的叶片质体中存在，但是异戊二烯这种光依赖

型产物的代谢原理仍不清楚（随着温度升高，产量增加）。据推测，每片叶子释放的异戊二烯量是非常巨大的，这种气体是由 NO_x 自由基诱导产生的热带臭氧层形成的主要还原基团。

单萜虽然含有两个异戊二烯单位，但仍称为单萜，因为人们在 19 世纪 50 年代从松节油中第一次分离到了这种萜类，人们把它们认定为命名系统的基本单位。单萜最广为认知的用途，是作为花中的挥发性香精和草类与香料中的精油，它们可占到植物干重的 5%。通过蒸馏或提取分离的方法可以分离到单萜，它们在调味品和香料方面有着重要的工业用途。

倍半萜和单萜一样，很多存在于精油中。另外，众多的倍半萜可以作为植物抗毒素、植物抵御微生物产生的抗生素分子，以及作为防止草食性动物取食的阻食剂，尽管植物激素——脱落酸在结构上是倍半萜分子，但它们的 C_{15} 前体——xanthoxin 并不是由 3 个异戊二烯单位直接合成的，而是通过一个 C_{40} 的类胡萝卜素不对称切割而成。

双萜包括叶绿醇（叶绿素的亲水侧链）、赤霉素激素、松柏类和豆科的树脂酸、植物抗毒素和一些在药理学上很重要的代谢物，紫杉醇——在红豆杉树皮中发现的一种低浓度（0.01%）抗癌剂，以及毛喉素——一种用来治疗青光眼的化合物。有些赤霉素只含有 19 个碳原子，人们认为是降二萜类，因为在代谢剪切反应中失去了一个碳原子。

三萜包括类固醇（甾醇）、膜组分植物醇、某些植物抗毒素、各种毒素和阻食剂，以及表面蜡质的组分（如葡萄的齐墩果醇酸）。除细菌外，所有生物的细胞膜内都有游离的甾醇存在。细胞膜内的甾醇起着增强膜结构稳定性的作用，这也是甾醇的主要生物功能之一。但是甾醇糖苷或甾醇酯类在膜中不存在，它们的功能目前尚不清楚。甾醇类化合物在植物的防御功能上还具有重要意义，例如，强心苷（cardiac glycoside）是一种甾醇衍生物，动物采食后可以导致心脏病发作，但在医疗中被用作强心剂，在心脏衰竭时增加心脏搏动力量和降低心率。洋地黄毒苷（digoxin）和异羟基毛地黄毒苷（digoxin，也称地高辛）是对人类意义重大的甾醇化合物，它们是从洋地黄属植物及其他植物中提取的，其中毛洋地黄苷（digilanide）在古代就被用来做箭毒，毒性主要是因为它们能抑制心肌内的 Na^+-K^+ ATPase 的活性；地高辛可作为强心剂，治疗由于高血压和动脉硬化导致的心脏衰竭，是心脏病人的常规用药。植物甾醇类化合物也是许多动物激素的合成前体，包括雌激素孕酮和某些昆虫的蜕皮激素（ecdysone）。油菜素内酯（brassinolide）是对植物生长发育十分重要的甾醇，1998 年被正式确认为甾类植物激素。油菜素内酯和某种昆虫的蜕皮激素结构完全相同。

大多数四萜是类胡萝卜素的辅助色素，在光合作用中起重要作用。类胡萝卜素（carotenoid）广泛分布在植物的各种器官内，存在于细胞内的有色质体（chromoplast）中，呈黄色、橙色或红色。类胡萝卜素有 2 种类型，一类是胡萝卜素（carotene），只含碳氢两种元素；另一类是叶黄素（xanthophyll），分子中含有 2~4 个氧原子，都是由 8 个异戊二烯单元构成的具有 40 碳的分子，均不溶于水，易溶于有机溶剂。自然界中存在有 400 余种类胡萝卜素，但在某一特定植物中往往只有几种存在，如 β-胡萝卜素是高等植物中含量最丰富的一种类胡萝卜素，番茄红素（lycopene）是赋予番茄红色的物质，α-叶黄素是所有植物叶片中含量最丰富的叶黄素。

多萜含有的异戊二烯单位多于 8 个，包括异戊二烯化的醌类电子载体（质体醌和泛醌），参与糖转运反应的长链聚戊二醇（如多萜醇），以及巨大的长链聚合体（如乳胶中的橡胶）。

杂萜（meroterpene）是指那些以萜类衍生物作为多种生物合成的起始分子的天然产物，如细胞分裂素和苯丙烷化合物分子都含有 C_5 异戊二烯侧链。某些生物碱，包括抗癌药物长春花新碱和长春花碱，它们的结构中都含有异戊二烯片段。

2. 生物合成

植物萜类合成在组织、细胞、亚细胞及基因水平上存在复杂性。大量萜类天然产物的产生、积累、释放或分泌，经常与解剖学上高度特异性有关，腺毛、叶片的分泌腔以及花瓣的腺表皮可以产生、储存或释放一些萜类精油，吸引昆虫来授粉。松柏植物的树脂和疱瘿可产生和积累保护性的树脂，如松节油（单萜链烯）和松香（二萜树脂酸），表面的三萜蜡质由特化的表皮产生并分泌，乳汁管产生某些三萜和多萜（如橡胶）。更基础（可能更普遍）的萜类代谢特征存在于亚细胞水平，倍半萜、三萜和多萜似乎产生于胞质和内质网内，而异戊二烯、单萜、三萜、四萜以及一些异戊二烯化的醌类大多数产生于质体中。

萜类的生物合成有 2 条途径（图 9.5）：一是甲戊二羟酸途径（mevalonic acid pathway），二是甲基赤藓醇磷酸途径（methylerythritolphosphate pathway），两者都形成异戊烯焦磷酸（isopentenyl pyrophosphate，IPP），然后进一步合成萜类，所以 IPP 亦称为"活跃异戊二烯"（active isoprene）。

甲戊二羟酸途径是以 3 个乙酰 CoA 分子为原料，形成甲戊二羟酸，再经过焦磷酸化、脱羟化和脱水等过程，就形成 IPP。甲基赤藓醇磷酸途径也能合成

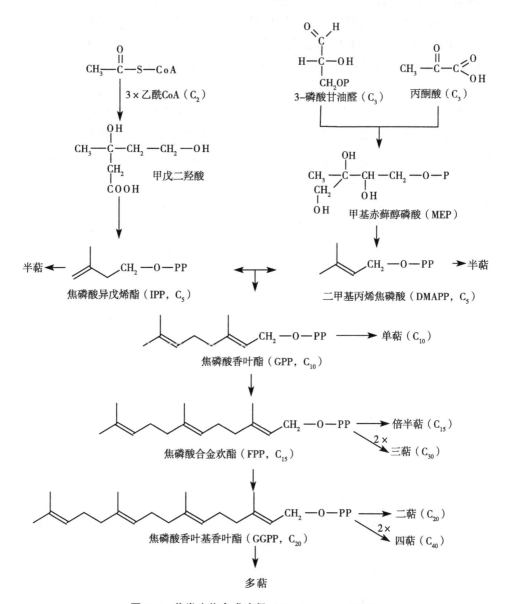

图9.5 萜类生物合成途径（Gershenzon，2002）

IPP，不过它是由糖酵解或 C_4 途径的中间产物丙酮酸和3-磷酸甘油醛，经过一系列反应，形成甲基赤藓醇磷酸，继而形成二甲基丙烯焦磷酸（dimethylallypyro-phosphate，DMAPP）。

　　IPP 和 DMAPP 互为异构体，两者都很活跃，结合起来成为更大的分子。首先是 IPP 和 DMAPP 结合成为焦磷酸香叶酯（geranyl pyrophosphate，GPP），成为单萜的前身。GPP 又会与另一个 IPP 分子结合，形成焦磷酸金合欢酯（farnesyl pyrophosphate，FPP），成为倍半萜和三萜的前身。同样 FPP 又会与另一个 IPP 分子结合，形成焦磷酸香叶基香叶酯（geranylgeranyl pyrophosphate，GGPP），它是二萜和四萜的前身。最后，FPP 和 GGPP 就聚合成为多萜。

萜类化合物中单萜合成途径并非倍半萜和二萜等高级萜类合成途径的分支，而是具有独特酶促反应机制的单独合成途径。各种萜类次生代谢产物的合成在细胞内具有明显的分隔，其中倍半萜主要在细胞质内合成，而二萜和单萜则在质体内合成。3-羟甲基戊二酰-CoA 还原酶、单萜还原酶、二萜环化酶、倍半萜环化酶和鲨烯合成酶是萜类合成的限速酶。

目前为了有效地对萜类生物合成途径进行转基因操作，需要有组织特异性的、发育阶段控制的、可诱导表达的以及可以将产物定位到植物分泌组织的启动子。人们目前运用代谢基因工程的方法，改变了油菜种子中的有益成分生育酚（维生素 E）异构体的产率；通过改变水稻谷粒和油菜籽中的类胡萝卜素途径，β-胡萝卜素（维生素 A 的前体）的浓度得到了显著提高；在转基因番茄中过量表达将 GGPP 转化为类胡萝卜素的酶，导致了一种矮化表型，原因是植物消耗尽了赤霉素合成的前体。

3. 功能

萜类对植物本身的生长发育与繁殖具有重要作用，同时也是重要的药物来源与工业原料。如双萜赤霉素能调节植株高度。三萜固醇与磷脂相互作用使膜稳定，是膜的必需组成成分。四萜类衍生物如胡萝卜素、叶黄素、番茄红素等，常能决定花、叶和果实的颜色。类胡萝卜素除了作为捕光色素吸收光能及参与光合作用和保护叶绿素免受强光降解外，一些黄色叶片中含有大量的叶黄素具有吸引昆虫传粉的作用，紫黄素（violaxanthin，叶黄素的一种）是植物激素脱落酸（种子成熟和抗逆性信号激素）的合成前体，β-胡萝卜素在动物肝脏内被转化为维生素 A（作为一种抗氧化剂，可淬灭自由基）。细胞分裂素和叶绿素本身虽然不是萜类，但含有萜类侧链。

挥发油（volatile oil）多是单萜和倍半萜，它广泛分布于植物界，存在于腺细胞和表皮中；如薄荷和柠檬等植株含有挥发油，有气味，可防止害虫侵袭。再如在橘皮中就存在着 71 种挥发性的植物精油（essential oil），其中大部分是单萜，主要是柠檬油精（limonene）。植物精油是香料和香精制造中的重要原料。植物花朵中的精油还有诱引昆虫采蜜，协助授粉的功能。植物体内释放的挥发性精油（包括异戊二烯自身）的量非常惊人，在森林上空常常会形成烟雾，甚至会造成一定的空气污染，据测算，每年地球上植物释放出的挥发性物质大约 14亿 t，其中大部分是碳氢类萜烯化合物。在美国田纳西州、北卡罗来纳州以及澳大利亚等地区经常形成的蓝色山露，就是因为空气中的萜烯化合物颗粒对蓝光的散射造成的。最著名的一种植物精油是松节油（turpentine），大量地存在于松属（Pinus）植物的一些特殊细胞内，其主要成分是 n-庚烷，同时也含有大量的单萜类化合物，如 α-蒎烯（a-pinene）、β-蒎烯和莰烯（camphene），这些化合物以及其他一些萜烯类化合物，如香叶烯（myrcene）和柠檬油精，是植物防御松节虫（bark beetle）的重要武器。在松属植物中，柠檬油精是昆虫拒食剂（insect repellant）。与此相反，α-蒎烯是松树吸引昆虫聚集的信息素（aggregation phero-mone），所以，柠檬油精含量高而 α-蒎烯含量低的松树就不易受到松节虫的侵害。植物精油经常含有羟基等化学修饰基团。例如薄荷油（mint oil）中的薄荷醇（menthol）、薄荷酮（menthone）都是单萜的衍生物；桉油精（cineole）是兰花诱引雄蜂果蜜协助授粉的重要成分。

许多植物的萜类具有毒性，可以威慑、毒害入侵昆虫或食草动物，防止哺乳动物和昆虫吞食。例如菊叶和花中含有的单萜拟除虫菊酯，是极强的杀虫剂；松和冷杉含有的松脂单萜类成分苧烯和桂叶烯等对昆虫有毒。有些棉花品种的棉籽和下表皮中含有倍半萜棉酚，显著抗虫侵袭。许多双萜对食草动物有毒，使它们不愿食用。松树的树脂（resin）中含有相当数量的双萜（如冷杉酸，abiettic acid），可阻止害虫取食。树脂是 10~30 碳萜烯的混合物，广泛存在于针叶植物和许多热带被子植物中，树脂在一种特殊的叶片上皮细胞中合成，通过相连的导脂管聚集、分泌，保护植物抵御昆虫侵害。大戟科植物产生的乳汁，含有双萜成分（如沸波醇，phorbol），严重刺激皮肤，对哺乳动物有毒。

萜类还具有多方面的生物活性。例如短叶红豆杉（Taxus brevifolia）中的红豆杉醇（taxol，亦称紫杉醇）是强烈的抗癌药物；芍药苷（paeoniflorin）、银杏内酯（ginkgolides）及关附甲素（guan-fu base A）等具有较好的抗血小板聚集、扩张心脑血管、增加其血流量以及调整心率、降压、降脂等作用；齐墩果酸（oleanolic acid）、甘草次酸（glycyrrhetinic acid）有保肝降酶、利胆健胃、抗胃溃疡等作用；穿心莲内酯（andrographolide）等有一定抗上呼吸道感染作用，辣薄荷酮（piperitone）等有平喘、祛痰、镇咳活性；缬草环氧三酯（valepotriate）、高乌头碱（lappaconitine）及龙脑（borneol）对神经系统有镇静、镇痛、局麻、兴奋中枢、治疗神经分裂症等作用；青蒿素（qinghaosu）及鹰爪甲素

（yingzhaosu A）分别有很强的抗疟疾活性。

有些多萜化合物是工业原料，例如橡胶是一般由1 500~15 000个异戊二烯单元组成的无分支长链，是分子最大的异戊二烯类化合物。天然橡胶是一种热带大戟属植物三叶胶树（*Hevea brasiliensis*）分泌的一种乳状的细胞原生质，胶乳中大约含有1/3的纯橡胶，目前世界上发现大约2 000种产胶植物，有很多被用作橡胶原料植物。

（二）酚类化合物

1. 种类及功能

酚类化合物（phenoic compound）是芳香族环上的氢原子被羟基或者功能衍生物取代后生成的化合物，根据其分子含有羟基的多少可分为一元酚和多元酚。酚类化合物广泛存在于高等植物、苔藓、地钱和微生物中，种类繁多，有些只溶于有机溶剂，有些是水溶性羧酸和糖苷，还有些是不溶的大分子多聚体。根据芳环上带有的碳原子数目的不同可分为6种（表9.2）。

表 9.2 酚类化合物的种类（潘瑞炽，2012）

种类	碳骨架	例子
简单苯丙酸类	C_6—C_3	咖啡酸、阿魏酸、香豆酸
苯丙酸内酯	C_6—C_3	香豆素
苯甲酸衍生物类	C_6—C_1	水杨酸、原茶儿酸、没食子酸
本质素	$[C_6$—$C_3]_n$	木质素
类黄酮类	C_6—C_3—C_6	黄酮、黄酮醇、异黄酮
鞣质	$[C_6$—C_3—$C_6]_n$	缩合鞣质、可水解鞣质

注：表中 C_6 代表6C苯环，C_3 代表3C链。

酚类化合物广泛分布于植物体，是植物重要的次级代谢代谢产物之一，以糖苷或糖脂状态积存于液泡中。在酚类化合物中，有决定花果颜色的花色素和橙皮素，有构成次生壁重要组成成分的木质素，也有作为药物的芸香苷（芦丁）、肉桂酸和肉桂醇等。下面主要介绍芳环氨基酸、简单酚类、类黄酮、木质素及鞣质。

（1）芳环氨基酸。苯丙氨酸、酪氨酸和色氨酸都是芳环氨基酸。与许多酚类物质的合成途径相似，其合成前体是磷酸烯醇式丙酮酸（PEP）和4-磷酸赤藓糖（E4P），其合成途径称为莽草酸途径（图9.6），该途径也存在于真菌和细菌中，但不存在于动物中，故上述3种芳环氨基酸都是动物的必需氨基酸。

目前广泛使用的一种除草剂草甘膦（glyphosate）的化学结构为$HOOC-CH_2-NH-CH_2-PO_3H_2$，它通过抑制5-磷酸莽草酸和PEP结合生成3-烯醇式丙酮酸基-莽草酸-5-磷酸的反应（图9.6）来阻断芳环氨基酸的合成，使杂草在吸收草甘膦1~2个星期后因为缺乏芳环氨基酸而死亡。动物体内不存在莽草酸途径，因而草甘膦对人畜无害。

（2）简单酚类化合物。简单酚类（phenolic compound）是含有一个被羟基取代苯环的化合物，广泛分布于植物叶片及其他组织中。某些成分有调节植物生长的作用，有些是植保素的重要成分。如在某些植物的抗病过程中具有重要作用的原儿茶酸和绿原酸的衍生物——植保素；对植物生长有严重抑制作用的单宁类化合物——没食子鞣质。这类化合物甚至可以抑制周围其他植物的生，形成植物异株相克现象。简单酚类主要分3种：

简单苯丙酸（phenylpropanoid）类 此类化合物具苯环-C3的基本骨架，属苯丙酸类，如反-桂皮酸（trans-cinnamic acid）、对香豆酸（Para-coumaric acid）、咖啡酸（coffeic acid）、绿原酸（chlorogenic acid）、阿魏酸（ferulic acid）和丹参素（danshensu）。它们可与糖或多元醇结合，以苷或酯的形式存在于植物中，往往具有较强的生理活性，如绿原酸（chlorogenic acid）、3,4-二咖啡酰基奎宁酸（3,4-dicaffeoyl quinic acid）、沙参苷 I（shashenoside I）、荷包花苷 A（calceolarioside A）等（图9.7）。此外，简单苯丙酸类化合物还可经过分子间缩合形成多聚体，如迷迭香酸（rosmarinic acid）（图9.7）。

绿原酸在植物体内分布很广且含量较高，是一种对人体无害的次生代谢物，在某些植物的抗病中具有重要作用。例如干咖啡中可溶性绿原酸含量高达13%。马铃薯块茎内也含有大量的绿原酸，在氧气和铜离子存在下容易被多酚氧化酶氧化，形成褐色或黑色的具有抑霉剂（fungistat）作用的多聚醌类物质。所以合成绿原酸及其氧化多聚物是植物抵抗病菌感染的机制，它在抗病品种中含量较多，且易发生氧化生成多醌；而在感病品种中绿原酸含量较少，或难以氧化为醌类

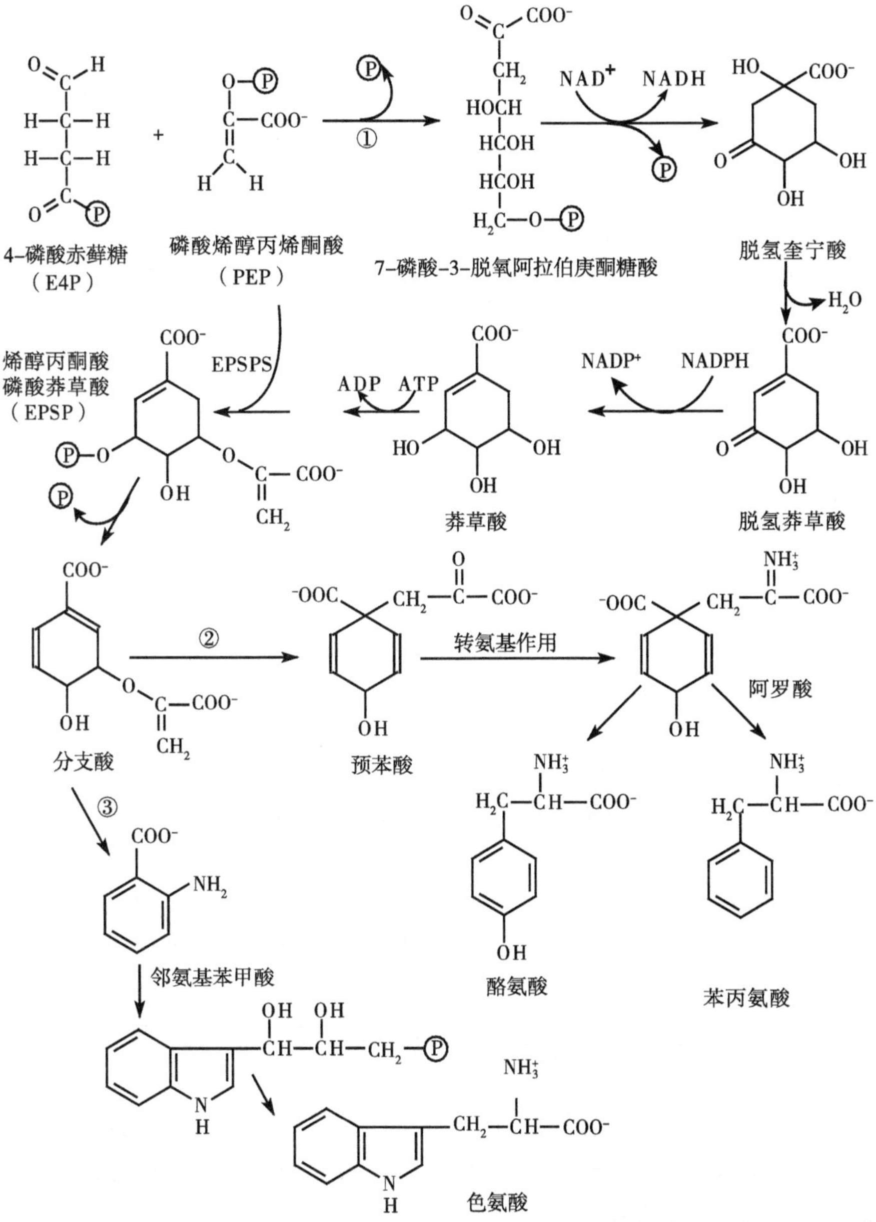

图中 EPSPS 代表 EPSP 合酶；①代表 7-磷酸-3-脱氧 D-阿拉伯庚糖酸合酶；②代表邻氨基苯甲酸合酶；③代表分支酸变位酶

图 9.6　莽草酸途径（Hopkins，2004）

物质。

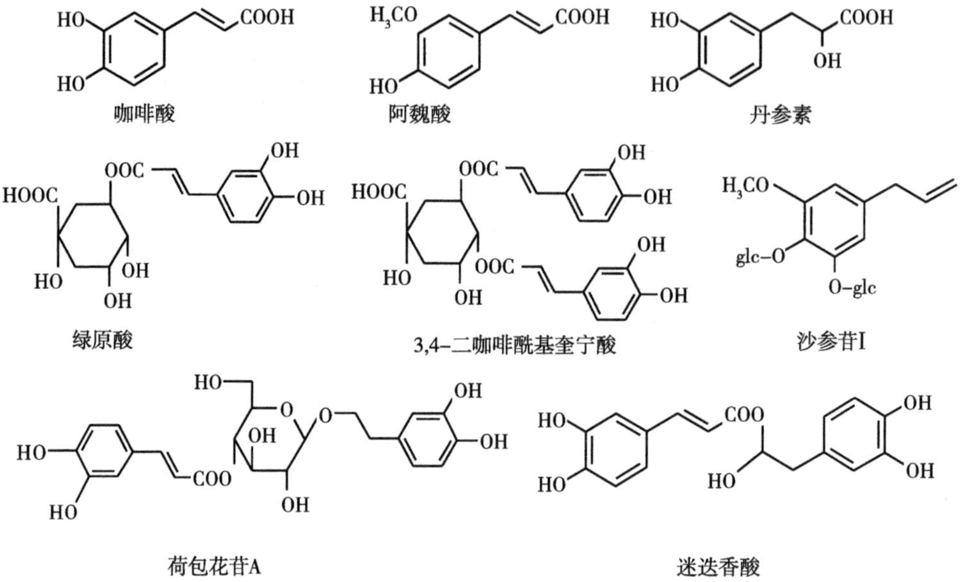

咖啡酸　　　　　　阿魏酸　　　　　　丹参素

绿原酸　　　　3,4-二咖啡酰基奎宁酸　　　　沙参苷I

荷包花苷A　　　　　　　　　迷迭香酸

图 9.7　简单苯丙酸类的化学结构

苯丙酸内酯（phenyl propanoic lactone）（环酯）类　苯丙酸内酯（环酯）类化合物亦称香豆素（coumarin）类，是一类具有苯骈 α-吡喃酮母核的天然产物的总称，在结构上可以看成是顺式邻羟基桂皮酸脱水而形成的内酯类化合物。1812 年，Vauquelin 从植物 Daphne alpina 中首次得到香豆素类化合物 daphnin，1930 年确定化学结构为 8-羟基-7-O-β-D-葡萄糖基-香豆素。目前，自然界的香豆素类化合物有 1 000 种以上，但是在某些特定植物内只有若干种存在。一些苯丙酸内酯类化合物结构见图 9.8。

植物在衰老或受伤时，会降解体内的香豆素葡萄糖结合物，释放出具有青草味的挥发性香豆素。如紫花苜蓿和甜三叶草（sweet dover）等牧草中含有大量的香豆素，在储存不当发生腐烂时会产生有毒的双香豆素（dicumaro1，又名"双杀鼠灵"），它是一种抗凝血剂，可以导致牲畜罹患甜三叶草病（sweet-dover disease），所以筛选低香豆素含量的品种是牧草品种改良的重要目标。

苯甲酸（benzoid acid）衍生物类　苯甲酸（benzoid acid）衍生物类具苯环-C1 的基本骨架，例如水杨酸（salicylic acid）、香兰素（vanillin）、原儿茶酸（3,4-dihydroxybenzoic acid）、没食子酸（gallic acid）等（图9.9）。许多简单酚类化合物在植物防御食草昆虫和真菌侵袭中起重要功能。如苯丙酸内酯类简单酚化合

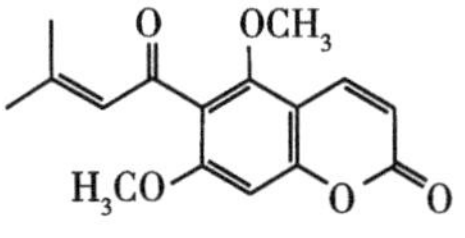

当归内酯（简单香豆素类） 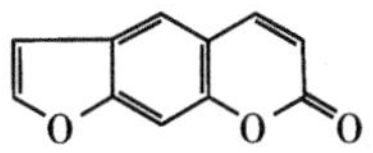　　　　　补骨脂素（呋喃香豆素类）

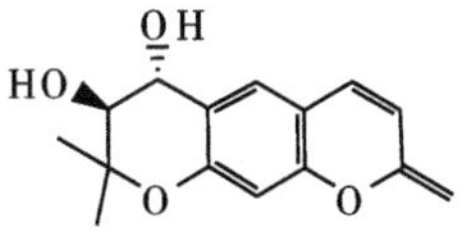

紫花前胡醇（吡喃香豆素类） 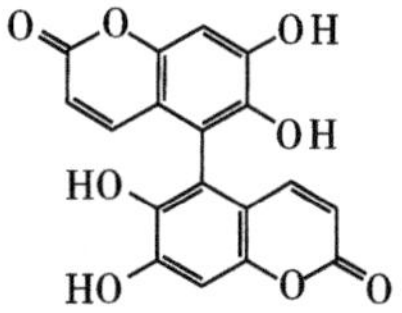　　　　双七叶内酯（其他香豆素类）

图 9.8　一些苯丙酸内酯类化合物的化学结构

物补骨脂素（psoralen）在日光紫外线激发到高能电子态时，能插入到 DNA 双螺旋中，与胞嘧啶和胸腺嘧啶结合，可阻断 DNA 转录和修复，诱导白细胞死亡。伞形科中的芹菜、防风草和芜荽富含这类光照后有毒的呋喃香豆素。在逆境或病害条件下，芹菜的这种化合物含量会增加 100 倍左右。

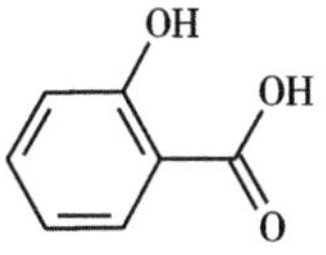

水杨酸 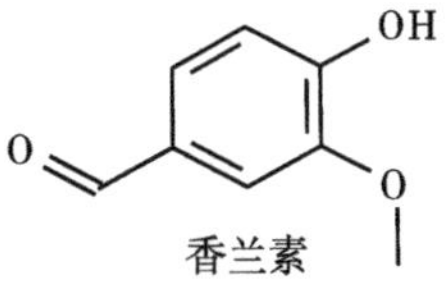　　　　香兰素 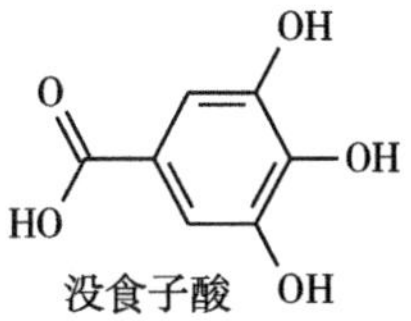　　　　没食子酸 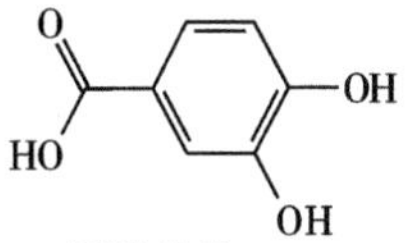　　　　原儿茶酸

图 9.9　一些苯甲衍生物类的化学结构

原儿茶酸在某些植物的抗病过程中具有重要作用，如原儿茶酸可防止由真菌感染引起的斑点病，对此病具有抗性的有色洋葱的葱头颈部可产生大量的原儿茶酸，但是在易感病的白色品种中没有原儿茶酸产生。从有色洋葱中提取的原儿茶酸可抑制上述真菌及其他真菌的孢子萌发。

没食子酸是形成植物单宁的主要化合物之一。没食子酸以多种方式相互连接，并与葡萄糖和其他糖类结合形成复杂的多聚体——没食子鞣质（一种单宁酸）。没食子鞣质及其他单宁酸可以使蛋白质发生交联和变性，严重抑制植物的生长，所以植物通常将产生的单宁酸储存在液泡内，否则会使细胞质内的酶类变性。在制革工业中，单宁常用于鞣质皮革，目的是使皮革内的蛋白质相互交联，抑制细菌的消化和降解。没食子鞣质还能抑制周围其他植物的生长，是一种植物异株克生物质。植物中还存在着大量的其他单宁，对植物的防御作用具有重要意义。例如单宁可以抑制细菌和真菌的侵染，它们还是一种收敛剂（astringency），使动物食后嘴唇发麻，而且可以抑制消化，藉此防止动物的采食。

（3）类黄酮类化合物。植物酚类化合物另一大类物质是类黄酮（flavonoid）。它是2个芳香环被三碳桥连接起来的15碳化合物（图9.10），其结构来自2个不同的生物合成途径。一个芳香环（B）和桥是从苯丙氨酸转变而来的，另一个芳香环则来自丙二酸途径。类黄酮是由苯丙酸、p-香豆酰CoA和3个丙二酰CoA分子在查耳酮合酶催化下缩合而成的，因此香豆素和乙酰辅酶A是类黄酮的前体物。类黄酮广泛地分布在各种植物中，目前已经鉴定的已超过2 000种。其基本分子骨架如图9.10所示，其中A环从丙二酸途径而来，B环及C环2、3、4三碳桥从莽草酸途径而来。基本类黄酮骨架会有许多取代基，羟基和糖基增加类黄酮水溶性，所以类黄酮一般被储存在细胞的中央大液泡内；而其他替代物（如甲酯或修饰的异戊基单位）则使类黄酮呈脂溶性。

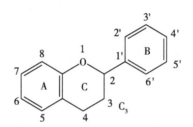

图9.10 类黄酮的基本骨架（彩图见文后彩插）

由于类黄酮的基本骨架中具有多个不饱和键，所以可吸收可见光，呈现各种颜色。类黄酮是植物三大类色素类胡萝卜素、类黄酮和甜菜素组成之一，其中类胡萝卜素是光合作用的辅助色素，呈黄、橙和红色；甜菜素主要呈现出红紫与黄色，是水溶性的含氮色素；鲜艳花色可吸引昆虫而帮助传粉，鲜艳果实可吸引动物食用而传播种子。光照，特别是蓝光可促进类黄酮的合成，如苹果的着色面往往是朝向阳光的一面，一般认为光通过表皮细胞内的光敏色素启动类黄酮的生物合成。另外，矿质元素缺乏，如缺磷、硫和氮也容易诱导某些植物形成花色素积累。

根据三碳桥的氧化程度，类黄酮可分为4种，即花色素苷（anthocyanin）、黄酮（flavone）、黄酮醇（flavonol）和异黄酮（isoflavone）。

花色素苷和花色素 黄酮类化合物花色素苷在C环部位3碳原子有3糖基，是花色素苷（图9.11）；如果没有糖基，则称为花色素（anthocyanidin）（图

9.11）。花色素羟基数目越多，吸收光向长波迁移，颜色偏蓝；羟基被甲氧基替代，吸收光向短波迁移，颜色偏红。同一花色素的颜色也会有变化，主要是受细胞质的 pH 决定，偏酸性时呈红色，偏碱性时为蓝色。花色素苷的颜色受许多因子的影响，例如 B 环上的羟基和甲氧基数目，芳香酸对主要骨架的酯化和液泡中的 pH 等（表 9.3）。许多花色素在酸性 pH 条件下为红色，随着 pH 值的升高会变成蓝色或紫色，如飞燕草花瓣表皮细胞液泡内的 pH 值在衰老过程中从 5.5 上升到 6.6，其中的花色素的颜色则从紫红色变为蓝紫色。

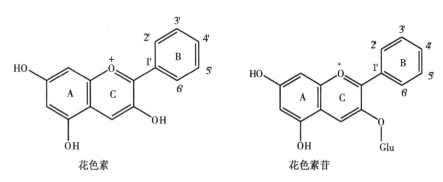

图 9.11　花色素和花色素苷的化学结构

表 9.3　花色素的结构与颜色（潘瑞炽，2012）

花色素	B 环上碳原子结合的基团			颜色
	3'	4'	5'	
花葵素（pelargonidin）	-H	-OH	-H	橙红
花青素（cyanidin）	-OH	-OH	-H	紫红
花翠素（delphindin）	-OH	-OH	-OH	蓝紫
芍药素（peonidin）	$-OCH_3$	-OH	-H	玫瑰红
甲花翠素（petunidin）	$-OCH_3$	-OH	-OH	紫

　　花色素苷溶解于细胞质中，在植物界中分布极广，一般存在于红色、紫色和蓝色的花瓣中，另外有些植物的果实叶片、茎干和根中也有存在。地钱、藻类等低等植物中不含花色素苷，但是苔藓和裸子植物中含有少量的花色素苷和其他一些类黄酮物质。高等植物中含有多种花色素苷，有时在一朵花中同时存在 2 种以上的花色素苷，使之呈现不同的颜色组合。花色苷大量地分布在植物的表皮细胞中。花和果实的颜色主要是由其中所含的花色苷颜色决定的。低温、缺氮和缺磷等不良环境也会促进花色素的形成和积累。晚秋时节，光照良好、温度较低的气

候条件下，有利于花色苷的大量积累，使树叶呈现鲜艳的颜色。但在某些黄色或橙色的花和叶片中，类胡萝卜素是呈色的主要物质。花色素在植物中存在的广泛性和丰富性，证明花色素是植物长期进化选择的结果。目前认为，花色素的功能主要是作为诱引色，吸引昆虫或动物采食、协助传粉和传播种子。

黄酮和黄酮醇　黄酮和黄酮醇与花色素的结构非常相似，主要的区别在于中间含氧环的结构不同。大部分的黄酮和黄酮醇呈淡黄色或象牙白色，和花色素一样也是植物花的呈色物质。一些无色的黄酮和黄酮醇可以吸收紫外线，某些昆虫如蜜蜂可看见部分紫外波段的光线，所以黄酮和黄酮醇的花可以诱引这些昆虫采食传粉。这些物质还存在于叶片内，对动物起拒食剂的作用。黄酮和黄酮醇能在植物叶和茎的表皮层积累，可大量吸收紫外线 B（UV-B，280~320 nm），保护植物叶片不受长波紫外线 UV-B 的危害，这两类物质允许可见光通过，不影响光合作用进行。最近实验证明，类黄酮类是植物的紫外线保护剂，如缺乏查耳酮合酶活性的拟南芥突变体不产生类黄酮，对 UV-B 较野生型敏感，在正常条件下生长极差，若将 UV-B 过滤掉就能正常生长。

异黄酮　类黄酮的类似物异黄酮存在于某些植物品种中，尤其是蝶形花亚科豆荚属植物中大量存在。异黄酮和类黄酮的区别在于 B 环和中间环的结合位置不同。异黄酮的功能尚未完全阐明。但已知某些种类的异黄酮是种间化学物质（allocchemics），即对其他动植物具有排斥或诱引作用的化学物质。例如鱼藤根中的鱼藤酮（rotenone）有很强的杀虫作用，是常用的杀虫剂；植物异黄酮的结构与某些动物雌激素（如雌二醇，estradiol）的结构相类似，可导致某些雌性动物患不育症；植株受细菌或真菌侵染后形成的植物防御素（phytoalexin）能限制病原微生物进一步扩散。

（4）木质素化合物。植物体中的木质素（lignin）是植物体的重要组成物质，广泛分布于植物界，数量很大，是自然界中除纤维素之外第二丰富的有机物质，占总干重的 15%~25%。木质素是植物细胞壁中的一种骨架物质，存在于纤维素微纤丝之间，强化细胞壁，不仅能使植物保持直立姿态，抗御压力和风力，且使植物能形成足够强度的木质部导管分子，进行水分的长距离运输。木质部导管分子内木质素含量较高，分布在初生壁、中胶层和次生壁各个部分。由于木质素的分子质量巨大，并与其他细胞壁多糖上的羟基以醚键等共价键的形式紧密结合，所以它不溶于大部分溶剂中。

木质素还具有防御功能。坚硬的细胞壁有助于抗拒昆虫和动物的采食，即使被采食也难以消化。木质素还可抑制真菌及其分泌的酶和毒素对细胞壁的穿透能力，感染部位周围细胞壁的木质化还会抑制水分和养分向真菌的扩散，达到抑制真菌生长的目的。除了上述的屏障作用之外，木质素合成过程中产生的活性自由基可以钝化真菌的细胞膜、酶和毒素。

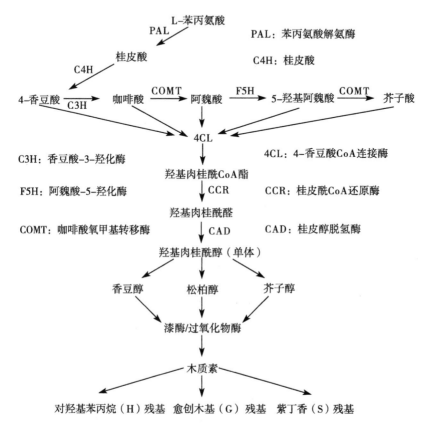

图9.12　木质素的生物合成途径（Boudet et al.，1998）

木质素主要是由松柏醇（coniferyl alcohol）、芥子醇（sinapyl alcohol）、对香豆醇（p-Coumaryl alcohol）3 种芳香醇构成的。针叶树中的木质素含松柏醇较多，而其他木本植物以及草本植物中后 2 种含量较多。木质素生物合成（图9.12）是以苯丙氨酸为起点的。首先苯丙氨酸转变为桂皮酸，桂皮酸又转变为4-香豆酸、咖啡酸、阿魏酸、5-羟基阿魏酸和芥子酸，它们分别与 CoA 结合，相应地被催化为高能 CoA 硫酯衍生物，进一步被还原为相应的醛，再被脱氢酶还原为相应的醇，即4-香豆醇、松柏醇和芥子醇。木质素是上述 3 种不同木质醇单体（monolignols）的聚合物，它们可能在过氧化物酶和漆酶作用下，再氧化聚合作用生成木质素，分别形成对羟基苯丙烷（para-hydroxyphenyl，H）型、愈创木基（guaiacyl，G）型与紫丁香（syringyl，S）型。不同植物类群中木质素组成不同，蕨类植物和裸子植物的木质素主要由松柏醇聚合而成，称为 G 型木质素；又子叶植物主要由松柏醇与紫丁香醇组成，称为 G-S 型木质素；而单子叶植物则包括 3 种单体，形成 H-G-S 型木质素。

（5）鞣质化合物。鞣质（tannin，俗名单宁）是由没食子酸（或其聚合物）的葡萄糖（及其他多元醇）酯、黄烷醇及其衍生物的聚合物以及两者混合共同组成的植物多元酚。鞣质可分为 2 类，一类是缩合鞣质（condensed tannin），另一类是可水解鞣质（hydrolysable tannin）。缩合鞣质是由类黄酮单位聚合而成，是木本植物的组成部分，可被强酸水解为花色素。可水解鞣质是不均匀的多聚体，含有酚酸（主要是没食子酸）和单糖，易被稀酸水解。鞣质的生物学合成途径见图 9.13。

鞣质广泛分布于植物中，特别在种子植物中分布更为广泛，如蔷薇科、大戟科、蓼科、茜草科植物中最为多见。此外，从含鞣质 6% 以上的植物水提液所得的浓缩产品"栲胶"，主要用于皮革工业的鞣皮剂，酿造工业用作澄清剂，工业用作木材黏胶剂、墨水原料、染色剂、防垢除垢剂等。鞣质有毒，草食动物吃后明显抑制生长。鞣质在口腔中与蛋白质结合，有涩味。一些牲畜不愿意吃鞣质含量高的植物，因为鞣质与肠中的蛋白结合质结合会形成不易消化的蛋白质——鞣质复合物。树干心材的鞣质丰富，能防止真菌和细菌引起的心材腐败。

2. 生物合成

植物的酚类化合物是通过多条途径合成的（图 9.14），其中以莽草酸途径（shikimic acid pathway）（图 9.6）和丙二酸途径（malonic acid pathway）为主，分别合成可水解鞣质、缩合鞣质、简单酚类、类黄酮类和木质素类等。在高等植物中，大多数通过莽草酸途径合成酚类；真菌和细菌则通过丙二酸途径合成酚类。

（1）莽草酸途径。莽草酸生物合成最初的底物是 4-磷酸赤藓糖（E4P）（来自磷酸戊糖途径）和磷酸烯丙酮酸（PEP）（来自糖酵解），此二者经过一系列步骤先合成莽草酸。莽草酸再与磷酸烯丙酮酸作用，形成分支酸（chorismic acid）。分支酸是莽草酸途径的重要枢纽物质，它有 2 个去向：一个是形成色氨酸（tryptophan），另一个是先形成预苯酸（prephenic acid），经阿罗酸（arogenic acid），形成苯丙氨酸（phenylalanine）和酪氨酸（tyrosine）。广谱除草剂草甘膦（glyphosate）除草的机理就在于它能抑制催化莽草酸和 PEP 合成 3-烯醇式丙酮酸莽草酸-5-磷酸的酶。本途径存在于高等植物、真菌和细菌中，不存在于动物中。动物包括人类所需要的苯丙氨酸、酪氨酸和色氨酸这 3 种芳香族氨基酸，必

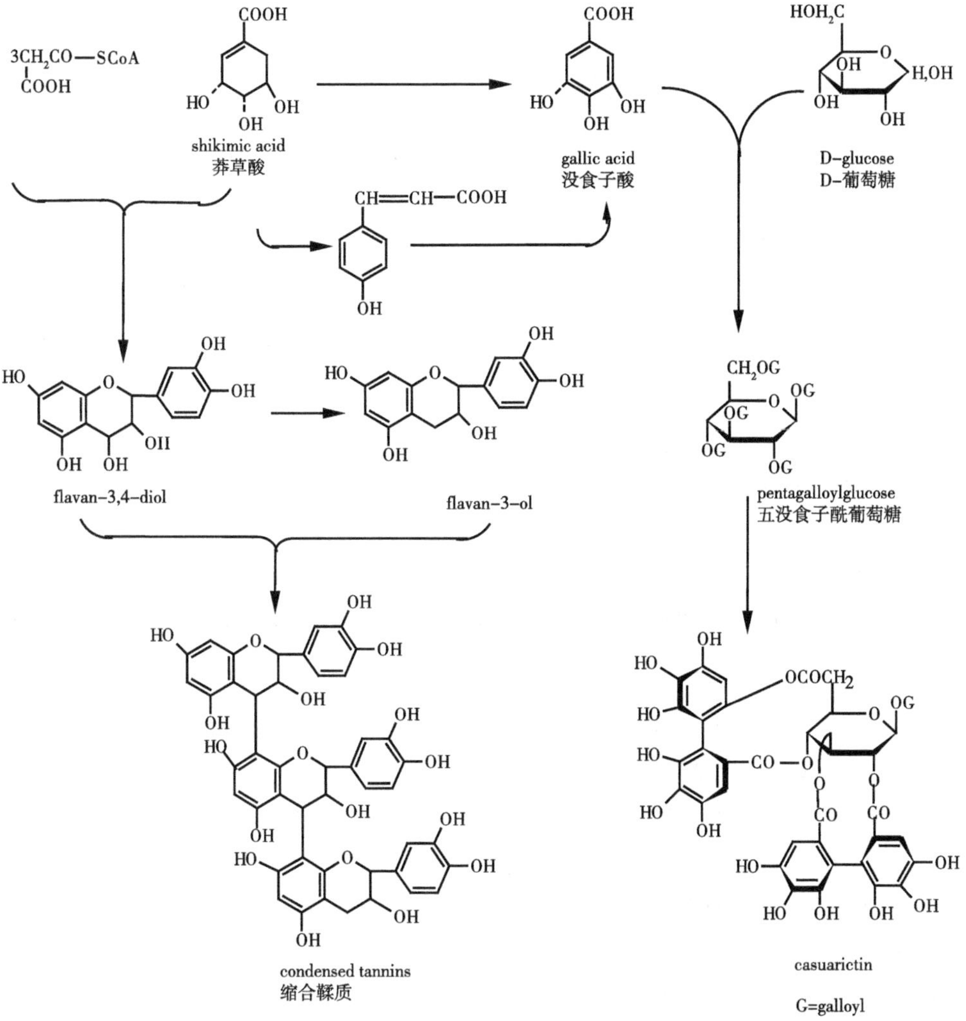

图 9.13　鞣质生物合成途径（匡海学，2011）

须从食物中补充。此外，莽草酸转变为烯醇丙酮酸 5-磷酸莽草酸（EPSP）是由 EPSP 合酶（EPSES）催化的。有些除草剂如草甘膦通过抑制此酶的活性，可使植物不能合成芳香族氨基酸及其衍生物，缺乏蛋白质而饿死，从而达到除草的目的。

苯丙氨酸解氨酶（phenylalanine ammonialyase，PAL）是控制初级代谢（如蛋白质合成）转变为次级代谢（如酚类合成）的分支点，是形成酚类化合物的一个重要调节酶。苯丙氨酸在苯丙氨酸解氨酶的作用下，脱氨形成桂皮酸，进一

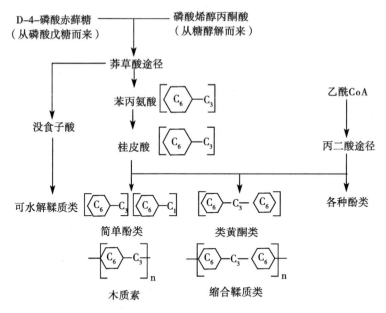

图 9.14　植物酚类物质的生物合成途径（Gershenzon，2002）

步羟基化，形成香豆酸，这是酚类生物合成的首先两步骤。以后香豆酸加上羟基和甲氧基就分别形成咖啡酸和阿魏酸。这 4 种简单酚类不仅是木质素的前身，还是香豆素、鞣质、类黄酮和异黄酮的前身。

（2）丙二酸途径。丙二酸途径首先是一分子酰基 CoA 与 3 分子丙二酰 CoA 结合，脱酸，合成一分子多酮酸（polyketo acid）。多酮酸通过各种方式发生环化作用，形成间苯三酚衍生物，由于它们的 R 基性质不同，于是形成许多不同的黄酮衍生物。

（三）含氮次生化合物

植物的许多次生代谢物分子结构中含有氮原子，主要的含氮次生代谢物包括生物碱、生氰苷、葡萄糖异硫氰酸盐、非蛋白氨基酸和甜菜素。这些物质对动物具有重要生理作用，也是参与植物防御反应的重要物质。大多数含氮次生产物是从普通的氨基酸合成的。

1. 生物碱类化合物

（1）种类和功能。生物碱（alkaloid）是植物中广泛存在的最大一类含氮次生代谢物质，是一类含氮的杂环化合物，通常有一个含氮杂环，其碱性即来自含氮的环，因其氮原子具有结合质子的能力。生物碱多为白色晶体，具有水溶性。生物碱对人和动物具有特殊的生理和精神作用，在植物中也具有十分重要的生理功能。

生物碱的分类方法目前不尽相同，有按植物来源分类，如黄连生物碱、苦参生物碱等；较多的按化学结构类型分类，如吡啶类生物碱、异喹啉类生物碱等。近年较新的是按生源途径结合化学结构类型分类，其分类结构如表 9.4 所示。

表 9.4　主要几类生物碱结构及生源途径（潘瑞炽，2012）

生物碱组别	结构	生源途径	常见生物碱
吡咯烷（pyrrolidine）		鸟氨酸	烟碱
托品烷（tropane）		鸟氨酸	可卡因
哌啶（piperidine）		赖氨酸 （或乙酸）	毒芹碱
双吡咯烷（pyrrolizidine）		鸟氨酸	倒千里光碱
喹嗪（quinolizidine）		赖氨酸	羽扇豆碱
异喹啉（isoquinoline）		酪氨酸	吗啡
吲哚（indole）		色氨酸	马钱子碱

目前在 4 000 余种植物中发现了大约 3 000 多种生物碱。自然界 20% 左右维管

植物含有生物碱，其中绝大多数存在于高等植物的双子叶植物中，已知存在于50多个科的120多个属中。单子叶植物也有少数科属含生物碱，如石蒜科、百合科、兰科等。少数裸子植物如麻黄科、红豆杉科、三尖杉科也存在生物碱。最早发现的生物碱是1805年从罂粟中提纯的吗啡（morphine），其他广为人知的生物碱有烟草中的尼古丁（nicotine）、古柯树叶中的可卡因（也称古柯碱）（cocaine）、柏树树皮中的奎宁（quinine）、咖啡豆和茶叶中的咖啡因（caffeine）、可可豆中的可可碱（theobromine）、秋水仙（*Colchicum byzantinum*）中的秋水仙素（colchicine）、有毒植物黑茄（*Atropa helladomna*）中的莨菪碱（atropine）、存在于一种仙人掌花瓣中的致幻剂主斯卡林（mescaline）、燕草属植物中存在的一种有毒的牛扁碱（lycoctonine）。

植物器官中的生物碱含量很低，一般在万分之几到百分之一二。绝大多数生物碱都在植物茎中合成，但是也有少数生物碱（如尼古丁）是在根中合成的。金鸡纳树皮含有奎宁碱12%，但这样的情况极为少见。植物在不同生长时期所含的生物碱的成分及含量常有不同。有些多年生的植物，小檗根中的小檗碱（黄连素）含量也随植物年龄增长而增加。植物生物碱含量亦受外界条件的影响而改变，如氮肥多时，烟碱含量就高。

生物碱曾被认为是植物的代谢废物，但是现在认为是植物的防御物质，因为大多数生物碱对动物具有毒性，也有防御敌害的意义。例如狼草（*Lupinus*）、飞燕草（*Delphinium*）和千里光草（*Senecio*）等都是含有毒生物碱植物。由于家畜不像野生动物那样对有毒植物有天然的选择性，所以在草原上放牧的牲畜常因误食含有毒生物碱的植物而丧命。

生物碱是核酸的组成成分，又是维生素 B_1、叶酸和生物素的组成成分，所以具有重要的生理意义；许多生物碱是药用植物的有效成分，如小檗碱、莨菪碱等，还有些是植保素。生物碱是重要药物的有效成分，具有显著而特殊的生物活性。如吗啡、延胡索乙素具有镇痛作用；阿托品具有解痉作用；小檗碱、苦参生物碱、蝙蝠葛碱有抗菌消炎作用；利血平有降血压作用；麻黄碱有止咳平喘作用；奎宁有抗疟作用；苦参碱、氧化苦参碱等有抗心律失常作用；喜树碱、秋水仙碱、长春新碱、三尖杉碱、紫杉醇等有不同程度的抗癌作用等。由此可见，生物碱在医药上甚为重要。

几乎所有的生物碱对人都是有毒的，例如，士的宁和阿托品等都是传统的毒药，但在低剂量下，具有药理学价值。如吗啡、可卡因、颠茄碱和麻黄素等被广泛应用在医药中；又如，人们通过饮用茶和咖啡或通过抽烟来摄取可卡因、尼古丁和咖啡因等，达到刺激或镇静的目的。

生物碱在动物中的作用模式比较复杂。许多生物碱可以干扰神经信号传递，或影响膜的运输、蛋白质合成以及酶活性等。

（2）生物合成。生物碱生物合成的前体是些常见的氨基酸，如天冬氨酸、赖氨酸、酪氨酸和色氨酸。还有一些生物碱，如尼古丁及其类似物是以鸟氨酸为合成前体的。生物碱分子中还有部分是通过萜烯的合成途径合成的。在生物碱的生物合成研究中，烟草的主要成分尼古丁的生物合成研究得比较透彻。尼古丁由2个环状结构组成，其中的五元环吡咯环是由鸟氨酸衍生而来的；六元环嘧啶环是烟酸衍生而来的，而烟酸是由天冬氨酸和3-磷酸甘油酸合成的。

植物生物碱中萜类吲哚生物碱、苄基异喹啉生物碱、莨菪碱、烟碱和嘌呤生物碱等均有其特定的生物合成途径，吲哚生物碱含有吲哚环和次番木鳖苷（sec-ologanin），由香味醇合成的次番木鳖苷和色胺在异胡豆苷合成酶（strictosidine synthase）的催化作用下可合成萜类吲哚生物碱的共同前体异胡豆苷（strictosidine），再由异胡豆苷进一步合成长春碱等多种吲哚类生物碱；酪氨酸在酪氨酸-多巴脱羧酶等催化作用下转化为多巴胺和4-羟基-苯乙醛，多巴胺和4-羟基-苯乙酸进一步缩合，生成苯异喹啉生物碱合成的主要前体（s）-norcoclaurine，再进一步合成各种苯丙异喹啉生物碱；烟碱和莨菪碱等生物碱生物合成起始于鸟氨酸或精氨酸的脱羧反应，在鸟氨酸或精氨酸脱羧酶催化作用下，均脱羧合成腐胺，再在腐胺-N-甲基转移酶的催化作用下合成N-甲基-4氨基-丁醛并进一步分别转化为烟酸和托品酮，其中托品酮在托品酮还原酶I（TRI）和还原酶II（TRII）催化作用下，分别合成α-托品和托品，托品与来自苯丙氨酸的托品酸反应，合成东莨菪胺，在东莨菪胺羟基化酶催化作用下进一步羟基化，相继生成6-β-羟基-东莨菪胺和东莨菪胺等生物碱。生物碱合成过程中的吲哚-3-甘油磷酸酶、酪氨酸/多巴脱羧酶、小檗碱桥酶等可能是限速酶。

2. 生氰苷

生氰苷（cyanogenic glycoside）是一类由脱羧氨基酸形成的O-糖苷，是植物的防御物质，是植物生氰过程中产生HCN的前体。其本身无毒性，当含生氰苷的植物被损伤后，则会释放出有毒的氢氰酸（HCN）气体。生氰苷如亚麻苦苷、野黑樱苷、苦杏仁苷等（图9.15）存在于多种植物内，最常见的有豆科植物、蔷薇科植物等。

生氰苷的裂解和氢氰酸的释放是酶促过程，植物中的糖苷酶（glycosidase）和氰醇裂解酶（hydroxynitrile lyase）是催化生氰苷释放氢氰酸的两

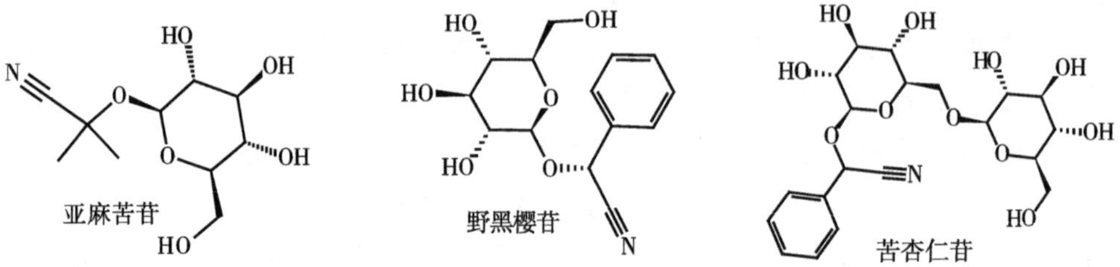

图 9.15　三种最常见生氰苷的化学结构

种酶。在完整植物的一般情况下，植物体内的这些酶与生氰苷的存在位置不同，如高粱中的生氰苷存在于叶表皮的液泡中，生氰苷本身无毒，而分解生氰苷的酶-糖苷酶（glycosidase）则存在于叶肉中，互不接触。当叶片被咬碎后，生氰苷就与酶混合，生氰苷中的氰醇（cyanohydrin）和糖分开，前者在羟基腈裂解酶（hydroxynitrilelyase）作用下或自发分解为酮和氰化氢（HCN）。昆虫和食草动物取食植物后，产生 HCN，呼吸就被抑制。

在非洲些国家里，人们以淀粉含量很高的木薯（*Manihot esculenta*）作为主食，但是木薯中也含有大量的生氰苷，传统的加工方法，如粉碎、浸泡和干晒等，虽然能去掉大部分的生氰苷，但是仍有少量残存，所以这些地区的人经常发生生氰苷慢性中毒。利用育种或生物技术的方法可以筛选低生氰苷含量的木薯品种，但是完全不含生氰苷的木薯抗病性和耐储存性都较差。

3. 非蛋白氨基酸

植物和动物的蛋白质氨基酸大约有 20 种，但是植物含有些所谓的"非蛋白氨基酸"（nonprotein amino acid），这些氨基酸不被结合到蛋白质内，而是以游离形式存在，起防御作用，非蛋白氨基酸在结构上与蛋白氨基酸非常相似，例如，刀豆氨酸（canavanine）的结构与精氨酸相近，铃兰氨酸（azetidine-2-carboxylic acid）与脯氨酸结构相近（图 9.16）。

非蛋白氨基酸对动物有很大的毒性，它们可以抑制蛋白质氨基酸的吸收或合成，或者被结合进正常蛋白质，导致蛋白质功能的丧失。例如刀豆氨酸被草食动物摄入后，可以被精氨酸 tRNA 识别，在蛋白质合成过程中取代精氨酸被结合进蛋白质的肽链内，导致酶催化部位的立体构造的紊乱，丧失与底物结合的能力或丧失催化生化反应的能力。

但是合成刀豆氨酸的植物体内有完善的辨别机制，可以区别刀豆氨酸和精氨酸，从而避免刀豆氨酸被错误地结合进正常蛋白质，那些以刀豆为食的昆虫体内

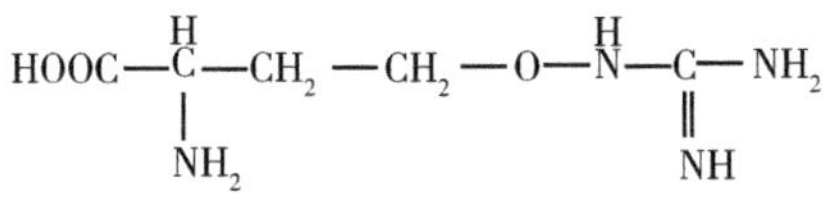

刀豆氨酸

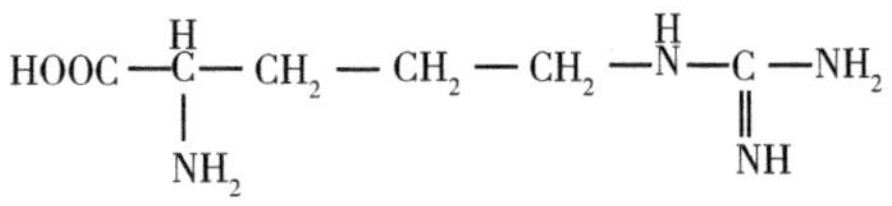

精氨酸

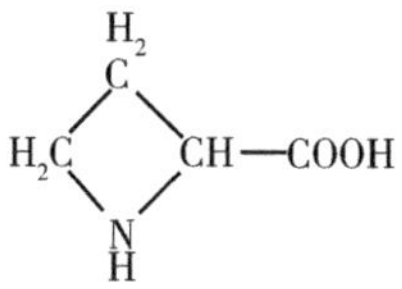

铃兰氨酸

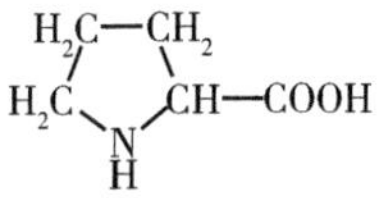

脯氨酸

图 9.16　一些非蛋白氨基酸的化学结构

也有类似的辨别机制。

4. 甜菜素

甜菜素（betalain）是一类含氮的色素，呈黄色或红色，存在于石竹科（*Caryophyllales*）的少数植物（10 种左右）中。甜菜块根中的甜菜红素（betacyanin）就是甜菜素的一种。

甜菜素不仅与花色素的化学结构完全不同（图 9.17），而且两者在同一植物中也不同时存在。甜菜素存在于植物的花、果、叶片甚至茎中，随着种类的不同和细胞内 pH 值的不同，呈现从黄色、橙色到红色、紫色的各种颜色。

甜菜素的合成和花色素一样，也受光照的促进。甜菜素通常含有一个糖基，

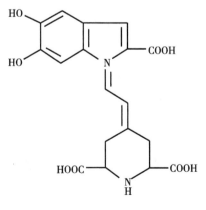

甜菜素

图 9.17　甜菜素的化学结构

糖基解离后的有色部分称为甜菜素配基（betanidin）。甜菜素的生物功能与花色素的功能类似，即作为呈色物质，诱引昆虫等动物来食和传粉。

（四）其他次生代谢产物

除了上述的主要三大类外，植物还产生多炔类、有机酸等次生代谢物质，多炔类是植物体内发现的天然炔类，有机酸广泛地分布于植物各个部位。

三、我国植物活性天然产物的挖掘

植物能产生丰富的天然产物。在我国几千年的中医药实践中，已鉴定出了大量的药用植物，一般这些植物的药用部位都有含量较丰富、结构复杂、活性较高的天然产物。我国植物化学起步于 100 多年前，中华人民共和国成立以来，随着现代仪器分析新技术、分离新方法和新材料的快速发展，植物化学研究取得了长足进展。20 世纪 50—60 年代，庄长恭等从汉防己分离得到防己诺林碱；赵承嘏从木防己中分离得到木防己甲素和乙素；朱子清首次提出贝母生物碱的基本骨架；朱任宏和罗尚义从紫草乌中分离出镇痛剂紫草乌碱甲；曾广方从黄柏中提取出了小檗碱，通过氢化得到镇痛剂四氢巴马汀碱；赵承嘏从常山中分离出抗疟疾药物常山碱；黄鸣龙等确定山道年 11-CH3 的绝对构型，改进了甾族药物的工业合成，以薯蓣皂苷元为原料通过 7 步反应合成可的松，完成 16-甲基地塞米松和 16-米松的工业合成路线，合成女用口服避孕药甲地孕酮。周俊等从中药天麻中发现活性成分——天麻素，研制成为治疗血管性头痛、神经性头痛和神经综合征的新药。

20 世纪 70 年代，为了防治疟疾的肆意危害，我国发挥举国体制下的优势，成立了"523"项目组，开展抗疟疾药物筛选攻关。项目组汇集了全国 60 多个单位的 500 余名科研人员。项目组成员屠呦呦等在整理汇编我国大量中医抗疟方药集的基础上，从晋代葛洪《肘后备急方》记载的"青蒿一握，以水二升渍，绞取汁，尽服之"中获得启发，采用低沸点溶剂提取方法，成功分离纯化出具有 100% 抗疟活性的倍半萜内酯类化合物青蒿素单品（$C_{15}H_{22}O_5$），并解析其结晶结构（图 9.18），相关结果于 1977 年 3 月以"青蒿素结构研究协作组"名义发表在《科学通报》。由于青蒿素在疟疾治疗上具有极高的治愈率和较低的副作用，挽救了全球特别是发展中国家数百万人的生命，主要发现人屠呦呦研究员获得 2015 年诺贝尔生理学或医学奖。

20 世纪 80 年代，李伯刚（2004）研制出防治心血管疾病的甾体皂苷类天然药物——地奥心血康。陈昌祥和周俊（1983）发现，重楼属植物的止血活性成分偏诺皂苷，研究制成治疗妇科出血新药——宫血宁。孙汉董等从20世纪70年代起开始系统研究香茶菜属植物的二萜类活性成分，发现冬凌草甲素、毛萼乙素等1 200余个化合物，其中有开发应用前景的化合物20余个，并从20世纪90年代开始研究五味子科植物化学成分，发现高度氧化、骨架重排、环系极其复杂的"五味子降三萜"新化合物340余个，引起国际同行的广泛关注。梁晓天等完成了50余种中草药化学成分研究，发现200余种新成分，首次发现过氧键为抗疟有效基团。姚新生研究组从人参、线麻叶、薤白、萆薢等数十种中草药中分离了百余种活性化合物，并研制治疗大动物肠梗阻的线麻叶注射液、治疗心血管疾病的羊藿片、治疗肝炎的板蓝根注射液等。岳建明研究组对150多种重要药用植物进行了深入系统的化学和生物学活性研究，发现了800多个新天然化合物，包括大量新骨架类型和重要研究价值的生物活性分子。通过我国植物化学和中医药科技工作者的共同努力，分离和鉴定了大量药用植物的药活性成分、新骨架天然产物。具有代表性的临床药物除青蒿素之外，还有石杉碱甲、黄连素、延胡素乙素、樟柳碱、天麻素、三尖杉、脂碱、丹参素、冬凌草素、五味子素等。

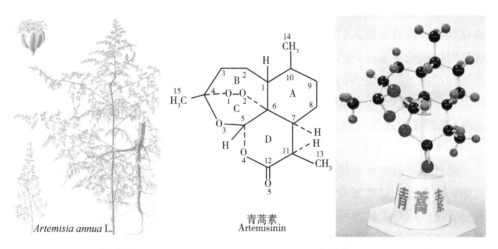

图9.18　黄花蒿（*Artemisia annua* L.）及其提取的青蒿素结构式和分子模型

［根据严永清和余传隆（1996）及屠呦呦（2009）改绘］

四、植物次生代谢工程及应用

（一）植物次生代谢工程

植物次生代谢工程是采用分子生物学、生物化学、功能基因组学、蛋白组学和代谢组学方法阐明植物复杂的次生代谢途径和代谢网络的分子机理；并通过细胞工程技术与基因工程技术调控代谢途径，以提高目标代谢物产量或降低有害代谢物的积累。

植物细胞具有生物合成的全能性（biosynthetically totipotent），每个培养的细胞都包含植株全部的遗传信息。植物细胞的全能性为细胞工程的兴起奠定了基础。利用现代细胞培养技术直接获得次生代谢产物，是一个能够生产高价值次生代谢物的充满希望的来源。次生代谢代谢途径的表达可以被外界因子如营养水平、胁迫因子、光和植物生长调节物质等所改变。调节培养基中的元素对于细胞的生长和次生代谢物的积累起到调节作用。我国已经建立三七、人参、西洋参、三尖杉等药用植物细胞的大规模培养。通过细胞的培养，能选出生长快、人参皂苷含量高的人参细胞株系，使人参皂苷占植株干重的 10.26%，与原植株相比，含量提高了约 1 倍。而紫草细胞的培养也使紫草的主要成分乙酰紫草素含量提高4.7 倍。

植物次生代谢基因工程是利用遗传转化技术，通过导入某些关键酶的基因或其反义基因，促进或抑制基因的表达以改变或调控植物次生代谢途径，引起植物次生代谢产物发生改变，使植物加强合成或合成某种新的次生代谢产物，从而提高植物抗病性或合成人们所需的天然化合物。更进一步说，植物次生代谢基因工程是对植物代谢途径的内部修饰以增加特殊化合物的代谢流，其目的是提高天然产物的产量，产生更多的人们渴望得到的特殊化合物、新颖化合物（如只少数植物产生的天然产物或者一个全新的化合物）或大分子物质。

（二）植物次生代谢工程的应用

1. 作物性状改良

通过调节植物次生代谢改良作物品质有 2 个方向，一是减少作物内有害次生代谢物含量，二是增加有益次生代谢物含量。前者的例子如减少木薯中的生氰苷含量，减少棉籽中的棉酚含量，减少苜蓿中香豆素含量，减少蔬菜中的木质素含量等；而后者的例子有将胡萝卜素生物合成途径在稻米的胚乳中表达，创制了金色稻米，提高胡萝卜素含量；通过 RNA 干扰技术，抑制番茄果实中的 *DETI* 基因的表达，提高其胡萝卜素和黄酮类的含量；油菜的硫糖苷有毒性，导入色氨酸的代谢流向没有毒性的色胺，而不流向有毒性的硫糖苷，提高了油菜籽的食用价值；增加红豆杉中紫杉醇含量，增加香料植物中香料物质的合成，改变花卉中花色苷的颜色和香料植物的品质等。

通过调节植物次生代谢还可增加作物抗性。增加作物中植保素含量可以有效地提高植物的抗病能力。虽然植保素的生物合成是多种酶共同完成的，但是转入植保素生物合成的关键酶可以增加相应植保素的含量。例如，1,2-二苯乙烯合成酶是合成苯丙氨酸类植保素白藜芦醇的关键酶，这种植保素与对灰葡萄孢菌（*Botrytis cierea*）的抗性有关。烟草等大多数植物中均有白藜芦醇生物合成的底物存在，但是缺乏 1,2-二苯乙烯合成酶。将花生的 1,2 二苯乙烯合成酶基因转入烟草，可以使烟草合成白藜芦醇，增加对灰葡萄孢菌的抗性；将过氧化物酶基因与烟草花叶病毒的 35S 启动子相连转入烟草，可以显著增加转基因植物对真菌的抗性，用寄生霜霉（*Peronospora parasitica*）接种后发病症状延迟，其孢子萌发受到抑制；将（E）-B-金合欢烯合成酶基因转入高粱，使它获得对蚜虫的抗性。

国内外利用基因工程的方法在花色改良上进行了大量的研究和尝试。1997年，第一例将结构基因二氢酮醇还原酶（*DFR*）基因，导入矮牵牛而获得淡砖红色的花色。植物花的颜色与类黄酮有关，查耳酮合酶（CHS）是类黄酮生物合成的关键酶，也是花色素合成的关键酶。有人将正义或反义的查耳酮合酶（*CHS*）、类黄酮-3'-羟化酶（*F3'H*）、类黄酮-3',5'-羟化酶（*F3',5'H*）等结构基因转入矮牵牛花、菊花、月季、非洲菊和蓝猪耳等都获得了成功，改变了花色。在烟草和龙胆花生上应用 RNA 干扰（RNAi）技术，抑制结构基因的表达，也改变了花色。20 世纪 90 年代末，第一例商业化转基因花卉——紫色的康乃馨"月尘"和"月影"面世，康乃馨本不含花翠素，将矮牵牛的 *F3',5'H* 和 *DFR* 转入植株后，康乃馨产生了花翠素类化合物，在适宜的液泡 pH 条件下，能够更好地共着色而形成紫色。2009 年，通过转化 *F3',5'H* 基因而首次培育成功了的蓝色玫瑰。

2. 药用植物细胞工程和基因工程

药用植物细胞工程是利用植物细胞大规模培养的方法生产药用次生代谢成分的技术。利用植物代谢工程（细胞工程）等方法，使植物能高效地生产人们所需要的重要代谢产物或药用蛋白等。例如，在植物（番茄、生菜）中成功表达了具有生物活性的鲑鱼降钙素、凝血因子IX等临床重要药用蛋白。唐克轩研究组利用植物代谢工程技术，使得莨菪发根中东莨菪碱含量提高了 9 倍，青蒿中青蒿素含量提高了 2~3 倍，成功培育多个高产抗肿瘤药物长春碱前体长春质碱、文多灵等长春花代谢工程品种，含量提高了 1.5~2 倍，是目前全球少有的掌握了长春花组织再生和遗传转化技术的实验室；结合植物代谢工程和合成生物学技术，在青蒿底盘中高效合成了重要香料成分广藿香醇等产物。人参皂苷和紫草素等在我国已成功地实现了商业化生产。其中紫草细胞的发酵罐培养已达到 100 L

规模，有效成分紫草素的含量可达细胞干重的 10% 以上。据不完全统计应用植物细胞培养研究过的药用植物超过 400 种，分离到的次生代谢物 600 种以上，其中 60 多种药用植物次生代谢物含量超过或等于原植物的含量。

用发根农杆菌（*Agrobacterium rhizogene*）感染植物受伤部位，菌中 Ri 质粒上的 T-DNA 片段整合到植物细胞基因组内，诱导植物毛状根的产生。目前已利用发根农杆菌在长春花、紫草、绞股蓝、人参和甘草等 200 多种药用植物中建立了毛状根培养系统，生产出多种生物碱、黄酮类、醌类以及蛋白质（如天花蛋白）等，如治疗疟疾的特效药倍半萜青蒿素的供体植物青蒿（*Artemisia annua*）。毛状根生产次级代谢产物具有生长快、培养条件简单、不需外源激素、次生代谢合成能力强且稳定、向培养液释放代谢产物和每天都可回收代谢物等优点，且便于进行突变体筛选。因此用培养转基因毛状根的方法生产次生代谢物已成为研究热点，毛状根培养的研究与生产已迅速扩大和增多。例如，高丽参毛状根培养规模已达到 1 000 L；利用獐牙菜（*Suertia*）毛状根生产苦杏苷，增加代谢物达 15 倍；从短叶红豆杉诱导出毛状根，选出的 5 个无性系，在 20 d 后增加的生物量为愈伤组织液体培养的 3 倍，紫杉醇含量为愈伤组织的 1.3 ~ 8.0 倍。东莨菪碱在植物内含量较小，但是药用价值大。东莨菪胺 6-β-羟化酶可以催化东莨菪胺转化为东莨菪碱，将该酶基因和 35S 启动子结合，利用发根农杆菌的 Ri 质粒作为载体倒入颠茄，可以使颠茄毛根中的东莨菪碱含量增加 5 倍；红豆杉中的二萜环化酶（红豆杉烯合成酶）在体内含量很低，该酶基因已经得到克隆，这为利用基因工程技术提高红豆杉中紫杉醇的合成速率提供了可能。

五、近 40 年来我国植物次生代谢研究的重要成果

（一）棉酚合成途径解析

棉花合成并积累棉酚等倍半萜醛类化合物，作为植保素帮助植物抵御病菌侵染和动物取食。但棉酚可对人畜健康造成危害，从而限制了棉籽中油脂和蛋白质的利用。陈晓亚研究组对棉酚生物合成途径开展了系统深入的研究，早期工作先后克隆鉴定了法尼基二磷酸合酶（farnesyl diphosphate synthase，FPS）、杜松烯合酶（cadinene synthase，CDN）和杜松烯羟化酶 CYP706B1，它们催化棉酚途径上游 3 步连续的反应。杜松烯合酶是棉酚途径的关键酶，也是较早克隆的植物倍半萜合酶之一；杜松烯羟化酶则是 CYP706 家族中第一个被确定功能的酶，两个酶都已用于棉籽表达分析，分离鉴定了细胞色素 P450 单加氧酶 CYP82D113 和 CYP71BE79、醇脱氢酶 DH1 及 2-酮戊二酸依赖的双加氧酶 2-ODD-1，明确了

棉酚途径除芳香化以外的大部分反应步骤，为全面解析代谢途径铺平了道路。

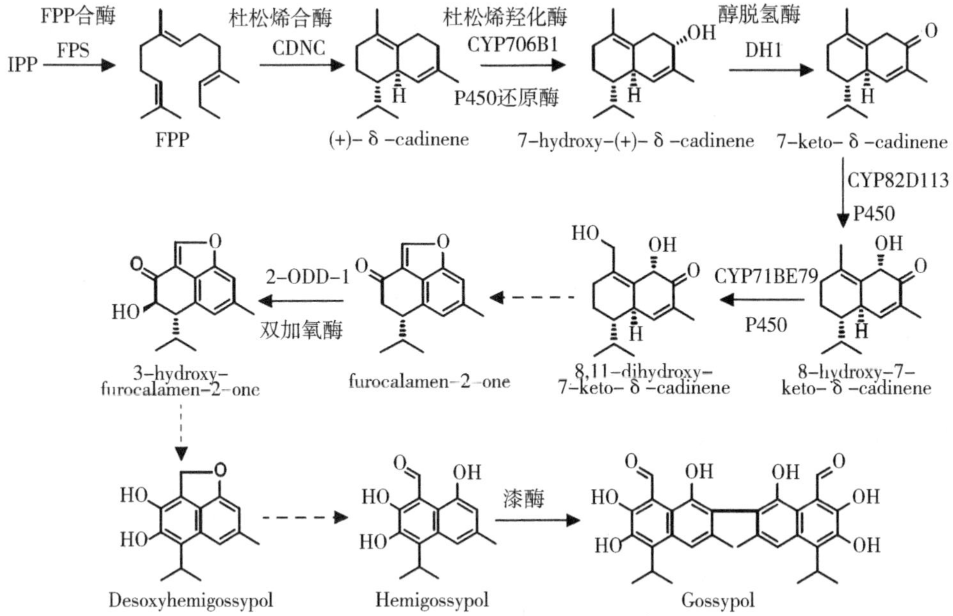

图 9.19　棉酚生物合成途径（孙俊聪等，2019）

对倍半萜合成的调控机制研究也取得了进展。陈晓亚研究组发现，转录因子 GaWRKY1 控制杜松烯合酶基因的表达，从而参与棉酚途径调控。该工作被评价为萜类合酶基因转录因子的首次报道，棉酚等植保素储藏在有色腺体中，该研究组与南京农业大学合作，克隆了控制腺体发育的转录因子 PGF。此外，还研究了防御激素和年龄因子对倍半萜生物合成的调控。通过病毒介导的基因沉默，鉴定了棉酚途径的一系列中间产物，其中 8-羟基-7-羰基-杜松烯属于活性亲电化合物（reactive electrophilic species，RES），积累后严重扰乱并削弱植物的抗病性。CYP71BE79 高效转化该中间产物，在酶水平上避免自毒性的产生。棉酚生物合成途径（图 9.19）的解析是作物和植物次生代谢研究的重要进展，对棉花品质改良、棉籽副产品综合利用具有重要意义，对我国植物次生代谢研究起到了推动作用。

在植物的环境适应尤其是抗病抗虫反应中，次生代谢发挥重要作用。陈晓亚研究组分离了参与半棉酚聚合的分泌型漆酶，通过基因工程使植物的根分泌漆酶可转化土壤中酚类污染物，为植物体外环境修复提供了新策略；发现棉铃虫 P450 单加氧酶 CYP6AE14 可被棉酚诱导，提出了次生代谢物诱导昆虫抗药性发展的新观点；在国际上率先研发并报道了植物介导的 RNAi（RNA interference）抗虫技术，即在植物中表达昆虫特异基因的双链 RNA，专一地抑制昆虫基因表达，干扰昆虫对棉酚等代谢物的耐受性进而抑制其生长，为开发新一代安全有效的转基因抗虫作物奠定了基础。近年来，该技术的应用取得长足进展，2017 年美国环保署批准了第一个以 RNAi 为基础的抗根虫玉米，我国也研制了 RNAi 抗虫棉花、水稻及抗黄萎病棉花。

（二）二倍半萜代谢途径及功能研究

植物二倍半萜结构新颖复杂、活性广泛，是萜类天然产物中的一个重要亚类，目前全世界共报道了 1 200 余个，绝大部分在海洋生物中发现，植物中仅发现了 140 余个。黎胜红研究组从唇形科大型木本和有色花蜜药用植物米团花（*Leucosceptrumcanum*）的腺毛中发现了一类新颖骨架（命名为米团花烷）的二倍半萜 Leucosceptroids A 和 B（图 9.20），对植食性昆虫和植物病原菌均具有显著的防御功能，研究结果拓展了对植物腺毛化学防御的认识。采用激光显微切割–超高压液相色谱/质谱联用（LMD–UPLC/MS/MS）的新技术方法，从另一唇形科药用植物火把花（*Colquhounia coccinea* var. *mollis*）的盾状腺毛中发现了另一类新颖骨架（命名为火把花烷）和防御功能的二倍半萜 Colquhounoids A–C。进一步深入研究从上述两种植物中发现了 150 余个结构新颖且高度变化的二倍半萜或降二倍半萜化合物，包括呋喃型、五元环酮型、内酯型、内酰胺型、螺环类以及

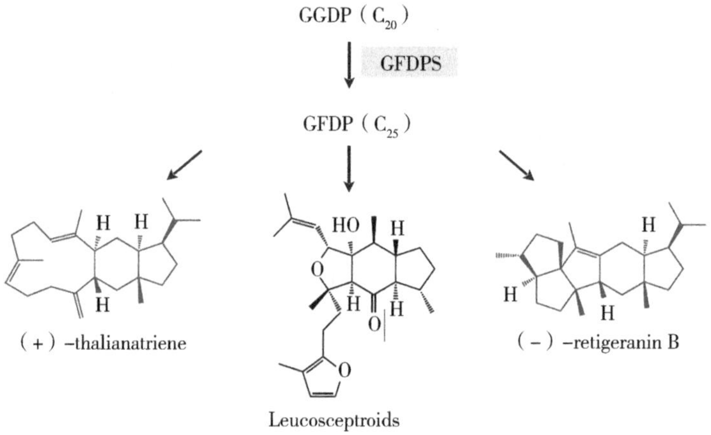

黄色显示的 GFDPS 是合成二倍半萜前体 GFDP 的关键酶，
蓝色化合物为拟南芥中新发现的两种新型的二倍半萜骨架结构。

图 9. 20　萜类代谢的主要途径（孙俊聪等，2019）（彩图见文后彩插）

降二倍半萜等，并发现这些化合物普遍具有较强的昆虫拒食和抗炎免疫活性。在植物二倍半萜生物合成方面，黎胜红研究组从米团花腺毛中克隆并功能鉴定了一个二倍半萜生物合成途径的关键酶香叶基法尼基焦磷酸酯合成酶（geranylfarnesyl diphosphate synthase，GFDPS），发现植物二倍半萜的生源途径是定位于质体中的 MEP（2-Cmethyl-D-erythritol-4-phosphate）途径，并提出植物 GFDPS 可能起源于正选择（环境胁迫）下香叶基香叶基焦磷酸酯合成酶（geranylgeranyl diphosphate synthase，GGDPS，二萜直链前体合成酶）的复制和新功能化。王国栋研究组和张鹏研究组合作对拟南芥 GGDPS 基因的功能进行了全面生化分析，从中鉴定了 4 个 GFDPS，并解析了其中一个 GFDPS 的晶体结构，从蛋白结构的角度解析了植物 GFDPS 新功能出现的氨基酸位点和酶学反应机制，并基于该机制从其他十字花科植物中鉴定了一系列 GFDPS。王国栋研究组与王勇研究组合作对拟南芥中与 GFDPS 成簇存在的萜类合酶的功能进行了研究，鉴定了两个二倍半萜合酶 TPS18 和 TPS19，能催化 GFDP 分别生成 2 个结构新颖的二倍半萜（+）-thalianatriene 和（−）-retigeranin B（图 9.20），并利用同位素标记实验，推测了其可能的生物合成途径。此外，王国栋研究组与白洋研究组合作发现，拟南芥二倍半萜生物合成基因簇是通过最近的复制和新功能化形成的，并发现其中一个氨基酸位点对二倍半萜合酶功能的形成至关重要。另外，该研究发现两个二倍半萜合酶（TPS25 和 TPS30）的产物特异性地在根部积累，并参与调控拟南芥根系微生物的组装。

（三）三萜代谢途径以及调控机制研究

植物三萜化合物数目众多、结构多样。目前已发现的三萜化合物超过 20 000 种，发现的三萜碳骨架结构近 200 个，其中许多具有抗虫、抗菌的作用，也是中药的主要有效活性成分，有极高的应用价值。氧化鲨烯环化酶（oxidosqualenecyclase，OSC）是三萜化合物生物合成的关键酶，可催化 2,3-环氧鲨烯通过形成不同构象，合成多种多样的三萜骨架。漆小泉研究组对水稻三萜环化酶进行了系统发掘和生化功能解析，鉴定出籼稻醇合酶（OsOSC7i）和禾谷绒毡醇合酶（OsOSC12）等多个功能新颖的三萜环化酶及籼稻醇（orysatinol）、禾谷绒毡醇（poaceatapetol）等多个新型三萜环化产物（图 9.21），籼稻醇的发现打破了普遍认为的三萜类化合物合成途径的反应规则，提供了形成三萜骨架的新途径，研究揭示了植物如何利用相同的底物产生构象和结构各异的三萜类化合物的催化机制；这些成果为今后利用生物学手段生产具有商业价值的三萜类活性化合物奠定了基础。更重要的是，还发现，保守的三萜合酶 OsOSC12/OsPTS1 缺失会阻碍水稻花粉包被三种主要脂肪酸合成，进而导致花粉粒快速失水，而亚麻酸和软脂酸或硬脂酸的混合物则可以阻止突变花粉粒的过度失水，揭示了湿敏雄性不育（humidity-sensitive genic male sterility，HGMS）的分子机制，未来可能用于水稻、小麦、玉米以及其他禾本科作物杂交育种。

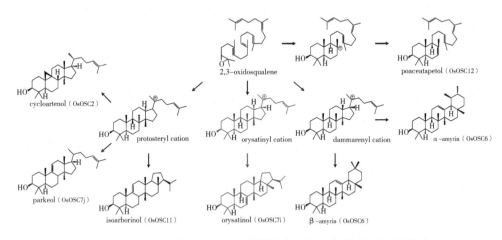

图 9.21　水稻 OSC 催化 2，3-氧化鲨烯产生的三种碳阳离子中间产物及其最终的环化产物（孙俊聪等，2019）

　　除三萜环化酶，P450 氧化酶和乙酰基/糖基转移酶也是重要的三萜合酶，这些合成基因往往以基因簇的形式分布在植物基因组中。漆小泉研究组与合作者首次在燕麦中发现了三萜合成基因以基因簇的形式参与抗菌物燕麦素生物合成。另一类四环三萜类化合物葫芦素是黄瓜、甜瓜、西瓜等葫芦科植物苦味物质，这类化合物为大多数食植物性昆虫所不喜，且医学研究显示它们还具有抗肿瘤活性。黄三文研究组与合作者通过整合黄瓜基因组、变异组及转录组等组学大数据与分子生物学、生物化学等传统生物学研究手段发现了葫芦素 C 生物合成基因簇，包括 1 个 2,3-氧化角鲨烯环化酶、7 个 P450 氧化酶和 1 个乙酰基转移酶，这些合成基因在苦的黄瓜叶片和果实中大量表达；通过构建酵母工程菌成功阐明了环化酶、2 个 P450 氧化酶和乙酰基转移酶的催化功能。进一步利用多年筛选到的无苦味黄瓜叶片和果实突变体，还发现了 2 个调控葫芦素 C 合成的"主开关"基因 Bl（Bitterleaf）和 Bt（Bitterfruit），属于在叶片和果实中特异表达的 bHLH 类转录因子，可结合到 9 个葫芦素 C 合成基因的启动子并激活它们的转录，进而控制黄瓜叶片与果实苦味物质合成（图 9.22）；首次揭示了关键转录因子协同调控代谢基因簇中各个基因表达的分子机制。基因组标记示踪研究显示，*Bt* 基

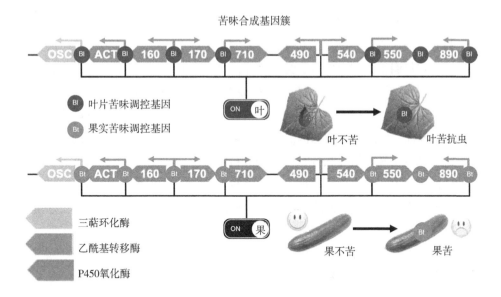

图9.22 调控黄瓜叶片和果实苦味物质葫芦素C合成分子机制（孙俊聪等，2019）

因在驯化过程中受到了人工选择，使得极苦的野生黄瓜衍生出不带有苦味的栽培品种。进一步通过比较黄瓜、西瓜和甜瓜的基因组和多重组学代谢研究策略，发现了西瓜苦味物质葫芦素E和甜瓜苦味物质葫芦素B的合成基因簇及其调控、果实苦味性状驯化的分子机制，也揭示了2个P450氧化酶丢失和功能改变是导致葫芦素B/C/E结构差异形成的主要原因。

（四）多组学揭示代谢网络及功能

植物能够产生大量不同的化合物，这对植物自身的生长发育、环境适应起着至关重要的作用，同时这些代谢物也为人类生存提供了必不可少的营养、能量和药物来源。水稻作为全球最重要的粮食作物，研究其代谢组的变异及其遗传基础具有重要的价值。罗杰研究组利用广靶向的代谢检测技术对水稻叶片的840种代谢物进行了鉴定，为研究水稻代谢物的变异提供了重要的数据，研究从代谢组的水平揭示了籼、粳稻的差异。通过整合529份水稻的基因组数据，利用全基因组关联分析对代谢物的遗传位点进行了检测，并对36个候选基因进行了功能验证；相关研究为水稻代谢物的深入解析奠定了基础。漆小泉研究组采用混合所有生物样本的质控样本（QC）作为代谢物混合池，对QC进行逐级稀释，结合溶剂空白，提出五步峰过滤规则，区分假阳性质谱信号和评价每一个峰的定量能力；同时引入相对浓度指数（RCI），结合QC梯度稀释曲线，建立所有质谱峰的定量校正模型，该方法可以消除标准品组成的人工样本中 92.4% 的假阳性，可以消除水稻籽粒提取样本中 71.4% 的假阳性质谱峰信号。

风味品质一直是番茄品质和育种研究的一个难点。黄三文研究组与 Harry Klee 团队合作将代谢组数据和感官品尝相结合，测定了 100 多种番茄的品尝实验和果实中 78 种主要物质含量，并利用数据模型最终确定了番茄中 30 多种主要的风味物质（图 9.23）；同时发现，13 种风味物质在现代番茄品种中含量的急剧降低是导致现代品种风味品质缺失的重要原因。通过对 450 份番茄种质的全基因组测序和风味物质测定，利用全基因组关联分析和连锁分析最终鉴定了影响 27 种物质的 250 多个主效的遗传位点，首次确定番茄风味形成的物质和遗传基础，为风味育种提供了路线图。黄三文研究组与罗杰研究组进一步整合 399 份番茄材料基因组、转录组、代

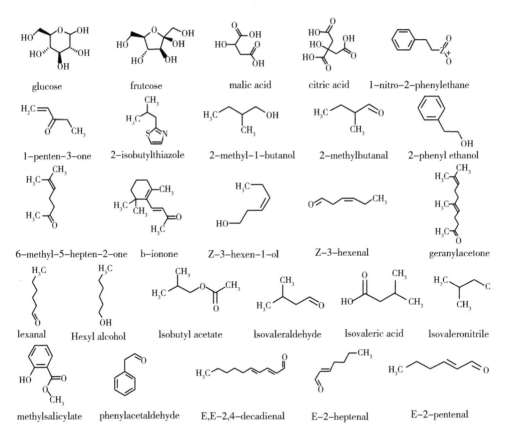

glucose.葡萄糖；frutcose.果糖；malic acid.苹果酸；citric acid.柠檬酸；Hexyl alcchol.己醇。

图 9.23　番茄果实中主要的风味物质成分（孙俊聪等，2019）

谢组数据，利用多重组学方法全面地揭示了番茄代谢物的育种历史，首次发现了番茄从野生到栽培驯化过程中番茄碱人工驯化的遗传基础，并发现了大量调控番茄风味和营养品质性状的遗传位点；上述发现为解析重要品质性状遗传机制奠定了基础，也为番茄的全基因组设计育种提供了重要支撑。

（五）药用植物活性成分的生物合成

全球抗疟市场对青蒿素的需求巨大，但青蒿中青蒿素的含量仅为其叶片干重的 0.1%~1%，因此提高青蒿中青蒿素含量也成为全球研究的热点。唐克轩教授研究组完成了青蒿全基因组测序工作，鉴定了多个调控青蒿素生物合成及腺毛发育的转录因子（图 9.24），提出青蒿素代谢工程领域的六大研究策略，①打破策略：过量表达青蒿中青蒿素合成途径关键酶基因的方法。通过单基因或多基因过表达等方法，成功提高了青蒿中青蒿素含量。②阻断策略：通过反义抑制或 RNAi 干扰等方法抑制竞争支路基因表达的方法，该团队成功阻断鲨烯合酶基因 *SQS*、β-石竹烯合酶基因 *CPS*、β-法尼烯合酶基因 *BFS* 等基因，提高了青蒿中青蒿素的含量，并发现阻断 *BFS* 和 *SQS* 基因效果更佳。③转录因子转录调控策略：通过转录因子在转录水平的调控作用，该团队成功获得多个正调控青蒿素生物合成的转录因子，包括腺毛特异表达转录因子 AaORA（AP2/ERF 家族）、茉莉酸响应转录因子 Aa-MYC2（bHLH 家族）以及 AaORA-AaTCP14 复合体等。④间接调控策略：通过调控植物激素的合成、光信号途径、低温诱导因子等间接调控青蒿素的生物合成等。⑤增加分泌型腺毛策略：通过增加青蒿叶片表面分泌型腺毛密度的方法，成功鉴定了包括 AaHD1、AaHD8 和 AaMIXTA 等在内的多个与腺毛发育相关的调控因子。⑥转运蛋白策略：通过加速底物转运从而提高青蒿素生物合成的方法，该研究团队鉴定了多个青蒿 PDR（pleiotropic drug resistance）类转运蛋白。

丹参为唇形科鼠尾草属多年生草本植物。因其根形似人参、皮红如丹，故名丹参，为大宗常用中药材。丹参根富含丹参酮二萜类化合物及丹酚酸等酚酸类化合物，这些化合物在心血管疾病预防和治疗中具有较好的活性功能。丹参易于遗传转化、生长周期较短、易于栽培种植，其基因组大小为 620 Mb 左右。陈士林研究组与漆小泉研究组合作完成了丹参全基因组框架图，为发展丹参作为药用植物模式实验材料提供了条件，极大地推动了我国药用植物分子生物学研究。

丹参酮为丹参中特征性二萜醌类化合物。黄璐琦研究组与合作者利用前期的芯片数据鉴定了 2 个参与丹参酮生物合成的二萜合酶 SmCPS1 和 SmKSL1，酵母表达实验表明，其产物为丹参酮类化合物前体次丹参酮二烯。随后该研究团队进一步克隆鉴定 3 个细胞色素 P450 基因——*CYP76AH1*、*CYP76AH3* 和 *CYP76AK1*，

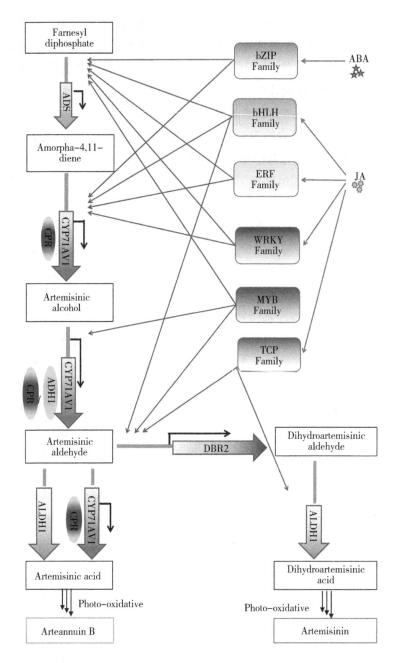

Artemisinin. 青蒿素；Arteannuin 青蒿乙素；Artemisinic alcohol. 青蒿素醇；Artemisinic aldehyde.
青蒿醛；Dihydroartemisinic aldehyde. 双氢青蒿素醛；Farnesyl. 家族；Photo-oxidative. 光氧化的。

图 9.24　青蒿素生物合成的转录调控网络（Shen et al.，2016）

将丹参酮生物合成途径从次丹参酮二烯推向铁锈醇和更为复杂的网络途径；与赵宗保研究组合作，实现了丹参酮已知途径中间体在酵母工程菌中的高效生产，其中次丹参酮二烯的产量高达 365 mg/L。

漆小泉研究组对丹参全基因组范围内的二萜合酶进行了系统的研究，发现丹参具有 4 条二萜生物合成途径（图 9.25），包括在根和地上部分别合成丹参酮的途径、花瓣中的一个全新的泪柏醚（ent-13-epi-manoyloxide）合成和保守的赤霉素合成途径；并发现唇形科中 normal-CPP 型二萜合酶的快速进化受到正向选择的作用。

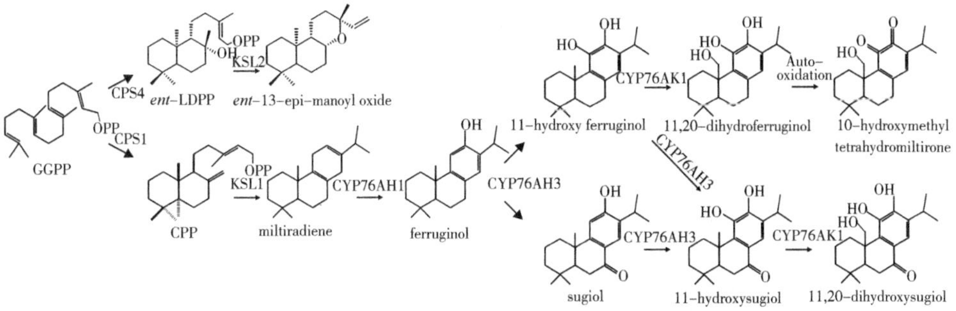

图 9.25 丹参中已知二萜类化合物生物合成途径（孙俊聪等，2019）

丹酚酸类化合物是丹参中另一类重要的活性成分。陈万生研究组利用同位标记动态检测方法对迷迭香酸生源途径进行了评估，推测了其主要合成途径，克隆鉴定了一系列参与迷迭香酸的基因，最后通过全基因组分析，得到两个漆酶（SmLAC7 和 SmLAC20），推测其参与了丹酚酸 B 的生物合成。

复习思考题

1. 植物光合作用形成的初生代谢物如何进一步转化为萜类、酚类和生物碱等次生代谢物？
2. 什么是植物的次生代谢物？植物次生代谢物的主要种类有哪些？
3. 植物次生代谢物的主要合成途径有哪些？与植物初生代谢有何关系？
4. 举例说明植物的主要萜烯类物质及其生理意义。
5. 植物内主要的类黄酮物质有哪些？并简述其生理意义。
6. 植物体内主要的含氮化合物有哪些？主要功能是什么？
7. 我国植物活性天然产物挖掘取得的哪些成果？
8. 谈谈植物次生代谢工程及商业化应用前景。

9. 概述近 40 年来我国植物次生代谢研究的重要成果。

10. 指出多组学分析在揭示植物代谢网络及功能中的作用。

主要参考文献

陈昌祥，周俊，1983. 滇产植物皂素成分的研究 VIII，禄劝花叶重楼的甾体皂甙 [J]. 植物分类与资源学报，5（2）：219-223.

陈晓亚，刘培，1998. 植物次生代谢的分子生物学及基因工程 [J]. 生命科学，8（2）：8-11.

陈晓亚，王凌健，毛颖波，等，2015. 植物萜类生物合成与抗虫反应 [J]. 生命科学，27（7）：813-818.

陈晓亚，薛红卫，2013. 植物生理与分子生物学 [M]. 4 版. 北京：高等教育出版社.

程建峰，2019. 植物生理学 [M]. 南昌：江西高校出版社.

付海奇，刘晓，宋姝，等，2023. 次生代谢物调控植物抵抗盐碱胁迫的机制 [J]. 植物生理学报，59（4）：727-740.

郭艳玲，张鹏英，郭默然，等，2012. 次生代谢产物与植物抗病防御反应 [J]. 植物生理学报，48（5）：429-434.

华晓雨，陶爽，孙盛楠，等，2017. 植物次生代谢产物-酚类化合物的研究进展 [J]. 生物技术通报，33（12）：22-29.

匡海学，2011. 中药化学 [M]. 北京：中国中医药出版社.

李伯刚，2004. 地奥心血康胶囊 [M]. 北京：科学出版社.

吕海舟，刘琬菁，何柳，等，2017. 植物次生代谢基因簇研究进展 [J]. 植物科学学报，35（4）：609-621.

潘瑞炽，王小菁，李娘辉，2012. 植物生理学 [M]. 7 版. 北京：高等教育出版社.

孙俊聪，侯柄竹，陈晓亚，等，2019. 新中国成立 70 年来我国植物代谢领域的重要进展 [J]. 中国科学：生命科学，49（10）：1213-1226.

滕中秋，申业，2015. 药用植物基因工程的研究进展 [J]. 中国中药杂志，40（4）：594-601

屠呦呦，2009. 青蒿及青蒿素类药物 [M]. 北京：化学工业出版社.

王红晓，闵军霞，2015. 植物次生代谢产物及其衍生物的抗肿瘤成药研究进展 [J]. 生命科学，27（8）：1005-1019.

王梦迪，雍旭红，印敏，等，2023. 代谢组学技术在植物次生代谢调控研究中的应用 [J]. 植物科学学报，41（2）：269-278.

王小菁，2019. 植物生理学 [M]. 8 版. 北京：高等教育出版社.

薛应龙，1987. 植物苯丙烷类代谢的生理意义及其调控 [J]. 植物生理学通讯，14（3）：9-16.

严永清，余传隆，1996. 中药辞海（第二卷）[M]. 北京：中国医药科技出版社.

赵淑娟，刘涤，胡之璧，2003. 植物次生代谢基因工程 [J]. 中国生物工程杂志，23（7）：52-56.

AZOOZ M M, AHMAD P, 2015. Plant secondary metabolites [M]. New Jersey: John Wiley & Sons, Ltd.

BOUDET A, PETTENATI J, GOFFNER D, et al., 1998. NMR characterization of altered lignins extracted from tobacco plants down-regulated for lignification enzymes cinnamylalcohol dehydrogenase and cinnamoyl-CoA reductase [J]. Proceedings of the National Academy of Sciences of the United States of America, 95 (22): 12803-12808.

BOURGAUD F, GRAVOT A, MILESI S, et al., 2001. Production of plant secondary metabolites: a historical perspective [J]. Plant Science, 161 (5): 839-851.

DAVID S S, 1998. Plant secondary metabolism [M]. US: Springer.

ERB M, KLIEBENSTEIN D J, 2020. Plant secondary metabolites as defenses, regulators, and primary metabolites: the blurred functional trichotomy [J]. Plant Physiology, 184 (1): 39-52.

GERSHENZON J, 2002. Secondary metabolites and plant defense. In Taiz L & Zeiger E. (Eds.), Plant Physiology (3rd, pp. 283-308). Sunderland, Ma: Sinauer.

HANSEN S C, STOLTER C, IMHOLT C, et al., 2016. Plant secondary metabolites as rodent repellents: a systematic review [J]. Journal of Chemical Ecology, 42 (9): 970-983.

HARINDER P S M, SIDDHURAJU P, BECKER K, 2007. Plant secondary metabolites [M]. New Jersey: Human Press.

HOPKINS W G, 2004. Introduction to Plant Physiology [M]. 3rd ed. New

Jersey: John Wiley & Sons Inc.

MAEDA H, DUDAREVA N, 2012. The Shikimate pathway and aromatic amino acid biosynthesis in plant [J]. Annual Review of Plant Biology, 63: 73-105.

MATHILDE C, MARIE G L, CATHERINE F, et al., 2016. Plant secondary metabolites: a key driver of litter decomposition and soil nutrient cycling [J]. The Journal of Ecology, 104 (6): 1527-1541.

POOJADEVI S, HARISH P, NEETA S, 2013. Hairy root cultures: A suitable biological system for studying secondary metabolic pathways in plants [J]. Engineering in Life Sciences, 13 (1): 62-75.

SHEN Q, YAN T, FU X et al., 2016. Transcriptional regulation of artemisinin biosynthesis in Artemisia annua L. Science Bulletin, 61 (1), 18-25.

STEVENSON P C, NICOLSON S W, WRIGHT G A, 2017. Plant secondary metabolites in nectar: impacts on pollinators and ecological functions [J]. Functional Ecology, 31 (1): 65-75.

TAIZ L, ZEIGER E, MØLLER I M, et al., 2015. Plant physiology and development [M]. 6th ed. Oxford: Sinauer Associates.

THEIS N, LERDAU M, 2003. The evolution of function in plant secondary metabolites [J]. International Journal of Plant Sciences, 164 (S3): 93-102.

TIWARI P, SANGWAN R S, SANGWAN N S, 2016. Plant secondary metabolism linked glycosyltransferases: an update on expanding knowledge and scopes [J]. Biotechnology Advances, 34 (5): 714-739.

VRANOVÁ E, COMAN D, GRUISSEM W, 2013. Network analysis of the MVA and MEP Pathways for isoprenoid synthesis [J]. Annual Review of Plant Biology, 64: 665-700.

第10章　中国植物生长物质研究

植物激素是指植物通过自身代谢产生的、在很低浓度下就能产生明显生理效应的一些有机信号分子。植物激素可以在合成部位发挥功能，或者经维管系统运输到距合成部位相对较远的组织中起作用。目前已研究较深入的植物激素主要包括生长素（IAA）、赤霉素（GA）、细胞分裂素（CTK）、脱落酸（ABA）、乙烯（ETH）、油菜素甾醇（BR）、茉莉素（JA）、水杨酸（SA）、多胺（PA）和独脚金内酯（SLs）及近年来越来越被广泛关注的多肽激素，其中前5种通常被称为经典植物激素，其余的被称为内源植物生长物质。

一、中国经典植物激素研究的新成果

（一）生长素

1. 生长素的合成和代谢

李家洋课题组发现，吲哚-3-甘油磷酸（indole-3-glycerolphosphate，IGP）可能作为一个分支点，参与色氨酸（Trp）不依赖的 IAA 合成途径，影响拟南芥早期胚胎的发育。很多报道表明，一些 IAA 合成途径基因受到不同转录因子的调控，如 FUS3、IDD14-16、OsEIL、PIF4 和 SPL 等可以结合到一组 IAA 合成基因 YUCCAS 的启动子上并促进它们的表达。黎家课题组揭示，一组转录因子 TCPs 在拟南芥避荫反应中可直接或通过 PIFs 来正向调控 YUCCAS 基因的表达，从而促进 IAA 的合成；在高温胁迫时该组 TCPs 也能通过促进 PIF4 转录活性来激活 YUC8 等 IAA 合成基因的表达。向成斌课题组阐明，ERF1 可转录激活 Trp 合成限速酶编码基因 ASA1/WEI2。陶懿课题组报道，ARR1 和 ARR12 可以结合到 TAA1 的启动子区并激活其转录。有研究显示，一些蛋白可通过未知机制调节植物体内 IAA 的合成，如肌醇多磷酸-5 磷酸酶（At5PTase）和 ADP1 等。此外，外界环境如氮的施加或过氧化氢的处理也会影响植物体内 IAA 素的稳态平衡。瞿礼嘉课题组发现，吲哚乙酸羧甲基转移酶 IAMT1 可在体外将 IAA 转换为 MeIAA。王石平课题组在水稻中发现，IAA 响应基因 *GH3-8* 编码氨基 IAA 合成酶并催化 IAA-amino 的合成。万建民课题组发现，水稻中存在一种 IAA 双加氧酶（DAO）在体外可以将 IAA 转化成没有活性的 OxIAA。

2. 生长素的极性运输

生长素极性运输依赖 3 种运输蛋白：输入载体 AUX/LAX 家族蛋白、输出载体 PIN 家族蛋白和兼有输入和输出功能的 ABCB/MDR/PGP 家族蛋白，植物往往通过调控这些家族蛋白来调节生长素的极性运输和分布。李家洋课题组发现，在水稻 *LAZY1* 缺失突变体中生长素极性运输增强，导致其向重力性降低；在玉米中发现 LAZY1 的同源蛋白 ZmLAZY1 缺失功能后也具有类似表型。王永红及李家洋课题组发现，转录因子 HSFA2D 作为正向调节蛋白在 LAZY1 上游起作用，同时发现功能冗余的 2 个转录因子 WOX6 和 WOX11 在 LAZY1 信号途径下游发挥功能；OsBRXL4 通过与 LAZY1 互作影响 LAZY1 的核定位，从而影响水稻的重力反应和分蘖角度。

我国对生长素运输载体蛋白研究主要集中于 PIN 家族蛋白，大致包括对 PIN 蛋白的磷酸化修饰研究、对 PIN 蛋白膜泡运输调节的研究以及对 PIN 家族基因表达量调控的研究：①生长素对 PIN 蛋白的磷酸化修饰。杨贞标课题组发现，PIN1 在拟南芥表皮细胞中错综复杂的定位依赖于其磷酸化水平。侯岁稳课题组发现，Ⅰ型蛋白磷酸酶（TOPP4）可通过去磷酸化 PIN1 来改变其极性定位。李家洋课题组发现，MKK7 获得功能突变体 *bud1* 中生长素极性运输显著增强；王永红课题组报道 MKK7-MPK6 信号级联通路可通过磷酸化 PIN1 调节其极性定位。张献龙课题组在棉花中发现，蛋白磷酸酶 2A 的 A2 亚基（GhPP2AA2）可以与棉花中的 PIN1（GhPIN1）蛋白相互作用并调节其极性定位。还有研究表明，磷脂酶 C2（PLC2）和磷脂酶 D（PLD）可能通过 PINOID 磷酸化并激活 PIN2。②生长素对 PIN 蛋白膜泡运输的调节。潘建伟课题组发现，拟南芥网格蛋白轻链蛋白 CLC2/3 对生长素信号的影响可能是通过对 PIN3 极性定位的调节来实现的。此外，JA 可调节 PIN2 蛋白的膜泡运输和其在膜上的积累，蓝光可以通过诱导拟南芥中 PIN3 的极性分布来调控根的负向光性生长；我国多个实验室也发现一些蛋白参与调控 PINs 蛋白的极性分布，如拟南芥中的 CTL1、GNOM、ARP3/DIS1、RopGEF1、ROP3、MSBP1，水稻中的 GNOM1、VLN2、BG1、AGAP、以及 NAL1 等。③生长素对 PIN 家族基因表达量的调控。薛红卫课题组报道，BR 信号可通过转录调节 PIN 家族基因的表达量来调控植物的向性生长。乐捷课题组发现，拟南芥中 R2R3-MYB 转录因子 FLP 与其同源蛋白 MYB88 可以在转录水平上调控 *PIN3* 和 *PIN7* 基因的表达。张小兰课题组发现，黄瓜中 MADSbox 蛋白 CsFUL1 的获得功能突变形式 CsFUL1A 可以抑制 *PIN1/7* 的表达；此外，盐胁迫环境也可通过影响 *PIN2* 的表达量来调节植物对重力的响应。对其他两类生长素运输蛋白的调控研究相对较少，如拟南芥地上部分外源施加铵盐可以干扰植物根系中由 AUX 家族蛋白介导的生长素内流，从而使得植物的侧根发生受到抑制。陶懿课题组发现，拟南芥中 *SAV4* 基因可通过抑制 ABCB 介导的生长素输出来参与植物的避荫响应。

3. 生长素的信号转导

生长素信号转导通路主要有 4 条：TIR1/AFB－Aux/IAA/TPL－ARFs 途径、TMK1－IAA32/34－ARFs 途径、TMK1/ABP1－ROP2/6－PINs 或 RICs 途径和 SKP2A－E2FC/DPB 途径。TIR1/AFB－Aux/IAA/TPL－ARFs 是从核内起始的信号途径，研究得比较清楚，也是被广泛认可的一条信号途径。TMK1－IAA32/34－ARFs 是最近被发现从细胞表面起始的信号途径。TMK1/ABP1－ROP2/6－PINs 或 RICs 途径存在较大争议，因为构建的 ABP1 功能缺失突变体不能重现之前报道的各种表型。SKP2A－E2FC/DPB 途径虽已被提出多年，由于缺乏多方面的证据还需进一步的研究。4 条途径中，前两条途径通过调控 ARFs 转录因子介导生长素下游基因的表达，后两条途径则直接激活一些效应蛋白，介导生长素引起的快速非基因组效应。

徐通达课题组发现，植物类受体蛋白激酶 TMK1 介导了 IAA 对顶端弯钩发育的调控。在顶端弯钩维持阶段，其内侧细胞的高浓度 IAA 能促进 TMK1 剪切形成 TMK1 的 C 末端片段并从细胞膜转运到细胞质和细胞核内，特异地和两个非经典 Aux/IAA 家族转录抑制子——IAA32 和 IAA34 互作并磷酸化 IAA 蛋白。IAA32/34 并不具有与 TIR1 互作的结构区域，即不能被 TIR1 所调控，意味着 TIR1 介导的 IAA 信号途径和 TMK1 介导的 IAA 途径通过选择不同 IAA 蛋白来区分下游信号途径。有意思的是，与之前报道的 TIR1/AFB 介导的 IAA 对于 Aux/IAA 蛋白泛素化降解过程相反，高浓度 IAA 通过 TMK1 剪切后形成的 TMK1C 可磷酸化核内的 IAA32 和 IAA34 蛋白，最终依然通过 ARF 转录因子来调控基因表达，在 IAA 浓度较高的部位抑制细胞伸长，从而导致顶端弯钩内外侧的差异性生长，解释了植物能通过不同的识别机制感知高浓度 IAA 的分子机制。

TPL/TPR 的转录抑制活性依赖于它们和转录因子 EAR 基序的相互作用，但 TPL/TPR 中与 EAR 相互作用的结构域仍不清楚。Melcher 课题组通过结构学方法证实了这个 EAR 结合结构域并将其命名为 TPD，为 TIR1/AFB－Aux/IAA/

TPL-ARFs 信号途径提供了新证据。

我国对生长素信号转导的研究大多集中在对信号途径的调控。莫肖蓉课题组在水稻中发现，亲环素蛋白 OsCYP2 可通过直接调控转录抑制子 OsIAA11 的稳定性来调控生长素信号输出。萧伟课题组发现，在拟南芥 E2 泛素结合酶突变体 *ubc13* 中，AXR3/IAA17 蛋白量有明显积累，推测 UBC13 可能参与 AXR13/IAA17 的泛素化。薛红卫课题组发现，IAA 可通过抑制蛋白酶调节因子 PTRE1 来降低蛋白酶体活性，从而减缓 Aux/IAA 的降解。丁香假单胞杆菌Ⅲ型效应蛋白 AvrRpt2 能通过加快 Aux/IAA 的降解来促进 Auxin 信号，从而提高自身的致毒效应。

对生长素信号转导的调控还包括许多转录水平上的调节。一些小 RNA 可与生长素信号元件的 mRNA 序列互补形成双链，从而导致后者被降解，这些小 RNA 和它们的靶点包括拟南芥中的 miRNA160 及其靶点 *ARF10/16*、拟南芥和水稻中都存在的 miRNA393 和其靶点 *TIR1*、大豆中的 miRNA167 和其靶点 *ARF8a/b*、杨树中的 miRNA390 - tasiARF3 和其靶点 *ARF4* 及拟南芥中的 miRNA847 与其靶点 *IAA28*。程佑发课题组发现，参与植物 mRNA 成熟过程中 3′端多聚腺苷酸化步骤的元件 CstF77 可通过选择性调控一些 IAA 相关基因 mRNA（如 AXR2/IAA7）的3′端多聚腺苷酸化来影响它们的表达，从而调节生长素信号转导。IAA 信号途径还受表观修饰的调控，张宪省课题组发现，DNA 甲基转移酶 MET1 功能缺失突变体 *met1* 中生长素信号元件 IAA18 和响应因子 *ARF3/4* 基因在胞嘧啶上的甲基化程度明显降低。

4. 生长素的生物学功能

（1）调控植物胚胎发育。张宪省课题组发现，IAA 可诱导 *WUS* 基因的表达，这种诱导对体细胞胚胎形成中胚胎干细胞的自我更新是必需的。赵洁课题组在烟草中发现，IAA 的极性运输对合子和胚胎的发育非常重要。

（2）调控植物根发育。IAA 对根部干细胞维持非常重要，主要通过诱导转录因子 PLT1/2 的积累来实现。李传友课题组发现，一个酪蛋白磺基转移酶 TPST1 可通过磺酸化修饰激活小肽分子 RGF1，而激活的 RGF1 可介导 IAA 对 *PLT1/2* 的调节。黎家课题组和柴继杰—郭红卫合作课题组同时发现，一组包含有 5 个成员的类受体激酶 RGIs/RGFRs 可作为受体感知 RGF1 小肽信号介导 IAA 对 *PLT1/2* 的调控。此外，IAA 还调节一些根尖干细胞维持的其他因素，如拟南芥中的 WOX5-IAA17 反馈循环和水稻中 TIC 因子等。除对干细胞的胚后维持起作用外，IAA 还调控不定根的形成，如在水稻中发现 IAA 调控的不定根形成需要

LOB 结构域蛋白 ARL1 的参与。

（3）调控植物叶发育。许智宏课题组观察到 IAA 对组培苗叶片发育的影响。瞿礼嘉课题组揭示了 IAA 羧甲基转移酶 IAMT1 调控叶片发育的重要功能。徐麟课题组发现了 *YUCCA* 基因调控叶缘发育的重要功能。焦雨铃课题组发现叶片发育早期，叶原基近轴端的 IAA 可通过极性运输运往顶端分生组织，造成该区域 IAA 浓度降低，这对于叶片的形态建成是必需的。

（4）调控植物向性生长。IAA 调控植物生长发育中很多不对称生长过程，如重力刺激后的向性生长。蔡伟明课题组发现，在水稻中，IAA 和 GA 可通过拮抗调控 *XET* 的表达来调节水稻茎秆的负向重力性反应；在大豆根中，IAA 诱导产生的 NO 和 cGMP 信号分子参与根的向重力性生长。薛红卫课题组发现，磷酸肌醇 4-磷酸 5-激酶（PIP5K）可能通过影响 PIN 蛋白的定位来影响 IAA 介导的向重力性反应。乐捷课题组发现，转录因子 FLP 和 MYB88 可以通过转录调节 *PIN* 基因的表达来参与 IAA 介导的向重力性反应。IAA 还参与光照诱导后的向性生长，林金星及其合作者课题组发现，IAA 极性运输蛋白 PIN2 在根尖过渡区的极性定位受到蓝光感受器 PHOT1 和信号传递因子 NPH3 的调控。吕应堂课题组发现，PIN3 的极性定位也受到蓝光的调控。李传友课题组发现，蓝光可激活转录因子 *PIF4/5* 的表达，后者可以通过转录上调 IAA 信号途径负调节因子 IAA19 和 IAA29 来抑制 IAA 的信号输出，即 PIF4/5 负向调节 IAA 介导的向光性生长。

（5）参与光照调节的植物生长和发育过程。陶懿课题组发现，参与避荫反应的未知蛋白 SAV4 对 IAA 在下胚轴中的分布是必需的。李琳课题组发现，植物在遮荫后会积累光敏色素 phyA，后者可以结合并稳定 IAA 信号途径负调节因子 Aux/IAA 蛋白，从而降低 IAA 信号输出。杨洪全课题组也发现，光照激活的 CRY1 和 phyB 可通过直接结合和稳定 Aux/IAA 来抑制 IAA 信号途径，这显示着光照和 IAA 以拮抗的方式调节 Aux/IAA 的稳定性，从而平衡 IAA 和光照对植物生长发育的影响。

5. 生长素与其他激素间的相互作用

（1）与 CTK 间的相互作用。张宪省课题组发现，IAA 响应因子 ARF3 可结合到 CTK 合成酶基因 *IPT5* 的启动子上并抑制后者的表达从而抑制 CTK 的生物合成；CTK 响应元件 B 类 ARR 可通过抑制 *YUCCA* 基因的表来抑制 IAA 的积累。储成才课题组发现，水稻中 IAA 响应因子 OsARF25 可结合到 CTK 氧化酶基因 *OsCKX4* 的启动子上并激活后者的表达，从而加强 CTK 的代谢。陶懿课题组发现，B 类 ARR 可通过结合到 IAA 合成基因 *TAA1* 的启动子和第一个内含子区来激活后者的表达。刘西岗课题组发现，在顶端花序分生组织发育过程中，ARF3 通过直接抑制 *IPT3*、*IPT5* 和 *IPT7* 的表达来抑制 CTK 的生物合成。

（2）与 JA 的相互作用。李传友课题组发现，JA 不仅可通过激活 *ASA1* 表达来调节 IAA 的生物合成，还可影响 IAA 的极性运输；JA 响应因子 MYC2 可通过抑制 *PLT1/2* 的表达来拮抗调控 IAAPLT1/2 介导的根尖干细胞维持。向成斌课题组发现，JA 可通过上调转录因子 ERF109 的表达来上调 IAA 合成基因 *ASA1* 和 *YUC2*，从而促进 IAA 的生物合成。余迪求课题组发现，转录因子 WRKY57 同时受到 JA 和 IAA 的调控，同时它也可以反馈调控 JA 和 IAA 信号途径。

（3）与 ABA 的相互作用。巩志忠课题组发现，IAA 响应因子 ARF2 与其靶标基因 *HB33* 可调节 ABA 信号的输出。何祖华课题组发现，种子休眠过程中，IAA 可通过激活 ARF10/16 来诱导 *ABI3* 的表达，从而激活 ABA 信号途径。朱健康课题组发现，ABA 受体 PYL8 可通过激活 MYB77 来增强 IAA 响应基因的表达。

（4）与 ETH 间的相互作用。张劲松与陈受宜课题组发现，水稻中的 E3 泛素连接酶 SOR1 可通过调节 Aux/IAA 蛋白的稳定性来调控乙烯的信号响应。向成斌课题组发现，乙烯响应蛋白 HB52 可通过结合到 IAA 运输基因如 *PIN2*、*WAG1* 和 *WAG2* 的启动子上来调控它们的表达。

（5）与其他激素存在相互作用。蔡伟明课题组发现在水稻中，IAA 和 GA 可通过拮抗调控 *XET* 的表达来调节水稻茎秆的负向重力性反应。薛红卫课题组报道，在下胚轴生长过程中，BR 可通过 BZR1 诱导 *IAA19* 和 *ARF7* 的转录表达来激活 IAA 信号途径。王永红课题组发现，水稻中 SL 可通过 IAA 的生物合成来调节水稻分蘖的角度。吕应堂课题组发现，SA 可通过抑制过氧化氢酶 CATALASE2 的功能来抑制 H_2O_2 引起的 IAA 的生物合成。

（二）赤霉素

1. GA 的合成、代谢及调控

谭保才课题组发现，*d1* 编码玉米 GA 合成缺陷型突变体玉米中的 GA3ox2。D1 在体外可以催化 GA_{20} 形成 GA_1 和 GA_3，GA_5 形成 GA_3 及 GA_9 形成 GA_4。林鸿宣课题组与徐建龙课题组发现，*GNP1* 编码的 GA3ox1 同样催化了 GA 的合成过程。宋纯鹏课题组发现，拟南芥中 GAS2 可以将 GA_{12} 催化成一种非典型的具有生物活性的 $GADHGA_{12}$。

GA 的合成受植物体严格调控。李建雄课题组发现，水稻中 GAMYBL2 直接抑制 *CPS* 和 *GA3ox2* 的表达，油菜素甾醇通过抑制水稻 miR159D，进而激活 miR159D 的靶基因 *GAMYBL2*，抑制 GA 的体内合成。赵毓课题组合作发现，*SHB*

编码 AP2/ERF 类型转录因子，能直接促进 *KS1* 的表达。种康课题组发现，水稻中驱动蛋白 GDD1 同样具有转录活性，GDD1 能直接抑制 *KO2* 的表达，缺失 *GDD1* 会导致水稻根、茎、穗和种子的缩短。明凤课题组发现，水稻中 NAC2 同样抑制 *KO2* 的表达；NAC2 通过调控 GA 的合成，调节了水稻的株高及开花时间。吴家和课题组与何朝族课题组发现，水稻中 LOL1/bZIP58 的复合体能促进 *KO2* 的表达。更多的 GA 合成及 bZIP58 介导的糊粉层的程序性细胞死亡，共同促进了水稻种子萌发。李毅课题组发现，水稻矮缩病毒的 P2 蛋白可以抑制 KO2 蛋白的活性，降低植物体 GA 的合成。高俊平课题组发现，月季中脱落酸和乙烯诱导 *HB1* 的高表达，HB1 能抑制 *GA20ox1* 的表达，从而抑制 GA 的合成，加快月季的衰老。周道绣课题组发现，水稻中 YAB1 抑制 *GA20ox2* 的表达；激活 GA 信号可诱导 *YAB1* 的表达，而抑制 GA 信号则降低 *YAB1* 的表达，暗示着 YAB1 参与了 GA 信号的反馈调节。林荣呈课题组发现，拟南芥中 RVE1 和 RVE2 可以抑制 *GA20ox2* 的表达。储成才课题组发现，水稻中油菜素甾醇通过 BZR1 促进 *GA3ox2* 的表达。低浓度的油菜素甾醇可以激活 *GA3ox2* 的表达、促进 GA 合成，而高浓度的油菜素甾醇可以激活 *GA2ox3* 的表达、促进 GA 的代谢失活。此外，水稻中 GSR、EATB、GD1、WRKY70 和 miR396D，小麦中 miR9678，菊花中 BBX24，拟南芥中 ABI4 及磷元素信号也能影响 GA 的合成。

GA 的修饰失活同样对植物的生长发育非常重要。何祖华课题组发现，水稻中 *EUI* 编码细胞色素单加氧酶 CYP741D1，能够氧化失活 GA4。此外，拟南芥中 EUI 的两个同源基因 *ELA1* 和 *ELA2* 也存在相似功能。李来庚课题组与杨远柱课题组合作发现，水稻 *SBI* 编码的 GA2ox 同样参与了催化 GA 失活的过程。储成才课题组发现，水稻中 HOX12 促进 *EUI* 的表达，HOX12 通过调节 GA 的失活过程调控了水稻花序的伸长。

2. GA 的信号转导及调控的生物学过程

傅向东课题组克隆了一个 GA 信号传递途径的关键元件 GRF4，DELLA 蛋白与 GRF4 相互作用并抑制其活性，GA 能通过促进 DELLA 蛋白降解，进而增强 GRF4 蛋白活性，实现植物叶片光合作用和根系氮肥吸收的协同调控，从而维持植物生长及氮代谢平衡。将优异等位基因 $GRF4^{ngr2}$ 导入当前高产水稻和小麦品种后，不仅提高其氮肥利用效率，同时还可保持其优良的半矮化和高产特性，使水稻和小麦在适当减少施氮肥条件下获得更高的产量。侯兴亮课题组发现，拟南芥中 DELLA 能抑制 LEC1 的蛋白功能，GA 引发 DELLA 的降解，从而释放 LEC1，促进生长素在胚胎中的积累，调控拟南芥胚胎的后期发育过程。还发现，拟南芥中 DELLA 通过 NF-YC3、NF-YC4 和 NFYC9 激活 *ABI5* 的表达，调控拟南芥种子萌发过程。陈浩东和邓兴旺课题组发现，拟南芥中 DELLA 通过促进 PIF3 的降解，抑制拟南芥下胚轴的伸长。丁勇课题组发现，拟南芥中 DELLA 和 MLK1、MKL2 竞争结合 CCA1，影响 CCA1 对 DWF4 的激活，调控拟南芥下胚轴的伸长。何军贤课题组发现，DELLA 与 BZR1 互作，异位表达 DELLA 蛋白可抑制 BZR1 的积累及转录活性，调控植物根及下胚轴的发育。安丰英课题组和郭红卫课题组发现，拟南芥中 DELLA 通过结合 EIN3 和 EIL1，抑制 *HLS1* 的表达，调节生长素在顶端弯钩的极性分布，调控拟南芥顶端弯钩打开的过程。林荣呈课题组发现，拟南芥中 DELLA 可抑制 PKL，而 PKL 可协同 PIF3 和 BZR1 去抑制组蛋白 H3K27me3 对目标基因的三甲基化，而 DELLA 可抑制这一过程来调控拟南芥的光形态建成。李家洋课题组发现，DELLA 通过抑制 MOC1 的降解，调控水稻的分蘖数量。黄继荣课题组在拟南芥中发现，DELLA 通过结合 MYB12 增强其对黄酮醇合成基因的转录，GA 可通过促进 DELLA 降解抑制根部黄酮醇的合成，促进拟南芥根的发育；拟南芥中 DELLA 能解除 SCL27 对原叶绿素酸酯氧化还原酶（POR）的抑制作用，调控拟南芥叶绿体的形成以及叶片的发育；拟南芥中 DELLA 通过结合 MYBL2 和 JAZ1，促进 MYB/bHLH/WD40 复合体的形成，激活拟南芥花青素的合成，增加植物对逆境的适应能力。谢道昕课题组发现，拟南芥中 DELLA 和 JAZ1 协同抑制 WD-Repeat/bHLH/MYB 转录复合体，调控拟南芥叶表皮毛发育。陈晓亚课题组和张天真课题组合作发现，棉花中 DELLA 能抑制 HOX3/HD1 的转录调控，从而抑制 *RDL1* 和 *EXPA1* 等细胞壁松弛基因的表达，调控棉纤维伸长；拟南芥中 DELLA 通过结合 MYC2，抑制其对 *TPS21* 和 *TPS11* 的表达调控，调节拟南芥花序中倍半萜烯的合成。周奕华课题组发现，水稻中 DELLA 能抑制 NACs 激活 *MYB61* 的表达，进而影响 MYB61 对 *CESA* 的转录调控，调控水稻纤维素的合成过程。王佳伟课题组发现，拟南芥中 DELLA 抑制 SPL 的转录活性，抑制其对 miR172 和 MADS box 基因的激活，调控拟南芥成花转变过程。余迪求课题组证明，拟南芥中 DELLA 通过抑制 CO、WRKY12、WRKY13 及 WRKY75，调控拟南芥成花转变过程；拟南芥中 DELLA 通过抑制 WRKY45，降低 *SAG12*、*SAG13*、*SAG113* 及 *SEN4* 等衰老基因的表达，调控拟南芥叶片衰老过程。

（三）细胞分裂素

1.CTK 的合成及代谢调控

叶和春课题组发现，超表达其中一个 IPT 基因，导致转基因青蒿中的 CTK

含量提高了 2~3 倍。左建儒课题组发现，一个功能获得型突变体 *ipt8/pga22* 的根在不含 CTK 的筛选培养基上能够诱导出茎及成苗，即 *IPTs* 是 CTK 的合成基因。侯丙凯课题组发现，糖基转移酶 UGT76C1 和 UGT76C2 能催化植物体内 CTK 的 N-糖基化修饰，并证明 UGT85A1 介导植物体内 CTK 的 O-糖基化修饰。李家洋课题组发现，独脚金内酯能诱导水稻体内 *OsCKX9* 的表达，显著降低 CTK 响应基因 *OsRR5* 的表达，说明 OsCKX9 降低了水稻体内活性细胞分裂素的积累。

2. CTK 的信号感知及传导

植物 CTK 信号传导途径中的双元信号系统主要包含 3 类蛋白成员及 4 次磷酸化事件。倪中福课题组发现，玉米中的组氨酸受体激酶（HKs）可能具有 CTK 受体的功能。孙颖课题组发现，水稻中组氨酸磷酸化转移蛋白 OsAHP1 和 OsAHP2 是 CTK 信号的正向调控因子。左建儒课题组发现 NO 能负调拟南芥 CTK 信号响应途径；发现拟南芥中的 10 个 A 类响应调节因子 ARR 均负向调节 CTK 的信号响应；且发现 B 类 ARR18 的 N 端接收功能区抑制 C 端效应功能区（转录激活功能区）的生物学功能。

3. CTK 的生物学功能研究

（1）调控细胞分裂周期。马娟娟课题组发现，CTK 能加速细胞分裂前期的 DNA 复制，为后期的细胞分裂奠定基础。吴丽芳课题组发现，CTK 能促进乌桕花絮组织细胞分裂。张宪省课题组表明，CTK 正向调节细胞分裂。李文斌和赵琳课题组发现，大豆中 CTK 也能促进细胞分裂。张建华课题组发现，水稻胚乳中 CTK 的含量与细胞分裂速率呈正相关。

（2）调控茎尖分生组织建成及维持。焦雨铃课题组发现，拟南芥茎尖花序分生组织发育依赖于 CTK 的合成及信号；CTKB 类响应因子能直接激活拟南芥茎尖干细胞维持基因 *WUSCHEL*（*WUS*）的表达，从而调节拟南芥茎尖干细胞活性。

（3）调控植物根的发育。左建儒课题组发现，CTK 参与调节拟南芥根的生长发育。周道绣课题组的研究显示，超表达 CTK A 类响应因子 *RR2* 能促进水稻根系生长，而 RNA 干扰的 *RiRR2* 突变体植株的根系生长被明显抑制。尹昌喜课题组发现，CTK 正向调控水稻不定根的生长。

（4）调控植物非生物胁迫。杨淑华课题组发现，体外施加 CTK 或超表达 CTKA 类响应因子 *ARR5*、*ARR7* 及 *ARR15* 均能显著提高拟南芥的抗冷性。吕应堂课题组研究表明，CTK 参与调控植物的低温响应。

施怡婷课题组发现，CTK 响应信号参与调节拟南芥幼苗的抗旱途径。侯丙凯课题组报道 CTK 正向调控拟南芥幼苗抗旱性。张鹏课题组发现，CTK 能促进木薯的抗旱性。杨虎清课题组发现，体外施加 CTK 能够提高黄瓜的抗旱性。

吴燕课题组发现，拟南芥中超表达 CTK 合成基因 *IPT8* 能显著降低拟南芥的抗盐性。魏兆军课题组表明，CTK 能调控植物根系对硒的吸收。丁兆军课题组证实，CTK 参与了铝离子胁迫响应。储成才课题组揭示，CTK 在调节水稻吸收及运输锌离子的过程中发挥重要功能。

（四）脱落酸

1. ABA 的信号感知与转导

（1）ABA 的信号感知。Wan-Hsing Cheng 课题组发现，一个编码短链脱还原酶的基因 *ABA2* 通过对胁迫反应的原初代谢精细正向调节 ABA 的合成。熊立仲课题组发现，*DSM2* 编码一个 β-胡萝卜素羟化酶（BCH），与 ABA 合成前体玉米黄素生物合成相关。王贵学课题组报道，水稻 Os-DET1 能与 OsDDB1 和 Os-COP10 互作形成复合体，调控 ABA 受体 OsPYL5 在植物体内的降解。OsDET1 可能参与调控 ABA 的生物合成。杨毅课题组发现，拟南芥 UDP 葡萄糖基转移酶通过催化 ABA 的糖基化来维持 ABA 的稳态。

张大鹏课题组分离纯化了 ABA 特异性结合蛋白 ABAR，*ABAR* 编码一个定位于质体内的参与催化叶绿素合成和质体-核信号转导的蛋白 CHLH，其化学性质是镁螯合酶 H 亚基，CHIH/ABAR 可作为受体蛋白正调控拟南芥 ABA 信号。人工合成的种子萌发抑制剂 pyrabactin 是一种选择性的 ABA 信号应答拮抗剂，可特异性地激活拟南芥一类胞质内 ABA 受体蛋白 PYR1。颜宁课题组解析了 ABA 受体 PYL 蛋白的结构，确证了 PYL 的受体功能；不同 PYL 蛋白抑制下游 4 个不同 PP2C 具有显著的特异性，为理解 PYL 家族的冗余性提供了重要的分子基础。赵杨与朱健康课题组合作在拟南芥中鉴定了 ABA 受体的广谱拮抗化合物 AA1，该化合物可直接进入 PYL2 受体结合配体（即 ABA）的口袋中，竞争性地结合受体，从而阻断 ABA 信号传递。

谢旗课题组发现，E2-like 蛋白 VPS23A 作为 ESCRT-I 复合体的重要成分既识别非泛素化 ABA 受体 PYR1/PYLs，也识别其 K63 位连接的泛素分子链，可通过囊泡介导的内吞作用调控 PYR1/PYLs 的亚细胞定位和蛋白的稳定性。薛红卫课题组发现，拟南芥中植物特有的酪蛋白激酶 AELs 磷酸化 ABA 受体蛋白 PYR/PYLs 并促进其蛋白降解，进而抑制 ABA 的信号传递。

（2）ABA 的信号转导。细胞质 ABA 受体 PYR/PYLs/RCARs 在静息状态下以二聚体形式存在，当与 ABA 结合后则以单体形式与磷酸酶 PP2Cs 结合，通过抑制 PP2Cs，从而解除 PP2Cs 对蛋白激酶 SnRK2s 的抑制作用，磷酸化 ABI5 及 RAV1 等转录因子，激活下游 ABA 响应基因。

王学路课题组发现，蛋白激酶 BIN2 作用于 ABA 受体下游，直接磷酸化 ABA 途径中重要组分 SnRK2.2、SnRK2.3 及下游的转录因子 ABF2，进而调控 ABA 信号通路。武维华课题组发现，拟南芥 SnRK2.2、SnRK2.3 和 SnRK2.6 磷酸化转录因子 RAV1，促使 RAV1 结合在 *ABI3*，*ABI4* 和 *ABI5* 启动子上抑制其转录，进而在种子萌发和幼苗早期发育中负调控 ABA 信号转导。朱健康课题组发现，ABA 诱导的 NO 能通过失活 SnRK2.6，对 ABA 信号进行负反馈调控；TOPP1 及其调节蛋白 AtI-2 可与 SnRK2 和 PYLs 互作，TOPP1 能抑制 SnRK2 激酶活性，且 AtI-2 可增强该抑制作用。李霞课题组发现，拟南芥 *HAB1* 基因编码一个 PP2C 磷酸酶，HAB1 通过可变剪接差异性调控 ABA 介导的种子萌发和萌发后发育阻滞过程。巩志忠课题组及其合作单位发现了调控 ABA 信号通路的新的负调控基因 *EAR1*，EAR1 蛋白可通过结合 PP2C 蛋白的 N 末端，增强 PP2C 的磷酸酶活性。

ABAR/CHLH 是叶绿体膜上的 ABA 受体，其 C-端和 N-端暴露在细胞质中。张大鹏课题组证明，ABAR/CHLH 的 C-末端片段能够特异结合 ABA，是 ABA 信号转导的核心部位；而 N-末端片段则不能结合 ABA，但对该受体的功能也是需要的；ABAR 与 ABA 信号分子的结合，可刺激 AD1A（WRKY40）出核，促进 ABAR 与 AD1A 的互相作用，进而阻遏 AD1A 的表达，解除 AD1A 对 ABA 响应基因转录的抑制；还发现，CPK4 和 CPK11 可使 ABF1 与 ABF4 磷酸化，这两个激酶作为重要的正调控因子参与了 CDPK/Ca^{2+} 介导的 ABA 信号途径；CPK12 以负调控的方式参与调节种子萌发和萌发后发育过程中的 ABA 信号途径。

泛素化修饰和 SUMO 化修饰在 ABA 信号转导途径中发挥重要作用。谢旗课题组发现，E3 连接酶 SDIR1 位于 ABI5，ABF3 和 ABF4 的上游，是 ABA 信号转导中的正调控因子；SDIR1 通过影响其底物 SDIRIP1 的稳定性，选择性地调控下游转录因子 *ABI5* 的表达，进而调控 ABA 介导的种子萌发和盐胁迫应答。安成才课题组与国外科学家合作发现，E3 连接酶 RGLG5 和 RGLG1 通过调控 PP2C 蛋白降解来解除 PP2C 对 ABA 信号传递的阻断，激活 ABA 信号通路。李霞课题组发现，AtPP2-B11 是 SCFE3 泛素连接酶复合体的组分，其能与 SnRK2.3 直接互作并降解 SnRK2.3，负调控植物对 ABA 的响应。李传友课题组发现，拟南芥泛素连接酶 RHA2a 作为 ABA 信号途径中新的正向调控因子在 ABA 调节种子萌发和早期幼苗生长中发挥重要作用，且最接近的同源基因 *RHA2b* 与 *RHA2a* 可能在调节 ABA 反应中具有冗余但又可区分的功能。郑远课题组发现，RHA2b 促进 MYB30 降解，从而影响 ABA 信号转导。SUMO 化和泛素化在 ABA 反应中起拮抗作用，通过作用于相同的氨基酸残基来调控 MYB30 的稳定性，从而影响 ABA 信号途径。巩志忠课题组筛选得到了 ABA 敏感突变体 *abo4-1*，ABO4 编码 DNA 聚合酶 ε 的催化亚基，参与 DNA 的复制、损伤修复和重组等过程；还筛选到两个 ABA 超敏感突变体 *elp2* 和 *elp6*，ELP2 和 ELP6 分别编码酵母延伸因子亚基 ELP2 和 ELP6 的直系同源蛋白，延伸因子在调节植物对 ABA 的响应、抗氧化胁迫和花色苷生物合成中起关键性作用。

2. ABA 的生物学功能

（1）调控非生物胁迫。薛红卫课题组报道了水稻中转录因子 ABL1 通过直接调节一系列包含 ABA 响应元件（ABRE）的 WRKY 家族基因来调控植物的逆境反应。蒋明义与张建华课题组发现，玉米中 46 kD 的 MAPK 参与了 ABA 诱导的植物抗氧化防御反应；拟南芥 AtMKK1-AtMPK6 是 ABA 诱导 H_2O_2 生成信号转导途径中的关键组分。章文华和国外课题组合作发现，PA 是连接保卫细胞 ABA 信号网络中不同成分的中枢脂质信号分子。沈文飚课题组提出 ABA 信号参与调控植物中氢气诱导保卫细胞气孔关闭过程。薛勇彪课题组发现，在 ABA 信号转导途径中 F-box 蛋白 DOR 可抑制干旱胁迫下 ABA 诱导的气孔关闭。熊立仲课题组研究发现，水稻 OsbZIP46 通过调控抗性相关基因的表达来影响植物对干旱的抗性，但其抗旱功能受到自身含有的 D 结构域的强烈抑制，MODD 与 D 结构域结合后可进一步招募不同的蛋白来分别调控染色质修饰和蛋白泛素化，从而实现对 OsbZIP46 的活性和蛋白稳定性的双重抑制。朱健康和赵杨课题组在拟南芥中利用 CRISPR/Cas9 基因编辑技术构建了 ABA 受体 PYL 家族 12 重和 14 重突变体，发现 PYL 介导的 ABA 信号转导是植物正常生长发育和非生物胁迫响应所必需的，并发现 PYL 抑制渗透胁迫激活的 SnRK2，揭示了 PYL 介导的 ABA 信号途径拮抗非 ABA 途径的渗透胁迫应答。

（2）调控种子休眠、萌发和幼苗早期发育。宋纯鹏课题组发现，拟南芥类受体激酶 PERK4 受 ABA 和钙离子激活，通过干扰钙离子稳态抑制根细胞的伸长。郭岩课题组发现，SIZ1 可能通过 SUMO 化 ABI5 和 R2R3 类 MYB 转录因子 MYB30 来调节种子萌发过程中的 ABA 信号通路。ChyeMee-Len 课题组发现，当 ACBP1 结合到磷脂酸及磷脂酰胆碱上时，可能促进 PLDα1 的作用参与 ABA 介导的种子萌发及幼苗发育过程。吴燕课题组发现，调控植物小 G 蛋白 ROPs 活性的调控因子 RopGEF2 蛋白可能在 ABA 抑制种子萌发和萌发后生长中发挥负作用。刘建祥课题组发现，膜结合转录因子肽酶 S2P 通过活化膜结合转录因子 bZIP17，调控 ABA 信号途径中负调控因子的表达，在 ABA 介导的种子萌发中起作用。陈益芳课题组发现，转录因子 WRKY6 通过直接结合关键下游靶基因 RAV1 的启动子抑制其表达，进而调控 ABA 介导的种子萌发和早期幼苗的生长过程。向成斌课题组发现，在种子萌发调控中，MADSbox 转录因子 AGL21 作用于 ABA 信号途径转录因子 ABI1/2 的下游和 ABI5 的上游。余迪求和胡彦如课题组发现，VQ 家族蛋白成员 VQ18 和 VQ26 作为 ABI5 转录因子的抑制子负调控 ABA 信号转导，进而促进种子萌发。朱健康课题组发现，ABA 受体基因突变可促进水稻生长和提高水稻产量。储成才课题组发现，水稻异淀粉酶 ISA1 的突变导致胚乳中小分子糖的积累，从而抑制 ABA 信号通路中两个重要转录因子 OsABI3 和 OsABI5 的表达，导致了穗发芽表型。

（3）调控果实发育。沈元月课题组的研究表明，ABA 可作为促进草莓果实成熟的信号分子，而 ABA 可能的受体 FaCHLH/ABAR 则作为促进因子参与这一过程。冷平课题组发现，在果实成熟过程中 ABA 通过下调细胞壁水解酶基因的表达进而影响细胞壁代谢；还从番茄中克隆了 3 个葡糖基转移酶（UGT）基因，在 SlUGT75C1 基因沉默的番茄果实成熟进程受阻，ABA 含量增加同时促进乙烯的释放。肖晗课题组发现，番转录因子 SlZFP2 在果实发育过程中参与 ABA 的生物合成，是果实发育过程中精细调控 ABA 生物合成的抑制子。

（4）调控叶片衰老。储成才课题组发现了 ABA 介导植物衰老信号通路的重要成分 OsNAP，OsNAP 受到 ABA 的特异性诱导，通过直接调控叶绿素降解、营养再转运及其他衰老相关基因的表达调控叶片的衰老进程。朱健康课题组发现，ABA 受体 PYL9 和下游复合体 PP2C/SnRK2 共同传递 ABA 诱导的衰老信号，通过对下游转录因子 ABFs 和 RAV1 的磷酸化激活促进衰老相关基因的表达。张一婧课题组揭示了 PRC2 核心催化酶 CLF 和 SWN 冗余介导的 H3K27me3 修饰与 ABA 相关转录因子共同调控 ABA 诱导衰老基因的表达，PRC2 介导的 H3K27me3 修饰能有效缓冲 ABA 诱导的植物凋亡，使植物对逆境胁迫做出迅速而适度的反应。

（5）调控气孔运动。陈仲华课题组分析发现，在两种水生蕨类中存在 ABA 信号途径的同源蛋白家族，但并未形成完整的信号通路，陆生蕨类中则存在一系列 ABA 响应基因，编码 ABA 合成、转运及信号传递等一系列关键功能蛋白；从分子生物学和生理学角度证实了在蕨类中已出现 ABA 调控气孔开合的机制，为水生植物登陆后的适应性演化提供了新证据。

3. ABA 与其他激素的协同/拮抗作用

谢旗课题组发现，ABI4 通过介导 GA 与 ABA 合成的平衡来调控初级种子休眠，负调控子叶变绿。万建民课题组发现，SnRK2-APC/CTE 调控模块介导了GA 和 ABA 信号通路的对抗作用。张劲松课题组和陈受宜课题组合作发现，类胡萝卜素异构酶 MHZ5 在根中介导的 ABA 途径作用于 ETH 信号途径的下游来抑制根的生长；而在胚芽鞘中，MHZ5 介导的 ABA 途径作用于 ETH 信号途径的上游，且通过抑制 ETH 信号传递来调控胚芽鞘的生长。

（五）乙烯

1. 乙烯的合成和信号转导

（1）乙烯合成。李宁课题组发现，ACC 合成酶（ACS）基因的表达受到多种环境因素及发育时期的调控，并证明 Tyr152 对番茄 LeACS2 的催化功能极其重要。王宁宁课题组发现，AtACS7 的 N 端可对其自身进行翻译后修饰，进而影响 ACS 的功能。黄荣峰课题组和王爱德课题组分别克隆了调控番茄和苹果 ETH 合成的 ETH 反应因子（ERF）转录因子，脱落酸抑制 ETH 生物合成的机制，茉莉素促进果实 ETH 合成。郭红卫课题组发现，吡嗪酰胺（PZA）能通过抑制 ACC 氧化酶（ACO）的活性抑制拟南芥 ETH 的合成。

（2）乙烯的信号转导。拟南芥中共存在 ETR1、ERS1、ETR2、ERS2 和 EIN4 5 个 ETH 受体蛋白，它们具有一定功能冗余性，是 ETH 信号的负调控因子。陈受宜和张劲松课题组克隆了 2 个烟草 ETH 受体 NTHK1 和 NTHK2，NtTCTP 通过稳定 NTHK1 蛋白，降低植物对 ETH 的敏感性，从而避免过量 ETH 对植物正常生长发育的抑制。水稻 etr2 的突变可增强水稻中的 ETH 活性。文启光课题组发现了独立于 CTR1 的 ETH 受体信号输出机制，并证实不同的 ETH 受体蛋白之间存在协作。郭红卫课题组建立了 ETH 作用的蛋白降解模型，提出了一条由 EIN2、EIN5 和 EBF1/2 非编码区共同组成的 ETH 信号调控的新通路。张劲松和陈受宜课题组发现，水稻膜蛋白 MHZ3 通过和 OsEIN2 互作抑制 OsEIN2 的泛素化，进而提高 OsEIN2 蛋白的稳定性。

2. ETH 的生物学功能

（1）调控植物生长发育。郭红卫课题组发现，EIN3 和 PIF 通过激活 *HLS1* 诱导顶端弯钩的形成，而 MYC2 则可以抑制顶端弯钩形成；EIN3/EIL1 可促进幼苗的绿化从而帮助植物抵抗光氧化胁迫。钟上威和施慧课题组合作发现，在拟南芥幼苗出土之前，EIN3 与 PIF3 通过抑制 *LHC* 的表达抑制叶绿体的发育；而在出土过程中，EIN3 和 EIL1 可促进幼苗出土生长。毛同林课题组发现，ETH 可诱导微管重建，进而诱导下胚轴伸长。

杨学勇课题组发现，过高或过低剂量的 ETH 都会对黄瓜果实细胞分裂产生严重的抑制，而合适剂量的 ETH 则可促进细胞分裂，调控黄瓜果实伸长高俊平课题组的研究表明，ETH 可抑制花瓣远轴面亚表皮细胞的伸展，从而使花器官变小。李凝课题组揭示了 ETH 通过调控 ERF110 的磷酸化来调控开花时间的机制。

白书农和许智宏课题组的工作表明，ETH 通过诱导雄蕊的细胞凋亡来促进雌花发育，而核酸酶基因 *CsCaN* 可能参与了对该过程的调控。黄三文课题组发现，CsWIP1 通过抑制 ETH 的合成抑制黄瓜雄花发育。杨仲南课题组认为，*ebf 1ebf2*突变使得 EIN3 在珠孔区的过度积累是雌配子发育异常的主要原因。

朱玉贤课题组发现，在棉纤维形成过程中，长链脂肪酸可以有效激活 *ACO* 表达并诱导 ETH 合成，而 ETH 合成抑制剂可以抑制长链脂肪酸诱导的棉花纤维细胞伸长，说明长链脂肪酸通过诱导 ETH 合成促进棉花纤维发育和细胞伸长。

刘栋课题组发现，ETH 受体 ERS1 突变会导致拟南芥根毛增多；低磷可显著增加 EIN3 蛋白在细胞核内的积累，进而激活根毛发育相关基因表达，诱导根毛发育。郭红卫课题组发现，EIN3 与根毛发育的正调控因子 RHD6 共同激活根毛长度调控基因 *RSL4* 的表达，进而促进根毛的伸长。贺军民课题组发现，ETH 通过诱导 NADPH 氧化酶产生 H_2O_2，进而诱导气孔关闭。

（2）调控果实成熟、叶片衰老与物质代谢。MADS-box 转录因子 RIN 是番茄果实成熟的正调控因子。田世平课题组发现，RIN 能直接调控 ETH 合成基因的表达，进而调控果实中的 ETH 合成。朱本忠课题组报道了 *rin* 突变体中 RIN-MC 融合蛋白影响果实成熟的机理。刘明春课题组发现，番茄 SlEBF3 通过降解 EIL 减弱番茄对 ETH 的敏感性并延迟果实成熟。程运江课题组揭示了柑橘特有的非呼吸跃变特征受到 ETH 和 ABA 的共同调控。韩振海课题组发现，ERF17 编码区的变异会影响苹果果实成熟时叶绿素的降解过程。郝玉金课题组发现，ETH 处理不仅可诱导苹果褪绿，同时还可激活 *MdMYB1* 的表达进而诱导苹果果皮中花青素的积累。陈昆松课题组的研究表明，草莓 ETH 响应因子 *FaERF#9* 可以通过激活呋喃酮氧化还原酶表达调控草莓芳香物质的合成。

蒯本科课题组和郭红卫课题组分别发现，EIN3 通过直接激活 *NYE1*、*NYC1* 和 *PAO* 的表达诱导叶绿素降解，而 *ein3 eil1* 双突变体则可延迟衰老。王宁宁课题组报道了一个富含亮氨酸重复的蛋白激酶 SARK，该蛋白通过诱导 IAA 和 ETH

信号催化叶片衰老。种康课题组发现，水稻中 OsFBK12 可通过降解 OsSAMS1 降低水稻叶片中的 ETH 含量，进而延缓叶片衰老。杨长贤课题组揭示了花朵中的 MADS-box 转录因子 FYF 抑制花瓣脱落的作用机制。高俊平课题组发现，AP2/ERF 转录因子 *RhERF1* 和 *RhERF4* 的下调表达可加速月季花瓣脱落。

（3）调控植物抗性。董汉松课题组证明，ETH 信号途径可控制诱激因子 Harpin 蛋白介导的植物生长和抗虫害反应。周俭民课题组首次报道了 EIN3 和 EIL1 在 PTI 防线中所发挥的精细调控作用。秦跟基课题组和周美亮课题组发现，ETH 可调控植物对腐生型病原菌的抗性。关荣霞课题组发现 ETH 在植物细菌抗性方面具有正调控作用。

施明德课题组报道，低氧可诱导拟南芥幼苗中 ETH 的产生，ETH 则通过激活 *AtERF732/HRE1* 调控增强植物对低氧的抗性。熊立仲课题组发现，OsETOL1 通过调控 ETH 合成及能量代谢调控水稻对干旱和洪涝的抗性。辛海平课题组发现，ETH 通过 VaERF092 激活 *WRKY33*，进而提高葡萄的耐低温能力。王海洋课题组揭示了 PHR1 响应环境信号启动磷缺乏反应的分子机理，为培育磷高效利用作物新品种提供了理论依据。

张劲松课题组发现，ETH 受体的超表达及 ETH 信号转导的关键组分 EIN2 的突变使得拟南芥对盐胁迫更加敏感。黄荣峰课题组揭示，EIN3 可通过激活 *ESE1* 的表达提高盐胁迫基因的转录水平，进而增强植物对盐的耐受性。郭红卫课题组发现，大量盐诱导基因的表达上调，且依赖于 EIN3/EIL1 蛋白。毛同林课题组从微管重建的角度解析了 ETH 提高植物耐盐的机制。黄荣峰课题组证实，ETH 处理能促使 COP1 正确定位到细胞核中，维持种子正常萌发。刘永秀课题组发现，ETH 受体 ETR1 突变会导致种子休眠。

3. ETH 与其他激素的协同调控

JA 和 ETH 可协同调控植物生长发育及对病原菌的抵抗。郭红卫课题组发现，EIN3 和 EIL1 能与 JA 共同调控根发育及对病原菌的抗性。谢道昕课题组揭示，茉莉素信号通路关键转录因子 MYC2 与 EIN3 互作拮抗调控顶端弯钩形成以及对腐生型病原菌和咀嚼式昆虫抗性。

IAA 和 ETH 协同调控植物根的生长。ETH 促进生长素的合成与运输，生长素受体 TIR1/AFB2 感受到生长素后，通过转录因子 ARF 调控下游基因的表达。张劲松和陈受宜课题组鉴定到一个位于 TIR1/AFB2 下游特异调控根部 ETH 反应的新因子 MHZ2/SOR1，并解析 SOR1 参与生长素介导 ETH 反应的信号转导机制。向成斌课题组揭示了 ETH 通过 PIN2 介导的生长素向基运输抑制主根伸长。

张劲松课题组分离鉴定了一系列水稻 ETH 反应突变体（*mhz*），*MHZ4* 编码 OsABA4 蛋白，参与调控 ABA 合成。*mhz4* 突变造成 ABA 缺失进而导致 ETH 反应异常；*MHZ5* 编码类胡萝卜素异构酶，其突变会导致 SL 与 ABA 缺失及 ETH 合成的增加，最终影响根的生长。

ETH 和 GA 参与植株节间伸长的过程。冯钰琦课题组发现，AP2/ERF 转录因子 OsEATB 介导的 ETH 和 GA 间的相互作用可能是水稻节间伸长差异的基础。ETH 负调控 *OsEATB* 的表达，而 OsEATB 在节间伸长过程中通过下调 GA 生物合成基因贝壳杉烯合酶 A 的表达降低内源 GA 的水平，从而抑制 ETH 诱导的 GA 响应。

二、中国新型植物生长物质研究的新成果

（一）油菜素甾醇

1. 油菜素甾醇类简介

油菜素甾醇（brassinosteroid，BR）是一类在植物中广泛存在的、含有多羟基的甾醇类化合物的总称，其中植物体内最有活性的油菜素甾醇为油菜素内酯（brassinolide，BL）。到目前为止，在植物界中已分离和鉴定 70 多种 BR，按发现的先后次序用数字下标来命名（BR_x），最早鉴定的 BL 称为 BR_1。根据 BR 侧链中碳原子的数目，BRs 可分为 C_{27}、C_{28} 和 C_{29} 三类，目前多种 BR 已被人工合成，用于生理生化及田间试验。BR_2 分布最为广泛，其次为 BR_1（BL）和 BR_7（香蒲甾醇，TY）；生理活性以 BR_1 最强。BRs 是多羟基化的植物甾醇类，因而 BL 的生物合成分为甾醇通用途径和 BR 特异途径。BR 合成由早期和晚期 C-22 氧化途径、早期和晚期 C-6 氧化途径、早期 C-22 氧化途径与晚期 C-6 氧化途径之间的合成途径组成。

BRs 广泛存在于植物界中，如双子叶植物的油菜、白菜、粟、茶、扁豆、菜豆和牵牛花，单子叶植物的香蒲、玉米和水稻，裸子植物的黑松和云杉等。从分布的器官看，涉及花粉、雌蕊、果实、种子、叶、茎、根、花等多种器官和幼嫩营养组织中均有 BR 的存在。BR 几乎在植物所有的生长发育及对环境适应的过程中都起着十分重要的作用，最主要的生理效应包括促进地上部细胞伸长、促进细胞分裂、调控根的生长和分化、促进维管束木质部的分化、促进雄性器官的发育、参与光形态建成、调控水稻叶夹角、促进光合作用和提高植物抗逆性等。

2. BR 的信号转导

目前，BR 信号转导通路已基本阐明。BR 可被 BRI1 和它的 2 个同源蛋白 BRL1 及 BRL3 感知。BR 与 BRI1 的胞外域结合，使其胞内激酶域被激活，激活的 BRI1 可将其负调控因子 BKI1 磷酸化，使其从质膜上解离下来，从而使 BRI1 可以与其共受体 BAK1 结合。BRI1 和 BAK1 通过顺序磷酸化将 BR 信号完全激活。随后，BRI1 将 BSK1 和 CDG1 磷酸化激活。BSKs 和 CDG1 将 BSU1 磷酸化激活，被活化的 BSU1 将 BIN2 去磷酸化使其失活，解除 BIN2 对 BES1/BZR1 的抑制功能。BR 信号的传递最终使一组含有 6 个成员的转录因子家族——BES1/BZR1 家族成员以非磷酸化的状态积累，在细胞核中激活下游基因的转录调控，进而调控植物的生长发育及其对环境刺激的响应。

（1）BRI1 和 BAK1 在细胞表面感知 BR。BRI1 是一个主要定位于质膜上的富含亮氨酸重复序列的类受体激酶（LRRRLK）。BRI1 是 BR 的受体已被科学家们通过多种技术手段证实。柴继杰课题组和 Joanne Chory 课题组同时发现，BRI1 胞外域的 25 个 LRRs 串联形成一个高度弯曲的螺旋管状结构，BL 结合在位于螺旋凹面的"岛屿"结构和 LRRs 上，为 BRI1 作为 BL 受体发挥功能提供了最直接的证据。柴继杰课题组证明，BRI1 的同源蛋白 BRL1 也能直接结合 BL，作为 BL 的受体发挥功能。

BAK1 最初是在筛选 BRI1 的互作蛋白时在拟南芥中被鉴定到的。黎家课题组发现，BAK1 及其同源蛋白除参与油菜素内酯信号途径外还介导了多条植物生长发育及免疫反应的信号途径。柴继杰课题组研究证明，BAK1 作为共受体直接参与 BR 信号的感知。种康课题组克隆了水稻中的 OsBAK1，并通过实验手段证明水稻 OsBAK1 与拟南芥中 BAK1 的功能是保守的。王永红和李家洋课题组鉴定并分离了 BRI1 的一个弱突变体 bri1-301，但在体外的激酶实验中检测不到 bri1-301 的激酶活性；黎家课题组与李建明课题组同时发现，bri1-301 在植物体内是有激酶活性的，且其蛋白稳定性及活性受到温度的调控。黎家课题组和王志勇课题组同时报道，TWD1 可与 BRI1 互作，TWD1 对 BRI1 和 BAK1 受 BR 诱导的磷酸化及互作至关重要。

薛红卫课题组揭示，拟南芥中的 MSBP1 也可结合 BR，它与不同的 BRs 结合的亲和力有所不同，且比 BRI1 与 BRs 结合的亲和力要低，MSBP1 可能通过和 BR 结合，调节细胞伸长相关基因的表达，进而调控拟南芥下胚轴的伸长；MSBP1 可直接与 BAK1 以一种不依赖于 BR 方式互作，MSBP1 与 BAK1 的互作一方面直接影响了植物体内 BRI1 和 BAK1 的互作；另一方面也促进了 BAK1 的内吞，进而影响了 BRI1-BAK1 复合体的功能，从而抑制 BR 信号早期的传递。种康课题组发现，水稻中 G 蛋白 α 亚基 RGA1 的缺失突变体表现出典型的 BR 缺陷表型，RGA1 独立于 OsBRI1 介导水稻中 BR 信号的传递。薛勇彪课题组发现，水稻中 U-box E3 泛素连接酶 TUD1 与 RGA1 互作，介导 BR 信号传导，调控植物的生长发育。

（2）BRI1/BAK1 介导的 BR 信号传递。BKI1 是 BRI1 的一个负调控因子。王志新课题组阐明，BKI1 中第 306~325 位的氨基酸片段就足以和 BRI1 的激酶域互作，这一区域被命名为 BIM 区域。王学路课题组发现，非磷酸化状态的BKI1 可与 BRI1 互作，阻止 BRI1 与 BAK1 的互作，进而抑制 BR 信号的激活，且水稻中的 OsBKI1 与拟南芥中 BKI1 的功能是保守的；当 BRI1 结合 BR 后，以将BKI1 第 270 位和第 274 位的丝氨酸磷酸化，并使其从质膜上解离下来；另外，BKI1 还竞争性地与协助 BES1/BZR1 降解的 14-3-3 蛋白结合，降低 14-3-3 蛋白对 BES1/BZR1 的负调作用，从而快速促进 BR 信号的传递，即 BKI1 在 BR 信号的传递过程中起到双重调控的作用。

当 BR 信号被完全激活后，BRI1 将 BSK1 磷酸化，BSK1 随后将信号传递到下游。汤文强课题组证明水稻和拟南芥中的 BSKs 的功能机制是保守的；胞质定位的 PP2AB′调节亚基可与 BRI1 互作并将其去磷酸化，从而抑制 BR 信号的传递；而细胞核定位的 PP2A 则与 BZR1 互作并将其去磷酸化，从而增强 BR 信号。

薛红卫课题组发现，水稻中一个特有的类受体蛋白 ELT1 可以直接与 OsBRI1互作，抑制其泛素化及内吞，导致 OsBRI1 积累，从而使 BR 信号增强。而 ELT1是水稻等单子叶植物特有的，为将来阐明单子叶植物和双子叶植物中 BR 信号的分化提供了重要线索。方荣祥课题组发现，水稻小 G 蛋白 OsPRA2 也参与调控BR 信号转导，OsPRA2 可直接与 OsBRI1 互作，一方面抑制了 BRI1 的激酶活性，另一方面也抑制了 OsBRI1 与 OsBAK1 的互作及其对 OsBAK1 的磷酸化，最终抑制了 OsBZR1 的去磷酸化，BR 信号传导被阻遏。

（3）GSK3（glycogen synthase kinase-3）介导的 BR 下游信号转导。BIN2 是一个 GSK3 激酶，可将 BES1/BZR1 磷酸化，磷酸化的 BES1/BZR1 会在 14-3-3蛋白的协助下，滞留在细胞质中，进而被 26S 蛋白酶体降解。PP2A 磷酸酶则可以将 BES1/BZR1 去磷酸化，非磷酸化状态的 BES1/BZR1 可以启动下游的基因表达，进而调控植物的生长发育。王学路课题组发现，拟南芥中存在一种较长的BES1 的剪接体 BES1-L，比其较短的剪接体 BES1-S 在 N 端多了 22 个氨基酸，这一段序列中含有一个双分型核定位信号，使之比 BES1-S 能够更有效地定位于细胞核中；另一方面，BES1-L 也能通过与 BES1-S 和 BZR1 互作，使 BES1-S 和 BZR1 也更有效地定位于细胞核中，进而促进 BR 信号转导；拟南芥 SINAT E3 泛素连接酶可泛素化并降解非磷酸化状态的 BES1，从而抑制 BR 信号的传导；组蛋白去乙酰化酶 HDA6 可与 BIN2 互作，并将 BIN2 第 189 位的赖氨酸去乙酰化，从而抑制 BIN2 的活性，促进 BR 信号的传导。

科学家们还以水稻为研究材料，阐明了水稻中 BR 下游信号转导过程。王志勇课题组克隆了拟南芥 BZR1 在水稻中的同源基因 OsBZR1，并证明 OsBZR1 的功能与拟南芥 BZR1 的功能是保守的；且 OsBZR1 的功能也受水稻 14-3-3 蛋白的抑制。储成才课题组发现，OsGSK2 是拟南芥 BIN2 在水稻中的同源蛋白，OsGSK2 可磷酸化 OsBZR1。有多个 GSK3 的底物被鉴定到，储成才课题组发现，水稻的一个 GRAS 蛋白 DLT 也受到 OsGSK2 的磷酸化调控。种康课题组发现，水稻中一个 CCCH 型的锌指类转录因子 LIC 也可被 GSK3/BIN2 磷酸化，与 BZR1 类似，LIC 的磷酸化状态决定了其在细胞质和细胞核中的定位及其转录调控活性，LIC 与 BZR1 以相互拮抗的方式共同调控 BR 信号。王学路课题组发现一个 AP2 转录因子 SMOS1 也作为 OsGSK2 的底物在水稻 BR 信号途径中发挥重要作用。李建雄课题组和田志宏课题组合作阐明，OsOFP8 也在 BR 下游的信号转导过程中起重要作用，BR 处理可诱导 OsOFP8 的基因表达和蛋白积累，而 OsGSK2 可与 OsOFP8 互作将其磷酸化，被磷酸化修饰的 OsOFP8 从细胞核转移到细胞质，进而被蛋白酶体降解。

3. BR 的稳态调控

BR 的合成代谢及其调控直接影响着植物体内的 BR 稳态。目前已知的 BR 生物合成关键酶有 DET2、CPD、DWF4、ROT3、CYP90D1、BR6ox1 和 BR6ox2。裴炎课题组克隆了棉花中的 GhDET2，发现其是拟南芥 DET2 的同源蛋白，也具有固醇 5α 还原酶的活性，在棉花 BR 合成过程中起重要作用。黎家课题组发现，转录因子 TCP1 可直接结合到 DWF4 启动子上，促进其表达及 BR 合成；转录因子 COG1 可促进转录因子 PIF4 和 PIF5 的表达，PIF4 和 PIF5 又能直接促进 DWF4 和 BR6ox2 的表达，进而促进 BR 的生物合成。田丰课题组从大刍草中发现了在玉米驯化过程中丢失的 2 个调控玉米叶夹角的位点，分别命名为 UPA1 和 UPA2，大刍草中的 UPA2 能够降低体内油菜素内酯合成基因的表达，进而降低叶舌部位的内源 BR 水平，导致叶夹角减小，株型更加紧凑，利于密植。

BR 的代谢失活反应对维持植物体内的 BR 稳态也是至关重要的。王学路课题组发现，乙酰基转移酶 DRL1 可能使 BRs 通过酯化反应失活。李付广课题组和黎家课题组合作发现，棉花中与拟南芥 CYP734A1 同源的蛋白 PAG1 可催化 BRs第 26 位发生羟基化而失活。定量分析植物体内的 BR 含量对研究其发挥功能的分子机制具有十分重要的意义。闫存玉课题组建立了简单实用且经济高效的检测植物内源 BRs 的方法，仅用 1 g 鲜重的植物材料即可以富集多种 BRs，并在 1 d内完成检测。褚金芳课题组提出了基于多种质谱学新技术从植物组织中筛选和鉴定活性 BRs 的策略，并鉴定到了一种新的 BR 化合物——6-deoxo-28-homotyphas-terol；最近还设计合成了一种硼亲和磁性纳米材料（BAMNPs），用于去除 BR 检测中的高峰度干扰物，大大提高了检测的灵敏度。

4. BRs 的生物学功能

（1）调控水稻株型。种康课题组和黎家课题组合作发现，降低水稻 OsBAK1的水平会引起叶片直立，可增加种植密度，具有提高产量的潜力。薛红卫课题组证实，水稻中特有的类受体蛋白 ELT1 表达升高会促进 BR 信号传导，进而使水稻叶夹角增大、分蘖增多而株高降低。王志勇课题组揭示，BRs 可通过 OsBZR1在转录水平促进 *OsILI1* 的表达而抑制 *OsIBH1* 的表达，OsILI1 还可与 OsIBH1 互作在蛋白水平影响其功能。储成才课题组发现，DLT 在 OsGSK2 下游发挥功能，其突变会导致水稻植株矮化而分蘖减少。王永红与李家洋课题组发现，OsGRAS19 参与 BR 信号途径，*OsGRAS19* 表达降低的材料，株高降低、叶片直立、茎秆粗壮、机械强度增加，产生直立穗表型。

（2）调控棉纤维发育。裴炎课题组发现 GhDET2 在棉纤维起始和快速伸长阶段高水平表达，降低 *GhDET2* 的表达或外源施加甾醇 5α 还原酶活性抑制剂均可抑制棉纤维起始和伸长，而在种皮中特异性表达 *GhDET2* 则可增加棉纤维的数目和长度。李付广课题组和黎家课题组合作证明：PAG1 参与调控 BRs 的代谢失活，其超表达导致陆地棉植株矮化、棉纤维缩短，而外源施加有活性的 BRs 则可以恢复其生长及棉纤维长度。

（3）促进植物的抗逆性。喻景权课题组系统研究发现，外源喷施 BR 可促进黄瓜中一些参与农药代谢失活的基因表达，进而促进农药降解，减少农药残留；用 BR 处理黄瓜叶片可增强其对光氧化胁迫的耐受性，用 BR 处理花还可增强根对枯萎病的抗性，原因在于 BR 的处理促进了处理部位和未处理部位的 H_2O_2 含量及胁迫相关基因的表达；外源施加 BR 还可促进黄瓜叶片质外体中 H_2O_2 的积累、提高还原型谷胱甘肽与氧化型谷胱甘肽的比率及 CO_2 的同化；BRs 也可促进番茄中 H_2O_2 含量的增加和 CO_2 的同化，进而促进番茄对氧化胁迫、冷胁迫、热胁迫等的响应。

（4）其他生物学功能。薛红卫课题组发现，BRs 与 IAA 和磷脂酰肌醇信号互作，共同调控拟南芥子叶维管的形态建成；BRs 还通过改变 IAA 的极性运输而调控植物的重力反应。张启发课题组揭示，水稻中受体激酶 XIAO 的突变导致整个植株体内 BRs 含量降低，细胞分裂受抑，导致植株矮小、叶片直立、结实率降低，即 BRs 的稳态对正常的细胞分裂和器官大小是十分重要的。刘宏涛课题组阐明，UV-B 的受体 UVR8 可与非磷酸化状态的 BES1 和转录因子 BIM1 互作，抑制它们的转录功能，造成相关生长发育基因表达受抑，即 BR 与 UV-B 信号途径协同调控植物生长发育。

（二）茉莉素

1. 茉莉素简介

茉莉酸及其衍生物统称为茉莉素或茉莉酸类（jasmonates，JAs）。JAs 是广泛存在于植物体内的一类化合物，其中最重要的代表是茉莉酸甲酯（methyl jas-monate，MeJA）和茉莉酸（jasmonic acid，JA）。JAs 属于一类氧化的脂肪酸衍生物，结构类似于动物体内的前列腺素（prostaglandins），其生物合成前体来自膜脂中的亚麻酸，目前认为 JA 的合成既可在细胞质中，也可在叶绿体中。JA 的生物合成首次发现于 1978 年，到目前为止，已认识到植物体内至少存在两条 JAs 生物合成途径，即起始于亚麻酸（linolenic acid，LA18∶3）的十八烷途径和起始于十六碳三烯酸（16∶3）的十六烷途径，并发现植物体内 JAs 的生物合成受到严格的调控。

JAs 广泛存在于藻类、苔藓、真菌、裸子植物和被子植物，其中被子植物中最普遍。植物 JA 水平会随细胞类型和组织功能、发育时期以及响应多种环境刺激而发生巨大的变化。健康叶片受到伤害、干旱、病虫胁迫后，JA 水平会快速瞬时地增加。JA 和 MeJA 在植物体内通过韧皮部和木质部进行长距离运输，也存在横向运输。MeJA 由于其可挥发性，植物在伤害和其他胁迫情况下释放出来，作为植株间交流的气态信号分子。JAs 作为信号分子，不仅能有效地介导植物对病原菌、食草动物及非生物胁迫等的防御反应，还调节植物的生长发育，如抑制生长和萌发、促进生根、促进叶片衰老、调控花器官发育、诱导禾本科植物颖花开放、诱导块茎、块根和鳞茎形成调控植物抗病虫性等。

2. 茉莉素的生物合成及信号感知

茉莉素的生物合成经历了依次发生于叶绿体—过氧化物酶体—细胞质中的多步催化过程。李传友课题组发现，茉莉素合成途径的限速酶 Spr8/TomLoxD 过表达特异地增强了植物的免疫性而对生长发育无明显不良影响，即植物存在一种平衡生长发育与防御反应的分子机制。

受伤反应能够诱导植物细胞的膜电位变化，进而快速激活茉莉素的合成。谢道昕课题组发现，VQ 家族蛋白 JAV1 是连接离子通道状态/细胞膜电位的变化和细胞内茉莉素合成的关键分子；当植物处于正常生长状态时，JAV1-JAZ8-WRKY51 复合体（JJW 复合体）结合并抑制茉莉素合成基因的表达，维持植物体内茉莉素含量处于较低水平；而当植物受到昆虫取食等损伤后，JJW 复合体解体，解除了对茉莉素合成的抑制，导致茉莉素能够在损伤后迅速大量合成。

在拟南芥中，(+)-7-iso-JA-L-Ile 是最早被鉴定的植物内源性茉莉素的活性形式。谢道昕课题组发现，(+)-7-iso-JA-Leu、(+)-7-iso-JA-Val、(+)-7-iso-JA-Met 和(+)-7-iso-JA-Ala 也是植物体内茉莉素活性小分子。刘培课题组发现，拟南芥茉莉素转运蛋白 AtJAT1/AtABCG16 通过调节茉莉素在细胞质中的输出及细胞核内的输入，进而控制茉莉素核内外的浓度差。

茉莉酸受体 COI1 的克隆揭开了茉莉素信号转导研究的序幕。谢道昕课题组研究证明，F-box 蛋白 COI1 是茉莉素的受体，COI1 在感知活性 JA-Ile 分子的过程中，先形成 COI1-JA-Ile 复合体，而后招募 JAZ（jasmonate ZIM-domain）形成 COI1-JA-Ile-JAZ 三元复合体进行信号转导；SCFCOI1 复合体的完整性对维持 COI1 蛋白的稳定性至关重要。

3. 茉莉素的生物学功能

（1）调控植物生物胁迫抗性。安成才课题组鉴定到 2 个 RING 类型的泛素连接酶（RGLG3 和 RGLG4）能促进 JA 介导的植物对病原物和创伤的易感性。李传友课题组发现，MYC2 是 JA 信号通路中高层级的转录调控元件，磷酸化依赖的蛋白降解是 MYC2 发挥转录调控功能的前提；*BER6* 编码的转录中介体亚基 MED25 一方面通过直接与 COI1、MYC2 互作，将 COI1 招募至 MYC2 靶基因启动子区域，另一方面 MED25 通过招募 Pol II，并与组蛋白乙酰转移酶 HAC1 直接互作，调节 MYC2 靶基因启动子区 H3K9 乙酰化水平，调控 JA 响应基因的表达；MED25-MYC2 功能复合体与受其调控的转录因子 MTB1-3 形成一个精美的负反馈调控回路，实现 JA 信号的终止。郭红卫课题组发现，JAZ 蛋白通过与 EIN3/EIL1 直接互作，抑制其下游基因表达，HDA6 在 JAZ 发挥抑制功能过程中发挥重要作用。陈晓亚课题组研究发现，植物对 JA 的响应及昆虫的抗性受植物年龄的影响，随着植株的成熟，JA 介导的防御反应随之降低，但抗虫成分（如芥子糖苷）的含量不断上升，抵消了 JA 反应降低的影响，提高了拟南芥的抗虫性。何光存、陈荣智与张启发课题组成功克隆了褐飞虱抗性基因 *BPH9* 及 *BPH6*，通过调控 SA 和 JA 信号途径，对褐飞虱有排趋性、抗生性，抑制其取食。叶开温课题组发现，JA 介导的损伤响应信号途径中 IbNAC1 通过提高储藏蛋白的含量，增强对斜纹夜蛾的抗性；且转录激活因子 IbbHLH3 和转录抑制因子 IbbHLH4 分别与 IbNAC1 的转录激活和抑制有关。张献龙课题发现，铜蓝氧化酶蛋白家族成员漆酶 GhLac1 参与了木质素单体及 JA 的生物合成，为抵御黄萎病和棉铃虫的侵染建立了更强的物理屏障。

腐生型病原菌会导致许多毁灭性的植物病害。谢道昕课题组鉴定了 JA 调控植物防御的负向调控因子 JAV1，其突变体对灰霉菌和甜菜夜蛾的抗性强于野生型；当植物受到病原菌侵袭时，植物通过降解 JAV1 激活下游防御基因的表达；bHLH IIId 亚家族的转录因子（bHLH3，bHLH13，bHLH14 和 bHLH17）作为转录抑制因子在对灰霉菌的抗性等中起负调控作用。余迪求课题组发现，WRKY57 与 WRKY33 竞争性地与 VQ 蛋白 SIB1 和 SIB2 互作，在一定程度上阻断 JA 信号并削弱 WRKY33 对灰霉菌的抗性。王石平课题组发现，WRKY42-WRKY13-WRKY45-2 调节模块在调控水稻对稻瘟病菌抗性中发挥重要作用，在此过程中伴随有 JA 含量的变化；过表达 C3H12 可以提高水稻对 Xoo 的抗性，并伴随 JA 的积累和 JA 诱导基因的表达。陈建平课题组发现，在水稻叶片上外源施加 MeJA 的植株表现为对水稻黑条矮缩病毒（RBSDV）抗病。何祖华课题组和娄永根课题组发现，脂氢过氧化物裂解酶 OsHPL3 通过影响 JA、绿叶挥发性物质（GLVs）的含量来调控水稻防御特异性。

昆虫、细菌、真菌、病毒等病原生物也进化出多种策略来操控 JA 途径，通过激活或抑制 JA 途径，促进自身的侵染。谢道昕课题组发现，依靠蚜虫传播的黄瓜花叶病毒编码的 2b 蛋白通过调控 JAZ 的稳定性，从而抑制 JA 途径，增强植物对病毒传播媒介蚜虫的吸引力。叶健课题组揭示，番茄黄曲叶病毒编码的 βC1 蛋白通过干扰 MYC2 同源二聚体的形成，破坏 JA 介导的防御反应，使得烟粉虱更偏好选择被双生病毒感染的植物。王晓伟课题组阐明，番茄黄化卷叶病毒病编码的 C2 蛋白能够干扰植物的泛素化系统，抑制 JA 抗虫信号通路，有利于烟粉虱的存活。张献龙课题组发现，黄萎病菌通过调控 GhOPR3 的稳定性，从而限制 JA 的生物合成，降低了植物对黄萎病的抗性。

一些细菌通过合成 JA 类似物激活 JA 途径，以利于其侵染。李传友课题组发现，番茄中存在两个高度同源的 NAC 类转录因子——LeJA2 和 LeJA2L，番茄利用 LeJA2 的功能关闭气孔防御病原菌入侵，而病原菌则"绑架"了 LeJA2L 的功能使关闭的气孔重新张开。一些细菌利用自身分泌的效应蛋白激活 JA 途径达到其侵害的目的。周俭民课题组发现，丁香假单胞菌效应蛋白 AvrB 一方面可通过与 MPK4 及分子伴侣 HSP90/RAR1 互作，促进 MPK4 磷酸化；另一方面，通过与 RIN4 互作，正调 AHA1 的活性，促进 COI1 与 JAZ 的互作，进而增强 JA 信号通路，达到其侵害的目的。

一些病毒/病原菌利用 miRNA 途径通过调控 JA 途径达到其致病的目的。吴建国课题组发现，水稻矮化病毒诱导的 miRNA319 通过抑制 JA 反应促进病毒感染。赵弘巍课题组发现，稻瘟病菌通过诱导水稻 miR319 的表达，降低 TCP21 的表达，抑制植物体内 JA 合成，从而降低寄主免疫力。在昆虫防治方面，植物防卫的化学诱导剂在植物保护中具有重要价值，娄永根课题组发现生长素类似物 2，4-D 是水稻防卫昆虫的有效诱导剂。

（2）调控植物非生物胁迫抗性。陈彩艳课题组鉴定了抗寒性的数量性状位点基因 *HAN1*，其编码一种氧化酶，可催化具有活性的 JA-Ile 转化为非活性的 12OH-JA-Ile，进而调控 JA 介导的低温反应。余迪求课题组发现，JA 途径通过 JAZ 蛋白抑制 ICE1/2 的转录活性，调控拟南芥的抗冻害反应。周艳虹课题组发现，番茄中 PhyA 与 PhyB 通过调节植物体内 ABA 和 JA 的含量来调控植物对冷胁迫的抗性。董合忠课题组发现，干旱区根系受渗透胁迫后诱导叶片合成大量 JA，运输到根系，提高了根系 PIP 蛋白含量，增强根系的吸水能力。夏光敏课题组鉴定了 TaAOC1 和 TaOPR1 分别通过 JA 和 ABA 信号通路调控耐逆关键转录因子 MYC2，从而提高小麦的耐盐能力。康国章课题组发现，JA 在植物对铜胁迫的抗性和钾离子的胁迫响应过程中起重要作用。凌宏清课题组发现，JA 信号通路影响铁吸收。肖仕课题组发现，外施 JA 能提高野生型拟南芥的复氧耐受力，而 JA 合成缺失突变体对复氧更敏感。

（3）调控根发育。JA 可抑制主根的伸长、诱导侧根的生长。李传友课题组发现，JA 处理后在根部产生的表型与已知的生长素途径 *PLT* 基因突变后根部产生的表型相似，JA 通过 MYC2 直接结合在 *PLT1* 和 *PLT2* 的启动子上抑制其表达，实现对主根生长的抑制；JA 通过调控 IAA 的生物合成和极性运输来控制侧根的形成。熊立仲课题组报道，JA-生长素互作在协调植物侧根生长和向地性反应中起重要作用。谢道昕课题组揭示，BR 信号通路在 COI1 下游负调 JA 抑制根的生长。

（4）调控花器官发育。缺少 GA 或 JA 都会导致雄蕊过短并造成雄性不育。彭金荣课题组与谢道昕课题组合作发现，GA 可通过促进 JA 的合成诱导 *MYB21/*

24/57 的表达，促进雄蕊发育。谢道昕课题组发现，JA 信号通路的抑制子 JAZ 通过与 MYB21 和 MYB24 转录因子相互作用抑制其转录活性，介导了 JA 对雄蕊的发育调控；bHLH 类型 IIIe 亚组的转录因子 MYC2、MYC3、MYC4 与 MYC5 可与 MYB21 和 MYB24 互作并形成 bHLH-MYB 复合体，协同调控雄蕊的发育。

杨维才课题组发现，一个过氧化物酶体发生缺陷的突变体中 JA 含量下降，花粉成熟受阻。张大兵课题组报道，JA 信号通路参与水稻颖花发育的调控，JA 通过 OsMYC2 调控 E 类花器官发育调控基因 *OsMADS1* 的表达，激活水稻颖花的发育进程；改造后的 JAZ 蛋白在 JA 介导的水稻花和根的发育过程中起重要作用。

（5）调控植物开花时间。李传友课题组发现，植物受到病虫侵害时能通过 JA 调控 AP2 类转录因子 TOE-JAZ 这一"转录因子—转录抑制子"复合体的解体，主动延迟开花，以保证植物开花结实和繁衍后代顺利进行。余迪求课题组揭示，JA 通过其激活的转录因子 MYC2、MYC3 及 MYC4 来抑制 FT 的转录，进而延迟植物的开花时间。

（6）调控植物衰老。蒯本科课题组研究表明，拟南芥 MYC2/3/4 和 ANAC019/055/072 蛋白通过调控叶绿素分解代谢酶相关基因的表达，介导植物叶片的叶绿素降解。谢道昕课题组发现，IIIe 组 bHLH 转录因子（MYC2、MYC3 和 MYC4）与 IIId 亚组 bHLH 转录因子（bHLH3、bHLH13、bHLH14 和 bHLH17）拮抗调控叶片衰老进程；JA 可通过抑制 RCA 表达，诱导叶片的衰老。罗杰课题组揭示，甲醇-JA 级联反应及其表观遗传调控叶片衰老。邢达课题组发现，PI3K 可通过激活 V-ATPase 的活性延缓 JA 诱导的叶片衰老过程。薛勇彪课题组证实，水稻锌指蛋白 OsDOS 通过协调发育与 JA 信号转导，延迟叶片衰老。王雷课题组报道，生物钟的"夜晚复合体"通过抑制 JA 介导的叶片衰老，在时间维度上精细调控 JA 诱导植物叶片衰老进程。

（7）调控表皮毛形成。谢道昕课题组发现，JA 信号通路通过 JAZ 蛋白与调控表皮毛形成的复合体 WD-repeat/bHLH/MYB 组分相互作用，抑制其转录活性，介导表皮毛形成和花青素积累；GA 信号通路抑制因子 DELLA 蛋白与 JA 信号通路抑制因子 JAZ 蛋白能协同抑制 WD-repeat/bHLH/MYB 复合体的转录活性调控表皮毛的形成。

（8）调控顶端弯钩的形成。JA 与 ETH 拮抗调节拟南芥顶端弯钩的形成。郭红卫课题组研究发现，JA 一方面通过 MYC2 促进 *EBF1* 的表达，从而降解 EIN3；另一方面 MYC2 与 EIN3 直接互作，抑制 EIN3 的转录活性，从而抑制顶端弯钩的形成。谢道昕课题组报道，MYC2 与 EIN3 通过蛋白的直接互作，使得 EIN3 通过抑制 MYC2 的转录活性拮抗 MYC2 调控的受伤反应，而 MYC2 则通过抑制 EIN3 的转录活性拮抗 EIN3 介导的顶端弯钩形成。

（9）调控植物其他发育进程。JA 促进园艺作物果实 ETH 的合成与果实成熟。王爱德课题组发现，JA 通过 MdMYC2 促进 ETH 合成基因 *MdACS1* 和 *MdACO1* 的转录，进而促进果实中 ETH 的合成，促进果实成熟。

JA 负向调控 ABA 抑制的种子萌发。孙加强课题组揭示，小麦 TaJAZ1 可直接与 TaABI5 互作，抑制其转录活性。ABA 处理显著上调 JA 合成基因表达，导致 JAZ 蛋白降解，解除 JAZ 对 ABI5 的抑制，促进种子萌发。

JA 调控棉纤维的发生与伸长。张献龙课题组研究表明，GhJAZ2 通过与 GhMYB25-like 和 GhMYC2 等转录因子相互作用并抑制其转录活性，进而抑制棉纤维及短绒纤维的发生和伸长。

JA 参与植物光形态建成。朱自强课题组发现，JA 通过抑制植物光形态建成重要负调控因子 COP1 的活性，稳定受 COP1 降解的多个光形态建成正调控因子来抑制黑暗中生长的幼苗下胚轴伸长。

JA 调控植物的气孔发育。余迪求课题组研究表明，JA 通过 MYC2/3/4 负向调控气孔发育的基因 *SPEECHLESS*（*SPCH*）和 *FAMA* 的表达，进而负向调控拟南芥子叶的气孔发育。

JA 介导的受伤信号促进植物再生。徐麟课题组发现，受伤使叶片快速积累 JA，通过 ERF109 激活生长素合成通路重要基因 *ASA1* 的表达，从而促进了叶片中生长素的积累，使得伤口处干细胞命运转变，形成根原基。

（10）调控植物次生代谢物合成。JA 可诱导植物萜类化合物、苯丙素、生物碱等次级代谢物的合成。陈晓亚课题组研究发现，JA 可通过促进棉花转录因子 *GaWRKY1* 和倍半萜合酶基因 *CAD1-A* 的表达，参与倍半萜生物合成途径的调控；JA 途径的 JAZ 蛋白和 GA 途径的 DELLA 蛋白可与 MYC2 直接互作，协同抑制 MYC2 的转录活性；外源施加 JA 和 GA 使得 JAZ 和 DELLA 蛋白降解，释放 MYC2 的转录活性，促进 TPS 的表达，使得倍半萜的合成增加。

青蒿素生物合成常受到植物激素（JA 和 ABA 等）的影响。陈晓亚题组发现，JA 可通过诱导青蒿 *AaERF1/2* 的表达，促进青蒿素合成途径 *ADS* 和 *CYP71AV1* 的表达，进而促进青蒿素的形成。唐克轩课题组揭示，青蒿腺毛特异表达的 ERF/AP2 类转录因子 AaORA 受 JA 诱导，是促进青蒿素合成的重要转录因子；JA 途径重要抑制子 JAZ 通过与 AaORA-AaTCP14 互作，抑制其转录活性，进而参与了青蒿素的合成调控；JA 信号通路核心转录因子 MYC2 在青蒿素的生物合成调控发挥重要功能；JA 可诱导青蒿中 AaJAZ8 互作的蛋白 AaHD1 的表达，进而增加叶片表面分泌型和非分泌型腺毛密度及青蒿素含量。

植物遭害虫咬噬后所释放的萜类化合物可吸引害虫的天敌。郎志宏课题组发现，响应 JA 的 AP2/ERF 转录因子 EREB58 通过激活 *TPS10* 的表达并诱导玉米产生法尼烯及（E）-α-香柑油烯，吸引害虫的天敌，达到间接防御的目的。

JA 参与一些其他小分子次生代谢物的合成调控。李传友课题组发现，CYP82C2 在 JA 水平提高的条件下，对植物中色氨酸介导的次生代谢途径有调控作用。周美亮课题组揭示，拟南芥中受 JA 和乙烯协同诱导的转录因子 ORA59 调控苯丙氨酸代谢途径 HCAAs 的生物合成。

（三）水杨酸

1. 水杨酸简介

水杨酸（SA）是一种酚类激素，能溶于水，易溶于极性的有机溶剂。在植物组织中，非结合态 SA 能在韧皮部中运输。SA 在植物界中广泛存在，一般以产热植物的花序较多。受到病原菌侵染后，叶片局部组织的 SA 会急剧上升。植物体内 SA 由苯丙氨酸途径形成，其合成来自反式肉桂酸（trans-cinnamic acid），即由莽草酸（shikimic acid）经苯丙氨酸（phenylalanine）形成反式肉桂酸，再经系列反应生成邻香豆酸（O-coumaric acid）或苯甲酸（benzoic acid），最后转化成 SA。SA 也可被水杨酸酯葡萄糖基转移酶催化转变为水杨酸 2-氧-β-葡糖苷，这个反应可防止植物体内因 SA 含量过高而产生的不利影响。人们陆续发现了 SA 的一些生理调节作用，如植物生热效应、种子萌发、气孔开闭、诱导开花、延缓切花衰老、激活超敏反应、系统获得性抗性和抵抗非生物胁迫等。

2. 水杨酸合成与信号转导

周俭民课题组发现，拟南芥转录因子 EIN3 与 EIL1 的双突突变体 *ein3eil1* 在不存在病原菌侵染下持续合成 SA 的表型，EIN3/EIL1 通过调控靶基因 *SID2* 参与到 PAMP 抗性信号途径。尹恒课题组发现海藻酸盐寡糖能调节拟南芥体内的 SA 合成。朱龙付课题组报道，色氨酸合成途径中的代谢中间体可能是激活 SA 合成的信号。刘文德课题组和王国梁课题组揭示，拟南芥抗性反应中，PUB13 的负调节依赖于 *PAD4/SID2* 介导的 SA 抗性途径及 FLS2 介导的 PTI 信号途径。

NPR1 是含有一个 WD40 结构域的蛋白，对 SA 信号途径中 *R* 基因的激活具有重要的调控作用。董汉松课题组发现，烟草 TTG2 蛋白能够阻止 NPR1 入核并抑制 SA/NPR1 所调控的防卫反应，削弱植物对病毒性和细菌性病原物的抗性。

NPR1 能被 26S 蛋白酶体降解，唐定中课题组找到了 1 个编码 26S 蛋白酶体亚基 RPN1a 的基因，该基因突变可抑制 *edr2* 介导的白粉病抗性增强的表型；*rpn1a* 突变体受 PtoDC3000 感染后，SA 的积累也受到影响。

系统获得型抗性（SAR）是植物抵御病原菌侵害的有效防御机制。万建民课题组克隆水稻了抗条纹叶枯病基因 *STV11*，其编码磺基转运酶 OsSOT1，此酶可以催化 SA 磺化生成磺化 SA（SSA），上调 SA 的生物合成；STV11 对 RSV 的抗性依赖于 SA 介导的抗病毒途径。拟南芥中糖基转移酶 UGT76D1 通过促进二羟基甲酸的糖基化，对 SA 的稳定及免疫响应发挥重要的调控作用。侯丙凯课题组发现，拟南芥中糖基转移酶 UGT71C3 通过糖基化 MeSA 来维持 MeSA 和 SA 的动态平衡，进而在 SAR 信号途径中发挥负向调控作用。

3. 水杨酸的生物学功能

（1）调控植物抗性。唐定中课题组发现，自发的细胞死亡、早衰和抗病都需要 SA 途径，但 SA 信号不能完全抑制白粉病诱发的细胞死亡。储成才课题组和朱旭东课题组合作，获得不完全显性、叶鞘特异性自主坏死的突变体 *nls1-1D*，其防卫反应被组成性激活，包括过氧化氢和 SA 过量积累、病程相关基因表达上调且对细菌病原菌的抗性增强。娄永根课题组发现，水稻茎条纹病虫可引起乙烯响应因子 *OsERF3* 基因的表达上调，该基因可能调节 *MPK* 和 *WRKY* 基因的表达，且与 JA 和 SA 介导的抗性有关。大多数拟南芥 VQ 基因的表达对病原菌感染和 SA 处理都有应答。王石平课题组证明，水稻 PAD4 与拟南芥功能不同，Os-PAD4 参与的 Xoo 介导的防卫反应途径依赖 JA，而拟南芥 AtPAD4 介导的系统获得性防卫反应依赖于 SA。邓兴旺和何光明课题组与安成才课题组合作发现，一些拟南芥杂交种表现出对活体营养细菌丁香假单胞菌 PstDC3000 的抗性增强，原因在于激活了拟南芥杂交种中的 SA 合成途径，增强植株对活体营养细菌的抗性。刘俊课题组揭示，病原菌 PstDC3000 侵染能激活 *LecRK-IX. 2* 的转录，LecRK-IX. 2 可能通过募集钙离子依赖蛋白激酶触发 RbohD 的磷酸化，从而导致活性氧（ROS）产生。夏桂先课题组在马铃薯中鉴定出 SA 信号途径的转录因子 StbZIP61，StbZIP61 能协同 StNPR3L 调控 SA 的生物合成。何祖华课题组发现，在病原菌感染过程中，GH3. 5 在 SA 和 IAA 信号传导中都起着双功能调制器的作用。

（2）调控植物生长发育。易可可课题组发现，控制水稻根系发育的基因 *AIM1* 可调控 SA 的合成，进而影响 ROS 的积累并调控根的生长及分生活性。SA 和 ROS 均可诱导叶片衰老，但其机制尚不明确。郭红卫课题组鉴定到一个调控叶片衰老的正控因子 WRKY75，揭示了 WRKY75、SA 和 ROS 促进叶片衰老的分子调控网络。

3. SA 与其他信号途径的协同作用

RNAi 途径和 SA 抗性途径是植物抗病反应调控系统中两条非常重要的信号转导通路。依赖于 RNA 的 RNA 聚合酶（RDRs）家族的不同成员各自参与这两条抗性途径。郭惠珊课题组发现，RDR1 蛋白具有双功能：一方面参与 SA 抗性途径，另一方面抑制 RDR6 介导的抗病毒 RNAi 途径。SA 能够促进青蒿素合成，但具体机制尚不明确。唐克轩课题组发现，SA 途径中的重要调控因子 AaNPR1 能促进 AaTGA6 在其靶基因青蒿素调控因子 AaERF1 启动子的富集，而 AaTGA3 对该过程起抑制作用。

（四）独脚金内酯

1. 独脚金内酯简介

独脚金内酯（SL）是一类由类胡萝卜素衍生出的类萜内酯，最早发现其能促进寄生杂草独脚金属（Striga）种子萌发而得名。SL 广泛存在于丛枝菌根宿主及寄生植物宿主的根系及其分泌物中，茎、叶中也有痕量分布。SL 能像 IAA 和 CTK 一样参与调节植株的生长发育和形态建成，这种调控作用不只限于刺激寄生植物的种子萌发、促进丛枝菌根菌丝的分枝、抑制植物分枝的形成、促进根毛的伸长和初生根的生长、抑制不定根和侧根的形成、加速叶片衰老和控制杂草等；还可与 IAA 相互作用进而增加茎的厚度、刺激茎的次生生长和节间长度及抑制腋芽的生长等。

目前，已分离的天然独脚金内酯多达 36 种，具有相同的碳骨架，主要在根中合成，通过木质部向上运输至地上部。SL 分子骨架结构含有 4 个环，由一个三环（A、B、C 环）内酯通过烯醇醚键与一个 γ-丁烯羟酸内酯（D 环）连接而成，C-D 环最为保守，A-B 环因种类的不同而变化，主要区别在于 A 环和 B 环饱和度及取代基的不同，导致活性也就存在差异。5-脱氧独脚金醇在 ABC 环上无任何修饰，结构最简单，是第一个被发现具有生物学活性的独脚金内酯，被公认为可能是其他独脚金内酯的共同前体。人工合成的独脚金醇类似物以 GR24 活性最高，应用最多。

2. SL 的生物合成

自类胡萝卜素催化合成到有活性的 SL 至少需要 5 种酶的参与。王永红课题组发现，水稻 D27 是 SL 合成途径的关键酶。朱立煌课题组揭示，水稻多分蘖突变体 htd1 是由与拟南芥 MAX3 同源的基因 HTD1 的点突变造成，该基因编码一个类胡萝卜素裂解双加氧酶 CCD7。现认为 D27 的催化产物 9-顺式-β-胡萝卜素作为底物，可被类胡萝卜素裂解双加氧酶 CCD7 和 CCD8 经两步连续催化形成不同类型活性 SL 的前体己内酯（carlactone），己内酯在植物体内是可移动 SL 前体分子。在水稻里，己内酯最后被两个细胞色素 P450 家族蛋白氧化形成有活性的列当醇。在拟南芥中，己内酯被 P450 蛋白 MAX1 及未知的甲基转移酶催化成有活性的 SL。谢道昕、闫建斌及南发俊课题组发现，GR24^{5DS} 活性最高，且 GR24$^{ent-5DS}$ 是一种能激活 Karrikins（KAR）信号的亚型，也能激活 SL 信号转导，为研究 SL 与 KAR 信号转导的交叉提供一种思路。

3. SL 的信号感知与传导

（1）SL 的信号感知。激素信号转导突变体具有类似于激素缺失表型且表型无法通过外源施加恢复的特征，利用这一特征，鉴定到数个参与到 SL 的信号转导分子：α/β 折叠型水解酶 D14/HTD2/D88/RMS3/DAD2，富亮氨酸重复序列 F-box 蛋白 D3/MAX2/RMS4 及 Clp 蛋白酶家族 D53/SMXL。韩斌课题组和孙宗修课题组发现，D14 蛋白家族 DAD1 能与 SL 结合并将其水解成 ABC 环和 D 环，推测 D14 蛋白可能是 SL 的受体。徐华强课题组晶体结构解析显示，D14 存在一个口袋结构并能共价结合 SL 水解产物，也表明 D14 可能是 SL 的受体。此外，F-box 蛋白 D3/MAX2 和抑制蛋白 D53 也被推测为 SL 的受体或共受体。

谢道昕、娄智勇及饶子和课题组证明，D14 是具有水解和感知 SL 双重功能的新型激素受体，解析 SL 诱导形成的受体复合体（AtD14-D3-ASK1）晶体结构发现 D14 水解 SL 为中间产物 CLIM，CLIM 共价结合 D14、引起 D14 由开放到闭合的构象改变，构象变化所形成的闭合状态对其感知 SL 不可或缺，闭合状态的 D14 作为受体结合 F-box 蛋白 D3、触发 SL 信号转导。谢道昕课题组还发现寄生杂草 SL 中受体 ShHTL7 与 D14 具有相似的感知 SL 的机制，并证明 D14 蛋白在单子叶和双子叶中具有功能保守性。

激素受体接收信号分子后通过 26S 蛋白酶体降解是调节植物激素信号转导的方式之一。拟南芥 SL 受体 AtD14 首先被发现能被 SL 诱导降解，且其降解依赖于 MAX2；徐华强和 Karsten Melcher 课题组通过晶体结构解析发现，D14 结合配体 SL 和 D3 蛋白后变得不稳定。李家洋课题组证明，水稻中 D14 同样存在受 SL 诱导的降解途径。

（2）SL 的信号传导。富含亮氨酸重复序列 F-box 蛋白 D3/MAX2/RMS4 能特异识别底物，从而使底物泛素化降解。水稻中一类编码 Clp 蛋白酶的核蛋白 D53 是 SL 信号转导途径的抑制子，D53 在 SL 存在的条件下可与已知的信号组分

D14 和 D3 互作，形成 D53-D14-SCF^{D3}蛋白复合体，诱导 D53 蛋白的泛素化，进而特异地被蛋白酶体降解，解除 D53 对下游信号分子的抑制。李家洋课题组证明，D53 同源蛋白 SMXL6/7/8 是拟南芥 SL 信号中的负调控因子，也受 SL 诱导及 D14 和 MAX2 依赖的泛素化降解。此外，拟南芥中油菜素甾醇下游转录因子 BES1 也是拟南芥 D3 同源蛋白 MAX2 的底物。王学路课题组发现，BES1 能直接与 MAX2 相互作用而被泛素化降解，该降解过程还能被 SL 受体 D14 调控。李家洋课题组证明 D53 蛋白功能时，也发现 D53 能与 TOPLESS（TPL）相关蛋白（TPR）相互作用，暗示 TPR 可能是 SL 的下游调控元件。EAR 序列是 TPL 及 TPR 互作蛋白的特征，氨基酸序列分析发现 D53 氨基酸序列含有 3 个 EAR 序列。徐华强、Karsten Melcher 与李家洋课题组发现，单子叶 D53 中特有的 EAR-2 能双向结合 TPD 结构域，促进 TPD 的四聚化，从而稳定 TPL 抑制子与核小体的结合。

信号转导需通过转录因子对下游基因进行调控，SPL 家族转录因子 IPA1 是调控植物株型的关键因子。李家洋课题组发现，D53 能与 IPA1 直接相互作用并抑制其转录活性，IPA1 也能直接结合 *D53* 基因的启动子，反馈调控 SL 介导的 *D53* 的表达。种康课题组揭示，受非编码 RNAmiR444a 转录后调控的转录因子 OsMADS57 能直接接合到 *D14* 启动子区，抑制其表达。TCP 家族成员 OsTB1 及 AtBRC1 是调控分枝发育的关键转录因子，李家洋课题组发现，水稻中 IPA1 能直接结合到 *OsTB1* 的启动子区，正向调控其表达进而调控分蘖发育；拟南芥中 SMXL6/7/8 能抑制 SL 早期响应基因 *AtBRC1* 的表达，调控植物分枝生长。孙加强课题组发现，小麦中的转录因子 SPL 能转录激活分蘖相关基因 *TaTB1* 和 *TaBA1* 的表达，该过程能被 tae-miR156 和 TaD53 抑制。

4. SL 的生物学功能

罗伫平与谢道昕课题组开发了一系列潜在的受体不可逆抑制小分子（β-lactones），该系列小分子中存在单一抑制宿主植物或寄生杂草受体的抑制剂，说明筛选只抑制杂草萌发，而对宿主植物不影响的抑制剂的策略可行。

植物丛枝菌根的存在有利于植物从土壤中吸收营养，提高大气中 CO_2 含量能有效增加植物丛枝菌根形成，大部分研究认为是由于 CO_2 增加了光合同化物向根部的流动。喻景权课题组提出一种新的假设：根基与真菌互作共生的增加是因为大气中 CO_2 能诱导茎中 H_2O_2 依赖的生长素合成，进而促进植物根系 SL 的合成，调控根系与丛枝菌根共生。

SL 抑制植物的分枝生长。罗乐联合日本名古屋大学 Kyozuka 课题组发现，

SL 可能通过影响细胞分裂及脱落酸促进早期腋芽休眠，从而影响植物分枝。现认为植物分枝形成过程中 SL 和 IAA 抑制腋芽的产生，而细胞分裂素起促进作用。李家洋课题组发现，水稻中 SL 能快速转录激活细胞分裂素氧化酶/脱氢酶 OsCKX9，从而直接激活细胞分裂素分解代谢，下调细胞分裂素的含量。

SL 抑制茎的伸长。杨洪全课题组发现，SL 对植物下胚轴的抑制主要是通过促进 HY5 蛋白的积累，这一过程还受光受体光敏色素和隐花色素、COP1 及 PIF 蛋白的调控。王学路课题组发现，水稻自然变异的 BSK2 能控制水稻中胚轴的伸长。自然状态下，油菜素内酯通过抑制 OsBSK2 对 U 型细胞周期蛋白 CYC U2 的磷酸化而促进中胚轴的伸长。SL 则通过 D3 降解磷酸化的 CYC U2 抑制中胚轴的伸长。SL 还会影响茎的负向地性反应，王永红及李家洋课题组发现，SL 通过抑制生长素的合成来影响茎的负向地性。

植物开花是植物从营养生长到生殖生长的重要转变过程，受到众多植物激素的调控，SL 及褪黑素参与其中。蒋甲福课题组和陈发棣课题组发现，褪黑素对拟南芥开花的调控存在一个"安全阈值"，在阈值范围内，SL 通过抑制 *SPL* 基因的表达而抑制开花；在阈值范围外，SL 通过抑制褪黑素的合成，进而促进开花抑制基因 FLC 的表达来抑制开花。

当植物处在营养元素缺乏环境时，合理分配植物体内营养元素是植物的策略之一。徐国华课题组发现，SL 在植物地上部分各组织重新分配氮元素过程中发挥着重要作用。张亚丽课题组发现，SL 在低磷和低氮情况下，通过影响生长素从茎往根部的运输从而影响根的发育；低磷和低氮能促进 NO 在根部的积累，而 NO 分子能协同 SL，共同促进水稻根的伸长；不定根是须根系植物根部重要的组成部分，SL 信号是水稻不定根形成所必需的。

SL 能响应非生物胁迫。卜庆云联合研究认为，SL 信号途径中 AtMAX2 参与调控植物的非生物胁迫，该调控过程可能依赖 ABA。王国栋课题组揭示，SL 通过影响 H_2O_2 及 NO 的产生和 S-型阴离子通道 SLAC1 的活性来调控气孔的开闭，且这个过程不依赖于 ABA 途径。SL 在逆境胁迫下是否与 ABA 共同发挥作用还需更多的实验来证明。

（五）多肽激素

近来大量的生化和遗传研究表明，植物体内存在一些调控植物生长发育、生理过程和信号传递的活性多肽，包括植食性昆虫防御反应、细胞增殖、自交不亲和的识别、茎分生组织干细胞分裂与分化平衡的维持等，人们将其称为植物多肽激素（plant polypeptide hormone）。目前发现的植物多肽多达 9 种，基于配基—

受体的胞间互作模式，目前公认的植物多肽激素包括系统素（Systemin）、植物硫肽素（Phytosulfokine）、SCR SP11 和 CLV3 4 种。

1. CLV3 及 CLEs 多肽的功能研究

CLE 多肽家族成员在植物的各个部位均有表达，调控植物生长发育的多个方面。CLV3 是第一个被发现的 CLE 家族多肽成员，CLV3 和 WUS 形成一个负反馈调节环路，对维持植物顶端分生组织干细胞的稳态具有非常重要的作用。CLV3 的感知由 3 组不同的类受体蛋白激酶介导，包括 CLV1、CLV2/CRN 和 RPK2。张大兵课题组在水稻中鉴定到 FON4，作为拟南芥 CLV3 的同源蛋白，FON4 在调控顶端分生组织中与 CLV3 功能类似，但在对根尖分生组织的调控作用却与 CLV3 不同；水稻中的 FCP2p（CLE50）-QHB（拟南芥 WOX5 的同源蛋白）也调控根尖分生组织的维持和维管组织的发育。刘春明课题组认为 CLE 结构域及其旁侧区每个氨基酸残基对 CLV3 发挥功能都具有重要作用；将 CLV3 的 CLE 结构域中第 6 位甘氨酸残基替换成其他氨基酸残基，将导致不同程度的显性负效应；CLV3 的 CLE 结构域 N 端的 5 个旁侧序列氨基酸残基对 CLV3 的加工剪切非常重要；胚胎表达的 *CLE19* 能调控子叶的建立和胚乳的发育。苟小平课题组报道，类受体蛋白激酶 CIKs 作为潜在的共受体，能与 CLV1 等 3 条独立的信号途径分别形成复合物来感知 CLV3 多肽信号，调控拟南芥顶端分生组织的发育。王国栋课题组发现，CLE9 在气孔保卫细胞中表达，且 CLE9 能诱导气孔关闭，CLE9 超表达使得植物更加抗旱，而 CLE9 敲除则对干旱更加敏感；ABA 信号元件 OST1 和 SLAC1、MAPK3 和 MAPK6 参与到 CLE9 诱导气孔关闭的过程；CLE9 能诱导 H_2O_2 和 NO 的合成，进而诱导气孔关闭。李来庚课题组发现，杨树木质部细胞表达并分泌的多肽 PtrCLE20 移动到形成层细胞抑制 *PtrWOX4* 的表达，进而抑制维管形成层细胞的分裂活力；PtrCLE20 也能抑制杨树和拟南芥的根分生组织活力，且抑制作用依赖 CLV2。

2. TDIF 多肽调控植物维管发育

TDIF 在韧皮部细胞中表达并分泌，通过受体 TDR/PXY 促进原形成层细胞的分裂，并抑制木质部细胞的分化。柴继杰课题组和瞿礼嘉课题组合作发现，TDIF 在与受体结合时呈现"Ω"构象而非线性伸展构象，受体识别 CLE 家族配体的保守氨基酸位点；TDIF 可诱导 PXY 与 SERKs 的相互作用，SERKs 的缺失突变体与受体 PXY 缺失突变体表型类似且对外源施加的 TDIF 敏感性降低；TDIF 能够拉近 PXY 与 SERK2 的距离，促进 PXY 与 SERK2 的相互作用，进而调控下游信号。

3. PEP 多肽调控植物免疫反应

PEP 多肽能通过其受体 PEPR1 和 PEPR2 激活和放大免疫反应。周俭民课题组和田兴军课题组共同报道 BIK1 和 PBL1 能够与 PEPR1 相互作用，介导 PEP1 诱发的防御反应；PEP1 能诱导 BIK1 的磷酸化且依赖 PEPR1 和 PEPR2；乙烯也能诱导 BIK1 的磷酸化且依赖 PEPR1 和 PEPR2。柴继杰课题组发现，PEPR1 对 PEP1 的识别机制与 FLS2 对 flg22 的识别机制类似；PEP1 能诱导 PEPR 与 BAK1 的二聚化。周俭民课题组报道，多种免疫信号分子包括 PEP 多肽能激活 MAPK 级联信号，进而调控下游免疫反应，而 RLCK 则能介导不同信号从免疫分子受体到 MAPK 级联过程。

4. LUREs 多肽诱导植物花粉管生长

LUREs 是一类含有约 65 个氨基酸残基的半胱氨酸富集型的类防御素多肽，由助细胞合成后分泌到细胞外，能吸引花粉管向珠孔处生长，进而实现双受精。瞿礼嘉课题组鉴定到两个 RLCK：LIP1 和 LIP2，定位于花粉管顶端的质膜上，能参与感知 LUREs 进而介导花粉管向助细胞生长；植物通过分泌 LUREs 多肽信号增加自身花粉管竞争能力进而促进近缘物种间保持生殖隔离，一组含有 4 个成员的多肽家族"绣球"（XIUQIU1），能吸引拟南芥及其近缘物种的花粉管。杨维才课题组鉴定到 LUREs 的受体，发现花粉管特异表达的类受体蛋白激酶 MDIS1 及其互作蛋白 MIK1 和 MIK2 参与雌配子体信号的感知。柴继杰课题组发现，PRK6 能够特异性地结合 LURE1.2，PRK6 胞外结构域中识别 LURE1.2 的关键区域。

5. PSK 调控植物发育及抗病反应

PSK 多肽能通过其受体 PSKR 实现促进细胞分裂等功能。柴继杰和杨维才课题组合作揭示，PSKR1 通过胞外结构域中的岛区来识别 PSK，以 BAK1 为代表的 SERKs 蛋白可能作为共受体参与 PSK 的信号转导，PSKR1 岛区在 PSK 诱导下产生与 SERKs 结合的新界面从而激活 PSKR1 的机制；师恺课题组发现，PSK 可增强番茄对灰葡萄孢菌的抗性且依赖于 PSKR1，PSK 作为防御相关的信号分子，被 PSKR1 感知，通过上升钙离子浓度，激活生长素的合成，来增强番茄对灰葡萄孢菌的防御反应。

6. RGF/GLV/CLEL 调控植物根尖分生区

发育的信号感知 RGF/GLV/CLEL 参与调控根尖近端分生组织发育、根的向地性反应和侧根发生等根发育过程。Matsubayashi 课题组、黎家课题组、柴继杰—郭红卫合作课题组鉴定到 RGF1 的受体。Matsubayashi 课题组鉴定到

RGFR1、RGFR2 及 RGFR3 3 个感知 RGF1 的类受体蛋白激酶。黎家课题组以 BAK1 作为共受体调控根的发育，筛选到一组含有 5 个同源成员的类受体蛋白激酶：RGI1、RGI2、RGI3、RGI4 及 RGI5；RGF1 能快速诱导 RGI1 的磷酸化和泛素化，该类受体蛋白激酶被激活后可能通过降解进而下调信号途径。柴继杰课题组鉴定到能与 RGF1 结合的类受体蛋白激酶 RGFR1，测定了 RGF1 与 RGFR1 的亲和常数，解析了 RGF1-RGFR1 胞外结构域复合物的晶体结构。三个课题组从不同的角度鉴定到 RGF1 的受体 RGIs/RGFRs，试验结果互相印证、互为补充。汤文强课题组发现，去泛素化蛋白酶 UBP12/13 的双重缺失突变体表现出根短和对 RGF1 不敏感的表型，UBP12/13 能够与 RGI1/RGFR1 直接相互作用，通过抑制 RGI1 的泛素化降解进而参与根尖干细胞微环境的维持，调控植物根的发育。

7. RALFs 调控植物逆境响应及花粉管发育

RALFs 是一类在植物中保守的多肽激素，具有抑制细胞伸长的作用。RALF 通过其受体 FERONIA 发挥生物学功能。刘选明和于峰课题组发现，RALF 和 ABA 处理都能诱导 FER 磷酸化增强，RIPK 能与 FER 相互作用；RALF 诱导 RIPK 与 FER 形成复合物，并相互磷酸化，激活的复合物再向下传递信号；RALF 促进 EBP1 的合成，EBP1 能与 FER 相互作用并被 FER 磷酸化，磷酸化后的 EBP1 在细胞核积累，抑制 CML38 的表达，负向调控 RALF 信号。

瞿礼嘉课题组与 Cheung 课题组合作发现，花粉管质膜上的受体 BUPS1/2 或者花粉管自身分泌的多肽 RALF4/19 缺失后都将导致花粉管提前爆破，RALF4/19 被 BUPS-ANX 受体复合物感知进而维持花粉管在生长过程中保持完整性的机制，胚囊分泌的 RALF34 能取代花粉管分泌的 RALF4/19，竞争性地结合 BUPS1/2 以及 ANX1/2，从而实现花粉管的正常破裂，实现精细胞的释放。

8. EPF 调节植物气孔发育

EPF 家族属于半胱氨酸富集型多肽，EPF 家族成员在气孔发育过程中发挥功能。不同的 EPF 成员能与 ER 蛋白和 TMM 竞争性结合，进而发挥不同的调控作用。柴继杰课题组发现，TMM 能与 ER 家族蛋白形成复合物且不依赖于配体，ER 家族蛋白无法单独结合 EPF1 和 EPF2，只有与 TMM 形成复合物才能够结合 EPF1 和 EPF2；EPFL9 能与 EPF1 和 EPF2 竞争性结合 ER-TMM 复合物；而 ER 蛋白单独就可结合 EPFL4 和 EPFL6，解析了 EPFL4-ERL2 的复合物晶体结构；这些结果说明，TMM 能够调控 ER 蛋白特异性地识别配体。

9. DA 调控植物侧根发生

IDA 是调控花器官脱落的多肽，在侧根形成过程中也发挥重要作用。张舒群课题组发现，MKK4/5-MPK3/6 信号通路阻断导致侧根发生显著减少，细胞壁重塑酶类基因显著下调表达，侧根原基不能突破主根细胞层的"束缚"；IDA 可通过 HAE/HSL2 激活 MAPK 级联信号，进而调控细胞壁重塑酶类基因表达，促进侧根的发生。

（六）多胺

1. 多胺的发现和分布

多胺（ployamines，PAs）是一类低分子量的脂肪族含氮碱，广泛存在于植物体内。20 世纪 60 年代人们发现多胺具有刺激植物生长和防止衰老等作用，能调节植物的多种生理活动。高等植物的二胺有腐胺（Put）和尸胺（Cad）等，三胺有亚精胺（Spd），四胺有精胺（Spm）和鲱精胺（Agm），还有高亚精胺（Hspd）、高精胺（Hspm）、降亚精胺（Nspd）和降精胺（Nspm）等稀有多胺。通常胺基数目越多，生物活性越强。

高等植物的多胺不但种类多，且分布广。多胺的含量在不同植物及同一植物不同器官间、不同发育状况下差异很大，可从每克鲜重数纳摩到数百纳摩。细胞分裂最旺盛的部位（如幼叶、茎和根顶端）也是多胺生物合成最活跃的部位，多胺含量较高。

2. 多胺的代谢

（1）多胺的生物合成。多胺生物合成的前体物质为 3 种氨基酸，其生物合成途径大致如下：①精氨酸转化为腐胺，并为其他多胺的合成提供碳架；②蛋氨酸向腐胺提供丙氨基而逐步形成亚精胺与精胺；③赖氨酸脱羧则形成尸胺。植物体内多胺生物合成途径有两条，中心产物是腐胺（Put），分别是由精氨酸和鸟氨酸转化而成，以何种途径为主，因植物而异。腐胺作为合成过程中最初的一种多胺在特定酶的作用下，由 S-腺苷蛋氨酸（SAM）向腐胺不断地提供丙氨基，依次形成亚精胺和精胺；与此同时，甲硫氨酸脱去羧基也能形成亚精胺和精胺。

精氨酸脱羧酶（ADC）、鸟氨酸脱羧酶（ODC）和 S-腺苷蛋氨酸脱羧酶（SAMDC）是多胺合成过程中主要的关键酶。ADC 在植物中广泛分布，主要定位于细胞质内，对外界刺激、各种胁迫的反应最敏感，在拟南芥中已经发现有 2 个 ADC 编码基因（*ADC1* 和 *ADC2*）。*ADC1* 在所有植物组织中均有所表达，而 *ADC2* 的表达与一些逆境胁迫有关，如干旱与机械损伤。ODC 广泛存在于动物组织细胞，是一种磷酸吡哆醛依赖性酶，胁迫条件下 ODC 活性变化较小，一般认为 ODC 催化的反应在细胞分裂周期和生殖器官分化中起作用。SAMDC 是 Spd 和 Spm 合成的关键酶，在植物体内存在 3 种类型，分别为 Mg^{2+} 刺激型、Put 刺激型、Mg^{2+} 和 Put 不敏感型。其至少通过 4 个基因 *SAMDC1*、*SAMDC2*、*SAMDC3* 和 *SAMDC4* 编码。目前已在马铃薯、菠菜、长春花等体内克隆了 *SAMDC* 基因，并发现该基因表达受盐胁迫诱导。同样的，亚精胺合成酶（SPDS）与精胺合成酶（SPMS）在多胺的合成中也起到了一定的作用。SPDS 催化 Put 生成 Spd，拟南芥中研究表明，SPDS 由两个基因编码：*spd1* 和 *spd2*。SPMS 催化 Spd 与氨丙基结合生成 Spm。SPMS 与 SPDS 存在较高的同源性，系统进化分析的结果显示，SPMS 可能起源于 SPDS。

（2）多胺的分解代谢。多胺主要以 3 种形式在植物中存在，分别为游离态、共价结合态以及非共价结合态，其中共价结合态又可分为可溶性共价结合态和不溶性共价结合态两种形态。多胺的分解代谢是通过二胺氧化酶（DAO）和多胺氧化酶（PAO）的氧化作用实现的。二胺氧化酶是一类含铜酶，催化含有 $-CH_2NH_2$ 基团（一级氨基，如尸胺、腐胺、亚精胺、精胺等）的胺类氧化分解，其氧化后的产物为醛、氨和 H_2O_2 等。DAO 在双子叶植物（如豆科植物的豌豆、大豆、花生）中含量较高，但至今仅在少数几个物种中发现其编码基因。与 DAO 不同，PAO 以非共价键与 FAD 相连，在单子叶植物中有较高含量。PAO 有多个家族，它们的作用或是氧化多胺生成代谢终产物，或是催化多胺合成的逆反应。第一类 PAO，如禾本科植物如燕麦、小麦和玉米中的 PAO，催化亚精胺和精胺氧化分解分别生成 4-氨基正丁醛或 3-氨丙基-4-氨基正丁醛，同时生成 1,3-丙二胺（Dap）和 H_2O_2。第二类 PAO，如拟南芥 PAO1 和 PAO4，类似于哺乳动物精胺氧化酶（SMO），催化精胺生成亚精胺，拟南芥 PAO3 可以催化精胺生成亚精胺，再生成腐胺。第三类 PAO 具有相似的多胺氧化酶结构域，但并不催化多胺的脱氨基作用。

多胺的代谢与植物体内许多其他代谢途径有着密切联系，包括信号分子的生成和胁迫下的应激反应等。多胺合成途径中的 S-腺苷蛋氨酸同时也是乙烯合成的前体，它在 ACC 合成酶（ACS）的催化下生成 1-氨基环丙烷羧酸（ACC），再经 ACC 氧化酶（ACO）作用生成乙烯，许多研究显示多胺和乙烯的合成相互竞争。多胺的代谢也影响着植物体内 NO 的产生，使得多胺与其他介导植物应激反应的物质联系起来。此外，多胺氧化产生的 H_2O_2 与植物在生物与非生物胁迫中的信号传递、脱落酸诱导的气孔关闭等都有着密切的联系。因此，多胺在植物体内的代谢与植物激素以及信号物质作用的相互联系，在植物生长发育和逆境胁迫中发挥着重要的作用。

3. 多胺的生物学功能

（1）促进细胞分裂和生长。多胺对植物生长有明显的作用，植物多肽合成的每一步骤都可被加入的 Put、Spd 和 Spm 所促成。一般说来，胺生物合成最活跃的地方，细胞分裂最旺盛。多胺的浓度及生物合成速度的提高总是先于或与 DNA 和蛋白质的增加同时发生。休眠菊芋的块茎是不进行细胞分裂的，它的外植体中内源多胺、IAA、CTK 的含量都很低，如在培养基中只加入 10 ~ 100 μmol/L的多胺而不加其他生长物质，则块茎的细胞能进行分裂和生长，并刺激形成层的分化与维管束组织的分化。拟南芥 Spm 合成酶突变体 *acl5*，其体内缺少 Spm，细胞生长显著受抑制，植株出现严重矮化。

（2）调节植物生殖生长。多胺在花芽形成、果实发育和胚胎发生等生殖过程中发挥了调节作用。Spd 能促进烟草外植体、牵牛花等花芽形成。短日植物菊花和草莓的成花诱导和花发育过程中 ODC 调节 Put 的合成，当 ODC 受到二氟甲基鸟氨酸（DFMO）的抑制时，成花诱导被抑制。当加入外源 Put 时，能使成花诱导得到恢复。38 ℃高温抑制番茄花粉的萌发，检测到 38 ℃高温抑制 SAMDC 活性的升高，而对 ADC 活性无影响；这种抑制可通过外源加入 Spd 和 Spm 缓解，而 Put 不起作用。水稻雌蕊中精胺在开花第 1 天有一高峰，以后下降，开花后第 5 d 精胺与亚精胺和腐胺均达到较高水平，即多胺对雌蕊发育的调节作用可能通过促进核酸合成和蛋白质翻译而实现。外源 Spd 能促进拟南芥花期推迟型突变体提前开花并使花的数目增多，而对拟南芥花期提早型突变体无影响，说明适当浓度的多胺是开花所必需的。

沙田柚在开花过程中，花药中 3 种多胺的含量逐渐降低；从蕾期到第一次生理落果，幼果内多胺含量呈下降趋势，但受精幼果比未受精幼果下降速度缓慢；用 3 种外源多胺喷布花蕾，均促进了花粉管伸长，延缓了胚珠衰老，增强了受精能力，提高了坐果率。苹果果实发育早期游离态和结合态多胺含量上升，盛花 9 d 后外施毫摩尔浓度的多胺促进坐果和提高产量。荔枝胚胎发育与胚珠中 3 种多胺（PAs）含量及其比例变化关系密切，正常发育的胚珠中腐胺（Put）、亚精胺（Spd）和精胺（Spm）的含量在胚胎发育的各个阶段均高于败育胚珠，并在花后 7 d 即达到最高值，其中 Put 的含量最高，随后都呈下降趋势；但正常胚珠中 Spm 含量在花后 22 ~ 31 d（球形胚至心形胚发育阶段）均有所回升，而败育胚珠无此现象；败育胚珠中的 Spd 和 Spm 在胚胎败育期的下降速度显著大于正常胚珠，两者含量低以及在胚胎发育进程中较大的降幅与胚胎败育密切相关；（Spm+Spd）/Put 和 Spm/Put 比值低亦不利于胚胎发育。多胺合成高峰先于 DNA

和蛋白质，因而多胺可能通过调控生物大分子的合成影响胚胎发育。拟南芥不能正常合成 Spd 的双突变体 *spds1spds2* 出现胚胎致死的现象。

（3）延迟衰老。多胺可延迟黑暗中的燕麦、豌豆和石竹等叶片和花的衰老。燕麦离体叶片在黑暗中衰老时，首先水解酶如核糖核酸和蛋白酶活性快速增加，24 h 后叶绿素含量逐渐下降；外源多胺可抑制上述过程，且氨基数目越多，延缓衰老的活性越高，其顺序为 Spm>Spd>Put。外源多胺的作用与细胞分裂素类物质相似。尹路明指出多胺和激动素都可抑制稀脉浮萍离体叶状体在暗诱导过程中叶绿素的损失，且多胺的作用大于激动素。

就整株植物而言，在分生组织和生长细胞中，多胺的含量及多胺合成酶的活性最高，而在衰老组织中则最低。大田条件下，不同生育阶段花生的多胺代谢酶活性和多胺含量发生规律性变化，随叶片衰老精氨酸脱羧酶（ADC）和鸟氨酸脱羧酶（ODC）活性降低，而多胺氧化酶（PAO）活性升高，同时多胺含量下降。

多胺能延缓衰老，可能有以下几个方面的原因：①多胺具有稳定核酸的作用，在生理 pH 下，多胺是以多聚阳离子状态存在，极易与带负电荷的核酸和蛋白质结合，这种结合稳定了 DNA 的二级结构，提高了对热变性和 DNA 酶作用的抵抗力；②多胺还有稳定核糖体的功能，促进氨酰 tRNA 的形成及其与核糖体的结合，有利于蛋白质的生物合成；③多胺能保持叶绿体类囊体膜的完整性，减慢蛋白质丧失和 RNase 活性，阻止叶绿素破坏和蛋白质降解，提高了活性氧清除酶类的活性，降低了膜脂过氧化程度；④多胺和乙烯有共同的生物合成前体 S-腺苷蛋氨酸，多胺通过竞争 S-腺苷蛋氨酸而抑制乙烯的生成，从而也起到延缓衰老的作用。

（4）提高抗性。多胺对逆境的适应可能通过以下几种方式起作用：PAs 形成分子屏障，抵御外界不良因素侵染；PAs 通过大分子的交联稳定细胞内成分；PAs 保护蛋白质的合成，调节水分丢失；通过转化成生物碱达到解毒目的；PAs 通过参与清除活性氧，维持细胞膜的完整性及保持离子平衡。

非生物胁迫　在非生物胁迫下，植物体内积累多胺，外源多胺处理或转基因提高多胺含量能提高植物对非生物胁迫的抗性。受到钠盐胁迫时，植物体内游离的 Spm 通常表现为持续累积，迅速达到很高水平；即植物体内 Spm 含量的高低能直接反映植物对盐害的响应，可作为衡量其耐盐性强弱的一个重要指标，多胺含量丰富的植株通常耐盐性较强。干旱过程中小麦幼苗根、叶中 3 种多胺含量和多胺氧化酶（PAO）活性先迅速升高而后下降，即干旱初期多胺迅速积累可能是干旱胁迫反应的一个信号，随后较高的 Spd 和 Spm 水平有利于增强小麦幼苗的抗旱性。多胺可结合到细胞膜的磷脂部位防止胞溶作用，提高抗冷性；如低温下贮藏的枇杷果实中的 Spm、Put、Spd 渐次增加，施用外源 Spm 可保持较高的内源 Spm 和 Spd 水平，抑制 Put 积累和冷害发生，认为 Spm 升高可能是果实对冷害的防卫反应，而 Put 的积累可能是冷害的原因，Spd 含量的上升可能是冷害的结果。外源 Put 能调节酸胁迫下活性氧代谢的平衡，稳定膜系统结构，使植物免受胁迫的伤害，提高植物抗酸胁迫作用。植物在缺钾和缺镁时，精氨酸脱羧酶活性提高几倍至几十倍，积累腐胺，以代替钾等主要无机阳离子，调节细胞 pH值；故人们把腐胺含量作为缺钾的比较敏感生理指标。

生物胁迫 病原入侵植物细胞后，会诱导多胺的累积以及多胺氧化酶活性的提高，引起 H_2O_2 含量的增加，阻止病原体侵染细胞，抑制细菌和病毒的生长，使病毒失活。在烟草对 TMV 的过敏反应中发现，游离和结合的 Put 和 Spd 浓度上升，尤其在叶片坏死病斑的细胞中 Spm 浓度非常高，比正常叶片增加了 20倍，认为 Spm 可能是烟草对 TMV 抗性的诱导物；抗病毒诱导剂 VA 诱导能提高植株体内多胺的含量，并随病毒浓度的升高，Spd 和 Spm 的含量逐渐降低，Spd/Spm 比值与病毒呈显著正相关。大麦对白粉病过敏反应中，在接种 14 d 后游离态 Put、Spm 和结合形式的 Put、Spd、Spm 均大幅度增加，而鸟氨酸脱羧酶、精氨酸脱羧酶、S-腺苷甲硫氨酸脱羧酶和二胺氧化酶、多胺氧化酶活性也同时增加。柑橘中过表达来源于枳的 *PtADC* 基因导致矮化、叶片气孔密度变低，但极显著提高对溃疡病的抗性。用 Spm 处理烟草叶片，诱导了活性氧的产生和 Ca^{2+}内流，致使线粒体功能紊乱，从而激活了蛋白激酶（MAPKs），并开启 HR 及相应的防御机制；而当 PAO 受到抑制时，防御响应也受到抑制。

（5）其他生理作用。多胺还可调节与光敏色素有关的生长和形态建成，调节植物的开花过程，参与与光敏核不育水稻花粉育性转换，并能提高种子活力和发芽力，促进根系对无机离子的吸收。小麦种子萌发初期内源 PAs 尤其是 Put 大量增加，即 PAs 积极参与了种子的萌发过程。

三、植物化学控制栽培工程

（一）植物化学控制栽培工程的提出

众多经验告诉我们，要使植物丰产，必须控制植物的生长发育，不能让它自由生长下去。植物长得快是好事，但生长过快，徒长倒伏，使产量下降，因此要控制植株生长，防止徒长；果树开花可以结果，但花果过多，会使果实质量下降，易形成大年小年，故要适当控制花果数目，以提高果实品质，年年均衡生产。然而，传统的农业技术还未能随意控制或改变植物的生长发育，即使能控制也是局部的（如利用摘心或修剪去改善株型）或个别的（如采用水稻晒田措施以控制稻株生长），而且费时费工。

自从人工合成的植物生长调节剂问世后，被迅速应用于作物、果树、蔬菜、花卉和林木等植物生产上，获得惊人的成就。植物生长调节剂与其他物质如肥料等相比，具有以下作用特点：①作用面广，应用领域多。植物生长调节剂可应用于种植业的各个领域、植物生长发育的各个阶段和植物的几乎每一个生理代谢过程。植物生长调节剂不仅能大幅度提高产量，改进品质，且能增强抗逆性，提高机械化水平，省工化和高效化。②用途多样、作用奇特。植物生长调节剂的效果随其物质种类和施用技术等不同而异，既可促进种子萌发，又可延长种子休眠；既能刺激植物生长，又能延缓植物生长，甚至杀死植物；既可保花保果，又可疏花疏果等等。③用量小、药源丰、速度快、效益高、残毒少。④治标兼治本，实现外部性状与内部生理过程双调控。生长调节剂的应用可大大活化土、肥、水、密、保、管等传统栽培措施控制外部性状的作用力度，实现外部条件与内部激素水平双调控。⑤强的针对性和专业化：植物生长调节剂非常适于用其他手段难以解决的技术难题，如形成无籽果实、培育水稻壮秧、防止稻麦倒伏、控制果树新梢徒长、促进插条生根、促进果实成熟和着色、调控花卉株型、抑制腋芽生长和促进棉叶脱落等。⑥施用效果易受到植物本身、施用技术和气候条件等的干扰。

植物生长发育是一个复杂的过程，产量形成需要多个时期的演变才能实现，如防止倒伏有可能增产，但还需看花芽分化和开花结实是否正常。若想达到高产稳产，就一定要从播种到收获全过程都处于最佳状态。根据这些思路，植物生理学家和农学家的研究工作就相互接近、吸收和融合，诞生了"植物化学控制栽培工程"的新概念，这种想法既是生长调节剂应用的新阶段，也是植物栽培的新观点。植物化学控制栽培工程（简称"植物化控工程"或"植物全程化控"）就是采用一系列的生长调节剂来控制植物生长发育的栽培工程。具体来说，就是把生长调节剂的应用，作为一项必备常规措施导入种植业，使它与栽培管理、良种推广结合为一体，调动肥水和品种等一切栽培因素的潜力，以获得高产优质，并产生接近于目标设计和可控生产流程的工程。

（二）植物化学控制栽培工程的内容

植物化学控制是指用植物生长调节物质去调节和控制植物生长发育的手段，

即应用植物激素与植物生长调节剂调控植物内源激素系统和各种生理生化反应，以控制植物的生长发育过程，使植物朝着人们预期的方向和程度发生变化的化学控制原理与技术，并通过应用化学控制技术可在一定程度上改变植物的遗传潜势或使之充分表达，从而改善植物的产量和品质。

植物化控工程是从种子处理开始到下一代新种子形成的不同生育阶段，包括生根、发芽、分蘖、长叶、开花、结实，直到衰老脱落等过程，适时适量地运用各种生长调节剂来维持体内激素水平，以达到协调植株的生长与发育、个体与群体、群体与土壤气候之间的关系，最终实现高产稳产，优质高效的目的。生长调节剂在化控工程中的作用：①对植物性状进行"修饰"，如变高秆为矮秆，变晚熟为早熟。②改变栽培措施，由于生长调节剂使植物矮化，株型紧凑，所以可改稀播稀植为密播密植，可改高肥水会减产为高肥水仍安全地、充分地发挥肥效，高效更高产。③推动多熟复种制，生长延缓剂培育水稻秧苗，解决连作晚稻秧龄长、秧质差的难题；生长延缓剂培育油菜矮壮苗，成为长江流域稻—稻—油三熟制的一项突破性新技术。④提高植物的抗逆性，使植物安全渡过不良环境或少受伤害，或品种能向北种植，扩大栽培区域。因此，植物化控工程使农业获得更高的单产。

通常的中耕除草、灌溉施肥、合理密植等栽培措施，在某种意义上是改善植物的外界条件，以控制生长发育。将生长调节剂导入植物体后，则调节体内激素水平，以控制生长发育，这样就形成外部条件和内部激素的双重控制植物生长发育。外界环境条件经常变化，有时波动甚大，例如天气干旱多雨，温度过高过低，就不符合植物生长发育的需要，出现干死淹死，生长过旺或迟滞不长等现象，这时就需要用生长调节剂对植物进行化学调控，减少或避免不良环境伤害，以便做到"天促人控，天控人促"。

（三）植物化学控制栽培工程的发展

植物化学控制栽培工程是由植物生理学、农学、生态学和农药学等学科交叉而产生的学科。早期只是着眼于植物生长调节剂对植物个别器官的直接效应（如利用植物生长调节剂去促进插枝生根、打破休眠和防止脱落等），它们对植物生产（主要是园艺植物生产）有一定的良好作用，但没有引起人们很大的重视。20世纪80年代，在中国植物生理学和植物栽培科学工作者的共同努力下，提出了植物化控工程的新概念，发展了植物化控工程新学科，把化控技术推向了一个新的发展阶段。植物化控工程最突出的特点是化控技术与传统农业的紧密结合，密切配合。应用化控技术来充实和改进传统的栽培技术和耕作制度，为夺取植物的优质高产提供了强有力的新技术。

植物化控工程的发展以植物生理学关于植物激素与植物栽培科学关于植物群体生理生态的深入研究为它的两大基础。近代植物栽培学把群体生理和生态作为自己的理论基础，开始从群体结构动态的水平上来研究个体形态建成及产量的形成。但应指出的是，仅仅依靠传统的栽培技术，通过整枝、晒田、镇压、中耕等措施对植物进行外部条件的控制，是难以获得植物合理个体、株型和群体结构的。因此，化控技术导入传统农业便成为必然趋势。植物生理学关于植物激素生理效应、生物合成以及作用机理的深入研究为植物化控工程的发展提供了强有力的化控手段和理论基础。"六五"期间缩节胺在棉花上和"七五"期间多效唑在水稻、油菜等植物上的开发研究和推广应用，取得了很大成效，不仅具有很高的社会效益和经济效益，而且在植物生长调节剂的应用基础理论研究上也获得很大突破。主要是由于在进行这两项植物生长延缓剂的开发研究过程中，它们所表现出来的对于植物合理个体、株型和群体结构的有效调控，才逐步使人们形成了植物化控工程的新概念。

总的来说，化控技术对大田植物生育过程的影响主要有以下 3 个方面：①通过化控技术获得合理的个体、株型和群体结构，调节营养生长和生殖生长、地上部和地下部、主干和分枝等相关生长；②增强与植物优质、高产有关的性状，如增加有效分蘖、分枝，促进根系生长，延缓叶片衰老，增加叶绿素含量，增强光合作用，增加结实率和千粒重，调节花芽分化、花果的脱落与座果以及催熟作用等；③增强植物的抗逆能力。很多植物生长调节剂都能有效地增强植物的抗寒、抗旱、抗热、抗盐碱及抗病性。一般来说，促进型植物生长调节剂如使用得当，能很好地起到后两方面的某些生理效应和调节某些相关生长。如生长素类的 IBA 和 NAA 用于插枝生根，赤霉素用于促进不育系穗颈伸长和防止落花及落果等方面都是卓有成效的。细胞分裂素类由于降低了合成成本已开始应用于植物生产，特别令人瞩目的是，细胞分裂素的合成已突破嘌呤类的范围，成功研制比 6-BA 活性高 10 倍甚至百倍以上的 4Pu-30 等二苯脲类细胞分裂素。植物生长延缓剂则兼有上述 3 个方面的某些生理效应，是植物化控工作中最重要的化控手段。

（四）植物化学控制栽培工程在中国农业中的应用前景

1. 针对植物生育中存在的难题，在农业中应用化控技术加以解决

应用植物生长延缓剂多效唑于二晚育秧来控制二晚秧苗徒长，是化控技术解决植物生育中存在的难题的一个范例。中国南方长江流域中下游诸省，二晚育秧期正值夏季高温，秧苗生长迅速，容易长成苗体过高的弱苗。传统的栽培技术

为了控制二晚秧苗徒长，常采用晒田、少施肥、割苗等折腾措施，收效差且往往产生不良后果。多效唑应用于二晚秧苗，能通过对苗体内赤霉素、生长素、细胞分裂素和乙烯等内源激素水平的调节控制，在良好的水肥条件下，使二晚秧苗形成一种极为理想的个体株型和群体结构。主要表现为：秧苗矮而壮，分蘖多，根系发达，叶色浓绿，叶片挺立，整个群体结构紧凑，透光良好，是典型的矮、壮、健的壮秧群体。应用多效唑化控技术育成的壮秧，移栽本田后，败苗轻、返青快，早生快发，有效分蘖和有效穗数多，增穗增产，平均每公顷增产稻谷375 kg以上。

2. 植物化控工程在高产栽培中的应用和植物系统化控工程的建立

植物化控工程对植物的高额丰产栽培有着特别重要的意义。多熟、密植、高水肥是夺取植物高产的主要栽培措施。而植物化控工程突出的作用就在于保障植物在高水肥、密植和多熟的情况下有更高的安全性和应用的灵活性，因而可以使密植、水肥和良种发挥更大的作用。在高水肥条件下，影响密植和多熟效果的关键是地上部营养生长的"不合理"以及营养生长和生殖生长、地上部和地下部生长不协调。因此，克服速生、多熟、密植极限的重大课题之一就是如何获得合理的个体、株型和群体结构以求得数量最大的营养生长和具有安全系数最高的生殖生长。将化控技术导入传统的高水肥、高密度、高复种可使后者成为一种上了保险的高产措施。在北方棉区，通过化控技术将棉花的种植密度增加到每公顷15 万~22.5 万株，并将重施花铃肥的传统做法改为盛蕾期重施，获得了很高的产量水平；一向慎施小麦返青肥也可根据需要加大用量。

所谓植物系统化控工程又称全程化控，这就是在植物和生育的全过程通过植物生长调节剂的使用来调控内源激素和某些酶系统，定向诱导不同生育阶段的器官发育和改善生理功能，以达到优质高产高效的目标。中国建立的棉花缩节安控徒长系统化控技术、应用 GA 的杂交水稻高效制种技术、水稻烯效唑培育壮秧技术等在生产实践取得了巨大成功，推动作物生产技术的革新。植物系统化控工程的建立，可以说是植物化控工程的高档次工程，能够充分发挥化控技术的作用。

3. 植物化控工程对传统耕作制度的改进

植物化控技术在改进传统耕作制度方面表现出良好势头。如多效唑应用于二晚育秧可代替二段育秧法。多效唑具有增强水稻秧苗秧龄弹性的生理效应，在二晚上使用可有效地改变水稻早晚稻品种中早配晚、中配中、晚配早的模式，有助于产量的提高；同样，在早稻秧苗上使用多效唑，由于能增强早稻秧龄弹性，可在早稻茬口田上种植晚熟高产的甘蓝型油菜，从而获得油—稻—稻三熟高产。棉花应用缩节胺和乙烯利正是针对粮棉争地的北方棉区发展麦后复种的短季棉。在化控技术的调控下，有可能突破原来种植密度的"极限"，以"密"争"早"，达到早熟高产的目的。南方生长季节长，利用化控技术开展一些大田植物密植、矮化、早熟、丰产、多熟等耕作制度的改革，是很值得探索的课题。

4. 植物化控工程提高经济效益和劳动生产率

植物化控技术具有"投资少、成本低、见效快、效益高"的特点。多效唑用于水稻育秧，每公顷大田的多效唑成本为 12 元，可增产稻谷 275 kg，且多效唑培育的多蘖矮壮秧可以蘖代苗，每公顷大田可节省用种量 7.5～15 kg；多效唑培育的矮壮秧还易于运秧和插秧，根短而多，易于拔秧。多效唑还有很好的抑杀杂草净化秧板的作用，每公顷总计可节省用工 75～120 个。农业农村部称多效唑化控技术为"五省"（省工、省种子、省秧田、省投入、省肥料）、"二增"（增产、增收）的农业新技术。此外，化学整枝、疏花疏果可以节省人力，化学脱叶剂的应用也便于机械操作，可大大提高劳动生产率。

复习思考题

1. 近些年我国对生长素研究的新成果有哪些？
2. 近些年我国对赤霉素研究的新成果有哪些？
3. 近些年我国对细胞分裂素研究的新成果有哪些？
4. 近些年我国对脱落酸研究的新成果有哪些？
5. 近些年我国对乙烯研究的新成果有哪些？
6. 近些年我国对油菜素内酯研究的新成果有哪些？
7. 近些年我国对茉莉素研究的新成果有哪些？
8. 近些年我国对水杨酸研究的新成果有哪些？
9. 近些年我国对独脚金内酯研究的新成果有哪些？
10. 近些年我国多肽激素研究的新成果有哪些？
11. 试述目前国内外在多胺研究领域的现状。
12. 谈谈植物化学控制栽培工程的内容及发展前景。

主要参考文献

陈晨，陈虹，倪铭，等，2022. 油菜素内酯调控植物生长发育的研究进展 [J]. 林业科学，58（7）：144-155.

陈慧敏，郝格非，2021. 脱落酸受体调控剂分子设计的研究进展 [J]. 植物保护学报, 48 (6): 1208-1216.

陈虞超, 巩檑, 张丽, 等, 2015. 新型植物激素独脚金内酯的研究进展. 中国农学通报, 31 (24): 157-162.

程建峰, 2019. 植物生理学 [M]. 南昌: 江西高校出版社.

丁冰杰, 孔祥强, 董合忠, 2020. 脱落酸受体 PYLs 的结构与功能研究进展 [J]. 分子植物育种, 18 (20): 6844-6852.

杜娟, 黄晓宇, 孙伊南, 等, 2022. 独脚金内酯调控植物根系发育的分子机制研究的进展 [J]. 中国细胞生物学学报, 44 (7): 1377-1385.

冯孟杰, 徐恒, 张华, 等, 2015. 茉莉素调控植物生长发育的研究进展 [J]. 植物生理学报, 51 (4): 407-412.

谷晓勇, 刘扬, 刘利静, 2020. 植物激素水杨酸生物合成和信号转导研究进展 [J]. 遗传, 42 (9): 858-869.

韩惠宾, 张国华, 王国栋, 2015. 细胞分裂素参与植物维管系统发育的信号转导研究进展 [J]. 植物生理学报, 51 (7): 996-1002.

胡鹏伟, 黄桃鹏, 李媚娟, 等, 2015. 脱落酸的生物合成和信号调控进展 [J]. 生命科学, 27 (9): 1193-1196.

黄桃鹏, 李媚娟, 王睿, 等, 2015. 赤霉素生物合成及信号转导途径研究进展 [J]. 植物生理学报, 51 (8): 1241-1247.

黎家, 李传友, 2019. 新中国成立 70 年来植物激素研究进展 [J]. 中国科学: 生命科学, 49: 1227-1281.

李辉, 左钦月, 涂升斌, 2015. 油菜素内酯生物合成和代谢研究进展 [J]. 植物生理学报, 51 (11): 1787-1798.

李燕娇, 吴建明, 周慧文, 等, 2022. 植物赤霉素生物合成关键基因 GA_3-oxidase 的研究进展 [J]. 分子植物育种, 20 (16): 5339-5346.

林雨晴, 齐艳华, 2021. 生长素输出载体 PIN 家族研究进展 [J]. 植物学报, 56 (2): 151-165.

彭凯轩, 章薇, 朱晓仙, 等, 2021. 细胞分裂素延缓叶片衰老的机制研究进展 [J]. 植物生理学报, 57 (1): 12-18.

沈卫平, 蔡强, 周锋利, 等, 2015. 植物激素调控水稻花器官发育分子机制的研究进展 [J]. 植物生理学报, 51 (5): 593-600.

沈月, 陶宝杰, 华夏, 等, 2022. 独脚金内酯与激素互作调控根系生长的研究进展 [J]. 生物技术通报, 38 (8): 24-31.

汪尚, 徐鹭芹, 张亚仙, 等, 2016. 水杨酸介导植物抗病的研究进展 [J]. 植物生理学报, 52 (5): 581-590.

王新永, 蔺祯, 王鹏程, 2023. 植物激素脱落酸受体偶联途径研究进展 [J]. 植物生理学报, 59 (4): 741-758.

邢国芳, 冯万军, 牛旭龙, 等, 2015. 植物激素调控侧根发育的生理机制 [J]. 植物生理学报, 51 (12): 2101-2108.

熊飞, 王忠, 2021. 植物生理学 [M]. 3 版. 北京: 中国农业出版社.

许智宏, 薛红卫, 2012. 植物激素作用的分子机理 [M]. 上海: 上海科学技术出版社.

杨华, 刘军, 杨华, 等, 2021. 细胞分裂素调控种子发育, 休眠与萌发的研究进展 [J]. 植物学报, 56 (2): 218-231.

张灵, 陶亚军, 方琳, 等, 2020. 植物多胺的代谢与生理研究进展 [J]. 植物生理学报, 56 (10): 2029-2039.

资丽媛, 林浴霞, 傅若楠, 等, 2022. 植物激素转运研究进展 [J]. 植物生理学报, 58 (12): 2238-2252.

AL-BABILI S, BOUWMEESTER H J, 2015. Strigolactones, a novel carotenoid-derived plant hormone [J]. Annual Review of Plant Biology, 66 (1): 161-186.

BANERJEE P, BHADRA P, 2020. Mini review on strigolactones: newly discovered plant hormones [J]. Bioscience Biotechnology Research Communications, 13 (3): 1121-1127.

BLAKESLEE J J, TATIANA S R, VERENA K, 2019. Auxin biosynthesis: spatial regulation and adaptation to stress [J]. Journal of Experimental Botany, 70 (19): 5041-5049.

BUCHANAN B B, CRUISSEM W, JONES R L, 2015. Biochemistry and molecular biology of plants [M]. Rockville, Maryland: American Society of Plant Physiologists.

CUTLER S, BONETTA D, 2009. Plant hormones: methods and protocols [M]. 2nd ed. New Jersey: Humana Press.

DAVIES P J, 2011. Plant hormones: biosynthesis, signal transduction, action! [M]. 3rd Ed. Berlin: Springer.

DEGEFU M Y, TESEMA M, 2020. Review of gibberellin signaling [J]. International Journal of Engineering Applied Sciences and Technology, 4（9）：377-390.

GONZALEZ M E, JASSO-ROBLES F I, FLORES-HERNÁNDEZ E, et al., 2021. Current status and perspectives on the role of polyamines in plant immunity [J]. Annals of Applied Biology, 178（2）：244-255.

GOOSSENS J, FERNÁNDEZCALVO P, SCHWEIZER F, et al., 2016. Jasmonates: signal transduction components and their roles in environmental stress responses [J]. Plant Molecular Biology, 91（6）：673-689.

HALLMARK H T, RASHOTTE A M, 2019. Cytokinin response factors: responding to more than cytokinin [J]. Plant Science, 289：110251.

HAYAT S, AHMAD A, 2011. Brassinosteroids: A class of plant hormone [M]. Dordrecht: Springer.

HEDDEN P, 2016. Gibberellin biosynthesis in higher plants [M]. New Jersey: John Wiley & Sons, Ltd.

KANCHAN V, NEHA U, NITIN K, et al., 2017. Abscisic acid signaling and abiotic stress tolerance in plants: a review on current knowledge and future prospects [J]. Frontiers in Plant Science, 8：161.

KUMAR V, ALMOMIN S, 2018. Plant Defense against pathogens: the role of salicylic acid [J]. Research Journal of Biotechnology, 13（12）：97-103.

LI J Y, LI C Y, SMITH S M, 2017. Hormone metabolism and signaling in plants [M]. London: Academic Press.

MARCO BÜRGER, CHORY J, 2020. The many models of strigolactone signaling [J]. Trends in Plant Science, 25（4）：395-405.

MATSUBAYASHI Y, SAKAGAMI Y, 2006. Peptide hormones in plants [J]. Annual Review of Plant Biology, 57：649-674.

NOGGLE G R, FRITZ G J, 2010. Introductory plant physiology [M]. New Delhi: PHI Learning Private Limited.

PLANAS-RIVEROLA A, GUPTA A, BETEGÓN-PUTZE I, et al., 2019. Brassinosteroid signaling in plant development and adaptation to stress [J]. Development, 146（5）：dev. 151894.

SEO H, KRIECHBAUMER V, PARK W J, 2016. Modern quantitative analytical tools and biosensors for functional studies of auxin [J]. Journal of Plant Biology, 59 (2): 93-104.

SETO Y, KAMEOKA H, YAMAGUCHI S, et al., 2012. Recent advances in strigolactone research [J]. Plant Cell Physiology, 53 (11): 1843-1853.

SHAN X Y, YAN J B, XIE D X, 2012. Comparison of phytohormone signaling mechanisms [J]. Current Opinion in Plant Biology, 15 (1): 84-91.

TAIZ L, ZEIGER E, MØLLER I M, et al., 2015. Plant physiology and development [M]. 6th ed. Sunderland: Sinauer Associates, Inc.

VANSTRAELEN M, BENKOVÁ E, 2012. Hormonal interactions in the regulation of plant development [J]. Annual Review of Cell and Developmental Biology, 28: 463-487.

YAO R F, LI J Y, XIE D X, 2018. Recent advances in molecular basis for strigolactone action [J]. Science China (Life Sciences), 61 (3): 277-284.

ZHABINSKII V N, KHRIPACH N B, KHRIPACH V A, 2015. Steroid plant hormones: effects outside plant kingdom [J]. Steroids, 97: 87-97.

第 11 章　植物刺激性形态建成

由于不能像动物那样逃避不利环境，植物在生长过程中会不断遭受各种极端温度、干旱、盐渍、虫咬等非生物因子和生物因子的胁迫。为了能够应对和抵御各种环境变化，植物进化出一套能快速感应胁迫信号并对其做出响应的复杂的信号转导网络及相应的忍耐与避受机制。在众多胁迫中，以雨淋、风吹、冰雹袭击、触摸、创伤、土壤对根系和胚芽生长的阻力、重力、负荷或负压、植物生长拉力和细胞膨压变化等环境因子等为代表的机械刺激（mechanical stimulation，MS）是一种广泛存在但却被长期忽视的非生物胁迫因子，它贯穿于植物生长发育的整个过程，对植物的生长发育、形态构建、抗逆性形成等方面具有重要影响。

机械刺激主要是指那些通过力的作用引起植物或细胞产生明显或不明显的运动或形变并产生应答反应的刺激。机械刺激对植物的生长发育具有双重效应，即低强度的机械刺激可促进植物细胞质的分裂与生长，而高强度的机械刺激则影响植物的生长发育，甚至影响植物的存活。因此，机械刺激又被称为机械胁迫（mechanical stress）。

一、植物对机械刺激的反应

植物能对机械刺激做出反应的现象早在 19 世纪就引起科学家的关注。机械刺激能使食肉植物捕获并吞食昆虫、确保植物能进行异花传粉、植物藤蔓能够不断攀缘伸长、影响植物的形态发生及促使植物细胞内细胞器发生移位等现象。

（一）向触性反应

植物的向触性反应（thigmotropic response）是指有些植物与某一固体物质接触时生长方向发生变化的过程，如藤蔓植物黄瓜、南瓜、葡萄等的卷须缠绕支持物（墙、树枝、篱笆等）的生长过程。藤蔓植物能够卷曲是因为卷须一侧的细胞生长速度比另一侧快，即植物卷须与固体支持物接触处的外侧的细胞比内侧的细胞生长速度快，使藤蔓植物能够朝向内侧不断卷曲、缠绕支持物生长。然而，植物根部在土壤中的生长也依赖于其对触摸的敏感性，即当植物的根触及一个物体时，根的生长就会偏离这个物体；与此相反，大多数藤蔓植物则朝向固体刺激物生长，使卷须能够缠绕在与其接触的固体物上。因此，植物根的生长常被认为是一个"负向触性"生长过程，这使得植物的根穿透土壤时所遭受的阻力是最小的。

植物茎蔓保持扶摇直立的攀缘行为是由卷须一系列的运动来完成的。Dariwn 在 1896 年首先提出，初长成的卷须尖端在寻找支持物的过程中不断发生回旋转头运动，转动一周需几分钟时间，当敏感的尖端接触到附近的支持物后，立即向下传递信息，使得卷须缠绕在支持物上。在刺激后 25 ~ 30 s 时即产生可见的弯曲。第一次尝试时常无效，卷须又可展开，恢复原来的形状，并继续进行回旋转头运动。不过，当卷须再次接触到支持物时它时常会把支柱缠住，要用十几分钟，完成这一过程需卷须腹侧敏感部位成百上千的细胞共同协作。当卷须端部牢牢缠绕在支持物后，整个卷须开始螺旋生长，可持续 1 ~ 2 d 之久，在茎蔓与支持物之间建立螺旋状的弹簧，并在牵拉摇动中进一步加强（图 11.1）。

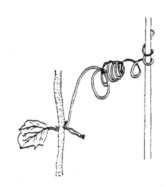

图 11.1　丝瓜卷须的攀缘行为（杨文定和娄成后，1994）

花宝光等（1995）研究发现，卷须快速弯曲运动中有电波传递和原生质收缩的参与。然而，攀缘植物正在生长成的卷须自发地产生回旋转头运动，不停地寻找附近的支持物。卷须端部腹侧对接触性刺激较为敏感，如果接触到支持物，立刻产生电化学波向下传递，引发腹侧敏感细胞的原生质收缩，导致缠绕支持物快速卷曲；同时这种弯曲可引起卷须中膨压的不平衡，在卷须的恢复过程中，这种不平衡可导致卷须的展开。还有报道发现乙烯的释放和生长素参与了随后卷须的运动。一旦卷须尖端抓住支持物后，整个卷须开始螺旋形生长。形成一永久的弹性连接。并伴随着卷须的径向生长使之更加牢固。丝瓜卷须的行为包括自发的、向触性和感触性的运动，是由原生质收缩、膨压和生长的差别变化交互作用来完成，依次的变化可用图 11.2 来表示。电化学波传递的速度为 0.5~1 cm/s，在刺激后 25~30 s 时产生向触性弯曲，并可持续几分钟之久。如果卷须的兴奋性被乙醚暂时抑制，电波传递和向触性运动均会消失。

　　除机械刺激之外，无伤害（电击、冷击）和有伤害（切伤和烧伤）刺激，只要能诱发电化学波传递，不管是动作电流、变异电波或复合波，都能诱导卷须产生弯曲。卷须受到刺激后，首先产生电化学波传递，并由此激发原生质中肌动蛋白和肌球蛋白参与卷须的快速运动。卷须细胞的膨压变化与腹侧敏感部位排列紧密的组织电波传递和原生质收缩有密切关联，卷须产生弯曲时腹侧细胞产生突然的收缩背侧细胞变得膨大，随后当弯曲恢复时，卷须背腹两侧的膨压才恢复正常。研究还发现，乙酰胆碱可以直接引起卷须的强烈弯曲，即乙酰胆碱在植物中可依次动员活跃的卷须细胞来执行快速的卷曲。

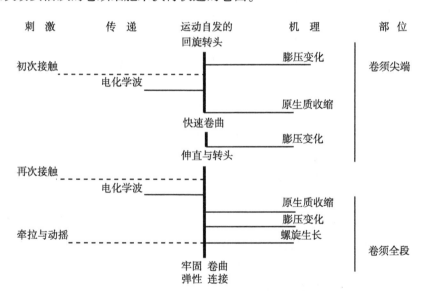

图 11.2　丝瓜攀援行为的卷曲运动（杨文定和娄成后，1994）

（二）感触性反应

　　植物感触性反应（thigmonastic response）是指植物在机械刺激（触摸、摇晃、摩擦等）下所引起的感性运动。与向触性反应不同，感触性反应与刺激的方向无关。最典型的例子是含羞草在受到刺激时的叶片合拢反应。当含羞草部分小叶受到接触、震动、热或电的刺激时，小叶成对地合拢，经过一定时间后，又可恢复原状。此外，感触性反应的时间跨度比向触性反应的时间跨度短，前者通常在很短的时间（几秒到几十秒）内就能观察到，而后者则要在相对较长的时间内才能观察到。

除含羞草在受到刺激时叶片合拢的感触性反应外，自然界中还存在着多种食肉植物通过感触性反应捕捉昆虫。捕蝇草叶片特化为精巧的捕虫器，受昆虫刺激触发感触反应，叶片合拢，将入侵的昆虫捕获，分泌消化酶，获取营养；茅膏菜特化的叶片表面有100余根触毛，每根触毛的末端都有一团在阳光照射下晶莹剔透、闪闪发光的黏液，一旦昆虫停落在那些触毛上就会被那些黏液粘住而被捕获。此外，许多种花进化出对触摸敏感的器官如感触性或向触性的雄蕊、花瓣和雌蕊等，其主要目的在于防止自花授粉或成功地将花粉沾染到昆虫上。另外，当昆虫停留在植物上时，其花粉囊会收缩并回弹，其作用是将花粉沾到昆虫上以便传粉。

（三）接触性形态建成

向触性和感触性反应是某些植物或植物特化器官在数秒至几十秒的时间内迅速地对刺激做出的迅速而灵敏的反应，但其他植物对机械刺激的反应则比较慢，需要几天至几周的时间，且通常不易被观察或注意到。Jaffe（1973）首次引入接触性形态建成（thigmomorphogenesis）的概念来描述触摸（机械刺激）诱导的不具备特化感应细胞的植物生长发育过程中的形态变化。植物的接触性形态建成不像捕蝇草或含羞草那样在机械刺激后马上就能看见其形态变化，而是一个缓慢和渐变的漫长过程，但经一段时间后其变化却是非常显著的：每天受到触摸 2～3 次的拟南芥植株与未受刺激的对照相比，其开花期延迟、花序伸长受到显著抑制。与未受处理的拟南芥相比，机械刺激处理过的拟南芥其开花期推迟了 6 d、植株花序生长速率和成熟花序的高度降低、次生花序增多。简言之，不同物种植物接触性形态建成的共同特征是植株纵向延伸的受阻即植物高度的降低和植株横向生长的促进，即植株茎干的变粗及细胞壁的增厚。

（四）细胞质与细胞器运动

除宏观水平的反应如植株的形态变化外，植物也能在微观水平对机械刺激作出反应。机械刺激诱导的植物细胞器反应中最显著的一个是细胞内叶绿体的重新定位。当用微毛细管轻压铁线蕨的丝状细胞时，细胞内的叶绿体被观察到向以被压处为中心的两侧移动，这被称为叶绿体的逃避反应（avoidance response），且时间为 0.3 min 的机械刺激就足以诱导最强烈的叶绿体逃避反应。细胞核移动及细胞质的流动也是机械刺激诱导的植物细胞微观水平的反应。当用一根直径与真菌菌丝一样粗细的钨针轻轻但持续地戳欧芹细胞，几分钟后细胞质被观察到向受戳点流动，细胞核向受戳点移动则稍晚些。通过微操作器控制的微针向烟草细胞施加机械刺激，细胞核被观察到向刺激位点定向移动，且通常与某些质体及线粒体组成一个反应单元整体移向受戳位点而其他细胞器则无明显反应。

（五）机械刺激诱导的植物交叉适应

植物或细胞经历某一种中等强度（亚致死强度）的逆境胁迫或锻炼后，不仅可以提高它对该种胁迫的抵抗能力，还可以提高对其他逆境胁迫的抵抗能力，这种现象称为植物对逆境的交叉适应或交叉耐性。已有的研究表明，机械刺激可提高植物的多种胁迫抗性。Keller 和 Steffen（1995）发现，用刷子刷的方法对番茄幼苗施加机械刺激，每天处理 2 次，可提高番茄对低温胁迫的抵抗能力，并且这种抗性的形成可能与机械刺激提高番茄幼苗的可溶性糖含量有关。风吹处理可提高菜豆对昆虫啃食的抵抗能力，创伤可提高番茄幼苗的耐盐性，对黄瓜叶片进行局部力学刺激可提高黄瓜幼苗的抗病性。用提高摇床转速的方法对烟草悬浮细胞施加机械刺激，可缓解烟草悬浮细胞在高温胁迫下细胞活力的下降和生物膜伤害程度，提高烟草细胞在高温胁迫下的存活率，并且发现这种耐热性的形成与机械刺激诱发的 H_2O_2 积累有关，钙和钙调素也参与了机械刺激诱导的烟草细胞耐热性的调控。虽然各种形式的机械刺激在一定程度上提高了植物对多种逆境胁迫的耐性，但关于机械刺激诱导的植物交叉适应的生理生化机制仍不清楚。

（六）其他反应

机械刺激对植物最显著的作用是植株茎秆、叶柄、叶片的长度的减少，使受刺激植物比对照植物矮小。在鸭稻共作系统中，不同强度的鸭机械触摸刺激能够抑制水稻植株的伸长生长，降低其高度，至收获期株高降幅为 8~10 cm；并且改变了水稻茎秆不同节间长度的分布，其中对水稻基部第 2 节茎节长度的影响最为明显。机械触摸刺激处理能够增加水稻茎秆的粗度，且随刺激处理强度的增加茎秆粗度增大，处理 40 d 后茎秆粗度增加 0.17 cm。一定时间的机械刺激处理可以促进水稻植株的分蘖。机械刺激处理明显降低了水稻地上部生物量，处理 40 d 后降幅达 19.6%；适度的机械刺激使水稻根冠比增加。同时，机械刺激可增加水稻的穗长和结实率，降低每穗空粒数，与对照相比，水稻穗长增加达 8.88%，结实率增加 3.79%，每穗空粒数最大降幅为 36.12%。但机械刺激对植物的作用因植物物种而有所不同，如茎秆或叶柄的直径、根-茎叶比重、叶绿素含量、抗性等或增加或降低。表 11.1 总结了各种机械刺激对不同物种植物所产生的作用。

表 11.1　植物对机械刺激的反应

机械刺激形式	植物种类	机械刺激所产生的作用
机械摇动/振动	非洲雏菊、猕猴桃	促进愈伤组织的生长
摩擦	柏树	单萜及木质素的合
机械摇动/振动	拟南芥	促进种子的萌发
超重力	拟南芥	促进初生木质部的发育、降低次生细胞壁的延展性
抚摸/敲打	大豆	促进 GABA 的合成，抑制胚轴的伸长
刺/戳/压	大麦	引起花粉囊裂开
触摸和重力	拟南芥	调控根向（重力）性生长
触摸	拟南芥	肌动蛋白微纤丝在受刺激位点聚集
按压	黄瓜	病害抵御相关酶活性增强、促进木质素的合；提高植物抵御病害的能力、增强木质素合成过程中酶的活性
风吹	菜豆	提高其对昆虫啃食的抵抗能力
创伤	番茄	提高其耐冷性
提高振荡培养转速	烟草	高烟草悬浮细胞的耐热性
针戳	烟草、铁线蕨、欧芹	叶绿体、细胞质及细胞核的移动

二、植物对机械刺激信号的感应与转导

（一）植物对机械刺激的感应

植物对短暂的机械刺激是非常敏感的，特别是一直生长在没有胁迫生境中的植物。植物对机械刺激产生响应的研究多有报道，即使是每天 30 s 的刺激就将对植物产生影响。如研究发现，每天 30 s 的摇动处理 27 d，就可以使枫香（*Liquidambar styraciflua* L.）植株的高度与对照相比降低 80% 左右。很早以前人们就认识到机械刺激对植物的生长会产生明显影响，其中最为明显的是攀缘植物，它们通过茎、叶柄、卷须、花柄和根等对触碰比较敏感的结构来识别外界环境的刺激，从而沿一定的路线伸展爬行。

通过研究发现，植物对环境应力的响应可分为 4 个阶段：①报警阶段：在应力作用以前，植物处于一种标准的生理状态，当施加应力之后，植物的一个或几个生理标准功能下降，如光合作用、代谢产物的传输等功能下降。如果施加的应力强度过大，超过植物的应力阈值，也即超过植物的承受能力，将导致植物的严重破坏甚至死亡，但如果破坏不是很严重，那么植物的应力处理机制将被激活，比如修复过程的起动、形态学上的缓慢适应，这样在报警阶段植物会建立起新的

生理标准而逐渐使其得到强化。②抵抗阶段：在继续施加应力使其超过植物的应力承受能力之后，植物处于应力抵抗阶段，在这一阶段，植物表现一种较稳定的生理状态。③疲劳阶段：在持久及其超过植物的应力处理机制之后，在疲劳状态又表现为生理功能和生命力的进一步丧失，即进入疲劳阶段，如果进一步施加应力，可能导致植物的严重破坏或细胞死亡。④再生阶段：当应力源在植物呈现疲劳状态时及时消除应力作用，植物得到修复并达到一种更好更高的生理标准，它表现为植物抗逆能力的进一步强化。

植物对机械刺激的响应格局主要表现在以下几个方面：①某些植物受到机械刺激后，通过缩短茎、叶柄或叶片及增粗茎的基部而呈现矮化的构型。②植株的生物量积累减少。③植株的根冠比增加。与对照相比，经受机械刺激植株往往将较多的能量分配给植物的根系，这有利于植株根系对土壤的锚定力量，从而增加植株的稳定性。一般来说，这种生物量的分配格局表明，缓慢的机械干扰减少了生殖结构的生物量投入，且由于茎的高度和机械性状的改变限制了茎的机械传播种子的作用，因此有可能对植物的相对适合度有负效应，但机械胁迫对植物适合度的影响也有与此相反的报道。④植株茎、叶柄或根的机械性状发生改变。近年来往往采用一些材料力学的方法来刻画植株机械性状的响应格局。所采用的机械性状主要有弯矩（二次距）、弹性模数（也称为杨氏模数）和挠曲刚度指标来表示。在机械刺激下，植株往往降低根、茎或叶柄的弹性模数，而增加茎的挠曲强度。

事实上，植物对机械的反应往往具有双向性。例如，机械刺激可促进拟南芥的分枝，并促进多年生的匍匐茎草本植物匍匐委陵菜的匍匐茎分枝数。机械刺激还可促进银白槭和苏和香及花椰菜的生长。同时，适度的机械刺激可以促进细胞的同化作用，改善植物的生理活性，提高细胞的分裂分化能力，从而有利于植物的生长。这些不同的响应格局表明，机械刺激的效应可能依赖于目标物种及容器的大小。

机械刺激效应同时也受其他环境因子的修饰。首先就是季节性对机械刺激效应的影响，Heuchert 和 Mitchell（1986）发现，冬天每天进行 5 min 及 175 r/min 的摇动番茄，可使叶面积、茎长度、叶和茎的水分含量及干重显著减少，加强茎纤维组织的纤维含量，提高对茎的灵活性；但是在夏天进行同样的摇动刺激，对番茄的生长没有显著的影响。在冬天进行机械刺激与在夏天处理相比还可以显著地降低番茄茎和叶柄的弹性模数，这表明短期的摇动加强茎的弹性性状主要是在冬天而不是在夏天。季节性对机械刺激效应的影响可能是由于非最适环境条件提高了植物对机械胁迫耐受的阈值。其次就是温度对机械刺激效应的影响。关于机械刺激敏感性的季节性差异的本质原因之一可能就是温度的影响。在 20~30 ℃，刷动处理的菜豆植株的生长减少的最大值出现在 24 ℃，而在 20 ℃和 30 ℃分别进行刷动处理时，菜豆植株都对处理不敏感。Pappas 和 Mitchell（1986）的研究发现，与生长在室外寒冷温度条件下的大豆植株相比，温室中的黄豆植株的生长较多受摇动刺激的抑制，可见每种植物都有其对机械刺激最敏感的温度范围。最后就是光照条件对机械刺激效应的影响。冬天和夏天另一个不同的方面就是适合植物生长的光照强度。当大豆植物处于不同的遮阳条件下时，其对机械胁迫的敏感性与植株所处的光照强度是呈负相关的。当光照强度大于 300 μmol/（m² · s）时，大豆生长对每天的摇动几乎都没有反应。在 25%的遮阳条件下，响应机械胁迫的矮化反应有点明显；在 50%的遮阳条件下，反应进一步明显，而在 75%的遮阳条件下，不仅机械胁迫反应明显，就连没有进行机械胁迫的对照植株也出现了细长的植物形态反应特征。然而，同样阳阴条件下，长在野外的大豆植株相对来说对机械晃动就不怎么敏感，换句话说，对于长在室外的植物来说，其机械胁迫敏感性的阈值可能要比温室植物要高一些，那么要使在野外生长的植物达到和温室控制植株同样程度的机械刺激反应就需要更高强度或更长时间的机械刺激。

（二）植物对机械刺激的转导

1. 细胞壁—细胞膜—细胞骨架连续体

尽管植物能够在宏观和微观层面都对机械刺激做出明显的反应，但植物细胞是如何感应外界机械刺激的尚有许多疑问。真核细胞的形变是由细胞骨架成分和胞外基质（extracellular matrix，ECM）相互作用的结果，且细胞骨架与 ECM 之间的通信是细胞动力学最典型的特征之一，它使得细胞能够灵敏地对各种信号尤其是机械刺激做出反应。植物细胞的 ECM 就是细胞壁，而细胞壁是一个动态而复杂的结构。近年来，越来越多的证据表明细胞壁参与了胞外信号转导为胞内信号的过程，而不仅仅是为植物提供机械支持和维持细胞形态。由于对植物细胞施加的任何机械刺激都会首先对细胞壁造成形变，因此不难推测细胞壁参与了机械刺激信号从胞外向胞内的转导过程。但植物细胞是如何将胞外信号通过细胞壁而转导为胞内其他信号事件还未有定论。

Jaffe 等（2010）提出大多数机械刺激信号是通过"细胞壁—细胞膜—细胞骨架连续体"（图 11.3）这样一个模式或途径传入胞内，并认为类整合素蛋白、hechtian 连接蛋白（连接壁与膜的蛋白）及细胞骨架结构在该过程中可能起着信号转导元件的作用。即机械刺激在细胞表面造成的压力致使细胞膜表面张力发生变化及细胞骨架的微管重新定位，同时激活膜表面的压敏钙离子通道并产生动作电位，从而将胞外信号转导到胞内。Telewski（2006）认为植物体内存在一个对各类机械刺激的共同感应机制并提出该过程中可能的两类信号受体：基于胞间连丝的细胞骨架—细胞膜—细胞壁的连续体和压敏离子通道。

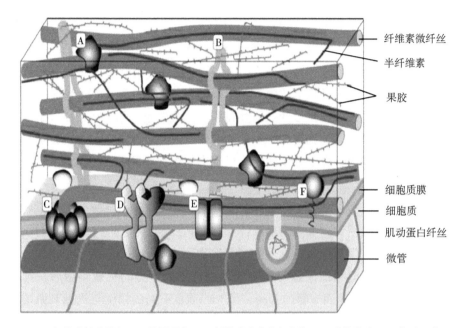

纤维素微纤丝
半纤维素
果胶
细胞质膜
细胞质
肌动蛋白纤丝
微管

A. 细胞壁松弛蛋白；B. 伸展蛋白；C. 纤维素合成酶复合物；D. 受体激酶；E. 离子通道；F. GPI-锚定蛋白。

图 11.3　细胞壁—细胞膜—细胞骨架连续体的多糖及蛋白组分示意
（**Humphrey et al.，2007**）

与细胞壁一样，细胞骨架及其组成元件的作用也不再局限于维持细胞形态与结构及作为信号事件的作用靶位点，它们也可以作为信号的转导者而发挥作用。Engelberth 等（1995）认为细胞骨架成分微管在植物卷须对机械刺激的信号感应中具有重要的介导作用，且进一步的试验表明微管参与了膜的去极化。在此基础上，提出了植物卷须感应机械刺激的一个模式，即细胞壁在机械刺激下所产生的形变通过微管—细胞膜连续体的介导而使细胞膜去极化，进而激活膜上的离子通道或活性氧合成酶等下一步信号事件。机械刺激诱导的叶绿体的逃避反应可被阻抑细胞微丝结构的抑制剂所抑制而不受阻抑微管结构的抑制剂影响表明，机械刺激诱导的该反应是由肌动蛋白动力系统而不是微管系统介导的。此外，还有观点认为机械刺激可通过与细胞骨架结构和细胞壁的相互作用以调节活性氧合成酶活性从而将信号转导到胞内。

2. 受体电位（receptor potential）

对轮藻节间细胞进行不同程度的机械刺激，细胞产生受体电位且该电位的大小与机械刺激的强度紧密相关。受体电位的产生不仅与机械刺激的强度有关，还与胞外氯离子的浓度有关，且胞外 Ca^{2+} 为受体电位产生所必需。由于轮藻节间细胞受机械刺激后，胞内钙离子浓度有一个短暂的上升，且机械刺激强度越大，钙离子浓度上升的幅度越大，Kaneko 等（1998）提出受体电位在细胞内产生后的第一步反应或作用可能是激活质膜上的压敏钙离子通道。Iwabuchi 等（2005）认为受体电位的大小与细胞膜形变之间存在紧密相关关系，因为在按压及解除按压轮藻节间细胞的瞬间，细胞都会产生受体电位，且后者所产生的电位比前者所产生的电位大，细胞内钙离子浓度的变化呈现出与电位相同的变化规律。

3. 钙信号系统

Ca^{2+} 离子被普遍认为是植物细胞在各种环境刺激或胁迫下的一个最重要的第二信使，控制并激活许多下游信号事件。在植物细胞中，钙信号系统参与了包括细胞分裂、生长、发育及对各种生物与非生物环境胁迫的适应等多个过程。用不同的植物种类或不同组织来源的植物细胞进行不同类型的机械刺激后，细胞内 Ca^{2+} 浓度都有一个快速而短暂的升高，且 Ca^{2+} 浓度升高的幅度与机械刺激的强度有关。

尽管细胞对信号的感受与质膜 Ca^{2+} 离子通道的打开之间的关系还不是很明确，但胞外 Ca^{2+} 离子的流入被认为是植物细胞应对刺激时胞内 Ca^{2+} 离子浓度上升的一个普遍机制。植物细胞质膜上主要存在 3 类 Ca^{2+} 离子通道：机械敏感钙离子通道（mechanosensitive Ca^{2+} channel，MCC）、脱极化激活钙离子通道（depolarization-activated Ca^{2+} channel，DACC）、超极化激活钙离子通道（hyperpolarization-activated Ca^{2+} channel，HACC）通道，都属于非选择性阳离子通道（nonselective cation channel，NSCC）。近些年来，质膜机械敏感（压敏）钙离子通道在植物细胞应对机械刺激的响应中发挥作用的报道逐渐增多。在缺 Ca^{2+} 的介质中，机械刺激诱导的铁线蕨叶绿体逃避反应被抑制，且进一步的试验显示该反应还可被质膜 Ca^{2+} 通道阻抑剂镧离子（La^{3+}）及压敏钙离子通道阻抑剂钆离子（Gd^{3+}）所抑制。当介质中的 Ca^{2+} 离子被清除时，机械刺激诱导的轮藻细胞受体电位的产生也被抑制。Kaneko 等（1998）的研究表明，质膜上的压敏钙离子通道可能参与了细胞对机械刺激信号的感应。低渗与高渗处理都能诱发拟南芥叶片细胞内 Ca^{2+} 浓度的短暂上升，且都依赖于外源 Ca^{2+} 的存在并对压敏钙离子通道的阻抑剂钆离子（Gd^{3+}）敏感，这些结果都表明外源 Ca^{2+} 从胞外通过质膜上的钙离子通道流入胞内并参与了细胞对机械刺激的感应。这些压敏钙离子通道被认为是由机械刺激作用于细胞壁—细胞膜—细胞骨架连续体使得质膜发生形变而激活的，并将细胞膨压变化、细胞体积扩大及受触摸、弯曲、重力等刺激胁迫过程在该连续体中产生的剪切力转导到胞内。

细胞内 Ca^{2+} 浓度升高的另一条途径是胞内钙库中的 Ca^{2+} 释放至细胞质中。许多观测表明机械刺激诱导胞内 Ca^{2+} 浓度的上升都可被内膜 Ca^{2+} 通道的阻抑剂钌红（ruthenium red）所抑制，可见这些胞内 Ca^{2+} 浓度的上升至少部分是由于胞内钙库 Ca^{2+} 通道的打开所产生的。Cessna 等（1998）报道低渗处理烟草细胞可使细胞内产生 2 次 Ca^{2+} 浓度的上升，其中第一次上升是源于胞外 Ca^{2+} 的流入，而第二次是源于胞内钙库中 Ca^{2+} 的释放。

4. 活性氧信号系统

活性氧（ROS）是植物细胞内一类重要的信号分子，参与调控一系列信号事件。在正常生长条件下，植物细胞内的活性氧的含量处于一个较低的水平，而在受到病菌侵染及各种环境因子的胁迫时，细胞内氧化还原平衡被打破，诱发产生大量的活性氧。近年来，关于机械刺激诱导的活性氧的产生的报道也逐渐增多。通过对大豆悬浮细胞进行低渗处理而对细胞实施机械刺激后，Yahraus 等（1995）观察到强烈的氧化爆发，而且氧化爆发的程度与低渗处理的强度密切相关。

由于低渗处理对细胞造成的机械刺激是间接的，Yahraus 等（1995）还通过将大豆悬浮细胞置于盖玻片与载玻片之间，然后再施加一定的力于该体系，研究了大豆细胞对直接的机械刺激的反应。在施加机械刺激后，细胞内观察到有强烈的氧化爆发。用解剖针对欧芹细胞施加机械刺激后，Gus-Mayer 等（2016）观察到细胞内有大量的活性氧产生。机械刺激使冰叶日中花叶片细胞及烟草悬浮培养细胞内的 H_2O_2 含量上升。在烟草悬浮培养细胞中，通过提高摇床转速的方法对其进行机械刺激处理，烟草悬浮培养细胞介质中的 H_2O_2 含量比正常培养的细胞高出几倍到十几倍，并且细胞壁结合的过氧化物酶（POD）活性增加了 70%，表明机械刺激诱发的 H_2O_2 产生的途径之一是通过 POD 途径来实现的，而钙信使系统参与了机械刺激诱导的烟草细胞 H_2O_2 暴发的调控。

5. 一氧化氮信号系统

一氧化氮（NO）是一类具有生物活性的气态分子，作为胞内与细胞间的一类重要的信号分子参与了植物体多种生化与生理过程的调控及植物对逆境胁迫的响应。Garcés 等（1992）报道以离心方式对其叶片实施机械刺激后，拟南芥细胞内的 NO 含量显著上升，表明 NO 作为信号分子参与介导了植物细胞对机械刺激的反应。通过提高振荡培养箱的转速来对烟草悬浮细胞进行机械刺激，结果发现不同强度机械刺激处理后，烟草悬浮细胞内 NO 的含量与对照相比显著增加。Garcés 等利用酶抑制剂证实在其实验系统中机械刺激所产生的 NO 是通过类 NOS 途径合成的。柯学等（2011）发现，硝酸还原酶（NR）的抑制剂 NaN_3 对机械刺激诱导的烟草悬浮细胞 NO 的产生没有明显的影响，而一氧化氮合酶（NOS）抑制剂 N^6-甲基-L 精氨酸（LNMMA）则可显著抑制机械刺激诱导的烟草细胞 NO 的产生，表明该系统中 NO 的产生主要是通过 NOS 酶途径合成的。

6. 激素信号

Biro 和 Jaffe（1984）发现通过刮擦菜豆的节间对其施加的机械刺激可诱发乙烯的产生。植物受机械刺激作用所产生的接触性形态变化类似于在乙烯处理下发生的形态变化特征，即植株茎秆的加粗及植株高度的降低，也暗示着乙烯与植物对机械刺激的反应之间存在某种关联。但 Anten 等（2010）利用乙烯不敏感转基因烟草研究发现机械刺激过的烟草植株的茎秆比未受刺激的植株的茎秆要短和粗，且这种变化不受植株基因型的影响，即乙烯并未参与机械刺激诱导的烟草茎秆形态变化过程，但其参与了机械刺激对烟草嫩芽生长的抑制过程。Yamamoto 等（1987）利用乙烯合成突变株研究发现乙烯对机械刺激下拟南芥根发生的弯曲反应具有调控作用，尽管根的弯曲程度与乙烯的产量呈负相关关系。这表明乙烯对不同物种植物的不同器官在机械刺激下的反应的调控作用不同。由于机械刺激后 5~30 min 植物细胞内相关基因的转录就已开始，而乙烯的产生始于机械刺激后 45~60 min，且在刺激后 2 h 左右达到峰值，这段时间差又说明乙烯不可能在植物对机械刺激的感应过程中起主要作用。生长素由于其在植物的向性运动中的作用而被广泛认为参与了植物对机械刺激的感应与传导过程。

近年来的研究表明，茉莉酸（JA）、茉莉酸甲酯及 12-氧-植物二烯酸（12-OPDA）都参与了机械刺激诱发的植物接触性形态变化过程。Stelmach 等（1998）报道 12-OPDA 的类似物冠菌素可在菜豆中诱发与植物接触性形态建成典型特征类似的生理变化。过量表达茉莉酸和 12-OPDA 的拟南芥突变株表现出植物接触性形态建成的典型特征，即植物遭受机械刺激后，茉莉酸酯可能在其信号传导过程中发挥作用，最终使植物表现出接触性形态建成的典型特征。此外，脱落酸（ABA）和类黄酮也被认为可能参与了该过程。

7. 信号的相互作用与交谈（crosstalk）

机械刺激可在植物中诱发受体电位、钙信号、ROS 信号、NO 信号、激素信号等多种信号事件（表 11.2），植物对机械刺激的各种反应不是单一的一种信号分子作用的结果，而是通过这些信号分子之间的相互作用和信号交谈来实现的。研究表明机械刺激在烟草悬浮细胞内诱发的 NO 信号先于 ROS 信号发生，而 NO 清除剂 c-PTIO 预处理烟草细胞使胞内机械刺激诱发的 NO 含量降低后，胞内机械刺激诱发的 ROS 含量也随之下降，表明 NO 与 ROS 存在相互作用。

研究发现，外源 Ca^{2+} 在一定的浓度范围内以剂量依赖的方式显著促进胞内 ROS 的产生，而 Ca^{2+} 螯合剂 EGTA 预处理的烟草悬浮细胞机械刺激诱发的 ROS 的产生受到明显抑制。以 Ca^{2+} 和 CaM 为核心的钙信使系统通过直接（与 CWPOD 结合）或间接（调节细胞壁 pH 值）调节 CWPOD 活性的方式，都可调节由 MS 诱发的烟草细胞中 H_2O_2 暴发的形成。而机械刺激后细胞内 ROS 浓度和 Ca^{2+} 浓度都发生了变化及 ROS 产生途径之一的关键酶 NADPH 氧化酶包含两个结合钙离子的 EF 手模序的事实表明，这两类信号分子功能上可能存在相互关联，并共同参与了植物对机械刺激的感应与反应。此外，Ca^{2+} 螯合剂 EGTA、钙离子通道阻塞剂及钙调素抑制剂都可显著抑制机械刺激诱发的烟草细胞内 NO 的产生，表明钙信使系统与 NO 信号存在信号交谈。

表 11.2 机械刺激诱导的植物细胞信号的发生

机械刺激形式	植物种类	细胞信号及响应时间
按压、触摸、重力、机械脉冲	轮藻	受体电位（约 100 ms）
触摸、渗透压变化、风吹、按压、重力	拟南芥、烟草、葫芦、轮藻	钙信号（数秒钟）
离心、机械振荡	拟南芥、烟草	细胞 NO 信号（几分钟至十几分钟）
刮擦、机械振荡、渗透胁迫、物理压力、针刺、损伤	豌豆、大豆、欧芹、松叶菊、烟草	ROS 信号（几分钟至细胞十几分钟）
机械阻隔、物理阻隔、刮擦、损伤	拟南芥、菜豆	乙烯（几十分钟）
机械损伤	拟南芥	磷脂酰肌醇，多磷酸肌醇（几十分钟）
机械损伤	番茄、苜蓿	茉莉酸（几十分钟）

三、机械刺激诱导植物细胞的基因表达

Braam 和 Davi（1990）首次报道植物中存在机械刺激可诱导（touch-inducible）表达的基因（touch inducible gene，TCH 基因）。在受到机械刺激（风吹、雨淋、触摸、机械损伤）10～30 min 后，至少有 4 种基因（TCH1、TCH2、TCH3 和 TCH4）的 mRNA 水平迅速增加，增幅高达 100 多倍；TCH1 编码钙调素、TCH2 和 TCH3 编码钙调素相关蛋白、TCH4（XTH22）编码细胞壁修饰蛋白——木葡聚糖内转糖苷酶/水解酶（XTH）。随后的研究还发现了一些其他的受机械刺激诱导或影响的基因，如 ACC 合成酶基因和编码蛋白激酶的基因。

总体而言，植物细胞内受机械刺激诱导的基因可分为 3 大类：钙离子结合蛋白基因、细胞壁修饰蛋白基因及编码与病害抵御相关蛋白基因。Lee 等（2007）对机械刺激后拟南芥中的基因表达进行全基因组筛选，发现超过总基因组 2.5% 的基因其表达在机械刺激后至少上调 2 倍。基因芯片上包含的 48 个 CML 中，在机械刺激过的植株中有 21 个 CML 基因的表达至少上调 2 倍。除钙离子受体基因外，编码细胞壁修饰蛋白的基因的表达也受机械刺激调控。与对照相比，基因芯片上含有的 33 个木葡聚糖内转糖苷酶（XTH）基因，受机械刺激的植株基因组中有近半（16 个）的 XTH 基因的表达被上调。植物细胞的形状、大小及形成大都与细胞壁紧密相关，而 XTH 催化植物细胞壁中木葡聚糖多体间的切割与连接，因而能够对细胞壁进行修饰从而对植物的形态起决定作用。因机械刺激而受影响的细胞壁修饰蛋白基因如 XTH 的表达可能在植物随后的接触性形态建成过程中具有决定性的作用。机械刺激在植物细胞内诱导表达的另一类基因是编码病害抵御相关蛋白的基因。Mauch 等报道了机械刺激小麦幼苗可诱导一个参与病虫害抵御的脂氧化酶基因（LOX）的迅速表达。

此外，TCH 基因不仅受具有共同机械力特征的刺激方式（如触摸、风吹、雨淋、机械损伤等）所诱导，其表达也受其他环境刺激方式如黑暗、低温、植物激素的诱导。53% 的受机械刺激诱导上调的基因与 TCH 基因一样也可受黑暗调控，而 67% 的受黑暗诱导的基因也可受机械刺激诱导表达。Scippa 等（2008）发现白杨树主根在遭受弯折的机械刺激后有 15 个基因的表达发生变化，其中 9 个基因的表达上调，1 个基因只在弯折的树根中表达，5 个基因的表达下调。上调的 9 个基因中 7 个（1 个过氧化物还原酶，1 个 aldo/chetoreductase，3 个烯醇化酶，1 个非二磷酸甘油酸依赖的磷酸甘油酸变位酶，1 个 At2g39050/T7F6.22）及下调的 5 个基因中的 2 个（1 个二磷酸果糖醛缩酶和 1 个树皮存储

蛋白）已经被鉴定出来，其中过氧化物还原酶和 aldo/chetoreductase 主要参与植物病害抵御过程，3 个烯醇化酶、非二磷酸甘油酸依赖的磷酸甘油酸变位酶、二磷酸果糖醛缩酶在植物逆境适应代谢过程发挥作用，At2g39050/T7F6.22 可能是参与蛋白质表达过程的蛋白，树皮存储蛋白在氮的储存过程中发挥作用。

　　机械刺激是一种以多种形式存在于自然界的环境胁迫因子，它在植物体内先后诱发受体电位、钙信号、ROS 信号和 NO 信号等一系列信号事件，这些信号相互作用共同参与调控植物的基因表达及多个生理生化过程，最终使植物产生对机械刺激可见的形态反应（图 11.4）。

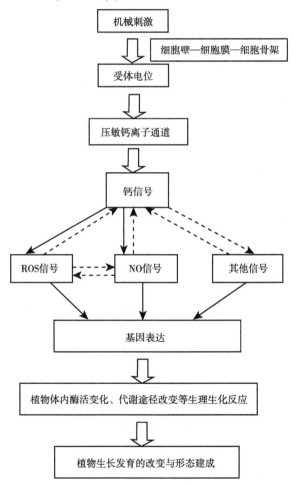

图 11.4　植物对机械刺激的信号转导、基因表达及其
响应过程（张斐斐等，2010）

复习思考题

1. 植物对机械刺激的响应类型有哪些？各有何特点？
2. 概述各种机械刺激对不同物种植物所产生的作用。
3. 植物对机械刺激的感应可分为哪几个阶段？
4. 植物对机械刺激的响应格局主要表现在哪些方面？
5. 试述植物对机械刺激的转导的途径。
6. 简述植物对机械刺激的信号转导、基因表达及其响应过程。

主要参考文献

程建峰，2019. 植物生理学 [M]. 南昌：江西高校出版社.

花宝光，厉秀茹，杨文定，等，1995. 丝瓜卷须快速弯曲中电化学波传递与原生质收缩 [J]. 科学通报，40（16）：1501-1503.

黄兆祥，章家恩，梁开明，等，2012. 模拟鸭稻共作系统中鸭子机械刺激对水稻形态建成的影响 [J]. 中国生态农业学报，20（6）：717-722.

柯学，李忠光，刘娴，等，2011. 机械刺激诱导的烟草悬浮细胞一氧化氮产生途径及其与 Ca^{2+} 和钙调素的关系 [J]. 植物生理学报，47（1）：85-90.

刘贻尧，王伯初，赵虎成，等，2000. 植物对环境应力刺激的生物学效应 [J]. 生物技术通讯，11（3）：219-222.

王艳红，何维明，于飞海，等，2010. 植物响应对风致机械刺激研究进展 [J]. 生态学报，30（3）：794-800.

王益川，王伯初，时兰春，等，2011. 植物机械响应中的钙通信 [J]. 生物物理学报，27（11）：921-930.

杨文定，娄成后，1994. 丝瓜卷须中电化学波传递与快速卷曲反应 [J]. 中国科学（B 辑），24（8）：837-844.

张斐斐，李忠光，杜朝昆，等，2010. 植物对机械刺激的响应及信号转导 [J]. 植物生理学通讯，46（6）：517-528.

张琳琳，赵晓英，原慧，2013. 风对植物的作用及植物适应对策研究进展 [J]. 地球科学进展，28（12）：1349-1353.

周菁，王伯初，段传人，等，2006. 植物对机械刺激信号的感受和转导途径 [J]. 重庆大学学报（自然科学版），29（3）：112-115.

AGOSTI R D，2014. Touch - induced action potentials in *Arabidopsis* thaliana [J]. Archives Des Sciences, 67 (2): 125-138.

ANTEN N P R, CASADO-GARCIA R, PIERIK R, et al., 2010. Ethylene sensitivity affects changes in growth patterns, but not stem properties, in response to mechanical stress in tobacco [J]. Physiologia Plantarum, 128 (2): 274-282.

BASU D, HASWELL E S, 2017. Plant mechanosensitive ion channels: an ocean of possibilities [J]. Current Opinion in Plant Biology, 40: 43-48.

BIRO R L, JAFFE M J, 1984. Thigmomorphogenesis: Ethylene evolution and its role in the changes observed in mechanically perturbed bean plants [J]. Physiologia Plantarum, 62 (3): 289-296.

BRAAM J, 2005. In touch: Plant responses to mechanical stimuli [J]. New phytologist, 165 (2): 373-389.

BRAAM J, DAVIS R W, 1990. Rain-, wind-, and touch-induced expression of calmodulin and calmodulin-related genes in *Arabidopsis* [J]. Cell, 60 (3): 357-364.

BÖRNKE F, ROCKSCH T, 2018. Thigmomorphogenesis-control of plant growth by mechanical stimulation [J]. Scientia Horticulturae, 234: 344-353.

CALUSI B, TRAMACERE F, GUALTIERI S, et al., 2019. Plant root penetration and growth as a mechanical inclusion problem [J]. International Journal of Non-Linear Mechanics, 120: 103344.

CESSNA S G, CHANDRA S, LOW A P S, 1998. Hypo-osmotic shock of tobacco cells stimulates Ca^{2+} fluxes deriving first from external and then internal Ca^{2+} stores [J]. Journal of Biological Chemistry, 273 (42): 27286-27291.

ENGELBERTH J, WANNER G, WEILER G E W, 1995. Functional anatomy of the mechanoreceptor cells in tendrils of *Bryonia dioica Jacq* [J]. Planta, 196 (3): 539-550.

GARCÉS R, SARMIENTO C, MANCHA M, 1992. Temperature regulation of oleate desaturase in sunflower (*Helianthus annuus* L.) seeds. Planta, 186 (3): 461-465.

GUS-MAYER G S, FERNANDA S, PAULO A, et al., 2016. When bad guys become good Ones: the key role of reactive oxygen species and nitric oxide in the plant responses to abiotic stress [J]. Frontiers in Plant Science, 7: 471.

HAGIHARA T, TOYOTA M, 2020. Mechanical signaling in the sensitive plant *Mimosa pudica* L [J]. Plants, 9 (5): 587.

HEUCHERT J C, MITCHELL C A, 1983. Inhibition of shoot growth in greenhouse-grown tomato by periodic gyratory shaking [J]. Journal of the American Society for Horticultural Science, 108 (5): 795-800.

IWABUCHI K, ITO C, TASHIRO M, et al., 2005. Histamine H1 receptors in schizophrenic patients measured by positron emission tomography [J]. European Neuropsychopharmacology, 15 (2): 185-191.

JAFFE M J, 1973. Thigmomorphogenesis: the response of plant growth and development to mechanical stimulation with special reference to *Bryonia dioica* [J]. Planta, 114 (2): 143-157.

JAFFE M J, TELEWSKI F W, COOKE P W, 2010. Thigmomorphogenesis: On the mechanical properties of mechanically perturbed bean plants [J]. Physiol Plant, 62 (1): 73-78.

JAYARAMAN D, GILROY S, ANE J, 2014. Staying in touch: mechanical signals in plant-microbe interactions [J]. Current Opinion in Plant Biology, 20: 104-109.

KANEKO T, HATAKEYAMA R, SATO N, 1998. Potential structure modified by electron cyclotron resonance in a plasma flow along magnetic field lines with mirror configuration [J]. Physical Review Letters, 80 (12): 2602-2605.

KELLER E, STEFFEN K L, 1995. Increased chilling tolerance and altered carbon metabolism in tomato leaves following application of mechanical stress [J]. Physiologia Plantarum, 93 (3): 519-525.

LEBLANC-FOURNIER N, MARTIN L, LENNE C, et al., 2014. To respond or not to respond, the recurring question in plant mechanosensitivity [J]. Frontiers in Plant Science, 5: 401.

LEE J, GARRETT W M, COOPER B, 2007. Shotgun proteomic analysis of *Arabidopsis thaliana* leaves [J]. Journal of Separation Science, 30 (14): 2225-2230.

MATSUNAGA S, 2022. Transcription factors linking the perception of mechanical stress at the cell wall with the responsive gene network [J]. Molecular Plant, 15 (11): 1662-1663.

MAUCH F, HERTIG C, REBMANN G, et al., 1991. A wheat glutathione-S-transferase gene with transposon-like sequences in the promoter region [J]. Plant Molecular Biology, 16 (6): 1089-1091.

MONSHAUSEN G B, HASWELL E S, 2013. A force of nature: molecular mechanisms of mechanoperception in plants [J]. Journal of Experimental Botany, 64 (15): 4663-4680.

PAPPAS T, MITCHELL C A, 1986. Growth reponses of eggplant and soybean seedlings to mechanical stress in greenhouse and outdoor environments [J]. Journal of the American Society for Horticultural Science, 111 (5): 694-698.

RAWGOF Y K, MATHEW M M, THOMAS B, et al., 2010. Effect of mechanical stimuli on the sensitivity of *Mimosa Pudica* Plant [J]. Mapana Journal of Sciences, 9 (1): 12-17.

SCIPPA G S, TRUPIANO D, ROCCO M, et al., 2008. An integrated approach to the characterization of two autochthonous lentil (*Lens culinaris*) landraces of Molise (south-central Italy) [J]. Heredity, 101 (2): 136-144.

SPARKE M A, WÜNSCHE J N, 2020. Mechanosensing of plants [J]. Horticultural Reviews, 47: 43-83.

STELMACH B A, MÜLLER A, HENNIG P, et al., 1998. Quantitation of the octadecanoid 12-oxo-phytodienoic acid, a signalling compound in plant mechanotransduction [J]. Phytochemistry, 47 (4): 539-546.

TELEWSK F W, 2006. A unified hypothesis of mechanoperception in plants [J]. American Journal of Botany, 93 (10): 1466-1476.

WOJTASZEK P, 2011. Mechanical integration of plant cells and plant [M]. Verlag Berlin Heidelberg: Springer.

XU Y, BERKOWITZ O, NARSAI R, et al., 2019. Mitochondrial function modulates touch signalling in *Arabidopsis thaliana* [J]. The Plant Journal, 97 (4): 623-645.

YAHRAUS T, CHANDRA S, LEGENDRe L, et al., 1995. Evidence for a mechanically induced oxidative burst [J]. Plant physiology, 109 (4): 1259-1266.

YAMAMOTO F, KOZLOWSKI T T, 1987. Effects of flooding, tilting of stems, and ethrel application on growth, stem anatomy and ethylene production of *Pinus densiflora* seedlings [J]. Journal of Experimental Botany, 38 (2): 293-310.

ZHANG H K, WANG Y H, HEIKKI H, et al., 2019. The effects of mechanical stimuli on the clonal plasticity of stoloniferous *Duchesnea indica* [J]. Ecoloyical science, 38 (1): 143-151.

第12章 植物环境胁迫应答

    植物在所生活的环境中是"屹立不动"的,只能逆来顺受的被动接受自然环境的多变性。因此,任何自然界的植物在其一生中几乎不可能避免不良环境(环境胁迫,逆境)变化的影响,有时甚至遭受极为严酷的环境胁迫。一方面,不良环境条件往往对植物的生长发育造成显著不利影响,甚至导致植物死亡;另一方面,植物经过长期的进化及适应环境变化的过程也逐步形成了一定的抵御不良环境变化的机制。对植物而言,逆境也就是植物可接受并识别的信号。植物识别逆境信号后,通常会导致细胞水平上的基因表达发生变化,在细胞间及整株植物中传递,影响到整株植物的代谢和发育(图12.1)。胁迫因子超过一定强度就会产生伤害,首先直接使生物膜受害,导致透性改变,这种伤害称为原初直接伤

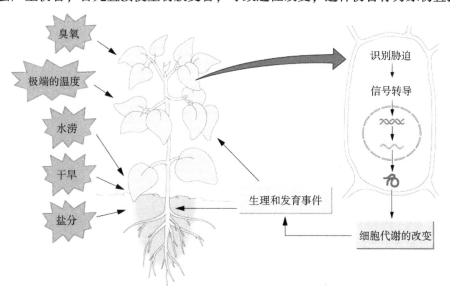

图12.1　植物以细胞和整个生物有机体抵抗环境胁迫(Taiz et al.,2015)

害；质膜受伤后，可进一步导致植物代谢的失调，影响正常的生长发育，此种伤害称为原初间接伤害。一些胁迫因子还可产生次生胁迫伤害，即不是胁迫因子本身作用，而是由它引起的其他因素造成的伤害。如果胁迫急剧或时间延长，则会导致植物死亡。

一、植物环境胁迫应答过程

不同植物对环境胁迫的适应能力是不同的，有些植物不能适应就无法生存，而有些植物却能适应而生存下去。植物对环境胁迫的适应、抵抗和忍耐，称为植物的抗逆性（简称"抗性"）。任何植物的抗性都不是突然形成的，而是通过多种方式逐步适应形成，以求生存与发展。植物的适应性是指植物自身对逆境的适应能力，包括适应和驯化两方面。适应通常是指植物在形态结构和功能方面获得了可遗传的改变，从而增加了对某一逆境的抗性。驯化也称顺应，通常是指植物个体对环境因素改变作出的调节，在生理生化方面获得的不可遗传的改变。植物对不利于生存的环境逐步适应的过程叫作锻炼。

植物适应性的强弱取决于植物的基因型和发育环境、胁迫的严重程度和持续时间、植株适应胁迫和任何多重胁迫的协同效应的时间多少（图 12.2）。同样胁迫强度下植物的胁变取决于植物的遗传潜力，因此可以说植物的适应性是个多种反应的复杂生命过程，是胁迫强度、胁迫时间与植物自身的遗传潜力综合作用的结果。

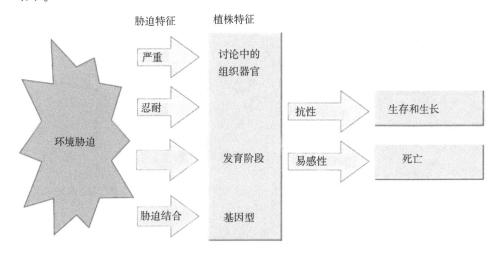

图 12.2 植物的适应性是多种因素的复杂生命过程（Taiz et al., 2015）

二、植物环境胁迫应答的生理基础

(一) 生长发育调节

植物的生长发育及其调控是环境和植物的遗传系统相互作用的结果。如在干旱胁迫下,植物往往通过降低叶片的生长速率或使老叶脱落等途径来减少总面积,从而有效地降低蒸腾失水。逆境胁迫还影响根长、根的数量和根系分布,改变根冠比例使根冠比值增大以改善植株的水分平衡且营养利用。逆境胁迫对发育的影响也是明显的,通常可促进提早开花和结籽,通过加快发育进程来尽快使植物度过难关,以保证繁衍后代。

(二) 代谢调节

在逆境下,植物可通过改变其代谢途径以提高其抗逆性。逆境胁迫能显著影响体内的碳代谢途径,使植物的 C_3 光合作用途径 C_4 或 CAM 光合作用途径转变,也有 C_4 光合作用途径向 CAM 光合作用途径转变的例子。

(三) 渗透调节

在一定的胁迫范围内,某些植物通过被动丢失一些水分,诱导参与渗透调节的基因表达,形成一些渗透调节物质(如无机离子钾离子和氯离子,有机溶质蔗糖、α-葡萄糖甘油、甘露糖醇、脯氨酸和甜菜碱等)来主动提高细胞液浓度,降低细胞内的渗透势来维持细胞压力势,被称为渗透调节。在一定的胁迫范围内,某些植物能通过自身细胞的渗透调节抵抗外界干旱或盐害造成的渗透胁迫;但渗透调节的作用也有一定的局限性,主要表现在植物种或品种之间渗透调节能力的差别、渗透调节作用的暂时性及渗透调节幅度的有限性。必须注意的是,参与渗透调节的溶质浓度的增加不同于通过细胞脱水和收缩所引起的溶质浓度的增加,即渗透调节是每个细胞溶质浓度的净增加。

(四) 膜保护物质与活性氧平衡

各种环境胁迫都可引起活性氧(ROS)积累,这可能是逆境伤害的一个重要原因。当植物受到胁迫时,活性氧积累过多,动态平衡被破坏,形成氧化胁迫。活性氧伤害细胞的机理在于活性氧导致膜脂过氧化,即生物膜中不饱和脂肪酸在自由基诱发下发生的过氧化反应。膜系统的破坏可能会引起一系列生物功能分子的直接破坏,植物就有可能受到伤害,如果胁迫强度过大或胁迫时间过长,植物就有可能死亡。

(五) 气孔调节

气孔调节是指陆生植物在适应干旱环境过程中逐步形成的气孔开闭运动调节

机制。气孔的调节作用所满足两个相互矛盾的要求：在获得最大限度的 CO_2 同化作用的同时，阻止植株水分状况降低到使组织受害的水平。在植物受到干旱胁迫时，可以通过气孔调节来改变水分——光合关系，这是植物适应干旱的重要机制。气孔对逆境胁迫尤其是水分胁迫的反应是植物生存的最基本条件之一，气孔保卫细胞可作为防御水分胁迫的第一道防线，它可通过调节气孔的孔径来防止不必要的水分蒸腾丢失，同时还保持着较高的光合效率。

（六）植物激素调节

植物对逆境的适应是受遗传性和植物激素两种因素控制的。逆境能促使植物体内激素的含量和活性发生变化，并通过基因控制或代谢作用改变膜系统来影响生理过程，从而提高抗逆能力。在逆境条件下，脱落酸含量会增加，它在调节植物对逆境的适应中显得极为重要。ABA 主要通过调节气孔的开闭、保持组织内的水分平衡、增强根的吸水性、提高水的通导性等方面来增加植物的抗性。植物在干旱、淹涝、机械刺激、化学胁迫、大气污染和病虫害等逆境下，体内乙烯成几倍至几十倍的增加，可使植物克服或减轻逆境带来的伤害，如促进器官衰老、引起枝叶脱落和减少蒸腾面积，有利于保持水分平衡；促进与酚类代谢有关酶类的活性，提高植物对伤害的修复或对逆境的抵抗能力。在各种逆境胁迫下，植物体中多胺的水平及其合成酶活力会大幅增加，以调节植物的生长发育，提高其抗逆能力。茉莉酸类是与抗性密切相关的植物生长物质，它作为内源信号分子参与植物在机械伤害、病虫害、干旱、盐胁迫、低温等条件下的抗逆反应；而水杨酸不仅介导植物对干旱、高温、盐碱等逆境的适应性响应，而且与植物系统获得性抗性有关。

三、植物环境胁迫应答的生化机制

（一）逆境蛋白

在任何逆境下，无论是物理因子和化学因子，还是生物因子，植物会关闭一些正常表达的基因，启动一些与逆境相适应的基因表达，导致某些正常蛋白质合成受阻，诱导合成新的逆境蛋白，使自身在代谢和结构上发生调整，从而增强抵御逆境的能力。凡由逆境诱导产生的蛋白质统称为逆境蛋白或胁迫蛋白。

1. 渗调蛋白

在盐胁迫情况下，某些植物的悬浮培养细胞会由于盐诱导而产生一种新的 26 kDa 蛋白。由于它的合成总伴随渗透调节的开始，因此被命名为渗调蛋白，但并非所有植物的培养细胞在盐适应条件下都有新蛋白质出现或出现的蛋白质中都有 26 kDa 蛋白。渗调蛋白的积累是植物生长受抑制和适应逆境所产生的一种原初免疫反应，可能是一种耐脱水蛋白，并具有抗真菌活性。渗调蛋白是一种阳离子蛋白，在盐适应细胞中可稳定地产生，有可溶性或颗粒状两种形式存在，渗透蛋白的合成调节发生在转录水平，ABA 可诱导其合成或增加渗透蛋白 mRNA 的稳定性。渗透蛋白还具有促进非盐适应细胞对盐的适应能力。

2. 热激蛋白

热激蛋白（HSP）是一类在有机体受到高于植物正常生长温度刺激后大量表达的蛋白，是植物对高温胁迫短期适应的必需组成成分，对减轻高温胁迫引起的伤害有很大的作用。原因在于有机体在受到热激伤害后，体内变性蛋白急剧增加，热激蛋白可与变性蛋白结合，维持它们的可溶状态，在有 Mg^{2+} 和 ATP 的存在下使解折叠的蛋白质重新折叠成有活性的构象。热激蛋白的相对分子量为 15 000~104 000，根据分子质量大小可将植物 HSPs 分为：HSP100s、HSP90s、HSP70s、HSP60s 和 sHSPs 五大家族。热激处理诱导热激蛋白形成的温度因植物种类而有差异。HSPs 的生成量与生物耐热性呈正相关，即 HSPs 可提高细胞的应激能力。HSP105 在热激时能迅速移向核内，并在核仁和核质中积累；在热激消失时，又回迁到细胞质，具有保护细胞或机体免受损伤的作用。细胞受热后，HSP70 和 sHSPs 以膜外周蛋白的形式连接在质膜和液胞膜上，与膜蛋白发生分子互作，可阻止膜蛋白的变性，稳定细胞膜系统，对膜微囊有热保护功能。植物线粒体内的热激蛋白 Cph60 在热激条件下与二氢叶酸脱氢酶、半乳糖脱氢酶和异丙醇苹果酸脱氧酶等酶结合形成复合体，使这些酶的热失活温度提高 8 ~ 15 ℃。

3. 胚胎发生晚期丰富蛋白

在种子成熟脱水期开始合成的一系列蛋白质称为胚胎发生晚期丰富蛋白（LEA 蛋白），它们多数是高度亲水、在沸水中仍保持稳定的可溶性蛋白，缺少半胱氨酸和色氨酸。干旱、盐及低温胁迫均可诱导这些蛋白在营养组织中的表达，只是诱导途径不同。按照氨基酸序列，LEA 蛋白至少可分为 5 组，组 1 LEA 蛋白的荷电氨基酸和甘氨酸的比例较高，亲水性强。组 2 LEA 蛋白 C 端含有 1 个保守的由 15 个氨基酸组成的结构域，可能起分子伴侣或保护蛋白质结构的功能。组 3 LEA 蛋白具有 11 个氨基酸的重复顺序，形成亲水的 α 螺旋，多达 13 次，可能起到避免离子浓度过高所导致的毒害作用。组 4 LEA 蛋白可替代水保护膜结构，N 端形成保守的 α 螺旋，C 端通常不具有保守性，但随机盘绕的结构是保守的。组 5 LEA 蛋白具有与组 3 蛋白类似的 11 个氨基酸重复序列和化学性质，但不像组 3 蛋白那样每个氨基酸残基的排列位置具有高度的专一性，其功能与组 3 蛋白类似。

4. 水分胁迫蛋白

近些年，对干旱诱导植物产生的特异蛋白（水分胁迫蛋白）的研究不断增多，通常，分为两大类，一类是由 ABA 诱导产生的，另一类则仅由干旱诱导。但有些水分胁迫蛋白既能被 ABA 诱导，也可由干旱诱导产生。

5. 同工蛋白（Protein isoform）

逆境能诱导植物产生些同工蛋白或同工酶。它们与"原来"的酶蛋白具有相同的功能、相似的结构和同源的 mRNA 编码区域，很难将它们严格区分开来。同工酶谱变化可造成温度逆境诱导产生新蛋白的假象。许多早期研究注意到的同工酶蛋白电泳图谱的变化，在分子生物学水平上证明是直接受到低温诱导的，而不是低温锻炼过程中的蛋白质结构变化的生化现象。

6. 类脂转移蛋白

膜类脂的组成与植物抗逆性的关系密切，而高等植物的类脂转移蛋白，特别是大麦叶片中 *BLT4* 基因家族编码的膜类脂转移蛋白可能与膜脂饱和度的温度适应有关，但在根系中没有发现类脂转移蛋白。

7. 激酶调节蛋白

激酶调节蛋白能调节多种功能蛋白激酶的活性。目前已研究的与植物非生物及生物胁迫应答有关的植物蛋白激酶主要有：①受体蛋白激酶（RLK），参与干旱、高盐、低温、ABA 及各种生长发育等信号传导过程；②丝裂原活化蛋白激酶（MAPK），参与干旱、高盐、低温、激素（ETH、ABA、GA 和 IAA）、创伤、病原反应以及细胞周期调节等多种信号传导过程；③钙依赖而钙调素不依赖的蛋白激酶（CDPK），参与干旱、高盐、低温、ABA 及 GA 等多种激素信号的传导及激素代谢过程；④蔗糖不发酵相关蛋白激酶（SnRK），参与渗透胁迫、高盐、低温及 ABA 等的信号传导过程；⑤其他胁迫相关的植物蛋白激酶。

8. 病程相关蛋白

当植物被病原菌感染或一些特定化合物处理后，会产生一种或多种与抗病性有关的水溶性蛋白质，称之为病程相关蛋白或病原相关蛋白（PR 蛋白）；其作用机制可能是通过攻击病原物，降解细胞壁大分子和病原物毒素，达到抑制病毒外壳蛋白与植物受体分子结合的目的。病程相关蛋白的相对分子量往往较小，一般不超过 40 000，且主要存在于细胞间隙。病程相关蛋白常具有水解酶活性，如其中的几丁质酶和 β-1,3-葡聚糖酶能够降解病菌细胞壁，从而抑制病原真菌孢子的萌发和菌丝的生长。病程相关蛋白无病原特异性，而由寄主反应类型决定，即寄主起源的。除真菌外，PR 蛋白在很多情况下也可被细菌、病毒和类病毒的感染所诱导，甚至与病原菌有关的物质（几丁质、β-1,3-葡聚糖、高压灭菌杀死的病原菌及其细胞壁、病原菌滤液等）也可诱导。

9. 重金属结合蛋白

有些植物在遭受重金属胁迫时体内能迅速合成一类束缚重金属离子的多肽，这类多肽被称为植物重金属结合蛋白。根据植物重金属结合蛋白的合成和性质的差异，可将其分为类金属硫蛋白（MC）和植物螯合肽（PC），迄今已从番茄、水稻、玉米、烟草、甘薯、菠菜等多种植物中分离得到了镉和铜结合蛋白。这些蛋白分子质量一般很低，无论是类 MT 还是 PC，都含有丰富的半胱氨酸残基，几乎无芳香族氨基酸，能通过 Cys 上的-SH 与金属离子结合，起解除重金属离子毒害及调节体内金属离子平衡的作用。有人推测重金属结合蛋白可通过结合与释放某些植物必需营养元素的离子如 Cu^{2+}、Zn^{2+} 等，调节细胞内的离子平衡。

10. 冷驯化诱导蛋白

植物经低温诱导能合成一组新蛋白，即冷驯化诱导蛋白，又称冷响应蛋白或冷激蛋白。冷驯化蛋白被证明与抗寒性的产生有关，脱水和 ABA 处理在常温下可诱导植物冷驯化蛋白的合成，使植物抗冻能力提高。当植物遭遇低温时，叶片表皮细胞和细胞间隙会形成特殊的蛋白质，与水晶体表面结合，抑制或减缓水晶体进一步向内生长，这种蛋白叫作抗冻蛋白。

11. 厌氧蛋白

厌氧处理引起植物基因表达的变化，使原来的蛋白（需氧蛋白）合成受阻，但合成了一组新的蛋白质，即厌氧蛋白。现在已经确定有些厌氧蛋白是催化糖酵解和乙醇发酵的酶类，其中包括醇脱氢酶（ADH）和丙酮酸脱羧酶、葡萄糖-6-磷酸异构酶和果糖-1,6-二磷醛缩酶 I 和蔗糖合成酶，ADH 是研究最多的一种。缺氧诱导的 ADH 是由 2 个不连锁的基因 *Adh1* 和 *Adh2* 编码，存在 3 种以二聚体形式存在的 ADH，ADH1：ADH1、ADH1：ADH2、ADH2：ADH2。

12. 活性氧胁迫蛋白

有些环境因子，如缺氧、高氧、空气二氧化硫污染、除草剂（如百草枯）等能诱发植物体产生过量的超氧自由基（$O_2^- \cdot$），使植物受到伤害，甚至死亡，但在非致死条件下，这些环境因素能诱导植物体内超氧化物歧化酶（SOD）同工酶的出现和活性增强。

13. 紫外线诱导蛋白

用紫外线处理芹菜悬浮培养细胞时，会引起编码苯丙氨酸解氨酶（PAL）、4-香豆酸、CoA 连结酶、查耳酮合成酶（CHS）和 UDP-芹菜糖合成酶的基因在 mRNA 水平上表达增加，诱导其转录和蛋白质的重新合成，这些酶类正是类黄酮色素生物合成所必需的。

14. 盐逆境蛋白

盐逆境蛋白指由盐胁迫诱导产生的蛋白质。已从几十种植物中检测到盐逆境蛋白。在向烟草悬浮培养细胞的培养基中逐代添加氯化钠的情况下，可获得盐适应细胞，这些细胞能合成分子量为 26 000 的盐逆境蛋白。

到目前为止，只有少量逆境蛋白被确定为植物适应过程中所必需的酶外，大多数逆境蛋白的功能还不清楚。检测不同逆境下植物的逆境蛋白，可发现不同逆境条件有时能诱导产生某些相同的逆境蛋白，暗示植物适应逆境条件可能存在某些共同的机制。

（二）抗逆相关基因

植物的耐逆性是由多基因控制的数量性状，在逆境胁迫下，植物一些正常表达的基因被关闭，一些与逆境相适应的基因受到诱导得到表达，其产物参与植物对逆境的耐受性反应，导致植物一系列形态、生理功能、生物化学及分子结构上的改变，这些变化反过来又影响植物的生长。植物对逆境响应的分子机制，是通过激发及调控特异的与逆境相关的基因来实现的。近些年来，人们通过不同的抗逆基因分离策略分离到许多与抗逆性相关的基因。

1. 低温诱导基因

低温胁迫能诱导植物体内许多基因的表达，低温诱导基因或基因簇表达将合成新蛋白，新合成蛋白质进入膜内或附着于膜表面，起保护和稳定膜的作用，从而防止冰冻伤害，提高植物的抗冻性。Hughes 和 Dunn（1996）将受低温逆境诱导的基因进行了归纳（表 12.1 和表 12.2）。

表 12.1 双子叶植物中的低温诱导基因（Hughes 和 Dunn，1996）

物种	基因	同族基因	其他品种类似基因	编码蛋白的种类	其他逆境
拟南芥	cor6.6（kin1）	kin2	Bn28	AFP	干旱、ABA
	cor78	lti78, lti65		NK	干旱
		rd29A, rd29B			ABA、盐
	cor15A	cor15B	Bn115	NK	干旱，ABA

（续表）

物种	基因	同族基因	其他品种类似基因	编码蛋白的种类	其他逆境
	cor47	lti45	—	D-11LEA	干旱，ABA
	lti30	—	cap85，cor39	D-11LEA	干旱，ABA
	lti40	—		NK	干旱，ABA
	rab18	—	—	D-11LEA	干旱，ABA
	Ccr1	Ccr2	blt801	RNABP	干旱
	RCI1	RCI2		14-3-3	—
	Adh	—	—	ADH	干旱，嫌氧
油料油菜	Bn115	Bn19，Bn26	cor15A	NK	—
	Bn28	—	cor6.6	AFP	NK
	BnC24A	BnC24B	bbc1	NK	—
苜蓿	cas15	—	—	NK	—
	cas17	cas18	—	D-11LEA	—
	MsaciA	SM2075	—	NK	干旱，ABA
	masCIC	—	—	高脯氨酸	—
高粱	cap85	—	lti30，cor39	D-11LEA	干旱
	ER-HSC70			HSP	
高粱	A13	—	—	osmotin	干旱，ABA

注：AFP. 抗冻蛋白；ABA. 脱落酸；LEA. 胚胎发育晚期丰富蛋白；RNABP. RNA 结合蛋白；bbc. 胸腺基本保守基因；HSP. 热激蛋白；ADH. 醇脱氢酶；14-3-3：激酶调节蛋白；LTP. 类脂转移蛋白；EF-1a. 延长因子；ESI3. 芽草盐激诱导基因；NK. 不明。

2. 渗透调节基因

参与渗透调节的细胞内溶质有从外界进入的，也有植物细胞内合成的。渗透调节相应地涉及这两种过程的多种基因，一类是直接或间接参与渗透调节物质运输的蛋白及其基因，另一类是参与渗透调节物质合成的酶及其基因。另外，与渗透调节有关的还有水分的进出，因此也涉及植物细胞水孔蛋白及其基因的表达和调控。如控制钾离子吸收的 2 个系统，均属于渗透调节物质运输蛋白，包括低亲和钾的组成系统（trk）和高亲和钾的渗透诱导系统（kdp），kdp 由 kdpA、kdpB 和 kdpC 3 个协同诱导基因所编码，kdpA、kdpB 和 kdpC 的下游是 2 个调节基因 kdpD 和 kdpE，kdpD 和 kdpE 的产物调节 kdpA、kdpB 和 kdpC 的表达，在渗透胁迫条件下，由于细胞失水导致膨压下降，诱导 kdpA、kdpB 和 kdpC 的表达，促进

K⁺由细胞外进入细胞内。脯氨酸的生物合成从它的前体谷氨酸开始共涉及谷氨酸激酶、谷氨酰磷酸还原酶和吡咯啉-5-羧酸还原酶 3 个酶，编码这三个蛋白的基因分别为 *proA*、*proB* 和 *proC*。甜菜碱的生物合成关键酶是甜菜醛脱氢酶（BADH），盐胁迫可诱导 *BADH* 的 mRNA 转录明显增加。

表 12.2　单子叶植物中的低温诱导基因（Hughes & Dunn，1996）

物种	基因	同族基因	其他品种类似基因	编码蛋白的种类	其他逆境
大麦	*blt14*	*blt14.2*，*A086*	*rlt1412*	NK	—
		blt14.1	*rlt1421*		
	blt4	*blt4.2*，*blt4.6*，*blt4.9*	—	LTP	干旱
	blt101	*blt101.2*	*ESI3*	NK	—
	blt63	—	—	EF-1a	NK
	HVA1	—	—	D-7LEA	ABA
	blt801	—	*Ccr1*	RNABP	ABA
裸麦	*rlt1412*	*rlt1421*	*blt14*	NK	—
小麦	*Wes120*	*Wes200*，*Wes661*	—	D-11LEA	—
	Wes19	—	—	NK	
	cor39	—	*lti30*，*cap85*	D-11LEA	干旱、ABA
	Wcor410	—	—	D-11LEA	干旱、ABA

3. 其他抗逆基因

目前，分离出的在低氧和缺氧条件下表达的基因大多是与糖酵解和发酵途径有关的酶，如 ADH、PDC、LDH、淀粉合成酶、葡萄糖-6-磷酸异构酶（GPI）等。另外有很多基因在不同逆境条件下均能被诱导。水稻 *rHsp90* 基因与逆境间具有一定的应答关系，并在植物适应逆境中起着重要的作用。瞬时表达试验表明，植物中，mwcs120 启动子均受低温和高盐逆境诱导，使 *GUS* 基因的表达增强。*OsMsr9* 基因的表达量在高温、低温、干旱处理后在多个组织器官、发育时期均显著提高。玉米泛素延伸蛋白基因（*ZmERD16*）可能参与玉米的多种胁迫信号传导和逆境应答进程。

（三）逆境蛋白和抗逆相关基因在抗逆中的作用

逆境蛋白与抗逆相关基因的表达，使植物在代谢和结构上发生改变，进而增强抵抗逆境的能力。如低温诱导蛋白与植物抗寒性的提高相关联；病程相关蛋白的合成增加了植物的抗病能力；植物耐盐性细胞的获得也与盐逆境蛋白的产生相一致。有些逆境蛋白与酶抑制蛋白有同源性，有的逆境蛋白与解毒作用有关；抗冻蛋白具有减少冻融过程对内囊体膜等生物膜的伤害和防止某些酶因冰冻而失活的功能。多种热激蛋白家族成员都能赋予有机体对高温的耐受能力，具有典型的分子伴侣功能。但有研究指出，逆境蛋白与逆境或抗性没有直接关系。

四、环境胁迫信息的传递

植物的生长发育主要受遗传信息和环境信息的调节控制。遗传信息决定个体发育的基本潜在模式，环境信息对遗传信息的表达起着重要的调节作用。植物在对环境胁迫做出主动的适应性反应前，植物必须有感知、传递和处理环境刺激信号的过程。一般来讲，当植物体感受到逆境刺激信号后，就会首先在局部产生携带逆境信息的信号分子或物理信号，通过这些物理或化学的信号分子，逆境信息被传递至与植物适应性反应相关的组织或细胞。

（一）水信号

水信号是指能够传递逆境信息，进而使植物做出适应性反应的植物体内水流或水压的变化。长期以来，人们一直将特定的叶片水分状况（水势、渗透势、压力势和相对含水量）与特定的胁迫程度相联系。以往许多文献中，将土壤干旱对植物影响的普遍解释一般都是假定根冠间通信是靠水的流动来实现的。但已有很多试验表明，在叶片水分状况尚未出现任何可检测的变化时，地上部对土壤干旱的反应就已经发生，即植物根与地上部之间除水流变化的信号外，还有其他能快速传递的信号存在，如静水压变化（水的压力波传播速度特别快，在水中每秒可达 1 500 m，比水流变化的信号要快得多）。细胞膜上发现水孔蛋白的存在，使人们对植物体内水信号的存在和作用予以了更多的关注。

（二）化学信号

化学信号是指能把环境信息从感知位点传递到反应位点，进而影响植物生长发育进程的某种激素或除水外的某些化学物质。根据化学信号的作用方式和性质，可分为正化学信号、负化学信号、积累性化学信号和其他化学信号等。正化学信号是指随着环境刺激的增强，该信号由感知部位向作用部位输出的量也随之增强；反之则称为负化学信号。积累性化学信号则是指在正常情况下，作用部位本身就含有该信号物质并不断地向感知部位输出，以保证该物质维持在一个较低的水平，当感知部位受到环境刺激激时，可导致该物质输出的减少，表观上则是该物质积累增加，当其积累超过一定阈值时其调节生理生化活动的作用也就明显表现出来。目前已发现的化学信号分子有几十种，主要可分为植物激素类（如IAA、CTK、ABA、ETH、MeJA、SA、CC）、寡聚糖类（如 $1,3-\beta-D-$葡聚糖、半乳糖、聚氨基葡萄糖、富含甘露糖的糖蛋白等）、多肽类（如系统素）；也有人认为胞外 Ca^{2+}、H^+ 及其跨膜梯度的变化可能作为胞外信号分子而在逆境信息传递过程中发挥作用。

1. 正化学信号

随着土壤水分的亏缺，汁液中阴离子、pH 值、氨基酸、细胞分裂素的浓度是下降的，但脱落酸（ABA）的含量却是上升的。大量研究表明，水分胁迫下根系可合成 ABA。也有研究认为根系中积累的 ABA 可以作为感知根系周围水分状况的一种信号物质，ABA 是一种非常重要的调节气孔导性的物质，通过木质部汁液流入叶中，引起气孔关闭现象。根部合成的 ABA 随蒸腾流运输至叶肉组织，ABA 可进入叶肉细胞叶绿体而被贮存，也可作用于气孔保卫细胞。越来越多的研究证明起源于根中的 ABA 是调节气孔运动的重要物质，但几乎没有很直接的证据能证明气孔的关闭恰恰就是这部分 ABA 的直接作用。一些研究者认为，在干旱初期，尽管叶片的 ABA 总量没有发生变化，但 ABA 的再分配可能对气孔的关闭起着更为重要的作用，ABA 在叶片中的区隔化和再分配是必要的。ABA的生物合成是在细胞质中进行的，但游离 ABA 在叶中的分布主要由各部分的 pH 所决定，在光下叶绿体基质 pH 值比其他部分高，ABA 易于以质子化的形式进入叶绿体并在那积累。根据 Milborrow（2001）的计算，如果叶绿体基质和细胞质的 pH 值分别是 7.5 和 6.5，则 ABA 在两部分的分配比为 10：1。pH 值变化可视为是一种最为有效地激发 ABA 再分配而导致气孔关闭的方式。

2. 负化学信号

在植物根与冠间的信号传递中是否存在负化学信号，至今还有不同看法。在大量的有关负信号的研究中，可能性最大的信号物质是由根向茎叶运输的细胞分裂素。细胞分裂素可增加气孔的开张和蒸腾，抑制 ABA 对气孔的关闭作用。细胞分裂素的减少可增强植物茎叶对 ABA 的敏感性，来共同控制气孔的开闭。正负信号可能结合在一起共同对茎叶的生理过程产生影响，轻微干旱时正信号起主导作用，随干旱继续加重负信号的作用可能逐步增大。

3. 积累性化学信号

Jackson 和 Hall（1987）曾报道了在淹涝情况下，叶片中的 ABA 浓度增加是一个积累信号，即在正常情况下，叶片可以产生 ABA 并通过韧皮部向根系运输，当根系淹涝时 ABA 向下运输的量减少，导致叶中 ABA 浓度增加。但在干旱的情况下，由于根系的活性并未明显下降，甚至有所增加，所以 ABA 向下运输减少的情况不太可能发生，随着土壤干旱的逐步加强，根生长活性受到很大抑制，在这种情况下积累信号的作用有可能增加。

4. 其他化学信号

Stewart（1978）曾证明溶液中阴阳离子的平衡发生微小变化将可以控制溶液的 pH 值。Schurr 和 Gollan（1990）证明在水分状况良好的植物中，其木质部汁液中含有较多的阴离子，而水分亏缺的植物中含有较多的阳离子。Hartung（2010）认为这种阴阳离子差可使质外体液流碱化，因此可以作为一个信号，此信号将使叶中的 ARA 重新分配，最终引起气孔关闭。另有结果表明，除去 ABA 但并没有解除木质部汁液对蒸腾的抑制作用，说明必然有一种未知因子发挥着信息传递的作用。

（三）电信号

植物体内的电信号是指植物体内能够传递信号的电位波动。娄成后（1996）经过数十年的研究后认为，高等植物体内的信息传递可靠电化学波来实现，植物体内电波的传递可以靠细胞间的局部电流和伤素的释放相互交替来完成，维管束系统是电波传递的主要途径。外界的各种刺激（如光、热、冷、化学物质、机械、电及伤害性刺激等）都可引起植物体内电信号的产生及电波传递反应，而电波传递又与植物的生理效应相关联，如含羞草叶的下垂运动、捕蝇草中捕虫器的关闭、胞质环流的启动或停止、蒸腾强度的变化、卷须的伸长生长及盘旋运动等。

（四）逆境信息传递机制

一般来讲，当胞外信号将逆境胁迫信息传递至某一活细胞时，是胞外信号作用的活细胞通过其膜上的受体及其下游的膜蛋白（如 G 蛋白等）将逆境信息传递至胞内，作为胞内信号的胞内第二信使系统（如 Ca^{2+}、IP3、cAMP）再将逆境信息继续传递下去，或是影响基因的表达及其调控，或是更为直接地引起胞内生理生化过程的变化。图 12.3 简要概括了逆境胁迫信号激活基因表达的模式过程。

五、植物的抗紫外（UV-B）辐射

（一）紫外线辐射

紫外线（Ultraviolet）在 1801 年为德国科学家约翰·里特尔（Johann Wilhelm Ritter）所发现，理论上的波长为 10~400 nm。苏联学者 Кобленеч（考

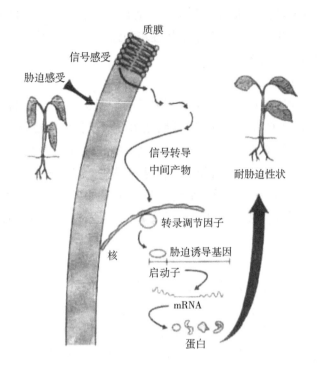

质膜

信号感受

胁迫感受

信号转导
中间产物

耐胁迫性状

转录调节因子

核

胁迫诱导基因

启动子

mRNA

蛋白

图 12.3   胁迫信号激活响应胁迫基因表达的过程 (Taiz et al. , 2015)

帕莲聂茨）认为波长界限处于 315 nm 左右的紫外线的生物学效应最大，故把紫外光分为紫外光 A 区（UV-A，波长 315~400 nm）、紫外光 B 区（UV-B，波长 280~315 nm）和紫外光 C 区（UV-C，波长 100~280 nm）3 区；UV-A 辐射对生物基本无害；UV-C 属灭生性辐射，生物受其辐射后几乎立即死亡；UV-B 为生物有效辐射，绝大多数植物受 UV-B 辐射后会产生胁迫及应激反应，通常所说的紫外线辐射就是 UV-B。

由于人类活动的影响，大量氯氟烃化合物（CFCs）被释放到大气层中，其长期的存留催化性地破坏了平流层中的臭氧（O_3），导致地面 UV-B 剧增。研究表明大气中臭氧每减少 1%，照射到地球表面的 UV 就增加 2%，臭氧层衰减导致太阳紫外辐射增加已是一个显著的全球变化事件。近些年研究表明，地球表面的紫外辐射提高了 6%~14%，未来还将持续增加。

（二）UV-B 辐射对植物的作用

UV-B 辐射对植物的作用广泛、深刻而又复杂，已涉及植物分子、细胞、个体、群落和生态系统的各级水平，以个体水平居多，主要集中在种内/种间差异、生长发育、物质产量和生理生化过程的影响（表 12.3 和图 12.4）。

表 12.3　太阳 UV-B 辐射增加在不同水平上对高等植物可能产生的后果

水平层次	可能产生的后果
分子	UV-B 受体，核酸和蛋白质破坏，基因表达改变
细胞	抑制细胞周期，细胞分裂延迟，微管缩短和重新组装，细胞器破坏，细胞程序性死亡；促使 H_2O_2 和 O_2^- 等自由基产生和膜脂过氧化；抑制了放氧复合体（OEC）的功能和影响电子传递，光合物质合成减少
组织	抑制了种子的萌发、幼苗的生长及其黄化苗胚轴的生长；调控位置和组织生长，根、茎、叶和花变小，角质层蜡质增加，叶片增厚，叶片卷曲，叶面积减小，叶重比减小；植物器官生长不均匀，根生长抑制，根冠比降低；叶绿素含量下降（叶绿素 b 降幅大于叶绿素 a），光合器官损害（对 PSⅡ 的阻抑强于 PSⅠ），减弱光合作用；改变植物激素；影响生殖特性（如增加花粉败育率、抑制花粉萌发和花粉管生长）；调控保护物质合成途径
个体	降低气孔导度、胞间 CO_2 浓度和水分利用效率等；节间缩短，株形缩小，植株矮化，顶端优势解除、分蘖或分枝增多；穗重、茎重和叶重减小，灌浆速度变慢及灌浆不充实；改变对光的竞争；影响共生固氮特性
群体	生物量和种子产量减少，抑制病菌孢子萌发，改变对食草动物和病原体的抗性
群落	改变种间竞争和相生相克；改变植物群落种内生物量和繁殖资源的分配；影响枯枝落叶的分解
生态系统	降低初级生产力，影响物质和能量的周转，改变生物地球化学循环

　　UV-B 辐射的植物效应不仅与辐射剂量有关，且还因植物种甚至品种和发育阶段等不同而有所差异。一般来说，UV-B 辐射增强，C_3 植物 Hill 反应较 C_4 植物易受抑制，单子叶植物的形态（株高、叶面积等）变化比双子叶植物明显（可能是 UV-B 直接改变了植株体内激素的代谢水平），还有一些植物形态上的变化要比生物量明显，落叶植物受到的伤害比常绿植物严重。高山植物对 UV-B 辐射有较强的适应能力。幼苗是植物对 UV-B 辐射较敏感的生育阶段，光合作用是对 UV-B 辐射较敏感的生理过程。

　　UV-B 辐射对植物的效应受其他环境因子的影响，且影响方式与具体因子有关，如干旱、矿质营养元素缺乏、高光强、高温往往能降低甚至掩盖 UV-B 辐射增强对植物的负效应，盐胁迫、重金属污染、臭氧浓度的增加、酸雨以协同或叠加方式与 UV-B 辐射共同抑制植物生长。CO_2 浓度增加能减弱 UV-B 辐射增强对植物生长的抑制作用。UV-B 辐射与温度复合处理对柳树造成了叠加的损伤效应。适度的盐胁迫往往可减轻 UV-B 辐射对植物的伤害。UV-B 辐射与重金属复合作用一般会增加对植物的伤害程度。UV-B 辐射导致了杂草对除草剂抗性的增强。外施 $NaHSO_3$ 可极大地缓解 UV-B 辐射对叶片造成的损伤。

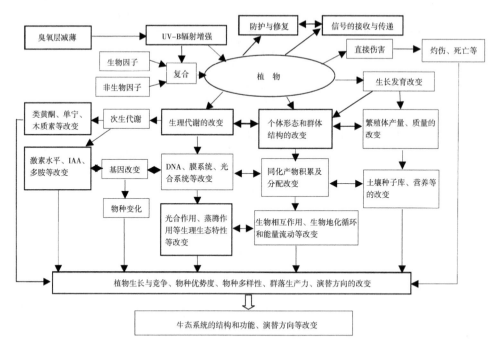

图 12.4   太阳 UV-B 辐射增强对植物和生态系统的影响（蔡锡安等，2007）

（三） UV-B 辐射对植物生理生化的影响

1. DNA 分子

DNA 是 UV-B 辐射伤害植物的主要位点之一，植物基因表达的改变可归结为 UV-B 辐射对生物大分子 DNA 的直接伤害。有机体经过 UV-B 辐射后，产生的损伤主要是氧化损伤和交联损伤两种，它们都是使同一条链上相邻的两个嘧啶碱基形成共价键，形成嘧啶二聚体（CC、TC、TT 等），包括环丁烷嘧啶二聚体（CPDs）、6,4-光产物（6-4PPs）和 Dewar 异构体；其中以形成环丁烷嘧啶二聚体的量居多，占总损伤量的 75%，对细胞的伤害最强烈；6,4-光产物的产生量虽然少，约占总损伤量的 25%，但常是致死的。UV-B 辐射与 DNA 的损伤作用表现出一定的剂量-效应关系。UV-B 胁迫对 DNA 损伤还会影响基因表达，改变细胞蛋白质组成和含量，这与 DNA 损伤和 DNA 复制受抑制有关。幼嫩叶片对 UV-B 辐射的敏感性比成熟叶片高。叶表皮上附着的蜡质、表皮毛的遮掩作用与植物 DNA 损伤减少具有一定的正相关性。

2. 氨基酸和蛋白质

UV-B 辐射对蛋白质氨基酸的种类和含量均具有重要影响。不同种类氨基酸对 UV-B 辐射的响应存在明显差异，且与植物的组织部位密切相关；原因可能是因为 UV-B 辐射带入的高能量对二硫键具有明显破坏作用所致。UV-B 辐射可引起植物体游离蛋白氨基酸（如苏氨酸、甲硫氨酸、异亮氨酸、丝氨酸和甘氨酸）含量明显降低，但明显提高玉米幼苗中脯氨酸含量，这种游离脯氨酸含量的上升可能与植物受到 UV-B 辐射损伤后有效激活了其自身的防御机制（脯氨酸具有清除活性氧的功能）有关。

UV-B 除对蛋白质氨基酸具有影响外，对植物体内的非蛋白质氨基酸-γ-氨基丁酸（γ-GABA）也具有重要影响。采用 UV-B 照射可明显提高葡萄果实中 GABA 含量，原因可能是 GABA 与机体 pH 和渗透调节密切相关，在特定情况下亦可作为三羧酸循环的碳源储备和氮储备；UV-B 照射在引起细胞内活性氧积累会导致细胞损伤，此时谷氨酸脱羧酶受到 Ca^{2+}/CaM 复合体的正调控，大量催化谷氨酸脱羧形成 GABA，有利于损伤后的修复。

UV-B 辐照不仅对植物蛋白含量产生影响，同时对蛋白结构、特性及表达方面均具有重要影响。UV-B 辐射增强可有效增加 PS II 中蛋白质的 α 螺旋及 β 折叠程度、降低 β 转角强度，并有效减弱蛋白质与周围的耦合能力。UV-B 辐照后短期应答蛋白与长期应答蛋白间存在明显差异。暴露于高剂量 UV-B 下 4 种植物中可溶性蛋白含量大幅增加，这些蛋白可作为类黄酮的合成前体，也是植物防御紫外胁迫伤害的一种响应。

3. 脂类物质

UV-B 辐射可通过引起植物细胞膜结构脂质过氧化从而对植物细胞造成损伤，诱发植物产生应激反应，进而诱导植物不同组织部位中的脂质迁移、分解或合成。强 UV-B 辐射可造成植物膜结构中不饱和脂肪酸水平降低，但植物体不同部位中不同种类的脂肪酸在 UV-B 辐射下的变化情况存在明显差异。叶绿体膜中总脂类物质含量变化不明显，但单半乳糖基甘油二酯明显减少，磷脂显著增多。UV-B 辐射小麦的磷脂酰甘油（PG）组分中的硬脂酸含量显著降低，亚油酸含量显著升高，双键指数升高，而根部的则表现出相反的趋势。光系统II的电子受体与供体也均对 PG 有需求；PG 作为类囊体膜组成中唯一的磷脂，还经常用于修复光系统II中参与电子传递的 D1 蛋白。目前发现，UV-B 影响植物膜脂的形式主要分为酶促过氧化和非酶促过氧化两大类，其中酶促过氧化主要是指由脂肪氧化酶（LOX）引起的过氧化反应，而非酶促过氧化则主要是指由活性氧（ROS）引起的过氧化反应。

4. H₂O₂ 和 NO

H_2O_2 和 NO 均为可跨膜物质，可被 UV-B 辐射诱导产生，它们在调节气孔行为方面具有依赖性。H_2O_2 促使气孔关闭是通过抑制胞外 K^+ 内流或加强胞内 K^+ 外流实现的。在许多情况下 NO 和 H_2O_2 信号之间相互作用，NO 可通过影响过氧化物酶（CAT）、超氧化物歧化酶（SOD）和抗坏血酸过氧化物酶（APX）活性调节内源 H_2O_2 的水平。

5. 膜系统

细胞膜系统是 UV-B 辐射伤害的主要部位。UV-B 辐射导致 LOX 活性的增强和 ROS 含量的增多，使膜脂过氧化形成丙二醛（MDA），增加其对细胞膜系统的损伤和破坏植物正常的代谢活动，并对蛋白质和 DNA 分子造成氧化损伤。ROS 的积累与 UVR8 的信号通路相关联，低剂量的 UV-B 辐射可诱导植物产生 ROS 保卫机制，激活植物的应激信号途径。

6. 水分代谢

UV-B 辐射导致植物组织含水量、水势和蒸腾速率降低。UV-B 辐射降低蒸腾速率的原因是降低叶片气孔密度和气孔导度（近轴的降幅大于远轴）、增大叶气孔阻力、诱导细胞质碱化和叶片内水分势能降低，致使汽化该水分所需要的能量增大。UV-B 辐射对植物水分利用效率的影响与植物种类有关，且与 UV-B 辐照剂量正相关，也受其他环境因子的影响。

7. 光合作用

UV-B 辐射对光合作用的影响体现在直接和间接效应上。UV-B 辐射直接影响植物类囊体膜的完整性、PSⅡ蛋白的降解、PSⅡ活性、Rubisco 活性的减弱、CO_2 固定减少、光合色素的合成抑制与破坏、淀粉含量减少等。间接效应表现为影响植物气孔开闭、减少气体交换、改变叶片的解剖结构及整株植物的光合作用被表层叶片影响等。

（1）光合基因。UV-B 辐射对光合作用基因表达具有一定的抑制作用。UV-B 可导致光合基因 *Lhcb*、*Rbcs*、*rbch* 和 *psb* A 转录降低，同时增加 *PR-1* 和 *PDF1-2* 基因的表达。有研究表明，UV-B 辐射下叶片基因表达受其影响开始较小，在一定时间后会促使这些基因产生的 mRNA 大量累积后又趋于下降，而 *psb* A 基因表达不受影响。UV-B 辐射对叶绿体有破坏作用，但有研究认为适量的 UV-B 辐射有利于二片层、三片层体向基粒片层形成。

（2）叶绿体膜结构。UV-B 的增强对叶绿体及植物体其他部分的 DNA 均有一定的影响，其影响大小与 UV-B 的强度及叶片生育期有关。UV-B 辐射导致蛋白质色氨酸基团的光氧化，抑制 Ca^{2+}-ATPase 和 Mg^{2+}-ATPase 活性，改变脂肪酸组分的配比，降低膜中不饱和脂肪酸含量，饱和脂肪酸含量上升，引起不饱和酸指数下降，叶绿体膜流动性下降；引起活性氧代谢的紊乱，发生膜脂氧化，积累 MDA，导致叶绿体膜结构的破坏，破坏了叶绿体的超微结构。

（3）光合色素。UV-B 辐射破坏植物叶绿素 a，改变叶绿素 a 与叶绿素 b 的比例，破坏了光合蛋白复合物的形成，抑制了细胞器的形成，这与光合色素的降解与膜脂过氧化的增强密切相关。

（4）光合电子传递。PSⅡ系统被视为光合作用的心脏，UV-B 辐射主要通过损坏植物 PSⅡ系统的水氧化锰决定簇（OEC），使 PSⅡ的 OEC 失活，减弱电子由 PSⅡ系统向 PSⅠ的传递，从而保护植物 PSⅠ系统免受由冷光胁迫诱导的光抑制作用，促进冷光处理后碳同化能力的恢复，进而减少由冷光胁迫引起的光合产量的损失，减弱植物的光合作用。

UV-B 辐射抑制光合作用的电子传递出 PSⅡ，引起电子传递能力减小的直接原因是 UV-B 辐射破坏 PSⅡ系统中的酪氨酸电子供体和 D1 和 D2 蛋白，导致 PSⅡ系统活性的减弱，进而降低植物的光合作用能力；或与 ATP 合成酶含量、活性降低及细胞色素 f 受影响有关。但 UV-B 辐射不会抑制原初光能传递过程，而是通过一系列调节机制（增强吸收短波光色素的吸收强度，调节两个光系统间能量分配，变化光合系统中色素蛋白构象和位置）来保证原初光能传递的光物理过程，将能量传递到反应中心。

（5）碳同化。UV-B 辐射增强造成叶片 CO_2 同化能力降低，这与 C_3 循环的关键调节酶 Rubsico 的含量或活性受抑制有关，并伴随 Rubsico 大小亚基 mRNA 水平的降低；引起羧化效率的降低，导致 $V_{c_{max}}$ 的降低，进而引起 C_3 循环及其他酶活性的降低，使 RuBP 酶再生速率降低，引起植物暗呼吸和光呼吸的增强；RuBP 酶受影响也会导致呼吸作用的增加。

（6）光氧化和光抑制。UV-B 是比可见光具有更高能量的强光，在照射叶绿体时可能会产生更多的活性氧，抑制 SOD、APX 及 CAT 的活性，造成叶片清除活性氧能力下降，造成活性氧水平增高，导致光氧化破坏膜系统（SOD 活性降低→O_2 增加→膜过氧化增强→膜系统破坏）。UV-B 辐射的高能量可能使细胞产生更多的激活能，进而通过电子传递链传递给氧分子，过高能量则可导致光电子传递链的抑制，引起叶片光合能力下降、细胞代谢紊乱。活性氧在碳代谢中作用的主攻目标是固定 CO_2 的酶，如二磷酸果糖酶等，这些酶含巯基，而 H_2O_2 可导致二硫键形成从而使酶失活。光氧化下产生 O_2^-·在铁盐存在下发生 Fenton 反应形成·OH，启动膜脂的氧化。PSⅡ对 UV-B 敏感，UV-B 使 PSⅡ反应中心失活，PSⅡ的光合效率下降，最大光化学效率（Fv/Fm）下降，表观量子效率 AQY 下降，即产生光抑制现象。

（7）碳水化合物。UV-B 辐射对植物碳水化合物的合成、积累、分布和代谢均具有重要影响，且这种影响与植物的种类、品种、组织部位、UV-B 的辐照剂量、辐照时间以及碳水化合物的种类等均密切相关。UV-B 辐射改变植株中碳水化合物的分布，降低叶片中可溶性糖含量，提高幼叶和茎中可溶性糖与淀粉的比例，叶片中可溶性糖含量的降低可能是 Hill 反应活力降低、Rubisco 活性受抑制的结果。

8. 植物激素含量

在植物幼苗和成熟叶片中，UV-B 辐射可使生长素相关基因的表达发生改变，同时 UV-B 还通过调节生长素的转运与生长素信号通路，改变植物对生长素的敏感度，影响植物光形态建成。UV-B 辐射可改变赤霉素的光学性质，但不影响其活性，在大豆和水稻中，UV-B 辐射可减少其体内 GA 的含量。UV-B 辐射可调控 BR 通路中的一些基因，且 UV-B 辐射还影响 BR 信号通路中的转录因子 BZR1 的活性。

UV-B 辐射引起植物体内 ABA 含量升高，可能是因为 UV-B 辐射损伤了叶绿体膜或细胞膜，而使细胞失去膨压或膜上 Mg^{2+}-ATPase 活性下降、叶绿体基质 pH 值降低所致。ABA 产生的生理意义是诱导气孔关闭和脯氨酸积累的产生，ABA 可直接激活外向 K^+ 通道，也有人认为 ABA 通过增加胞质 Ca^{2+} 浓度间接激活 K^+、Cl^- 流出和抑制 K^+ 流入，降低保卫细胞的膨压。

UV-B 也对乙烯、茉莉酸（JA）、水杨酸（SA）和细胞分裂素（CK）产生影响。UV-B 辐射下，豇豆体内的乙烯合成前体物质 ACC 的含量增高，且其含量的升高与 UV-B 辐射剂量呈正相关。绿豆栽培种 HUM12 和烟草体内的 JA 含量经 UV-B 辐射后增加。UV-B 辐射会诱导小麦产生更多的 SA，阻止自身萎蔫。在豇豆中，UV-B 也影响着 CK 氧化酶的活性，进而降低植物体内 CK 的水平，影响豇豆子叶的延伸。

（四）植物对 UV-B 辐射胁迫的防御

在长期进化过程中，植物曝光在 UV-B 辐射增强下，许多植物都会形成一套对 UV-B 辐射的自我防御和修复机制，用于适应不断变化的外界刺激与伤害，展示出不同的驯化策略，如通过阻挡和吸收 UV-B 辐射及清除 UV-B 辐射产生的自由基等，以保护自身安全。

1. 形态结构

在紫外辐射较强的低纬度或高山地区，植物会自动调节叶片的角度如叶片直立等以避免太阳紫外光的直射，使植物对紫外线的吸收降到最低限度；叶片栅栏组织细胞长度增加导致叶片增厚，降低紫外光对叶细胞的伤害，并可补偿 UV-B 辐射增强后引起的光合色素的光降解，改善净光合速率；外层叶组织，植物的表皮细胞能使入射的 UV-B 辐射减少 95%，特别是表皮毛和蜡质层可阻挡、吸收和反射 UV-B 辐射，减少 UV-B 的穿透性，有效地阻止过量紫外线进入叶中。增强的 UV-B 辐射不仅可以加厚植物的上表皮蜡质层而且还可以改变蜡质层的化学组成以提高叶片对 UV-B 的反射，减少敏感区域接触到的 UV-B 量。

2. 抗氧化酶系统

UV-B 辐射增强过氧化氢的富集，导致植物体内自由基水平显著提高，打破了 ROS 的平衡系统，产生氧化胁迫。活性氧的大量产生使得 SOD、抗坏血酸过氧化物酶（APX）、谷胱甘肽还原酶（GR）等抗氧化酶活性提高。大量试验说明植物在 UV-B 辐射增强时可刺激植物机体的抗氧化酶系统，提高抗氧化酶活性，增强自身抗氧化能力，有效清除自由基，在一定程度减少 UV-B 辐射对植物的伤害，增强对 UV-B 辐射的抵抗力。

3. 抗氧化物质

有证据表明拟南芥抗坏血酸缺失突变体对高剂量的 UV-B 辐射敏感性增加。人工 UV-B 辐射增加下，小麦和水稻叶片的清除 H_2O_2 系统坏血酸（ASA）和谷胱甘肽（GSH）含量升高，2 种绿藻细胞内总 GSH 和 GSSG 的含量增加，GR 谷胱甘肽还原酶（GR）和 APX（抗坏血酸过氧化酶）活性增强，即 UV-B 处理下植物清除活性氧的能力增强。UV-B 辐射还能诱导多胺、脯氨酸等物质的产生，它们主要是通过防止膜的过氧化而保护植物不受 UV-B 伤害，也被认为是一种抑制 UV-B 胁迫的抗氧化成分。植物体内的一些较大分子化合物，如植酸和铁蛋白质等也能消除 Haber-Weiss 反应产生 $O_2^-·$。

4. 保护性化合物

植物近茎叶的表皮细胞、叶蜡及叶茸毛中还存在着多酚类、萜类和生物碱等大量的保护性化合物，吸收和过滤 UV-B 辐射。

（1）多酚类。UV-B 是诱导植物多酚尤其是类黄酮类物质生物合成的重要因素，该作用与植物品种、组织部位、辐射强度、辐射时间等因素密切相关。增强 UV-B 辐射使查儿酮合酶和苯丙氨酸氨基转移酶基因表达增加，增加了类黄酮的合成；类黄酮的吸收光谱与 UV-B 相仿，因此类黄酮在叶表皮细胞中的积累，增加了表皮细胞对 UV-B 辐射的吸收，减小 UV-B 对叶肉细胞的伤害，增强植物对 UV-B 辐射的抗性。UV-B 辐射可诱导拟南芥 *CHS* 基因的表达，促进苯丙烷类物质的合成，增强植物对 UV-B 辐射的吸收，减弱 UV-B 辐射对植物的伤害。UV-B 照射可显著提高女贞子、豇豆、豌豆和花椰菜等叶中的总酚和类黄酮含量。UV-B 辐射对紫薯叶片花色苷的生物合成具有诱导作用，且花色苷的生物合成趋势与 UV-B 的照射时间密切相关，超过辐照时间临界值时，花色苷的含量会显著降低。

（2）萜类。萜类物质对 UV-B 的响应与植物种类、UV-B 辐照强度及辐照后的适应时间等密切相关；同时 UV-B 辐照还存在促进萜类物质之间相互转化的可能。大量研究表明，UV-B 对植物体内萜类物质生物合成具有重要上调作用，促进 MEP 途径或 MAV 途径产生萜类物质，以清除 ROS。萜烯类化合物对 UV-B 强度和适应时间具有明显依赖性，高强度 UV-B 照射对萜烯类化合物的影响更大，而芳樟醇、桉油精、甲基异己烯酮在 UV-B 照射后 2 h 的含量明显高于照射后 24 h 的含量。当 UV-B 增强时，拟南芥、南非醉茄和亚麻的木质素含量都有不同程度的升高。用 UV-B 辐射诱导新鲜的南方红豆杉枝叶后，紫杉醇和紫杉醇前体含量显著增加，且含量随辐射强度和照射时间的变化而变化，呈现一种先增后减再增的趋势。UV-B 辐射胁迫能有效地增加黄花蒿腺毛的密度和大小，提高青蒿素的产量。低剂量 UV-B 辐射后葡萄叶片组织中的谷甾醇、豆甾醇、羽扇豆醇含量上升。

（3）生物碱。多种植物在 UV-B 照射下会出现生物碱含量升高的现象。Hanna 等（2012）发现茜草在强 UV-B 照射下，叶片中的生物碱含量显著升高，同时检测到编码色氨酸脱羧酶、ACC 氧化酶、UDP-葡糖基转移酶、脂肪酶、苏氨酸激酶的基因表达量显著增加。Takshak 等（2019）研究发现睡茄中，睡茄交酯 A 在茎尖、老叶、成熟叶和新叶中含量均有明显下降，而睡茄素 A 在新叶、成熟叶和老叶的含量则均明显上升。Qin 等（2015）发现 UV-B 照射 24 h 后，铃铛子中的莨菪碱含量显著降低，而东莨菪碱含量显著升高。还发现 UV-B 照射可有效促进喜树碱从喜树根向茎、叶转移。

（4）色素。高山植物具有较低的叶绿素含量，且 Chla/Chlb 升高，类胡萝卜素含量增加，很可能是植物对 UV-B 强辐射适应的结果。类胡萝卜素一方面能有效地淬灭活性氧并直接吸收过多的光能，避免叶绿素的光氧化，使光合器官免受 UV-B 辐射的伤害；另一方面，可通过直接吸收紫外线辐射，减少紫外线的伤害，在一定程度上捕光色素含量减少能避免光系统受伤害。

（5）DNA 修复。植物自身所具有的 DNA 修复系统可维持正常基因组的完整性，且一定程度上提高植物对 UV-B 辐射的耐受性。在一定条件下，细胞的自我修复主要有直接修复、光修复、切除修复和重组修复 4 个修复途径，其中光修复和重组修复在植物中较普遍且最重要。光复活酶是一种高度专一的酶类，是DNA 光修复过程中的重要酶，当 DNA 受紫外光照射形成环丁烷嘧啶二聚体或 6-4 光产物后，光复活酶（photolyase）利用蓝光和近紫外光（300～500 nm）作为光源，把二聚体单聚化。切除修复是一种暗修复，是通过一系列酶促过程把DNA 中的损伤部分排除掉，使之恢复正常，参加修复的酶有核酸内切酶、外切酶、聚合酶和连接酶等。重组修复仅在复制过程中或复制后进行，它是通过复制和重组把异常的 DNA 比例减少到无害程度。但在干燥和低温条件下，植物不能完全修复 UV-B 辐射对 DNA 产生的损伤。植物对 UV-B 诱导 DNA 损伤的修复能力的大小也存在种间和种内差异，这为外来入侵植物和本土土著植物竞争能力的研究提供了坚实的理论依据。

复习思考题

1. 概述植物环境胁迫应答的生理基础。
2. 叙述植物环境胁迫应答的生化机制。
3. 环境胁迫诱导产生的逆境蛋白有哪些？
4. 逆境蛋白和抗逆相关基因在抗逆中的作用是什么？
5. 植物通过哪些信号将环境胁迫信息传递到目标部位？
6. 试述植物逆境信息传递的机制。
7. 谈谈 UV-B 辐射对植物生长和生理生化的影响。
8. 阐述植物对 UV-B 辐射胁迫的防御机制。

主要参考文献

蔡锡安，夏汉平，彭少麟，2007. 增强 UV-B 辐射对植物的影响 [J]. 生态环境，16（3）：1044-1052.

陈慧泽，韩榕，2015. 植物响应 UV-B 辐射的研究进展 [J]. 植物学报，50（6）：790-801.

陈晓亚，薛红卫，2013. 植物生理与分子生物学 [M]. 4 版. 北京：高等教育出版社.

程建峰, 2019. 植物生理学 [M]. 南昌：江西高校出版社.

代宇佳, 罗晓峰, 周文冠, 等, 2019. 生物和非生物逆境胁迫下的植物系统信号 [J]. 植物学报, 54 (2)：255-264.

李青芝, 李成伟, 杨同文, 2014. DNA甲基化介导的植物逆境应答和胁迫记忆 [J]. 植物生理学报, 50 (6)：725-734.

凌成婷, 李想, 周应媛, 等, 2021. UV-B辐射调控的植物激素路径和分子响应 [J]. 植物生理学报, 57 (10)：1839-1851.

刘铃, 武小龙, 诸葛强, 2018. 植物应答非生物胁迫信号传导研究进展 [J]. 分子植物育种, 16 (2)：614-625.

刘文英, 2015. 植物逆境与基因 [M]. 北京：北京理工大学出版社.

刘一诺, 敖曼, 李波, 等, 2020. UV-B辐射对植物生长发育的影响及其应用价值 [J]. 土壤与作物, 9 (2)：191-202.

娄成后. 高等植物中电化学波的信使传递 [J]. 生物物理学报, 1996, 12 (4)：739-745.

蒲晓宏, 岳修乐, 安黎哲, 2017. 植物对UV-B辐射的响应与调控机制 [J]. 中国科学：生命科学, 47 (8)：818-828.

钱珊珊, 侯学文, 2011. 植物UV-B生理效应的分子机制研究进展 [J]. 植物生理学报, 47 (11)：1039-1046.

邱丽丽, 赵琪, 张玉红, 等, 2017. 植物质膜蛋白质组的逆境应答研究进展 [J]. 植物学报, 52 (2)：128-147.

邵常荣, 张旸, 解莉楠, 等, 2011. 植物对非生物逆境响应的转录调控和代谢谱分析的研究进展 [J]. 植物生理学报, 47 (5)：443-451.

沈晓艳, 宋晓峰, 王增兰, 等, 2014. 植物逆境驯化作用的生理与分子机制研究进展 [J]. 植物生理学报, 50 (1)：12-18.

汪宽鸿, 祝彪, 朱祝军, 2021. GSH/GSSG在植物应对非生物胁迫中的作用综述 [J]. 园艺学报, 48 (4)：647-660.

王修蘋, 李想, 李祖然, 等, 2022. 植物对UV-B辐射增强响应的跨代可塑性特征及机制研究进展 [J]. 植物生理学报, 58 (5)：797-805.

王忠妮, 李鲁华, 徐如宏, 等, 2018. 响应植物逆境胁迫的线粒体蛋白研究进展 [J]. 植物生理学报, 54 (2)：221-231.

杨淑华, 巩志忠, 郭岩, 等, 2019. 中国植物应答环境变化研究的过去与未来 [J]. 中国科学：生命科学, 49 (11)：1457-1478.

周应嫄，李想，盛建军，等，2020. 植物酚类化合物对 UV-B 辐射增强的响应 [J]. 植物生理学报，56（6）：1155-1164.

AHMAD P, PRASAD M N V, 2012. Environmental adaptations and stress tolerance of plants in the era of climate change [M]. New York: Springer.

BUCHANAN B B, CRUISSEM W, JONES R L, 2015. Biochemistry and molecular biology of plants [M]. Rockville, Maryland: American Society of Plant Physiologists.

CONDE A, CHAVES M M, GERÓS H, 2011. Membrane transport, sensing and signaling in plant adaptation to environmental stress [J]. Plant & Cell Physiology, 52（9）：1583-1602.

HAKIM, ULLAH A, HUSSAIN A, et al., 2017. Osmotin: a plant defense tool against biotic and abiotic stresses [J]. Plant Physiology and Biochemistry, 123：149-159.

HANNA B, MAŁGORZATA P B, MAŁGORZATA C, 2012. Response of barley seedlings to water deficit and enhanced UV-B irradiation acting alone and in combination [J]. Acta Physiologiae Plantarum, 34（1）：161-171.

HARTUNG W, 2010. The evolution of abscisic acid（ABA）and ABA function in lower plants, fungi and lichen [J]. Functional Plant Biology, 37（9）：806-812.

HUGHES M, DUNN M, 1996. The molecular biology of plant acclimation to low temperature [J]. Journal of Experimental Botany, 47：291-305.

INES B R, VICTORIA P, BRIGITTE MM, 2014. Plant responses to simultaneous biotic and abiotic stress: molecular mechanisms [J]. Plants（Basel）, 3（4）：458-475.

JACKSON M B, HALL K C, 1987. Early stomatal closure in waterlogged pea plants is mediated by abscisic acid in the absence of foliar water deficits [J]. Plant Cell & Environment, 10（2）：121-130.

JACOB P, HIRT H, BENDAHMANE A, 2017. The heat-shock protein/chaperone network and multiple stress resistance [J]. Plant Biotechnology Journal, 15（4）：405-414.

JANSEN M A K, GABA V, GREENBERG B M, 1998. Higher plants and UV-B radiation: balancing damage, repair and acclimation [J]. Trends in Plant

Science, 3 (4): 131-135.

LAMERS J, MEER T V D, TESTERINK C, 2020. How plants sense and respond to stressful environments [J]. Plant physiology, 182 (4): 1624-1635.

LEISTER D, WANG L, KLEINE T, 2017. Organellar gene expression and acclimation of plants to environmental stress [J]. Frontiers in Plant Science, 8: 387.

MEDINA-PUCHE L, LOZANO-DURAN R, 2022. Plasma membrane-to-organelle communication in plant stress signaling [J]. Current Opinion in Plant Biology, 69: 102269.

MILBORROW B V, 2001. The pathway of biosynthesis of abscisic acid in vascular plants: a review of the present state of knowledge of ABA biosynthesis [J]. Journal of Experimental Botany, 52 (359): 1145 1145-1164.

NAING A H, KIM C K, 2021. Abiotic stress-induced anthocyanins in plants: their role in tolerance to abiotic stresses [J]. Physiologia Plantarum, 172 (3): 1711-1723.

QIN H J, LI S S, D H, 2015. Differential responses of different phenotypes of *Microcystis* (cyanophyceae) to UV-B radiation [J]. Phycologia, 54 (2): 118-129.

ROBSON T M, KLEM K, URBAN O, et al., 2015. Re-interpreting plant morphological responses to UV-B radiation [J]. Plant, Cell and Environment, 38 (5): 856-866.

SCHURR U, GOLLAN T, 1990. Composition of xylem sap of plants experiencing root water-stress: a descriptive study [J]. Plant, Cell & Environment, 21 (2): 201-214.

STEWART R, 1978. Primary hydrogen-deuterium kinetic isotope effects in the reduction of triarylcarbonium ions by formate anion [J]. Journal of the Chemical Society, Perkin Transactions, 1 (2): 1243-1248.

STRID ÅKE, CHOW W S, ANDERSON J M, 1994. UV-B damage and protection at the molecular level in plants [J]. Photosynthesis Research, 39 (3): 475-489.

TAIZ L, ZEIGER E, MØLLER I M, et al., 2015. Plant physiology and development [M]. 6th ed. Sunderland, Massachustetts: Sinauer Associates.

TAKSHAK S, AGRAWAL S B, 2019. Defense potential of secondary metabolites in medicinal plants under UV－B stress [J]. Journal of Photochemistry and Photobiology B: Biology, 193: 51-88.

TUTEJA N, GILL S S, 2013. Plant Acclimation to environmental stress [M]. New York: Springer.

TUTEJA N, GILL S S, 2016. Abiotic stress response in plants [M]. Berlin: Wiley-VCH.

WATERS E R, 2013. The evolution, function, structure, and expression of the plant sHSPs [J]. Journal of Experimental Botany, 64 (2): 391-403.

XIONG L, ZHU J K, 2010. Abiotic stress signal transduction in plants: molecular and genetic perspectives [J]. Physiologia Plantarum, 112 (2): 152-166.

YIN R, ULM R, 2017. How plants cope with UV－B: from perception to response [J]. Current Opinion in Plant Biology, 37: 42-48.

ZLATEV Z S, LIDON F J C, KAIMAKANOVA M, 2012. Plant physiological responses to UV-B radiation [J]. Emirates Journal of Food & Agriculture, 24 (6): 481-501.

第四篇

进展报告

第 13 章　2004 年以来我国植物科学研究的 原创性成果概述

科学是追求"了解自然和改造自然",这将是一个无穷尽的工作。英国植物与植物生理学家斯图尔德(Steward FC,1904—1993)说:"植物生理学——问题在变更,钻研在继续"(Plant Physiology:The Changing Problems, The Continuing Quest)。20 世纪 80 年代,有外国学者预测,植物生理学的中心,19 世纪在欧洲,20 世纪在美国,21 世纪则将在中国。近些年来,在我国经济持续稳定发展和综合国力快速增强的大背景下,国家通过各种研究计划和国家知识创新体系等形式的持续性投入和科研人才引进力度的加大及国内外学术交流和联合项目合作的日益频繁,促使我国整体科研实力迅猛增长,植物科学研究持续呈现飞跃发展态势,具有国际影响力的重大科研成果从过去的零星出现进入高速稳定产出阶段,取得了众多令世人瞩目的成绩,集中体现了中国的科技竞争力和中国科学家的创新能力,与世界的联系也更加广泛,受到国际同行的高度重视,在国际植物学研究领域最前沿占据了一席之地,我国植物科学目前的总体状况已进入世界前列方阵,若干领域已从"追赶"跨越到"领跑",已经确立了其在全球的卓越地位(表 13.1)。

一、第一个五年(2004—2008 年)

常文瑞研究组和匡廷云研究组合作完成的"菠菜主要捕光复合物 LHC-Ⅱ 2.72 Å 分辨率的晶体结构"于 2004 年 3 月 18 日以封面论文的形式发表在 *Nature* 上,发现了膜蛋白结晶的第三种方式,膜蛋白 LHC-Ⅱ 在晶体中先组装形成一个二十面体形状的空心球体,再以此为基本单位在晶体中周期排列。这种堆积方式完全不同于以往所报道的 Ⅰ 型和 Ⅱ 型的膜蛋白晶体,是迄今为止所发现的膜蛋白结晶的一种全新方式;首次报道了二十面体状的膜蛋白-脂复合体的空心球体结构,由 60 个 LHC-Ⅱ 单体组成一个具有典型正二十面体对称特征的空心球体,其球壳结构提供了一个包括膜蛋白、色素分子和脂分子在内的一个类似光合膜的完整结构模型。首次揭示了色素分子在复合物中的排布规律，对每一个复合物单体中的 14 个叶绿素分子和 4 个类胡萝卜素分子的具体归属进行了准确的确认，每个色素分子在三维空间的取向和位置得到了精确的测定，发现了独特的色素排布特征，解释了 LHC II 能够高效进行光能吸收和传递的原因。在 0.27 nm 分辨率上提供了包括蛋白质分子、色素分子、脂分子和水分子在内的近 30 000 个独立原子的高精度三维坐标数据，根据这一结构数据首次完整地建立了该复合体内的能量传递网络，提出了基于结构的光保护分子机理模型，阐述了植物在高光强条件下通过 LHC II 的调节作用对多余的光能进行耗散以实现自我保护的机理，对培育高光效和强抗逆性作物具有潜在的指导意义。白永飞等（Bai et al., 2004）通过对中国科学院草原生态系统定位研究站连续 24 年的观测数据分析，得出了 3 个主要发现：1—7 月的降水量是导致群落生物量波动的重要环境因子；生态系统稳定性（与群落生物量生产的可变性负相关）随机体水平等级（即从物种到功能群再到整个生物群落）而逐渐增加；群落水平的稳定性可能是由物种和功能群水平上的主要成分的互补作用引起的；其研究结果可为更好地管理和恢复迅速退化的内蒙古草原提供理论依据。张奠湘研究组发现黄花大苞姜（*Caulo-kaempferia coenobialis*）的授粉过程也非常独特，其花的结构与兰花相似，但其不借助于风媒和虫媒传粉，而是在花药开裂的同时分泌油状液体，油质液浆状的花粉从花粉囊溢出成球形，很快铺满于花药面，并慢慢流向柱头的喇叭口，从而实现自花传粉；这种花粉滑动自花授粉的方式在自然界还是首次被发现，这对研究有花植物有性生殖系统的演化及其对高湿度、无风和少昆虫环境的适应机制具有重要的科学价值。

表 3.1　2004 年以来我国植物科学家在国际综合性学术期刊
（*Science*、*Nature* 和 *Cell*）上发表以水稻、玉米、小麦和拟南芥为
研究材料的论文数量占比（数据来源：Web of Science 核心合集）

| 年份 | 材料 | 发文 | | 年份 | 材料 | 发文 | | 年份 | 材料 | 发文 | |
		数量	比例（%）			数量	比例（%）			数量	比例（%）
2004	拟南芥	1	33.3	2011	拟南芥	1	33.3	2018	拟南芥	2	20.0
	水稻	0	0.0		水稻	1	33.3		水稻	3	30.0
	玉米	0	0.0		玉米	0	0.0		玉米	0	0.0
	小麦	0	0.0		小麦	0	0.0		小麦	1	10.0

（续表）

年份	材料	发文数量	比例(%)	年份	材料	发文数量	比例(%)	年份	材料	发文数量	比例(%)
	其他	2	66.7		其他	1	33.3		其他	4	40.0
	小计	3	100.0		小计	3	100.0	2019	小计	10	100.0
2005	拟南芥	0	0.0	2012	拟南芥	3	37.5	2019	拟南芥	6	60.0
	水稻	1	33.3		水稻	2	25.0		水稻	1	10.0
	玉米	0	0.0		玉米	0	0.0		玉米	0	0.0
	小麦	0	0.0		小麦	0	0.0		小麦	0	0.0
	其他	2	66.7		其他	3	37.5		其他	3	30.0
	小计	3	100.0		小计	8	100.0		小计	10	100.0
2006	拟南芥	2	50.0	2013	拟南芥	1	11.1	2020	拟南芥	12	60.0
	水稻	0	0.0		水稻	2	22.2		水稻	3	15.0
	玉米	0	0.0		玉米	1	11.1		玉米	0	0.0
	小麦	0	0.0		小麦	2	22.2		小麦	1	5.0
	其他	2	50.0		其他	3	33.3		其他	4	20.0
	小计	4	100.0		小计	9	100.0		小计	20	100.0
2007	拟南芥	2	100.0	2014	拟南芥	0	0.0	2021	拟南芥	18	60.0
	水稻	0	0.0		水稻	0	0.0		水稻	7	23.3
	玉米	0	0.0		玉米	0	0.0		玉米	2	6.7
	小麦	0	0.0		小麦	0	0.0		小麦	0	0.0
	其他	0	0.0		其他	3	100.0		其他	3	10.0
	小计	2	100.0		小计	3	100.0		小计	30	100.0
2008	拟南芥	0	0.0	2015	拟南芥	3	42.9	2022	拟南芥	18	56.3
	水稻	0	0.0		水稻	1	14.3		水稻	5	15.6
	玉米	0	0.0		玉米	0	0.0		玉米	2	6.3
	小麦	0	0.0		小麦	0	0.0		小麦	4	12.5
	其他	1	100.0		其他	3	42.9		其他	3	9.4
	小计	1	100.0		小计	7	100.0		小计	32	100.0
2009	拟南芥	1	50.0	2016	拟南芥	4	66.7				
	水稻	1	50.0		水稻	1	16.7				
	玉米	0	0.0		玉米	0	0.0				
	小麦	0	0.0		小麦	0	0.0				

（续表）

年份	材料	发文		年份	材料	发文		年份	材料	发文	
		数量	比例（%）			数量	比例（%）			数量	比例（%）
2010	其他	0	0.0	2017	其他	2	33.3				
	小计	2	100.0		小计	6	100.0				
	拟南芥	0	0.0		拟南芥	2	18.2				
	水稻	0	0.0		水稻	2	18.2				
	玉米	0	0.0		玉米	0	0.0				
	小麦	0	0.0		小麦	0	0.0				
	其他	3	100.0		其他	7	63.6				
	小计	3	100.0		小计	11	100.0				

　　黄季焜、胡瑞法与美国学者（Huang et al.，2005）合作指出，通过对2个已经通过田间和环境释放试验并进入大田生产试验的转基因水稻汕优63和Ⅱ-优明86在8个不同水稻试验区的数据经济学分析表明，种植抗虫转基因水稻使杀虫剂用量减少了80%，比对照增产6%～9%；农民大幅减少了农药施用量、提高了水稻产量，节省了钱并有效地减少了因施用农药引起的相关中毒现象。汪诗平课题组分析了草地群落稳定的机制，发现植物地上部分的生物量并不受1—7月降水量的影响，而是在不同群落中表现出显著差异，如在羊草群落中，年均降水量与地上部生物量呈现明显的正相关，而在大针茅群落中则找不到这个关系；草地植物群落稳定性并不一定存在植物功能型的补偿作用机制。围绕草地植物功能型，2004年和2005年 Nature 连续发表了3篇我国学者的文章，显示了中国的生态学已经由单纯的描述性工作跃升到机理性探讨。

　　武维华研究组（Xu et al.，2006）揭示，拟南芥根细胞钾离子通道 AKT1 的活性受一蛋白激酶 CIPK23 的正向调控，而 CIPK23 的上游受2种钙信号感受器 CBL1 和 CBL9 的正向调控；在拟南芥植物中过量表达 LKS1、CBL1 或 CBL9 基因以增强 AKT1 的活性，能显著提高植株对低钾胁迫的耐受性；提出了包括 CBL1/9、CIPK23 和 AKT1 等因子的植物响应低钾胁迫的钾吸收分子调控理论模型。张大鹏研究组发现，提纯到一种高亲和力的 ABA 特异结合蛋白（ABAR），其化学性质是镁螯合酶 H 亚基，ABAR 介导的 ABA 信号转导是一个独立于叶绿素合成和质体-核信号转导的不同的细胞信号过程，分子遗传学试验证明该蛋白是 ABA 受体，这是继 FCA 具有 ABA 受体功能报道后的又一新受体。陈均远研究组

（Chen et al.，2006）在中国贵州瓮安前寒武纪陡山沱期磷块岩中发现了与现生具极叶胚胎类似的胚胎化石，化石数量丰富，并构成了一个发育系列；这个发育系列与现生具极叶动物胚胎的不同发育阶段对比发现瓮安胚胎化石与现代生物的亲缘性，不仅进一步证明了两侧对称动物的出现，也暗示它们已经进一步分化为辐射和螺旋卵裂两大类群，螺旋卵裂胚胎不对称机制和细胞早期分化的机制可能已经开始；这一发现把以极叶伸缩方式导致胚胎不对称形成的机制前推到寒武纪之前4 000万年。周国逸研究员及其同事（Zhou et al.，2006）对位于广东省中部的鼎湖山国家自然保护区内成熟森林（林龄>400 年）土壤有机碳进行了长达25年的观测结果显示，该森林 0 ~ 20 cm 土壤层的有机碳贮量以平均每年610 kg/hm^{2}的速度增加；这表明成熟森林可持续积累碳，可能是重要的碳汇，为确认成熟森林作为一个新的碳汇奠定了理论基础；"成熟森林可持续积累碳"这一发现有力冲击了成熟森林土壤有机碳平衡理论的传统观念，从根本上改变了学术界对现有生态系统碳循环过程的看法，并将催生生态系统碳循环非平衡理论框架的建立。

马力耕研究组首次探明，拟南芥细胞质膜上 G 蛋白偶联受体 GCR2 作为 ABA 受体，其 C 端与 Gα 亚基 GPA1 可发生直接的相互作用，而 GCR2 与 ABA 的高亲和结合导致 Gα 与其他组分的解离，继而由 Gα 引起下游一系列 ABA 反应，抑制种子萌发、气孔关闭、K$^+$离子通道活化等反应减弱。柴继杰研究组和周俭民研究组解析了 AvrPto-Pto 复合物的晶体结构，AvrPto 在体外是 Pto 激酶的抑制子，AvrPto-Pto 相互作用是通过磷酸化稳定 Pto 蛋白上的 P+1 环和另外一个环，这 2 个环在没有 AvrPto 的番茄中负调控 Prf 蛋白介导的防御反应，与以前广泛被接受的 AvrPto 激活 Pto 激酶活性的假说是相反的。

2008 年 9 月 Science 封面文章报道了吴孔明研究组（Wu et al.，2008）对我国 Bt 抗虫转基因棉花田中棉铃虫种群发生动态进行了连续 10 年的系统监测成果，证明 Bt 抗虫棉作为棉铃虫的一个致死性诱集植物，可以减轻其他作物上棉铃虫的危害，降低化学农药的使用量，这为棉铃虫的区域性可持续控制提供了理论依据。

二、第二个五年（2009—2013 年）

Dorian 和赵志军研究员（Fuller et al.，2009）合作研究了位于浙江余姚田螺山新石器遗址中稻穗颖花出现的密集程度，发现在距今6 900—6 600年前的时间跨度内，人工栽培型稻米的出现比例由 27% 增至 39%，而野生型稻米和过渡型稻米的比例明显下降；随着时间的推移，稻米残体在挖掘出的所有植物残体中所占的比例越来越高，由最初的 8% 增至约 24%，这表明稻米在该遗址先民的食物中变得日益重要；其他多种与栽培稻相关的典型一年生草本的数量也在这一时期增长，表明了典型栽培稻耕作区中杂草已经出现。蔡宜芳研究组（Ho et al.，2009）研究结果表明，CHL1 是高等植物的硝酸感受器（sensor），直接感受硝酸盐的浓度，但并非硝酸盐感受所必需；CHL1 的磷酸化引起低水平原初反应，而 CHL1 的去磷酸化则引起高水平原初反应；CHL1 是利用双亲和性结合（dual-affinity binding）以及磷酸化开关作为感受器来感受土壤中硝酸盐的浓度；提出了 CIPK23 和 CHL1 介导的高等植物在原初硝酸反应中的硝酸盐感受模型。

曹世雄研究组反对径流是干旱地区土壤侵蚀的主导因素的观点，认为在干旱区种植灌木也会引起土壤水分消耗，加剧环境退化。张福锁研究组首次全面报道了自 20 世纪 80 年代以来我国主要农田土壤出现显著酸化的现象，并且发现过量施用氮肥是导致农田土壤酸化的最主要原因。吴孔明研究组（Lu et al.，2010）以我国华北地区商业化种植 Bt 棉花为案例，系统研究了在长达 12 年的时间里 Bt 棉花商业化种植对非靶标害虫盲椿象种群区域性演化的影响，明确了我国商业化种植 Bt 棉花对非靶标害虫的生态效应，为阐明转基因抗虫作物对昆虫种群演化的影响机理提供了理论基础，对发展利用 Bt 植物可持续控制重大害虫区域性灾变的新理论、新技术有重要指导意义。

柴继杰研究组（She et al.，2011）在 Nature 上以 Article 形式报道了游离的 BRI1 及结合 BR 的 BRI1 的分子结构，从分子水平上揭示了受体激酶 BRI1 与植物激素 BR 结合并被诱导激活的结构基础和机制。结果表明，BRI1 蛋白中疏水性占主导的 BR 结合表面凹槽，是解释 BRI1 能结合多种 BR 衍生物的关键；虽然结合 BR 后的 BRI1 其结构几乎没有变化，但结合 BR 区域的结构域间环发生了结构的大幅重排，这和油菜素固醇的信号诱导有关；这个区域很可能与激酶结构域介导形成的 BRI1 同源二聚体的稳定性有关；该研究不仅为深入了解油菜素内酯介导的生物信号途径奠定了理论基础，也有助于设计新的非油菜素类酯小分子，从而根据需求控制植物的性状来满足人类的需要。李家洋和钱前领导的科研团队成功分离鉴定了控制水稻理想株型的主效基因 IPA1，IPA1 基因编码一个含 SBP-box 的转录因子，其翻译与稳定性受小 RNA OsmiR156 的调控；IPA1 参与调控多个生长发育过程，能极度改变水稻植株形态，且充分提升水稻产量，是一个多效基因；为了探索 IPA1 基因的应用价值，研究人员通过回交转育方法将突变 ipa1 基因导入水稻品种秀水 11 中，与其亲本秀水 11 相比较，含突变 ipa1 基因的株系具有"理想株型"的典型特征：植株分蘖数减少、茎秆粗壮、穗粒数和千粒重显著增加，在田间小区实验中产量增加了10%以上；该研究揭示了调控理想株型形成的一个重要分子机制，在阐明水稻理想株型形成的分子机理方面取得了突破性进展，为培育理想株型的超级水稻品种奠定了坚实的基础"。孙革研究组（Sun et al.，2011）首次发现了距今约1.24亿年的迄今最早的真双子叶被子植物大化石——"李氏果"（*Leefructus*），"李氏果"的发现不仅丰富了我国著名的"热河生物群"的早期被子植物的组成内容，而且进一步证实真双子叶植物的基部分支在距今至少1.24亿年前的早白垩世已经出现，这对深入研究被子植物的早期分异及多样性的发生等具有十分重要的意义。

施一公和颜宁研究组（Deng et al.，2012）合作报道了黄单胞杆菌转录激活因子样效应蛋白（TALEs）特异性识别DNA的分子机理，提供了TALE蛋白的改造基础，可以更加方便快捷地设计DNA结合蛋白。施一公研究组还与邓兴旺研究组合作解析了拟南芥感受紫外线B波段的光受体UVR8的晶体结构，并对其感光机理做出解释，为研究人员在分子水平上理解植物感光机理提供了帮助，也为进一步的计算机模拟和生物物理学研究奠定了基础。柴继杰研究组、周俭民研究组和常俊标研究组合作（Liu et al.，2012），阐明了植物先天免疫受体蛋白At-CERK1识别病原菌、激活免疫反应的生化机理，AtCERK1的胞外域是第1个被解析的植物模式识别受体结构，为理解植物免疫调控及其他受体激酶的作用方式提供了一个宝贵的模型。周俭民研究组和何朝族研究组（Feng et al.，2012）合作，揭示了细菌效应蛋白AvrAC攻击植物免疫系统，增强细菌毒性的生化机理，AvrAC是目前报道的唯一具有尿苷单磷酸转移酶活性的细菌效应蛋白，阐明了病原细菌是如何利用一种独特的生化和分子机制来精确攻击植物免疫系统的。韩斌研究组（Huang et al.，2012）获得了覆盖全球全生态区的来自446个地理分布点上不同的普通野生稻和1 083个栽培籼稻和粳稻品种的基因组序列，通过基因组重测序、序列变异鉴定和基因分型，构建出一张全面的水稻基因组变异图谱，全面深入地阐明了水稻的驯化过程和遗传多样性，粳稻最初是在华南珠江中游地区由野生稻的一个特定种群驯化而成，籼稻则是随后由粳稻与当地野生稻杂交形成，并作为最早的栽培种传到东南亚和南亚，对了解中国古代农业文明和推动水稻的遗传改良具有重要意义，为农作物驯化研究探索出了一套有效的基因组学方法。吴孔明领导的团队（Lu et al.，2012）研究表明，转基因Bt棉花的种植促进了昆虫天敌的回归，为转基因棉花及周围的田野提供了有效的生物学虫害防治，为解决农作物病虫害提供了更好的长期解决方案。朱健康研究组（Qian et al., 2012）揭示了一个组蛋白乙酰化酶 IDM1 在植物去甲基化作用机制中的重要调节作用，填补了植物去甲基化调控机制中的一个重要空白，为进一步研究 ROS1 在植物生长发育及对环境响应过程中的作用奠定了基础。戚益军研究组（Deng et al., 2012）发现，diRNAs 的生物合成需要 PI3 激酶 ATR、RNA 聚合酶 IV（Pol IV）和 Dicer 蛋白的参与；证实了在拟南芥中 diRNAs 是通过 Argonaute2（AGO2）招募而参与调控 DSBs 的修复；该研究不仅揭示了 diRNAs 在 DSBs 修复中所扮演的重要角色，且解析了其部分作用机理，对 DSBs 修复机制的研究具有重要意义。张启发研究组（Yang et al., 2012）从分子水平对广亲和基因 S5 的作用机理进行了完善的阐述，揭示了水稻籼粳杂种育性调控的分子机制，为有关籼粳杂种不育、物种生殖隔离分子机理及生物进化的研究提供借鉴和参考，在水稻品种改良中有广阔的应用前景。

凌宏清和贾继增研究组与华大基因（Ling et al., 2013）等机构合作，分别绘制完成了乌拉尔图小麦和粗山羊草的基因组框架图，为进一步解析小麦基因组和深入开展小麦分子育种研究打开了大门。李家洋研究组和钱前研究组联合组成的研究团队（Jiang et al., 2013）与万建民研究组（Zhou et al., 2013b）同时报道了 D53 蛋白作为独脚金内酯信号途径的抑制子，与其受体 D14 形成复合物参与调控植物分蘖的生长发育机制，这是独脚金内酯信号转导系统研究的突破性进展。张福锁研究组（Chen et al., 2013）通过构建中国氮沉降通量及相关参数的大样本数据库，并开展了较为系统的活性氮沉降综合研究，揭示了过去 30 年（1980—2010 年）我国氮沉降动态及其与人为活性氮排放的关系；提出应通过革新氮肥生产技术和改善农田养分管理技术，推动氮肥减排增效，建立氮肥碳交易体系及积极引入国际资金和技术，用政策保障氮肥工业生产和农业施用技术的进步。朴世龙研究组与国内外多家科研机构合作，系统地研究了白天和晚上温度上升对北半球植被生产力和生态系统碳源汇功能的影响及其机制，为了解全球气候变化对陆地生态系统的影响提供了一个重要的理论基础。柴继杰研究组、周俭民研究组与英国科学家（Sun et al., 2013）合作，解析了植物模式识别受体 FLS 及共受体 BAK1 与细菌模式分子鞭毛蛋白保守基序 flg22 三元复合体的胞外域结构，并揭示了该复合物活化的分子机制，加深了人们对植物 LRR 模式识别受体蛋白结构和功能的了解，为探究免疫受体复合物的激活途径提供了全新的思路。颜宁研究组（Yin et al., 2013）对玉米叶绿体蛋白 PPR10 进行了深入的结构生物学和生物化学分析，最终获得了 PPR10 在未结合 RNA 和特异结合靶标 PSAJ 单链 RNA 两种状态下的高分辨率晶体结构，揭示了 PPR 对 RNA 碱基 A、G 和 U

特异化、模式化识别的分子机制，其获得的结构信息为今后 PPR 蛋白的功能研究提供了重要的技术参考。王佳伟研究组（Zhou et al., 2013a）揭示了调控多年生草本植物弯曲碎米荠开花的新机制，多年生植物由年龄途径和春化途径共同调控开花的机制与其生长习性密切相关，同时不同的成花诱导途径可能决定了不同植物开花的多样性。

三、第三个五年（2014—2018 年）

张福锁研究组（Chen et al., 2014）基于作物生理生态学、植物营养学和土壤生物地球化学原理建立了土壤-作物系统综合管理的栽培理论与技术，并通过一种综合的新型土壤-作物系统管理，在没有增加氮肥的情况下，实现了水稻、小麦和玉米的大幅增产，该成果回答了我国未来粮食增产的潜力及资源环境代价问题，是农业生产研究的突破性进展。黄三文研究组（Shang et al., 2014）报道了黄瓜苦味合成、调控和驯化的分子机制，发现黄瓜的苦味物质葫芦素合成相关基因受到"主开关"基因 *Bl* 和 *Bt* 的直接控制，不仅为生产无苦味的黄瓜提供了理论依据，且为将来开发药物提供了新的思路。朴世龙研究组（Wang et al., 2014）发现，最近 20 年热带地区生态系统碳汇对温度的敏感性与 1960—1970 年相比增加了近 1 倍，生态系统碳汇对温度变化的敏感程度主要受降水调节，既有助于理解热带生态系统碳循环对气候变化的响应过程及其机制，也为准确估算生态系统碳循环和气候变化之间反馈奠定了坚实的理论基础。

种康研究组（Ma et al., 2015）的"水稻低温 *QTL* 基因编码蛋白 COLD1 感受与防御寒害机制的发现"在 *Cell* 期刊上以长文形式并作为封面文章发表，入选了"*Cell* 2015 年度最佳论文"和"2015 *Cell Press* 中国年度论文"，也被同行专家评为"2015 细胞信号转导突破"之一；该研究组利用籼稻 93-11 和粳稻日本晴构建了遗传群体，发现水稻耐寒性是由 1 个重要数量性状遗传位点（QTL）基因 *COLD1* 决定，该基因 7 个 SNP 位点中的 SNP2 特异地影响了 COLD1 活性而赋予粳稻耐寒性；*COLD1* 编码 1 个具有 9 次跨膜结构域的 G-蛋白信号调节因子，蛋白质定位于细胞膜和内质网上，可能作为离子通道或其一部分调控细胞中 Ca^{2+} 的浓度；揭示了通过人工驯化及选择得到的 *COLD1* 等位基因和特异 SNP 赋予水稻耐寒性的新机制，可直接用于对超级杂交稻亲本 93-11 和其他籼粳稻的耐寒性改良，对于水稻稳产分子设计育种有巨大的应用潜力。朴世龙研究组（Fu et al., 2015）使用 1 245 个站点的 7 种欧洲主要树种的春季展叶物候数据证明，植被展叶物候期对于气候变暖的敏感性发生了显著降低，该成果对现有的物候模型和科学界对于物候与环境驱动因子之间关系的理解是一个巨大的挑战。郭红卫研究组与美国北卡罗来纳州立大学的研究人员（Zhang et al., 2015b）同期分别证明了 EIN2 具有转导乙烯信号的重要功能，并发现了 1 条由 *EIN2*、*EIN5* 和 *EBF1/2* 非编码区共同组成的在 P-body 中进行乙烯信号翻译水平调控的新通路，首次证明了 mRNA 非编码区在植物中参与信号识别，为植物信号转导的解析和完善提供了重要思路。匡廷云和沈建仁研究组（Qin et al., 2015）解析了高等植物 PS I -LHCI 超分子复合物 2.8 Å 的最高分辨率晶体结构，以长文形式并作为封面文章发表在 *Science* 期刊上，首次在原子水平上揭示了这一分子量高达 600kDa 的超大分子复合物的精细结构，并根据这一高分辨率结构提出了 LHCI 向 PS I 核心复合体能量传递的 4 条可能途径，为探究高等植物高效吸能、传能和转能的机理奠定了结构基础，对阐明光合作用机理以及实现光合作用高效人工模拟均具有重大的理论和现实意义。张纯喜研究组（Zhang et al., 2015a）成功地合成了结构和性能均与自然界光合裂解水催化中心 Mn4Ca 簇类似的人工模拟物。柴继杰研究组和杨维才研究组（Wang et al., 2015）合作，首次探明了磺肽素受体激酶（PSKR）识别磺肽素（PSK）及识别后的激活机制，PSK 小肽结合到细胞膜上的 PSKR1 胞外结构域中不完整的 island 结构域上，稳定其结构，进而 PSKR1 招募共受体形成异源二聚体，通过 LRR 结构域的二聚化完成配体感应，使其胞内结构域磷酸化并激活下游信号通路，为理解植物小肽-受体激酶的作用方式提供了新模型。田大成研究组（Yang et al., 2015）发现，双亲染色体之间的差异在子代染色体中可能有着潜在的促进突变作用，该成果不仅表明了生物体的突变速率与物种的交配方式和个体的染色体差异等有着密切的关系，且加深了人们对突变的分子基础及物种形成和演化过程的理解。

韩斌研究组与杨仕华研究组（Huang et al., 2016）合作利用全基因组关联分析（GWAS）高通量手段对 17 套代表性杂交水稻品系的 10 074 份 F_2 代材料进行了基因型和表型性状分析，解析了重要农艺性状杂种优势基因群特征，全面系统地鉴定出了控制水稻杂种优势的主要遗传位点，并详细剖析了三系法、两系法和亚种间杂种优势的遗传机制，有利于进行高效的杂交优化配组，有望创制出具高配合力特性的亲本材料和聚合双亲优点的常规稻材料，极大地缩短获得具有高产、优质和抗逆杂交品种的选育周期，培育出更加优异的作物品种，对推动杂交稻和常规稻精准分子设计育种实践具有重大意义。欧阳志云研究组与国外科学家（Ouyang et al., 2016）合作分析了我国第一个"全国生态环境 10 年（2000—2010 年）变化调查评估"数据，确立了将生态系统服务与受益者区域生态保护相结合进行评估的新方法，为更好地认识中国天然林保护工程等所造成的影响奠定了基础。林辰涛研究组（Wang et al.，2016a）证明了植物隐花色素的光诱导蛋白质二聚化反应为其原初光反应的关键步骤，发现了隐花色素的二聚化反应受到2个隐花色素抑制因子（BIC）的调控，以决定植物光受体活性与信号强弱，进而调控光形态建成和生长发育进程。杨维才研究组（Wang et al.，2016b）通过转基因手段将其中一个信号受体导入荠菜中，并与拟南芥进行杂交，转基因荠菜的花粉管识别拟南芥胚囊的效率得到明显提高，揭示了拟南芥中花粉管识别雌性吸引信号的受体蛋白复合体及其信号识别和激活的分子机制，回答了植物生殖生物学多年来一直悬疑的问题——花粉管与雌配子体之间如何感知及互作，为克服杂交育种中的杂交不亲和性提供了重要理论依据，对推动该领域研究具有开创性意义。柳振峰研究组与国内多家单位（Wei et al.，2016）合作，使用单颗粒冷冻电镜技术，在3.2Å分辨率下解析了菠菜光PSⅡ-LCHⅡ超级膜蛋白复合体的三维结构，揭示了LHCⅡ、CP29和CP26向天线复合物CP43或CP47传递能量的途径，并对光保护过程中发挥作用的潜在能量淬灭位点进行了定位，对从分子水平上深入理解PSⅡ-LHCⅡ超级复合物中的能量传递时间动力学和光保护机理具有重要意义。谢道昕研究组（Yao et al.，2016）通过解析独脚金内酯及其受体复合体（AtD14-D3-ASK1）的结构，发现受体D14参与激素活性分子的合成和不可逆结合，进而触发信号转导链、调控植物分枝，发现了独脚金内酯的受体感知机制，揭示了"受体-配体"不可逆识别的新规律，丰富了生物学领域过去百年建立的配体可逆地结合受体并循环地触发传递链的"配体-受体"识别理论，为创立生物受体与配体不可逆识别的新理论奠定基础。

陈学伟研究组（Li et al.，2017）鉴定并克隆了抗病遗传基因位点 *Bsr-d1*，阐明了水稻C2H2类转录因子 *Bsr-d1* 优异等位基因启动子变异导致水稻对稻瘟病具有广谱抗性机制，为防治稻瘟病提供了全新路径。何祖华研究组（Deng et al.，2017）揭示了水稻中 *Pigm* 位点包含13个串联NB-LRR类抗病基因簇，Pig-mR和PigmS组成1对功能拮抗的受体蛋白控制稻瘟病与产量的平衡，发现的水稻广谱抗病遗传基础及机制为解决作物高抗与产量之间的矛盾提供新理论，并为作物抗病育种提供有效技术。瞿礼嘉研究组（Ge et al.，2017）首次找到了拟南芥有性生殖过程中参与控制花粉管细胞完整性与精细胞释放的信号分子及其受体复合体，并揭示了花粉管在生长过程中保持自身完整性的信号识别机制，极大地推进了分子水平上对被子植物有性生殖调控过程的理解。隋森芳研究组（Zhang et al.，2017）报道了关键光合作用蛋白——藻蓝蛋白的低温电子显微结构，揭示了藻蓝蛋白的组装机制和能量转移途径，为了解藻蓝蛋白的复杂组装及能量转移机制奠定了坚实的结构基础。史大林研究组（Hong et al.，2017）首次对铁限制下的天然束毛藻群落开展了酸化研究，发现海水酸化在降低固氮速率的同时上调了固氮酶基因的转录，表明酸化导致了固氮效率下降。王源超研究组（Ma et al.，2017）揭示了大豆中疫霉菌通过"诱饵模式"成功入侵植物的分子机制，一方面为开发诱导植物广谱抗病性生物农药和作物抗病育种提供了科学依据，另一方面为发展安全高效作物病害控制奠定了基础。王二涛研究组（Deng et al.，2017）发现，脂肪酸是植物为菌根真菌提供碳源营养的主要形式，挑战了传统认识，为选育抗寄生真菌病害作物品种提供了新思路与新方法。何跃辉研究组（Tao et al.，2017）揭示了开花后的胚胎发育早期擦除"低温记忆"重置春化状态，染色质状态重编程，激活 FLC 基因，使下一代又需经历冬季低温才能在春季开花的分子机制。刘仲健研究组（Zhang et al.，2017）揭示了兰花的起源及其花部器官发育和生长习性以及多样性形成的分子机制与演化路径，成功解开了困扰人类一百多年的兰花进化之谜。黄三文研究组（Tieman et al.，2017）发现了33 种影响人们喜好的主要风味物质，并获得了控制风味的 250 多个基因位点，首次阐明了番茄风味的遗传基础，为培育美味番茄提供了切实可行的路线图。

傅向东研究组（Li et al.，2018）发现水稻生长调节因子 GRF4 与生长抑制因子 DELLA 相互间的反向平衡赋予了植物生长与碳-氮代谢间的稳态共调节，揭示了提高"绿色革命"品种的氮肥利用效率并增加谷物产量的遗传机制。万建民研究组与相关单位合作，运用自私基因模型揭示了水稻杂种不育现象，探讨了"毒性-解毒"分子机制在水稻杂种不育中的普遍性，揭示了自私基因在维持植物基因组的稳定性和促进新物种形成中的重要作用，为创制"广亲和"材料、克服杂种不育障碍、充分利用杂种优势和野生种质资源、提高水稻单产奠定了基础。陈之端研究组（Lu et al.，2018）重建了中国被子植物生命之树，揭示了中国被子植物系统发育多样性形成的时空格局，并明确了属、种水平分别应该重点保护的热点地区，对我国保护区建设意义重大。凌宏清、梁承志、王道文和张爱民研究组（Ling et al.，2018）完成了乌拉尔图小麦材料 G1812 的基因组测序和精细组装，绘制出小麦 A 基因组 7 条染色体的分子图谱，对进一步推动栽培小麦的遗传改良具有重要的理论意义和实用价值。叶凯研究组（Guo et al.，2018）破译了罂粟基因组 DNA 密码，揭示了其合成重要药用化合物的关键步骤，为提高罂粟药用成分的产量及抗病性奠定了基础。黎志康研究组与相关单位（Wang et al.，2018）合作，深入探讨了水稻起源、分类以及驯化规律，揭示了亚洲栽培稻的起源和群体基因组变异结构，剖析了水稻核心种质资源的基因组遗传多样性，为水稻规模化基因发掘和复杂性状分子改良奠定了基础。李梅和章新政研究组（Pan et al., 2018）解析了玉米 PS I-LHC I-LHC II 超级复合物 3.3Å 分辨率冷冻电镜结构，对人工光合作用体系的设计优化等应用研究均具促进作用。李秀敏研究组（Chen et al., 2018）揭示了叶绿体蛋白输入的新机制，以没有叶绿体内囊体的白色体为切入点，发现了蛋白质穿越叶绿体外围双膜的连接桥梁——TIC236。陈学伟研究组与相关单位合作，发现了水稻理想株型关键基因 *IPA1* 在水稻稻瘟病抗病过程中的作用，揭示了 *IPA1* 既能提高水稻产量又能提高对稻瘟病抗性的分子机制，打破了单个基因不可能同时实现增产和抗病的传统观点，为高产高抗育种提供了实际应用新途径。黄三文研究组与罗杰研究组合作，利用多重组学大数据，揭示了驯化和育种过程中番茄果实营养及风味物质的变化规律，发现了调控这些物质的重要遗传位点，不仅为番茄果实风味和营养物质遗传调控与全基因组设计育种提供了路线图，且为其他植物次生代谢资源的开发利用提供了重要思路。张福锁研究组（Cui et al., 2018）证明，绿色增产增效技术可大面积实现作物增产和环境减排双赢，回答了持续增产是否必须依赖水肥资源的大量投入，以及作物高产、养分资源高效和环境保护能否协同等国内外学术界一直争论的重大科学命题，为中国农业走出一条产出高效、产品安全、资源节约和环境友好的现代化农业发展道路绘制了蓝图，也为全球可持续集约化现代农业发展提供了范例。

四、第四个五年（2019—2022 年）*

徐通达研究组（Cao et al., 2019）发现拟南芥 TIR1 和 TMK1 通过选择不同的 IAA 蛋白而介导生长素下游信号的传递来调控顶端弯钩发育，非典型 Aux/IAA 家族成员 IAA32 和 IAA34 并不具有与 TIR1 互作的结构区域，不能被 TIR1 调控；IAA32 和 IAA34 能够与跨膜蛋白激酶 TMK1 剪切后形成的 TMK1C 片段互作，从而感受并响应生长素信号；生长素通过 TMK1C 稳定而非降解 IAA32 和 IAA34 蛋白，并通过 ARF 转录因子调控下游基因的表达，在生长素高浓度的部位抑制细胞生长，促进顶端弯钩内外侧的差异性生长。黎家研究组（Jin et al., 2019）揭示了模式植物拟南芥根尖的向水性生长受细胞分裂素的调控，在面对不同水势信号时，根尖两侧细胞分裂速率差异明显，根尖水势较低一侧的分生区

---

* 注：因本书编著时间关系，第四个五年未涵盖 2023 年发表的成果，后同。

细胞分裂增加，导致根尖发生向水性弯曲生长；细胞分裂素的差异性分布诱导了其信号下游 A 类响应因子 ARR16 及 ARR17 在根尖分生区两侧的不对称表达，实现对分生区两侧细胞分裂差异的调节，为全面理解植物向性生长提供了新思路，对培育抗旱保产农作物新品种具有重要的指导作用。马克平研究组（Chen et al., 2019）基于亚热带森林大样地长期动态监测平台，将野外动态监测和高通量测序技术相结合，发现植物同种负密度制约是由有害病原真菌与外生菌根真菌相互作用共同决定，受同种负密度制约限制较大的物种更容易累积病原真菌，而能够较快累积外生菌根真菌的植物物种不易受到同种负密度制约的限制；提出了基于外生菌根真菌与病原真菌互作过程影响植物生存的物种共存新模式，拓展了病原菌驱动的经典物种共存理论框架，为正确认识全球变化情境下的亚热带森林群落重构以及木本植物多样性纬度梯度格局提供了新思路。程时锋研究组与合作者（Cheng et al., 2019）分析表明，双星藻科的 2 个物种与所有陆生植物共享一个最近的祖先，且它们的生境与最早登陆的苔藓类植物非常相似；这 2 种藻类植物已有原以为陆生植物特有的逆境响应因子（GRAS 和 PYL），且这 2 个基因来自土壤细菌基因的水平转移，其时间与登陆发生的时间相吻合；使人们了解了陆生植物可能的祖先特性及最初如何适应由水生到陆生这一巨大的环境变化。胡章立研究组与合作者（Jiang et al., 2019）发现了植物特异的盐受体 GIPC（非离子通道盐受体），并揭示了其作用机制；MOCA1 编码 IPUT1 能将 GlcA（转移到 IPC）在细胞质膜外侧形成的鞘脂 GIPC；在盐胁迫下，胞外的 Na^+ 结合到植物细胞质膜外侧的 GIPC，引起细胞表面电势变化，从而打开质膜的 Ca^{2+} 通道，导致 $[Ca^{2+}]_{cyt}$ 增加，激活 SOS 通路以适应盐胁迫环境；这种盐胁迫响应机制可能意味着脂质参与了对各种环境盐胁迫水平的适应，可用于提高作物耐盐性，同时也为进一步揭示植物适应全球环境变化的生理生态效应及分子机制奠定了新的理论基础。高彩霞研究组（Jin et al., 2019）在植物体内利用全基因组测序技术全面分析表明，现有的 BE3 和 HF1-BE3 系统可在植物体内造成难以预测的脱靶突变，需要进一步优化提高其特异性，创新性地利用相似遗传背景的克隆植物及全基因组重测序解决了以前大量异质细胞序列分析的复杂性问题。匡廷云研究组与隋森芳研究组（Pi et al., 2019）合作利用单颗粒冷冻电镜技术解析了中心纲硅藻的 PSⅡ-FCPII 超级复合体的 3.0Å 分辨率的三维结构，硅藻 PSⅡ 核心 3 个新蛋白亚基的结构、独特的四聚体 FCP-A 天线排列方式、复杂的色素网络和多条能量传递途径，为破解硅藻高效传递和转化光能以及揭示光保护的机理奠定了结构基础。田丰研究组从玉米野生祖先种大刍草中克隆到 2 个调控叶倾角的主效

QTL（*UPA1* 和 *UPA2*），大刍草 *UPA2* 等位基因具有与玉米不同的披叶基因 *DRL1* 的结合位点，而 *DRL1* 能够与无叶舌基因 *LG1* 进行物理互作，抑制 ZmRAVL1 介导的 *LG1* 激活；ZmRAVL1 调控油菜素内酯 C6 氧化酶基因 *brd1/UPA1*，改变植株内源的油菜素内酯含量和叶片角度；来自玉米野生祖先大刍草的 *UPA2* 等位基因能够减小叶片角度，但其在玉米驯化过程中丢失；通过将野生 *UPA2* 等位基因导入到现在玉米杂交种中和编辑 *ZmRAVL1* 基因均能够增强高密度种植玉米的产量；该研究建立了玉米紧凑株型的分子调控网络，为玉米理想株型分子育种及培育密植高产品种奠定了理论和实践基础。柴继杰研究组、周俭民研究组与王宏伟研究组合作解析了第一个植物完整 NLRZAR1 激活前后的结构，填补了 NLR（植物中一类主要的信号识别受体，能感知病原物的效应因子，并触发植物的免疫反应）介导的免疫信号转导研究领域的空白；ZAR1-RKS1 通过自身结构域互作及 ADP 的结合，使其处于稳定的抑制状态；而病原菌效应因子尿苷酸化诱饵蛋白 PBL 激活 RKS1，促使 RKS1 对 ZAR1NBD 产生空间碰撞，ZAR1NBD 向外旋转 $60°$，使 ZAR1-RKS1-PBL2UMP 的 ADP 解离，并达到解抑制的中间状态；随后解析了植物第一个激活状态的抗病蛋白复合体——"抗病小体（resistosome）"，dATP 可将 ZAR1-RKS1-PBL2UMP 由解抑制状态进一步转化为激活状态，并形成轮状五聚体的"抗病小体"；ZAR1 的"抗病小体"参与病原菌侵染后的抗病反应，如细胞的超敏性死亡。匡廷云研究组（Pi et al., 2019）报道了 1.8 Å 的硅藻捕光天线膜蛋白（FCP）晶体结构和 PS Ⅱ FCP 超级复合体的电镜结构，每个 FCP 单体中结合 7 个叶绿素 a、2 个叶绿素 c、7 个岩藻黄素和 1 个硅甲藻黄素分子，描绘了叶绿素 c 和岩藻黄素在光合膜蛋白中的结合细节，揭示了 FCP 二聚体的结合方式，阐明了硅藻高效捕获蓝绿光及高效传递和淬灭激发能的机理。柴继杰研究组与合作者（Wang et al., 2021）解析了 po-FERECD、apoANX1ECD、apo-ANX2ECD、apo-LLG1 以及 RALF23-LLG2-FERECD 的晶体结构，阐明了 FER-LLG1 异型复合体识别 RALF 多肽的分子机制，RALF 的 N 末端保守结构域是 LLG1-3 识别的重要区段，LLG1-3 识别 RALF 主要由构象多变的 C 端结构域控制，揭示了多肽酶类激素 RALF 被受体激酶和膜锚定蛋白组成的异型复合体识别的分子机制，提出的受体激酶与膜锚定蛋白异型复合体识别配体的模式是一类崭新的受体识别模式，为其下游细胞信号转导和抗病反应等相关研究提供了新思路。瞿礼嘉研究组（Zhong et al., 2019）证明了一类雌性器官分泌的小肽分子可以增加同种花粉管的竞争能力，从而促进与亲缘关系相近物种产生遗传隔离；该成果赋予了这类小肽以新的生物学功能，从分子水平上为可能导致新物种产生的一种遗传隔离现象提供了解释。

张兴研究组与匡廷云研究组（Chen et al.，2020）合作解析了绿硫细菌内周捕光天线-反应中心复合物（FMO-GsbRC）2.7 Å 的冷冻电镜结构，发现该复合物兼具 I 型和 II 型光合反应中心的一些特征，有独特的色素分子空间排布，其叶绿素分子较其他 I 型反应中心明显减少，与放氧生物光系统 II（PS II）核心叶绿素分子接近；天线叶绿素分子在电子传递中心叶绿素分子两侧呈簇状排列，与 PS II 核心的叶绿素排列类似，不同于其他 I 型反应中心，为破解绿硫细菌光合作用反应中心能量捕获、传递及转化机制奠定了结构基础。星耀武研究组（Ding et al.，2020）的结果表明，横断山高寒植物多样性的积累始于早渐新世，是世界上已知起源最早的高寒生物区，且经历了 2 个时期的就地演化速率加快，是高寒物种起源和分化的摇篮及喜马拉雅和青藏高寒多样性的主要来源；该研究解析了青藏高原及周边喜马拉雅和横断山区高寒植物多样性的演化过程，建立了一个新的整合地理分布区和生物区演化的生物地理模型，为研究特定生物区多样化的起源与演化提供了借鉴。田志喜研究组与合作者（Liu et al.，2020）在植物中首次实现了基于图形结构的泛基因组的构建，这种方法打破了传统基因组线性存储遗传信息的方式，结合了传统基因组存储方式和图论的新型基因组存储方式，可以存储某物种中不同个体的遗传变异信息；发现结构变异在大豆重要农艺性状的调控中发挥了重要作用，并鉴定出几十个结构变异导致的不同基因间融合，为大豆基础研究以及分子设计育种提供了代表不同大豆种质的全新基因组资源，被认为该研究为作物基因组学研究提供了一个新模式，同时将加速推动大豆遗传变异的鉴定、性状解析以及种质创新。柴继杰研究组与合作者（Ma et al.，2020）成功解析了 RPP1 与 ATR1 处于四聚体激活状态时"RPP1 抗病小体"的结构，其中 RPP1 的 LRR 结构域可以直接与 ATR1 结合，C-JID 结构域参与 ATP1 配体识别过程；该"抗病小体"呈现出 C_2 对称性，具有 NADase 活性，在镁离子和钙离子等二价阳离子的作用下催化 NAD^+ 水解；与 CNLs 类型"抗病小体"受体激活形式不同的是 TNLs 类型"抗病小体"RPP1 受体的 NOD 结构域与 ADP 结合，引发复合体寡聚化，形成"RPP1 抗病小体"；以"ZAR1 抗病小体"和"RPP1 抗病小体"为代表的 NLR 受体蛋白的结构解析和活化机制研究是植物抗病蛋白研究领域的里程碑式进展，为植物抗病育种提供了理论依据与规范模型。Rosa 研究组（Medina-Puche et al.，2020）证明 C4 可在植物激活免疫反应时由细胞膜转运至叶绿体，与类囊体跨膜蛋白 CAS 结合，抑制下游 SA 激发的免疫反应；多种进化上关系较远的病毒、病原菌中均存在豆蔻酰基化位点和 cTP 位点的效应蛋白，可进行细胞膜和叶绿体双重定位，抑制细胞膜与叶绿体途径所传递的抗病信号；在面临这种抗病信号被病原菌"劫持"的风险时，植物细胞膜定位的CPK16蛋白会扩大抗病信号，并将其由细胞膜传递到叶绿体，通过"逆行信号传递"启动细胞核介导的下游抗病反应，为农作物抗病品种选育和抗病方法探究提供了新思路。张立新研究组（Ouyang et al.，2020）揭示了相分离驱动叶绿体内蛋白分选的新机制，在拟南芥中发现 2 个位于叶绿体基质的蛋白转运分选因子 STT1 与 STT2，两者能形成 STT1-STT2 异源二聚体并特异性识别 cpTat 途径的底物蛋白，随后 STT-底物复合体组装相分离形成浓缩的液滴，该相分离液滴协助底物蛋白穿过叶绿体基质并靶定到类囊体膜的特异位置；而 Hcf106 能够抑制STT 复合体的相分离并释放底物，从而完成叶绿体蛋白的正确运输与装配。孔令让研究组从小麦近缘种长穗偃麦草中克隆了主效抗赤霉病基因 Fhb7，其编码 1个谷胱甘肽还原酶，该酶可打开 DON 等单端孢酶烯族类毒素的环氧基团，形成谷胱甘肽加合物，达到解毒效果；并发现单子叶植物共生真菌中存在与 Fhb7 相似性极高的同源基因，推测该基因可能通过基因水平转移由共生真菌整合到长穗偃麦草基因组；将 Fhb7 转育到多个小麦栽培品种中，发现该基因对产量没有明显的负面影响；揭示了作物抗病演化中的全新机制，对更好地利用长穗偃麦草丰富的基因资源有重要意义。李家洋研究组（Wang et al.，2020）鉴定独脚金内酯的早期响应基因，阐明了独脚金内酯调控植株分枝、叶片发育以及花青素合成的分子机制；独脚金内酯通过激活 BRC1 的表达抑制分枝发育，通过上调 TCP1 的表达促进叶片伸长，通过激活 PAP1 等基因的表达促进花青素的合成；独脚金内酯信号转导途径中抑制蛋白 SMXL6/SMXL7/SMXL8 作为转录因子直接结合 DNA并负调控自身基因的转录，从而维持适度的独脚金内酯信号响应；SMXL6/SMXL7/SMXL8 能够招募转录因子并抑制其转录活性，抑制独脚金内酯早期响应基因的表达，即 SMXL6/SMXL7/SMXL8 是具有转录因子和抑制蛋白双重功能的新型抑制蛋白。郭红卫研究组（Wu et al.，2020a）探明，在某些 RNA 降解因子和 DCL4 的双突变体中，DCL2 可以产生大量的内源基因编码区小干扰 RNA，长度为 22nt；除了靶基因剪切，这些 22nt 小干扰 RNA 还可通过明显的蛋白质翻译抑制造成基因沉默；在缺氮、ABA 处理和盐胁迫条件下，植物中 22nt 小干扰RNA 均会被诱导，通过以上 2 种基因沉默机制调控基因的表达和蛋白质翻译，使植物能够高效应对胁迫，增强对环境胁迫的适应性；该发现的机制能够协调和平衡生长发育与胁迫响应，在植物对逆境的适应中发挥重要作用。赵忠研究组（Wu et al.，2020a）发现受黄瓜花叶病毒（CMV）侵染的拟南芥茎尖分生组织中，病毒只局限于干细胞调节因子 WUS 区域的下部，不能侵染干细胞及其周边细胞，WUS 的表达对抑制病毒侵染起关键作用；SAM 甲基转移酶（MTase）参与 25S 核糖体 RNA 的 m5C 甲基化，而 WUS 通过抑制 MTase 的甲基转移酶活性，打破核糖体结构的稳定性，从而抑制 RNA 的合成，切断病毒在寄主细胞中的繁殖；WUS 对多种植物病毒具有同样的抑制作用；该研究阐明了植物体的一种保守且广谱抗病毒策略，具有重要的理论意义和应用价值。傅向东研究组（Wu et al., 2020a）揭示，含有 APETALA2 结构域的转录因子 NGR5 可促进氮依赖性聚梳蛋白抑制复合物 2 的募集，从而介导组蛋白 H3K27me3 甲基化修饰，抑制分枝抑制基因的表达；NGR5 是赤霉素受体 GID1 促进的蛋白酶体破坏靶标，DELLA 蛋白竞争性抑制 GID1-NGR5 的互作，NGR5 的活性增加使分蘖与氮素调节脱钩，从而在低氮肥水平下提高水稻产量；NGR5 可以提高氮的利用效率，改善未来农业的可持续性和粮食安全；该研究揭示了调控赤霉素信号通路的新机制，并对高产高效的新一代"绿色革命"育种实践具有重要启示。陈进研究组与合作者（Zhang et al., 2020）基于榕树-榕小蜂的精细基因组图谱构建、多组学测序和生理验证，揭示了榕树的气生根形成与光诱导的生长素合成和运输能力提升的分子通路相关，发现性染色体和雄性特异基因（FhAG2）是决定叶榕性别的关键因素，榕树-榕小蜂在形态匹配和信号通讯生理上协同适应相关的基因是双方协同多样化的重要选择目标基因；并在基因组水平上构建了榕树系统发生树，为认识植物气生根发育、性别决定及动植物协同多样化的分子机制提供了新知识。

周俭民研究组（Bi et al., 2021）通过单分子成像技术发现 ZAR1 抗病小体可直接插入质膜，形成依赖于第 11 位 Glu 的钙离子通道；该通道参与钙离子内流，进一步引发亚细胞结构改变及活性氧暴发，激活下游免疫反应，造成细胞坏死；该研究开启了人们对植物抗病小体作用机制的探讨，为抗病育种提供了新元件并为深入理解植物基础抗病途径提供新思路。熊延研究组（Fu et al., 2021）揭示，与传统的乙烯信号激酶 CTR1 的作用模式不同，TOR 可磷酸化 EIN2 的第 657 位苏氨酸（T657）但不促进 EIN2 蛋白切割，而是促进其以完整蛋白的形式入核激活下游信号，说明植物利用不同的蛋白激酶调控 EIN2 不同的位点磷酸化，从而决定 EIN2 发挥特定的功能，EIN2 可能作为能量信号和乙烯信号的整合节点发挥作用，调控植物的生长发育；该研究将营养代谢调控与乙烯信号联系起来，揭示了植物营养信号调控细胞生长的作用机制，为今后作物和果树生长调控研究提供了新思路。何祖华研究组（Gao et al., 2021）通过图位克隆手段鉴定到水稻感病位点 ROD1，该基因的突变体对稻瘟病、白叶枯病和青枯病均存在较强的抗性；ROD1 蛋白存在钙离子结合结构域，可被 E3 泛素连接酶泛素化；ROD1 可与过氧化氢酶 CatB 互作，促进其对过氧化氢的清除。为躲避植物的免疫反应，病原微生物通过效应因子 AvrPiz-t 模拟 ROD1，激活 ROD1-CatB 所介导的过氧化物清除机制；该研究揭示了寄主植物和病原物利用钙离子受体蛋白与过氧化物蛋白抑制植物免疫的机制，并鉴定到 1 个不造成产量损失的天然广谱抗性突变位点，为培育高抗高产优质水稻品种奠定了基础；该研究在水稻中发现了一个协调免疫与生长发育的关键信号轴，宿主和病原菌围绕这一信号轴演化，建立各自的适应性机制，对其他植物–病原互作系统也具有重要的借鉴意义。张余研究组与国内多家单位（Huang et al., 2021）合作，开发了植物低丰度超大蛋白复合物的纯化方法，解析了 PolIV-RDR2 蛋白复合物的三维结构，发现 PolIV 与 RDR2 两个 RNA 聚合酶稳定结合，形成 1 个内部通道连接各自的催化中心；PolIV 以双链 DNA 为模板合成的单链 RNA 从该内部通道直接传递给 RDR2，随后 RDR2 以该单链 RNA 为模板合成双链 RNA；提出了 PolIV-RDR2 复合物 "Back tracking-triggered RNA channeling" 的新颖工作模式，揭示了植物 RdDM 途径中双链 RNA 合成的工作机理。Murray 研究组（Jiang et al., 2021）发现转录因子 NLP（NIN-like protein）家族成员 NIN 和 NLP2，通过直接结合豆科植物保守的双重硝酸盐响应元件（dNRE）来激活根瘤中豆血红蛋白基因的表达，进而平衡固氮所必需的氧气微环境；系统进化分析显示，其他 NLP 成员可通过植物中普遍存在的硝酸盐响应元件激活非共生血红蛋白基因的表达，非共生血红蛋白的携氧特性有助于植物在低氧环境中生存，从而解决生物固氮的 "氧气悖论"；该研究阐述了调控豆科植物生物固氮的新机制，为提高其固氮能力奠定了理论基础。杨贞标研究组（Lin et al., 2021）利用免疫沉淀结合蛋白质谱的方法鉴定细胞膜定位的 TMK 的互作蛋白，发现 TMK1 与定位于细胞膜上的质子泵家族（H^+-ATPase，AHAs）存在相互作用，生长素在短时间内诱导 TMK 结合 AHA，磷酸化 AHA 蛋白 C 末端保守的苏氨酸位点，激活其质子泵活性，导致质子外排，质外体酸化程度升高，从而引起细胞壁酸性化和细胞伸长；该研究为 "酸性生长理论" 提供了重要的证据支持，并为探索生长素的作用机理提供了新线索。李超研究组（Liu et al., 2021a）发现拟南芥雌蕊柱头的乳突细胞中存在活性氧的积累，授粉能够引起乳突细胞中活性氧水平降低。花粉的 PCP-Bγ 小肽能够与柱头自分泌的 RALF33 小肽竞争性结合 FER/ANJ，从而阻断柱头乳突细胞中活性氧的产生通路，导致活性氧水平下降，引起花粉水合速率加快；该研究不仅揭示了柱头与花粉相互识别的分子机理，提示开花植物在进化上可能采用相似的策略以保证亲和花粉与柱头之间的识别，且为克服杂交育种中的远缘杂交障碍提供了重要理论依据。储成才研究组（Liu et al.，2021b）发现，在不同氮肥条件下，水稻分蘖氮响应能力与氮肥利用效率变异间存在高度关联；利用全基因组关联分析技术鉴定到 1 个水稻氮高效基因 OsTCP19，该基因上游调控区一小段核苷酸片段（29 bp）的缺失与否是不同水稻品种分蘖氮响应差异的主要原因；氮响应负调控因子 LBD 蛋白可高效结合在该位点附近并抑制 OsTCP19 的转录，OsTCP19 作为调控因子抑制分蘖促进基因 DLT 的表达，进而实现对水稻分蘖发育的调控；且 OsTCP19 等位基因的地理分布与土壤氮含量密切相关，即 OsTCP19 在适应不同地理区域的土壤条件方面具有重要作用；该研究表明水稻氮利用效率的遗传基础与当地土壤的适应性相关，揭示了氮素调控水稻分蘖发育过程的分子基础（一个新的 OsLBD-OsTCP19-OsDLT 信号通路在氮素调控水稻分蘖中的功能）和解析了水稻适应不同地理区域土壤肥力的分子机制，为水稻氮素高效（施氮肥少而高产）分子育种提供了理论支持。李仕贵研究组与国内多家单位（Qin et al.，2021）合作，选取具有高度代表性的 30 多个水稻材料，采用最新的第三代基因测序技术，进行长片段测序、高质量基因组组装及基因注释，结合已报道的水稻品种日本晴和蜀恢 498 两个材料的参考基因组，共鉴定到 171 072 个结构性变异和 22 549 个基因拷贝数变异，这些变异的绝大多数在之前的研究中未被发现，为水稻精准分子育种提供了重要依据。史恭乐研究组与国外合作者（Shi et al.，2021a）在我国内蒙古发现了 1 个特异埋藏的早白垩世植物化石群，通过对其中保存完好的硅化植物标本进行研究并结合谱系发生分析，发现具有相似弯曲托斗的绝灭种子植物是被子植物的近亲，其中很可能包括被子植物的直接祖先，且这一大类绝灭种子植物化石可追溯至晚二叠纪，即被子植物的祖先类群早在距今约 2.5 亿年前就已出现，并非白垩纪"突然出现"，并证实了现生被子植物类群的祖先类群在早白垩世已开始大量出现；还发现现生裸子植物与被子植物是远亲；该研究揭开了被子植物种子保护层的起源之谜，有助于深入调查种子植物的系统发生学。王二涛研究组（Jiang et al.，2021）揭示了水稻-丛枝菌根共生"自我调节"的分子机制，绘制了水稻-丛枝菌根共生转录调控网络的全景图，发现磷响应转录因子 OsPHR1/2/3 通过结合 P1BS 的顺式作用元件，调控植物的脂肪酸合成与磷营养交换等相关基因的表达，是菌根共生转录调控网络的核心；还发现磷营养的感受器 SPX 通过与 PHR1/2/3 互作，抑制 OsPHR2 激活菌根共生相关基因的表达，负调控菌根共生。SPX 缺失和 OsPHR2 过量积累均会导致菌根的"自我调节"失灵；该研究有望通过协同植物的直接和共生营养吸收途径，实现作物磷营养的高效吸收，为揭示植物适应营养逆境的分子机制开启了新视角。殷平研究组（Wang et al., 2021a）通过哺乳动物细胞重组表达系统重构并精准控制组装过程，利用单颗粒冷冻电镜技术解析了 TOM 组装过程的 2 个重要中间态的高分辨三维结构，结合功能分析阐明了 SAM 复合物的组装以及释放 TOM 的分子机制，Tom40、Tom5 和 Tom6 在 SAM 复合物的稳定下组装，Tom7 促进组装好的 Tom40/Tom5/Tom6 脱离 SAM 复合物，为线粒体疾病治疗和作物遗传改良奠定了理论基础，为阐明叶绿体蛋白的生物发生机制提供了新视角。杜嘉木研究组以（Wang et al., 2021b）植物中特异产生的 24 nt siRNA 的 DCL3 为对象，结合结构、生化以及基因组及 RNA 测序等手段，揭示了 DCL3 对底物前体 siRNA 5′端磷酸化的偏好性、5′端碱基的选择及 3′端突出的识别机制，阐释了 DCL3 高效活性切割、长度测量和动态切割的完整作用机理，从分子层面系统分析了植物 Dicer 的功能原理，为理解小 RNA 介导的植物表观遗传调控提供了新视角，为基于小 RNA 的靶向作物改造奠定了基础。王学路研究组（Wang 等，2021c）发现，大豆的 HY5 同源蛋白 GmSTF3/4 和 FT 同源蛋白 GmFT2a/5a 在地上部受蓝光诱导，并移动到根部；在根系中，共生信号通路蛋白激酶 GmCCaMK 被根瘤菌激活后磷酸化 GmSTF3/4，促进 GmSTF3/4 与 GmFTs 互作形成转录复合物，该复合物进而直接激活根瘤起始相关基因的表达，调控根瘤的形成；该研究阐明了地上光信号和地下共生固氮信号协同调控根瘤形成的分子机制及光照促进根瘤形成的内在原因，为通过分子育种提高大豆共生固氮效率奠定了重要理论基础。李家洋研究组与国内外多家单位（Yu et al., 2021a）合作，通过组装异源四倍体高秆野生稻（*Oryzaalta*）基因组，优化遗传转化体系，综合运用多维组学和基因编辑技术，突破了一系列限制多倍体野生稻驯化的理论难题和技术瓶颈，使其落粒性、芒性、株高、粒长、茎秆粗度和生育期等决定作物驯化成功与否的重要性状发生改变，创制了世界首例重新设计和快速驯化的四倍体水稻，实现"从 0 到 1"的突破；该研究证明了将异源四倍体野生稻从头驯化成未来主粮作物的可行性，开辟了全新的作物育种方向；未来四倍体水稻新作物的成功培育有望给世界粮食生产带来颠覆性革命，同时该研究对从头驯化野生和半野生植物，创制满足人类未来需求的新型作物也具有借鉴意义。孙蒙祥研究组（Yu et al., 2021b）鉴定到 2 个只在卵细胞特异表达的天冬氨酸蛋白酶 ECS1 和 ECS2，受精前，ECS1 和 ECS2 主要分布在卵细胞内，在精细胞与卵细胞融合后，二者则迅速被分泌到卵细胞周围，降解其附属细胞（助细胞）分泌的花粉管吸引信号 LURE，从而阻止多余花粉管进入胚囊，避免受精卵再度与精子融；

该研究表明卵细胞可以感知受精是否成功，只有在受精成功时才会释放 ECS，从而阻止多余花粉管进入，回答了为什么在受精不成功的情况下花粉管仍可进入胚囊，而受精成功后又可迅速阻止多余精细胞进入胚囊的疑问。辛秀芳研究组（Yuan et al.，2021）证明 PTI 和 ETI 在功能和信号转导上存在联系，发现拟南芥 PRRs 及其受体的功能缺失突变体的 ETI 途径受到抑制；ETI 可显著上调呼吸爆发氧化酶同源蛋白 D（RBOHD）的 mRNA 转录及翻译过程，而该蛋白的磷酸化依赖 PTI 信号途径，故植物的两层免疫系统通过对 RBOHD 的精细调控，实现对入侵病原微生物的快速有效反应；该研究揭示了 PTI 和 ETI 免疫系统之间的协同互作模式，为自然界中通过增强 PTI 通路来达到加强 ETI 响应，从而提高植物抗病性提供了理论依据；该研究从机制上解析了植物免疫领域中长期悬而未决的 PTI 与 ETI 相似性之谜，是该领域的一项突破性进展，为未来作物分子设计育种提供了新的启示。黄三文研究组（Zhang et al.，2021）利用基因组大数据进行育种决策，建立了杂交马铃薯基因组设计育种流程，并培育出第一代高纯合度（>99%）二倍体马铃薯自交系和杂交马铃薯品系优薯 1 号，优薯 1 号的成功选育证明杂交马铃薯育种的可行性，使马铃薯的遗传改良进入快速迭代轨道；该研究是马铃薯育种领域里程碑式的成果，开启了基于基因组设计和种子迭代的马铃薯生物育种新纪元。

林贤丰研究组与国内合作者（Chen et al.，2022a）将植物光合作用系统植入动物细胞，并利用光合系统产生的 ATP 和 NADPH 成功增强了动物细胞的合成代谢；从菠菜中分离类囊体并进一步加工成纳米类囊体单元（NTUs），NTUs 在体外可受光照诱导产生 ATP 和 NADPH；使用细胞膜伪装包封 NTUs，并将其导入退行性软骨细胞，照光后，NTUs 提高了细胞内的 ATP 和 NADPH 水平，并改善了细胞合成代谢；在针对小鼠骨关节炎模型的治疗中，NTUs 提升了软骨稳态，抑制了骨关节炎的发展；该研究开发了一种基于纳米类囊体单位的独立、可控的纳米植物源光合系统，克服了机体对植入外源系统的排斥，证明了跨物种植入的可行性，提供了利用天然系统精准调控细胞代谢的方法，有望应用于不同退行性疾病的治疗。杨小红研究组与国内合作者（Chen et al.，2022b）挖掘出同时控制玉米和水稻高产的基因 KRN2 和 OsKRN2，玉米 KRN2 和水稻 OsKRN2 受到趋同选择并通过相似的途径调控玉米和水稻的产量；KRN2/OsKRN2 编码的 WD40 蛋白与功能未知蛋白 DUF1644 互作，负调控玉米与水稻的穗粒数，对其他性状无明显影响；还在全基因组范围内检测到 490 对经历了趋同选择的直系基因，这些基因在淀粉和蔗糖代谢及辅因子生物合成途径中显著富集。该研究不仅丰富了作物驯化的遗传学理论，而且为提高全球其他作物产量提供了新机会，专家认为该研究在全基因组水平上揭示了玉米与水稻趋同选择的规律，为进一步解析驯化综合性状形成的分子机理及其在育种中的应用奠定了重要理论基础。柴继杰研究组与国内外合作者（Huang et al.，2022a；Jia et al.，2022）对 TNLs 类受体蛋白激活免疫信号通路的分子机制进行了研究，利用昆虫体系重构了 TNLs 类免疫信号通路，成功鉴定了 TNLs 类受体蛋白通过 ADP 核糖基化产生的信号分子 pRib-ADP/AMP，该信号分子可激活下游的 EDS1-PAD4 和 EDS1-SAG101 复合物，从而触发 ETI 信号通路反应；还通过冷冻电镜技术对 EDS1-SAG101 复合体进行结构解析及生化和质谱分析，发现含有 TIR 类结构域的受体蛋白可通过其 ADPR 聚合酶和 NAD 水解酶催化三磷酸腺苷（ATP）和二磷酸腺苷核糖（ADPR）的 ADP 核糖基化，形成 ADPr-ATP 以及 di-ADPR，二者可与 EDS1-SAG101 复合体结合，并促成发生别构作用，与下游的辅助 NLR 蛋白 NRG1 互作；EDS1-SAG101-NRG1 复合体可能参与下游钙离子信号通路，进而促进植物的 ETI 信号通路。巫永睿研究组与王文琴研究组（Huang et al.，2022b）合作，利用 trio-binning 方法构建了大刍草 THP9 的连续单倍型 DNA 序列，并通过图谱克隆，在 9 号染色体上鉴定到 1 个主要的高蛋白数量性状位点——大刍草高蛋白 9（THP9）；野生玉米优良基因 *THP9-T* 能提高氮素的利用效率，对在低氮条件下促进高产非常重要；THP9-T 渗透到现代玉米自交系和杂交种中，极大地增加了整个植株中游离氨基酸特别是天冬酰胺的积累，并在不影响产量的情况下增加了种子的蛋白质含量；在低氮条件下，植株表现出高于一些玉米自交系中的等位基因 *THP9-B* 的氮利用效率，并显示出改善玉米种质的良好前景。闫浈研究组（Jin et al.，2022）解析了莱茵衣藻 TOC-TIC 复合物的冷冻电镜结构，分辨率为 2.5 Å，鉴定到 TOC-TIC 复合体的 14 种组分，确认了含 Tic20 的 TIC 复合物，解决了长期以来对 TIC 复合体组分的争议；发现由 Tic214 等构成的跨膜支架不仅连通了 TOC 和 TIC，而且通过磷酸化调节复合物的选择性和速率，揭示了支架蛋白对 TOC-TIC 复合物折叠、组装和稳定的调控作用；不同物种中构成 TOC 和 TIC 的核心组分高度保守，而支架组分存在差异；该研究首次揭示了横跨双层叶绿体膜的 TOC-TIC 复合物全貌，阐明了完整的前体蛋白转运路径，为解析 TOC-TIC 及其他细胞器蛋白转运机器的动态转运机制奠定了重要理论基础。王学路研究组（Ke et al.，2022）在根瘤中发现了能量感受器蛋白 GmNAS1 和 GmNAP1，它们可感受上升的能量状态，进而调控糖酵解中间产物在大豆根瘤中向共生固氮和植物细胞自身利用的方向分配；该研究揭示了大豆根瘤中的新型能量感受器

GmNAS1/GmNAP1 通过调控根瘤碳源的重新分配，进而调整根瘤固氮能力的分子机制，为高效固氮作物的分子设计提供了新思路。高彩霞研究组（Li et al., 2022）利用 TALEN 对小麦品种 Bobwhite 背景下 A、B、D 基因组的 *MLO1* 基因进行沉默，创制出新型 *mlo* 突变体 Tamlo-R32，该突变体不仅保留了白粉病广谱抗性，且发育表型和产量均正常；该突变体除在 *TaMLO-A1* 及 *TaMLO-D1* 基因处发生编辑外，还在 *TaMLO-B1* 基因座附近发生了约 304 kb 的大片段删除，进而造成该部分染色质形态发生改变，表观调控 *TaTMT3B* 基因的表达，该基因超表达可恢复 *TaMLO* 的产量和发育表型；与 *mlo* 相同的是 TMT3B 的功能也具有保守性，在拟南芥中超表达 *TMT3B* 可以缓解拟南芥 *mlo* 突变体的早衰表型；并通过传统杂交育种和 CRISPR/Cas9 基因编辑技术在多个小麦主栽品种中实现了 Tamlo-R32 类突变；该研究证实了利用基因编辑技术可对多倍体作物复杂的多性状实现精准调控，为作物抗病育种研究提供了新的理论视角。郭红卫研究组与柴继杰研究组（Liu et al., 2022）合作发现，植物细胞利用效应因子 RGF1 和免疫受体蛋白 PEPR 响应酸碱环境变化；在胞间液酸性环境下，RGF1 的酪氨酸磺酸化修饰位点发生质子化反应，与受体的 RxGG 基序产生强烈的氢键相互作用，增强 RGF 与下游膜蛋白受体 RCI/RGFR 的结合能力；在碱性条件下，RGF1 的酪氨酸磺酸化修饰发生去质子化，导致其结合能力下降，调节植物生长信号的传递；酸性条件下植物免疫受体蛋白 PEPR 的酸性氨基酸（Asp，Glu）质子化，破坏了小肽 Pep1 与 PEPR 互作，抑制下游免疫信号途径；碱性环境下，该酸性氨基酸则会去质子化，促进受体与共受体互作，激活下游免疫反应。互换 RGF1 和 PEPR 的胞外受体结构域，二者对酸碱的响应会发生改变；该研究揭示了"胞外碱化"的免疫反应标志和"酸生长理论"的分子机制，为"酸碱控制"植物生长、抗逆、抗病育种及农业生产应用奠定了理论基础；专家认为该研究发现了植物细胞质外体 pH 的感受器，阐明了质外体碱化的感受机制及植物协调免疫与生长发育的机制，加深了人们对植物平衡生长与免疫应答生物学反应过程的理解。郭江涛研究组与国内合作者（Su et al., 2022）通过体外放射性生长素转运实验体系证明了 AtPIN3 的转运活性；解析了 AtPIN3 在 apo 状态、与 IAA 结合及与 NPA 结合状态下 3 个高分辨率冷冻电镜结构；验证了 AtPIN3 的关键氨基酸残基在 IAA 转运和 NPA 抑制过程中的重要作用，提出了 AtPIN3 转运生长素的类电梯（elevator-like）模型；该研究揭示了 AtPIN3 的结构、IAA 识别及 NPA 抑制机制，加深了对 PIN 介导的生长素运输分子机制的理解，为研发基于结构靶向 PIN 家族蛋白的新型抑制剂奠定了基础。柴继杰研究组与国内合作者（Sun et al.，2022）通过解析单独受体（RXEG1）、受体-配体复合体（RXEG1-XEG1）以及受体-配体-共受体复合体（RXEG1-XEG1-BAK1）等处于静息或激活状态的蛋白晶体结构，发现 RXEG1 通过其 N 端和 C 端的 loop 结构与 XEG1 结合，二者结合后 RXEG1 的 N 端和 C 端结构域发生构象变化，促进受体 RXEG1 与共受体 BAK1 形成异源二聚体；XEG1 诱导的 RXEG1-BAK1 异源二聚体的形成是激活下游抗病信号途径的必要条件；发现 RXEG1 结合部位位于 XEG1 的酶活区域，RXEG1 受体结合后显著抑制 XEG1 的糖基水解酶活性，直接抑制病原菌侵染。黄三文研究组（Zhou et al.，2022；Tang et al.，2022）从头组装了 40 多份二倍体马铃薯和 2 份 Etuberosum 材料的参考基因组，最终构建出二倍体马铃薯泛基因组图谱；该研究不仅扩展了马铃薯的基因组资源，还鉴定了栽培和野生马铃薯物种间大量的结构变异，为基于变异的精准育种和亲本系选择提供了宝贵的资源；还通过构建高精度番茄基因组、组装 31 个红果番茄品种基因组并将几百份重测序的样品信息与之结合，组装构建了包含广泛番茄种质遗传变异的番茄图形泛基因组；该研究通过揭示等位基因和基因座异质性及结构变异等，提高了识别潜在重要农艺性状的遗传因子能力，促进了对复杂性状遗传力的理解。王晓杰研究组与国内合作者（Wang et al.，2022）克隆了 1 个小麦条锈病感病基因 *TaPsIPK1*，该基因突变后可赋予小麦对多种条锈菌的广谱抗性，鉴定到其互作效应因子 PsSpg1；PsSpg1 可以通过激活 TaPsIPK1 自磷酸化促进植物感病，且磷酸化后 TaPsIPK1 由质膜转移至细胞核；转录因子 Ta-CBF1 可以与 TaPsIPK1 互作，后者通过抑制 TaCBF1 介导的下游抗病基因的转录活性而促进植株的感病性增强；该研究鉴定出小麦受锈菌效应因子操控的感病基因，为条锈病和叶锈病持久且广谱抗性育种提供了极具价值的种质资源；专家认为该研究揭示了由 PsSpg1-Ta-PsIPK1-TaCBF1d 在小麦条锈病 *S* 基因中触发的新的磷酸化转录调控机制，为通过作物遗传修饰培育持久抗性品种提供了新策略。周文彬研究组（Wei et al.，2022）从候选的 118 个转录因子中鉴定到 1 个能同时受光照和低氮诱导的转录因子 OsDREB1C，该转录因子可激活光合作用的碳同化、氮吸收转运以及抽穗开花等途径的下游靶基因转录；OsDREB1C 能够调控编码 Rubisco 小亚基的 *OsRBCS3* 基因，增强植株的光合能力；并能提高硝酸盐转运蛋白基因 *OsNRT1.1B* 和 *OsNRT2.4* 及硝酸还原酶基因 *OsNR2* 的表达水平，从而促进氮素的吸收和转运；还能作用于 *OsFTL1* 基因促进早花；将 *OsDREB1C* 基因过表达能够显著增加水稻单产、缩短生育期及提高氮素的利用率，最终实现碳氮的有效分配；该研究为未来水稻育种实践提供了重要的靶标基因，也为通过单基因功能研究优化作物性状提供了范例。孙林峰研究组与国内合作者（Yang et al.，2022）利用基于放射性同位素的功能检测体系证实了在拟南芥中广泛表达的 PIN1 蛋白具有转运生长素 3-吲哚乙酸（IAA）的活性，可被蛋白激酶激活并被 NPA 抑制；利用哺乳动物表达系统和纳米抗体表达，纯化了拟南芥 PIN1 蛋白；利用冷冻电镜单颗粒重构技术成功解析了 PIN1 单独的（apo）、与底物 IAA 结合的以及与抑制剂 NPA 结合的 3 个高分辨率结构；PIN1 的跨膜结构域为保守的 NhaA 蛋白折叠，呈现向细胞质侧开放的构象；虽然 IAA 和 NPA 在结合方式上具有一定的相似性，但是 NPA 以一种更高亲和力的方式结合 PIN1，阐明了 NPA 的高效抑制作用机制；该研究揭示了 PIN1 识别底物生长素 IAA 及被 NPA 抑制的分子机制，为理解生长素的外排和极性运输提供了结构基础，也为针对 PIN 家族蛋白的农业用除草剂和生长调节剂设计开发奠定了理论基础。林鸿宣研究组与林尤舜研究组（Zhang et al.，2022）合作对 22 762 株水稻遗传材料进行了大规模交换个体筛选和耐热表型鉴定，定位并克隆了控制水稻高温抗性的新 QTL 位点 TT3，该位点存在 2 个拮抗调控水稻高温抗性的 QTL 基因 TT3.1 和 TT3.2；极端高温（42 ℃）下，细胞质膜定位的 E3 泛素连接酶 TT3.1 可从细胞表面转移至多囊泡体（MVB）中，招募并泛素化叶绿体前体蛋白 TT3.2，使其降解，从而减轻热胁迫下 TT3.2 积累所造成的叶绿体损伤，提高水稻的高温抗性以及产量；在非洲栽培稻（CG14）中，TT3.1^{CG14}E3 泛素连接酶的活性较强；在亚洲栽培稻（WYJ）中，TT3.1^{WYJ} 的活性较弱，故 WYJ 在高温胁迫下会有更多的 TT3.2 成熟蛋白在 NIL-TT3^{WYJ} 叶绿体中积累，破坏叶绿体，导致其高温敏感和减产；田间数据显示，在抽穗期和灌浆期进行高温处理，近等基因系 NIL-TT3^{CG14} 比 NIL-TT3^{WYJ} 增产约 1 倍；该研究发现了潜在的高温感受器 TT3.1，揭示了叶绿体蛋白降解的新机制，为应对全球气候变暖引发的粮食安全问题提供了珍贵的抗高温基因资源。瞿礼嘉研究组（Zhong et al.，2022）发现，受体 FER/ANJ/HERK1 识别第 1 根花粉管分泌的 RALF 小肽信号，在花柱道隔膜处建立"屏障"阻止后续花粉管穿出隔膜。当花粉管爆裂释放精细胞后，花粉管的信号消失，从而解除"屏障"，让第 2 根花粉管在需要"受精补偿"时穿出隔膜到达胚珠进行第 2 次受精；该研究将花粉管吸引、接受和爆裂以及宿存助细胞死亡和受精补偿等几个重要的生殖生物学过程有机地联系起来，阐释了它们之间的逻辑关系。

复习思考题

1. 2004 年以来我国在光合作用领域取得了哪些原创性成果？

2. 2004 年以来我国在植物营养领域取得了哪些原创性成果？

3. 2004 年以来我国在生长发育领域取得了哪些原创性成果？

4. 2004 年以来我国在植物激素领域取得了哪些原创性成果？

5. 2004 年以来我国在植物抗性领域取得了哪些原创性成果？

6. 2004 年以来我国在光形态建成领域取得了哪些原创性成果？

7. 2004 年以来我国在基因表达与蛋白调控领域取得了哪些原创性成果？

8. 2004 年以来我国在作物高产优质多抗生态安全领域取得了哪些原创性成果？

9. 2004 年以来我国在植物生态、系统进化与环境生物学领域取得了哪些原创性成果？

10. 从科学历程的角度，试评述 2004 年以来我国植物科学研究原创性成果取得的历程和特点。

主要参考文献

BAI Y F, HAN X G, WU J G, et al., 2004. Ecosystem stability and compensatory effects in the Inner Mongolia grassland [J]. Nature, 431: 181-184

BI G Z, SU M, LI N, et al., 2021. The ZAR1 resistosome is a calcium-permeable channel triggering plant immune signaling [J]. Cell, 184: 3528-3541.

CAO M, CHEN R, LI P, et al., 2019. TMK1 - mediated auxin signaling regulates differential growth of the apical hook [J]. Nature, 568: 240-243.

CHEN J H, WU H J, XU C H, et al., 2020. Architecture of the photosynthetic complex from a green sulfur bacterium [J]. Science, 370: eabb6350.

CHEN J Y, BOTTJER D J, DAVIDSON E H, et al., 2006. Phosphatized polar lobe-forming embryos from the precambrian of southwest China [J]. Science, 312: 1644-1646.

CHEN L, SWENSON N G, JI N N, et al., 2019. Differential soil fungus accumulation and density dependence of trees in a subtropical forest [J]. Science, 366: 124-128.

CHEN P F, LIU X, GU C H, et al., 2022a. A plant-derived natural photosynthetic system for improving cell anabolism [J]. Nature, 612: 546-554.

CHEN W K, CHEN L, ZHANG X, et al., 2022b. Convergent selection of a WD40 protein that enhances grain yield in maize and rice [J]. Science, 375:

eabg7985.

CHEN X P, CUI Z L, FAN M S, et al., 2014. Producing more grain with lower environmental costs [J]. Nature, 514: 486-489.

CHEN Y L, CHEN L J, CHU C C, et al., 2018. TIC236 links the outer and inner membrane translocons of the chloroplast [J]. Nature, 564: 125-129.

CHENG S F, XIAN W F, FU Y, et al., 2019. Genomes of subaerial Zygnematophyceae provide insights into land plant evolution [J]. Cell, 179: 1057-1067.

CHEUNG A Y, WU H M, 2016. Lure is bait for multiple receptors [J]. Nature, 531: 178-179.

CUI Z L, ZHANG H Y, CHEN X P, et al., 2018. Pursuing sustainable productivity with millions of smallholder farmers [J]. Nature, 555: 363-366.

DENG D, YAN C Y, PAN X J, et al., 2012. Structural basis for sequence-specific recognition of DNA by TAL effectors [J]. Science, 335: 720-723.

DENG Y W, ZHAI K R, XIE Z, et al., 2017. Epigenetic regulation of antagonistic receptors confers rice blast resistance with yield balance [J]. Science, 355: 962-965.

DING W N, REE R H, SPICER R A, et al., 2020. Ancient orogenic and monsoon-driven assembly of the world's richest temperate alpine flora [J]. Science, 369: 578-581.

FENG F, YANG F, RONG W, et al., 2012. A Xanthomonas uridine 5′-monophosphate transferase inhibits plant immune kinases [J]. Nature, 485: 114-118.

FU L W, LIU Y L, QIN G C, et al., 2021. The TOREIN2 axis mediates nuclear signaling to modulate plant growth [J]. Nature, 591: 288-292.

FU Y S H, ZHAO H F, PIAO S L, et al., 2015. Declining global warming effects on the phenology of spring leaf unfolding [J]. Nature, 526: 104-107.

FULLER D Q, QIN L, ZHENG Y F, et al., 2009. The domestication process and domestication rate in rice: spikelet bases from the Lower Yangtze [J]. Science, 323: 1607-1610.

GAO M J, HE Y, YIN X, et al., 2021. Ca^{2+} sensor-mediated ROS scavenging suppresses rice immunity and is exploited by a fungal effector [J]. Cell, 184:

5391-5404.

GE Z X, BERGONCI T, ZHAO Y L, et al., 2017. Arabidopsis pollen tube integrity and sperm release are regulated by RALF-mediated signaling [J]. Science, 358: 1596-1600.

GUO J H, LIU X J, ZHANG Y, et al., 2010. Significant acidification in major Chinese croplands [J]. Science, 327: 1008-1010.

GUO L, WINZER T, YANG X F, et al., 2018. The opium poppy genome and morphinan production [J]. Science, 362: 343-347.

HO C H, LIN S H, HU H C, et al., 2009. CHL1 functions as a nitrate sensor in plants [J]. Cell, 138: 1184-1194.

HONG H Z, SHEN R, ZHANG F T, et al., 2017. The complex effects of ocean acidification on the prominent N_2-fixing cyanobacterium *Trichodesmium* [J]. Science, 356, 527-531.

HUANG J K, HU R F, ROZELLE S, et al., 2005. Insect-resistant GM rice in farmers' fields: Assessing productivity and health effects in China [J]. Science, 308: 688-690.

HUANG K, WU X X, FANG C L, et al., 2021. Pol IV and RDR2: a two-RNA-polymerase machine that produces double-stranded RNA [J]. Science, 374: 1579-1586.

HUANG S J, JIA A L, SONG W, et al., 2022a. Identification and receptor mechanism of TIR-catalyzed small molecules in plant immunity [J]. Science, 377 (6605): eabq3297.

HUANG X H, KURATA N, WEI X H, et al., 2012. A map of rice genome variation reveals the origin of cultivated rice [J]. Nature, 490: 497-501.

HUANG X H, YANG S H, GONG J Y, et al., 2016. Genomic architecture of heterosis for yield traits in rice [J]. Nature, 537: 629-633.

HUANG Y C, WANG H H, ZHU Y D, et al., 2022b. THP9 enhances seed protein content and nitrogen-use efficiency in maize [J]. Nature, 612: 292-300.

JIA A L, HUANG S J, SONG W, et al., 2022. TIR-catalyzed ADP-ribosylation reactions produce signaling molecules for plant immunity [J]. Science, 377 (6605): eabq8180.

JIA J Z, ZHAO S C, KONG X Y, et al., 2013. *Aegilops tauschii* draft genome sequence reveals a gene repertoire for wheat adaptation [J]. Nature, 496: 91-95.

JIANG L, LIU X, XIONG G S, et al., 2013. DWARF 53 acts as a repressor of strigolactone signaling in rice [J]. Nature, 504: 401-405.

JIANG S Y, JARDINAUD M F, GAO J P, et al., 2021. NIN-like protein transcription factors regulate leghemoglobin genes in legume nodules [J]. Science, 374: 625-628.

JIANG Y N, WANG W X, XIE Q J, et al., 2017. Plants transfer lipids to sustain colonization by mutualistic mycorrhizal and parasitic fungi [J]. Science, 356: 1172-1175.

JIANG Z H, ZHOU X P, TAO M, et al., 2019. Plant cell-surface GIPC sphingolipids sense salt to trigger Ca^{2+} influx [J]. Nature, 572: 341-346.

JIN S, ZONG Y, GAO Q, et al., 2019. Cytosine, but not adenine, base editors induce genome-wide off-target mutations in rice [J]. Science, 364: 292-295.

JIN Z Y, WAN L, ZHANG Y Q, et al., 2022. Structure of a TOC-TIC supercomplex spanning two chloroplast envelope membranes [J]. Cell, 185: 4788-4800.

KE X L, XIAO H, PENG Y Q, et al., 2022. Phosphoenolpyruvate reallocation links nitrogen fixation rates to root nodule energy state [J]. Science, 378 (6623): 971-977.

LI S N, LIN D X, ZHANG Y W, et al., 2022. Genome-edited powdery mildew resistance in wheat without growth penalties [J]. Nature, 602: 455-460.

LI S, TIAN Y H, WU K, et al., 2018. Modulating plant growth-metabolism coordination for sustainable agriculture [J]. Nature, 560: 595-600.

LI W T, ZHU Z W, CHERN M, et al., 2017. A natural allele of a transcription factor in rice confers broad - spectrum blast resistance [J]. Cell, 170: 114-126.

LIN W W, ZHOU X, TANG W X, et al., 2021. TMK-based cell-surface auxin signaling activates cell-wall acidification [J]. Nature, 599: 278-282.

LING H Q, MA B, SHI X, et al., 2018. Genome sequence of the progenitor of wheat A subgenome *Triticum urartu* [J]. Nature, 557: 424-428.

LING H Q, ZHAO S C, LIU D C, et al., 2013. Draft genome of the wheat A-genome progenitor *Triticum urartu* [J]. Nature, 496: 87-90.

LIU C, SHEN L P, XIAO Y, et al., 2021a. Pollen PCP-B peptides unlock a stigma peptide-receptor kinase gating mechanism for pollination [J]. Science, 372: 171-175.

LIU L, SONG W, HUANG S J, et al., 2022. Extracellular pH sensing by plant cell-surface peptide-receptor complexes [J]. Cell, 185: 3341-3355.

LIU T T, LIU Z X, SONG C J, et al., 2012. Chitin-induced dimerization activates a plant immune receptor [J]. Science, 336: 1160-1164.

LIU X G, YUE Y L, LI B, et al., 2007. A G protein-coupled receptor is a plasma membrane receptor for the plant hormone abscisic acid [J]. Science, 23: 1712-1716.

LIU X J, ZHANG Y, HAN W X, et al., 2013. Enhanced nitrogen deposition over China [J]. Nature, 494: 459-462.

LIU Y C, DU H L, LI P C, et al., 2020. Pan-genome of wild and cultivated soybeans [J]. Cell. 182: 162-176.

LIU Y Q, WANG H R, JIANG Z M, et al., 2021b. Genomic basis of geographical adaptation to soil nitrogen in rice [J]. Nature, 590, 600-605.

LIU Z F, YAN H C, WANG K B, et al., 2004. Crystal structure of spinach major light-harvesting complex at 2.72 Å resolution [J]. Nature, 428: 287-292.

LU L M, MAO L F, YANG T, et al., 2018. Evolutionary history of the angiosperm flora of China [J]. Nature, 554: 234-238.

LU Y H, WU K M, JIANG Y Y, et al., 2010. Mirid bug outbreaks in multiple crops correlated with wide-scale adoption of Bt cotton in China [J]. Science, 328: 1151-1154.

LU Y H, WU K M, JIANG Y Y, et al., 2012. Widespread adoption of Bt cotton and insecticide decrease promotes biocontrol services [J]. Nature, 487: 362-365.

MA S C, LAPIN D, LIU L, et al., 2020. Direct pathogen-induced assembly of an NLR immune receptor complex to form a holoenzyme [J]. Science, 370

（6521）：eabe3069.

MA Y, DAI X Y, XU Y Y, et al., 2015. COLD1 confers chilling tolerance in rice [J]. Cell, 160: 1209-1221.

MA Z C, ZHU L, SONG T Q, et al., 2017. A paralogous decoy protects *Phytophthora sojae* apoplastic effector PsXEG1 from a host inhibitor [J]. Science, 355: 710-714.

MEDINA-PUCHE L, TAN H, DOGRA V, et al., 2020. A defense pathway linking plasma membrane and chloroplasts and Coopted by pathogens [J]. Cell, 182: 1109-1124.

NIU S H, LI J, BO W H, et al., 2022. The Chinese pine genome and methylome unveil key features of conifer evolution [J]. Cell, 185: 204-217.

OUYANG M, LI X Y, ZHANG J, et al., 2020. Liquid-liquid phase transition drives intra-chloroplast cargo sorting [J]. Cell, 180: 1144-1159.

OUYANG Z Y, ZHENG H, XIAO Y, et al., 2016. Improvements in ecosystem services from investments in natural capital [J]. Science, 352: 1455-1459.

PAN X W, MA J, SU X D, et al., 2018. Structure of the maize photosystem I supercomplex with light-harvesting complexes I and II [J]. Science, 360: 1109-1113.

PENG S S, PIAO S L, PHILIPPE C, et al., 2013. Asymmetric effects of daytime and night-time warming on Northern hemisphere vegetation [J]. Nature, 501: 88-92.

PI X, ZHAO S H, WANG W D, et al., 2019. The pigment-protein network of a diatom photosystem II-light-harvesting antenna supercomplex [J]. Science, 365 (6452): eaax4406.

QIAN W Q, MIKI D, ZHANG H, et al., 2012. A histone acetyltransferase regulates active DNA demethylation in *Arabidopsis* [J]. Science, 336: 1445-1448.

QIN P, LU H W, DU H L, et al., 2021. Pan-genome analysis of 33 genetically diverse rice accessions reveals hidden genomic variations [J]. Cell, 184: 3542-3558.

QIN X C, SUGA M, KUANG T Y, et al., 2015. Photosynthesis. Structural basis for energy transfer pathways in the plant PS I -LHCI supercomplex [J]. Science, 348: 989-995.

SHANG Y, MA Y S, ZHOU Y, et al., 2014. Biosynthesis, regulation, and domestication of bitterness in cucumber [J]. Science, 346: 1084-1088.

SHE J, HAN Z F, KIM T W, et al., 2011. Structural insight into brassinosteroid perception by BRI1 [J]. Nature, 474: 472-476.

SHEN G Z, XIE Z Q, 2004. Three Gorges project: chance and challenge [J]. Science, 304: 681.

SHEN L L, TANG K L, WANG W D, et al., 2022. Architecture of the chloroplast PS I - NDH supercomplex in Hordeum vulgare [J]. Nature, 601: 649-654.

SHEN Y Y, WANG X F, WU F Q, et al., 2006. The Mg-chelatase H subunit is an abscisic acid receptor [J]. Nature, 443: 823-826.

SHI G L, HERRERA F, HERENDEEN P S, et al., 2021a. Mesozoic cupules and the origin of the angiosperm second integument [J]. Nature, 594: 223-226.

SHI J C, ZHAO B Y, ZHENG S, et al., 2021b. A phosphate starvation response - centered network regulates mycorrhizal symbiosis [J]. Cell, 184: 5527-5540.

SU N N, ZHU A Q, TAO X, et al., 2022. Structures and mechanisms of the Arabidopsis auxin transporter PIN3 [J]. Nature, 609: 616-621.

SUN G, DILCHER D L, WANG H S, et al., 2011. A eudicot from the early cretaceous of China [J]. Nature, 471: 625-628.

SUN L C, 2015. A closer mimic of the oxygen evolution complex of photosystem II [J]. Science, 348: 635-636.

SUN Y D, LI L, MACHO A P, et al., 2013. Structural basis for Flg22-induced activation of the *Arabidopsis* FLS2 - BAK1 immune complex [J]. Science, 342: 624-628.

SUN Y, WANG Y, ZHANG X X, et al., 2022. Plant receptor-like protein activation by a microbial glycoside hydrolase [J]. Nature, 610: 335-342.

TANG D, JIA Y X, ZHANG J Z, et al., 2022. Genome evolution and diversity of wild and cultivated potatoes [J]. Nature, 606: 535-541.

TAO Z, SHEN L S, GU X F, et al., 2017. Embryonic epigenetic reprogramming by a pioneer transcription factor in plants [J]. Nature, 551:

124-128.

TIEMAN D, ZHU G T, RESENDER M, et al., 2017. A chemical genetic road-map to improved tomato flavor [J]. Science, 355: 391-394.

WANG H W, SUN S L, GE W Y, et al., 2020. Horizontal gene transfer of Fhb7 from fungus underlies *Fusarium* head blight resistance in wheat [J]. Science, 368 (6493): eaba5435.

WANG J Z, HU M J, WANG J, et al., 2019a. Reconstitution and s tructure of a plant NLR resistosome conferring immunity [J]. Science, 364: eaav5870.

WANG J Z, WANG J, HU M J, et al., 2019b. Ligand-triggered allosteric ADP release primes a plant NLR complex [J]. Science, 364 (6435): eaav5868.

WANG J, ZHOU L, SHI H, et al., 2018. A single transcription factor promotes both yield and immunity in rice [J]. Science, 361: 1026-1028.

WANG L, WANG B, YU H, et al., 2020. Transcriptional regulation of strigo-lactone signaling in *Arabidopsis* [J]. Nature, 583: 277-281.

WANG N, TANG CL, FAN X, et al., 2022. Inactivation of a wheat protein ki-nase gene confers broad-spectrum resistance to rust fungi [J]. Cell, 185: 2961-2974.

WANG Q, GUAN Z Y, QI L B, et al., 2021a. Structural insight into the SAM-mediated assembly of the mitochondrial TOM core complex [J]. Science, 373: 1377-1381.

WANG Q, XUE Y, ZHANG L X, et al., 2021b. Mechanism of siRNA production by a plant Dicer - RNA complex in dicing - competent conformation [J]. Science, 374: 1152-1157.

WANG Q, ZUO Z C, WANG X, et al., 2016a. Photoactivation and inactivation of *Arabidopsis* cryptochrome 2 [J]. Science, 354: 343-347.

WANG T, GUO J, PENG Y Q, et al., 2021c. Light-induced mobile factors from shoots regulate rhizobium-triggered soybean root nodulation [J]. Science, 374: 65-71.

WANG T, LIANG L, XUE Y, et al., 2016b. A receptor heteromer mediates the male perception of female attractants in plants [J]. Nature, 531: 241-244.

WANG W D, YU L J, XU C Z, et al., 2019. Structural basis for blue-green light harvesting and energy dissipation in diatoms [J]. Science. 363:

eaav0365.

WANG W S, MAULEON R, HU Z Q, et al., 2018. Genomic variation in 3, 010 diverse accessions of Asian cultivated rice [J]. Nature, 557: 43-49.

WANG X H, PIAO S L, CIAIS P, et al., 2014. A two-fold increase of carbon cycle sensitivity to tropical temperature variations [J]. Nature, 506: 212-215.

WANG Y Q, ZHANG D X, RENNER S S, et al., 2004. Botany: a new self-pollination mechanism [J]. Nature, 431: 39-40.

WANG Z J, LI H J, HAN Z F, et al., 2015. Allosteric receptor activation by the plant peptide hormone phytosulfokine [J]. Nature, 525: 265-268.

WEI S B, LI X, LU Z F, et al., 2022. A transcriptional regulator that boosts grain yields and shortens the growth duration of rice [J]. Science, 377 (6604): eabi8455.

WEI X P, SU X D, CAO P, et al., 2016. Structure of spinach photosystem II-LHC II supercomplex at 3.2 Å resolution [J]. Nature, 534: 69-74.

WU D, HU Q, YAN Z, et al., 2012. Structural basis of ultraviolet-B perception by UVR8 [J]. Nature, 484: 214-219.

WU H H, LI B S, IWAKAWA H O, et al., 2020a. Plant 22nt siRNAs mediate translational repression and stress adaptation [J]. Nature, 581: 89-93.

WU H J, QU X Y, DONG Z C, et al., 2020b. WUSCHEL triggers innate antiviral immunity in plant stem cells [J]. Science, 370: 227-231.

WU K M, LU Y H, FENG H Q, et al., 2008. Suppression of cotton bollworm in multiple crops in China in areas with Bt toxin-containing cotton [J]. Science, 321: 1676-1678.

WU K, WANG S S, SONG W Z, et al., 2020c. Enhanced sustainable green revolution yield via nitrogen-responsive chromatin modulation in rice [J]. Science, 367: eaaz2046.

XIAO Y, STEGMANN M, HAN Z F, et al., 2019. Mechanisms of RALF peptide perception by a heterotypic receptor complex [J]. Nature, 572: 270-274.

XING W M, ZOU Y, LIU Q, et al., 2007. The structural basis for activation of plant immunity by bacterial effector protein AvrPto [J]. Nature, 449:

243-247.

XU J, LI H D, CHEN L Q, et al., 2006. A protein kinase, interacting with two calcineurin B-like proteins, regulates K$^+$ transporter AKT1 in *Arabidopsis* [J]. Cell, 125: 347-1360.

YANG J Y, ZHAO X B, CHENG K, et al., 2012. A killer-protector system regulates both hybrid sterility and segregation distortion in rice [J]. Science, 337: 1336-1340.

YANG S H, WANG L, HUANG J, et al., 2015. Parent-progeny sequencing indicates higher mutation rates in heterozygotes [J]. Nature, 523: 463-467.

YANG X H, JIA Z Q, CI L J, 2010. Assessing effects of afforestation projects in China [J]. Nature, 466: 315.

YANG Z S, XIA J, HONG J J, et al., 2022. Structural insights into auxin recognition and efflux by *Arabidopsis* PIN1 [J]. Nature, 609: 611-615.

YAO R F, MING Z H, YAN L M, et al., 2016. DWARF14 is a non-canonical hormone receptor for strigolactone [J]. Nature, 536: 469-473.

YIN P, LI Q X, YAN C Y, et al., 2013. Structural basis for the modular recognition of single-stranded RNA by PPR proteins [J]. Nature, 504: 168-171.

YU H, LIN T, MENG X B, et al., 2021a. A route to de novo domestication of wild allotetraploid rice [J]. Cell, 184: 1156-1170.

YU X B, ZHANG X C, ZHAO P, et al., 2021b. Fertilized egg cells secrete endopeptidases to avoid polytubey [J]. Nature, 592: 433-437.

YU X W, ZHAO Z G, ZHENG X M, et al., 2018. A selfish genetic element confers non-Mendelian inheritance in rice [J]. Science, 360: 1130-1132.

YUAN M H, JIANG Z Y, BI G Z, et al., 2021. Pattern-recognition receptors are required for NLR-mediated plant immunity [J]. Nature, 592: 105-109.

ZHAI K R, LIANG D, LI H L, et al., 2022. NLRs guard metabolism to coordinate pattern-and effector-triggered immunity [J]. Nature, 601: 245-251.

ZHANG C X, CHEN C H, DONG H X, et al., 2015a. A synthetic Mn4Ca-cluster mimicking the oxygen-evolving center of photosynthesis [J]. Science, 348: 690-693.

ZHANG C Z, YANG Z M, TANG D, et al., 2021. Genome design of hybrid potato [J]. Cell, 184: 3873-3883.

ZHANG G Q, LIU K W, LI Z, et al., 2017a. The Apostasia genome and the evolution of orchids [J]. Nature, 549: 379-383.

ZHANG H, ZHOU J F, KAN Y, et al., 2022. A genetic module at one locus in rice protects chloroplasts to enhance thermotolerance [J]. Science, 376: 1293-1300.

ZHANG J, MA J F, LIU D S, et al., 2017. Structure of phycobilisome from the red alga *Griffithsia pacifica* [J]. Nature, 551: 57-63.

ZHANG L S, CHEN F, ZHANG X T, et al., 2020. The water lily genome and the early evolution of flowering plants [J]. Nature, 577: 79-84.

ZHANG X T, WANG G, ZHANG S C, et al., 2020. Genomes of the banyan tree and pollinator wasp provide insights into fig-wasp coevolution. Cell [J], 183: 875-889.

ZHANG X Y, ZHU Y, LIU X D, et al., 2015b. Suppression of endogenous gene silencing by bidirectional cytoplasmic RNA decay in *Arabidopsis* [J]. Science, 348: 120-123.

ZHONG S, LI L, WANG Z J, et al., 2022. RALF peptide signaling controls the polytubey block in *Arabidopsis* [J]. Science, 375: 290-296.

ZHONG S, LIU M L, WANG Z J, et al., 2019. Cysteine-rich peptides promote interspecific genetic isolation in *Arabidopsis* [J]. Science, 364: eaau9564.

ZHOU C M, ZHANG T Q, WANG X, et al., 2013a. Molecular basis of age-dependent vernalization in *Cardamine flexuosa* [J]. Science, 340: 1097-1100.

ZHOU F, LIN Q B, ZHU L H, et al., 2013b. D14-SCFD3-dependent degradation of D53 regulates strigolactone signaling [J]. Nature, 504: 406-410.

ZHOU G Y, LIU S G, LI Z, et al., 2006. Old-growth forests can accumulate carbon in soils [J]. Science, 314: 1417-1417.

ZHOU Y, ZHANG Z Y, BAO Z G, et al., 2022. Graph pangenome captures missing heritability and empowers tomato breeding [J]. Nature, 606: 527-534.

ZHU G, WANG S, HUANG Z, et al., 2018. Rewiring of the fruit metabolome in tomato breeding [J]. Cell, 172: 249-261.

第 14 章　2004 年以来我国植物生理学
研究重要成果概述

随着我国经济持续快速发展，国家持续加大研究经费支持，人才引进及培养政策更加优化，在我国国家高技术研究发展计划（863 计划）、国家重点基础研究发展计划（973 计划）、国家科技攻关计划、"国家转基因植物研究与产业化"专项、中国科学院国家知识创新工程计划、高校"985"国家教育振兴计划、国家自然科学基金委员会（NSFC）重大研究计划、转基因生物新品种培育重大专项及国家重点研发计划等国家重大计划的大力支持下，经过多年的积累和系统研究，重大科研成果不断涌现，已是水到渠成，呈现出飞速发展的新态势，具有国际影响力的重大科研成果从往年的零星出现进入高速稳定产出阶段，使中国植物科学的研究水平得到整体提升。中国本土科学家在植物科学主流刊物发表的研究论文数就是一个例证，特别是在国际顶级学术刊物，如 *Cell*、*Nature* 和 *Science* 等上发表论文量大幅度增加，其中以拟南芥为最主要的研究对象，其次为水稻、玉米和小麦（图 14.1、表 14.1 和表 14.2）。下面按照不同的研究方向对 2004 年以来我国植物生理学研究重要成果进行分类评述（资料来源于国际著名的综合性学术期刊和植物科学顶级及顶尖期刊），使读者更好地了解当前我国植物生理学发展的最新前沿动态。由于篇幅有限和资料收集所限，无法穷尽所有，敬请同行海涵和谅解。虽然本章的概述难以代表我国植物生理学科研取得的全部成果，但应该多少还是能从一些侧面反映我国科学家在本土所做研究的现状。

一、植物养分同化与物质运输

（一）第一个五年（2004—2008 年）

张大鹏研究组分析证实，在发育的苹果中存在韧皮部卸出的质外体途径，可能是通过质膜单糖转运蛋白偶联质膜 H^+-ATPase 来实现的，提出了果实中韧皮部卸载的可能的分子机制。Yu Su-May 研究组证明，aAmy3 的信号肽是其导入质

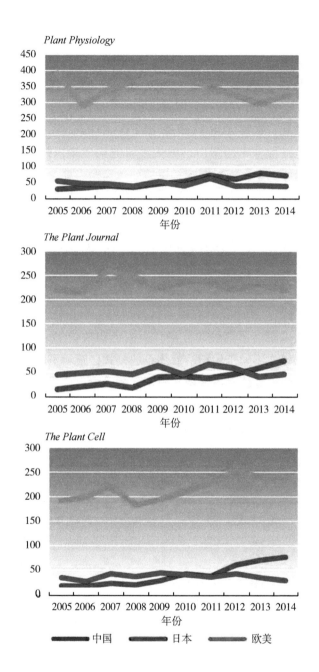

图 14.1　2005—2014 年中国、日本和欧美国家作者在三大著名顶级学术期刊的发文量（彩图见文后彩插）（数据来源：Web of Science）

体、淀粉体或细胞外空间必需的,该信号肽与其他蛋白融合后也能转运此蛋白。Yang 等（2004）发现,从开花后 9 d 开始至种子成熟,缺水能提高籽粒中蔗糖向淀粉转化相关酶类的活性,增强库活性,促进碳水化合物向籽粒的运输,缩短灌浆期并增加淀粉积累速率。姜里文研究组在转基因烟草中证明,多小泡体（MVB）是一种从分泌和内吞途径到裂解区室的前叶泡区室（PVC）。

种康研究组发现,水稻 ADP 核糖基化因子–GTPase 激活因子 OsAGAP 可能是介导 AUX1 细胞极性分布的蛋白。张大鹏研究组发现,葡萄浆果发育早期和中期是以共质体运输为主,而后期则是以质外体运输为主,二者的转换标志着浆果成熟发育的开始。左建儒研究组鉴定到 AtFRO6 基因在植物生长发育过程中的表达模式,AtFRO6 基因编码一个高铁螯合还原酶,主要在绿色气生组织中表达,且这种表达是光依赖性的,即光调控的 AtFRO6 的表达表现出绿色组织特异性和细胞分化特异性。邱子珍研究组提出通过一个特异的 miR399 抑制泛素结合酶 E2 的调节机制,磷饥饿可诱导 miR399 的聚集,而其靶基因 AtUBC24（一个泛素结合酶 E2）则受到抑制。严小龙研究组与国外研究者合作研究表明,铝害诱导柠檬酸盐的渗出,缺磷激活了草酸的分泌,而铝害和缺磷都可诱导苹果酸盐的释放,但它们的分泌模式不同于均相溶液体系的模式,暗示了磷营养的改善可能是通过提高根中有机酸的释放来增强植物对铝的耐受能力。磷高效基因型不但能直接通过铝–磷相互作用增强铝的耐受性,也可间接通过刺激特定的根和根区域中不同铝螯合有机酸的分泌来起作用。

表 14.1　2015—2022 年植物学主流学术期刊排名前五的国家
发文量统计（数据来源：Web of Science）

年份	国家	论文数量	所占比例（%）	年份	国家	论文数量	所占比例（%）
2015	美国	367	36.6	2019	中国	445	38.8
	中国	242	24.2		美国	393	34.3
	德国	185	18.5		德国	224	19.5
	日本	111	11.1		英国	126	11.0
	法国	107	10.7		法国	117	10.2
2016	美国	363	35.1	2020	中国	589	43.6
	中国	244	24.0		美国	450	33.3
	德国	195	18.9		德国	229	17.0
	法国	130	12.6		英国	130	9.6
	日本	102	9.9		法国	115	8.5

（续表）

年份	国家	论文数量	所占比例（%）	年份	国家	论文数量	所占比例（%）
2017	美国	470	32.0	2021	中国	640	44.1
	中国	433	29.5		美国	453	31.2
	德国	247	16.8		德国	239	16.5
	英国	172	11.7		英国	138	9.5
	法国	146	9.9		法国	114	7.9
2018	美国	404	35.8	2022	中国	742	50.3
	中国	403	35.7		美国	434	29.4
	德国	202	17.9		德国	205	13.9
	英国	136	12.1		英国	136	9.2
	法国	101	9.0		法国	104	7.0

注：①2015 年、2016 年统计期刊为 *The Plant Cell*、*Plant Physiology* 和 *The Plant Journal*；2017—2022 年统计期刊为 *The Plant Cell*、*Plant Physiology*、*The Plant Journal*、*Nature Plants* 和 *Molecular Plant*。②文章数量按篇计算，当 1 篇文章属于多个国家，其计入每个国家 1 次，分别被算入占比的数值，所以占比之和大于 100%。

表 14.2　2017—2022 年中国植物科学家在植物科学主流期刊（MP、NP、PC、PP 和 PJ）上发表以水稻、玉米、小麦和拟南芥为研究材料的论文数量占比（数据来源：Web of Science 核心合集）

年份	研究材料	发文数量	所占比例（%）	年份	研究材料	发文数量	所占比例（%）
2017	拟南芥	268	65.0	2020	拟南芥	349	63.1
	水稻	88	21.4		水稻	122	22.2
	玉米	38	9.2		玉米	57	10.3
	小麦	18	4.4		小麦	25	6.2
2018	拟南芥	281	62.3	2021	拟南芥	350	62.7
	水稻	110	24.4		水稻	132	23.2
	玉米	43	9.5		玉米	46	8.6
	小麦	17	3.8		小麦	31	5.4
2019	拟南芥	265	60.4	2022	拟南芥	491	58.9
	水稻	98	22.3		水稻	168	24.7
	玉米	54	11.8		玉米	70	10.3
	小麦	24	5.5		小麦	31	4.5

注：以 2 个或 2 个以上物种为材料的文章被重复计数。统计的主流期刊为 *The Plant Cell*、*Plant Physiology*、*The Plant Journal*、*Nature Plants* 和 *Molecular Plant*。

姜里文研究组证明了 SCAMP1 蛋白定位在细胞质膜和细胞质中运动的颗粒

结构上，位于高尔基器 trans 面的管状囊泡结构，并具有网格蛋白的包被，可能是内吞途径中的早期内吞体，并随内吞过程的进行与前液泡小室（PVC）融合，PVC 内可能存在运输载体与受体的相互作用；还提出液泡分选受体（VSR）蛋白可能在种子贮藏蛋白的降解过程中起重要作用。王学臣研究组研究表明，At-NHX8 可能负责锂离子的输出，并在维持钾离子吸收及胞内锂离子平衡过程中发挥作用。吴平研究组研究证明，水稻中干扰脱氧麦根酸的合成可刺激 Fe（II）的吸收并导致铁元素在水稻中的积累。

邱子珍研究组发现，miR399s 通过调控 PHO2（编码泛素连接酶 E224）的表达而控制无机磷（Pi）的体内平衡，miR399 和 PHO2 与 Pi 转运的相关性及它们在维管组织中共表达的特性表明它们可能参与长距离的信息传递，miR399 从 Pi 耗竭的苗向 Pi 充足的根的运动诱导了 PHO2 的系统性抑制，在 Pi 缺乏的起始过程中 miR399s 从苗向根的长距离运动可能对促进 Pi 的吸收和运输是非常关键的，miR399s 剪切介导的 PHO2 的 siRNAs 可能在精细调控 PHO2 的抑制方面起作用。吴平研究组揭示，AtSPX1 和 AtSPX3 都在植物对磷酸盐饥饿的响应中起正调控作用，AtSPX3 还可能在 AtSPX1 对磷酸盐饥饿的响应中起负反馈调节作用，含有 SPXdomain 的植物基因参与了植物磷酸盐营养稳态的调控，且具有功能上的多样性；还在水稻中克隆和鉴定到 2 个与磷饥饿信号转导相关的转录因子 OsPHR1 和 OsPHR2，通过调控磷饥饿诱导基因的表达而起作用，OsPHR2 通过系统性和区域性 2 条途径在 Pi 依赖的根构型改变过程中发挥作用。

武维华研究组发现，WRKY6 通过调节 PHO1 基因的启动子，进而抑制 PHO1 基因的表达来响应低磷胁迫，低磷下 WRKY6 蛋白被降解进而解除 WRKY6 对 PHO1 的抑制作用。徐国华研究组与国内外同行合作研究结果表明，OsPT6 在磷的吸收和转运中都起重要作用，而 OsPT2 则作为一个低亲和型磷转运体在贮存磷的转运过程中发挥作用。寿惠霞研究组证明，水稻 SPX 基因 OsSPX1 参与调控水稻的磷酸盐平衡，OsSPX1 受根磷饥饿的特异诱导，OsSPX1 形成了一个负反馈，使植物在磷缺乏的条件下能够达成适度的生长。蔡宜芳研究组揭示，硝酸转运体 CHL1 是高等植物的硝酸感受器，其利用双亲和性结合及磷酸化开关作为感受器来感受土壤中硝酸盐的浓度；CBL 互作蛋白激酶 CIPK8 参与了拟南芥早期的硝酸信号转导过程，参与的是低亲和性型反应体系，其表达被硝酸盐迅速诱导；还发现 CIPK8 参与受硝酸盐调节的拟南芥主根的生长和液泡苹果酸转运体的表达。叶国桢研究组阐明，IRT3 定位于细胞质膜，是拟南芥中吸收 Zn 和 Fe 的转运体。郑绍建研究组研究发现，在 Fe 受限及 CO_2 浓度提高并存的条件下，

NO 可能参与缺 Fe 诱导反应，Fe 受限时提高 CO_2 浓度诱导了形态、生理以及分子水平的反应，促使植物能更加有效地利用可溶性铁。

（二）第二个五年（2009—2013 年）

万建民研究组实验表明，在拟南芥原生质体中，OsRab5a 蛋白定位于前体液泡小室中，OsRab5a 在谷蛋白向蛋白体 II 的输送过程中起关键作用，在水稻胚乳细胞内膜系统的组织中也可能有重要作用。吴平研究组提出了一个新的 Pi 信号调控途径：在水稻根中 OsSPX1 作为 OsPHR2 的负调控因子对 OsPHR2 和 OsPHO2 组成的 Pi 信号调控网络进行反馈调节。申建波研究组发现，磷缺乏诱导了根中 NO 的生成；在根的不同区域、发育时期以及磷营养状态下，NO 的生成表现出特定的模式；在磷缺乏条件下，NO 调控白羽扇豆丛生根的形成以及柠檬酸盐的分泌。廖红研究组揭示，紫色酸性磷酸酶家族成员 PvPAP3 通过促进外部 ATP 的吸收使菜豆适应缺磷环境。龚继明研究组报道，*NRT1.8* 基因负责 NO_3^- 在木质部的卸载过程，与 *NRT1.5* 通过时空协调表达调节 NO_3^- 在植物地上和地下部位间的长途转运和分配过程；NRT1.8 和 NRT1.5 调控的 NO_3^- 逆向再分配可能作为一种通用机制调控植物对逆境的抗性。郑绍建研究组证明，NO 位于 IAA 的下游，直接作用于激活 *FRO2* 的转录因子 *FIT*，并最终激活 *FRO2* 的表达。Schmidt 研究组分析表明，铁饥饿响应的关键在于转换铁的再分配，由 FIT 调控的铁转运体的表达调控是一种预期的调控反应，而不是对铁再分配过程的响应；与此相反，锌转运的调控则依赖于细胞内锌的水平，铁对它们的调节是次级效应；细胞内铁的稳态平衡与质体内铁相关的生理过程相偶联。余迪求研究组发现，miR395 一方面作用于 *APS* 基因使得硫酸盐在苗中积累，另一方面通过剪切 *SULTR2;1* 来调控硫酸盐在新老叶片之间的分配。沈仁芳研究组证明，硅的内向转运体 OsNIP2;1 对水稻吸收亚硒酸盐起重要作用。

林金星研究组证明，PIP2;1 在质膜上以非均衡的方式分布，笼形蛋白依赖途径和脂筏介导的内吞途径协同介导其输送过程，提出了 PIP2;1 通过动态配置和内吞回收途径参与水跨膜运输过程的重要机制。姜里文研究组揭示，SCAMP1 蛋白［具有 4 个跨膜域（TMDs）的整合膜蛋白，定位于质膜和反式高尔基体］的细胞内 N-末端序列和 TMD 序列在调节其通过内质网-高尔基体-反式高尔基体途径运输到质膜的过程中发挥了整合作用。黄丹枫研究组鉴定到一个内向混合钾离子通道 MIRK，它对钠离子非常敏感，在保卫细胞中 MIRK 可能通过钠离子调节气孔孔径从而控制钠离子到达芽部。毛传藻研究组鉴定到 *OsSPR1* 基因，其编码一个新的具有 Armadillo-like 重复结构域的线粒体蛋白，参与了水稻胚后根系伸长和铁离子的动态平衡调控。徐国华研究组与吴平研究组发现，*OsPT8* 在水稻各种组织和器官中均表达，且不依赖于 Pi 的施加，OsPT8 具有高亲和的 Pi 转运功能。吴平研究组发现，水稻中 OsPHF1 在调控低亲和性以及高亲和性无机磷转运体的质膜定位中具有独特作用，PHF1 均有助于 PHT1 在内质网中的转运，决定着水稻无机磷的吸收和转运。徐国华研究组的结果表明，在双子叶植物中经由 AM 真菌的无机磷吸收至少在部分程度上以一种 MYCS- 和 P1BS- 依赖的方式进行调控。刘栋研究组揭示，对于若干参与磷信号转导的组分及参与根苗间磷运输和分配的基因，蔗糖是植物响应磷饥饿反应中的一个普遍的调控因子，蔗糖和低磷信号似乎相互作用以协同或拮抗方式调节基因的表达。Chiou 研究组提出，CAX1 和 CAX3 介导了一个来自苗的信号，可调节根中 Pi 的转运体系，有可能是部分通过修饰调控 Pi 转运体 PHT1;1 来实现的。黄继荣研究组推测，甘油磷酸二酯磷酸二酯酶（GDPD）介导的脂质代谢途径可能参与了磷饥饿中磷脂的释放。储成才研究组发现，*LTN1* 是非常重要的 Pi 饥饿应答反应的通路信号，植物通过 OsmiR399 下调 *LTN1* 的表达量，从而调节多种磷饥饿应答反应通路。廖红研究组认为，大豆通过调控 *GmEXPB2* 的表达改变根构型来增强对磷饥饿的应答反应及磷利用效率，从而响应磷、铁和干旱等非生物胁迫。李文学研究组实验表明，miR169 参与了植物适应养分胁迫的反应过程。

李凝研究组结果表明，翻译后修饰蛋白质异构体的绝对摩尔量在分子系统生物学研究中具有重要意义。马会勤研究组结果显示，GA 调控浆果的增大涉及多个代谢和细胞学过程的协调。王台研究组发现，正常昼夜周期下生长的水稻胚乳蔗糖含量和淀粉粒结构均存在昼夜变化的特征，昼夜周期可调控水稻胚乳发育的不同细胞学和代谢过程，这些过程之间的协调对胚乳的生长发育和淀粉的有效累积具有重要作用。李春阳研究组证实，低温胁迫下杨树雄株比雌株具有较强的代谢活性与较高的抗逆能力。田世平研究组揭示，灰霉病菌可通过调节分泌蛋白表达谱来响应环境 pH 值（包括寄主组织 pH 值）的变化；*PSPTO_1720* 对 DC3000 抵御氧化胁迫至关重要，ROS 可能通过作用于特定膜蛋白而降低病原细菌的生活力。王俊研究组和朱玉贤研究组联合公布了二倍体棉花雷蒙德氏棉的基因组草图，雷蒙德氏棉的祖先被公认为是生成皮棉的经济上重要的棉花种类陆地棉和海岛棉 D 亚基因组的供体，超过 73% 的组装序列被锚定在 13 条雷蒙德氏棉染色体上；在进化过程中基因组经历了重要的染色体重排，近 57% 的基因组由转座元件构成，其中大部分可能来自长末端重复序列扩增；选择性剪接（AS）导致雷蒙德氏棉中转录因子生物化学功能所必需的同源结构域丢失，在棉花叶发育过程中伴随着显著不同的表达水平。

林金星研究组的结果显示，在植物细胞中，Flot1 参与了不依赖于网格蛋白的胞吞途径，在幼苗发育中起作用。姜里文研究组分析了拟南芥 EMP12 的亚细胞定位及定位机制。龚继明研究组从水稻中分离鉴定了 *OsVIT1* 和 *OsVIT2* 基因的功能，与拟南芥中的 VIT1 同源性较高，OsVIT1 和 OsVIT2 的功能是运输 Fe^{2+}、Zn^{2+} 和 Mn^{2+} 跨过液泡膜进入液泡。张文浩研究组结果表明，*OsMYB2P-1* 是水稻中一个新的与磷饥饿信号相关的 R2R3MYB 转录因子，可能与根系结构调控密切相关，可作为 Pi 依赖的调控子以控制磷转运蛋白的表达。徐国华研究组结果说明，OsPT1 是 Pht1 家族的重要成员之一，在水稻磷充足下参与磷的吸收和转运。邱子珍研究组鉴定出 2 个 pho2 的抑制子，它们是 *PHO1* 基因（与磷装载到木质部有关）的错义突变，内膜上 PHO2 通过调控 PHO1 的降解来维持植物体内的磷动态平衡。寿惠霞研究组发现，*SPX-MFS* 主要在茎中表达，且 *OsSPX-MFS1* 和 *OsSPX-MFS3* 的表达水平受低磷抑制，*OsSPX-MFS2* 的表达水平则受低磷诱导；OsSPX-MFS1 对维持叶片中磷的平衡至关重要，并有可能作为磷的一个潜在转运器发挥生理学功能。廖红研究组报道，在缺磷条件下，根瘤的高亲和磷酸转运子基因 *GmPT5* 主要负责 Pi 从根向根瘤的运输，以保持根瘤中磷的动态平衡，进而调节根瘤的形成和生长。徐国华研究组推测，低硝酸盐供应时水稻 OsNRT2.3a 在从根向茎的硝酸盐运输中发挥重要作用。龚继明研究组证明，NRT1.5 可能作用于 NRT1.8 的生理上游，且二者通过共同的下游机制调节硝酸根介导的植物逆境抗性机理。施卫明研究组发现，叶绿体定位的 AMOS1/EGY1 是在转录水平上调控富铵响应核基因表达的关键分子组分，ABA 信号是 AMOS1/EGY1 依赖的铵响应质体反馈信号的一条重要但非唯一的下游信号途径；植物在富铵环境下，叶绿体接受胁迫信号，启动了 AMOS1/EGY1 依赖的质体反馈信号，并整合 ABA 信号，进而调控核基因转录，以应对和适应富铵环境。

Chiou 研究组阐明，植物响应 Pi 有效性过程的机制，即通过整合 microRNA 及泛素介导的翻译后调控途径，进而调控 Pi 转运体的活性。赵斌研究组结果表明，AsPT1 和 AsPT4 是 AM 共生现象所必需的，AsPT1 作为一个新发现的共生转运体在 AM 发生过程中发挥作用。林金星研究组鉴定到一个新的通过调控铵转运体的亚细胞分布来控制其活性的调控途径：AMT1;3 通过聚集化和内吞脱离质膜，消除了其在质膜上吸收铵的活性，避免铵在细胞中积累到毒害水平。施卫明研究组发现，GSA-1/ARG1 在发生 NH_4^+ 胁迫时保护了根的向地性。Tsay 研究组证实，NRT1.11 和 NRT1.12 参与了将硝酸盐重新分配到发育叶片的木质部和韧皮部的过程，这过程对促进植物生长非常关键。张春义研究组证明，在拟南芥中DFC 是氮利用所必需的，同时叶酸与氮代谢间可能存在互作。武维华研究组推测，CBL3-CIPK9 蛋白复合体可能通过调控液泡膜上某个离子转运蛋白的活性，从而控制拟南芥在低钾条件下钾离子的区隔化和动态平衡；CBL10 不需要通过与CIPK 结合就可直接调控 AKT1，这是 CBL 蛋白调控下游靶蛋白的新机制；推测SPIK 即为 CPK11 和 CPK24 调控的下游钾离子通道，在拟南芥花粉管中 CPK11和 CPK24 组成的级联信号系统介导了 Ca^{2+} 信号对质膜内向钾通道 SPIK 的抑制作用，从而调控拟南芥花粉管的生长。Yeh 研究组结果证明，IDF1 通过其 RING 型E3 连接酶活性直接调控 IRT1 的降解过程。郑绍建研究组揭示了缺铁信号转导及基因表达调控径：铁缺乏首先导致体内 NO 积累，而 NO 的积累触发了 *GRF11* 的表达，GRF11 又通过未知的机制上调 *FIT* 的表达，FIT 可通过与 *GRF11* 启动子区域的 E 元件互作进一步上调 *GRF11* 的表达；如此反复大大促进了 *FIT* 的表达，从而增强了受 FIT 调控的下游基因的表达，促进植物对铁缺乏的响应，继而改善缺铁条件下植物的铁素营养。向成斌研究组鉴定到一个定位于叶绿体的硫酸盐转运体 SULTR3;1，是一个将硫酸盐转运到叶绿体中的硫酸盐转运体。

喻德跃研究组获得了一个编码酸性磷酸酶的磷吸收相关候选基因 *GmACP1*，低磷下其表达量显著升高，提高了大豆的耐低磷能力。任东涛研究组发现，低磷环境激活 MKK9 - MPK3/MPK6 级联信号通路，并通过调控下游转录因子WRKY75，参与磷吸收和花青素合成相关基因的表达。邱子珍研究组分析表明，在 *atipk1-1* 中一系列磷缺乏响应基因的转录被干扰，同时许多参与磷吸收、转运和再活化的基因表达增强；但 AtIPK1 调控磷的稳态不只是依赖于肌醇六磷酸的水平，还受其他成份的影响。吴平研究组研究发现，OsSPX4 可感知环境中磷浓度的变化，可使植物体内保持合适的磷稳态。余迪求研究组揭示，一个受氮饥饿诱导的非编码小 RNA 分子 miR5090 参与负调控葡萄糖异硫氰酸盐合成相关基因 *AOP2* 的转录水平。宋纯鹏研究组提出 *CAP1* 可能介导了细胞质 NH_4^+ 稳态的调控途径，*CAP1* 的突变增加了细胞质的 NH_4^+ 积累。王毅研究组证实，水稻根中OsCBL1-OsCIPK23 复合体能增强 OsAKT1 对钾离子的吸收能力，共同介导水稻对钾元素的吸收。何奕騉研究组的结果表明，NO 通过调节维生素 B_6 的生物合成来降低 AKT1 介导的钾离子吸收。凌宏清研究组克隆到 MED16，其与 FIT 相互作用，增强 FIT/IbbHLH 复合物在铁缺乏下与 *FRO2* 和 *IRT1* 启动子的结合。向成斌研究组揭示，在植物响应干旱过程中硫代谢与 ABA 合成途径间存在相互调控的作用机制。

（三）第三个五年（2014—2018 年）

吴平研究组与国内多家单位合作研究，首次揭示了酪蛋白激酶 CK2 会响应磷浓度，高磷时 CK2 发生磷酸化，并进一步磷酸化 PT，磷酸化的 PT 会滞留在 ER 上，并发生降解；而磷浓度低时，CK2β3 蛋白发生降解，PT 处于非磷酸化状态，在 PHF1 帮助下转运到细胞质膜上，促进细胞外的磷向胞内转运。栾升研究组和兰文智研究组发现，无论在低水平还是在高水平无机磷条件下，破坏 VPT1 都将导致植株对无机磷胁迫更加敏感。陈益芳研究组揭示，WRKY42 参与调节拟南芥体内磷的平衡，在 Pi 充足时，WRKY42 通过直接调控 *PHT1;1* 和 *PHO1* 的表达，调控 Pi 的吸收和转运；而在 Pi 缺乏时，*WRKY42* 蛋白被 26S 蛋白酶体降解，且基因表达水平也受到抑制，间接影响 *PHT1;1* 和 *PHO1* 的表达水平。孙传清研究组与国内多家单位合作克隆到耐缺氮性数量性状基因 *TOND1*，编码一个推定的类甜蛋白，TOND1 定位于质膜上，在水稻叶片、叶鞘和颖壳中的表达水平较高，过表达 *TOND1* 能增加水稻对低氮的耐受性。储成才研究组与国内多家单位合作，从籼稻中克隆了氮高效利用基因 *NRT1.1B*（*OsNPF6.5*），其编码一个硝酸盐转运蛋白，此蛋白在籼粳稻间只有一个氨基酸的差别，且籼稻与粳稻呈现出显著的分化；籼稻型具有更高的硝酸盐吸收及转运活性，特别是籼稻中硝酸盐同化过程的关键基因也被显著上调，导致籼稻具有更高的氮肥利用能力；*NRT1.1B* 中一个碱基的自然变异是导致粳稻与籼稻间氮肥利用效率差异的重要原因。王宏斌研究组揭示，bHLH 转录因子 IVc 亚家族成员 bHLH104 与 ILR3 可协同作用参与植物对缺铁胁迫的应答；bHLH104 与 ILR3 可直接调控铁吸收相关重要转录因子——bHLH，Ib 亚家族基因及 *PYE*（*POPEYE*）基因的表达激活下游铁吸收及转运直接相关基因；bHLH104/ILR3 可能是铁吸收负调控因子 E3 泛素连接酶 BTS 的下游靶标，以此防止植物对铁的过量吸收。倪中福研究组结果显示，GCN5 参与调控 FRD3 介导的铁平衡过程。王荔军研究组发现，在 Cd 胁迫下，Si 与水稻细胞壁的半纤维素结合形成异质化的复合物，该复合物与 Cd 形成［Si-半纤维素复合物］-Cd 络合物进而抑制水稻细胞对 Cd 的吸收。栾升研究组究证实，液泡膜上 CBL-CIPK 信号网络调控了 Mg^{2+} 稳态，进而保护植物免受 Mg^{2+} 毒害。

王毅研究组认为，在低钾下转录抑制因子 ARF2 通过负调控 *HAK5* 的表达响应低钾胁迫；G322 在 K^+ 通道中高度保守，并在植物 Shaker K^+ 通道中作为门铰链发挥作用，AtKC1D 较 AtKC1 对 AKT1 活性的抑制作用更强，低钾下通过 AKT1 能更强地降低 K^+ 的渗漏。王勇研究组克隆到参与调控硝酸盐信号转导的新基因

NRG2，NRG2 与 NRT1.1 位于同一条通路中，作用于 NRT1.1 的上游，与 NLP7 位于不同的调控通路上，NRG2 能直接与 NLP7 在细胞核内互作。刘栋研究组发现，AtTHO1 通过抑制 ETH 途径调节根部磷酸酶活性，也参与 miRNA 的合成，miRNA399 与其靶基因 *PHO2* 的突变体均呈现 PS I 磷酸酶活性增强的表型。余迪求研究组揭示，拟南芥转录因子 bHLH34 和 bHLH104 通过介导 *bHLH38/39/100/101* 基因的转录，正调控植物的缺铁响应，且 *bHLH34*、*bHLH104* 和 *bHLH105* 三个基因的功能相互叠加，而不冗余，三者共同参与植物缺铁条件下的胁迫应答。邱子珍研究组与国内合作者证明，位于液泡膜上的磷酸盐转运蛋白家族 PHT5 负责调控磷酸盐从细胞质向液泡的输入。施卫明研究组发现，籼稻和粳稻的分泌液中均存在 BNIs，且成熟苗的 BNIs 比新出苗的抑制能力强；鉴定出一种新的硝化抑制因子 1,9-癸二醇，该因子可阻止氨氧化的氨单加氧酶途径，有效剂量（ED80）为 90 ng/μL。

王海洋研究组揭示了 PHR1 响应植物磷缺乏的分子机理，3 个重要的光信号转导因子（FHY3、FAR1 和 HY5）可直接与 *PHR1* 的启动子结合，其中 FHY3 和 FAR1 促进，而 HY5 抑制 *PHR1* 的转录；ETH 通过其信号转导关键转录因子 EIN3 直接激活 *PHR1* 的转录；FHY3 还可与 EIN3 直接互作，而 HY5 能抑制 FHY3 和 EIN3 对 *PHR1* 的转录激活；光和 ETH 均可促进 FHY3 蛋白的积累，而 ETH 可抑制 HY5 蛋白的积累。刘栋研究组分析发现，*hps10* 是 *ALS3* 基因的等位基因（*als3-3*），与铝毒的耐受性有关；*ALS3* 和 *LPR1/2* 在相同的调控途径中发挥作用，缺 Pi 诱导的 *als3-3* 根系结构重塑可能是由于其根中 Fe^{3+} 的过度累积所致。王毅研究组鉴定到编码 NRT1.5/NPF7.3（H^+/K^+ 逆向转运体）的基因 *LKS2*，NRT1.7 和 NRT1.8 可能不直接参与 K^+ 的运输；NRT1.5 主要将 K^+ 从胞内运输至胞外，将 H^+ 从胞外运输至胞内，且不受 NO_3^- 的影响。康国章研究组发现，丙二烯氧合酶（TaAOS）是 JA 合成途径的关键酶，其在缺钾小麦幼苗中的表达显著上升，引起 K^+ 和 JA 含量显著升高来响应钾胁迫。赵阳研究组鉴定到 1 个新型化学小分子 triplin，其可通过螯合铜离子激活 ETH 信号通路，导致暗生长的拟南芥幼苗表现出三重反应表型；ATX1 可能作用于铜转运蛋白 RAN1 的上游，其信号转导是从 ATX1 到 RAN1 最后到 ETH 受体。

左建儒和李家洋研究组与钱前研究组合作发现，*ARE1* 是一个高度保守的基因，编码 1 个叶绿体定位的蛋白，是重要的氮素利用效率调控基因和氮素有限条件下提高水稻产量的重要候选基因，其功能缺失型突变体可延缓水稻植株衰老并能提高 10%~20% 的产量，在氮素有限的条件下具有较高的氮素利用效率；有

8%的 *indica* 和 48%的 *aus*，其 ARE1 启动子中都有一段小的插入片段，导致 ARE1 的表达量降低，使水稻籽粒产量增加。储成才研究组揭示，硝酸盐转运蛋白 OsNRT1.1A 控制水稻氮高效、高产与早熟性状，*OsNRT1.1A* 转录水平受到铵盐诱导，OsNRT1.1A 主要参与水稻对胞内硝酸盐及铵盐利用的调节，过表达 *Os-NRT1.1A* 可显著提高水稻生物量和产量，大幅缩短水稻成熟时间；尤其是在低氮条件下，小区产量及氮利用效率最多可提高至 60%。陈益芳研究组首次系统阐明了不同环境磷水平下植物精准调控磷在根冠分配的分子机制，鉴定到 1 个 E3 泛素连接酶 PRU1，其可通过调控转录因子 WRKY6 蛋白的降解来调节拟南芥体内磷的根冠转运；磷充足时，转录因子 WRKY6 负调控磷根冠转运关键基因 *PHO1* 的表达，抑制磷从根到冠的转运。低磷胁迫下，PRU1 在细胞核内泛素化 WRKY6，WRKY6 蛋白经 26S 蛋白酶体途径降解，进而解除其对 *PHO1* 的抑制，*PHO1* 表达上调，促进磷的根冠转运。张大兵研究组与相关单位合作，发现肌动蛋白结合蛋白（RMD）在根角控制中起重要作用；RMD 定位在平衡石表面，低磷酸盐条件下，其表达上调，通过微丝作用缓冲平衡石沉降的速度，以抵御向地性反应，为培育更适应低磷酸盐生长的作物提供了潜在的目标基因。郑录庆研究组分析表明，可变剪接调控是植物响应营养缺乏的重要调控机制之一，丝氨酸精氨酸丰富（SR）蛋白是参与 pre-mRNAs 剪接的重要 RNA 结合蛋白，3 个 SR 蛋白可能参与调控水稻对磷的吸收及磷在叶片和地上部的再分配。龚继明研究组与钱前研究组找到了特异控制水稻叶片镉积累的一个重要基因 *CAL1*，主要在水稻根外皮层和木质部薄壁细胞中表达，CAL1 在细胞质中螯合镉并将镉外排到细胞外，降低细胞中镉的浓度，驱动镉通过木质部导管长途转运；CAL1 不影响籽粒中镉的积累且对其他必需元素也无显著影响，为培育具有修复型和镉低积累的水稻新品种提供了理论依据。

二、光合作用研究

（一）第一个五年（2004—2008 年）

李凝研究组证明，*EGY1* 基因（编码一种依赖 ATP 和结合的膜上的金属蛋白酶，叶绿体的发育需要这种酶的参与）的缺失对叶绿体发育和光照生长下胚轴的 ETH 依赖性的向重力性有多效性影响。赵进东研究组研究表明，跨膜蛋白 fesM（9 个跨膜螺旋）缺失突变后蓝细菌不能进行光合异养，即 FesM 的存在对呼吸电子传递和环式电子传递是必需的，其所有的功能域都位于类囊体膜的细胞质方向，其中的 cAMP 结合域对其功能的实现是必要的。卢从明研究组研究发现，转基因表达菠菜甜菜碱醛脱氢酶（*BADH*）基因植株的 CO_2 同化对高温的耐性显著高于野生植株，高温导致 Rubisco 活化酶与类囊体膜的结合，甘氨酸甜菜碱可能参与了对 Rubisco 活化酶的结构和功能的维持。

张立新研究组结果表明，PSⅡ低含量的拟南芥突变体（*lpa1*）中的 D1 和 D2 合成受到抑制，但是其他质体编码蛋白质的合成速率与野生型的相似；*lpa1* 突变体中新合成的 PSⅡ蛋白质可装配成有功能的蛋白复合体，但组装效率较低，LPA1 可能是通过 D1 作用于 PSⅡ组装的膜内在伴侣蛋白。米华玲研究组发现，在热胁迫下，当卡尔文循环受阻时，NDH 介导的 PSⅠ-循环电子传递在光合机构的优化过程中发挥重要作用。邓伊珊等研究表明，CIA5 是一个位于叶绿体内被膜中的内在膜蛋白，蛋白质可以结合在叶绿体的表面，但是不能被运输到叶绿体中。Chen 等（2006）揭示，三角褐指藻只有在较高的碱性条件下才可诱导产生 K^+ 依赖的 HCO_3^- 转运。匡廷云研究组从 *Anabaena* sp. PCC7120 克隆到基因 *alr1715*，这是一个与磷脂酰甘油（PG）生物合成有关的基因。

张立新研究组探明，DEG5 和 DEG8 在类囊体内腔中形成六聚体，DEG8 重组体有降解蛋白的活性，能分解底物类似物（b-酪蛋白）及受到光损伤的 PSⅡ的 D1 蛋白，产生 16kDa 的 N 端和 18kDa 的 C 端片段，DEG5 和 DEG8 对 PSⅡ反应中心 D1 蛋白降解中 CD 环的初级裂解有促进作用，在 D1 蛋白的高效利用及活体内光抑制下的保护具有非常重要作用；LPA2 还可能与 Alb3 形成一个复合体，与 CP43 一起参与了 PSⅡ的装配。卢丛明研究组发现，高温胁迫能诱导菠菜 PSⅡ捕光天线复合体 LHCⅡb 的聚集，可能是植物遇到热胁迫时耗散多余激发能的一种保护机制。蒯本科研究组报道了一个在拟南芥叶片衰老过程中调节叶绿素降解的叶绿体蛋白 AtNYE1，其调控作用是通过调节脱镁叶绿酸 a 氧化酶的活性而实现的。万建民研究组分析表明，水稻黄绿叶突变体 *ygl1* 表型是由一个核基因的隐性突变造成的，其编码叶绿素合成酶，叶绿素 a/b 结合蛋白的 *cab1R* 基因的 mRNA 受到严重抑制，编码不同叶绿体蛋白的核基因表达可能受到叶绿素或其前体水平的反馈调控。吴国江研究组得到了一个水稻的长绿突变体 *staygreen*，克隆其基因并命名为 *SGR*，编码一个转运肽，可能参与 PaO 活性的调节并影响叶绿素和色素-蛋白质复合体的降解。

（二）第二个五年（2009—2013 年）

张立新研究组对一个绿色延迟的拟南芥突变体（*dg1*）研究发现，*DG1* 编码一个叶绿体蛋白，可能参与了叶绿体早期发育过程中质体基因编码的 RNA 聚合酶依赖的基因表达的调控，其表达既依赖光，也依赖于发育状况。杨仲南研究组和种康研究组合作研究表明，AtECB2 是叶绿体 accDRNA 编辑和拟南芥光合蛋白早期生物合成所必需的。张立新研究组鉴定到 LPA66 基因编码的一个 PPR 家族叶绿体蛋白，其是编辑 psbF 转录本所必需的。黄继荣研究组发现，YS1 是编辑 rpoB 转录本 25992 位点所必需的，rpoBRNA 编码质体 RNA 聚合酶（PEP）亚基；G 蛋白通过调控 FtsH 基因的表达来调节叶绿体的发育。Sun 等（2009）除了编码易位子蛋白质组分的基因外，cia2 突变体中表达下调的基因几乎全部是编码叶绿体核糖体蛋白的基因，CIA2 是通过直接结合基因的启动子区域来上调基因表达的，故 CIA2 是协调增加蛋白质输入和蛋白质翻译效率的重要因素。

张立新研究组揭示，DG1 与 SIG6 的相互作用对于拟南芥子叶中 PEP 依赖型叶绿体基因的转录调节非常重要；LPA2 和 LPA3 在协助 CP43 组装方面具有重叠的功能，而且 LPA2 和 LPA3 的相互合作对于 PS II 的组装是必需的；Deg1 可能通过与蛋白 D2 相互作用来协助光系统 II 复合体的组装。陶跃之研究组结果表明，水稻 OsNOA1/RIF1 与拟南芥 AtNOA1RIF1 是同源蛋白，一个高度保守的植物 cGTPase 对叶绿体功能的发挥是必需的。邓晓建研究组克隆了单子叶植物水稻中的新型联 ETH 还原酶基因，并证实联 ETH 还原酶催化联 ETH 叶绿素 a 转化为单 ETH 叶绿素 a。Su 和 Li（2010）研究表明，cpHsc70 是叶绿体易位子的成员，对驱动蛋白进入叶绿体基质非常重要。Chiu 等（2010）发现，Toc12 是豌豆 DnaJ-J8s 家族某个基因截短的克隆，Toc12 和 DnaJ-J8s 具有可切割的转运肽且定位于基质中。

张立新研究组阐明，LTD 通过识别捕光色素蛋白特异性的 T14 基序，在捕光色素蛋白分选并输入至叶绿体 SRP 依赖的蛋白识别转运途径中发挥关键性的作用，从而确保捕光色素蛋白的精确定位并组装成功能复合物；叶绿体反向信号转导促使 PTM 发生溶蛋白性裂解，导致大量 N-末端 PTM 在细胞核中积累，并以 PHD 依赖性方式激活与组蛋白修饰相关的 ABI4 转录，从而最终实现对核基因表达的调控。陈凡研究组发现，HCF243 是在高等植物起源后出现的，其辅助 D1 的稳定性并在继后的 PS II 复合体装配中发挥功能。储成才研究组证明，PHD1 存在于叶绿体基质中，参与了糖脂的生物合成以及光合膜的生物发生过程，这个酶催化生成糖脂合成底物——UDP-半乳糖的过程是在叶绿体内进行的。

刘琳研究组证明，Deg2 具有蛋白酶-分子伴侣的双重活性，并且以六聚体结构状态存在；Deg2 包含一个独特的 PDZ 结构域（PDZ2）以及一个传统的 PDZ 结构域（PDZ1），一个保守的 PDZ2 的内在配基（ligand），可介导六聚体的形成，从而将蛋白酶锁定在静息状态（resting state）。张立新研究组发现，DAC 作为一种新的调节因子,可能通过与 PetD 互作发挥装配和稳定细胞色素 b6/f 复合体的作用;RNA 解旋酶 22(RH22)在拟南芥叶绿体核糖体的生物合成中发挥作用。王君辉研究组鉴定到 *AtLrgB* 是调控叶绿体发育和细胞死亡的新基因。王小菁研究组与吴鸿研究组合作试验首次表明,GA 通过对叶肉细胞体积的调控,间接调节叶肉细胞内叶绿体的分裂和叶绿体数量,这种调控作用是通过影响网络信号中 DELLA 家族蛋白成员实现的,且叶绿体分裂与其中的类囊体垛叠存在相互协调的关系。罗美中研究组阐明,在体内 TRX-M 能够补偿 TRX-F 的缺失,且这 2 个硫氧还蛋白都是镁螯合酶的重要氧化还原反应的调节因子;TRX-F 和 TRX-M 的基因沉默也影响了四吡咯生物合成中的基因表达,导致活性氧的积累,有望成为与光合作用相关的核基因转录调控的一个新的信号途径。涂世隆研究组报道,在非维管植物中,HY2 和 PUBS 催化产生与维管植物结构不同而功能相同的生色团结构。林金星研究组证明,蓝光诱导的根避光生长是基于 phot1/NPH3 信号途径的,通过改变 PIN2 在根尖转换区的亚细胞定位激发了向茎的 IAA 流动。吴素幸研究组报道了一个整合光与激素 2 条信号途径的转录因子 bZIP16,可与 G 盒特异性地结合,该转录因子既是光介导的抑制细胞伸长的抑制因子,又是光调控种子萌发的促进因子;bZIP16 的直接靶基因包括 ABA 响应基因 RGA-LIKE2 和 GA 信号途径的 DELLA 可间接抑制激素调控的种子萌发中的转录因子。

林荣呈研究组发现了一对直接正向调控叶绿素合成的转录因子 FHY3 和 FAR1,这 2 个蛋白可以直接结合叶绿素合成途径基因 HEMB1 的启动子序列,并促进该基因的表达;FHY3 和 FAR1 能够与另一个负向因子 PIF1 蛋白相互作用,协同调节 *HEMB1* 的转录水平,进而影响叶绿素前体的合成,HEMB1 也参与植物早期胚胎发育。吴克强研究组揭示,在黄化的拟南芥幼苗中,PIF3 与 HDA15 的相互作用可以抑制叶绿素的生物合成以及光合作用相关基因的表达。邓晓健研究组证实 5 种联 ETH 还原酶(DVR,催化卟啉环上的 C-8 位 ETH 基还原为乙基,是叶绿素生物合成过程中必不可少的一个关键酶)活性并探明在高等植物中各种 DVR 活性是由一个基因编码的具有广谱底物专一性的 DVR 蛋白催化产生的,而来源于不同物种的同源 DVR 蛋白的催化活性可能具有极显著的差异,且即使是同一个 DVR 蛋白,对不同的联 ETH 底物也可能具有显著不同的催化活性。高洪波研究组证实,*ARC5* 的激活表达需要 CPD25 参与,CPD25 和 CPD45 均可结合 *ARC5* 启动子的 FBS 基序‘ACGCGC’,且 FRS4/CPD25 的结合效率高于 FHY3/CPD45,但 FRS4/CPD25 没有激活 *ARC5* 表达的功能;FRS4/CPD25 和

FHY3/CPD45 可以形成异源二聚体协同调节 ARC5，FRS4/CPD25 主要负责与启动子结合，而 FHY3/CPD45 负责激活 *ARC5* 基因。万建民研究组揭示，*VYL* 基因定位于叶绿体，编码一个与拟南芥 ClpP6 亚基同源的蛋白；*VYL* 在所检测的组织中都有表达，其中在叶绿体发育的早期表达量最高。王宏斌研究组发现，*TRXm1*、*TRXm2* 和 *TRXm4* 3 个基因产物能与少量光系统 II 装配的中间产物及光系统 II 中心亚基 D1、D2 和 CP47 发生直接相互作用；在长期强光胁迫下，植物通过下调 *Fd2* 的表达水平来促进叶绿体内的多种光保护机制，从而实现植物对逆境的适应。卢从明研究组的结果显示，类核区蛋白 pTAC5 是 HSP21 的靶蛋白，它们共同作用调节质体编码的 RNA 聚合酶依赖的基因转录，从而维持高温胁迫条件下叶绿体的正常发育。

（三）第三个五年（2014—2018 年）

刘琳研究组阐明了 GluBP 刺激 GluTR 催化效率的机制。林荣呈研究组揭示，编码 PPO1 的基因缺失使叶绿素含量明显降低，且叶绿体内 18 个 RNA 编辑位点（已知共有 34 个位点）的编辑效率产生了不同程度的下降，从而导致参与光合作用循环电子传递的 NDH 复合物缺失及其功能丧失。黄继荣研究组发现，*SCLs* 蛋白抑制黄化苗中叶绿素合成途径关键基因 *POR* 的表达，GA 信号通路负调控因子 DELLA 蛋白与 SCL27 直接互作，减弱后者与 *PORC* 启动子的结合，进而调控 GA 介导的叶绿素合成。朱新广研究组提出一个用于研究 C4 光合作用高光合利用率中的量化作用模型，这一系统模型不仅包括卡尔文循环、淀粉合成、蔗糖合成、C4 穿梭和 CO_2 泄漏，而且包括光呼吸以及维管束鞘细胞和叶肉细胞之间的代谢物质转运。

张立新研究组鉴定到叶绿体 ATP 合成酶的关键装配因子 PAB，并阐明了叶绿体 ATP 合成酶催化活性中心 α3β3γ 复合物的装配机制。彭连伟研究组推测 NdhV 作为 NDH 亚基的固有组分，尤其是在高光条件下具有稳定该复合物的作用。程玉祥研究组揭示了植物 *YbeY* 基因编码的核糖核酸内切酶参与叶绿体 rRNA 的成熟和维持植物的正常生长发育。龚为民研究组解析了光合蓝细菌集胞藻 ChlH 分辨率为 2.5 Å 的晶体结构，它可分为 6 个结构域，形似一个沙槌，活性位点深埋在蛋白内部，其周围的残基在进化上极为保守，可能是镁螯合酶的活性中心。蒯本科研究组发现了 JA 诱导的叶绿素降解调控网络，拟南芥 MYC2/3/4 蛋白能直接结合到 PAO 基因的启动子上，在拟南芥原生质体中过量表达 *MYC2/3/4* 能够显著增强 *PAO* 的启动子活性，且 JA 甲酯（MeJA）能通过 *MYC2/3/4* 诱导 *PAO* 的表达。柳振峰研究组解析了拟南芥 TAP38/PPH1 核心结构域蛋白本身，及其与磷酸化天线蛋白 Lhcb1 的氨基端多肽复合物的高分辨率晶体结构，TAP38/PPH1 中存在 2 段特有的氨基酸序列和相应的结构膜，它们参与形成 2 个特异底物的结合和识别位点，在底物识别过程中发挥关键作用。赵开弘研究组解析了蓝细菌藻胆体核膜连接蛋白 N 端色素结构域的晶体结构，其拥有不同于其他藻胆蛋白的色素结构 ZZZssa。

彭连伟研究组报道，BFA3 在 CF1 亚复合物合成过程中扮演了分子伴侣的角色，通过它实现 CF1 与其亚基的结合。马为民研究组认为，NdhV 能与蓝藻中的另一个 NDH-1 复合体中的铁氧还蛋白亚基 NdhS 互作，NDH-1L-CpcG2-PS I 超复合体的形成可能有助于 PS I 的循环电子传递；细胞质蛋白 Ssl-3829 与另一个组装因子 Ssl1097 一起，调节 300 kDa 的转换组装中间体 NAI300，以实现在 NDH-1 复合体亲水臂的装配工作。米华玲研究组推测 NdhN、NdhH 及 NdhJ 在 NDH-1 复合体的稳定和活性方面发挥作用，NdhO 则在无机碳缺乏条件下集胞藻生长时发挥作用。黄继荣研究组发现了一个与 23S-4.5SrRNA 双顺反子成熟相关的调控因子 SOT1，定位于质体，属于三角状五肽重复（PPR）蛋白，具有一个小的 MutS 相关结构域，SOT1 结合 23S-4.5SrRNA 是为了保护其双顺反子的 5′端免受外切核苷酸酶的攻击，以利于 RNA 正常结构的形成，使其 5′与 3′端的核苷酸外切酶加工过程顺利进行。万建民研究组指出，缬氨酸 tRNA 合成酶在水稻早期叶绿体发育过程中调节核糖体的生物合成。李秀敏研究组认为，cpHsc70 在成熟蛋白跨膜转运中发挥着重要作用；Toc75 是位于叶绿体外层膜上的蛋白转运通道，属于 Omp85 蛋白家族，在稳定转化的植株中，Toc75 的 N 端定位于外膜的膜间隙一侧，而不是在胞质侧；豌豆及拟南芥免疫胶体金标记的内源 Toc75 的 POTRA 结构域定位于叶绿体的膜间隙侧。郁飞研究鉴定到一个新的 var2 抑制基因 SVR9，编码一个叶绿体定位的原核翻译起始因子（IF3），SVR9 与其高度同源的蛋白 SVR9L1（SVR9-LIKE）功能可以互换，且两者共同作用对叶绿体发育及植物存活是必需的，也同时参与调控叶片的发育；SVR9 影响 IAA 的动态平衡，且影响叶片发育与叶绿体发育的两途径相互独立。张桂权研究组克隆了基因 AL1，编码一个 OPR 蛋白，AL1 通过对叶绿体相关基因的转录以及翻译的协同调控进而影响叶绿体的发育。张立新研究组揭示，MAP 激酶 MPK3/MPK6 磷酸化并激活 ABI4，MAPK 的活化涉及叶绿体钙结合蛋白 CAS 介导的钙瞬变，叶绿体调节的 Ca^{2+} 信号会控制 MAPK 通路，激活叶绿体逆向信号链中的关键组分；通过 ABI4-HY5 转录模块，拮抗调控 COP1 的表达及随后的黄化苗转绿过程，使幼苗的早期发育处于适宜状态。常怡雍研究组证明，CLD1 就是脱植基酶，其参与叶绿体中叶绿素的脱植基反应。王宏斌研究组鉴定到一个重要的光效调控基因 HPE1，编码一个新的叶绿体 RNA 剪接因子，其缺失改变细胞核编码的叶绿素相关基因的表达，优化捕光色素，增加光捕获能力和光合作用量子产量，最终提高实际光合作用效率。

冯越研究组与高宏波研究组合作解析了 ARC6-PDV2 复合物位于叶绿体膜间隙部分的三维晶体结构，证明了 PDV2 的 N 端通过自身形成二聚体，拉近两个 ARC6 分子，使 ARC6 所结合的 FtsZ 分子相互靠近，起到稳定及凝聚 FtsZ 原丝的作用。卢从明研究组揭示，SOT1 的 PPR 结构域可特异识别叶绿体 23S-4.5S 核糖体 RNA 前体 5′末端一段 13 个核苷酸的序列，并通过其 SMR 结构域剪切该识别序列的下游序列，从而参与拟南芥叶绿体 23S-4.5S 核糖体 RNA 前体的成熟过程；TPR 蛋白 Pyg7 通过与 PS I 组分 PsaC 互作参与 PS I 生物合成的分子机制。路铁刚研究组与谷晓峰研究组合作表明，WSP1 编码一个与拟南芥 MORF 同源的蛋白，定位于叶绿体，其突变改变了叶绿体多个 RNA 编辑位点的编辑效率、叶绿体核糖体生成以及 ndhA 剪切，同时影响了叶绿体的发育及叶绿素合成。卢山研究组发现，牻牛儿基焦磷酸（GGPP）合酶（GGPPS）可在叶绿体基质中形成同源二聚体，而在类囊体中与招募蛋白 GRP 组成异源二聚体；异源二聚体的结合能力更强，且酶促活性更高，反应更专一；叶绿素的生物合成依赖于类囊体上由 GGPPS/GRP 异源二聚体所产生的 GGPP，如水稻利用 GRP 调控 GGPPS 在同源和异源二聚体之间的分配，并以此调配 GGPPS 在叶绿体基质和类囊体上的分布与酶活，优先为叶绿素植烯侧链的合成提供底物。王宏斌研究组揭示，两个叶绿体氧化还原调节因子——硫氧还蛋白（TRX）和 NADPH 依赖的硫氧还蛋白还原酶 C（NTRC），通过作用于镁原卟啉 IX 甲基转移酶 CHLM 实现对叶绿素合成途径的调控。蒯本科研究组发现，NYE1 和 NYE2 同时缺失可导致拟南芥绿色种子成熟过程中积累游离叶绿素，照光后产生过多的活性氧，致使种子逐渐褪绿并最终丧失发芽能力。黄芳研究组在莱茵衣藻中鉴定一个新的专门负责 PS I 功能调控的捕光蛋白因子 Msf1，Msf1 在协调 PS I 核心蛋白合成与色素合成之间起桥梁作用，色素结合蛋白参与 PS I 的功能维护或生物发生过程。杨春虹研究组报道，新黄质的结合显著影响紫黄质对大量天线的亲和力，并进一步影响叶黄素循环和非光化学淬灭的调控。郭房庆研究组揭示，小热激蛋白 HSP21 作为分子伴侣蛋白通过与 PS II 核心亚基蛋白直接结合，维持高温胁迫下 PS II 复合体及类囊体膜的稳定性，进而提高植物高温胁迫下的光合效率及存活率。高辉远研究组发现，在 C_3 植物中 AOX 途径具有光保护作用，主要通过维持光呼吸及从叶绿体输出过量的还原物质实现；而在 C_4 植物中，AOX 途径则不具有光保护功能。

（四）第四个五年（2019—2022 年）

张敏研究组发现，MCD1 通过与 ARC6 作用，识别 FtsZ 环，并引导 Min 复合物整合到分裂环上，从而调控叶绿体分裂。欧阳敏研究结果显示，ECD1 蛋白通过参与叶绿体基因 *rps14* 的 RNA 编辑调控叶绿体早期发育。郁飞研究组和黄继荣研究组分别报道细胞质和叶绿体的翻译过程协同调控叶绿体发育及 *thf1* 突变体斑叶形成与质体翻译功能高度相关。Kang 研究组揭示了类囊体蛋白复合体的组装及 CURT1 和 FZL 蛋白在类囊体生物发生过程中的关键作用。沈建仁研究组与隋森芳研究组合作解析了红藻光系统 I 核心与捕光天线复合物（PS I -LHCR）的3.63Å 分辨率的三维结构，红藻 PS I 核心既有蓝藻又有高等植物的特征，对阐明 PS I 的进化和功能具有重要意义。

王兴春研究组与合作者利用 EMS 诱变技术创制了一个 C_4 禾谷类模式植物超早熟迷你谷子 xiaomi，生育期约为 2 个月，株高约 30cm，与模式植物拟南芥相当，解决了谷子因为植株高大、生育期较长而无法作为模式植物在室内大规模培养的难题；组装了谷子高质量参考基因组，构建了全生育期基因表达图谱以及谷子多组学数据库（http：//sky.sxau.edu.cn/MDSi.htm），建立了方便快捷、高效稳定的谷子遗传转化体系，解决了谷子作为模式植物遗传转化效率低的难题，将促进 C_4 禾谷类作物高光效、养分高效吸收利用和逆境胁迫等分子机制的研究。

韩广业研究组与张兴研究组合作解析了大麦叶绿体 PS I -NDH 超分子复合体的高分辨率结构，发现该复合物由 2 个 PS I -LHCI 亚复合体、1 个 NDH 亚复合体及 1 个未知蛋白 USP 组成，共包含 55 个蛋白亚基、298 个叶绿素分子、67 个类胡萝卜素分子和 25 个脂分子，总分子量约为 1.6 MDa；该研究不仅揭示了高等植物叶绿体特殊天线亚基 Lhca5 和 Lhca6 及 10 个特有 NDH 亚基的精确位置和结构特点，还阐明了蛋白亚基之间的互作及复合物组装原理，对设计高生物量和高抗逆性作物及饲草具有重要指导意义。

三、植物生长物质

（一）第一个五年（2004—2008 年）

薛红卫和许智宏研究组发现，一个膜 SBP1 蛋白可结合 BR，参与其信号转导，作为负调节因子控制细胞伸长；BR 还参与了磷脂酰肌醇信号转导途径，也可能通过促进 IAA 的极性运输和改变体内 IAA 的分布来调控植物发育和对重力的反应。蒋明义与张建华等合作阐明，玉米叶中 46kDa 的 MAPK 参与了 ABA 诱导的植物抗氧化防御体系；证明了 AtRGS1 蛋白参与了对种子萌发的调节，在种子萌发过程中，高浓度葡萄糖通过诱导 ABA 积累而抑制种子萌发，而 AtRGS1 蛋白作为 ABA 生物合成的正调控因子刺激 ABA 合成关键酶基因 *NCED3* 和 *ABA2* 的表达。薛勇彪研究组揭示，水稻锌指蛋白质编码基因 *OsDOS* 可能通过协调发育与 JA 信号转导，在延迟叶片衰老过程中起重要作用。李传友研究组证实，苯丁抑制素可特异性激活植物中的 JA 信号转导途径。何祖华研究组结果表明，*Eui* 基因编码一个细胞色素 P450 单加氧酶 CYP714D1，催化非 13-羟基化 GAs 的 16a,17-环氧化，降低水稻 GA4 的活性。李家洋研究组分析表明，半显性突变体 *bud1* 的表型是由 *MKK7* 基因上调引起的，MKK7 是 IAA 极性运输的负调控因子。

张大鹏研究组发现，CDPKs 家族成员中的 CPK4 和 CPK11 可使 ABF1 与 ABF4 磷酸化，植物整体水平上正调控因子参与 CDPK/Ca^{2+} 介导的 ABA 信号途径。谢旗研究组实验表明，干旱胁迫后编码指环状 E3 连接酶基因 *SDIR1* 表达升高，并在保卫细胞和叶片薄壁细胞中表达，该基因产物定位于细胞内膜系统。SDIR1 作为 ABA 信号转导中的正调控因子，位于 ABI5、ABF3 和 ABF4 的上游。Cheng 研究组发现了一个在调节 ABA 合成中后期表达的基因 *ABA2*，编码一个短链脱氢/还原酶，精细调节胁迫反应的原初代谢。周道绣实验室发现在水稻中 *YABBY1*（*YAB1*）基因与 GA 合成途径中的 *GA3ox2* 及 *GA20ox2* 具有相似的表达模式，YAB1 可与 *GA3ox2* 启动子序列中的 GA 反应元件相结合，在水稻 GA 生物合成的反馈调节中起作用。傅向东研究组阐明，磷饥饿引起的拟南芥根构型变化及花色素苷积累反应是受 GA-DELLA 信号途径调节的。文啟光研究组证明，植物中存在特异的由 ETR1 到 RTE1 的信号转导途径，且细胞内膜系统可能在其中起重要作用。朱玉贤研究组研究表明，VLCFA 促进棉纤维的伸长及其他细胞反应可能是通过活化 ETH 生物合成来实现。张劲松研究组发现，植物耐盐的信号转导中有 ETH 的参与。薛红卫研究组揭示，PLDx2 参与了 IAA 正向介导的过程。

张建华研究组发现，ABA 诱导 *CAT1* 表达和 H$_2$O$_2$ 生成的信号途径中需要 At-MKK1 和 AtMPK6 磷酸化过程的参与。薛勇彪研究组揭示，在 ABA 信号转导途径中 DOR（一个新的保卫细胞 ABA 信号通路的负调控因子）可抑制干旱胁迫下 ABA 诱导的气孔关闭，且其作用的发挥不依赖于磷脂酶 Dα1。沈文飚研究组证明，IAA 迅速活化 HO 活性并导致 HO 产物 CO 的生成，引起一系列的信号转导过程，是不定根发生过程中 IAA 反应的重要途径。高俊平研究组结果表明，ETH 对花瓣伸展的调控至少部分是通过抑制 *Rh-PIP2;1* 基因的表达而起作用的。

陈凡研究组发现，bZIP 转录因子 CAREB1 和 CAREB2 虽能结合 DC3 启动子的 ABA 反应元件，但在体细胞胚胎发生中具有不同的时空表达模式和作用，CAREB 在体细胞胚胎发生中调控 ABA 信号途径。张大鹏研究组发现，ABAR/CHLH 是一个 ABA 受体，其 C-端片段是 ABA 信号转导的核心部位，而 ABAR/CHLH 的 N-端片段对该受体的功能也是需要的。谢道昕研究组证明 COI1 是 JA 的受体。张劲松研究组结果表明，通过调控 ETH 受体基因 *ETR2* 可延长花期，并使淀粉在秸秆中积累。李家洋研究组与钱前研究组等合作克隆水稻矮秆多分蘖的发育调控基因 *D27*，其编码一个由 278 个氨基酸残基组成的定位于叶绿体的含铁蛋白，D27 蛋白参与 MAX/RMS/D 途径，是参与独脚金内酯生物合成的新成员。巩志忠研究组发现，*ABO4-1* 是 *At1g08260/POL2a/TIL1* 基因的一个新等位基因，编码 DNA 聚合酶 ε 的催化亚基，参与 DNA 的复制、损伤修复和重组等过程，首次证明 DNA 稳定性与 ABA 间的相互关系，提出有关植物响应 ABA 的新作用机制。宋纯鹏研究组结果表明，拟南芥 *PERK4* 编码一个富含脯氨酸的伸展蛋白类受体激酶，在 ABA 信号途径早期发挥作用，通过干扰钙离子稳态抑制根细胞的伸长。章文华和国外研究组合作研究发现，脂质产物磷脂酸（PA）是保卫细胞脂质信号转导中的中心作用分子，它通过连接 ABA 信号网络中的不同组分发挥作用。黄荣峰研究组揭示，ETH 反应因子（ERF）是 ETH 形成反馈环中的正调节因子。郭红卫研究组发现，ETH 信号转导中一个重要的转录因子 EIN3/EIL1 可结合到 *PORA* 和 *PORB* 的启动子上并直接激活它们的表达，从而抵抗光氧化对拟南芥的损伤并促进幼苗的绿化；EIN3/EIL1 可与 PIF1 协同作用并位于 COP1 的下游，其蛋白丰度受 COP1 的加强和光的降解。储成才研究组在水稻中鉴定到一个新的与 BR 信号转导相关的负调控因子——DLT，*DLT* 基因编码 GRAS 家族中的新成员，属于一类植物特有的转录调控因子，证实 DLT 反馈抑制 BR 生物合成相关基因，OsBZR1 通过 BR 的受体元件能与 DLT 的启动子特异结合。ABA 调节 BR 信号途径中位于 BRI1 下游、BIN2 上游的未知组分，且 ABA 对 BR 信号输出的调节依赖于 ABA 途径早期的信号组分 ABI1 和 ABI2。李传友研究组鉴定出 IAA 合成酶基因——*ANTHRANILATE SYNTHASE α1*，JA 以通过调控 IAA 合成来调节侧根形成，同时还发现 JA 可消减 PIN 依赖的 IAA 运输来控制侧根形成。种康研究组的结果表明，GA 诱导 GAST 基因家族成员 *OsGSR1* 表达，而 BR 抑制该基因表达。

（二）第二个五年（2009—2013 年）

李家洋研究组揭示，多胺通过影响 CTK 稳态和植物对 IAA 和 CTK 的敏感性调控植物的形态建成。李传友研究组发现，细胞色素 CP450 蛋白 CYP82C2 在 JA

水平提高时，对植物中色氨酸介导的次生代谢途径有调控作用。白书农和许智宏研究组工作表明，ETH 可能是通过其受体 ETR1 来调控花器官发育和性别分化。王学路研究组发现，BES1（BR 信号转导中重要的转录因子）可直接调控许多花药和花粉发育的关键基因。王志勇研究组发现，GATA2 是 BR 与光信号通路互作的重要连接因子。薛红卫研究组揭示，EL1 编码一个酪氨酸激酶 I 家族成员，定位于细胞核中，EL1 是一个新的 GA 信号通路的负调控因子，通过磷酸化 SLR1 来稳定 DELLA 蛋白。

安成才研究组证明，ABA 信号通路部分参与调控三酰甘油的异常积累，氮素匮乏时 ABI4 对植株中 DGAT1 基因表达的激活是必需的。何祖华研究组揭示，与水稻中的 EUI1 相同，ELA1 和 ELA2 通过催化活性 GA 向非活性 GA 的转变实现对生长的调控。颜宁研究组系统研究了 ABA 的受体 PYL 家族中不同蛋白的功能，鉴定到一类不依赖于 ABA 的 PYL 蛋白，揭示了其作用的分子机理。薛红卫研究组推测，ABL1 通过直接调节包含 ABA 反应元件（ABREs）的基因来调控水稻对 ABA 和 IAA 的反应。李传友研究组证明，RHA2a 和 RHA2b 在调控 ABA 应答方面具有冗余的功能，在 ABA 信号通路中 RHA2a 和 RHA2b 位于蛋白磷酸酶 2C 及 ABI2 的下游。沈元月研究组探明，ABA 可作为促进草莓果实成熟的信号分子，而 ABA 可能的受体 FaCHLH/ABAR 作为促进因子参与这一过程。王学路研究组发现，磷酸化的 BKI1 能和 BR 信号途径的转录因子抑制蛋白 14-3-3 结合，两者相互拮抗，启动下游 BR 响应基因的表达，实现高效 BR 信号通路的激活。谢道昕研究组结果显示，JAZ 通过与 MYB21 和 MYB24 转录因子相互作用抑制其功能，介导了 JA 对雄配子体发育的调控；JAZ 通过与 bHLH 类转录因子 GL3、EGL3、TT8 及 MYB 转录因子 MYB75、GL1 相互作用抑制其功能，从而介导 JA 调控表皮毛形成和花青素积累的过程。郭红卫研究组鉴定到能显著抑制 ETH 对根生长影响的小分子——L-Kynurenine，其是 TAA/TAR 家族蛋白特异而高效的竞争性抑制剂；EIN3/EIL1 是 JA 和 ETH 信号互作中重要的调控因子，同时揭示这种转录水平上的去抑制作用可能是植物中普遍存在的一种连接不同信号通路的方式，植物通过这种方式整合不同通路的信号来调控自身的生长发育和抗病能力。巩志忠研究组发现，ARF2 和 HB33 是 ABA 信号途径中的新调控因子，参与 ABA 和 IAA 信号途径的相互作用。黄荣峰研究组证实，HY5-AtREF11 调节子是调控 ABA 介导的 ETH 生物合成的关键负调控因子，ESE1 是 EIN3 的靶基因，ESE1 也能结合盐胁迫相关基因的启动子，调控植物的盐胁迫反应。郭光沁研究组结果表明，CTK 不仅可通过影响 IAA 的极性运输，且可通过促进内源 IAA

的合成来调控根的生长发育。王宁宁研究组揭示，IAA 和 ETH 同时参与 *GmSARK* 调节的叶片衰老，SARK 介导的信号通路可能是一种调控叶片衰老的广泛途径。谢道昕研究组证实，JA 通过依赖 COI1 的途径抑制 *RCA*（二磷酸核酮糖羧化酶活化酶）表达，进而诱导叶片的衰老。

种康研究组研究表明，LIC 主要负责植株中 BR 处于高水平，而 BZR1 主要负责 BR 处于低水平，这种拮抗作用就是 LIC 对 BZR1 的负反馈调节机制。黎家研究组首次为 SERKs 是 BRI1 发挥作用所必需的组分提供了功能缺陷的遗传学证据；若缺乏 SERKs，BRI1 将无法完成 BR 受体的功能。喻景权研究组揭示，BR 诱导的光合作用增强，H_2O_2 调节的 GSH：GSSG 增加，进而正调控卡尔文循环中某些氧化还原敏感型酶的合成与活化。张启发研究组认为，XIAO 可能是在调控器官生长过程中 BR 信号与细胞周期调控间连接的纽带。郭岩研究组发现，SIZ1 可能通过 SUMO 化 ABI5 和 MYB30 来调节种子萌发过程中的 ABA 信号通路。巩志忠研究组分离到保卫细胞 H_2O_2 拮抗蛋白 GHR1（一个结合质膜的受体激酶），为 ABA 信号通路中重要的上游元件，是 ABA 和 H_2O_2 诱导气孔运动的信号通路中的一个关键成员，在此过程中 ABI1 和 ABI2 在功能上有区别。吴嘉炜和颜宁研究组合作报道了 SnRK2.6 蛋白激酶结构域的 2.6 Å 分辨率晶体结构，在 SnRK2.6 和 ABI1 之间有 2 个不同的接触面，这 2 个接触面，从某个特别的方向将 SnRK2.6 和 ABI1 锁住，使得 SnRK2.6 的活化环置于 ABI1 的去磷酸化催化位点。冷平研究组发现，在果实成熟过程中 ABA 通过下调细胞壁水解酶基因的表达进而影响细胞壁代谢。董汉松研究组揭示，烟草 TTG2 蛋白能阻止 NPR1 入核并抑制 SA/NPR1 所调控的防卫反应，削弱植物对病毒性和细菌性病原物的抗性。安成才研究组结果显示，2 个新的 RING 类型的泛素连接酶（RGLG3 和 RGLG4）能促进 JA 介导的植物对病原物和创伤的易感性，这种响应依赖于 COI1，即在 JA 信号途径的上游起重要的调控。李传友研究组揭示，MED25 对不同激素信号途径中的 2 个转录因子 MYC2 和 ABI5 的调控是不同的，暗示了 MED25 可能通过与不同途径的特异转录因子结合实现对多条信号通路的广泛调控。秦跟基研究组发现，RAP2.2 是介导植物对灰霉菌抗性和 ETH 反应的重要调控因子，RAP2.2 双重作用表明其可能是植物对生物与非生物胁迫反应的信号交叉点。文启光研究组结果表明，不同受体成员组成的复合体可介导不同浓度和不同组织的 ETH 反应，提出了 ETH 受体介导 ETH 反应的新模型；ETR1 氨基端信号不是被全长的 ETH 受体介导，而是全长的 ETH 受体与 ETR1 氨基端协同介导了独立于 CTR1 的受体信号过程；ETR1 氨基端信号过程可能包含了 RTE1 受体协同作用以及 ETR1 羧基端的负调控作用。夏桂先研究组报道，NtBOP2 通过与 TGA 互作调控细胞的纵向伸长来影响离层的分化，这一作用不依赖于 ETH 信号转导途径。蒋德安研究组结果显示，IAA 应答因子 OsARF12 作为一个转录激活子，促进 IAA 应答元件 DR5∷GFP 的表达；*OsARF12* 的敲除改变了线粒体铁调蛋白（OsMIR）、铁调转运体 1（OsIRT1）和短胚后根 1（OsSPR1）等铁离子调节相关基因的表达水平，降低了根的铁含量。

张宪省研究组发现，ABA 信号通路的关键转录因子 ABI5 直接结合在 SHB1 启动子上并以依赖 ABA 的方式抑制 *SHB1* 的表达。瞿礼嘉研究组试验显示，拟南芥 *ADP1* 基因编码 1 个 MATE 家族的转运蛋白，负调控 IAA 在分生组织区域的合成，直接调控植物形态建成。童依平研究组认为，IAA 合成途径的关键基因 *TAR2* 的表达受低氮胁迫的诱导，直接参与调控侧根原基的起始。张大兵研究组证实，IAA 可通过 RMD 调节微丝的定向，OsARF23/24-RMD 是 IAA 自主调控途径的关键组分，是控制植物细胞微丝排布方向的分子开关，直接影响 OsPINs 蛋白的定位，从而影响 IAA 的运输、分布和细胞生长。卜庆云研究组阐明，独脚金内酯途径中只有 MAX2 可特异地参与干旱、渗透胁迫及 ABA 反应，而 MAX1、MAX3 和 MAX4 等组分均不参与这些非生物胁迫过程。储成才研究组鉴定到 1 个显性的叶片早衰水稻突变体 *ps1-D*，*ps1-D* 编码 1 种植物特异性的 NAC 转录激活子 OsNAP，可通过直接靶向与叶绿素降解、养分输送及其他衰老相关的基因正向调控叶片的衰老，对 ABA 的生物合成起反馈抑制。何朝族研究组报道了 1 个 C2C2 类锌指蛋白 OsLOL1，该蛋白能促进水稻 GA 的生物合成并影响种子萌发。熊立仲研究组在水稻中发现了 1 个对耐旱和耐涝均具有调节功能的基因 *OsETOL1*，在 ETH 生物合成途径中具有负调控功能。郭红卫研究组发现，EIN3 通过直接结合到 *POD* 基因的启动子区调节其表达，阻止 ROS 的过量积累，增强植物的耐盐能力。孙颖研究组结果表明，OsAHPs 在 CTK 信号中起正调控作用，但在水稻对盐和干旱的耐受性方面具有不同的功能。夏光敏研究组鉴定到 2 个分支的关键基因 *TaAOC1* 和 *TaOPR1*，分别通过 JA 和 ABA 信号通路调控耐逆关键转录因子 MYC2 来提高小麦的耐盐能力。李付广研究组鉴定到对棉纤维发育具有调控功能的基因 *PAG1*，通过调控植物体内活性 BRs 水平来影响纤维发育。林荣呈研究组揭示，PKL 通过表观遗传修饰机制整合激素信号与光信号协同调控植物生长发育。龚继明研究组发现，ETH 和 JA 可影响 SINAR 与环境间的交互，揭示 ETH 和 JA 途径及其调控的硝酸盐转运蛋白共同组成 1 个 ET/JANRT1.5/NRT1.8 功能模块可调控逆境下硝酸盐在植物体内的再分配过程。

（三）第三个五年（2014—2018 年）

李家洋研究组第一个鉴定到非色氨酸依赖的 IAA 合成途径中的重要成员——吲哚合酶（NS）I 蛋白，其定位于细胞质中，催化从 IGP 生成吲哚的反应；INS 基因在胚胎发育过程中具有时空特异性表达模式，主要参与胚珠中非色氨酸依赖途径的 IAA 合成，对早期胚胎发育过程中顶-基部轴向的建立意义重大。乐捷研究组结果表明，FLP 与 MYB88 基因的表达特异地决定了 PIN3 和 PIN7 转录的时空分布，从而与根向重力性响应密切相关。左建儒研究组在水稻中发现了亲环素蛋白 LRT2 具肽酰脯氨酰顺-反异构酶活性，通过催化水稻 Os-IAA11 蛋白 Domain II 的肽酰脯氨酰顺-反异构化进而调控 OsIAA11 蛋白与受体 OsTIR1 互作，从而促进 OsIAA11 抑制子蛋白降解。郭惠珊研究组揭示，拟南芥由 IAA28 蛋白的泛素化降解与 miR847/IAA28mRNA 模块协同调控，实现 IAA 信号通路快速去抑制化的有关机制。李霞研究组结果显示，miR167-GmARF8 在 IAA 介导的根瘤和侧根形成过程中起重要作用。肖晗研究组发现，番茄锌指蛋白转录因子 SlZFP2 是果实发育过程中精细调控 ABA 生物合成的抑制子，并鉴定到 SlZFP2 的 193 个候选靶基因。杨毅研究组试验显示，拟南芥 UDP 葡萄糖基转移酶 UGT71C5 通过催化 ABA 的糖基化来维持 ABA 的稳态。李霞研究组鉴定到拟南芥 HAB1 基因编码 1 个 PP2C 蛋白，通过可变剪接 HAB1 转录本可产生两种剪接形式，分别编码 HAB1.1 和 HAB1.2 蛋白，这两种蛋白在 ABA 介导的种子萌发和萌发后发育阻滞过程中起相反作用；HAB1.1 的可变剪接可能受 RBM25 的调控，HAB1.2 在 ABA 存在的情况下大量合成来抑制种子萌发及萌发后生长；HAB1.2 蛋白与 OST1/SnRK2.6 互作，但不能抑制 OST1 的激酶活性，从而正调控 ABA 信号通路。吴燕研究组认为，通过启动泛素化途径，作为调控植物小 G 蛋白 ROPs 活性的调控因子 RopGEF2 参与调控受 ABA 抑制的种子萌发及萌发后的幼苗生长发育。刘建祥研究组报道，膜结合转录因子肽酶 S2P 通过活化膜结合转录因子 bZIP17，并控制编码 ABA 信号途径负调节因子的基因表达，在与种子萌发有关的 ABA 脱敏过程中起作用。谢旗研究组证实，SDIR1 的泛素化底物是 SDIRIP1，通过 26S 蛋白酶体系统影响 SDIRIP1 的稳定性，选择性地调控下游转录因子 ABI5 的表达，进而通过 ABF3 和 ABF4 来调控 ABA 介导的种子萌发和盐胁迫应答。朱健康研究组揭示，ABA 诱导的 NO 能够通过失活 SnRK2.6 对 ABA 信号进行负反馈调控。王小菁研究组工作表明，AtGASA6 是种子萌发的正调控因子，位于 RGL2、ABI5 和 GIN2 的下游，是连接 RGL2 与 AtEXPA1 的新组分。周奕华研究组发现，GA 通过介导 SLR1 与 NAC 类转录因子直接互作来调控纤维素合酶基因转录的信号通路。须健研究组结果显示，初生根显著变短的突变体 shb（shoebox）主要是由于其分生区皮层细胞变短和细胞分裂降低所致，其原因是一个调控 GA 合成的 AP2 家族转录因子 SHOEBOX 的功能在突变体中出现了缺失。王佳伟研究组发现，随着植物年龄的增长，miR156 的表达逐渐降低，其靶基因 SPL 类转录因子含量上升；SPL 可与 CTK 途径的关键转录因子 B 类 ARR 结合，导致其转录激活活性受到抑制，呈现 CTK 的不敏感性，进而使芽的再生能力下降，即年龄途径可通过调控 CTK 的信号输出进而调控植物再生能力。李传友研究组和汪俏梅研究组合作证实，植物受到病虫侵害时能通过 JA 负调控成花素基因 FT 的表达延迟开花，以保证开花结实和繁衍后代的顺利进行。谢道昕研究组结果表明，JA 也能调控雄蕊发育来影响植物育性；IIIe 与 IIId 亚组 bHLH 转录因子的拮抗互作有利于 JA 诱导的叶片衰老维持在适当水平以提高环境适应性。周俭民研究组阐明了一条病原细菌入侵时作用于 COI1 上游、调节 JA 信号和气孔开放的新途径。沈应柏研究组认为，MeJA 诱导的跨膜离子运输需要 COI1，而这一过程伴随着离子的大量跨膜流出。文啟光研究组发现，ETH 信号转导调控能在基因表达的转录延伸水平上发生。贺军民研究组报道，G 蛋白在 ETH 信号转导中的作用，初步阐明 ETH 诱导拟南芥保卫细胞 H_2O_2 生成及气孔关闭过程中 ETH 信号转导组分、G 蛋白和 H_2O_2 间的相互关系。蒯本科研究组结果显示，EIN3、ORE1 和 CCGs 构成正反馈调节网络，参与叶片衰老过程中 ETH 介导的叶绿素降解。杨长贤研究组揭示，花朵中的 MADs-box 基因 FYF 能有效抑制导致花朵衰老的 ETH 的作用路径，进而控制拟南芥花的衰老与脱落。关荣霞研究组与国外科学家合作发现，病原相关分子模式激发的免疫反应（PTI）和效应蛋白激发的免疫反应（ETI）均能诱导拟南芥中 ETH 的生物合成，且水杨酸（SA）预处理具有增强效果；植物病原菌株 Pst 以依赖 III 型分泌系统的方式抑制 ETH 的诱导，ETH 对植物细菌抗性具有正调控作用。李家洋研究组揭示了 D53 在单、双子叶植物中功能的保守性，解析了拟南芥独脚金内酯信号传递的关键成员 D53-like SMXLs 在调控分枝数目和叶片发育中的重要作用。王学路研究组发现，拟南芥中特有的 BES1 的长异构体 BES1-L 较之其短异构体 BES1-S 具有更强的活性，BES1-L 和 BES1-S 的不同转录由 BR 调控并取决于 BES1-S 的启动子中是否含有 G-box 元件，BES1-L 特异地在大多数拟南芥生态型中表达，而在其他十字花科的近缘物种中没有该蛋白的存在。万建民研究组证实，SnRK2-APC/CTE 调控模块介导了 ABA 与 GA 信号通路的对抗作用，是二者的一个潜在调控中枢。张劲松研究组和陈受宜研究组合作阐释了 ETH 调控水稻中类胡萝卜素的合成及 ETH 与 ABA 互作并差异调控根和胚芽鞘生长的新机制。佘小平研究组报道，BRs 促进 ETH 合成限速酶（ACC 合酶）基因的表达来参与 ETH 合成，激活了异三聚体 G 蛋白 α 亚基，进而诱导 NADPH 氧化酶 AtrbohF 催化的 H_2O_2 产生和硝酸还原酶 1（Nia1）催化的 NO 合成，最终导致气孔关闭。

薛红卫研究组发现，非典型激酶 PI4Kγ5 参与调控 ANAC078 蛋白结构的裂解，导致其膜结合区与羧基端分裂，羧基端结构域可入核直接结合 IAA 合成相关基因的启动子，抑制 IAA 合成，进而影响植物细胞的增殖和叶的发育；IAA 可能通过改变 PTRE1 蛋白的亚细胞定位进而抑制蛋白酶体活性并调控 Aux/IAA 的降解，与 IAA 受体 TIR1 共同精确调控 Aux/IAA 蛋白的平衡与 IAA 信号。何祖华研究组揭示，水稻 SAR 的关键基因 OsNPR1 超表达可显著增强水稻的白叶枯病抗性，但 OsNPR1 通过上调 OsGH3.8 的表达降低 IAA 含量进而抑制生长发育。徐进研究组的结果表明，植物根分泌的天然硝化抑制剂（MHPP）一方面通过上调 IAA 合成基因的表达增加 IAA 的含量，另一方面通过增强 IAA 转运蛋白 PIN 的运输能力及促进 AUX/IAA 抑制因子降解的方式抑制植物主根的伸长。陈益芳研究组证明，转录因子 WRKY6 通过直接结合关键下游靶基因 RAV1 的启动子抑制其表达，进而调控 ABA 介导的种子萌发和早期幼苗生长。王贵学研究组报道，OsDET1 可能参与调控 ABA 的生物合成。谢旗研究组揭示，ABA 受体通过非 26S 蛋白酶体进行降解的新途径，拓展了人们对植物体内 ABA 受体和 ESCRT-I 周转机制的认识。安成才研究组与国外科学家合作发现，RGLG1 和 RGLG5 是 ABA 信号传递的重要调节因子，通过控制 PP2C 泛素化降解来激活 ABA 信号通路的机制。汤文强研究组报道了 PP2AB′ 调节亚基与 BR 受体激酶 BRI1 互作调控 BRI1 活性的分子机制。黎家研究组发现，BRI1 可与 TWD1 互作但不依赖 BR，TWD1 不影响 BRI1 的含量但对 BRI1 和 BAK1 的互作及二者的自磷酸化修饰非常重要。谢道昕研究组与国内多家单位合作合成了 20 种氨基酸与 CFA 共价结合物，巧妙地设计了仅有 JA 氨基酸衍生物正向结构的类似物。邢达研究组发现，PI3K 与 V-ATPase 的 B 亚基在液泡膜上发生互作，激活 V-ATPase 的活性，促进液泡酸化，促使气孔关闭，降低水分流失，从而延缓茉 MeJA 诱导的叶片衰老过程。张献龙研究组揭示了 GhJAZ2 与 GhMYB25-like 转录因子互作并抑制后者转录活性，进而抑制棉纤维和短绒纤维发生与伸长的分子机制。唐克轩研究组证实，AaMYC2 是青蒿中 JA 信号途径上的重要调控因子，能与 JA 信号途径负调控因子 JAZs 和 GA 信号途径负调控因子 DELLAs 蛋白因子互作。邓兴旺研究组（Wu et al., 2012）发现，DELLA 通过泛素-蛋白酶体系统负调控 4 种 PIF 蛋白的丰度，可减少 PIF3 与靶基因的结合，进而影响拟南芥的下胚轴伸长；协调光照和 GA 信号需要 DELLA 介导的 PIF 降解，DELLA 通过两条途径（隔离和降解）对转录因子进行双重调控。王爱德研究组证实，MdERF2 是果实成熟的拮抗因子。陈惠明研究组与黄三文研究组合作揭示，CsWIP1 通过抑制 *CsACO2* 基因的表达，降低黄瓜中 ETH 的含量，进而调控黄瓜单性花发育的分子机制。侯兴亮研究组结果显示，NF-YC-RGL2 通过 CCAAT 特异元件与 ABA 信号传递的核心组分 ABI5 结合，共同调控一系列 GA 和 ABA 响应基因来控制种子萌发；在种子萌发过程中，NF-YC-RGL2-ABI5 组合是联系 GA 和 ABA 信号传递通路的关键纽带。李来庚研究组发现，水稻 *OsREM4.1* 基因受到 ABA 信号诱导高表达，产生 OsREM4.1 蛋白，与接收 BR 信号的复合体 OsSERK1 蛋白结合，使 BR 信号不能输出，水稻减慢或停止生长以抵御逆境；生长条件满足需要时，BR 分子激活 BR 信号复合体，使 OsREM4.1 磷酸化并与 OsSERK1 分离，BR 信号得以输出，水稻进行正常生长。林赞标研究组揭示，在植物遭受伤害或水胁迫时，ORA47 会影响 JA 和 ABA 的生物合成，并通过调控一系列其他植物激素的生物合成或信号传递来抵御胁迫。向成斌研究组证实，在拟南芥中 ERF1 在 ETH 诱导的初生根生长抑制中发挥了重要作用，并可作为初生根伸长过程中 ETH 和 IAA 间的串扰节点。向凤宁研究组报道，miR160 与 ARF10 拮抗调节植物愈伤组织的形成，ARR15 则在两者的下游抑制愈伤组织的形成。

童依平研究组鉴定到普通小麦中 15 个 *TaTAR* 基因（拟南芥 *TAA1/TAR* 的同源基因）中，有 12 个与拟南芥 *AtTAR2* 在演化上近缘，3 个与 *AtTAR3* 近缘，其中 *TaTAR2.1* 的表达量最高，且其在根部的表达量可被氮上调，*TaTAR2.1* 表达量下调会显著抑制根和茎的生长，过量表达 *TaTAR2.1-3A* 会显著提升小麦产量及地上部氮的积累。张祖新研究组发现，UB3 可结合 CTK 合成途径重要基因 *LOG1* 和信号转导重要因子 *Type-ARRs* 基因的启动子并调控其表达。李霞研究组揭示，AtPP2-B11 是 SCFE3 泛素连接酶复合体的组分，其能与 SnRK2.3 直接互作，并通过降解 SnRK2.3 负调控植物对 ABA 的响应。向成斌研究组报道了 MADSbox 转录因子 AGL21 参与 ABA 信号途径对种子萌发的调控，AGL21 作用于 ABA 信号途径转录因子 ABI1/2 的下游和 ABI5 的上游。冷平研究组证实，在 *SI-UGT75C1* 基因沉默的番茄果实中，果实成熟进程受阻，ABA 含量增加同时促进 ETH 的释放。赵杨研究组与朱健康研究组合作在拟南芥中鉴定到 ABA 受体的广谱拮抗化合物 AA1，该化合物可直接进入 PYL2 受体结合配体（即 ABA）的口袋中，竞争性地阻止配体的结合，从而阻断 ABA 信号传递。李传友研究组发现，转录激活中介因子 MED25 协助 COI1 结合到 MYC2 靶基因的启动子上，介导 JAZ 转录抑制子的降解，进而激活下游基因的表达；此过程中，MED25 也与 HAC1 蛋白直接互作，调控 MYC2 靶基因启动子上组蛋白 H3K9 乙酰化，从而调控其靶基因的表达。刘培研究组鉴定到一个拟南芥 JA 转运蛋白 AtJAT1/AtABCG16，该蛋白具有核膜和质膜双重定位，这种定位模式使其可通过调节 JA 在细胞质中的输出及细胞核内的输入控制 JA 核内外的浓度差，从而保障核内的活性 JA 浓度来激活 JA 信号传递。余迪求研究组证实，JA 通过其激活的转录因子 MYC2/3/4 来抑制 FT 的转录，进而抑制开花诱导。唐克轩研究组获得了一个 HD-ZIPIV 亚家族转录因子蛋白 AaHD1，可同时调控青蒿分泌型与非分泌型腺毛的发育。易可可研究组阐明，水稻中 AIM1 可调控 SA 的合成，进而影响 ROS 的积累并调控根的生长及分生活性。郭红卫研究组鉴定到一个调控叶片衰老的正调控因子 WRKY75，叶龄、SA 和 H_2O_2 均能诱导 WRKY75 的表达，WRKY75 超表达能促进叶片的衰老，而其基因敲除和敲低突变体均表现出叶片衰老延迟；WRKY75 不仅能上调 SID2 基因的转录，促进 SA 含量增加；而且可抑制 CAT2 基因的表达，降低 H_2O_2 的清除速度；提出了一个由 WRKY75、SA 和 ROS 互作调控叶片衰老的环形模型。王学路研究组报道，RLA1/SMOS1 作为 BRs 信号通路的正向调控因子参与调控 OsBZR1 的功能，BKI1 可作为一个通用抑制子参与 BRI1 和 ER 两个 RLK 激酶对植物生长发育的调控，BR 介导的 BKI1 从质膜上的分离可解除 BKI1 对 ER 的抑制，促进 ER 信号传递。薛红卫研究组分析表明，ELT1 直接与 BRI1 互作，抑制 BRI1 的泛素化及其介导的内吞，导致 BRI1 积累及 BR 信号增强。郭红卫研究组发现，治疗结核病的药物吡嗪酰胺（PZA）及其衍生物可作为植物中 ETH 合成的调节剂。李家洋研究组揭示，IPA1 是位于 D53 下游的直接靶基因，D53 与 IPA1 直接互作来抑制 IPA1 的转录激活活性，而 IPA1 直接结合于 D53 的启动子上实现负反馈调节。左建儒研究组发现，在胁迫响应中，NO 通过对 PRMT5 的 Cys-125 位点进行亚硝基化修饰，正调控 PRMT5 的甲基转移酶活性，加大植物体内精氨酸双对称性甲基化修饰水平，促进胁迫相关基因的前体 mRNA 正常剪切，增强植物对胁迫的耐受性。王爱德研究组阐明了 JA 信号通路中的重要转录因子 MdMYC2 通过转录调控和蛋白互作促进果实中 ETH 合成的分子机制。张劲松研究组和陈受宜研究组合作鉴定到调控中胚轴和胚芽鞘伸长的基因 GY1，其通过促进 JA 合成来抑制中胚轴和胚芽鞘的伸长，而 ETH 通过抑制 GY1 基因的表达来降低 JA 的水平。

焦雨铃研究组与张磊研究组合作发现，植物侧生器官可反馈调控茎尖干细胞，IAA 长距离运输在反馈中发挥了重要作用。胡玉欣研究组揭示了控制愈伤组织形成中体细胞重编程的关键因子，并建立了植物再生体系中 IAA 信号与细胞全能性获得的分子联系。白明义研究组报道，过 H_2O_2 能氧化 BL 信号途径中的关键调控因子 BZR1 和 BES1，增强 BZR1 的转录活性，从而促进植物的细胞伸长。李云海研究组与相关单位合作阐释，BL 共受体 BRI1 和 BAK1 的互作与磷酸化受糖浓度调控；BRI1 和 BAK1 不仅可与 G 蛋白亚基互作，还可磷酸化 G 蛋白亚基，为 BL 途径与糖信号途径协同调控植物的生长发育建立了联系。许卫锋研究组与张建华研究组合作证实，BL 受体 BRI1 能与质子泵 AHA2 蛋白互作，进而提高根系的向水性。孔瑾研究组结果显示，WRKY9 在苹果矮化砧中高表达，并直接抑制 BL 合成酶 *DWF4* 的转录来减少 BL 合成，介导植株矮化。林宏辉和张大伟研究组结果表明，拟南芥转录因子基因 *HAT1* 及其同源基因负调控 ABA 的生物合成，参与调控对干旱胁迫的响应。陈受宜和张劲松研究组发现，MHZ3 可通过与 ETH 信号通路关键调控因子 OsEIN2 的 Nramp-like 结构域结合稳定 Os-EIN2，抑制其泛素化，从而正调控 ETH 信号转导；而 MHZ2/SOR1 编码一个 E3 泛素连接酶，该酶可直接调控 IAA 信号通路中的转录抑制子 OsIAA26 降解，介导 ETH 对根生长的抑制效应。孙其信研究组证实，小麦 TaWRKY51 能结合到 ETH 合成基因 *TaACS* 的启动子区并抑制其表达，进而促进侧根形成。刘明春研究组阐明，番茄中 *SlEBF3* 基因受 SlEIL 调控，过表达 *SlEBF3* 可使 SlEIL 含量降低，并表现出 ETH 响应相关表型。郝玉金研究组揭示，苹果中 MdEIL1 能结合 *MdMYB1* 的启动子并激活其表达，而 MdMYB1 能结合 *MdERF3* 的启动子调控 ETH 的合成，促进花青素积累与果实着色。谢道昕研究组阐明，健康植株中 JJW（JAV1-JAZ8-WRKY51）复合体能抑制 JA 合成基因的表达，虫咬触发 Ca^{2+}/CAM 依赖的 JAV1 磷酸化并促使 JJW 复合体解离而解除抑制，进而促进 JA 合成并产生抗性；COI1 先识别 JA 形成 COI1-JA 复合体，之后结合 JAZs 形成三元复合体，进而促进 JA 的信号转导。左建儒研究组发现，NO 介导的亚硝基化修饰拟南芥 GSNOR1，导致其通过自噬途径被降解，直接调控种子萌发过程中的低氧胁迫反应。侯兴亮研究组认为，GA 信号抑制子 DELLA 可与胚胎发育晚期的关键调控因子 LEC1 直接相互作用，而 GA 介导的 DELLA 降解解除了其对 LEC1 的抑制，从而促进胚胎发育。王小菁研究组试验显示，非洲菊锌指蛋白 GhWIP2 通过抑制 GA 和 IAA 信号及激活 ABA 信号，进而抑制细胞生长并最终抑制花瓣伸展。向成斌研究组发现 ETH 响应基因 *HB52* 是 ETH 和 IAA 信号互作的重要节点，通过上调 *PIN2*、*WAG1* 和 *WAG2* 的表达抑制主根伸长。丁兆军研究组研究表明，BL

合成途径突变体 *det2-9* 中 ETH 合成大幅增加并积累了大量的超氧阴离子。王学路研究组揭示，ABI1 和 ABI2 通过与 BIN2 互作使其去磷酸化，进而调控其对 BES1 的磷酸化；BL 信号途径中的 GSK3 为控制水稻中胚轴伸长的一个关键因子，其通过磷酸化调控一类细胞周期蛋白 CYCU2 的稳定性促进细胞分裂；BL 及独脚金内酯信号通路协同调控 GSK3 介导的细胞周期进程，进而促进中胚轴伸长。

（四）第四个五年（2019—2022 年）

谢旗研究组揭示了一个新的泛素耦合酶 UBC27 调控 ABA 信号的分子机制，一个调控拟南芥耐旱性和 ABA 信号响应的 E2 泛素耦合酶 UBC27 与 RING 型 E3 泛素连接酶 AIRP3 形成特定的 E2-E3 复合物，并激活 AIRP3 的泛素连接酶活性；UBC27 和 AIRP3 与 ABI1 存在互作，二者协同调控 ABI1 的泛素化修饰，促进 ABI1 的降解；ABA 激活 UBC27 的表达，同时增强 UBC27 蛋白的稳定性，促进 UBC27 与 ABI1 互作，为阐明植物干旱胁迫响应机理提供了新线索。

储成才研究组与高彩霞研究组合作，通过构建染色体单片段代换系群体，从强休眠水稻品种 Kasalath 中克隆到一个负调控水稻休眠的关键基因 *SD6*，其编码一个 bHLH 转录因子，其互作蛋白——转录因子 ICE2 正调控水稻种子的休眠性；一方面，SD6 和 ICE2 通过直接结合 ABA 代谢关键基因 *ABA8OX3* 启动子的 G-box 或 E-box 对该基因进行拮抗调控；另一方面，SD6 和 ICE2 通过拮抗调控 *Os-bHLH048* 间接地调控 ABA 合成关键基因 *NCED2*；*SD6* 和 *ICE2* 还可响应环境温度，此消彼长地动态调控种子中的 ABA 含量和种子的休眠程度；利用基因组编辑技术对多个易穗发芽的水稻以及小麦主栽品种的 *SD6* 基因进行改良，改良材料的穗发芽现象得到明显改善；该研究揭示了作物通过协同激素合成和代谢调控种子休眠与萌发的分子机制，为谷物穗发芽抗性育种改良奠定了理论基础并提供了基因资源。张大兵研究组与国外合作者发现，ETH 在压实土壤中通过转录因子 OsEIL1 上调 IAA 合成基因 *OsYUC8* 的表达，从而增加水稻根系内部 IAA 的浓度，且通过 IAA 载体 OsAUX1 将合成的 IAA 运输至伸长区表皮细胞中，抑制根伸长；ABA 作用于 ETH 和 IAA 的下游，调控皮层细胞的径向扩张；破坏根尖径向膨胀的 ABA 缺陷突变体表现出更强的穿透压实土壤的能力，这打破了径向膨胀有助于根系穿透压实土壤的传统认知；该研究解析了植物将 ETH 信号转化为发育信号响应外界土壤硬度的机制，为未来培育适应不同土壤硬度的作物新品种奠定了重要理论基础。

四、非生物胁迫和适应

（一）第一个五年（2004—2008 年）

张立新研究组首次报道在芦苇中，NO 可作为第二信使诱导质膜 H^+–ATPase 表达，增加钾钠比率，参与盐胁迫的应答。张建华研究组与朱庆森研究组合作证明，适当地缺水可提高小麦的灌浆速度，这主要是通过调节蔗糖到淀粉途径中的关键酶［蔗糖合酶（SuSase）、可溶性淀粉合酶（SSS）和淀粉分支酶（SBE）］、增强库的活性而实现的，ABA 在此过程的调节中起关键性作用。陈受宜课题组从烟草中克隆得到了一个 ETH 受体的同源基因 *NTHK2*，证明该基因受脱水和氯化钙诱导，其编码的蛋白在不同离子作用下既可以有丝氨酸/苏氨酸激酶活性，也可以有组氨酸激酶活性。

林鸿萱研究组和栾升研究组合作发现，*SHOOTK+ CONTENT1*（*SKC1*）位点维持植物在盐胁迫下的钾离子平衡，*SCK1* 编码一个 HKT 型转运子（OsHKT8）来特异地转运 Na^+；抗盐和敏感品系的 SKC1 蛋白之间有 4 个氨基酸发生变异，分别是 A140P、H184R、D332H 和 V395L，前 3 个在质膜内，后 1 个在质膜外区域，该基因在根部表达量最高，受盐胁迫的诱导。陈受宜研究组证实，*AtNAC2* 对盐胁迫的反应受 ETH 和 IAA 的调节，与 ABA 无关。巩志忠研究组获得了一个耐干旱胁迫的拟南芥突变体 *leafwilting2*（*lew2*），*LEW2* 编码纤维素合成酶复合体的一个亚基 AtCESA8/IRX1，细胞壁纤维素合成参与了植物对干旱和渗透压胁迫的反应。宋纯鹏研究组与朱建康研究组合作发现，APETALA2/EREBP 的家族成员 AtERF7 参与了植物对干旱反应的 ABA 信号途径。AtERF7 转录因子特异结合应答基因启动子的 GCC box，作为负调节因子抑制下游基因的表达；AtERF7 本身的活性受蛋白激酶 PKS3 和转录抑制因子 AtSIN3 的调节；AtSIN3 和组蛋白脱乙酰化酶 HDA19 共同作用增强 AtERF7 的转录抑制活性，降低植物体内 ABA 反应和对盐胁迫的耐受性。朱永官研究组首次报道砷超富集蕨类植物蜈蚣草中砷酸盐还原酶（AR）的反应机制，其类似于已报道的酵母砷酸盐还原酶 Acr2p，蜈蚣草叶中积累的亚砷酸盐可能主要由根中砷酸盐还原而来。

熊立仲研究组对水稻基因组中可能的 30 个 CIPK 基因（*OsCIPK01*—*OsCIPK30*）研究发现，其中有 20 个能被干旱、盐、冷、聚乙二醇以及 ABA 等非生物胁迫中的至少一种胁迫所诱导，即水稻 CIPK 基因在不同的胁迫反应中可能有多样性的功能，其中一些基因可能在改进水稻耐胁迫方面具有潜在的价值。Niu 等（2007）的研究表明，不同植物种类中甜菜碱的含量不同可能是由于

BADH 转录后加工过程的变化，导致 BADH 正确转录产物的缺乏而引起。郭岩研究组的研究发现，SOS3 的同源基因 *SCABP8/CBL10* 也编码一个钙离子感受器，与 SOS3 相同，可以与 SOS2 发生相互作用，并通过 SOS1 起作用；SCABP8 与 SOS3 在耐盐信号转导中部分冗余，在盐胁迫反应中二者既具有相加的作用，又具有各自特殊的作用。Wang 研究组发现了一个热诱导的转录因子 HsfA2，它可使 Hsps 持续表达来延长拟南芥 AT 的持续时间。种康研究组找到水稻中逆境响应的一个关键基因 *OsMYB3R-2*，是 MYB 转录因子家族 R1R2R3 类型的一个新成员，受冷、旱和盐胁迫的诱导，且在拟南芥中过量表达该基因可显著提高植物对胁迫的耐受性，同时逆境响应基因 *RD29A*、*DREB2A*、*CBF1*、*COR15a* 等都显著上调。赵福庚及宋纯鹏研究组结果表明，盐胁迫下，植物细胞中多胺的增加可通过调整 K^+/Na^+ 平衡来保护植物免受 K^+/Na^+ 不平衡所带来的伤害。浙江大学、杭州大学与澳大利亚 LaTrobe 大学合作开展以豆科植物红车轴草为材料的研究发现，去除培养液中根分泌出来的酚类物质，将完全抑制根质外体铁的重新利用使根中铁含量明显增加，茎的铁含量下降而叶片缺绿，还提高了受缺铁诱导的根中铁螯合还原酶的活性和质子的泵出，即双子叶植物根缺铁诱导的酚类物质分泌将通过促进根质外体铁的重新利用而改善茎的铁营养。

　　向成斌研究组证明，homeodomain-START 转录因子是一个提高植物抗干旱能力的关键调控因子。巩志忠研究组克隆分离到 *LEW1* 基因，编码一个顺式异戊烯转移酶，具有聚异戊烯焦磷酸合成酶的活性，能催化与糖基化途径中 C80 左右链长多萜醇的合成，可能参与了细胞对内质网胁迫的反应。朱健康研究组研究表明，拟南芥中 *NFYA5* 的转录受干旱的强烈诱导，在维管组织和保卫细胞中高表达，包含一个 miR169 靶位点，当其与 miR169 结合后将会发生基因剪切或翻译抑制，干旱胁迫对它产生的诱导作用发生在转录和转录后两个水平。李霞研究组发现，盐胁迫通过调控 PIN2 的表达及极性定位来减弱根对重力信号反应，使根的生长方向发生改变。熊立仲研究组揭示，OsbZIP23 作为一个转录调控因子，可通过依赖 ABA 的途径调控多种胁迫相关基因对非生物胁迫（如干旱、盐、ABA 以及聚乙二醇）的应答。黄荣峰研究组研究表明，JERF3（ETH 应答因子）通过激活氧化胁迫和渗透胁迫应答基因的表达及转录，使 ROS 积累减少，从而增加烟草对干旱、冷冻和盐的适应性。周人纲研究组证明，Ca^{2+} 和钙调素参与了热激信号转导，提出在植物细胞内存在一条新的热激信号转导途径——钙-钙调素途径，并报道了拟南芥钙调素结合蛋白激酶 3 参与热激信号转导。郑绍建研究组提出水稻抵抗铝胁迫的新机制：水稻（日本晴）细胞壁中较低的多糖含量及较高的甲酯化导致了作为 Al^{3+} 结合位点的羧基的减少，从而能更有效地排斥 Al^{3+}。Chye 研究组（Xiao et al.，2008）组揭示了 ACBP1 在拟南芥耐受 Pb（II）胁迫中的重要作用，且证明 ACBP1 是通过 Pb（II）的积累，而非排除使得植物得以修复。周东美研究组发现，金属阳离子对有毒金属元素毒性的影响主要是通过细胞膜表面电势，而不是离子之间的竞争起作用。蒋高明研究组揭示，冬小麦新品种对臭氧相对敏感，主要是由于现代品种气孔导度较高，抗氧化能力下降幅度较大以及具有较低的暗呼吸速率，从而对蛋白和细胞膜的完整性形成了较高的氧化伤害所致。

种康研究组揭示，OsMYB3R-2 通过对有丝分裂进程的调节来调控植物的耐低温反应。熊立仲研究组的研究表明，转录调控因子和 RNA 剪接体组分 OsSKIPa 也参与调控水稻对各种非生物胁迫的反应，OsSKIPa 可能通过调控细胞周期、泛素介导的蛋白降解以及转录控制等活动来实现对多种逆境胁迫反应的调节。郭岩研究组发现，SCaBP8 被 SOS2 磷酸化是 SOS 信号途径调节拟南芥耐盐机制的重要一环。北京林业大学等单位联合研究表明氯化钠诱导的根离子流的改变主要归因于离子选择性效应。孙大业研究组的工作表明，内源 AtCaM3 是 Ca^{2+}-CaMHS 信号转导中一个重要的信号组分。陈玉玲研究组的研究结果表明，ExtCaM 诱导气孔关闭的信号途径包括依赖于 GPA1 的 H_2O_2 的生成以及随后发生的依赖 AtNOA1 的 NO 积累。喻景权研究组发现，通过增强 NADPH 氧化酶活性引起的 H_2O_2 水平增加参与了 BR 诱导的胁迫耐受性。

（二）第二个五年（2009—2013 年）

郭岩研究组发现，拟南芥蛋白激酶 PKS5 通过磷酸化质膜 H^+-ATPase C 端的 Ser-931 位点，抑制其活性，进而负向调节植物的耐盐碱胁迫反应；同时分子伴侣蛋白 DnaJ3 可以与 PKS5 相互作用，抑制 PKS5 的激酶活性，正向调节质膜 H^+-ATPase 的活性及植物的耐盐碱胁迫反应；在多条信号途径［包括盐胁迫（SOS3-SOS2-SOS1）、碱胁迫（SCaBP1-PKS5-AHA2）和低钾胁迫（CBL1/9-CIPK23-ATP1）信号途径］中发挥功能的钙结合蛋白 SCaBPs 可被与其相互作用的蛋白激酶 PKSes 磷酸化，提出了 SCaBP-PKS 信号转导途径中普遍存在的新调控机制。章文华研究组证明，磷脂酶 D 和水解产物磷脂酸通过调控 MPK6 来调节拟南芥的盐胁迫信号转导。陈受宜研究组结果表明，OsSIK1 通过调节氧化还原稳态调控水稻的耐盐与抗干旱能力。李霞研究组发现，AtBI1 和内质网胁迫反应参与了水分胁迫诱导的 PCD 的调控。武维华研究组探明，CPK10 与 HSP1 结合，通过调控 ABA 和 Ca^{2+} 依赖的气孔运动，进而控制拟南芥响应干旱胁迫的反应。熊立仲研究组揭示，DSM1 很可能是一类新的 MAPKKK，在水稻对干旱胁迫响应的信号途径早期发挥作用，通过清除活性氧损伤提高植株的抗旱能力；*DSM2* 基因则通过对叶黄素循环及 ABA 合成的调控影响植物对干旱的抗性。夏光敏研究组分析发现，TaCHP 是一个连接依赖 ABA 与不依赖 ABA 两条途径的关键组分，通过 MYB15 间接促进 *CBF3* 及 *DREB2A* 两个基因的表达来参与非生物胁迫的应答反应。宋纯鹏研究组证明，在拟南芥的侧根发育过程中，MPK6 在响应 H_2O_2 而进行的 NO 合成以及信号转导中具有重要的功能。严小龙研究组发现，大豆中的 WNK 激酶主要通过对 ABA 稳态的精细调节来调控大豆侧根的形成。吴少杰研究组阐明，XPO1A 对植物的正常生长发育并非必需，但对植物的耐热非常关键，是植物中响应热胁迫反应的特异的细胞核转运受体，参与了植物抵抗热诱导的氧化胁迫的保护过程。赵立群研究组证实，NO 处于 HS 信号转导途径中 AtCaM3 的上游，并通过影响 HS 转录因子的 DNA 结合活性以及热激蛋白的积累增强植物的耐热性。于素梅研究组揭示，水稻在冷适应中利用不同的信号通路以获得持续而互补的功能效应，DREB1 反应迅速而短暂，而 MYBS3 则反应较慢。刘小京研究组提出了植物通过生成 NO 响应 Zn 毒害以及适应 Zn 过量环境的重要途径。CBP2 通过结合 lysoPC 和 lysoPL2，促进 lysoPC 的降解，以增强植物对镉（Cd）诱导的氧化胁迫的耐受性。谢旗研究组阐明，OsDIS1 在转录水平上通过调节一系列逆境相关基因的表达，而在翻译后水平通过与 OsNek6 的相互作用调控水稻的干旱胁迫响应。沈文飙研究组发现，HY1 参与调控植物盐驯化反应的过程需要峰 II 型 ROS 的参与。陈受宜研究组认为，大豆 NAC 转录因子在参与不同非生物胁迫应答和激素应答反应时具有不同的响应方式。张劲松研究组发现，NEKs 不仅参与细胞周期的调控，还在植物生长及抗逆性方面发挥重要作用。郭毅研究组的工作显示，水稻 OsTRXh1 通过调节质外体的氧化还原反应从而影响植物的发育和对胁迫应答的响应。华学军研究组分析表明，积累脯氨酸可降低植物对高温胁迫的耐受性。郑绍建研究组首次证明，半纤维素（HC）是铝积累的主要的"库"，铝诱导的木葡聚糖转移酶（XET）活性的降低在铝抑制根生长的过程中起重要作用。周东美研究组认为，吸收和毒害是 ψ_0^o 的双重功能（即改变质膜表面离子的活性和跨膜的电势差），提高了阳离子吸收的电势驱动力，降低了跨膜吸收阴离子的驱动力。

谢旗研究组的实验表明，位于内质网膜上的 UBC32 是 ERAD 的活性组分，参与了 BR 诱导的盐胁迫反应，BR 信号转导在耐盐胁迫反应中发挥作用。陈少良研究组发现，在盐胁迫下 EM 植株释放额外的 Ca^{2+} 可以维持体内的 K^+/Na^+ 平衡。黄荣峰研究组的结果显示，ERF 类转录因子可通过调控抗氧化物质的合成来调节植物对盐胁迫的应答反应。熊立仲研究组证明，OsbZIP46 是 ABA 信号转导通路的正调控因子，在自身被激活后参与对干旱、高温和 H_2O_2 胁迫的响应。刘栋研究组发现，拟南芥 PPR 蛋白 SLG1 突变可造成线粒体基因 nad3（编码线粒体电子传递链复合物 I 中的一个亚基）的 mRNA 编辑障碍，极大地影响了该复合物的 NADH 脱氢酶活性，生成 ATP 的能力下降，并导致保卫细胞积累大量活性氧。朱正歌研究揭示，OsPIN3t 能促进水稻中根和冠根的发育，进而提高水稻的抗旱能力。高俊平研究组的结果显示，RhNAC2 和 RhEXPA4 均参与调节月季花瓣的耐失水性和花瓣的扩展能力，RhNAC2 可能直接调节 RhEXPA4 的表达。董江丽研究组推测，MtCAS31 通过影响气孔密度进而提高植株的抗旱性。林赞标研究组认为，AtGSTU17 作为胁迫介导的信号途径的负调节因子，在干旱和盐胁迫的适应性反应中发挥作用。邢达研究组结果表明，拟南芥中 MPK6 介导的 cVPE 激活在热激发诱导的细胞编程性死亡过程中起重要作用。孙大业研究组发现，AtPLC9 基因组成型表达，AtPLC9 定位于细胞质膜，在拟南芥耐热中发挥作用。李冰研究组结果表明，拟南芥环核苷酸门控离子通道 6（CNGC6）介导了热诱导的 Ca^{2+} 内流、促进热休克蛋白（HSP）基因的表达以及植物耐热性的获得，CNGC6 基因在拟南芥中组成型表达，CNGC6 蛋白定位于细胞质膜；AtDjB1 定位于线粒体，与线粒体 HSC70-1 相互作用，在维持细胞氧化还原稳态中发挥重要作用，且通过阻止细胞发生热诱导的氧化破坏而增强植物的耐热性。郭房庆研究组阐明，chloroplast ribosomal protein S1（RPS1）是一个热反应蛋白，在叶绿体蛋白生物合成中发挥作用，是一条热胁迫后叶绿体组分表达调节 HsfA2 的热反应逆向途径。靳宗洛研究组鉴定到拟南芥中 3 个定位于不同细胞区室的 CSDs 的 CCS-依赖和 CCS-独立的激活通路；在细胞质中，CSD1 的主要激活通路是 CCS-依赖和 CCS-独立的途径，与人类的 CSD 相似；在叶绿体中，CSD2 激活完全依靠 CCS，类似于酵母的 CSD；氧化物酶体定位的 CSD3 通过与线虫 CSD 相似的 CCS 独立途径，在 CCS 缺失情况下仍然保持活性，在拟南芥中，谷胱甘肽在 CCS 独立的激活通路中起作用，但需要一个额外的因子。贾文锁研究组并鉴定到一个受还原剂抑制的 PTPase1（ZmRIP1），其具有一种独特的氧化还原调节模式和信号通路，ZmRIP1 能被还原剂去活化，在它的活性中心附近发现了 1 个半胱氨酸残基（Cys-181），该残基能够调控这种独特的氧化还原调节模式。凌宏清研究组发现，3 个基本螺旋-环-螺旋（bHLH）转录因子 [FER 类似的缺乏引起的转录因子（FIT）、AtbHLH38 和 AtbHLH39] 参与植物 Fe 稳态和植物对 Cd 胁迫的响应；Nicotiananamine（NA）是植物体内活化和转运铁的主要螯合物，它的增多可增强 Cd 胁迫时铁离子向地上部的转运，从而缓解由 Cd 胁迫引起的植物缺铁并发症。徐进研究组结果显示，重金属超富集植物龙葵和低累积植物托鲁巴姆对 Cd 累积的差异主要体现在根系 Cd 吸收能力和木质部装载与运输能力。叶国桢研究组确定了 zir1 的突变是谷氨酰半胱氨酸合成酶（GSH1）第 385 位谷氨酸突变为赖氨酸造成的，谷胱甘肽在铁介导的拟南芥锌耐受性中起特定作用，是拟南芥中锌和铁之间保持交叉平衡所必需的；证明了 ATX1 在铜离子的稳态平衡中起关键作用，既耐受过量铜离子的毒害，又可耐受铜离子的缺乏。龚继明研究组认为，拟南芥中 SpHMT1 行使功能需要 PCs，通过应用 SpHMT1 改造植物以降低金属在食用组织中的积累进而提高食品安全性是可行的方案。向成斌研究组发现，百草枯是 AtPDR11 的底物，突变体 pqt24-1 通过减少植物细胞中百草枯的摄入从而增强对百草枯的耐受性。

张劲松研究组结果显示，OsSIK2 可能在发育过程中整合胁迫信号使植物在不利环境条件下得以适应性生长。熊立仲研究组发现了一个干旱诱导蜡积累的水稻基因 DWA1，编码一个复合酶，在维管植物中非常保守，通过调节干旱诱导表皮蜡沉积从而调控抗旱性。向成斌研究组揭示，AtEDT1/HDG11 可同时提高水稻的抗逆性和产量。金京波研究组证实，核定位蛋白 Cyclin H;1（CYCH;1）可通过抑制 H_2O_2 产生来维持体内氧化还原的动态平衡。李霞研究组揭示，AtKPNB1 通过不依赖于 ABI1 及 ABI5 的途径调控植物对 ABA 的响应及对干旱胁迫的耐受性。林赞标研究组报道，ERF1 通过对胁迫相关基因的调控在植物对盐、干旱及热胁迫的反应中发挥重要作用。王石平研究组提出了 WRKY13 的工作模式，即通过与 SNAC1、WRKY45-1 及自身基因启动子的特异位点、序列的顺式作用元件结合，进而在病原微生物增殖的维管束和与抗旱相关的气孔保卫细胞中发挥作用，调控非生物和生物胁迫信号通路的相互作用，导致抗旱性降低及对 Xoo 的抗病性增强。郭岩研究组结果证实，微丝骨架的动态变化不仅作用于 Ca^{2+} 信号的下游，且作用于 Ca^{2+} 信号的上游，参与其释放的调控过程，为阐明微丝骨架—Ca^{2+} 信号—盐碱逆境应答途径提供了证据。夏光敏研究组实验证明，TaOPR1 通过促进 ABA 信号途径及清除活性氧而发挥耐盐作用。余迪求研究组结果表明，VQ9 蛋白作为 WRKY8 的抑制因子维持 WRKY8 参与的盐胁迫信号调控网络；JA 通过控制 ICE 转录因子的转录功能从而调控 ICECBF/DREB1 信号通路介导的拟南芥抗冻害反应。张建华研究组认为，在根的 ASR 过程中 TFT4 通过整合 H^+ 外流、向基的 IAA 转运及 PKS5-J3 信号途径，协调根尖端对碱胁迫的反应以维持主根伸长。刘继红研究组发现，*PtrbHLH* 在冷胁迫中至少部分通过正向调控 POD 介导的活性氧清除而发挥作用。杨淑华研究组揭示，一个功能未知的蛋白 CHS1 参与调控低温下植物的生长和防卫反应，*CHS1* 的转录水平不受温度调控，但其蛋白水平受温度负调控，低温稳定 CHS1 蛋白，而高温则促进它的降解，这一过程不依赖于 26S 蛋白酶体降解途径。常怡雍研究组阐明，类型 A1 和类型 A2 的 HSF 既具有共同作用，也各自有不同功能；提出了一个在蛋白水平上 HSP101 与 HSA32 间的正向反馈途径，揭示了延长植物热驯化记忆的新机制。祁晓廷研究组在拟南芥中发现了一个新的热胁迫诱导的剪接变异体 *HsfA2-III*，其参与了 *HsfA2* 转录的自我调控。何祖华研究组发现，加热诱导的 PTGS 释放表现出跨代的表观遗传特性，且发生在形成 dsRNA 并产生 siRNAs 的关键步骤。宋纯鹏研究组揭示，植物可能在氧化胁迫或光环境波动下通过 MPK6 和 ERF6 复合体及 ROSE7/GCCbox 对 ROS 响应基因的转录进行调控。Jinn 研究组结果表明，CPN20 可介导叶绿体中 FeSOD 的激活，且不依赖于其在分子伴侣系统中的其他功能。张鹏研究组推测，由于 *SOD* 和 *CAT* 基因的异位表达引起根中 ROS 清除能力的增强所致。郑绍建研究组发现，*WRKY46* 是迄今报道的第一个 *ALMT1* 的负调控子，该基因突变后，可上调 *ALMT1* 的表达，提高根系中铝诱导苹果酸的分泌，将铝排斥于根系之外，从而增强植物对铝胁迫的抗性。廖红研究组的试验证实，根的苹果酸盐分泌是大豆适应酸性土壤的重要机制，通过 *GmALMT1* 表达和功能调控，pH、铝和磷 3 个因子来协同调控。左建儒研究组。*PAR1* 编码一个定位于高尔基体的类 L-type 氨基酸转运体蛋白，PAR1 可能参与了细胞内向叶绿体中运输百草枯的过程。

郑绍建研究组发现，拟南芥转录因子 *WRKY46* 的表达可被干旱、盐及氧化胁迫诱导，并调控一系列参与细胞渗透和氧化胁迫相关基因的表达。李文学研究组揭示，bHLH122 对非生物逆境基因的表达具有重要作用，并通过影响 ABA 代谢途径正调控植物响应干旱、盐和渗透胁迫信号通路。张洪霞研究组阐明，拟南芥中类 TRAF 家族成员 SINA2 参与 ABA 介导的干旱响应过程。熊立仲研究组结果显示，水稻 PP2C 家族的成员 OsPP18 通过不依赖于 ABA 信号通路的方式调控干旱及氧化胁迫下 ROS 的平衡。郭岩研究组证实，拟南芥 14-3-3 蛋白抑制 SOS2 的活性，抑制 SOS 信号，且高盐抑制二者的互作。孙颖研究组认为，凝集素类受体蛋白激酶 SIT 通过增加 ROS 的产生，参与水稻高盐应答，抑制水稻生长和促进植株死亡，这一过程依赖 MPK3/6 介导的 ETH 信号。夏光敏研究组揭示，Ta-sro1 通过调节小麦体内活性氧平衡来增强 SR3 品种的耐盐能力。何玉科研究组发现一类新的植物抗热基因家族 HTT 参与 Hsfs 和 Hsps 介导的高温信号，HTT1 和 HTT2 能与 Hsp7014 和 Hsp-40 互作，共同调控植物的高温响应。赵立群研究组分析表明，H_2O_2 作用于 NO 的上游，调节植物的高温响应。万建民研究组发现，一个显性基因 *LTG*，编码酪蛋白激酶，该激酶通过影响 IAA 的运输、合成及信号过程进而增强水稻在营养生长时对低温的耐受能力。产祝龙研究组报道了一个 HAP 蛋白，AtHAP5A 通过结合到 *AtXTH21* 基因的启动子上调节其表达，进而调控拟南芥的低温响应。刘国道研究组发现，一个新的苹果酸酶 SgME1，该酶通过调节苹果酸的合成与外渗过程，参与调控柱花草对铝毒的耐受能力。林咸永研究组阐明，硝酸还原酶（NR）诱导的早期 NO 暴发在小麦铝胁迫响应过程中具有重要的增强抗氧化功能。郑绍建研究组发现了一个编码 O-乙酰转移酶（O-acetylation）的基因 *TBL27*，该基因参与调控木葡聚糖的 O-乙酰化水平，直接影响了铝与拟南芥细胞壁半纤维素的结合能力。

战祥强研究组与美国的科研单位合作发现，一个在植物 ABA 胁迫应答途径中起关键作用的 RNA 剪接因子 ROA1；作为拟南芥中唯一一个同时具有 PWI 和 RRM 结构域的蛋白，ROA1 的功能缺失导致许多与植物生长发育和逆境胁迫应答相关基因的剪接出现异常。

（三）第三个五年（2014—2018 年）

秦峰研究组发现，位于玉米第 10 号染色体上的一个编码 NAC 转录因子的基因 *ZmNAC111* 对玉米耐旱性起重要作用；确定了在 ABA 和干旱响应中具有正调控作用的 RING 型泛素连接酶 E3，并详细阐明了其泛素连接酶活性可以通过 SnRK2.6 介导的蛋白质磷酸化进行调控。巩志忠研究组认为，ABI1 被 U-box 类型泛素连接酶 PUB12/13 降解。陈受宜研究组和张劲松研究组揭示，GmWRKY27 与 GmMYB174 能发生互作并共同调节负调控因子 *GmNAC29* 的表达来增强大豆抗逆性。林鸿宣研究组报道了水稻中的转录共激活子 DCA1 为 CHY 型锌指蛋白，与 DST 形成异源四聚体，且正调控 DST 的转录活性，通过调节保卫细胞 H_2O_2 的稳态控制气孔开度来调控植物耐逆性。山东大学夏光敏研究组发现小麦蓝光响应因子 TaGBF1 调节小麦对盐胁迫的响应依赖 *ABI5* 基因，参与小麦的抗盐胁迫过程。章文华研究组证明，在盐胁迫下，水稻中高亲和力 K^+ 转运蛋白 OsHKT1；1 能减少茎中 Na^+ 浓度，使水稻抗盐能力增强；OsMYBc 通过结合到 *OsHKT1；1* 基因启动子特定的靶位点来调节 *OsHKT1；1* 基因的表达。郑绍建研究组发现，VuS-TOP1 主要通过调节 *VuMATA1* 的表达应答酸性环境，而在碱性环境中的作用不大。杨淑华研究组阐明了蛋白激酶 OST1 增强植物抗冻能力的分子机理。李霞研究组筛选到一个受低温诱导表达的基因 TCF1，TCF1 的缺失导致 BCB 基因表达下调，从而使木质素合成减少，植物抗冻能力降低。林鸿宣研究组成功克隆到控制非洲稻抗高温的主效 QTL——OgTT1，编码一个 26S 蛋白酶体的 α2 亚基，该蛋白能使细胞中的蛋白酶体在高温下对泛素化底物的降解速度更快，更加有效并及时清除高温下的变性蛋白，降低水稻细胞中毒性蛋白的种类和数量，进而保护水稻细胞在高温下免受伤害。曹树青研究组筛选和鉴定到一个拟南芥耐镉突变体 xcd1-D，并克隆其相应基因 MAN3，编码一个 1,4-糖苷水解酶；镉胁迫诱导 MAN3 基因表达、增加甘露聚糖水解酶活性及甘露糖水平，激活谷胱甘肽依赖的植物螯合素合成途径上的相关基因协调表达，增强植物对镉的耐受性。郭岩研究组结果表明，NCA1 编码一个 N 端有 RING-finger 结构且 C 端含有重复四聚肽类螺旋结构域的蛋白，NAC1 定位于细胞质中并通过 C 端结构与 CAT2（CATA-LASE2）互作，而 N 端与锌离子结合，可有效增强 CAT2 的酶活，即 NCA1 是调控过氧化氢酶活性的重要蛋白。

秦峰研究组获得玉米一个位于第 9 号染色体上的基因 ZmVPP1，编码定位于液泡膜上的质子泵——焦磷酸水解酶，该基因启动子前端插入了 366 个碱基的 DNA 片段（indel-379），包括 3 个 MYB 正向作用元件，使得抗旱品种中的 Zm-VPP1 基因在干旱下表达水平上调。王永飞研究组发现，S 型阴离子通道蛋白 SLAC1 和 SLAH3 通过与细胞质膜内向 K^+ 通道 KAT1 蛋白互作，抑制气孔开放。朱健康研究组揭示，HCF106 与 THF1 在遗传上处于同一条信号通路，二者形成复合体共同参与保卫细胞中 ROS 产生及干旱胁迫下气孔运动；ABA 信号转导途径中的转录因子 ABI4 作为 miR165/166 介导通路的下游因子，直接被 miR165/166 靶标基因 PHB 所调控；miR165/166 表达降低所致的 ABA 水平升高部分是通过 miR165/166 靶标 PHB 直接增加 BG1 表达水平，将非活性 ABA 转化为活性 ABA。张伟研究组证实，拟南芥硫胺素（维生素 B_1）噻唑合酶（THI1）参与 ABA 介导的气孔关闭及对干旱的响应，THI1 互作因子钙依赖蛋白激酶 CPK33，该激酶活性是负向调控气孔关闭及维持离子通道活性所必需的，而 THI1 能抑制其活性。刘继红研究组筛选获得调控 ADC 基因的转录因子 PtrNAC72，C 端含有一个核定位信号，具有转录活性，可与 PtADC 启动子区的 CACG 结合，具有转录抑制活。赵立群研究组研究表明，CaM1 和 CaM4 正向调控植物对盐胁迫的响应，NO 清除因子亚硝基谷胱甘肽还原酶（GSNOR）负调控植物对盐胁迫的抗性，CaM 蛋白在盐胁迫下通过结合 GSNOR 抑制其活性，增强体内 NO 水平，正向调控植物对盐胁迫的抗性。黄荣峰研究组发现，盐胁迫与 ETH 拮抗调节 COP1

蛋白在细胞中的定位，控制种子萌发。华学军研究组和金京波研究组揭示，脯氨酸合成的关键限速酶基因 *P5CS* 在短至 1 h 的盐胁迫预处理下即可形成记忆，在后续受到更强盐胁迫时被迅速活化，基因表达水平远高于初次预胁迫；*P5CS* 的记忆时间（即 2 次胁迫间的时间间隔）可长达 5 d，多次胁迫刺激可增强这种记忆响应，且这种记忆响应局限于植株地上部分，且依赖于光，即植株只有在光照下受到第二次胁迫时才能够迅速诱导 *P5CS* 的活化。朱延明研究组筛选获得了大豆钙依赖激酶 GsCBRLK 的相互作用蛋白 GsMSRB5a（甲硫氨酸硫氧化物还原酶），过表达 *GsCBRLK* 与 *GsMSRB5a* 均可提高拟南芥抗碱性，GsCBRLK 与 GsMSRB5a 可通过调控 ROS 合成及信号途径的基因表达来抑制 ROS 产生。杨淑华研究组和朱健康研究组结果表明，冷驯化后的 *cbfs* 表现出极度冻敏感表型，大量冷响应基因（COR）在 *cbfs* 突变体中发生改变。周艳虹研究组发现，番茄中远红光与红光的受体光敏色素 A（phyA）和光敏色素 B（phyB）通过调节植物体内 ABA 和 JA 含量、ABA 和 JA 相关基因及 CBF 信号通路基因的表达来调控植物对冷胁迫的抗性。何跃辉研究组阐释，FLC 上的一个用于 PcG 沉默成核区域中的顺式调节 DNA 元件及能同时识别该元件和组蛋白标记的反式蛋白 VAL1 及 VAL2 调控春化介导的 FLC 沉默，VAL1 和 VAL2 与 LHP1 蛋白互作并介导 LHP1 结合到 FLC 上，从而在春化过程中在 FLC 成核区域建立 H3K27me3 峰值，并能被植物记忆，使植物仅在温暖下开花。刘宏涛研究组和徐小冬研究组同时报道，环境信号通过调控 COR27 与 COR28 来影响生物节律和低温应答。薛勇彪研究组和程祝宽研究组合作，成功克隆一个耐热基因 *TOGR1*，编码细胞核定位的 DEAD-box RNA 解旋酶，TOGR1 作为 pre-rRNA 的分子伴侣保证了高温下细胞分裂所需的 rRNA 有效加工，增强了水稻耐热能力。薛勇彪研究组与钱文峰研究组合作证明，EG1 通过介导高温依赖的线粒体脂酶途径来保证花器官决定基因的正常表达，进而促进不同环境中花器官的稳态发育。涂巨民研究组发现，水稻 E3 泛素连接酶 OsHAT 定位于细胞质和细胞核中，调节高温下 ROS 产生，并正调控高温时 ABA 合成，从而调控高温下气孔的关闭过程。施明哲研究组揭示，*GDH2* 是 EIN3 的靶基因，编码谷氨酸脱氢酶的一个亚基，参与植物缺氧和复氧反应，为促进作物抗涝性状改良提供新切入点。张阿英研究组鉴定到玉米中的一个 NAC 转录因子 ZmNAC84，它能在体内和体外与 ZmCCaMK 互作，在依赖于 ZmCCaMK 的 ABA 诱导的氧化抗性中起关键作用。向成斌研究组获得一个编码 E3 泛素连接酶的 *PQT3* 基因，其互作蛋白 PRMT4b，该蛋白通过增强 *APX1* 以及 *GPX1* 基因的 H3R17 甲基化，正向调控这两个基因的表达水平，从而在植物应答氧化胁迫过程中发挥正调控作用。

杨淑华研究组筛选到一个细胞膜定位的冷响应蛋白激酶 CRPK1，CRPK1 激酶受低温诱导激活，激活的 CRPK1 通过磷酸化 14-3-3 蛋白促使其从细胞质向细胞核迁移；细胞核中的 14-3-3 蛋白能与低温信号重要的转录因子 CBF1 和 CBF3 互作，并促使 CBF1 与 CBF3 蛋白在低温下降解，从而负调控植物抗冻能力；首次阐明了低温信号由细胞膜传递到细胞核的分子机理。杨淑华研究组和朱健康研究组以背靠背形式分别发文阐明，拟南芥 MPK3/6 的激酶活性受低温诱导激活，激活的 MPK3/6 与 ICE1 互作并磷酸化 ICE1 蛋白，该过程导致 ICE1 蛋白降解，造成植物抗冻性降低。杨淑华研究组与李继刚研究组合作发现，光信号关键转录因子 PIF3 负调控植物的抗冻性；BZR1 作用于 CBF 的上游，通过正调节 CBF 基因的表达来调控植物抗冻性；BZR1 还通过不依赖 CBF 的途径调控植物的抗冻性。种康研究组在水稻中发现了与拟南芥 MAPK-ICE1 不同的耐寒信号途径，通过转录因子 OsbHLH002，建立起激酶级联信号、渗透保护物质和非生物胁迫间的联系，揭示了 OsMAPK3-OsbHLH002-OsTPP1 调控水稻对低温响应和耐受的新途径。李自超研究组鉴定到一个水稻孕穗期耐冷基因 CTB4a，编码一个类受体蛋白激酶，其与 ATPase 的 β 亚基 AtpB 互作，增强水稻在低温下的 ATP 酶活性和 ATP 含量。陈晓亚研究组揭示了植物花絮抵抗高温胁迫的分子机理，突变 SPL1 和 SPL12 基因在高温调控的转录重编程中发挥重要作用，可造成植物花絮对高温超敏感，过表达 SPL1/12 则使植物在生殖生长阶段表现出极高的抗高温能力。华学军研究组发现，植物对盐胁迫诱导的脯氨酸积累是可记忆的，当植物再次遭受盐胁迫时，脯氨酸合成酶 P5CS1 基因表达显著增强，且这种记忆诱导依赖光；光信号重要组分 HY5 能够直接结合到 P5CS1 启动子区的 C/A-box 顺式元件上，调控盐胁迫诱导的 P5CS1 的 H3K4me3 甲基化修饰，进而调控 P5CS1 在胁迫条件下的转录记忆。晁代印研究组究不仅证明 AtHKT1 基因在植物盐适应性中的作用，还揭示了植物新的耐盐机制，AtHKT1 的表达水平与拟南芥对盐的适应性呈正相关，AtHKT1 基因是影响野生型与 Tsu-1 对盐适应性不同的关键基因，Tsu-1 的耐盐性由地上部的 AtHKT1 基因决定，而 Col-0 的耐盐性由根中的 AtHKT1 基因决定；Tsu-1 的 AtHKT1 基因在茎中高表达，且比野生型的 AtHKT1 基因更能限制花中的钠积累，使得 Tsu-1 在盐胁迫下比 Col-0 具有更高的育性，有助于 Tsu-1 对沿海环境的适应。朱健康研究组筛选到一个由 NUP85 基因突变所致的抑制因子，ABA 与盐胁迫诱导了 RD29A、COR15A 和 COR47 等基因的表达；NUP85、HOS1、其他核孔蛋白及中介体亚基结合在一起形成

nup107-160 复合体，MED18 与 NUP85 间有直接的物理交互作用；获得了一种新的 ABA 活性类似物 AMF4，可与 ABA 受体 PYL 形成更多的氢键，显著增强其对 ABA 受体的亲和性，外源喷施 AMF 能持续抑制气孔的开放和激活干旱逆境响应基因，有效提高植物的抗旱能力。代明球研究组暗示，ZmPP2CA-10 可能参与调控玉米中 ABA 信号响应。

朱健康研究组发现，细胞壁 LRX 蛋白家族多突变体植株表现出对盐胁迫非常敏感的表型，LRX 蛋白与 RALF 多肽以及细胞膜受体类激酶 FERONIA 形成一个元件调控植物生长和耐盐性。朱健康和王镇研究组探明开花抑制子 SVP 通过调控 ABA 代谢提高拟南芥的抗旱性机制。刘选明和林建中研究组破译了一个能降低土地盐碱化对水稻产量影响的类受体胞质激酶 1（STRK1），其可通过磷酸化和激活 CatC 调节 H_2O_2 体内平衡来改善盐及氧化胁迫的耐受性。范六民研究组报道了 MYB 亚家族转录因子 RSM1 蛋白与 HY5/HYH 蛋白互作，并作用于 ABI5 启动子区，调控 ABA 和非生物逆境（盐）胁迫相关基因的应答。黄俊丽研究组揭示，水稻 MADS-box 家族转录因子 OsMADS25 蛋白可与谷胱甘肽 S-转移酶基因 OsGST4 的启动子直接结合，通过 ABA 介导的调控通路和 ROS 清除共同调控水稻的根系生长和耐盐性。蒋才富研究组克隆了调控叶片 Na^+ 含量的主效基因 ZmNC1，编码一个 Na^+ 选择性离子转运蛋白 ZmHKT1，其可通过抑制 Na^+ 由根向地上部运输提高玉米的耐盐能力。郝玉金研究组阐释，苹果葡萄糖感知因子己糖激酶 MdHXK1 可磷酸化 Na^+/H^+ 交换蛋白 MdNHX1，以提高其蛋白稳定性，增强苹果耐盐性。张举仁研究组发现，玉米 bZIP 转录因子 ZmbZIP4 不仅正调控逆境激素 ABA 的合成，还通过调控根发育相关基因的表达，正调控侧根的数量及主根伸长，增强玉米抵抗干旱和盐胁迫的能力。李自超研究组报道了 ERF 家族转录因子 OsLG3 正向调控水稻的干旱抗性。宋纯鹏研究组分离出一种与野生型植株相比气孔变小且抗旱性增强的拟南芥突变体 bzu1，BZU1 编码一种已知的乙酰辅酶 A 合成酶 ACN1，BZU1/ACN1 介导的乙酸-苹果酸旁路通过控制拟南芥保卫细胞的膨压进而调节其抗旱性。熊立仲研究组阐明了水稻逃旱性由依赖以及不依赖 ABA 的多条途径协调控制。储成才研究组和王喜萍研究组合作发现了一个在进化过程中受到强烈选择的粳稻耐低温基因 bZIP73，编码区第 511 位单核苷酸多态性（SNP）决定了籼、粳分化及低温的耐受性差异。种康研究组结果显示，水稻 MADS-box 转录因子家族 OsMADS57 协同其互作蛋白 OsTB1 调控水稻的低温耐受性，二者对低温防御反应的调控依赖其共同靶基因 OsWRKY94；OsMADS57 具有平衡器官发生和防御反应的分子开关特性，常温下 OsMADS57 与

OsTB1 蛋白互作，抑制独脚金内酯受体基因 *D14* 的转录，促进水稻侧芽分化及分蘖形成；低温下，OsMADS57 与 OsTB1 通过直接激活 *OsWRKY94* 的转录，启动防御反应。郝玉金研究组鉴定到苹果的 R2R3-MYB 转录因子 MdMYB23，可与 *MdCBF1* 和 *MdCBF2* 的启动子结合并激活其表达，也能与原花青素生物合成的关键调节基因 *MdANR* 的启动子互作，促进原花青素的积累和活性氧清除。宋波涛和谢从华研究组揭示了马铃薯精氨酸脱羧酶调控的腐胺合成是响应低温的重要途径，首次证明转录因子 CBF 信号途径参与 *ADC1* 基因调控的马铃薯驯化抗寒。杨淑华研究组发现了新生多肽链偶联蛋白复合体 β 亚基 BTF3L 正调控植物的低温应答，低温条件下，BTF3L 蛋白被蛋白激酶 OST1 磷酸化，导致 BTF3L 与 CBFs 蛋白互作增强，提高 CBFs 蛋白的稳定性，增强植物的抗冻能力。何跃辉研究组报道，FRI（FRIGIDA）通过超级复合体改变 FLC 位点的局部染色质环境，激活 *FLC* 表达，促进转录延伸和共转录加工，防止植物冬前开花，需经历冬季低温锻炼后才具备开花的潜力，阐明了植物特异性支架蛋白 FRI 介导拟南芥越冬习性形成的分子机制。

郭岩研究组揭示了 Ca^{2+} 依赖激活的 SOS 途径负调控盐胁迫诱导的 $[Ca^{2+}]_{cyt}$，AtANN4 具有 Ca^{2+} 通道活性，促进盐胁迫下 Ca^{2+} 内向转运，参与激活 SOS 途径；SCaBP8 介导 AtANN4 与 SOS2 互作并增强 SOS2 对 AtANN4 的磷酸化修饰，同时磷酸化修饰后的 AtANN4 对 SCaBP8 具有更高的亲和力，即盐胁迫稳定了 SCaBP8-AtANN4-SOS2 蛋白复合体；该复合体通过抑制 AtANN4 的活性（即信号通路的下游组分 SCaBP8-SOS2）形成负反馈调控环抑制 AtANN4 的活性，最终形成盐胁迫下特异的 Ca^{2+} 信号，参与植物长期的盐胁迫响应。何祖华研究组发现高温造成的提早开花及抗病性降低可以传递给下一代，表现出传代记忆效应，长期的高温能激活 HSFA2，HSFA2 进而激活编码 H3K27me3 的去甲基化酶基因 *REF6* 和染色质重塑因子基因 *BRM*（*BRAHMA*）的表达，REF6 和 BRM 反过来降低 HSFA2 位点上的 H3K27me3 修饰水平，提高 *HSFA2* 的表达，形成 REF6-HSFA2 正向反馈环；同时 HSFA2 直接激活编码 E3 泛素连接酶基因 *SGIP1* 的表达，SGIP1 蛋白参与降解转录后基因沉默（PTGS）调节因子 SGS3，抑制 ta-siRNAs 的产生。REF6-HSFA2 反馈环和 ta-siRNAs 含量下降共同作用，上调它们的共同靶标 *HTT5* 基因的表达，导致植物提早开花和感病性增加；揭示了一个由组蛋白去甲基化酶、染色质重塑因子、转录因子、泛素连接酶和小 RNA 共同组成的表观调控网络，维持植物对高温记忆传代的机制。

（四）第四个五年（2019—2022 年）

郭岩研究组揭示了以 BIN2 为代表的 GSK3 类蛋白激酶协调盐胁迫响应和生长恢复的机制，植物受盐胁迫时，BIN2 从细胞质膜解离至细胞质，减少 BIN2 对蛋白激酶 SOS2 的抑制作用，进而激活盐胁迫响应；增强 BIN2 对转录因子 BZR1 和 BES1 的抑制，从而抑制植物的生长；盐胁迫退去的恢复阶段，特异的钙信号使钙结合蛋白 SOS3 和 SCaBP8 促进 BIN2 在细胞质膜上定位，并增强 BIN2 对 SOS2 的抑制作用，进而抑制盐胁迫响应；而 BZR1 和 BES1 的转录活性得以释放，促进植物快速恢复生长。

林鸿宣研究组定位并克隆了编码 G 蛋白 γ 亚基的基因 *TT2*，热带粳稻来源的 TT2 存在一个 SNP，使其编码一个提前终止形式的蛋白，NIL-TT-2^{HPS32} 植株具有较强的耐热性，且成熟期的单株产量显著提高；而在高温敏感的温带粳稻中，该 SNP 占比较低。在高温敏感的对照株系中，蜡质相关调控基因受热诱导显著下调，而在 NIL-TT2HPS32 株系中有一部分蜡质基因（包括一个正向调控蜡质合成的重要转录因子 *OsWR2* 基因）不响应热并且表达稳定。敲除 NIL-TT2^{HPS32} 株系中 *OsWR2* 使其耐高温表型消失，即在高温胁迫下维持正常的蜡质含量对水稻的耐热性至关重要；水稻钙调素结合转录因子（CAMTA）家族成员 SCT1 可直接结合 *OsWR2* 的启动子，影响 *OsWR2* 的表达，负调控水稻的耐热性；高温提高细胞内的 Ca^{2+} 浓度，诱导 SCT1 与钙调素相互作用，抑制 *OsWR2* 的表达。

杨淑华研究组发现转录因子 ZmICE1 参与低温诱导的代谢调控过程，过表达 *ZmICE1* 可以显著增强玉米萌发期以及苗期的耐冷性，即 ZmICE1 是玉米耐冷性的正调控因子；利用 RNA-seq 及 ChIP-seq 鉴定到 802 个 ZmICE1 的直接靶基因，除 *ZmDREB1s* 和 *ZmERFs* 等冷响应基因外，超过半数的靶基因参与各种代谢过程；其中一类 ZmASs 基因编码 Glu-Asn 合成关键酶，在氮代谢中发挥重要作用。*ZmICE1* 启动子区 SNP-465 位点变异影响了 ZmMYB39 转录因子与 *ZmICE1* 启动子的结合，影响 *ZmICE1* 的转录水平；耐冷单倍型中，ZmMYB39 与 *ZmICE1* 启动子区的结合能力增强，*ZmICE1* 转录水平增高；ZmICE1 蛋白一方面促进冷响应基因（如 *ZmDREB1s*）的表达，另一方面通过抑制 *ZmAS* 的表达降低 Glu/Asn 的生物合成，从而减少由 Glu 引起的线粒体活性氧（mtROS）的产生，解除 mtROS 对 DREB1s 的抑制；该研究揭示了转录因子 *ZmICE1* 调控玉米耐低温胁迫与氨基酸代谢的分子机制，为作物性状改良提供了新思路。

五、生物胁迫和适应

（一）第一个五年（2004—2008 年）

周俭民研究组发现，*NHO1* 本身表达受细菌鞭毛蛋白的诱导，而 DC3000 菌株的鞭毛蛋白是 NHO1 很强的诱导因子，但它的诱导作用是暂时的，很快就被 DC3000 菌 Type Ⅲ 分泌系统分泌的 Hop 类和 AvrPto 效应物所抑制，因而可以解除拟南芥植物的先天免疫防御。李毅研究组发现，水稻矮化病毒（RDV）外壳蛋白 P2 与 GA 合成的关键酶之一的贝壳杉烯氧化酶互作，使得被侵染植株中 GA 含量下降，造成植株矮小。朱睦元研究组发现，NO 通过 JA 途径介导黑曲霉菌诱导物诱导宿主细胞产生金丝桃素。王石平研究组揭示，水稻 *Xa13* 基因对花粉发育是必需的，该基因启动子突变导致水稻对白叶枯病抗性的改变。

张相歧和王道文研究组合作研究了小麦中的 3 个新的类受体激酶（TaRLK-R1、TaRLK-R2 和 TaRLK-R3）的功能，发现其与 GFP 融合后的蛋白都定位于细胞膜上，它们的转录本主要存在于绿色组织并受光诱导表达，三者的转录水平都在对条锈菌的 HR 反应中上调，是小麦响应条锈菌的 HR 反应的正调节因子；另外，*TaRLK-R3* 的转录本还受到非生物胁迫的诱导，其激酶结构域的重组蛋白在体外具有自磷酸化活性。

任东涛研究组与张舒群研究组合作研究发现，拟南芥中 MPK3 和 MPK6 参与的 MAPK 级联信号系统的激活是诱导拟南芥植保素 camalexin 合成的关键信号。周俭民研究组发现，AvrPto 能结合受体激酶，包括拟南芥 FLS2、EFR 和番茄 Le-FLS2，阻断植物的先天免疫反应；AvrPto 识别抗性蛋白的机制与 Pto 的进化相关联，后者和 Prf 一起识别细菌并激发强烈抗性。王石平研究组发现，*GH3-8* 是 IAA 原初响应基因家族 *GH3* 中的一员，编码一个 IAA 氨基化合成酶，该酶通过抑制自由 IAA 的积累，调节 IAA 在水稻中的平衡，抑制细胞壁扩张蛋白的表达，增强水稻的抗病能力，并不依赖水杨酸或 JA 介导的抗病途径。张忠明研究组结果表明，SymRK 互作蛋白 SIP 在百脉根早期根瘤发育中表达和发挥功能，该蛋白与 *NIN* 基因表达的调节及根瘤菌与宿主细胞的信号交流有关。何光存研究组发现，在敏感水稻中，虽然也形成了胼胝质，但很快就被褐飞虱诱导表达的 β-1,3-葡聚糖酶降解，营养物被昆虫吸走，致使植物体内蔗糖含量下降，后者进而诱导与淀粉降解相关的基因 *RAmy3D* 表达，最终导致碳水化合物匮乏和植株死亡。

娄永根研究组提示，*OsHI-LOX* 表达下调的植株对褐飞虱的抗性与 H_2O_2、

SA 和超敏（HR）反应有关，*OsHI-LOX* 可能与 JA 合成有关，调控水稻对口吸式和咀食性昆虫的不同反应。周俭民研究组的结果表明，*EIN3* 和 *EIL1* 通过与转录因子 *SID2* 互作来负调控 *PAMP* 防线，而之前对 *EIN3* 和 *EIL1* 的研究则只集中在 ETH 信号转导方面，为 ETH 途径和水杨酸途径的相互耦合提供了直接的证据。张正光和王源超研究组证实，在植物的 HCD 与胁迫引起的酵母细胞死亡过程中有一条共同的 LCB2 参与的信号转导途径，LCB2 可通过抑制活性氧的积累来抵御细胞死亡，而且这种抑制作用是不依赖于其丝氨酸棕榈酰转移酶活性的。

（二）第二个五年（2009—2013 年）

周俭民研究组发现，MKK5 是 HopF2 抑制 PTI 机制中的一个重要靶标蛋白，它通过 ADP-核糖基化修饰抑制 MKK5 的激酶活性来抑制 MAPK 级联途径，最终导致 PTI 反应降低；RIN4 可能作用于 MPK4 的下游，是 JA 信号途径的一个正调控因子。张跃林研究组证明，TPR1 作为一个转录共抑制子行使功能，且在体内与组蛋白去甲基化酶 HDA19 相互作用，2 个编码植物防卫反应负调控因子 DND1 和 DND2 的基因可能是 TPR1 的直接目标，暗示 TPR1 可能通过抑制负调控因子的表达来激活抗性蛋白介导的植物防卫反应。郭惠珊研究组报道，RDR1 具有双重功能，一是参与水杨酸介导的抗病毒反应，二是抑制 RDR6 介导的抗病毒 RNA 沉默反应。

杨淑华研究组鉴定到 2 个与 BON1 互作的类受体蛋白激酶 BIR1 和 BAK1，二者能发生相互作用；BON1、BIR1 和 BAK1 作用于同一条信号通路，可能通过 BAK1 对 BIR1 和 BON1 的磷酸化，调节各自蛋白的活性并负调控多个抗病 *R* 基因的表达或 R 蛋白的活性，从而介导温度依赖植物的生长发育和免疫反应。谢旗研究组发现，C2 蛋白对植物宿主蛋白 SAMDC1 的正调控过程能影响植物宿主对自身基因以及病毒基因组的从头甲基化过程，进而影响植物宿主基因沉默介导的抗病毒防御反应和病毒 DNA 在植物宿主中的积累。窦道龙研究组证实，PsCRN63 诱导细胞死亡，而 PsCRN115 则有抑制细胞死亡的作用，即病原菌有一个精确的调控机制以保证其寄生繁殖。潘庆华研究组结果表明，*Pik-1* 和 *Pik-2* 两个基因的组合是表达 Pik 抗性所必需的，均编码 CC-NBS-LRR 蛋白，且和 *Pik-m* 和 *Pik-p* 对应的等位基因编码的蛋白同源性非常高；*Pik-1* 和 *Pik-2* 这 2 个基因可能不是通过基因复制产生的，且和其他已鉴定的 NBS-LRR 类 *R* 基因亲缘关系较远。喻景权研究组发现，表 BR 增强根对枯萎病的抗性是通过增加处理部位和系统的 H_2O_2 含量及诱导胁迫相关基因的表达来实现。施明德揭示，低氧诱导 *AtERF732/HRE1* 的表达依赖于 ETH 信号途径，AtERF732/HRE1 是介导

ETH 响应的负调控因子，通过负调控低氧诱导的糖酵解相关基因的表达和正调控低氧诱导的过氧化物酶及细胞色素 *P450* 基因的表达来发挥作用。张跃林研究组证明，MOS14 是 SR 蛋白核定位所必需的，且是 SR 蛋白的转运子；*SNC1* 和 *RPS42* 两个基因的剪接方式的改变导致 RPS4 介导的免疫反应及基础抗性减弱。詹明才研究组推测，番茄中 SlERF5 可能通过调节 *SlRAV* 基因的表达来调控 *AtCBF1* 和 *PR* 基因的表达，从而导致抗病性的增加。储成才研究组和朱旭东研究组合作克隆到了基因 *NLS1*，编码一个典型的 CCNB-LRR 蛋白，其不依赖于 SA 和 NPR1 信号传递途径激活下游抗病防御反应。何光存研究组和娄永根研究组发现，水稻昆虫抗性途径间存在相互联系，与一般胁迫反应途径具有一定的共性，磷脂酶 D（PLDa）可能参与了这一过程。

王宏斌研究组在水稻中发现了 2 个含 lysinmotif（LysM）结构的具双功能细胞表面模式识别受体蛋白（LYP4 和 LYP6），它们能够感受细菌的肽聚糖和真菌的几丁质；首次在植物中发现了可识别跨物种（细菌与真菌）微生物病原相关分子的植物模式识别受体。邢达研究组证明了植物中 NO 参与 LPS 诱导的 NPR1 依赖型先天免疫。唐定中研究组找到了一个编码 26S 蛋白酶体亚基的基因 *RPN1a*，该基因突变可抑制 edr2 介导的白粉病抗性增强的表型，还参与了 *edr1* 和 *pmr4* 突变介导的白粉病抗性增强及白粉菌诱导的细胞死亡过程；首次发现组分 RPN1a、RTP2a 和 RPN8a 直接参与抗病反应过程，为白粉病的防治研究提供新思路。刘玉乐研究组阐明了 ERD2a 和 ERD2b 以内质网腔蛋白受体的形式工作，确保内质网质量控制（ERQC）并减轻内质网胁迫，进而影响植物程序性细胞死亡。陈志祥研究组发现了 2 个拟南芥 VQ 蛋白，其可能充当 I 类和 IIc 类 WRKY 转录因子的辅助因子，在植物生长、发育和对环境的应答过程中发挥重要作用。刘文德研究组和王国梁研究组分析并总结提出了 U-Box E3 连接酶 SPL11/PUB13 在抗性反应和开花 2 个不同生物学过程的信号途径中的作用模式。唐定中研究组克隆了一个新的 *ndr2* 抑制因子 SR1 和一个 *edr1* 的抑制因子 HPR1，SR1 是一个 CaM 结合蛋白，可与其下游基因启动子的 CGCG box 结合，激活 *EDS1*、*NDR1* 和 *EIN3* 等下游基因的表达，参与植物的抗病反应；而 HPR1 是 mRNA 加工和运输（THO/TREX）复合体的一个组分，把 mRNA 运输、白粉病抗性和 ETH 信号联系在一起。李传友研究组发现，当坏死营养型病原菌侵染拟南芥时，可诱导 IAA 合成相关基因的表达，抑制 IAA 运输，增强宿主植物对 IAA 的响应。娄永根研究组鉴定到水稻 *HPL3* 基因的功能，其编码一个介导植物特异防御反应应答的脂氢过氧化物裂解酶（HPL）Os-HPL3/CYP74B2；OsHPL3

通过影响 JAs、GLVs 及其他挥发物的含量来调控水稻防御特异性，产生对不同入侵病原菌的应答反应。王源超研究组结果显示，Avh241 既可诱导植物对 P. sojae 的易感性，又可诱导宿主细胞凋亡，后者依赖于 LxLR 诱导物在细胞质膜上的定位和 2 个 MAPK 激酶，推测 Avh241 可能通过两种不同的机制调控植物细胞的抗性反应。王石平研究组发现，C3H12 作为一个正调控因子，参与水稻对黄单孢杆菌的抗性反应。彭友良研究组结果提示，基因丢失/获得、DNA 加倍、基因家族扩增和转座子活性等都可能是稻瘟病菌基因组差异的原因。张增艳研究组分析表明，TaPIMP1 可能通过调控 ABA 和 SA 信号通路中的基因来发挥作用。方荣祥研究组揭示，病毒通过 CMV2b 调控宿主细胞 AGO4 的相关功能，为其繁殖创造一个细胞微环境。

田兴军研究组和周俭民研究组联合报道，PEPR1 能特异地与 BIK1 和 PBL1 相互作用，参与 Pep1 介导的免疫反应。李传友研究组发现，MYC2 的磷酸化及开关作用与其对 JA 响应基因的调节功能紧密联系，证实了植物能通过调节蛋白水解相偶联的转录事件精细地调节多方面的胁迫反应。唐定中研究组结果表明，BSK1 是病原菌引起免疫反应的正调控因子；BSK1 与 FLS2 的结合对 flg22 诱导的下游一系列反应是必需的，BSK1 直接参与 BR 信号转导，且是植物免疫功能的一个关键组成部分。施明哲研究组揭示，淹没反应诱导表达的 WRKY22 可通过调控固有免疫相关基因的转录来增强植物在被洪水淹没后对病原体的抵抗力。沈前华研究组阐明，MLA 免疫受体蛋白能通过与具有拮抗作用的 MYB6 和 WRKY1 转录因子相互作用，直接参与大麦白粉病抗性的转录调控。余迪求研究组证实，WRKY8 通过直接调控 ABI4、ACS6 和 ERF104 的表达量参与植物对 TMV-cg 的防御响应，具体途径可能是其在 TMV-cg 感染拟南芥的过程中介导 ABA 和 ETH 信号的相互作用。夏亦荠研究组报道，拟南芥可感受铵/硝酸盐比率，并将其作为输入信号，增强 EDS1 介导的免疫抗性反应，这一过程可能是通过调节 NO 的生成来实现的。刘建祥研究组结果显示，在 UPR 中，bZIP60 调控 NAC103 的转录，NAC103 进而结合到下游基因的启动子片段，调控 UPR 下游基因的表达以完成 UPR 信号传递。贺军民研究组提出一条 UV-B 诱导气孔关闭的信号途径，其中包括依赖于 GPA1 激活的 H_2O_2 产生及随后的依赖于 Nia1 的 NO 积累。

唐定中研究组发现，EDR1 通过与 MKK4/5 互作，负调控 MAPK 级联信号通路，从而精细调控植物的先天免疫反应。张舒群研究组认为，在植物免疫过程中，快速的 ROS 爆发及 MPK3/6 激活是处于 FLS2 下游的两个相互独立的早期事件。沈前华研究组证明，miR9863 是大麦中 NB-LRR 类蛋白 Mla 激活后期精细调控的重要组分，对保护植物免受防卫反应过度激活造成的不利影响具有重要作用。王宏斌研究组究证实，在水稻先天免疫中，OsCERK1 既可介导 PGN 也可介导几丁质信号通路，同时又与 OsLYP4 和 OsLYP6 一起作为受体参与细胞质膜的信号转导。康振生研究组在小麦中鉴定到 ADF 基因 *TaADF7*，该基因通过与微丝骨架结合影响微丝骨架蛋白的结合与分离活性来调控微丝骨架的动态平衡。杨淑华研究组鉴定出细胞质热激蛋白 HSP90 家族成员突变体 *hsp90.2* 及 *hsp90.3*，NB-ARC 及 LRR 结构域对 rpp4-1d 在温度依赖的防卫反应中发挥功能起重要作用。林金星研究组应用可变角度的全内反射荧光显微镜从单分子水平上分析了 RbohD 蛋白的分布、运动状态以及胞吞过程的变化规律，揭示植物细胞可通过调节该蛋白在质膜上的运动状态及胞吞转运方式实现对逆境自我调控的机制。王石平研究组证明，水稻 *PAD4* 与拟南芥功能不同，*OsPAD4* 参与 Xoo 介导的防卫反应途径依赖于 JA，而拟南芥 AtPAD4 介导的系统获得性防卫反应依赖于 SA。万建民研究组从水稻中克隆了抗条纹叶枯病基因 *STV11*（属于抗性的等位基因 *STV11-R*），对 RSV 的抗性依赖于 SA 介导的抗病毒途径。刘建祥研究组发现，转录因子 NAC062（又名 ANAC062/NTL6）在内质网胁迫下从细胞膜上释放出来进入细胞核，调控内质网胁迫应答基因的表达，促进植物细胞的生存。

（三）第三个五年（2014—2018 年）

张忠明研究组发现了根瘤形成因子受体（NFRs）并揭示了其下游信号通路的根瘤形成因子的形成机制。王源超研究组鉴定到一个糖苷水解酶（GH12）家族蛋白 XEG1，该蛋白具有木葡聚糖酶和 β-葡聚糖酶活性，XEG1 作为类 PAMP 的效应蛋白可通过 PAMP 机制被植物识别。唐定中研究组鉴定得到一个拟南芥未知功能基因 *EDR4*，EDR4 通过调控 EDR1 的亚细胞定位影响植物的先天免疫反应，在白粉病抗性中起负调节作用。杨淑华研究组克隆到一个 *chs3* 的抑制子，编码双特异性磷酸酶的基因 *IBR5*，IBR5 通过与分子伴侣 HSP90-SGT1b 形成复合体，共同参与 CHS3 的调控，IBR5 还参与 SNC1、RPS4 及 RPM1 介导的防卫反应。姚楠研究组报道了一个与人类碱性神经酰胺酶同源的拟南芥神经酰胺酶 AtACER 在植物生物及非生物胁迫中具有重要的生物学功能。李毅研究组与国内多家单位合作证实，水稻侵染病毒后，会诱导植株体内 *AGO1* 及 *AGO18* 的表达，AGO18 与 AGO1 共同调控水稻的抗病毒能力。王秀娥研究组鉴定得到一个编码 U-boxE3 泛素连接酶的抗白粉病基因 *CMPG1-V*，过表达 *CMPG1-V* 的转基因小麦中水杨酸响应基因表达升高并有 H_2O_2 积累，在幼苗和成年阶段显示出广谱的抗白粉病表型。娄永根研究组克隆了一个水稻 WRKY 基因 *OsWRKY53*，

OsWRKY53 与 OsMPK6 互作并抑制其体外激酶活性，负调控水稻体内 JA 及 ETH 的合成，阻止植物过度防御反应。王石平研究组阐明，WRKY42 作为转录抑制子抑制水稻对稻瘟病菌的抗性，WRKY13 直接抑制 WRKY42 的活性，而 WRKY45-2 作为转录激活子直接激活 *WRKY13* 的表达。郎志宏研究组与黄大昉研究组合作发现，响应 JA 的 AP2/ERF 转录因子 EREB58 是调控玉米 *TPS10* 基因表达的关键因子，EREB58 通过与 *TPS10* 启动子中的顺式作用元件 GCC-box 结合，激活 *TPS10* 的表达并诱导玉米产生法尼烯以及（E）-α-香柑油烯，达到间接防御的目的。

熊兴耀研究组与国外科学家合作鉴定到 3 个黄嘌呤脱氢酶基因（*XDH1*）拟南芥缺失突变株系，揭示 XDH1 在叶片不同部位分别发挥产生和清除 H_2O_2 双重对立的功能，在拟南芥对白粉病的防御反应中扮演着重要角色。董汉松研究组发现一个拟南芥水通道蛋白基因 AtPIP1;4 在植物叶片中的表达可被细菌病原菌诱导，且这种表达伴随细胞质中 H_2O_2 的积累，从而激活系统获得性抗性和 PAMP 诱导的抗性，抑制细菌的致病性。林宏辉研究组研究表明，受体激酶 BRI1 是 BR 介导的系统防御信号传递的上游元件，将 *NbBRI1* 沉默会减弱 BR 诱导的 H_2O_2 和 NO 含量上升。孙加强研究组揭示，TaMED25-TaEIL1-TaERF1 通路模块在普通小麦对白粉病抗性过程中的负调控功能及分子机制，TaMED25 蛋白与 TaEIL1（拟南芥 ETHYLENEINSENSITIVE3 的同源蛋白，负调控普通小麦对白粉病的抗性）能够互作，拮抗地激活 *TaERF1* 的转录，进而抑制抗病相关蛋白的表达和过氧化物的积累，调节普通小麦对白粉病的基础抗性。余迪求研究组发现，WRKY57 与 WRKY33 竞争性地与 VQ 蛋白 SIB1 和 SIB2 互作，并竞争性地调控 JA 激素信号途径关键抑制子 JAZ1 和 JAZ5 的表达，在一定程度上阻断茉莉素信号并削弱 WRKY33 对灰霉菌的抵抗能力。叶开温研究组在番茄储藏蛋白的启动子区域鉴定到一个 53 bp 的损伤反应顺式调控元件（SWRE），该元件调控了植物对损伤的响应，NAC 家族转录因子 IbNAC1 可特异性地结合到该元件上，在甘薯中 JA 介导的损伤响应信号途径中 IbNAC1 作为一个关键转录因子参与了转录调控的重编码过程；转录激活因子 IbbHLH3 和转录抑制因子 IbbHLH4 分别与 IbNAC1 的转录激活和抑制有关。卢建平研究组结果显示，44 个 C2H2 基因与稻瘟菌的生长、产胞、附着孢产生和致病性相关，其中 *VRF1* 基因对稻瘟菌致病性的形成很关键，它能控制附着孢的成熟；*VRF2* 基因在植物穿透和侵入生长过程中是必需的；产孢相关基因 *CON7* 对孢子分化至关重要；*MoCREA* 编码一个碳代谢抑制蛋白，是稻瘟菌葡萄糖获取过程中脂类代谢新的抑制因子。王石平研究组

揭示两个不同 *WRKY45-oe* 植株对水稻白叶枯病菌抗性差异的原因：*WRKY45-1-oe* 中，TE 元件也同时被过表达，*ST* 基因被沉默，水稻白叶枯病菌抗性降低；*WRKTY45-2-oe* 中，*WRKTY45* 过表达增强 *ST* 基因的表达，水稻白叶枯病菌抗性增强；OsDR11L 是一个负调控因子，OsDR11S 通过抑制它在转录及蛋白激酶水平上的活性进而增强水稻对 Xoo 的抗性。郭泽建研究组发现，*OsWRKY62* 与 *Os-WRKY76* 存在组成型和诱导型的可变剪接，可变剪接体的碳末端显示出对经典的 W-box 基序结合活性降低。郭惠珊研究组报道，植物 RDR1 蛋白在对抗病毒侵染中发挥重要作用，其主要影响病毒诱导的二级 siRNAs 的合成。颜永胜研究组阐释，miRNA444 对 *OsRDR1* 的影响是通过调控其靶基因 *OsMADS23*、*OsMADS27a* 和 *OsMADS57* 的表达来实现的，OsMADS23、OsMADS27a 和 OsMADS57 三个蛋白能形成同源或异源二聚体并结合到 OsRDR1 的启动子上进而抑制其表达。周俭民研究组发现，XLG2、AGB1 和 AGG1/2 通过与 FLS2-BIK1 受体复合物直接互作耦合，调节 flg22 触发的免疫力；在被 flg22 激活之前，G 蛋白可减弱 BIK1 的蛋白酶体依赖性降解，确保最佳信号能力；在 flg22 刺激后，XLG2 可与 AGB1 分离，诱导 Gα 从 Gβγ 上解离；flg22 激活可导致 XLG2 的 N 端被 BIK1 磷酸化，积极地调节 RbohD 依赖性 ROS 的产生。沈前华研究组鉴定到 1 个与 MLA 互作的 RING 型 E3 连接酶 MIR1，该酶能与多种 MLAs 互作，并能在体外泛素化 MLAs 的氨基末端，促进其在体内和体外降解。廖玉才研究组证实了一个定位在细胞质膜上的乙二醛氧化酶（GLX）是 CWP2 的抗原，GLX 能高效地催化 H_2O_2 产生，而这种酶的催化活性能特异地被 CWP2 抗体抑制。夏桂先研究组分析表明，病原菌侵染时，质外体中发生了过氧化物的产生和清除，同时由 GbNRX1 引起的快速氧化还原平衡维持了过氧化物暴发后的稳定。廖金玲研究组与国外科学家合作在线虫中发现了一个新的可抑制植物免疫应答的效应子 MjTTL5，可特异性地与酵母铁氧还原蛋白的催化亚基 AtFTRc 互作，能显著提高寄主清除 ROS 的能力，抑制植物的基础抗性。吴祖建和吴建国研究组工作表明，水稻矮化病毒（RRSV）诱导的 miRNA319 通过抑制 JA 反应促进病毒感染和病症的发展。陶小荣研究组解析，为克服 CC 功能域对 NB-LRR 的负调节，Sw-5b 进化出额外的 NTD 来与 CC 互作，形成了对 Sw-5b 自抑制和激活的多层次调控机制。单卫星研究组在拟南芥中发现了一个与结瘤素相关的 MtN21 家族中膜定位的 *RTP1* 基因，RTP1 可能通过调控过氧化物产生、细胞坏死和 *PR1* 基因的表达来负调控植物对寄生型病原菌的抗性。何光存研究组与张启发研究组合作，在水稻 12 号染色体长臂上成功克隆了一个褐飞虱抗性基因 *BPH9*，编码一种罕见的含 NLR 结构域的蛋白，BPH9 蛋白定位于质膜系统，具致细胞死亡表型；BPH9 可激活水杨酸和 JA 信号途径，且同时对褐飞虱有排趋性及抗生性。刘玉乐研究组报道了狼尾草花叶病毒 FoMV 能被加工作为一个有效的 VIGS 系统来诱导大麦、小麦和谷子等单子叶植物中基因的沉默。

李毅研究组与曹晓风研究组合作鉴定到一个单子叶植物特有的、且能被病毒侵染所抑制的水稻负调控抗病因子 miR528，水稻条纹病毒（RSV）感染宿主时，miRNA 调控蛋白 AGO18 会与 AGO1 竞争性结合 miRNA528，miR528 选择性剪切 L-抗坏血酸氧化酶（AO），导致由 AO 介导的活性氧（ROS）积累降低。范在丰码究组发现了一类叶绿体蛋白——紫黄质脱环氧化酶（ZmVDE），该酶具有特异性抑制甘蔗花叶病毒（SCMV）的能力，SCMV 在侵染时所产生的辅助成分蛋白酶（HC-Pro）具有抑制 RNA 沉默以及促进病毒颗粒合成等多种功能，而 ZmVDE 可与 SCMVHC-Pro 在胞内特异性结合，进而抑制 HC-Pro 的 RSS 活性，使其无法干预植物体自身启动的免疫性 RNA 沉默并进一步抑制病毒的积累。洪益国研究组与英国科研单位合作，在烟草中发现了双重防御调节机制控制植物细胞内的自发性 RNA 沉默及细胞间的非自发性 RNA 沉默，得出一种调节机制模型，即由最初被感染的 DCL4 诱发细胞内自发性 RNA 沉默作为第一重防御，此时 DCL2 被 DCL4 抑制；而当第一重防御被破坏时，DCL2 不再被抑制，而是产生由 DCL2 处理的 siRNA，其作为信号分子转导至相邻细胞内引发细胞间的非自发性 RNA 沉默，此作为第二重防御。郭军研究组发现，小麦条锈病主要由真菌 Pst 引起，PsFUZ7 是 Pst 中编码丝裂原活化蛋白激酶（MAPK）的基因，MAPK 在植物病原真菌中高度保守，且直接参与菌丝形态与发育的调控，对 Pst 的侵染具重要作用。方玉达研究组揭示，*CRWN1* 基因在转录和转录后水平均受到病原菌及水杨酸的调控，CRWN1 与抗病途径的 NAC 类转录因子 NTL9 互作，加强 NTL9 对下游抗病基因 *PR1* 的转录抑制。罗克明研究组认为，在杨树中 MYB115 与 TTG1 和 TT8 通过形成一个三元复合物，共同参与 PA 合成的调控。李传友研究组与李常保研究组合作阐释，JA 信号通路的核心转录因子 MYC2 通过正向调控机械损伤相关基因及病程相关基因等与抗病抗虫密切相关基因的表达实现植物对病虫侵害的有效防御，MYC2 是 JA 信号通路中高层级的转录调控元件，MYC2 与其直接结合的次级转录因子形成一系列的转录级联调控模块在免疫转录重编程的激活和级联放大中起至关重要的作用。陈建平研究组推测，接收 JA 信号的受体 COI1 在激活调控抗病性的 JA 通路时，也在抑制调控感病性的 BR 通路中起关键作用。陈晓亚研究组发现，SPL9 是拟南芥中受 miRNA156 调控的可作用于植株发育成熟的一类蛋白，而 miRNA156-SPL9 对 JA 的积累具抑制作用并可降低植株的抗虫性；SPL9 可与多个 JA 信号通路的抑制子 JAZ（JAZIM-DOMAIN）蛋白互作，并可显著促进 JAZ3 的积累。许玲研究组与王二涛研究组合作揭示，由 OsCERK-1 开始，经 OsRLCK185 至 OsMAPK 级联，以磷酸化为手段最终激活细胞抗病反应的几丁质信号通路模型，为水稻抗稻瘟病研究奠定了基础。王石平研究组结果表明，水稻 MPKK10.2 是抗生物与非生物胁迫反应的关键激酶，当水稻受到 Xoc 或干旱影响时，需分别通过 JA 或 ABA 信号通路来激活 MPKK10.2，MPK6 和 MPK3 作为 MPKK10.2 下游的目标激酶，均可被 MPKK10.2 磷酸化并激活，进而分别激活抗病或抗旱反应。刘俊研究组发现，LecRK-IX.2 蛋白在 PRRs 诱发的免疫反应中具有正调控作用。董莎萌研究组报道，大豆疫霉菌分泌的效应蛋白 PsAvr3c 能够进入大豆的细胞核内，通过与可变剪切复合体上的亚基 GmSKRPs 蛋白互作，抑制 GmSKRPs 的降解，进而影响其蛋白的稳定性，首次发现了病原菌在 mRNA 剪切水平上调控寄主免疫反应的新机制，有望应用于农作物的抗病性改良。周雪平研究组与戚益军研究组合作证实，P69 可与 GARP 转录因子家族中的 GLK1 和 GLK2 结合，GLK1 与 GLK2 定位于叶肉细胞的细胞核中，P69 通过与 GLK 结合抑制其与所调控基因的启动子结合，进而引起一系列光合作用相关基因的转录水平下调，并最终导致如浅叶色等植株感病表型。许金荣研究组结果显示，MoSFL1 的失活可造成 PKA 途径中断，从而恢复因 cpka 和 cpk2 突变造成的生长异常。

刘玉乐研究组和李大伟研究组合作揭示，大麦条纹花叶病毒（BSMV）破坏植物自噬来促进感染的新机制，ATG5 或 ATG7（调节自噬过程的关键自噬蛋白）沉默增强了 BSMV 积累并导致本氏烟草的病毒感染症状更加明显。王源超研究组鉴定到植物中识别疫病菌模式分子 XEG1 的受体蛋白 RXEG1，该蛋白是植物识别 XEG1 后产生细胞坏死及防卫反应的关键因子，激活 RXEG1 能显著提高植物对疫病菌的抗病性；大豆疫霉在侵染早期分泌的效应分子 Avh52 能"挟持"大豆的组蛋白乙酰转移酶蛋白 GmTAP1，使其由细胞质进入细胞核，通过乙酰化植物感病基因启动子区组蛋白 H2A 及 H3 上的激活位点，激活寄主感病基因的表达，促进病原菌成功侵染。唐定中研究组鉴定和克隆了小麦白粉病抗性新基因 Pm60，编码蛋白 Pm60 与相邻的含 NB 结构域蛋白质存在互作，功能上可能存在相关性。周俭民研究组揭示，同源蛋白 MAPKKK3 和 MAPKKK5 同为 MPK3/6 途径组分，作用于多个 PRR 下游；定位于胞质的类受体激酶第七亚家族（RLCKVII）成员，直接磷酸化 MAPKKK5 的 Ser599，正调控 PRR 介导的 MAPK 激活及下游基因表达和植物的抗病性；同时，激活后的 MPK6 能通过正反馈，进一步磷酸化 MAPKKK5 的 Ser682 和 Ser692 位点来增强 MPK3/6 通路的活性和抗病性；G 蛋白和 CPK28 通过调控 E3 泛素连接酶 PUB25 与 PUB26 的活性来精准调节 BIK1 蛋白的稳定性，进而调控植物的免疫反应。赵福庚研究组与相关单位合作发现，内源危险相关信号分子 Peps 通过一条独立于激酶 OST1 的免疫反应途径，激活保卫细胞质膜定位的阴离子通道，排出阴离子，关闭气孔，降低病原微生物的气孔进入。林金星研究组推测，拟南芥中原系统素信使 RNA（PSmRNA）的长距离双向运输在系统素诱导的系统性抗性反应信号转导过程中起重要作用。吕东平研究组发现，两个 AP2 类转录因子 TOE1 和 TOE2 可直接与 FLS2 基因的启动子结合，抑制其转录；TOE1 和 TOE2 为小 RNAmiR172 的靶基因，在拟南芥幼苗生长过程中，miR172 的丰度逐步升高，TOE1 和 TOE2 蛋白积累降低，对 FLS2 转录的抑制减小，导致 FLS2 基因在幼苗生长过程中的表达逐渐升高，最终促成 FLS2 介导的天然免疫系统建成。陈学伟研究组和张杰研究组系统分析了白叶枯 16 个非转录激活子样效应因子的功能，并详细解析了其中一个效应因子 XopK 调控致病性的重要作用和分子机理；XopK 具有 E3 连接酶活性，可泛素化修饰水稻重要免疫受休激酶蛋白 OsSERK2，介导其降解，削弱丝裂原活化蛋白激酶信号通路介导的免疫反应，降低水稻抗病性；还鉴定并克隆了一个编码 TPR 蛋白的隐性基因 Bsr-k1，其具有 RNA 绑定活性，能够绑定免疫反应相关的 OsPAL 基因家族多数成员的 mRNA，促进这些基因的 mRNA 在水稻体内折叠降解，削弱抗病性；BSR-K1 蛋白功能缺失后，丧失了 RNA 绑定活性，导致免疫反应相关的 OsPAL 家族基因 mRNA 在水稻体内积累，增强免疫反应。李天忠研究组通过获得一个 hpRNA（MdhpRNA277），在抗 ALT1 品种中 MdWHy 转录因子不能够与 Mdhp-RNA277 启动子 motif b 处结合，导致 MdhpRNA277 不够正常转录，mdm-siR277-1 以及 mdm-siR277-2 不被诱导，进而对苹果斑点落叶病表现抗性。王石平研究组发现，水稻磷酸丙糖异构酶 TPI1.1 与 LRR 受体激酶 XA3/XA26 互作，导致水稻 TPI 酶活升高；当白枯菌侵染时，病原菌可暂时抑制 TPI 的活性，但同时病原菌与 XA3/XA26 的结合也可能加速 XA3/XA26 与 TPI 的互作，使得 TPI 酶活恢复，最终导致水稻活性氧含量升高，增强其对白枯菌的抗性。董莎萌研究组揭示，疫霉中保守的效应子 PsAvr3c 中第 174 位丝氨酸突变为甘氨酸是疫霉菌逃避抗病基因 Rps3c 识别的重要遗传位点，该位点突变导致 PsAvr3c 与 GmSKRPs 的互作亲和度显著降低，进而逃避了寄主抗病基因 Rps3c 的识别。

储昭辉研究组克隆了抗玉米纹枯病基因 *ZmFBL41*，最显著的 SNP 位点 *ZmF-BL41* 基因编码 F-Box 蛋白，ZmFBL41 是纹枯病的负调控因子，ZmFBL41 蛋白可与木质素合成酶 ZmCAD 互作，并介导其泛素化降解；抗病品种中 ZmFBL41-LRR 的 214 和 217 位氨基酸突变会导致 ZmCAD 的泛素化降解受阻，从而促进木质素的合成，增强玉米品种的抗病性。

（四）第四个五年（2019—2022 年）

何祖华研究组揭示了一条基于 PICI1-OsMETS-Ethylene 的免疫代谢调控通路，发现水稻广谱抗病 NLR 免疫受体通过保护该防卫代谢通路免受病原菌攻击，协同整合植物 PTI 和 ETI 两层免疫系统，赋予水稻广谱抗稻瘟病的新机制；鉴定到一种新的免疫调控蛋白——去泛素化蛋白酶 PICI1，该蛋白可通过蛋氨酸合酶 OsMETS 的去泛素化稳定其含量，从而促进水稻的蛋氨酸-ETH 代谢通路，激活植物的免疫反应。病原菌受到该途径抑制后，分泌效应蛋白降解 PICI1，抑制植物 PTI 过程；相应地，植物通过 NLR 类受体蛋白 PigmR 等与病原菌效应蛋白竞争性结合 PICI1，从而保护其免受降解。

六、细胞信号转导

（一）第一个五年（2004—2008 年）

王学臣研究组利用 *Viciafaba* 气孔证明胞外钙调素（ExtCaM）可能通过 G 蛋白介导的信号途径调节来诱导气孔保卫细胞积累 H_2O_2 和 $[Ca^{2+}]_{cyt}$，进而导致气孔关闭。

薛红卫和许智宏研究组结果暗示，*AtIPK2a* 及肌醇磷酸的一个可能的重要功能是通过调节钙信号转导进而调节植物的生长发育。浙江大学吴平研究组确认了 PHO-like 的磷信号转导途径在高等植物中的存在。杨洪全研究组研究说明 CRY 和 PHOT 蓝光受体能够调控蓝光下的气孔开合，COP1 则能抑制它们的这种功能；通过 CRYN 端区域介导的形成二聚体是其 C 端区域介导组成型光形态建成所必需的。蔡伟明研究组与西英格兰大学植物科学研究中心合作的研究表明，IAA 诱导的 NO 和 cGMP 介导了大豆根的向重性弯曲。

杨洪全研究组结果证明，水稻 OsCRY1 参与了水稻在早期苗发育阶段蓝光抑制下胚轴和叶片伸长的反应。北京生命科学研究所等单位发现，拟南芥 CULLIN4（CUL4）与 CDD 复合体及一个催化亚基结合，形成一个有活性的遍在蛋白连接酶；基于 CUL4 的 E3 连接酶是抑制光形态建成所必需的。任东涛研究组指出，*Ntf4* 和 *SIPK* 基因可能是烟草进化中同一个原始基因复制的结果。种康研究组与王志勇实验室合作研究发现，14-3-3 蛋白可与 OsBZR1 发生相互作用，14-3-3 蛋白可能具有减少 OsBZR1 在细胞核的定位而直接抑制 OsBZR1 的功能。薛红卫研究组提出的模型认为，PIP5K 可能通过抑制 CINV1，继而影响糖代谢，使蔗糖含量下降，后者通过影响细胞壁松弛而影响细胞生长；同时，PIP5K 还可能参与细胞骨架的调控。余素梅实验室研究表明，SnRK1 是糖信号转导途径中的重要中间组分，位于 MYBS1 和 aAmy3 相互作用的上游，在水稻种子萌发与生长中起重要作用。林辰涛研究组研究发现，拟南芥中细胞核定位的 CRY2 可在细胞核内完成其翻译后的修饰，该蛋白质的 C 端区域是蓝光调控的磷酸化修饰位点。邓兴旺研究组证实，HY5 可能是光形态建成转录级联反应中的一个高等级调控者。瞿礼嘉研究组发现了一个 MYB 家族的转录因子 CIR1 参与了生物钟的调控。Hsieh 研究组获得了与 FIN219 发生相互作用的 FIP1 蛋白，该蛋白具有谷胱甘肽转硫酶活性，属于谷胱甘肽转硫酶家族成员，定位于细胞核与细胞质，FIP1 的表达依赖于光，并受发育进程的调控。

薛红卫研究组发现，5PTase 家族的 5PTase13（多聚磷酸肌醇 5 磷酸酶）参与拟南芥蓝光下 PHOT1 介导的钙信号过程，且对 PHOT1 具有拮抗作用。吴素幸研究组揭示，光调控的锌指蛋白——LZF1 是一个拟南芥去黄化的正调控因子。邓兴旺研究组发现，光调节的组蛋白修饰变化可能是光控基因转录复杂调控网络中的一部分，而组蛋白修饰的改变可能是植物响应不同光环境的一个重要生理成分。杨洪全研究组建立了隐花色素长日照诱导开花而短日照抑制开花机制的较完整的分子模型，CRY 通过和 COP1 直接相互作用来实现第一步信号转导；短日照条件下，在细胞核内 COP1 作为 E3 连接酶通过和 CO 直接作用使后者被泛素化而降解，达到抑制 FT 转录并抑制开花的目的；而在长日照条件下，COP1 出核使得 CO 能够稳定并促进 FT 的顺利转录。傅永福和林辰涛研究组详细研究发现，GmCRY1a 是大豆光周期成花的一个主要调控因子，且光周期依赖的 GmCRY1a 蛋白生物节律表达与光周期成花及大豆栽培种沿纬度的分布正相关。吴素幸研究组发现了 2 个新的影响拟南芥生物节律的基因 [（LWD1）和 LWD]，可能是拟南芥生物钟调控的新组分，参与光周期感知，进而参与到对开花的光周期调控过程中。

种康研究组揭示，蛋白质 O-GlcNAc 糖基化信号参与了小麦春化应答，磷酸化的 VER2 通过与 O-GlcNAc 修饰蛋白的结合介导春化信号。阳成伟研究组认为，AtMMS1 编码一个 SUMOE3 连接酶，该连接酶与 SUMOE2 接合酶 AtSCE1a 相互作用，通过调控 CTK 信号和细胞周期来调节拟南芥根的发育。林鸿宣研究组研究揭示了水稻抗旱耐盐的一种新的分子调控机制，即旱盐胁迫时，水稻通过下调 *DST*（编码一个只含有 1 个 C2H2 类锌指结构域的新型转录因子）的表达降低其下游 H_2O_2 代谢相关基因的表达，减小叶片气孔开度，控制水分流失，增强抗干旱和耐受盐胁迫的能力。周道秀研究组研究表明，*WOX11* 可能是一个植物激素和 CTK 的整合体，在冠根发育时期直接抑制 *RR2* 以调节细胞增殖。周奕华研究组与钱前研究组研究发现，BC10 编码产物是一个定位于高尔基体的 II 型内整合膜蛋白，含有 DUF66 结构域，具有糖基转移酶的功能，*BC10* 是水稻的脆秆基因，通过调节细胞壁纤维素合成和阿拉伯半乳聚糖蛋白含量，控制水稻植株的机械强度，同时影响生长发育。邓兴旺研究组确认 phyA 是唯一介导 FHY1 磷酸化的光受体。杨洪全研究组证明 *COP1* 对气孔发育有组成型抑制作用，且与调控光形态建成类似，*COP1* 的作用也位于光受体下游。马正强研究组从小麦中克隆了 2 个隐花色素基因 *TaCRY1a* 和 *TaCRY2*，不仅在蓝光信号转导中发挥作用，还参与 ABA 的信号转导途径。郭红卫研究组发现，ETH 信号转导中一个重要的转录因子 EIN3/EIL1 可结合到 *PORA* 和 *PORB* 的启动子上并直接激活它们的表达，从而抵抗光氧化对拟南芥的损伤并促进幼苗的绿化；EIN3/EIL1 可与 PIF1 协同作用并位于 COP1 的下游，其蛋白的丰度受到 COP1 的加强和光的降解。

（二）第二个五年（2009—2013 年）

王学臣研究组发现，AtDOF4.7 是一个定位于细胞核的转录因子，还可与拟南芥的另一个花器官脱落相关转录因子 ZINC FINGER PROTEIN 2 发生相互作用，作为转录因子复合物的一部分直接调控细胞壁水解酶的表达，参与控制器官脱落。薛红卫研究组结果表明，淀粉合成相关基因可分成 I 类负责胚乳中淀粉的合成和 II 类负责非贮藏组织中临时性淀粉的合成，一个 AP2/EPEBP 家族转录因子 *RSR1* 的表达与 I 类淀粉合成基因的表达呈负相关，其缺失后导致水稻苗期淀粉合成基因的表达增强；KASI 基因功能缺失导致极性脂组分的变化和 FA 水平的降低，抑制叶绿体分裂及引起胚胎发育异常。CliveLo 研究组证明，在植物中 CYP93G2 产生的 2-羟基黄酮成为 OsCGT 的底物，进一步又可形成 C-羟基黄酮苷。张大兵研究组在水稻中克隆了调控碳源分配的基因 *CSA*，编码一个在花药绒毡层特异表达的 R2R3-MYB 转录因子，其通过调控单糖转运子 MST8 的表达来控制从营养组织向生殖器官的糖运输。李东屏与栾升研究组合作发现，线粒体蛋白 ANK6 的突变导致精卵细胞不能融合，同时部分胚囊发育停止在功能大孢子时期。左建儒研究组发现，拟南芥组氨酸激酶 CKI1 作用于 AHP 的上游，独立于 CTK 受体 AHKs 发挥作用。邓兴旺研究组证明 CUL4-DDB1-COP1-SPA 组成的

E3 连接酶复合体在植物体内抑制光形态建成，同时可能调控开花时间。郭红卫研究组首次提出激素通过调控 F-box 蛋白降解作为信号转导的关键机制，提示 F-box 在激素信号转导途径中可能具有更为广泛的功能。郭岩研究组揭示 CUL4-DDB1-CSAat1A/B 是一类新的通过促进底物泛素化来应答 DNA 损伤修复的 E3 复合物。

左建儒研究组发现，*BnLEC1* 和 *BnL1L* 是油菜籽遗传改良的可靠靶基因。刘选明研究组发现，拟南芥 CRY2 蛋白能与 SPA1 蛋白发生依赖于蓝光的直接相互作用，在蓝光下 CRY2 与 SPA1 结合可抑制 COP1 的活性，从而抑制 CO 的降解。邓兴旺研究组确定了 FHY3 调控基因在远红光下受 PIF3 和 HY5 共同调控，除参与光信号转导和昼夜节律的调控，还通过 ACR5 参与调控叶绿体的发育过程。杨建平研究组揭示，受光激活的光敏色素通过相互作用直接促进 COP1-SPA1 泛素连接酶复合体的活性是光信号转导中的重要步骤。薛红卫研究组证明，CK1.3 和 CK1.4 通过直接磷酸化 CRY2 来调节植物对蓝光的响应。林辰涛研究组结果表明，依赖于 CIB1 的转录调控是一种进化上保守的 CRY 信号机制，这种机制在不同的物种中调节植物发育的不同方面。林荣呈研究组结果显示，bHLH 类和 bZIP 类转录因子 PIF1、PIF3、HY5、HYH 搭建了光信号和 ROS 信号之间的桥梁，PIF1/PIF3 和 HY5/HYH 组成的转录模块介导了光信号和 ROS 信号之间的串联转导，从而调控细胞凋亡和光氧老化反应。

邓兴旺研究组揭示，UVR8 蛋白的 W233、W285 色氨酸残基及 R286 和 R338 精氨酸残基分别是决定其光吸收能力和保持二聚体稳定性的关键位点；植物中 UVR8 介导的 UV-B 光信号感知伴随 UVR8 与 COP1 的互作，进而决定了 UV-B 信号介导的光形态建成。杨洪全研究组提出了一个光形态建成的新模型，在黑暗中 PhyB 处于非活化状态而位于细胞质中，细胞核中的 COP1 与 PIL1 和 HFR1 互作而后降解两个蛋白，PIFs 只能与少数的 PIL1 和 HFR1 发生互作，活性增强，导致下游基因表达而抑制光形态建成；在光下，活化的 PhyB 入核与 PIFs 发生互作来促进后者降解，PhyB 还与 COP1 和 PIL1 互作促进 PIL1 与 HFR1 的积累，后二者与少量剩余的 PIFs 发生作用后抑制 PIFs 下游基因的表达来促进光形态建成。陈浩东研究组揭示了黑暗调控 PIFs 蛋白稳定性的分子机制，DET1 蛋白能调控黑暗中 PIFs 蛋白的稳定性，DET1 通过与 PIFs 蛋白互作来调控 PIFs 蛋白的降解，幼苗去黄化过程中 DET1 所调控的下游基因的表达大部分也受 PIFs 的表达调控。林荣呈研究组证实，VQ29 作为光介导的茎伸长抑制的负调控转录因子，通过促进 PIF1 的转录活性发挥作用。杨建平研究组发现，PAR1 和 PAR2 均位于

COP1 的下游，COP1 蛋白通过 26S 蛋白酶体途径降解 PAR1 和 PAR2 蛋白，在不同的光信号途径中 PAR1 和 PAR2 与 HY5 和 HFR1 分别处于不同的途径，但在远红光信号途径中 PAR1 和 PAR2 与 HFR1 共享同一途径。吴素幸研究组证明，HEN1 通过调控 miRNAs 进而参与调节光形态建成的正调控和负调控因子的转录后水平的调控。邓兴旺研究组从拟南芥中鉴别出一个称为 HID1 的非编码 RNA，HID1 的二级结构含有 4 个茎环，茎环结构 SL2 和 SL4 是其调控红光下下胚轴生长所必需的；HID1 通过 PIF3 起作用，HID1 形成大的核蛋白-RNA 复合体后与 PIF3 第一个内含子的染色质结合进而抑制其表达。

（三）第三个五年（2014—2018 年）

邓兴旺研究组发现了一个在黑暗条件下抑制拟南芥种子萌发的基因——DET1，其位于促进种子萌发基因 HFR1 和抑制种子萌发基因 PIF1 的上游，且 DET1 能与 COP10 形成复合体介导 HFR1 的降解，同时 DET1-COP10 复合体还能与 PIF1 结合，阻止 PIF1 的降解，揭示了光调控种子萌发的中心抑制子及转录因子上游的调控机理。侯兴亮研究组鉴定到 LEC1 基因，LEC1 与 PIF4 形成的复合体共同调节下游胚后发育基因的表达，控制自身种子萌发向幼苗生长的转变过程。汪晓峰研究组证实，榆树种子老化过程中活性氧的产生与线粒体的形态改变具有时空一致性，存在典型的细胞程序性死亡特征；且线粒体通透性转换孔（MPTP）相关基因在种子老化初期明显上调，时间上响应于活性氧的产生并与线粒体形态改变密切相关。王树才研究组揭示，GL2 基因可通过抑制部分 MBW 复合体基因的表达来抑制花色素苷的合成。刘克德研究组克隆到控制油菜花色的基因 BnaC3. CCD4，白花株系的 BnaC3. CCD4 具有完整且有功能的读码框，黄花株系中 BnaC3. CCD4 的等位基因位点上含有 CACTA-like 转座子（TE1）插入，导致编码框中断，通过 β-β 途径积累较多紫黄素和其他类胡萝卜素物质，同时也激活 β-ε 分支途径积累叶黄素为培育不同花色油菜新品种提供了可能。朱英国研究组发现了红莲型细胞质雄性不育（HL-CMS）的恢复基因 RF6，RF6 是一个 PPR 家族蛋白，在线粒体内，RF6 与己糖激酶 6 协同促进异常 CMS 相关转录本 atp6-orfH79 的加工，从而恢复 HL-CMS 的育性。

林荣呈研究组发现，拟南芥的 2 个类 MYB 型转录因子 RVE1（REVEILLE1）和 RVE2 负责光调控种子的休眠和萌发，RVE1 和 RVE2 促进新种子休眠，同时抑制由 phyB 介导的种子萌发。种子吸胀和 phyB 都能抑制 RVE1 和 RVE2 的表达。RVE1 具有转录抑制活性，且调控 ABA 与 GA 合成基因的表达。金京波研究组揭示，SIZ1 介导的 SUMO 化修饰和 COP1 介导的泛素化修饰协同调控光形态建成的新机制。邓兴旺研究组认为，BBX21 是参与 COP1-HY5 核心调控模块的关键因子，lirSAURs 可能通过抑制磷酸酶 PP2C-Ds 的活性促进细胞的生长；光通过调控 IAA 的含量和光信号核心转录因子 PIFs 的稳定性，实现对不同器官中 lirSAURs 表达的差异性调控。何军贤研究组的研究表明，HY5 和 BZR1 是介导光信号和植物激素 BR 信号互作的关键蛋白，光处理增加 BZR1 蛋白含量和磷酸化修饰水平，而 HY5 能特异地与去磷酸化 BZR1 互作，减弱 BZR1 的转录活性，从而抑制调节子叶开放基因的表达，过表达 HY5 也能降低 BZR1 蛋白的含量。侯岁稳研究组结果表明，在光形态建成中 TOPP4 引起的 PIF5 去磷酸化抑制了 PIF5 的泛素化降解，减弱植物对光敏色素依赖的光反应。邱金龙研究组阐释，MPK4 介导的 MYB75 磷酸化是光诱导花色素苷积累所必需的。张立新研究组发现，高光可促发 PTM 依赖的叶绿体逆向信号转导，通过切离下来的 N-PTM 将高光信号传递入细胞核，与 FVE 蛋白结合，被募集到 FLC 位点，抑制 FLC 的表达，最终导致植株早花。何奕昆研究组与袁澍研究组合作提出氮素营养调控开花的模型：过多的氮素营养抑制 FNR1 基因活性，使 ATP 含量降低，导致 AMPKα1 活性下降，引起 CRY1 磷酸化增强，CRY1 降解，干扰了节律振荡器输入输出基因的表达，延迟开花。刘宏涛研究组发现，外源环境信号通过调控 COR27 和 COR28 来影响生物节律，进而平衡植物的生长发育（开花）和抗冻性。

左泽乘研究组与美国的科研单位合作发现了隐花色素 CRY2 的蛋白激酶 PPKs，并证明 PPKs 对 CRY2 的磷酸化特异性地依赖于蓝光，植物体内 PPKs 蛋白的缺失会显著影响 CRY2 蛋白的磷酸化程度和稳定性，并最终影响 CRY2 蛋白的生理功能，导致拟南芥植株开花延；CRY1 和 CRY2 可与其互作蛋白 BIC1 及 BIC2 形成负反馈环，互相调控它们的活性。王海洋研究组发现，拟南芥在遮阳条件下光敏色素的功能受到抑制，导致其互作因子 PIFs 蛋白快速积累，PIF 蛋白能与 MIR156 基因家族多个成员的启动子直接结合并抑制 MIR156 基因的表达，引起其靶基因 SPL 家族成员表达升高，SPL 蛋白进一步调控植物株高及开花时间等一系列重要农艺性状。陈浩东研究组鉴定到一组新的促进 PIF3 降解的 E3 泛素连接酶 SCF$^{EBF1/2}$，与之前报道的 CRL3LRBs 不同，SCF$^{EBF1/2}$ 正调控光形态建成，黑暗中生长的植物在见光过程中，SCF$^{EBF1/2}$ 可通过泛素化 PIF3 促进其快速降解，但并不影响 phyB 的含量，该调控过程依赖于被光激活的光敏色素诱导的 PIF3 磷酸化；PIF3 与 EBF1/2 互作不依赖于光信号或 PIF3 磷酸化，但 PIF3-EBF1/2 与 SCF 核心组分的结合依赖于光信号或 PIF3 磷酸化。邓兴旺研究组结果显示，

COP1/SPA 复合体除作为 E3 泛素连接酶发挥作用外，在持续黑暗生长的幼苗中，还可通过非蛋白降解途径来抑制光形态建成；BR 信号通路中重要的负调控因子 BIN2 是另一类光形态建成抑制因子 PIF3 的一个激酶，黑暗条件下，BIN2 可直接介导 PIF3 的磷酸化与降解，且在 COP1 的下游起作用；COP1/SPA 复合体可通过抑制 BIN2 活性进而促进蛋白的稳定来发挥作用。邓兴旺研究组证明了丝氨酸/苏氨酸激酶 PID 直接与 COP1 互作，并可针对其第 20 位丝氨酸残基进行磷酸化修饰，导致 COP1 活性适度降低，从而维持植物体内 COP1 的活性处于一个正常稳定的状态，以使植物在生长过程中适应多变的生长环境，确保其顺利进行光形态建成。毛同林研究组和李继刚研究组发现了 COP1 的新底物——微管结合蛋白 WDL3，黑暗条件下，COP1 通过与 WDL3 直接结合定位到微管骨架上，在细胞质中经过泛素化 WDL3 介导其降解，进而影响微管的稳定性和动态变化，调控植物下胚轴细胞的伸长生长。施慧研究组和钟上威研究组合作阐明，ETH 信号途径的关键转录因子 EIN3 与光信号途径的重要抑制因子 PIF3 能直接互作，形成相互依存的转录复合体，并结合到光合作用捕光天线复合体基因 LHC 的启动子上，抑制其表达，阻止叶绿体的发育；EIN3-PIF3 组成的转录调控元件可整合土壤的多种信号，调控叶绿体的早期发育。林荣呈研究组发现一个 SWI2/SNF2 型的染色质重塑因子 BRM，该重塑因子在黄化幼苗见光过程中负向调控叶绿素的合成；BRM 基因的表达降低导致拟南芥幼苗从异养生长向见光自养生长的过程中，子叶转绿加快，活性氧积累减少；BRM 蛋白可特异结合到原叶绿素酸酯氧化还原酶基因 PORC 的启动子上，调节 PORC 启动子区 H3K4me3 的组蛋白甲基化程度，并抑制其表达，这种结合作用依赖于 BRM 与 PIF1 转录因子的直接互作；B-box 型蛋白家族第 4 亚家族成员 BBX23 可促进红光、远红光和蓝光条件下的光形态建成；在转录水平上，PIF1 和 PIF3 蛋白能直接结合到 HY5 及 BBX23 的启动子上并激活它们的表达；在翻译后水平上，BBX23 蛋白在黑暗下受到 COP1 介导的泛素化降解；同时，BBX23 通过与 HY5 互作被招募到下游光响应基因的启动子上，并与 HY5 协同调控下游基因的表达。朱自强研究组结果显示，JA 可能通过削弱 COP1 与 SPA1 间的互作和减少 COP1 蛋白在细胞核内的积累两种方式抑制 COP1 的活性。吴刚研究组报道了 miR159 通过 MYB33 抑制 miR156 的产生，进而调控拟南芥从幼年到成年阶段的转变。

林金星研究组在单分子水平上揭示了蓝光信号传递的起始事件及调控机制。刘宏涛研究组发现了隐花色素互作转录因子 CIB1 通过直接结合 cry2 和 CO 来介导 cry2-CIB1-CO 复合体的形成，从而调控植物开花时间。杨洪全研究组结果表明，G 蛋白 β 亚基 AGB1 通过与 HY5 互作抑制其 DNA 结合能力，从而抑制光信号；而蓝光信号通过 CRY1 与 AGB1 互作促进 AGB1 与 HY5 解离来抑制 AGB1 的功能；CRY1 与去磷酸化形式的 BL 信号关键转录因子 BES1 发生依赖于蓝光的直接互作，阐明了植物能根据光信号和内在 BL 信号有无或强弱的动态变化来优化其光形态建成；光受体 cry1、phyB 竞争性与 IAA 信号通路抑制子 Aux/IAA 结合，并磷酸化后者而负调控 IAA 信号转导，进而精确调控植物光信号与 IAA 信号通路的平衡，优化其生长。李继刚和康定明研究组筛选获得了远红光信号转导新组分 TZP，其可与 phyA 和 FHY1 互作，且在远红光下调控 phyA、FHY1 和 HY5 的蛋白水平，并参与调控 phyA 的蛋白磷酸化。李继刚研究组与邓兴旺研究组合作证明了拟南芥 phyA 铰链区的 3 个位点（S590、T593 和 S602）对 phyA 行使功能非常重要。吴素幸研究组发现，phyA 和 cry 感知远红光和蓝光信号，使负调控因子 COP1 失活，从而激活 IAA 途径在 TOR 依赖的 RPS6 磷酸化中的作用。李琳研究组试验表明，在遮阴，尤其是严重遮阳条件下，phyA 蛋白量增加，phyA 与 Aux/IAA 互作影响了 IAA 受体 TIR 与 Aux/IAA 的互作，阻止 TIR 介导的 Aux/IAA 降解，导致 IAA 信号减弱，通过调控光信号与 IAA 信号的平衡来调节生长发育。周艳虹研究组鉴定到番茄在光抑制和光保护过程中的光信号依赖性调控通路，分析了 phyA 依赖的 HY5-ABI5-RBOH1 信号通路在缓解冷诱导的光抑制及光保护中的作用。邓兴旺研究组与许冬清研究组合作鉴定到光形态建成的正调节因子 CSU4，能整合生物钟节律和光信号；BBX21 通过第 2 个 B-box 结构域与 HY5 启动子中的 T/G-box 结合，调控 HY5 及其靶基因的表达以促进植物光形态建成；而 BBX28 通过与 HY5 蛋白的 C 末端互作，抑制 HY5 与下游靶基因启动子结合，从而抑制 HY5 活性及其下游靶基因表达，进而抑制植物光形态建成。邓兴旺和钟上威研究组揭示了 PIFs、HY5 和 EIN3 及 EIL1 对出土幼苗形态建成的调控作用，为阐明幼苗从暗形态建成转向光形态建成的分子机制提供了新证据。吕应堂研究组鉴定到光形态建成的正调控因子 SRS5，它直接结合 HY5、BBX21 和 BBX22 的启动子并激活其表达，从而促进光形态建成。刘宏涛研究组发现，UV-B 照射后，UVR8 形成单体并在细胞核中富集，UVR8 通过抑制 BES1/BIM1 结合 DNA 的能力从而抑制下游生长相关基因的表达，并抑制细胞伸长及光形态建成；UV-B 激活的 UVR8 形成单体，进入细胞核直接结合 WRKY36 而抑制其结合 HY5 启动子来抑制下胚轴伸长。林荣呈研究组揭示了光信号与温度信号整合的新因子 SEU 通过与 PIF4 互作形成转录调控复合物，对 IAA 合成及与信号相关的靶基因进行调节来实现对生长发育的调控。方玉达研究组发现，拟南芥 miRNA 加工复合体成员 DCL1/HYL1 与 PIF4 存在直接互作，PIF4 在黑暗/红光转换过程中调控 DCL1 的稳定性及部分 miRNA 基因的转录，进而调控光形态建成。黎家研究组阐明，TCP17 蛋白通过调控 PIF4/PIF5 依赖以及非依赖的 IAA 合成来调控遮阳诱导下植物下胚轴的伸长生长。

许冬清研究组与邓兴旺研究组合作发现转录因子 BBX4 是参与红光介导的 phyB-PIF3 调控途径的一个重要组分；黑暗下，E3 泛素化连接酶 COP1 促进 BBX4 通过 26S 蛋白酶水解系统降解；红光下，位于细胞核内的 phyB 直接与 BBX4 互作并稳定它在植物体内的积累，从而促进下游受 BBX4 调控的基因表达；同时，BBX4 也直接与细胞核内尚存的光信号负调控因子 PIF3 互作，以抑制其生物化学活性，从而负调控 PIF3 下游目的基因的转录；通过两个层面，BBX4 增强了 phyB 参与的红光信号抑制 PIF3 功能和活性的能力。代明球研究组与邓兴旺研究组合作揭示了 PP6 通过控制 PIF 去磷酸化修饰进而调控植物暗形态建成的分子机制，磷酸酶 PP6 在植物中高度保守，PP6 和 PIF 协同抑制植物在黑暗下的光形态建成，PP6 能与 PIF3 和 PIF4 蛋白直接互作，并调控 PIF 的去磷酸化修饰，正调控 PIF 的转录活性，为作物耐深播农艺性状的改良提供了基因资源和理论指导。钟上威研究组发现 HLS1 蛋白在植物黄化苗体内以多聚形式行使功能，无法形成多聚体的 hls1 突变蛋白则完全丧失活性。出土见光后，HLS1 在黑暗下形成的多聚体迅速消失，HLS1 位于红光受体 phyB 的下游，调控顶端弯钩的形成；phyB 在见光后进入细胞核，通过与 HLS1 蛋白的直接互作，将 HLS1 蛋白从多聚形式裂解为单体形式，迅速抑制 HLS1 的活性，促进顶端弯钩打开；植物通过 HLS1 蛋白的多聚和光控解多聚，实现对幼苗顶端弯钩形成与打开的精确调控。

（四）第四个五年（2019—2022 年）

王海洋研究组与合作者揭示了植物整合光信号和独脚金内酯信号调控植物分枝发生的分子机制，光敏色素 A 信号通路中的 FHY3/FAR1 能通过与独脚金内酯信号途径中的抑制蛋白 SMXL6/SMXL7/SMXL8 和 SPL9/SPL15 相互作用，抑制 SPL9/SPL15 对 BRC1 的转录调控，促进分枝的产生；在遮阴等光照减弱下，FHY3/FAR1 蛋白水平降低，导致 SMXL6 和 SMXL7 的转录水平下降，降低对 SPL9/SPL15 蛋白的抑制作用，促进 BRC1 的转录，抑制植株分枝的产生，为耐密植作物新品种的培育提供了理论指导。李继刚研究组发现，PIFs 可以直接结合 ABI5 启动子的 G-box 基序，调控 ABI5 基因表达；ABA 受体 PYL8/PYL9 与 PIFs 存在互作，促进 PIF4/PIF5 蛋白在黑暗下积累；YL8/PYL9 促进 PIF4 对

ABI5 启动子的结合，但抑制 PIF4 对 *ABI5* 的转录激活，即 PIFs 对 *ABI5* 的转录激活受 ABA 信号的严格调控。左建儒研究组鉴定到植物第一个特异的转亚硝基化酶 ROG1，证实其通过转亚硝基化介导 GSNOR1 的亚硝基化修饰，促进 GSNOR1 通过自噬途径降解，形成一个正反馈环调控 NO 信号通路来调控植物生长发育和胁迫响应等；ROG1 转亚硝基化酶活性依赖于 Cys-343 残基，其介导的转亚硝基化是植物中一种高度保守的机制。刘宏涛研究组揭示 UV-B 激活的 UVR8 不仅调控地上部发育也同时调控地下部发育，UVR8 通过与转录因子 MYB73 和 MYB77 以 UV-B 依赖的方式相互作用，抑制这两个转录因子的 DNA 结合能力及其下游 IAA 相关基因的表达来调控 UV-B 下拟南芥侧根的生长发育。

赵忠研究组发现，在正常生长条件下，逆境信号在干细胞微环境中富集，大部分干细胞及微环境特异基因能响应多种胁迫与逆境激素，将这种正常条件下在干细胞微环境中富集的逆境相关信号定义为内源逆境信号（ESS）；通过聚焦其中的主要信号 ETH，发现 ETH 关键转录因子 EIN3 及其同源基因在干细胞微环境中直接激活 *AGL22* 的表达，AGL22 通过直接抑制 CLV1/CLV2 来维持干细胞重要调控基因 *WUS* 的表达；植物遭受外界逆境胁迫后，AGL22 作为早期响应胁迫的中心转录因子，一方面启动植物对逆境胁迫的响应，另一方面阻断干细胞分化和推迟开花，调控植物逆境条件下的可塑性发育，平衡植物的发育和抗逆进程；该研究定义了调控干细胞命运的 ESS，建立了 ESS 整合内源和外源信号调控植物可塑性发育的理论框架。刘斌研究组利用 CRISPR-Cas9 技术对大豆 7 个 *GmCRY* 基因进行敲除，发现其中 4 个基因存在功能冗余，并共同介导对弱蓝光的避荫反应；蓝光通过激活 GmCRY1s 诱导转录因子 STF1 和 STF2 的积累，促进 *GmGA2ox* 基因的表达，降低 GA（GA1）含量，抑制茎秆伸长；而在弱蓝光下，STFs 蛋白的积累量减少，导致相反的生物学过程；该研究对充分解析光环境影响大豆生长发育的调控网络具有重要的科学意义，为扩大大豆适应范围及培育耐密植和抗倒伏大豆新品种提供了思路。

林荣呈研究组鉴定到调控光形态建成的抑制因子 RNA 解旋酶 UAP56，UAP56 与 COP1 及剪接辅助因子 U2AF65 可直接互作；UAP56 和 COP1 调控了大量光合作用及光信号等相关基因的转录与可变剪接；UAP56 和 COP1 在体内通过作用于剪接体来直接调控光信号介导的选择性剪接；该研究鉴定到光形态建成的新成员 UAP56，发现了 COP1 作为可变剪接调节因子的新功能，揭示了 UAP56 与 COP1 共同调控光形态建成的分子机制，为研究其他物种的类似机制提供了重要参考。

七、植物基因表达与调控

（一）第一个五年（2004—2008 年）

薛勇彪研究组利用玄参科植物金鱼草为材料，克隆到了一个与花粉 S 决定因子相关的基因 *AhSLF-S2*，编码一个含 F-box 结构域的功能未知蛋白；将金鱼草 *AhSLF-S2* 基因转到自交不亲和的茄科植物矮牵牛中，发现它可以把自交不亲和的矮牵牛转变成自交亲和的，证明了 *AhSLF-S2* 确实是自交不亲和的花粉 S 决定因子，S-RNase 的降解是通过 AhSLF-S2 介导的泛素/26S 蛋白小体降解途径来完成的，首次把自交不亲和与泛素蛋白降解途径联系起来，说明配子体型自交不亲和与孢子体型具有完全不同的分子遗传调控和进化途径，为研究自交不亲和调控的分子机理打开了大门，为了解自交不亲和的遗传、进化和作物遗传育种提供了重要基础。陈晓亚研究组利用酵母单杂系统和转基因拟南芥发现 *GaMYB2* 和 *Ga-HOX3* 两个基因能分别和协同作用激活 *RDL1*：：*GUS* 报告基因，在转基因拟南芥中 GaMYB2 具有调控表皮毛发育的能力，且这种调控能力与基因的内含子有关；GaMYB2、GL1 与 GhMYB109 有较高的同源性，这 3 个 MYB 转录因子可能协同作用调控纤维的发育，即棉纤维可能与拟南芥表皮毛有相似的发育调控机理。林汉明研究组克隆了 Atase2 的编码基因 *CIA1*，Atase2 是催化嘌呤合成的关键酶，该基因的缺失突变显著降低叶片的细胞数，但对细胞大小影响不明显；同时导致蛋白质输入叶绿体的效率降低，证明嘌呤合成对于正常的细胞分裂与叶绿体生物发生均是重要的；首次报道拟南芥中天冬酰胺合成酶基因 *ASN2* 的表达与氨代谢密切相关，证明天冬酰胺是植物体内氮元素的主要载体；天冬酰胺合成酶基因 *ASN1* 和 *ASN2* 在氮同化和氨代谢中有重要作用，同时 *ASN2* 与氨代谢在低温、盐胁迫下氮元素的回收和解除高氨毒害和光呼吸途径中的作用都密切相关。陈晓亚研究组证明，棉花转录因子 GaWRKY1 调控倍半萜合酶基因 *CAD1-A*，*GaWRKY1* 和 *CAD1-A* 的表达受到真菌激发子和 JA 甲酯的强烈刺激，GaWRKY1 参与倍半萜生物合成途径的调控，它的下游靶蛋白是 CAD1-A，*GaWRKY1* 基因的 W-box 作用重要。唐克轩研究组以天仙子毛状根为转基因系统，将编码东莨菪碱生物合成途径上游限速酶 putrescine N-methyltransferase（PMT）和下游的 hyoscyamine 6b-hydroxylase（H6H）的基因同时转入并超表达，获得了迄今为止转基因植株代谢产物东莨菪碱含量最高的转基因株，为利用毛状根作为生物反应器大规模生产东莨菪碱奠定了基础。种康研究组从水稻中克隆出一个新的控制植物根发育的基因 *OsRAA1*，该基因特异地受 IAA 诱导，表达于根和穗的快速生长区域，具有促进不定根发生和抑制种子根生长的功能，这些过程可能与细胞伸长和细胞数目增加有关。张启发和王石平研究组中克隆到了一个水稻抗性基因 *Xa26*，编码一个受体激酶，可介导对细菌 Xoo 引起的白叶枯病的抗性。

邓兴旺研究组发现，水稻和拟南芥存在大范围（20%）的转录组重编程及转录水平的级联反应，光形态建成中基因组的表达模式比暗形态建成中保守，与推测的进化历史吻合，其中代谢途径比转录因子基因的表达模式更保守。每种器官或组织有其特异表达的基因，且每种器官的特异基因表达方式间的相似程度与它们的发育呈正相关。FHY1 在暗下生长的幼苗中大量积累，需要 COP/DET/FUS 的参与，而光信号使其降解，且是通过 26S 蛋白复合体系统进行的。韩斌研究组共鉴定出了 69 个反转录子，大部分来自于成熟的 mRNA。邓兴旺研究组与韩斌研究组合作采用覆瓦式芯片将染色体序列相邻克隆头尾重叠，跨越整个染色体，为计算机基因预测的检验提供了实验证据。杨焕民研究组发现，在进化历程中水稻产生前有一次基因组序列的全面复制，这种序列复制现象仍存在于现有的基因组中，有利于新基因的产生，可能是禾本科植物成员分化的重要原因。凌宏清研究组揭示，番茄 DNA 的重排和拟南芥基因组的多次重复是二者直系同源基因序列之间保守性镶嵌模式形成的一种机制，并暗示了围中心粒异染色质的远端包含许多有用的基因。于军研究组检测了超级杂交水稻株系两优培九的 3 种主要组织（总状花序、叶和根）的转录组，共鉴定出 595 个上调基因和 25 个下调基因，绝大多数上调基因都与增强碳代谢和氮的吸收相关，下调基因中存在一个光呼吸必需的丙氨酸醛酸氨基转移酶 1。王石平研究组构建了水稻的不同部位及不同发育阶段组织的 cDNA 文库，通过对库中的克隆测序获得转录基因的信息。

王文、王俊等与龙漫远等研究认为，水稻中有 898 个可能由反转录转座机制形成的新基因，大部分在进化中受负选择作用获得具有功能的反转座基因，42% 的序列在进化的过程中"招募"了其他序列形成具有新功能的嵌合基因，通过反转录转座机制形成新基因可能是一个持续进行的过程，且其发生速率比在灵长类动物中的速率大得多，通过反转录转座形成新基因是水稻等禾本科植物中非常普遍的机制。于军研究组发现，籼粳稻线粒体基因组的分化发生在 45 000 ~ 250 000 年之前。王石平研究组分析显示，在选择压力下点突变是该基因家族成员分化的主要进化动力。张大兵研究组比较水稻中 bHLH 转录因子家族发现，表明基因和基因组水平的复制是该家族扩增的主要原因之一，部分 bHLH 基因在其表达的时空上具有相似性，即在功能上的保守性。王国英研究组构建和分析玉米苗在渗透逆境条件下富含全长 cDNA 的文库表明，79 个基因被逆境处理上调，而 329 个基因被下调；在上调的 79 个基因中，30 个基因在启动子中含有 ABRE、DRE、MYB 和 MYC 等核心序列或者含有其他对非生物逆境反应的顺式作用元件。

张启发与韩斌研究组合作发现，T-DNA 插入在基因组的不同层次都呈现非随机分布，整体上倾向于较大的染色体，在染色体内端粒较之于两端少，T-DNA 插入更多见于基因而少见于转座元件，在基因内则更倾向于非编码区，同时与某些基因功能呈现相关性。邓兴旺研究组发展了一种基于硅片的可视薄膜生物传感器技术，该技术可以准确、高效和便捷地检测植物中特异的核酸序列，在作物分子育种、突变体图位克隆和植物病原鉴定等领域有良好的应用前景。

邓兴旺研究组与李松岗研究组合作研究表明，DNA 的甲基化（而不是 H3K4 的甲基化）与基因的转录抑制相关，而 H3K4 三甲基化和二甲基化的比例与基因转录活性呈正相关。徐明良研究组克隆了调控稻米香味的基因 BADH2，编码甜菜碱醛脱氢酶（BADH2），该酶通过消耗 2-乙酰基吡咯啉（2AP）前体物质 AB-ald 来抑制稻米中主要的有效香味成分——2AP 的生物合成而使水稻不具香味合成。赵洁研究组发现，金属硫蛋白可能参与调控植物体内 CTK 的代谢。张启发研究组克隆了水稻广亲和基因 S5，其编码一个天冬氨酸蛋白酶，主要在胚珠的珠心细胞中表达。刘耀光研究组克隆了水稻雄性杂种不育基因 Sa，Sa 位点由 2 个紧邻的基因 SaM 和 SaF 组成，前者编码一个类似 SUMOE3 连接酶的因子，而后者编码一个 F-box 蛋白，二者都与蛋白降解有关。林鸿宣研究组克隆了一个控制水稻分蘖角度和数目的基因 PROG1，该基因在腋生分生组织中表达，编码一个锌指类转录因子。王二涛课题组克隆了水稻灌浆相关的基因 GIF1，在种皮维管束中特异表达，GIF1 编码一个细胞壁蔗糖酶，催化蔗糖降解成果糖和葡萄糖。储成才研究组发现，一类突变体的 4 个穗发芽基因均编码类胡萝卜素合成主要酶类，类胡萝卜素生物合成受阻导致的 ABA 含量降低是影响穗发芽的重要因素。韩斌研究组发现，水稻基因组中超过 50% 的大片段插入和缺失（>100bp）是由转座子的插入多态性（TIPs）引起的，TIPs 导致粳稻和籼稻基因组 DNA 序列间约 14% 的差异，大约 10% 的 TIPs 位于表达的基因内，即 TIPs 是遗传变异的重要来源，包括基因剪切方式的改变、基因表达的提前终止、内含子长度的改变、启动子区域的重组及相邻基因表达水平的影响等。

（二）第二个五年（2009—2013 年）

张启发研究组分离克隆了控制谷粒大小的 QTL——GS3，GS3 野生型等位基因由 4 个区域组成，即 N 端的 OSR 区域、1 个横向跨膜区、TNFR/NGFR 家族的富含半胱氨酸区和 C 端的 VWFC 区，研究表明 *GS3* 负调控谷粒和器官的大小，而 OSR 区域作为负调控子是充分且必要的；*GS3* 对水稻的产量和品质有重要的决定作用，是粒型变异和演化的主要决定因子之一。薛红卫研究组与钱前研究组合作克隆分离出 *LC2* 基因，发现其编码一个类 vernalization in sensitive 3 （VIN3）蛋白，LC2 通过调节叶枕细胞分裂控制叶倾角的大小，在激素响应中起着重要作用。周奕华研究组证实，OsDRP2B 蛋白是水稻 DRP2 亚家族的 3 个成员之一。OsDRP2B 参与细胞内吞作用，其编码 *BrittleCulm3*（*BC3*）基因的突变和过表达均能改变质膜和内膜系统中纤维素合成酶催化亚基 4（OsCESA4）的含量，影响水稻植株机械强度。BC12 参与了单子叶植物水稻的细胞周期进程、纤维素微纤维的积累和细胞壁组分的构成。万建民研究组鉴定到一个新的能同时调节产量、植株高度和开花时间 3 个农艺性状的 QTL 基因 *DTH8*，编码一个含有 CCAAT-box-binding 结构域的 HAP3 亚基，*DTH8* 的表达独立于 Ghd7 和 Hd1，且该基因的自然突变会导致植物光周期敏感性减弱和株高降低；即 *DTH8* 作为一个新的开花抑制因子，可能在光周期调控开花的信号网络中发挥重要作用，同时还影响植物的株高和产量性状。

曹晓风研究组揭示，REF6 确实是 H3K27me3 的去甲基化酶，填补了植物体内去甲基化调控网络中的重要空白。张宪省研究组发现，DNA 甲基化及组蛋白修饰可通过对 WUS 及其下游基因的表达及 IAA 信号通路的调控实现器官再生。鲍时来研究组与种康研究组合作发现，SKB1 可能通过调节染色质组蛋白的 H4R3sme2 水平和 RNA 剪接来协调植物发育与环境胁迫间的关系。吴克强研究组研究表明，HDA6 蛋白 C 端可与 FLOWERING LOCUS D（FLD）N 端的 SWIRM 基序发生相互作用，并通过二者相互作用来调控组蛋白去乙酰化和去甲基化的相互作用，实现对拟南芥开花的调控；且可与基因沉默及胁迫应答相关的基因发生结合。赖锦盛研究组分析发现，玉米胚乳发育过程中母本位点均呈现低甲基化，而父本位点均呈现高甲基化，且这种模式与印迹的方向无关。戚益军研究组找到一个参与 miRNAs 调控的蛋白 SAD2/EMA1（一个入核 β 蛋白），可能参与 miRNAs 结合 AGO1 蛋白过程，并负向调控 miRNAs 途径。符宏勇研究组揭示，拟南芥可能利用冗余的多条识别途径来锁定泛素化底物进行 UPP 蛋白降解。

田世平研究组发现，RIN 可直接调控 ETH 合成、糖酵解、次生代谢及芳香物质代谢相关基因，*RIN* 基因突变将导致己醛、反-2-己烯醛等特征性芳香代谢产物的含量明显降低，即 RIN 直接调控果实成熟过程中芳香物质的代谢。郝玉金研究组揭示，MdCOP1 通过调节 MdMYB1 负调控苹果皮着色。刘永秀研究发现，染色质重塑相关的组蛋白甲基化转移酶编码基因 *KYP/SUVH4* 可能通过影响 ABA 和 GA 途径的基因表达直接参与种子休眠。梁婉琪研究组揭示，miR168a 和 AGO1 的相互调控在植物抗逆反应中起重要作用。

郑慧琼研究组发现，KNAT1 可能通过调节 IAA 运输来特异性参与拟南芥根的弯曲过程。吴平研究组克隆得到侧根发生调控基因 *OsORC3* 和 *OsCYP2*，OsORC3 调控细胞周期及细胞分裂，进而调控根系的发生发育，OsCYP2 则通过与辅助分子伴侣 OsSGT1 的互作参与 IAA 的信号转导过程来影响水稻侧根发育。甘银波研究组的实验表明，ZFP6 作用于 GIS、GIS2、ZFP8、ZFP5 及表皮毛起始生成相关的调控因子 GL1 与 GL3 的上游，ZFP6 与 ZFP5 一起通过整合 GA 与 CTK 信号途径共同调控表皮毛的产生。金危危和张小兰研究组与多家单位合作发现，玉米中同时调控 2 个生理过程的功能基因 *ZmLA1* 基因是水稻和拟南芥 *LA-ZY1* 的同源基因，可能作为光信号和 IAA 反应的负调节子来介导光与 IAA 的相互作用。陈国平研究组的结果表明，SlMADS1 作为负调控因子在番茄果实成熟中起重要作用。贾文锁研究组分离鉴定到蔗糖转运蛋白 FaSUT1 - FaSUT7，FaSUT1 是负责果实发育中蔗糖积累的主要成分。冷平研究组认为，FaBG3 通过调节 ABA 含量和果实成熟相关基因的表达来参与草莓果实的成熟和对脱水胁迫及灰霉菌侵染的响应。阳成伟研究组报道，SUMOE3 连接酶 AtMMS21 一方面通过控制多能性转录因子的稳定表达来维持根尖干细胞的微环境；另一方面作为 SMC5/6 复合体的一个亚基，通过抑制 DNA 损伤诱导的根尖干细胞死亡来维持根尖干细胞微环境的正常结构与功能；AtMMS21 在维持干细胞微环境与基因组稳定性间提供了新的分子联系。叶志彪研究组发现，SlSGR1 可与类胡萝卜素合成酶蛋白 SlPSY1 发生直接的相互作用，并抑制其活性，从而影响番茄红素的积累。李天忠研究组推测，*PcMYB10* 启动子甲基化与西洋梨绿色果皮的出现相关。李来庚研究组的结果显示，PtrMAN6 通过水解甘露聚糖类细胞壁多糖产生寡聚糖组分，而这些寡聚糖组分则可能作为信号分子抑制木本植物中木质部分化过程中的细胞壁加厚。黄荣峰研究组揭示，CSN5B 通过影响 VTC1 调节抗坏血酸的合成，影响植物对盐胁迫的反应。孙传清研究组证实，野生稻疏散的穗型受显性基因 *OsLG1* 的调控，显性基因 *OsLG1* 编码 SBP 结构域转录因子，调控水稻叶耳的发育。韩斌研究组克隆得到野生稻控制芒发育的 *An-1* 基因，编码一个 bHLH 转录调控因子。李家洋研究组证明，IPA1 蛋白可通过 SBP-box 结构域直接与受调控基因的核心基序 GTAC 结合，也可通过与 TCP 家族的转录因子 PCF1 和 PCF2 相互作用与 TGGGCC/T 基序间接结合；IPA1 参与调控多个生长发育过程，如通过 TB1 调控水稻分蘖、通过 DEP1 调控水稻株高和穗长。万建民研究组报道，OsARG 在水稻穗发育过程中尤其是在外源氮亏缺下起重要作用，可提高水稻的氮素利用率，在作物改良中是一个潜在的目标基因。李平研究组实验证明，PTB1 是花粉管生长和水稻结实率的一个重要的控制因子，水稻植株的结实率与 *PTB1* 基因的表达水平呈极显著正相关。种康研究组发现，OsFBK12 通过与 OSK1 互作来参与 26S 蛋白酶体途径，并识别底物 S-腺苷-L-甲硫氨酸合成酶（SAMS1）以促其降解，引起 ETH 含量的改变来调控水稻的叶片衰老及种子的大小和数目。

朱健康研究组和何新建研究组的结果显示，DIF1 是 RdDM 途径的一个核心组分，能与 CLSY1 蛋白相互作用从而招募 PolIV 参与 DNA 甲基化。朱健康研究组找到了 RdDM 途径中一个新的调控因子 RDM16，在 PolV 基因的靶位点富集，其通过影响 RNA 聚合酶 V（PolV）的转录本水平来调控 DNA 甲基化；何新建研究组鉴定到拟南芥叶酰聚谷氨酸合成酶 FPGS1，FPGS1 对组蛋白 H3K9 二甲基化的影响可能是通过影响 DNA 甲基化间接引起的；mRNA 前体的剪接过程对 RdDM 和基因转录沉默有重要作用。曹晓风研究组证实，水稻蛋白 JMJ703 作为一种 H3K4 特异性去甲基化酶，是转座子沉默的必要条件。张启发研究组发现，JMJ703 特异性地使水稻中所有 3 种形式的 H3K4me 去甲基化。刘永秀研究组的结果表明，在拟南芥中 SNL1 和 SNL2 是 ABA 和 ETH 信号通路在调控种子休眠过程中的"纽带"，它们通过介导 ABA 和 ETH 的拮抗作用调节种子休眠。黄上志研究组揭示，组蛋白修饰阅读模块分子 HSI1 能与组蛋白去乙酰化酶 HDA19 相互作用并在幼苗中抑制种子成熟基因的表达。白书农研究组研究显示，HDAC 基因家族的成员之一 HDA18 通过参与对一批编码激酶的基因的转录调控而影响根表皮细胞分化的形成模式。曹晓风研究组的结果表明，NOT2 蛋白作为一个普遍存在的效应因子在促进 miRNA 的转录方面起作用，并促使 miRNA 合成过程中 DCL1 有效富集。方玉达研究组的发现，拟南芥 DCL1 的 C-端 dsRBDs 和 HYL1 的 C-端 dsRBDs 作用类似，pri-miRNAs 将功能各异的 dsRBDs 招募到切割体上以完成 pri-miRNAs 的加工。韩玉珍研究组结果表明，RRP41L 参与 ABA 合成和信号转导途径相关组分的 mRNA 降解，进而参与植物种子萌发和早期生长。张彦研究组证实，PAT10 介导的棕榈酰化通过调节蛋白与膜的结合或调节液泡中的蛋白质活性来发挥作用。

李云海研究组初步阐明了 DA1 通过影响其底物 UBP15/SOD2 的稳定性来调控种子和器官大小的新机制。郑绍建研究组发现，转录因子 WRKY-41 直接结合在下游转录因子 ABI3 启动子上，并以不依赖于 ABA 的方式激活 ABI3 的表达。种康研究组揭示，水稻中 microRNA396d、生长调节因子（OsGRF）的靶蛋白和水稻生长调节因子互作因子 1（OsGIF1）通过 JMJD2 家族的 OsJMJ706 和 OsCR4，共同参与花器官发育的调控。李云海研究组认为，OsMKK4 是影响谷粒大小的因素。张启发研究组证实，Ghd7 能响应动态环境，调节阶段转型、结构调控和应激反应，最大限度地促进水稻的繁殖成功。李来庚研究组克隆了一个水稻结实率控制基因 GSD，编码一个 Remorin 蛋白，可能通过共质体途径调控胞间连丝的转导来调控水稻结实率。万建民研究组从水稻中克隆了 FLO6 基因，其编码一种未知功能蛋白质，FLO6 可能作为一种淀粉结合蛋白参与淀粉合成。

（三）第三个五年（2014—2018 年）

杨振明研究组发现，所有光还原不足的 CRY1 色氨酸三联体突变株都能够保持生理活性。何祖华研究组和万建民研究组结果表明，PcG 蛋白复合体介导的 H3K27me3 通过抑制 MADS 家族基因进而调控花器官形态建成在植物中是保守的。周道秀研究组的证据显示，SDG711 和 JMJ703 通过调节 H3K27me3/H3K4me3 的动态变化来调节 IM 中基因的表达从而影响 IM 的活性。董爱武研究组报道，H3K36me3 介导的基因转录激活是在甲基转移酶（SDG725）和识别蛋白（MRG702）先后参与其中共同完成的。孙其信研究组证明，GCN5 能直接结合 HSAF3 和 UVH6 的启动子，并影响这两个基因上 H3K9 和 H3K14 的乙酰化修饰水平。姚颖垠研究组证实 GCN5 蛋白的功能在小麦和拟南芥中是保守的。吴克强研究组揭示，HDA5 与 HDA6 在全基因组水平共同调控了大量基因的表达。吴克强研究组与赵明磊研究组合作阐释了 BP 通过招募染色质重塑因子 BRM 调控 KNAT2 和 KNAT6 表达的分子机制，BRM 通过改变 PINs 的表达参与 PLT 通路以维持根干细胞的活性。刘永秀研究组揭示了 E3 连接酶 OsHUB1 和 OsHUB2 介导 H2Bub1 调控水稻花药发育的分子机制。朱健康研究组阐明，MEMS 上的 DNA 甲基化也受 ROS1 自身的去甲基化调控，形成了一个反馈环［当整体 DNA 甲基化水平偏高时（RdDM 途径活跃），MEMS 也被高甲基化，ROS1 高表达；然后 ROS1 的去甲基化作用增强，拮抗 RdDM 途径，进而降低整体 DNA 的甲基化水平］；CIA 途径在 ROS1 介导的 DNA 去甲基化过程中发挥重要作用；APE1L 与 ZDP 共同在 ROS1 的下游发挥作用，影响基因组 DNA 的甲基化修饰水平。钱伟强研究组鉴定到 IDM1/IDM2 复合体的结合蛋白 MBD7 和 IDL1，4 个蛋白共同存在于一个大的复合体中，影响组蛋白 H3K18 和 H3K23 的乙酰化修饰水平，从而参与 ROS1 途径的 DNA 去甲基化过程。巩志忠研究组证明，MBD7 能与 IDM2 互作并参与 DNA 去甲基化过程，MBD7 更倾向于结合在 DNA 甲基化水平高的染色质区域并拮抗此种 DNA 的甲基化。

张启发研究组的结果显示，位于反式作用位点上调控 sRNA 合成的基因与特定长度的 RNA 丰度有关，对 sRNAs 的生物学合成和调控起重要作用。莫蓓莘研究组和陈雪梅研究组合作，与任国栋研究组同时鉴定出了一个 HESO1 功能冗余蛋白 URT1，证实了 URT1 是除 HESO1 外主要的 sRNA 3′尿苷化酶，且与 HESO1 一起在 sRNA 代谢及功能调节中发挥重要作用。方玉达研究组鉴定到一个 DCL1 的结合蛋白 CDF2，能通过多种方式调节 miRNA 的积累。戚益军研究组发现，转录延伸因子在转录和加工层面也调节 miRNA 的活性，转录延伸复合物直接参与 miRNA 的合成。樊龙江研究组报道了植物中也存在具有一定保守性的 circRNA，一些 circRNA 的表达水平与对应基因的表达水平呈正相关。张献龙研究组发现，lncRNA 在重复序列区段更为富集并具有组织和物种特异性，lncRNA 表现出高甲基化水平，且其表达受到甲基化的影响很小。

张启发研究组的结果表明，PMS1T 是目前为止鉴定到的第一个具有生物学功能的 PHAS 基因（能产生 phasiRNA 的基因），PMS1T 经过 miR2118 介导产生的 phasiRNA 在调控水稻光敏雄性不育过程中发挥重要作用，首次揭示了植物 phasiRNA 是有功能的且控制重要的农艺性状。钱前研究组克隆分离到 *LTS1* 基因，编码 NAD 补偿合成途径中的一个关键限速酶——烟酸磷酸核糖转移酶（Os-NaPRT1），*LTS1* 基因突变会扰乱水稻叶片中的 NAD 补偿合成途径，从而影响其一系列中间代谢产物的合成（包括烟酸和烟酰胺含量显著增多及 NAD 含量减少）；烟酰胺含量激增则会严重抑制沉默信号调控因子（一种组蛋白去乙酰化酶 OsSRTs）基因的表达；同时，诱导 *OsSRTs* 基因启动特异修饰组蛋白 H3K9 的衰老调控基因，提高乙酰化修饰水平，进而激活衰老相关基因的转录，导致水稻叶片早衰。罗杰研究组揭示，*OsSRT1* 基因可能通过调控 OsPME1 位点的组蛋白 H3K9 去乙酰化修饰，抑制甲醇-JA 级联反应中生物合成基因的表达，负调控叶片的衰老。李家洋研究组克隆到籼稻中一个 RS 位点，确定了一个有缺陷的可溶性淀粉合成酶基因（*SSIIIa*），该基因负责 RS 的生产；RS 生产依赖于 *Waxya*（*Wxa*）等位基因的高表达，产生的 RS 具有改性的颗粒结构和高直链淀粉含量等，且理化特征也发生改变。舒庆尧研究组认为，*OsSULTR3；3* 基因突变导致籽粒中植酸代谢运输途径相关基因及维持磷酸盐和硫酸盐代谢平衡的相关基因表达上升或下降，进而影响磷和硫在籽粒中的积累。

王水研究组证明，LOO1 是 *HISN1A* 基因，HISN1A 催化组氨酸合成的第一步反应，HISN1A 不仅调控种子油脂积累和油脂-蛋白质平衡，且影响植物的发育；ABA 介导 His 调控植物种子储存的油脂 β-氧化。黄璐琦研究组发现，CYP 家族的 2 个成员 CYP76AH3 和 CYP76AK1 的 2 个基因的表达模式与已知其他丹参酮合成途径相关基因非常相似，CYP76AH3 可在 2 个不同的碳活性位点对铁锈醇进行氧化，CYP76AK1 则可在中间产物的 C-20 位置进行羟化，目的是将铁锈醇转变成丹参酮。郝玉金研究组证实，MdHXK1 可通过调节 MdbHLH3 部分控制葡萄糖诱导的花青素积累，MdMYB1/10 可通过调控 *MdVHA-B1* 和 *MdVHA-B2* 的表达来控制细胞 pH 值和花色素苷的积累，且能直接调控液泡转运系统。赵剑研究组发现，豆科模式植物蒺藜苜蓿中的 bHLH 转录因子 MtTT8 是调节花色素苷和 PA 合成的 MBW 三元复合体中的核心成员，推测 MtTT8 可能分别与 MtPAR 和 Mt-WD40 互作，形成调控复合物，分别激活 PA 和花色素苷合成途径相关结构基因 ANR 及 *ANS* 的启动子而发挥作用。

董爱武研究组证明，SDG708 在全基因组范围内影响 H3K36me1/me2/me3 的修饰水平，进而参与多种生物学过程。张一婧和徐麟研究组合作研究暗示 PcG 复合物在不同靶基因上的特异性很可能是由不同家族转录因子介导。周道绣研究组揭示，PRC2 介导的 H3K27me3 和 non-CG DNA 甲基化在调控发育相关基因中存在着协同作用。倪中福研究组阐释了组蛋白乙酰化酶参与调控脂肪酸合成途径的作用机制。陆旺金研究组推测，MaERF11 通过招募 MaHDA1 到靶基因从而抑制下游基因的表达。周道绣研究组的结果表明，OsDRM2 可能通过调节基因相关联的 MITEs 等的甲基化状态来调控基因表达。

张大兵研究组发现，*TMS10* 编码一个亮氨酸受体激酶，高温下 TMS10 激酶活性在水稻花药绒毡层的降解过程中起重要作用，*TMS10* 及其同源基因 *TMS10L* 冗余地调控水稻花药发育，暗示 TMS10 基因特异地在高温下调控水稻花药发育；TMS10 在粳稻和籼稻中功能保守。刘耀光研究组克隆了 Sc 座位的目标基因，籼稻和粳稻 Sc 等位基因的结构发生很大变异，粳型等位基因座 *Sc-j* 仅包含一个花粉发育必需基因，而籼型基因座 *Sc-i* 存在序列重组和大片段基因拷贝数重复，重复拷贝的数目越多籼粳杂种不育的程度则越严重；籼、粳杂种 F_1 中 Sc 等位基因的遗传互作会导致粳型 *Sc-j* 基因表达水平大幅度下降，造成携带 *Sc-j* 的花粉选择性败育；揭示了一种基于等位基因剂量效应驱动的选择性基因沉默（即称为等位抑制）的新型杂种不育分子机制。李家洋研究组与王永红研究组合作揭示，IPA1 的互作蛋白 IPI1 是一个 RING-finger E3 连接酶，能与 IPA1 在细胞核内互作，并泛素化 IPA1 蛋白，具组织特异性，从而精细调控不同组织的 IPA1

蛋白水平；IPA1 对株型具精细的剂量调控效应，利用 IPA1 的不同等位位点，实现 IPA1 的适度表达是形成大穗、适当分蘖和粗秆抗倒理想株型的关键。种康研究组阐明了水稻中 miR396d 通过 GA 和 BR 信号途径调控水稻株高与叶夹角的分子机制。Jang 研究组发现，OsBUL1 是水稻籽粒长度的正向调节子，通过与典型 bHLH 蛋白互作来影响水稻植株的叶倾角与籽粒大小。何光华研究组结果表明，LF1 的突变导致 OSH1 异位表达，并引起侧生分生组织在护颖原基的腋下生成侧生小花，不仅明确证实了水稻"三花小穗"假说，且为大幅提高"每穗粒数"提供了新途径。万建民研究组解析了控制水稻粒宽与粒重关键基因 GW5 通过 BR 信号通路调控水稻籽粒发育过程的机理，并初步阐述了其功能作用模式与遗传调控网络。

喻德跃研究组克隆到一个与大豆异黄酮含量相关的 R2R3 型 MYB 转录因子基因 GmMYB29，对大豆异黄酮的生物合成基因（IFS2 和 CHS8）具正向调控作用，进而影响大豆异黄酮的含量。叶志彪研究组定位到调控番茄苹果酸积累的主要 QTL（TFM6），编码一个铝激活苹果酸转运蛋白（ALMT9），该蛋白定位于液泡膜上，WRKY42 通过结合 Sl-ALMT9 启动子上的 W-box 负调控 Sl-ALMT9 的表达，进而抑制番茄果实中苹果酸的积累。张劲松研究组鉴定出油脂快速合成时期的种子偏好表达转录因子基因 GmZF351，编码串联 CCCH 锌指蛋白，该蛋白定位于细胞核并具有转录激活活性；GmZF351 可直接激活油脂合成及贮存基因 BC-CP2、KASIII、TAG1 和 OLEO2，GmZF351 还结合 WRI1 的启动子正调控其表达，并通过 WRI1 下游基因 Pkpα 和 Pkpβ1 进一步提高转基因拟南芥的质体丙酮酸激酶活性，为脂肪酸合成提供更多乙酰-CoA 来促进油脂在种子中的积累；GmZF351 单倍体型来自野生大豆 III 型，并与高基因表达量、启动子活性和油脂含量相关联。李刚研究组揭示，FHY3 和 FAR1 通过直接调控淀粉合成过程中 ISA2 基因的表达，从而介导外界光信号与内源糖信号共同调控淀粉的合成。柴继杰研究组证明，PRK6 是 LURE 的体内直接受体，LURE 可能通过干扰花粉管 PRK6 正常的生长功能来实现花粉管吸引。郭毅研究组证明，拟南芥花粉和花粉管优势表达的 A36 和 A39 具有典型天冬氨酸蛋白酶活性，定位于花粉管细胞膜，参与调控花粉的发育及花粉管导向。张彦研究组发现，衔接蛋白复合体 1G 亚基（AP1G）参与助细胞在感受花粉管后的死亡过程，突变体不能使花粉管爆裂释放精细胞，无法完成双受精；AP1G 通过调控助细胞内质子泵的活性，改变助细胞液泡的酸度来影响花粉管接纳。

颜龙安和蔡耀辉研究组成功克隆了 D1 型水稻细胞质雄性不育基因并揭示了

其败育机理。漆小泉研究组发现了一种新型水稻雄性不育系，且阐释了 OsOSC12/OsPTS1 在水稻花粉包被形成过程中的关键作用，对禾本科作物湿敏雄性不育材料的培育具有重要指导意义。林宏辉和周焕斌研究组及朱健康研究组分别基于 APOBEC1 酶的碱基编辑器及腺嘌呤的碱基编辑器（ABE7-10），实现了水稻基因组 4 种不同碱基（A-G、T-C、C-T 和 G-A）的高效替换与水稻基因组特定位点的 AT 碱基对高效转化为 GC 碱基对，不仅扩展了单碱基编辑技术在植物中的应用且丰富了可用的单碱基编辑工具。赵云德研究组利用自杀基因与 CRISPR 载体融合，开发出高效的转基因自清除基因编辑系统。易可可研究组发现，磷饥饿诱导的 SPX1（Syg1/Pho81/XPR1）与 SPX2 蛋白负调控叶倾角，SPX1 的互作蛋白 RLI1 正调控叶倾角；RLI1 可直接激活下游 *BU1* 和 *BC1* 基因的表达以控制叶枕细胞的伸长使叶倾角增大。曹立勇和程式华研究组合作克隆了一个引起水稻叶片早衰的基因 *OsMTS1*，编码褪黑素生物合成途径中的甲基转移酶，*OsMTS1* 突变后可导致水稻叶片中褪黑素含量降低，引起叶片早衰。

王前和张小兰研究组证明，LsSOC1 是热诱导花芽形成的激活子，热激转录因子 HsfA1e 和 HsfA4c 通过结合在 *LsSOC1* 基因的启动子上影响其表达，为开花相关机制研究奠定了理论基础。陈建业和邝健飞研究组发现转录因子 MaMYB3 通过抑制淀粉降解相关基因及 *MabHLH6* 转录因子的转录水平来调控淀粉降解，丰富了香蕉果实成熟的转录调控网络。朱本忠和罗云波研究组揭示，在番茄 *rin* 突变体中，基因组 DNA 片段部分缺失导致形成 RIN-MC 片段的嵌合，该嵌合能够调控许多成熟相关基因的表达来调节果实成熟。吴鸿研究组与相关单位合作阐明了拟南芥角果开裂的调控机制，改变纤维素酶 CEL6 和半纤维素酶 MAN7 及果胶酶 ADPG2 细胞壁酶的表达量和酶活性可调控果荚开裂区细胞分化和离层区细胞降解，为后期培育不同程度的果实抗开裂油料作物提供了技术支持。韩天富研究组发现，大豆 FT 基因家族成员 *GmFT1a* 能延迟大豆开花和成熟，与开花促进基因 *GmFT2a/GmFT5a* 相互拮抗。吴昌银研究组结果表明，泛素化连接酶 HAF1 与 OsELF3.1 互作，调控其蛋白昼夜节律性积累，且单个氨基酸（L558S）变异影响二者的互作，从而影响水稻的区域适应性。王雷研究组证实，EC 复合体（Evening Complex）直接结合 *MYC2* 基因启动子并抑制其表达，在时间维度精细调控 JA 诱导的植物叶片衰老进程。宋任涛研究组克隆了玉米突变体 *o11*（*opaque11*）的胚乳特异性 bHLH 转录因子 O11，其不仅可直接调控胚乳发育的转录因子、cyPPDKs 及多个碳水化合物代谢酶，还是 ZmYoda 的激活因子，在胚乳发育和营养代谢调节网络中发挥中心调控作用；还鉴定到一个与玉米储藏蛋白

27 kDa γ-zein 启动子相结合的 bZIP 型转录因子 ZmbZIP22，其与 PBF1、OHP1 以及 OHP2 一起对 27 kDa γ-zein 进行转录调节，影响胚乳发育。丁勇研究组发现，参与拟南芥组蛋白修饰的 MLK1 和 MLK2、GA 信号途径负调控因子 RGA 及与昼夜节律相关的 CCA1 形成蛋白复合体，该复合体直接调控下游基因 *DWF4* 的表达，影响下胚轴伸长。李云海研究组阐明，E3 连接酶 F-box 组分 SAP 蛋白的 2 个底物 KIX8 和 KIX9 与 PPD 形成复合物行使功能，其通过调控拟分生组织细胞增殖来控制器官大小。汤继华研究组与李文学研究组合作鉴定到一个控制玉米籽粒发育性状的基因 *ZmUrb2*，主要通过影响核糖体的生物合成和核糖体 rRNA 前体加工来影响籽粒发育和整个营养生长过程。王二涛研究组揭示，在与丛枝菌根真菌共生过程中，苜蓿转录因子 WRI5a 是脂肪酸碳源和磷营养交换的分子开关。万建民研究组与章文华研究组合作解析了淀粉体发育和淀粉合成的分子机制，磷脂酶样蛋白质 FSE1 可调控水稻胚乳中半乳糖脂的合成。王国栋研究组发现一种 NA 修饰——甲酯化（MeNA），是一种 NAD 前体，可在植物不同组织间进行更长距离运输。漆小泉研究组与相关单位合作解析了一个新的、多产物 OSC（2，3-氧化鲨烯环化酶）——籼稻醇合酶（OsOS），该酶合成一种新的五环三萜籼稻醇的主产物及 12 种不同的三萜类化合物。陈昆松研究组认为，ERF-MYB 复合物通过激活 *FaQR* 表达调节草莓中 HDMF 生物合成的分子机制。韩振海和张新忠研究组获得了 4 个与苹果酸相关的主效 QTLs，并证明候选基因 *MdSAUR37* 等存在上位效应，共同调控苹果酸的积累。巫永睿研究组克隆了玉米草酸降解途径中的草酰辅酶 A 基因，阐明了玉米草酸代谢的前两步反应，揭示了草酸代谢参与籽粒储藏物质积累和营养品质形成的分子机理。王涛涛研究组发现了番茄类胡萝卜素合成调控的关键转录因子 SlBBX20，其正调控番茄中类胡萝卜素的积累且稳定性受到泛素化调控。邓秀新研究组获得一个调控类胡萝卜素合成途径关键基因 LCYb 的转录因子 *CsMADS6*，并证明其可通过直接调控类胡萝卜素代谢基因 *LCYb1* 等的表达，协同正调控类胡萝卜素代谢。刘耀光研究组将双基因（*sZmPSY1* 和 *sPaCrtI*）、三基因（*sZmPSY1*、*sPaCrtI* 和 *sCrBKT*）和四基因（*sZmPSY1*、*sPaCrtI*、*sCrBKT* 和 *sHpBHY*）聚合转化水稻，分别获得了筛选标记删除的富含黄色 β-胡萝卜素、橙红色的角黄素和虾青素大米新种质。陈学森研究组鉴定到 PA1 型 MYB 转录因子 MdMYBPA1，其在正常条件下能促进苹果原花青素的合成，但在低温下促进花青苷的合成。陈化榜和赵丽研究组与周奕华研究组合作提出了 Ga1 位点的双因子遗传控制模型，克隆了 Ga1 位点中的雄性控制基因 *ZmGa1P*，其编码一个在 Ga1-S 和 Ga1-M 型玉米自交系花药中特异表达的果胶甲酯酶，该酶位于花粉管顶端，并与另一个花粉管特异表达的 PME 蛋白互作，共同维持花粉管正常的甲酯化修饰程度，以保障花粉管在 Ga1-S 型花丝中正常伸长，最终受精结实。张献龙和闵玲研究组揭示，高温胁迫通过 DNA 甲基化来调控糖和活性氧代谢，从而影响作物育性。

夏兰琴研究组与合作者以 RNA 为同源重组修复（HDR）的模板，并分别利用核酶自切割和具有 RNA/DNA 双重切割能力的 CRISPR/Cpf1 基因编辑系统，成功获得了后代无转基因成分的抗 ALS 抑制剂类除草剂水稻植株；证明了除通常使用的 DNA 模板，RNA 同样可作为植物同源重组修复的模板，有望解决植物同源重组频率不高的难题及加快通过基因编辑技术精准改良农作物重要农艺性状的步伐。钱前研究组与合作者发现，氯酸钾抗性 $QTLqCR2$ 编码 NAD（P）H 依赖型硝酸还原酶 OsNR2，而位于 NAD（P）H 结合域的精氨酸（籼型）和色氨酸（粳型）的差别是两者酶活性差异的关键；$OsNR2$ 基因与 $OsNRT1.1B$ 基因具有正反馈互作，在粳稻背景下聚合籼型的这 2 个基因，可获得比导入单基因更高的产量和氮肥利用率（NUE）。白洋研究组与储成才研究组合作揭示了水稻根系微生物组与氮代谢的交互调控机制，籼稻和粳稻具有显著不同的根系微生物组成，籼稻比粳稻富集了更多与氮代谢相关的根系微生物，这与籼稻具有更高的氮利用效率相一致；$NRT1.1B$ 不同等位形式在富集氮代谢相关根系微生物中具有关键调控作用，可与细胞质定位的抑制蛋白 SPX4 发生相互作用，且硝酸盐可增强两者的互作并促进 SPX4 蛋白的降解，进而激活下游基因的表达和触发硝酸盐应答反应，NRT1.1B 介导 SPX4 蛋白降解也触发磷饥饿应答基因的表达；为探讨根系微生物与植物互作及其功能提供理论指导，为利用益生菌培育氮高效利用水稻奠定重要理论基础。

（四）第四个五年（2019—2022 年）

欧阳亦聘研究组发现，在调控水稻生殖隔离的主效位点 S5 位点的演化过程中，产生了一系列可自我保护且不具有攻击性的等位基因组合类型（称广亲和基因型）；在野生稻和栽培稻分化之前，广亲和基因型由自然界偶然的突变、杂交和重组事件产生；随后在驯化和育种过程中的人工选择推动广亲和基因型频率在栽培稻快速上升；S5 位点广亲和基因型可以重建亚种间的基因交流，阻止物种的分化和形成，保障稻种的整体性和一致性。孔凡江研究组与合作者克隆了调控大豆光周期的同源基因 $Tof11$ 和 $Tof12$，均编码 PRR 类蛋白，在长日照下，$Tof11$ 和 $Tof12$ 通过减弱生物钟基因 LHY 对豆科特有的花期因子 E1 的抑制，导致成花素基因 FT 表达下调，最终延迟开花；$tof12-1$ 功能缺失早花等位基因在大豆驯化早期受到强烈选择，在栽培大豆品种中固定，*tof11-1* 功能缺失早花等位基因在 *tof12-1* 遗传背景上再次受到选择；*Tof11* 和 *Tof12* 两个 PRR 同源基因的逐步进化促进大豆对中高纬度区域的适应，揭示大豆光周期调控开花的 PHYA（E3E4）-Tof11/Tof12-LHY-E1-FT 分子路径。

孔凡江研究组发现大豆中有 2 个 LUX 的同源基因（*LUX1* 和 *LUX2*），二者在调控光周期开花途径中发挥冗余功能，而 *lux1/lux2* 双突变体呈现极度晚花表型，与光周期敏感的烟草突变体 *Maryland Mammoth* 非常类似，将其命名为 *Guangzhou Mammoth*；在大豆中，LUX1 和 LUX2 都可与 J 蛋白（拟南芥 ELF3 同源蛋白）互作并形成 EC 复合体，结合 *E1*、*E1La* 和 *E1Lb* 的启动子，抑制它们的表达，进一步消除 E1 对 *FT2a* 和 *FT5a* 的转录抑制，促进大豆开花；*Guangzhou Mammoth* 在长、短日照下的开花时间无显著差异，表明夜间复合体是调控大豆光周期敏感性的核心组件，为创制适于不同纬度的大豆新品种提供了理论支撑和遗传靶点。

宋纯鹏研究组构建了节节麦高质量基因组图谱及基因组和表型组数据库，实现了节节麦 99% 遗传多样性向普通小麦的转移，创制了节节麦-小麦的人工合成八倍体和渐渗系库，为实现小麦 D 基因组"从头驯化"奠定了系统的方法学和遗传材料基础。

王佳伟研究组实验证明，在每个新世代植株中，重新激活 miR156/7 的表达是幼年期重置的先决条件；不同的 miR156/7 成员各有分工，*MIR156A/C* 在有性生殖阶段、*MIR157B* 在胚胎发生阶段、*MIR157A/C* 在种子萌发过程中分别被从头激活，合力形成稳健的重置分子机制，以确保植物在每个世代均能精准恢复童期生长；该研究揭示了植物后代重置童期之谜，为精准调控生长发育和分子育种提供了思路。钱前研究组与国内多家单位合作精心选择了具有高度代表性的 202 份亚洲栽培稻核心种质、28 份普通野生稻、11 份非洲栽培稻和 10 份短舌野生稻进行了二、三代测序，在组装高质量基因组并进行充分注释的基础上，构建了群体水平规模最大的水稻图形超级泛基因组及稻属一致性坐标体系，并利用其快速克隆了水稻粒型 *spd6* 和 *qTGW1.2a* 的优异等位基因，揭示了复杂结构变异在水稻适应性及其平行驯化过程中的重要作用，为高效利用这些海量的基因组数据，构建了数据库 Rice Super PIR db（http://www.ricesuperpir.com/），极大地加深了人们对水稻基因组的理解，且相关种质资源及数据对水稻生物学基础研究和育种实践均有重要价值。

叶兴国研究组与国内外合作者，在小麦离体培养中超表达 WUS 家族基因

TaWOX5，提高了转化效率，显著促进幼胚的遗传转化和再生，且愈伤组织芽和根分化正常，转化成功的转基因小麦植株可根据旗叶形态识别；对 22 个商业化推广小麦品种或重要小麦种质资源的转化实验表明，*TaWOX5* 对基因型的依赖性低，在黑小麦、黑麦、大麦以及玉米中应用 *TaWOX5* 同样能够提高转化效率，为快速推进商用小麦的分子育种奠定了基础。

八、植物蛋白功能与修饰

（一）第一个五年（2004—2008 年）

吕应堂研究组从烟草中鉴定到了一个编码 CaMK（NtCaMK1）的 cDNA，证明了 NtCaMK1 的底物磷酸化和自身磷酸化活性是依赖于 Ca^{2+}/CaM 型的，其磷酸化发生在 Thr 残基位点，是一种受 Ca^{2+}/CaM 调节的新苏氨酸激酶；NtCaMK1 通过其 CaM-结合结构域特异性地、高亲和性地结合 CaM，且 NtCaMK1 的激酶活性可通过一系列异构酶来调节，如 NtCaM1 和 NtCaM13 可激活 NtCaMK1 的活性，而 NtCaM3 不能激活其活性。赵进东研究组发现，HetR 蛋白是一种新型的 DNA结合蛋白，它必须通过唯一的第 48 位半胱氨酸共价形成的蛋白同源二聚体才可特异地结合在自身基因上游启动子区域，调控自身的正反馈过程；HetR 蛋白同源二聚体可结合在 patS 的启动子区域，启动和维持它的上调表达；而位于 PatS羧基端的 RGSGR 五肽可抑制 HetR 的 DNA 结合活性，阻止 HetR 蛋白对自身基因的诱导表达和对 *patS* 的调控作用，甚至是 *patS* 基因的表达；HetR 与 PatS 的这种直接相互作用参与了蓝细菌异型胞分化与格式形成，是不可缺少的关键调控过程。董汉松研究组证明，在拟南芥中 ETH 信号途径可控制诱激因子 Harpin 蛋白引起的促进植物生长和抗虫反应。

严顺平研究组检测到不同时间盐胁迫处理下水稻根蛋白质组 34 个盐胁迫上调和 20 个盐胁迫下调的蛋白质点，鉴定结果显示它们代表了 10 个不同的蛋白，主要涉及碳氮能量代谢、活性氧清除、mRNA 与蛋白质加工及细胞骨架的稳定等过程。刘进元研究组检测到水稻幼苗在冷适应过程中的 60 个受冷处理上调的蛋白质点，鉴定到其中的 41 个，43.9% 被鉴定蛋白可能定位于叶绿体内，即叶绿体对冷胁迫比较敏感。刘思奇研究组结果显示，随着水稻由营养生长转入生殖生长，随着开花、受精与种子成熟，叶蛋白的数量呈下降趋势，其中包括抗氧化蛋白。

朱玉贤研究组发现，叶绿体核糖核蛋白的修饰可能导致 cp29A 和 cp29B 与RNA 分子的结合能力降低，从而释放更多的 RNA 分子参与翻译过程。沈世华研究组分析表明，籼稻最上部节间的蛋白质分别属于主要与能量生成相关的 11 个功能组，即水稻最上部节间具有较高的生理和抗逆。刘思奇研究组揭示，杂交稻与其亲本胚乳蛋白数目和分布模式都非常相似，但它们的胚蛋白质表达谱的分布模式却存在显著的差异，子代胚中的蛋白质点或来自父本或遗传于母本，其自身不存在新的蛋白。元英进研究组阐明，悬浮培养和固着培养培养方式下细胞蛋白组存在一些丰度差异显著的蛋白质，其中 6 种蛋白质与碳水化合物、氮以及硫代谢的调控相关；固着培养方式下中间层细胞和中部细胞的紫杉醇产量增加，与细胞的分裂指数呈负相关；固着培养细胞中丰度差异显著的蛋白质 S-腺苷甲硫氨酸合成酶的丰度与细胞分裂活性呈正相关。

彭宜宪研究组鉴定到 17 个铝胁迫反应的蛋白质，主要涉及信号转导、抗氧化等反应，如半胱氨酸合酶。张举仁研究组发现，低磷处理导致约有 20% 的蛋白质点的表达水平发生显著的变化质。田世平研究组鉴定到桃 25 个受拮抗酵母和水杨酸诱导剂或其中之一诱导表达的蛋白质，其中包括抗氧化蛋白、致病相关蛋白和糖代谢相关的酶类。曹晓风研究组与储成才研究组合作报道，水稻 SDG714 介导的组蛋白 H3K9 甲基化在水稻 DNA 甲基化、转座元件的转座和基因组的稳定性中起作用。周道绣研究组揭示，水稻 SIR2 类基因对维护基因组的稳定性及细胞损伤是必需的。曹晓风研究组推测，组蛋白乙酰化酶 HAC1 通过影响 FLC 上游的表观遗传学影响因子来起作用。戚益军研究组和王秀杰研究组合作发现，miRNA 途径和 siRNA 途径在基因调控中是一个非常古老的机制，并在多细胞生物出现之前就已经进化出来。何玉科研究组预测含有 dsRBDs 结构域的 N 端区域可能行使 HYL 的全部功能。吴素幸研究组首次开发出可在小分子 RNA 数据库中预测和统计评估 ta-siRNAs 的算法，并成功找到了一条小分子 RNA 的级联调控途径。

王台研究组揭示，在水稻灌浆过程中，中心碳代谢向乙醇酵解途径的转化是籽粒适应低氧环境并保证输入糖流向淀粉合成的关键代谢环节之一。林金星研究组结果表明，细胞外 Ca^{2+} 内流是维持花粉管顶端 Ca^{2+} 浓度梯度所必需的。邓兴旺研究组揭示，拟南芥 CUL4-DDB1-DCAF1E3 连接酶复合体参与很多重要的生物学过程，泛素特异的水解酶 15（UBP15）可能是通过调控影响细胞周期蛋白质的活性和数量来行使功能的。

（二）第二个五年（2009—2013 年）

张炜研究组鉴定出盐敏感水稻武运粳 8 号根质膜中 18 个响应盐胁迫的蛋白质，其中富含亮氨酸的受体激酶类的蛋白质激酶 OsRPK1 定位于根皮层细胞的质膜中，在盐等逆境胁迫反应中起重要作用。田世平研究组结果显示，线粒体外膜蛋白、三羧酸循环相关蛋白及抗氧化蛋白的氧化损伤是影响果实衰老的重要诱因。万建民研究组在水稻中克隆到一个拟南芥 bVPE 的同源基因 *OsVPE1*，其编码一个半胱氨酸蛋白酶，在水稻谷蛋白成熟过程中起关键作用，OsVPE1 的 Cys269 是维持该酶 Asn 特异切割活性的关键位点。

种康研究组发现，小麦类亲环蛋白在突变体中的表达量升高，该基因过量表达可导致植株矮化，该蛋白通过调控阻止 DELLA 蛋白降解的 GA 信号途径来调节细胞伸长和株高。王台研究组阐明，水稻胚乳细胞淀粉粒包装的完成伴随着活性氧的暴发，随后胚乳细胞进入程序性死亡（PCD），此间近 70% 的差异表达蛋白是氧化还原反应的靶蛋白，它们参与淀粉合成、糖异生及其他生物大分子代谢过程，即氧化还原稳态可能是协调淀粉合成、PCD 过程中细胞组分来源碳骨架流向淀粉合成的重要因子。朱玉贤研究组揭示，ETH 和二十四烷酸通过调控果胶的合成促进棉纤维或根毛的伸长。

戴绍军研究组结果表明，盐胁迫下星星草能维持较高的 K^+/Na^+ 比，积累渗透压调节物质和低分子量的抗氧化物质维生素 E 及增强光呼吸和热逸散，这些因素赋予了星星草较强的耐盐能力。李银心研究组结果显示，盐胁迫下叶绿体的碳固定与氮代谢相互协调是盐角草耐盐性的重要特征。胡向阳研究组报道，NO 可能通过提高抗氧化酶的活性和调控 H_2O_2 的水平来增强玉米幼苗的耐盐性。郑海雷研究组认为，泛素化相关蛋白可能是酸雨胁迫伤害的标志分子，β-氨基丁酸提升拟南芥耐酸雨胁迫的能力与其影响抗氧化系统及 JA、SA 和 ABA 信号转导有关。田健研究组结果显示，磷饥饿在转录水平上调控蛋白质的表达水平，根瘤对磷饥饿的响应需宿主与根瘤菌的协同作用。Schmidt 研究组发现，缺铁可显著增加 S-腺苷甲硫氨酸的合成及抗氧化胁迫和呼吸相关蛋白质的丰度，并可促进苯基丙酸类合成途径；铁缺乏主要是在翻译环节调节蛋白质的丰度。夏桂先研究组揭示，ETH 信号转导通路和 Betv1 家族蛋白在棉花抗黄萎病菌中起重要作用。

（三）第三个五年（2014—2018 年）

李凝研究组发现，ERF110 丝氨酸磷酸化修饰和 ERF110 蛋白表达构成拮抗作用，ERF110 丝氨酸磷酸化程度调控开花基因 *AP1* 的表达，从而调控开花时间。张正光研究组揭示，Rgs 蛋白参与氨基酸生物合成代谢的调控，影响病菌的生长发育和致病过程。胡向阳研究组结果表明，CBP20 和 CBP80 通过参与调控拟南芥一些重要信号途径相关基因的可变剪接、蛋白翻译后修饰及泛素化和苏素化修饰等来影响拟南芥对盐胁迫的响应。张国平研究组分析显示，根部参与离子平衡的 Calmodulin、Na/K 转运子和 H-ATPase 以及叶片中参与光合作用的 1,5-二磷酸核酮糖羧化/加氧酶和放氧增强蛋白等受盐胁迫调控。

Lim 研究组阐明了磷酸化及去磷酸化对 pMORF3 进入植物线粒体的作用机制，并指出相关激酶（STK、STK 和 AtPAP2）参与蛋白质进入线粒体和叶绿体。侯岁稳研究组发现，蛋白磷酸酶 TOPP4 通过对 IAA 极性运输蛋白 PIN1 去磷酸化进而调控细胞形态。巫永睿研究组发现，O2 异源二聚体蛋白 OHPs 能特异地识别 27 kDa γ-Zein 基因启动子上的 O2-like box 顺式作用元件并调控其表达，揭示几个转录因子以加性和协同作用方式调控了 90% 的醇溶蛋白的表达。李向东研究组结果显示，一个携带 58 个氨基酸残基截短 PIPO 域的烟草脉条纹花叶病毒突变体能在细胞间移动，并诱导植物全身感染；而携带 7 个、20 个或 43 个氨基酸残基 PIPO 域的突变体却不能在细胞间移动，故也不能引起该宿主植物全身感染。

宋任涛研究组鉴定到一个新的醇溶蛋白转录因子 ZmMADS-47，该转录因子与已知的转录因子 O2（Opaque2）互作，共同调控 22 kDa 和 19 kDa 的 α 类以及 50 kDa 的 γ 类醇溶蛋白基因的表达；ZmMADS47 的转录活性依赖于蛋白互作后的构象改变，单独存在时，ZmMADS47 并不具备转录激活活性；只有与 O2 互作后，其转录活性才被激活；O10（Opaque10）基因编码一个禾本科植物特有的新蛋白——O10，该蛋白具有一些新颖的结构域，包括中部的 7 个重复序列、C 端的跨膜结构和 N 端的未知序列，在胞质中合成后定位到内质网，最终转运并积累到蛋白体；在此过程中，O10 蛋白与 16 kDa 和 22 kDa 醇溶蛋白互作，并与另一个蛋白体膜蛋白 Fl1 互作，从而在蛋白体内部形成一层由 16 kDa、22 kDa 醇溶蛋白及 O10 蛋白共同构成的夹心层结构，稳定了蛋白体的球形结构。谭保才研究组与国内合作者研究发现，P 型 PPR 蛋白 Emp16 是玉米线粒体 nad2 的第 4 内含子剪接、复合体 I 组装及其种子发育所必需的，Nad2 的缺失减少了复合体 I 的积累和组装，但可通过增加其他复合体来平衡质子梯度。莫肖蓉研究组揭示，一个定位于叶绿体的功能未知蛋白 LIR1 可调控 LFNR 在类囊体膜上的锚定，且这种调控作用依赖于光。

陈月琴研究组揭示，细胞质定位的蓝铜蛋白 OsUCL8 会影响植物细胞的总铜含量和叶绿体铜库，导致叶绿体内质体蓝素的稳定性发生变化，改变植株的光合作用效率及株型等产量性状；miR408 靶向蓝铜蛋白编码基因 OsUCL8 可影响叶绿体内铜离子的稳态，导致水稻光合速率增强和产量增加。曾大力研究组与国内多

家单位合作分离到 *DEL1* 基因，编码一个果胶裂解酶前体，*DEL1* 突变导致细胞壁组成成分及结构发生变化，同时引起同聚半乳糖醛酸甲酯化升高，导致水稻叶片衰老。张立新研究组发现，Deg9 是一个新颖的八聚体，由 2 个不同构象的四聚体组成，是在细胞核中首次被发现的非泛素蛋白酶降解体系。

（四）第四个五年（2019—2022 年）

张宪省研究组证实了 WUS 蛋白能与 STM 直接互作形成异源二聚体，共同结合到 *CLV3* 的启动子上；STM 通过与 WUS 互作形成复合体，进一步增强 WUS 与 *CLV3* 启动子的结合强度，并激活其表达，从而增强茎端干细胞活性；此外，WUS 可直接激活其互作因子 STM 的表达，以保证 STM 作为干细胞增效因子的功能；该研究揭示了 WUS、STM 和 CLV3 三个关键因子之间精细的相互作用模式，解析了 WUS 和 STM 介导干细胞形成和维持调控途径的交叉和协同机制。

姜里文研究组在植物中建立了体外 COPII 囊泡重组系统，并观察到体外形成的植物 COPII 被膜小泡形态，解决了多年来对植物 COPII 囊泡存在与否的争议；利用该系统进一步研究发现，在植物激素 ABA 的诱导和干旱逆境胁迫下，COPII 小泡受 Sar1 同源蛋白 AtSar1a 精准调控，形成比普通 COPII 小泡大 2 倍或以上的巨型囊泡，并在该巨型囊泡中鉴定出若干逆境胁迫相关重要蛋白；该研究揭示了植物通过形成巨型囊泡应对激素诱导（或逆境胁迫反应）的新机制，从基础科学的角度为抗逆作物的培育和筛选提供了新思路。

何祖华研究组与国内外多家单位合作从水稻中鉴定到一个 PHO1 型磷转运蛋白 OsPHO1;2，该蛋白通过调节胚乳内 Pi 含量促进 AGPase 等淀粉合成相关酶活性，从而提高作物的籽粒灌浆速率以及磷利用率，为培育低磷条件下高产作物提供了另一个重要目标基因；还发现玉米的同源基因 *ZmPHO1;2* 也能够调控籽粒灌浆和磷的再分配过程，表明 PHO1 家族蛋白介导的籽粒灌浆调控过程在谷类作物中高度保守，为提高磷肥利用效率提供了有效的育种靶标。

复习思考题

1. 请分析 2004 年以来我国植物生理学研究取得众多重要成果的原因。
2. 我国植物生理学研究在哪些领域可以与世界同领域"并行"或"领跑"？
3. 2004 年以来我国植物光合作用研究取得了哪些重要成果？
4. 2004 年以来我国植物非生物胁迫研究取得了哪些重要成果？
5. 2004 年以来我国植物生物胁迫研究取得了哪些重要成果？
6. 2004 年以来我国植物激素研究取得了哪些重要成果？

7. 2004 年以来我国细胞信号转导研究取得了哪些重要成果？

8. 2004 年以来我国植物基因表达与调控研究取得了哪些重要成果？

9. 2004 年以来我国植物蛋白调控与修饰研究取得了哪些重要成果？

10. 2004 年以来我国植物养分同化与物质运输研究取得了哪些重要成果？

主要参考文献

陈凡, 顾红雅, 漆小泉, 等, 2022. 2021 年中国植物科学重要研究进展 [J]. 植物学报, 57 (2)：139-152.

陈凡, 钱前, 王台, 等, 2018. 2017 年中国植物科学若干领域重要研究进展 [J]. 植物学报, 53 (4)：391-440.

顾红雅, 左建儒, 漆小泉, 等, 2021. 2020 年中国植物科学若干领域重要研究进展 [J]. 植物学报, 56 (2)：119-133.

郭韬, 余泓, 邱杰, 等, 2019. 中国水稻遗传学研究进展与分子设计育种 [J]. 中国科学：生命科学, 49 (10)：1185-1212.

瞿礼嘉, 钱前, 袁明, 等, 2012. 2011 年中国植物科学若干领域重要研究进展 [J]. 植物学报, 47 (4)：309-356.

瞿礼嘉, 王小菁, 王台, 等, 2009. 2007 年中国植物科学若干领域重要研究进展 [J]. 植物学报, 44 (1)：2-26.

黎家, 李传友, 2019. 新中国成立 70 年来植物激素研究进展 [J]. 中国科学：生命科学, 49 (10)：1227-1281.

李楠, 李晓曼, 张学福, 2020. 全球植物科学领域发展态势分析 [J]. 中国农学通报, 36 (34)：148-159.

林荣呈, 杨文强, 王柏臣, 等, 2021. 光合作用研究若干前沿进展与展望 [J]. 中国科学：生命科学, 51 (10)：1376-1384.

钱前, 瞿礼嘉, 袁明, 等, 2013. 2012 年中国植物科学若干领域重要研究进展 [J]. 植物学报, 48 (3)：231-287.

钱前, 漆小泉, 林荣呈, 等, 2019. 2018 年中国植物科学若干领域重要研究进展 [J]. 植物学报, 54 (4)：405-440.

孙俊聪, 侯柄竹, 陈晓亚, 等, 2019. 新中国成立 70 年来我国植物代谢领域的重要进展 [J]. 中国科学：生命科学, 49 (10)：1213-1226.

王台, 钱前, 袁明, 等, 2010. 2009 年中国植物科学若干领域重要研究进展 [J]. 植物学报, 45 (3)：265-306.

王小菁，萧浪涛，董爱武，等，2017. 2016 年中国植物科学若干领域重要研究进展 [J]. 植物学报，52 (4)：394-452.

谢玲娟，叶楚玉，沈恩惠，2021. 植物基因组测序研究进展 [J]. 植物科学学报，39 (6)：681-691.

杨淑华，巩志忠，郭岩，等，2019. 中国植物应答环境变化研究的过去与未来 [J]. 中国科学：生命科学，49 (11)：1457-1478.

杨淑华，钱前，左建儒，等，2023. 2022 年中国植物科学重要研究进展 [J]. 植物学报，58 (2)：175-188.

杨淑华，王台，钱前，等，2016. 2015 年中国植物科学若干领域重要研究进展 [J]. 植物学报，51 (4)：416-472.

杨维才，瞿礼嘉，袁明，等，2009. 2008 年中国植物科学若干领域重要研究进展 [J]. 植物学报，44 (4)：379-409.

袁明，瞿礼嘉，王小菁，等，2014. 2013 年中国植物科学若干领域重要研究进展 [J]. 植物学报，49 (4)：347-406.

袁明，王小菁，钱前，等，2011. 2010 年中国植物科学若干领域重要研究进展 [J]. 植物学报，46 (3)：233-275.

张杰，董莎萌，王伟，等，2019. 植物免疫研究与抗病虫绿色防控：进展、机遇与挑战 [J]. 中国科学：生命科学，49 (11)：1479-1507.

种康，瞿礼嘉，杨维才，等，2006. 2005 年中国植物科学若干领域的重要研究进展 [J]. 植物学通报，23 (3)：225-241.

种康，瞿礼嘉，袁明，等，2007. 2006 年中国植物科学若干领域重要研究进展 [J]. 植物学通报，24 (3)：253-271.

种康，李家洋，2021. 植物科学发展催生新一轮育种技术革命 [J]. 中国科学：生命科学，51 (10)：1353-1355.

种康，王台，钱前，等，2015. 2014 年中国植物科学若干领域重要研究进展 [J]. 植物学报，50 (4)：412-459.

种康，杨维才，王台，等，2005. 2004 年中国植物科学若干领域研究进展 [J]. 植物学通报，22 (4)：385-395.

左建儒，漆小泉，林荣呈，等，2020. 2019 年中国植物科学若干领域重要研究进展 [J]. 植物学报，55 (3)：257-269.

CHEN X, QIU C E, SHAO J Z, 2006. Evidence for K^+-dependent HCO_3^- utilization in the marine diatom *Phaeodactylum tricornutum* [J]. Plant Physiology,

141 (2): 731-736.

CHIU C C, CHEN L J, LI H M, 2010. Pea chloroplast DnaJ-J8 and Toc12 are encoded by the same gene and localized in the stroma [J]. Plant Physiology, 154 (3): 1172-1182.

NIU X L, ZHENG W J, LU B R, et al., 2007. An unusual posttranscriptional processing in two betaine aldehyde dehydrogenase loci of cereal crops directed by short, direct repeats in response to stress conditions [J]. Plant Physiology, 143 (4): 1929-1942.

SU P H, LI H M, 2010. Stromal Hsp70 is important for protein translocation into pea and Arabidopsis chloroplasts [J]. Plant Cell, 22 (5): 1516-1531.

SUN C W, HUANG Y C, CHANG H Y, 2009. CIA2 coordinately up-regulates protein import and synthesis in leaf chloroplasts [J]. Plant Physiology, 150 (2): 879-888.

TANG Z Z, LUO D, WANG Y G, et al., 2007. An unusual posttranscriptional processing in two betaine aldehyde dehydrogenase loci of cereal crops directed by short, direct repeats in response to stress conditions [J]. Plant Physiology, 143 (4): 1929-1942.

XIAO S, GAO W, CHEN Q F A, et al., 2008. Overexpression of membrane-associated acyl-CoA-binding protein ACBP1 enhances lead tolerance in *Arabidopsis* [J]. Plant Journal, 54 (1): 141-151.

YANG J C, ZHANG J H, WANG Z Q, et al., 2004. Activities of key enzymes in sucrose-to-starch conversion in wheat grains subjected to water deficit during grain filling [J]. Plant Physiology, 135 (3): 1621-1629.

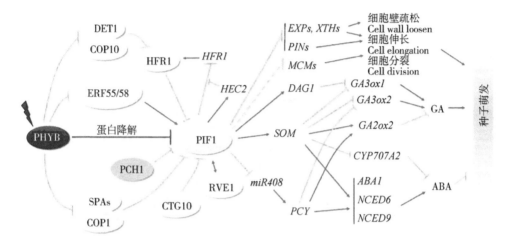

彩图6.12　光敏色素互作蛋白PIFI介导的转录调控作用（王雅寒和刘勋成，2023）

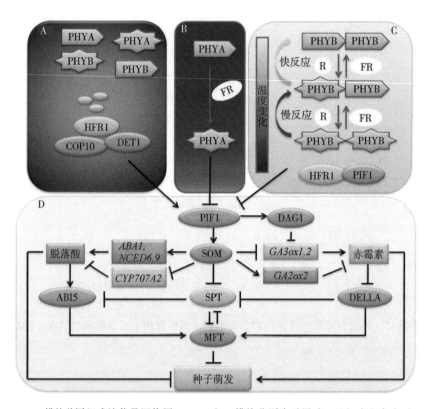

A~D模块共同组成该信号网络图，A、B和C模块分别表示黑暗、远红光和白光下
PHY的（非）活性状态及其相互转变。和分别表示活性和非活性的PHY，R和FR分
别表示红光和远红光，→和—|分别表示正和负调控，图形的绿色和橙色分别表示该
分子促进和抑制种子萌发。*ABA1. ABSCISIC ACID 1*；ABI5. ABSCISIC ACID -
INSENSITIVE 5；COP10. CONSTITUTIVE PHOTOMORPHOGENIC 10；DAG1. DOF AF-
FECTING GERMINATION 1；DET1. DE - ETIOLATED 1；*GA2ox2. GIBBERELLIN 2 -
OXIDASE 2*；*GA3ox1 , 2. GIBBERELLIN 3 - OXIDASE 1 , 2*；HFR1. LONG HYPOCOTYL IN
FAR-RED 1；MFT. MOTHER-OF-FT-AND-TFL 1；*NCED6 , 9. 9 - CIS - EPOXYCAROTE-
NOID DIOXYGENASE 6 , 9*；PIFs. PHYTOCHROME - INTERACTING FACTORS；
SOM. SOMNUS；SPT. SPATULA。

彩图6.13 光敏色素（PHY）感知光温信号调控种子休眠与萌发的信号网络
（李振华等，2019）

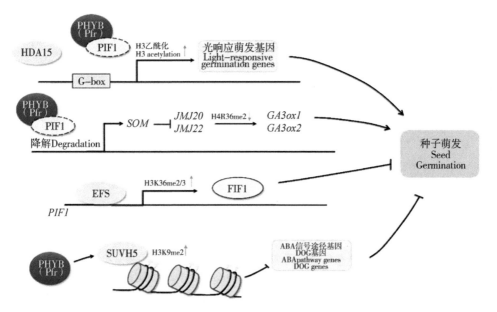

彩图6.14　表观遗传因子在光调控的种子萌发中的作用（王雅寒和刘勋成，2023）

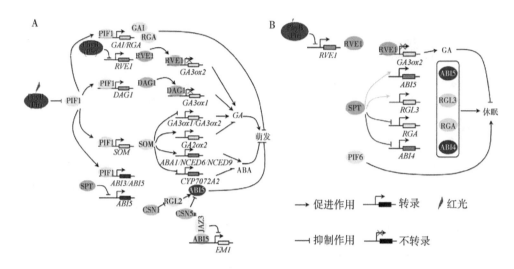

A. 光信号通过调控 ABA 和 GA 通路调控种子萌发。PHYB 能够介导红光促进 PIF1 发生泛素化降解，从而促进种子萌发。PIF1 能够通过直接激活 *DAG1* 和 *SOM* 的转录进而间接调控 GA 生物合成相关基因的表达，或者直接诱导 DELLA 蛋白编码基因 *RGA* 和 *GAI* 的转录，最终抑制种子萌发。同样地，PIF1 也能通过调控 ABA 的生物合成和信号转导调控种子萌发。PIF1 通过依赖于 SOM 的途径促进 ABA 生物合成，进而抑制种子萌发；抑或直接诱导 *ABI3* 和 *ABI5* 的转录进而促进 ABA 信号转导，抑制种子萌发。除 PIF1 之外，PHYB 还能调控 *RVE1* 的转录间接促进 GA 的生物合成，最终促进种子萌发。SPT 和 CSN 蛋白复合体通过依赖于 ABI5 途径调控种子萌发。SPT 通过抑制 *ABI5* 的转录抑制 ABA 信号转导，促进种子萌发。CSN1 通过促进 RGL2 的泛素化降解进而抑制 ABI5 的蛋白稳定性，最终促进种子萌发；而 CSN5a 能够直接抑制 ABI5 蛋白的积累进而促进种子萌发。JAZ3 通过抑制 ABI5 对 ABA 响应基因 *EM1* 的转录激活功能进而促进种子萌发。B. 光信号通过调控 ABA 和 GA 通路调控种子休眠。PHYB 能够介导红光抑制 *RVE1* 转录，进而促进下游 *GA3ox2* 的转录，最终抑制种子休眠。在不同生态型拟南芥背景下，SPT 调控种子休眠的功能不同。其中，在 Col 背景下，SPT 通过促进 *RGL3* 和 *ABI5* 的转录进而促进种子休眠（绿色标识线）；在 Ler 背景下，SPT 通过抑制 *RGA* 和 *ABI4* 的转录进而抑制种子休眠（红色标识线）。此外，PIF6 也参与调控种子休眠。

彩图6.15　光信号通过调控内源ABA和GA的生物合成及信号转导调控种子休眠与萌发

（杨立文等，2019）

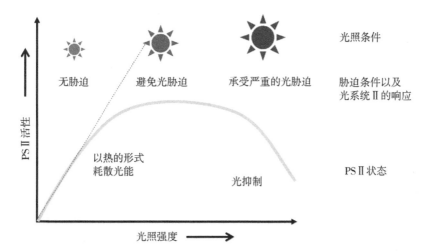

PS Ⅱ活性（电子传递活性，图中绿色曲线）在弱光条件下会随光强增加而增加。在强光条件下，叶绿体首先以热的形式耗散过多光能来避免光胁迫，但随着光强进一步增加，PS Ⅱ的光抑制变得更加明显。在十分严重的光胁迫条件下，PS Ⅱ蛋白将发生不可逆的聚集和降解，导致 PS Ⅱ的不可逆光抑制。

彩图7.10　PSⅡ活性的光响应曲线（宸珩和杨文强，2023）

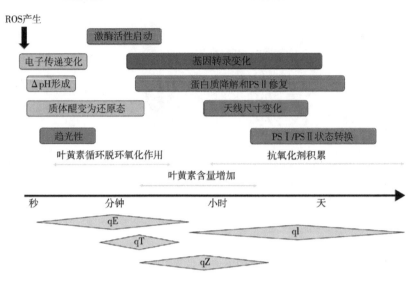

淡蓝色表示非光化学淬灭过程,包括类囊体腔的 ΔpH 和叶黄素循环依赖的淬灭(rapidly reversible-dependent NPQ, qE)、状态转换依赖的淬灭(state transitions-dependent NPQ, qT)、玉米黄质依赖的淬灭(zeaxanthin-dependent NPQ, qZ)和光抑制依赖的淬灭(photoinhibitory-dependent NPQ, qI)。橙色表示蛋白质表达水平变化,例如捕光天线和反应中心状态的调节、蛋白质的降解和合成、PS Ⅱ 修复周期或激酶的激活,以及趋光性的启动等。高光诱导基因转录水平变化用红色表示。叶绿体能量状态变化用青色表示。色素性质和积累的变化用灰色表示。

彩图7.11　光合生物在不同时间尺度上对过量光照的反应(宸珩和杨文强,2023)

GGDP(C₂₀)

↓ GFDPS

GFDP(C₂₅)

（+）-thalianatriene

Leucosceptroids

（-）-retigeranin B

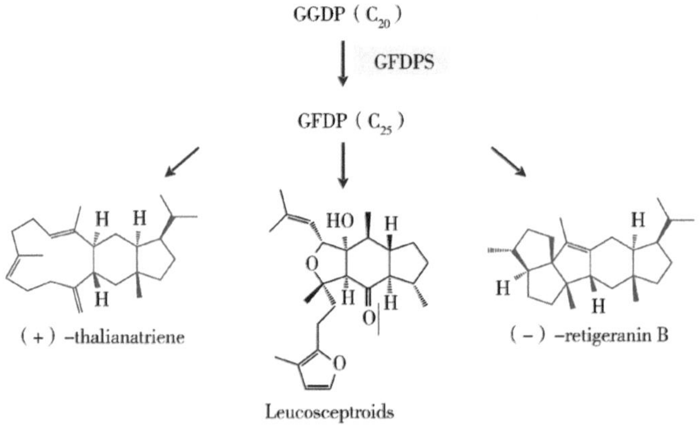

黄色显示的 GFDPS 是合成二倍半萜前体 GFDP 的关键酶,
蓝色化合物为拟南芥中新发现的两种新型的二倍半萜骨架结构。

彩图9.20　萜类代谢的主要途径(孙俊聪等,2019)

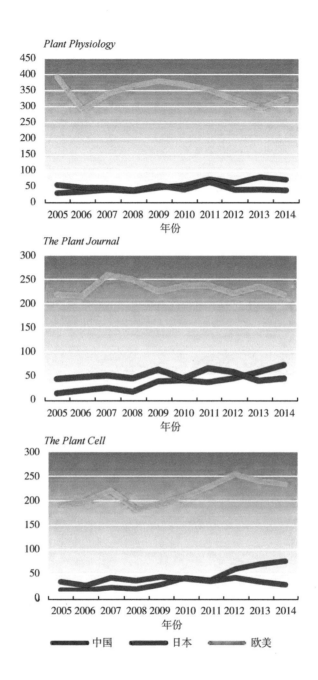

彩图14.1 2005—2014年中国、日本和欧美国家作者在三大著名顶级学术期刊的发文量
（数据来源：Web of Science）